国家级精品资源共享课立项项目
南开大学教材资助立项项目

微生物学原理与应用

李明春　刁虎欣　主编

科学出版社
北京

内 容 简 介

本教材是一部注重基础性、强调科学性和应用性的新编教材，着力培养学生的创新意识，提高学生的创新思维能力。全书分为三篇 21 章，第一篇为微生物学理论基础篇，包括微生物细胞的结构和功能及微生物的营养与代谢、生长繁殖与控制、遗传与变异、基因表达与调控，以及微生物的生态、进化和分类鉴定、感染与免疫；第二篇为现代微生物学技术篇，包括微生物基本技术、基因工程技术和发酵工程技术；第三篇为微生物资源应用篇，包括微生物在农业、生物化工、医药、食品、可再生能源、矿藏开采和环境保护等方面的应用。每章均附有知识点回顾、关键词、自测题，以便于学生复习和掌握。同时每章开始都有与本章内容相关的事例，并在正文中穿插一些小故事，以引起读者的兴趣和思考。

本教材以学生为本，突出问题式教学，图文并茂，适合理、工、农、林、医等各类普通高校和师范院校生命科学相关领域的本科生使用，同时也可供其他生物科技工作者参考。

图书在版编目（CIP）数据

微生物学原理与应用/李明春，刁虎欣主编.—北京：科学出版社，2018.5
“国家级精品资源共享课立项项目　南开大学教材资助立项项目”
ISBN 978-7-03-057103-8

Ⅰ. ①微…　Ⅱ. ①李…　②刁…　Ⅲ. ①微生物学–高等学校–教材
Ⅳ. ①Q93

中国版本图书馆CIP数据核字（2018）第070513号

责任编辑：刘　畅 / 责任校对：孙婷婷　王晓茜
责任印制：赵　博 / 封面设计：铭轩堂

科学出版社出版
北京东黄城根北街 16 号
邮政编码：100717
http://www.sciencep.com
北京天宇星印刷厂印刷
科学出版社发行　各地新华书店经销
*
2018年5月第　一　版　开本：890×1240　1/16
2025年3月第四次印刷　印张：21
字数：680 000
定价：79.00元
（如有印装质量问题，我社负责调换）

《微生物学原理与应用》编委会名单

主　　编：李明春　刁虎欣

参编人员：（按姓氏笔画排序）

刁虎欣　马　挺　邢来君　乔文涛　刘　方
李　悦　李国强　李明春　杨　超　吴卫辉
宋存江　张　奇　陈容容　徐海津　谈　娟
喻其林　靳永新　蔡　峻　蔡宝立

前　　言

微生物跨越生物系统进化树的古生菌域、细菌域和真核生物域，是地球生物圈中与动物、植物并列的三大生物类群之一。在人类探索生命奥秘或解决人类可持续发展的重大问题中，微生物像动植物一样成为不可或缺的、极为宝贵的自然资源。当今世界生物信息技术高速发展，学科之间的交叉已成为必然的发展趋势，由此而产生的新技术为微生物学家揭示生命本质的研究提供了良好的机遇。

基因测序技术的飞速发展，激发了微生物学深刻的、质的革命性变革。从基因克隆、聚合酶链反应（PCR）、DNA 测序、反向遗传学、单细胞成像及视频显微技术的发展，到数千种原核生物的细菌乃至近千种低等真核微生物的基因组测序完成，微生物分子生物学步入飞速发展的新时代，为微生物学科创新性研究提供了无限的可能。由此也为深入研究微生物生物学特性及促进工业、农业、食品、医疗卫生、环境保护与能源开发等多个领域的发展带来不竭的动力，微生物作为低等生物的原始代表被推向生物技术的前沿。面对这种挑战，培养高素质、创新型人才成为微生物学科发展的核心任务。因此，微生物学教材建设显得至关重要。

本教材以南开大学微生物学国家重点学科为依托，组织常年坚持在教学第一线且教学成果突出的教师组成编写组，并由几位老教师严格把关而进行编写。编写宗旨为宽口径、厚基础、强调科学性和启发性，着力培养学生的创新意识，提高学生的创新思维能力，尽量把握微生物学科范围内的系统性和整体性。在编写过程中坚持：①基础理论知识与微生物学的基本技术及相关应用相结合的“宽口径”；②尽量做到基础知识与学科发展前沿相结合，理论与实践相结合，要求展示微生物学与工业、农业、医疗卫生、环境保护及能源开发等多个国民经济领域发展的“厚基础”；③作为基础课教材应把握其基础性、科学性，注重先进性和应用性。根据编写宗旨和三条基本原则，其主要内容分为“微生物学理论基础篇”（共 11 章）、“现代微生物学技术篇”（共 3 章）、“微生物资源应用篇”（共 7 章）。为了提高学生的学习兴趣，本教材以学生为本，突出问题式教学，每章既有前沿性开篇事件与思考题，又穿插一些小故事，图文并茂，既适合于大多数普通高校基础微生物学教学需要，也利于自学。

最后衷心感谢科学出版社刘畅编辑的大力支持和帮助。编写组虽然尽了最大努力，但由于水平所限，书中难免有不当或缺憾之处，敬请批评指正，不吝赐教，我们深表谢意！

李明春　刁虎欣

2017 年 11 月于南开大学

目　录

第一篇　微生物学理论基础篇

第二篇 现代微生物学技术篇

第三篇　微生物资源应用篇

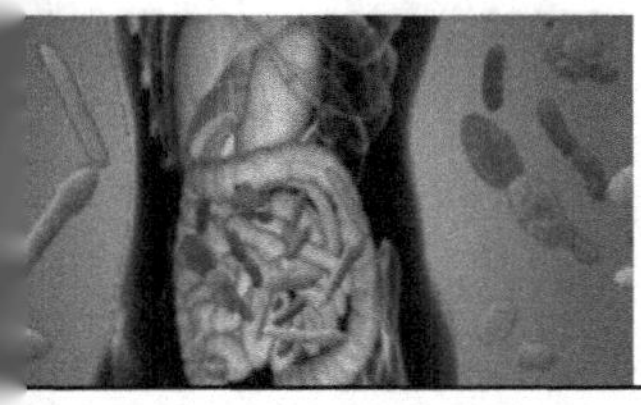

第一篇 >>

微生物学理论基础篇

第一章 微生物世界和微生物学简史

开篇事件：人体神奇的肠道微生物

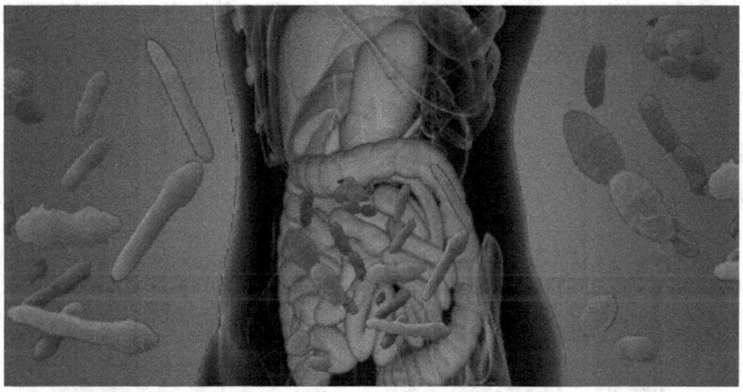

人体肠道微生物

你知道吗？人体肠道微生物的数量超过人体自身细胞10倍之多。帮助消化食物、代谢营养是人们对肠道微生物最普遍的认识。但越来越多的研究证明，人体肠道微生物的功能不止于此，它还可通过影响宿主的信号通路，引发炎症、肥胖、癌症、代谢综合征、甲状腺病变等疾病。因为肠道与免疫系统、内分泌系统及神经系统都是相关联的，研究人员发现肠道微生物可以通过释放信号分子进入肠道内，影响人们的生理和行为反应。有研究表明：肠道微生物可通过改变迷走神经的神经信号，来改变味觉受体，使其产生毒素使人们感觉不好，或释放奖励类化学信号使人们感觉良好，从而影响人们的行为和情绪。已经发现某些细菌能增加焦虑行为，但若给那些情绪低落的人食用含有干酪乳杆菌的益生菌后，其心情能得到改善。

参考文献：

Alcock J，Maley CC，Aktipis CA. 2014. Is eating behavior manipulated by the gastrointestinal microbiota ? Evolutionary pressures and potential mechanisms. *Bioessays*，36（10）: 940-949.

Mayer EA. 2011. Gut feelings: the emerging biology of gut-brain communication. *Nature Reviews Neuroscience*，12（8）: 453-466.

Nielsen HB，Almeida M，Juncker AS. 2014. Identification and assembly of genomes and genetic elements in complex metagenomic samples without using reference genomes. *Nature Biotechnology*，32（8）: 822-828.

思考题：

1. 请想一想，哪些因素可以影响人体肠道微生物的生态分布？

2. 通过查阅文献，简述肠道微生物与人体健康的研究进展。

1644 年，罗伯特·胡克（Robert Hooke）第一次描述了显微镜下的微生物，从此开启了人们对微生物的认识和研究，经过 300 多年来的不断发展，微生物学已成为当代生物科学前沿中最具活力和创造力的学科之一。微生物学既是重要的基础学科，它在生命科学重大基础理论和现代生物技术的形成与发展中起着重要的作用；又是应用性很强的学科，它与数理化和信息科学交叉渗透，与人类的经济发展、社会进步和日常生活，特别是与人类目前面临的食品、健康、医药、能源和环境等热点问题息息相关。因此本章将带领读者开始微生物世界之旅，首先了解微生物的种类、特点及与人类的密切关系，然后追溯微生物学的发展历程并介绍在此过程中做出重要贡献的代表性微生物学家。

第一节　微生物世界

一、何谓微生物

微生物（microorganism，microbe）是形体微小、单细胞或个体结构较为简单的多细胞，甚至无细胞结构的低等生物的总称，包括具原核细胞结构的细菌、古生菌、放线菌、蓝细菌、支原体、衣原体和立克次氏体；具真核细胞结构的真菌（丝状真菌、酵母和蕈菌）、单细胞藻类、原生生物；不具细胞结构的病毒、亚病毒。这些微生物类群，绝大多数只能借助显微镜才能看清楚其个体形态，所以微生物又称显微镜下的生物。观察微生物个体形态不但需要共同的仪器——显微镜，研究这些微生物需要的特殊技术，如纯种分离技术、消毒灭菌技术及无菌操作技术等也是相同的。

有些细菌如纳米比亚硫磺珍珠菌（*Thiomargarita namibiensis*）（图 A）和具子实体的大型真菌如蘑菇（图 B）等是肉眼可见的。地球上最大的微生物是真菌中的蜜环菌。最大的微生物比最小的微生物至少要大 250 000 倍。

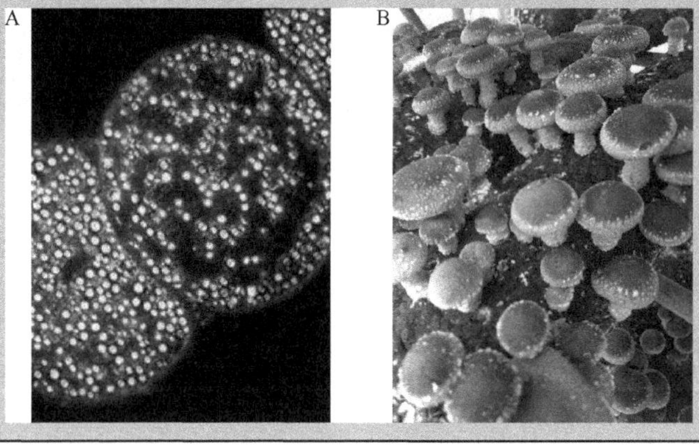

在生物进化的长河中，在 38 亿～39 亿年前，地球上出现了最早的细胞，且在很长的一段时期，这些有机体仅是微生物。因为地球最初的 20 亿年，大气中没有氧气，在这种条件下，只有厌氧代谢的产甲烷菌、光养紫色细菌及其他不产氧光合营养菌能够存活。经过近 10 亿年的进化，出现了能产生氧气的光养蓝细菌（cyanobacteria），开始向大气中释放氧气，随着大气中氧气的不断增加，多细胞生命逐渐进化，最终形成了我们今天所见到的动物和植物。可以说，微生物是地球上最早具有生命特征的生物体，而其中的蓝细菌在生物进化过程中起到了里程碑式的作用。长期以来，虽然人们一直在利用微生物，但真正认识和研究微生物是在显微镜发明之后，经过了 200 多年，才最终确认了微生物在生物界中的分类地位。微生物分布在由共同祖先进化形成的 3 个域（domain）：细菌域、古生菌域和真核生物域，前两个域的生物不含细胞核，称为原核微生物，后一个域的生物含有细胞核，不仅包括了真菌、单细胞藻类、原生生物等真核微生物，还包括了动物和植物。

二、微生物的特点

微生物具有与其他生物共有的特点，如它们能将从环境中摄取的营养转变为细胞中新的物质和废物，通过新陈代谢进行生长和繁殖；细胞在进化过程中，通过复制、转录、翻译等关键过程，可选择性地保留遗传变异；微生物与高等生物共用一套遗传密码子，其基因组上含有与高等生物同源的基因等。这些充分反映了“生物体之间的高度统一性和同一性”。

除了上述这些共有特性外，微生物还具其自身所特有的属性：①形体微小、比表面积（表面积/体积）大。例如，杆菌的平均长度为 2μm，1500 个杆菌首尾连接起来也只有一粒芝麻的长度，以人的比表面积为 1 的话，大肠杆菌（*Escherichia coli*）则为 30 万，如此大的比表面积非常有利于微生物与其周围环境进行物质、能量和信息的交换。该属性是微生物区别于其他生物最根本的特点，同时也决定了微生物的其他属性。②吸收营养多、物质转化快。例如，产朊假丝酵母（*Candida utilis*）合成蛋白质的能力比大豆强 100 倍，该属性为微生物的快速生长繁殖提供了物质基础，同时人类可利用微生物生产大量有益代谢产物。例如，利用微生物菌种生产抗生素、氨基酸、酶类、有机酸、单细胞蛋白、生物农药、多糖、维生素等产品。③生长旺盛、繁殖速度快。可以说微生物“生儿育女”的能力惊人，如大肠杆菌平均 20min 就可以繁殖一代，酿酒酵母（*Saccharomyces cerevisiae*）也不过 120min。因此，该特性使得微生物在实际生产应用中，可缩短发酵周期，提高生产效率。例如，利用酵母菌生长繁殖快的特点，采用基因工程技术在酿酒酵母、巴斯德毕赤酵母（*Pichia pastoris*）和多形汉逊酵母（*Hansenula polymorpha*）中生产乙肝疫苗。④营养物质与营养类型多样。微生物可以利用纤维素、木质素、几丁质这些大分子化合物，也可以利用酚类、氰化物等有毒化合物作为其营养物质，主要原因是微生物除了具有植物的光能自养型、动物的化能异养型外，还具有化能自养型、光能异养型等独特的营养代谢类型，因此，微生物获取营养的方式之多、其食谱之广是动植物无法比拟的。⑤对环境适应性强。在地球的大多数地方都可以找到微生物的存在，特别是在高温、高盐、高压、强酸、强碱、高辐射、高寒等极端环境中生长的微生物，称为“极端微生物”，其酶系统、代谢产物极具多样化，具有潜在的经济价值和应用前景。⑥易变异。微生物由于具有个体微小、结构简单、生长繁殖快等特点，因此相对于动植物来说，其自发突变率高，同时理化因素可以提高基因突变率，这为微生物菌株优良性状的选育奠定了基础。例如，产黄青霉（*Penicillium chrysogenum*）最初生产青霉素时，其产率仅为 0.01%，经过菌种改造，目前产率达到 5%，提高了 500 倍。⑦分布广、数量多。可以说我们生活在“微生物的海洋”中，它们无处不有、无时不在。例如，人体的肠道是人体微生物存在数量最多、种类最丰富的地方，大约 80%的人体正常菌群都集中在此，微生物总量超过 100 万亿，种类达 400～500 种。

> 口腔中的细菌种类超过 500 种，每个喷嚏的飞沫含 4500～150 000 个细菌，重感冒患者为 8500 万个。你知道每张纸币上所带的细菌数量吗？

《伯杰氏系统细菌学手册》第 2 版记载了 875 属细菌，*Ainsworth & Bisby's Dictionary of the Fungi* 第 10 版描述的真菌达 8283 属，约 10 万种之多。虽然目前已定种的微生物远少于动植物，但一般认为目前被人类所发现的微生物还不到自然界微生物总数的 1%，因此微生物具有物种多样性、遗传多样性、代谢多样性和生态多样性的特点，大量的微生物资源有待人们去合理地开发利用。

三、微生物与人类的关系

著名的法国微生物学家路易斯•巴斯德（Louis Pasteur）形容微生物为：“在自然界中，它无限小，但作用无限大”。当今微生物已涉及化工、农药、饲料、肥料、食品、医药、冶金、石油、轻纺、能源、环境保护、可降解生物材料、生物医学材料等众多领域，人们不仅可以利用微生物本身，还可以利用其产生的代谢产物为人类带来的巨大益处（图 1-1）。

微生物离我们很近，即使在人体内，如肠道、皮肤、口腔中也存在着大量正常的微生物菌群，可帮助人体消化吸收营养。大多数微生物对人类是有益的，是地球赖以生存和造福人类所必需的，对人类社会的发展和进步具有巨大的价值。当然，我们也应该看到目前人类仍然受到微生物的威胁，由微生物引起的疾病仍然是人类死亡的首要因素，特别是在发展中国家，每年都有数百万人被疟疾、结核、肺炎、霍乱、严重腹泻等夺去生命。一些新的病原微生物如艾滋病病毒正在全球蔓延，另外一些原本只存在于动物体上的病毒，如埃博拉病毒、甲型 H1N1 流感病毒、禽流感病毒、严重急性呼吸综合征（SARS）病毒、朊病毒，近些年来也在人群中快速传播，威胁着人们的生命。

> 在几内亚、利比里亚和塞拉利昂 3 个西非国家，自 2014 年暴发埃博拉疫情后的一年多时间里，已导致 24 350 人疑似或确诊感染埃博拉病毒，夺走了其中 1.4 万条人命。

因此，微生物既是人类的朋友，又是人类的敌人。微生物学家的任务就是在认识微生物特性的基础上，增加其益处，减少其危害。

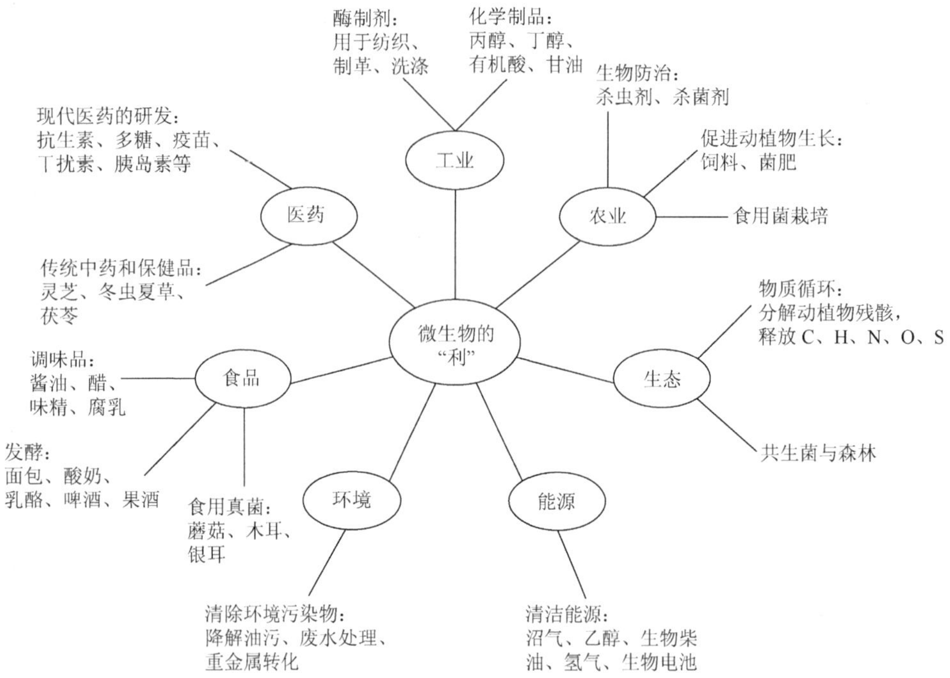

图 1-1 微生物对人类的“利”

四、微生物学的研究内容

微生物学（microbiology）是研究微生物生命活动规律、技术方法及开发应用的一门学科，以 17 世纪显微镜的发明为标志，但直到 19 世纪五六十年代巴斯德的微生物自然发生说的诞生，才使微生物学成为了主流科学。具体的研究内容包括微生物形态结构、生理生化、遗传变异、分类进化等自身的生命活动规律；微生物在自然界各种元素的生物地球化学循环中的作用及与其他微生物之间、与动植物之间、与外界环境理化因素之间的相互关系；微生物在工业、农业、医疗卫生、环境保护、食品生产等各个领域中的广泛应用；以及研究微生物所需的特有技术，如纯种分离技术、无菌操作技术、发酵技术等。

随着研究的不断深入，微生物学在基础微生物学（basic microbiology）和应用微生物学（applied microbiology）的基础上，已形成了多个分支学科（图 1-2），推动着人类社会的进步和经济的发展。

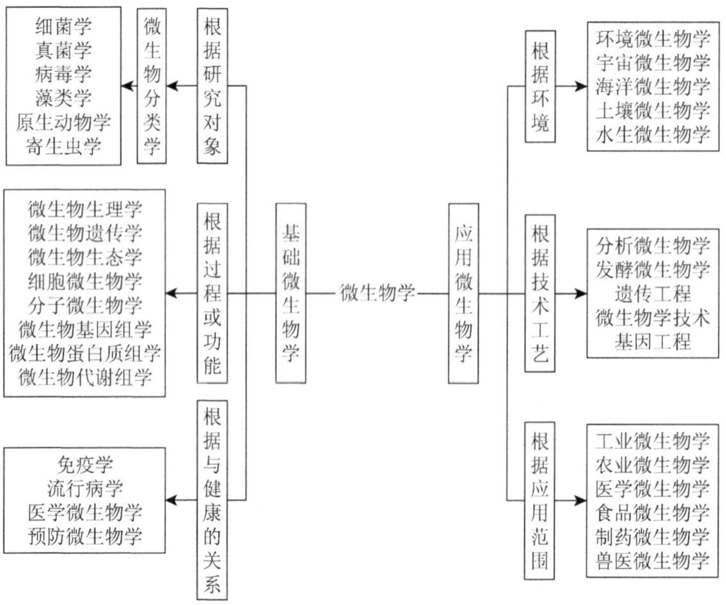

图 1-2 微生物学的主要分支学科

第二节　微生物学简史

一、微生物的发现

早期，人们虽然还不知道微生物这个概念，但在实际生活中已广泛应用。例如，我国8000年前就利用酒曲酿酒，2500年前开始酿酱和醋，用曲治疗消化道疾病等；公元前400年，希腊医生希波克拉底（Hippocrates）认识到疾病可通过患者的衣物传染，我国名医华佗也提出了“割腐肉以防传染”。

直到17世纪下半叶，显微镜的发明才使人们真正认识微生物。首先英国的罗伯特·胡克（Robert Hooke）利用一个复式显微镜观察并描绘了土壤中类似真菌子实体的第一个显微结构。随后荷兰布衣商人安东尼·范·列文虎克（Antony van Leeuwenhoek，1632～1723）凭借对制作显微镜的爱好，先后制作了400多架显微镜，分别在雨水、湖水、死水潭、患者身上和口腔中都观察到了若干形状各异的“微小动体”，并发现这些微小动体随着时间延长，数量会增加。于是，他将观察到的结果发表在英国皇家学会会刊上。可以说，他是描述细菌形态的第一人，对微生物世界的开启具有划时代的意义。但他对自己制作显微镜的技术守口如瓶，并拒绝卖给他人，使得在他逝世后的一个多世纪，微生物学的发展停滞不前。

二、微生物学的早期研究

19世纪中期，随着显微镜不断改进和微生物培养技术的发展，微生物的本质被逐渐揭开。其间，路易斯·巴斯德的曲颈瓶实验推翻了微生物自然发生说；费迪南德·科恩（Ferdinand Cohn）建议从形态学上对细菌进行分类，他最早使用了“杆状”来描述细菌，并发现耐热细菌存在内生孢子，从而奠定了细菌分类学基础；罗伯特·科赫（Robert Koch）建立的微生物纯培养技术证明了细菌和疾病之间的联系，从而开启了病原微生物的黄金时期。该时期，将微生物学研究从形态描述水平推进到了生理学研究水平，自此形成了独立的微生物学学科。这里主要介绍微生物学主要奠基人巴斯德和科赫的贡献。

（一）路易斯·巴斯德

巴斯德（图1-3）生于法国东部东尔城，爱好画画，20岁时以优异成绩考入巴黎高等师范学校（Ecole Normale Superieure）学习物理学和化学。他最初是名化学家，在化学方面具有较深的造诣，开辟了光学异构体新领域，发现染了霉菌的溶液的光学活性会变强，并提出了具有光学活性的有机物形成都是生物体生命活动的结果。虽然他不擅长微生物学，但他总是怀揣着理论探索的热情去解决实际问题，然后又从实践中总结概括去推动理论的发展。渐渐地，其研究兴趣转移到了微生物学领域。

图1-3　路易斯·巴斯德（Louis Pasteur，1822～1895）

有位利用甜菜进行乙醇发酵的企业家请求巴斯德帮助解决他们工厂遇到的杂质干扰乙醇正常发酵的问题。当时，社会上普遍认为乙醇发酵是一个严格的化学反应过程，发酵液中的能使糖转化成乙醇的酵母细胞是复杂的化学物质，而不是生物体。但巴斯德经过细心的化学分析和显微观察，发现了发酵液中除了有酵母菌以外，还有更小的生物体存在，而且有具有旋光活性的戊醇化合物存在，由此，凭借他多年的化学功底，提出了发酵不单纯是化学变化过程，而是有微生物体参与的生物反应过程，且不同的微生物可产生不同的代谢产物。此后，他还发现了乳酸发酵、乙酸发酵、丁酸发酵，这些都是由不同的细菌引起的。可以说巴斯德是微生物发酵生理学的创始人。

为了进一步证明发酵源于生物体活动，巴斯德着手进行了著名的曲颈瓶实验，有力地驳斥了自然发生说。当时争论的问题是有机溶液的腐败是外源微生物入侵的呢？还是微生物自然发生的呢？巴斯德制作了末端开口的长颈弯曲成 S 形的烧瓶，并将其中的溶液煮沸，冷却后会有空气从颈端进入瓶中，但空气中的悬浮颗粒或微生物可以被弯曲的瓶颈所截留，瓶内的液体可以一直保持无菌的状态；但当溶液与瓶颈接触或 S 形瓶颈截去时，很快溶液中就充满了微生物。这个简单的实验同时也证明了溶液腐败是空气中天然存在的微生物入侵造成的，否定了自然发生说，为微生物学的发展奠定了基础。

巴斯德的上述研究形成了一种有效灭菌技术——巴氏消毒法（pasteurization），也称低温消毒法，即利用较低温度短时间加热，既能杀死液体中的病原菌又能保持物品中营养物质风味不变的一种消毒方法。至今该方法还应用在食品加工领域，如牛奶、果酒、啤酒、果汁等的消毒。

另外，巴斯德在鸡霍乱、狂犬病的研究方面也取得了卓越的成就，是免疫学研究的先驱。他发现用长时间放置的霍乱弧菌注射鸡群后，鸡群并不会致死，而是轻微发病后能获得对更强毒力感染的免疫。由此巴斯德发明了人工减毒疫苗，从此展开了对疫苗的研究工作，特别是获得了炭疽病、狂犬病的疫苗，并首次将狂犬病疫苗应用到了被患有狂犬病的狗咬伤的男孩身上，将其从死亡线上救了回来，随后巴斯德用这种疫苗挽救了成百上千的患者。为了表彰他对人类的贡献，法国政府在巴黎专门为他建立了巴斯德研究所，该所一直是微生物学著名的研究中心。

（二）罗伯特·科赫

科赫（图 1-4）曾是一名医生，花费了大量精力研究致病细菌，早期研究发现牛炭疽病可以传染人，具有高传播性和高致死性，通过动物实验证明炭疽芽孢杆菌（*Bacillus anthracis*）是炭疽病的病原菌（pathogen），为疾病的细菌学研究奠定了基础。他据此提出了一套验证病原菌是否为某种疾病病原的科学方法：①病原微生物肯定存在于患病个体中；②这种微生物可从患病个体中分离出来，并能纯培养；③将这种纯培养物接种到健康个体后，可导致相同的疾病；④从试验发病的个体中能重新分离、培养出这种病原微生物。这就是著名的科赫法则（Koch's rule），该法则强调了一种病原微生物对应一种特定疾病。以该法则为指导，先后揭示了多种疾病的病因，如霍乱、疟疾、伤寒、嗜睡病等，这些研究为预防和治疗传染性疾病奠定了临床基础。科赫在病原细菌学方面最伟大的贡献是证明了当时严重危害人类生存的结核病的病原菌是结核分枝杆菌，并由此获得了 1905 年的诺贝尔生理学或医学奖。

图 1-4　罗伯特·科赫（Robert Koch，1843～1910）

科赫建立的微生物学基本操作技术至今还在沿用，包括：①纯培养技术（pure culture technique），指从混杂微生物中分离获得某种特定微生物纯培养物的技术。最初，他所采用的固体培养基是把马铃薯切成薄片，将细菌在其表面划线培养，但只有部分细菌能很好地生长，而且常被真菌污染；接着选择明胶作为固体支撑物，但其缺点是在细菌最适生长温度（37℃）下不易凝固；后来科赫助手的太太将制备果冻的琼脂介绍给了科赫，科赫立即利用琼脂分离了结核分枝杆菌，发现这种来源于红藻多糖的物质可作为微生物培养基的凝固剂，其优点是可在 37℃凝固，而在 45℃仍保持液态，这样可制作无菌平板，另外许多细菌可水解明胶，却不能降解琼脂。因此该方法一直用于微生物的分离、纯化。②设计了多种培养细菌的培养基，如肉汁胨培养液、蛋白质水解液琼脂培养基等，实现了实验室纯培养，为深入研究细菌生物学奠定了基础。③建立了显微观察和摄影技术、细菌染色技术、悬滴培养技术，如针对结核分枝杆菌细胞壁特有脂类物质的抗酸性染色法及其培养技术的建立。上述技术都是微生物学中特有的、最基本的技术，为微生物学科的发展提供了重要的技术支撑。

三、微生物学的发展时期

19 世纪后期到 20 世纪初期是微生物学研究全面发展时期。微生物学家的研究不断深入，形成了多个微生物学分支学科（图 1-2），如病毒学、微生物遗传学等研究领域的建立，推动了整个生命科学的发展，这些学科仍然是当今非常活跃的学科。

荷兰的马蒂纳斯·贝叶林克（Martinus W. Beijerinck）建立了富集培养技术，并于 1889 年分离到第一个根瘤菌纯培养物，证实了固氮微生物的存在；一年后，俄国的维诺格拉德斯基（Sergei Winogradsky）证明了细菌中氧气和硝化作用的关系，揭示了自然界中存在化能自养型微生物，这些为土壤微生物学的建立奠定了基础。

1892 年，俄国科学家伊凡诺夫斯基（Dimitri Iwanowski）意外地发现患花叶病的烟草过滤液可引发健康烟草患病；1898 年，贝叶林克证实了烟草花叶病病原体是一种具有传染性的可溶性分子，可在宿主体内繁殖，由此开始了病毒学研究；随后，美国科学家斯坦利（W. M. Stanley）于 1935 年获得了烟草花叶病毒的核蛋白结晶体；1939 年德国的考斯奇（G. A. Kausche）第一次通过电镜观察到棒状的烟草花叶病毒颗粒，使病毒学的研究跨入了一个新阶段。

> 1946 年，斯坦利由于对烟草花叶病毒的研究与另外两位成功分离提纯出多种酶并证明酶的蛋白质属性的生物化学家诺斯罗普（J. H. Northrop）和萨姆纳（J. B. Sumner）一起荣获了 1946 年诺贝尔化学奖。自他的开创性发现以后的 10 年内，超过 300 种病毒被确认，包括引起天花、黄热病、麻疹、肺炎和普通感冒的病毒。许多人把斯坦利的成就与发现细菌的巴斯德的成就相提并论。

疫苗可以预防和治疗许多传染病，但并不适用于所有的传染病，还需要探索其他防治途径。被称为化学疗法（chemotherapy）之父的保罗•埃尔利希（Paul Ehrlich）是发明抗菌类化学药物的第一人。20 世纪初期，他所带领的团队在试验了数百种化合物的基础上，发现了第一个治疗梅毒的 606 化合物（商品名 Salvarsan，主要成分为砷凡纳明），之后溶解性更好、更易操作、但疗效稍差的 914 化合物相继上市，这两种药虽然副作用较大，但因没有更好治疗梅毒的有效药物，所以在随后的 40 年中人们一直在使用这两种药物。埃尔利希在血液学、免疫学等领域也取得了优异的研究成果，因此，于 1908 年获得了诺贝尔生理学或医学奖。

1922 年，英国细菌学家弗莱明（Alexander Fleming）发现人的眼泪中存在着能杀死细菌的物质，由于这种物质能溶解细菌，因此称为溶菌酶（lysozyme），后来发现在人的唾液和汗液中也都存在这种酶。该酶是第一个被证明具有化学治疗作用的人体分泌物。1929 年，弗莱明从培养葡萄球菌的平皿中，偶然发现在污染了青霉菌菌落的周围，葡萄球菌不能生长，经分离、鉴定，弗莱明将该菌株的培养液称为青霉素（penicillin），他虽不是观察到此现象的第一人，但他善于思考，是意识到这种现象具有潜在的治病能力的第一人。1939 年，德国生物化学家钱恩（Ernst Chain）和澳大利亚病理学家霍华德•佛洛里（Howard Florey）从青霉菌的发酵液中成功分离、纯化了具有抗菌活性的青霉素，并作为化学治疗剂用于感染多种细菌的动物试验中，肯定了青霉素抑制细菌的治疗效果。特别是在第二次世界大战期间大量伤员对药物的需求，加速了青霉素工业化生产，使青霉素成为适用于人类的第一个安全、多效的抗生素药物。为了表彰他们对青霉素的发现、治疗效果及生产研发所做的开创性贡献，弗莱明、钱恩、佛洛里被共同授予了 1945 年的诺贝尔生理学或医学奖。青霉素研发的成功开启了抗生素时代，同时期开发的磺胺类药物和异烟肼药物至今还在使用，由此形成了抗生素发酵工业，使得整个微生物发酵工业的技术水平获得了突破性的进展。

1928 年，英国微生物学家弗雷德里克•格里菲斯（F. J. Griffith）发现肺炎球菌可以诱发特异性转化现象，从而发生遗传性状的改变。1944 年，美国洛克菲勒研究中心的奥斯瓦尔德•艾弗里（O. T. Avery）、科林•麦克劳德（Colin Macleod）和麦克林•麦卡蒂（Maclyn McCarty）宣布这种改变是由 DNA 造成的，该物质是承载和传递生物遗传信息的大分子化合物。由此开启了微生物遗传学的新篇章，该成果不仅是微生物发展史上的一个重要的里程碑，同时也是整个生命科学的一个新纪元。同时期的美国遗传学家乔治•比德尔（George Beadle）和爱德华•塔特姆（Edward Tatum）用粗糙脉孢霉（*Neurospora crassa*）进行的突变实验，使基因和酶的关系得以阐明，并提出了“一个基因一个酶”的假说。

四、现代微生物学

1953 年，詹姆斯•沃森（James D. Watson）和弗朗西斯•克里克（Francis H. C. Crick）公布了 DNA 双螺旋结构模型，由此开创了分子遗传学时代，同时也推动了分子微生物学的发展，为表彰他们的杰出贡献，沃森、克里克与发现 DNA 三维结晶体的威尔金斯（Maurice H. F. Wilkins）三人被授予了 1962 年的诺贝尔生理学或医学奖。

从 20 世纪 40 年代开始，细菌成为生物化学研究的模式系统。1956 年，Helley、Khorana 和 Nirenberg 通过研究大肠杆菌蛋白质合成体系，在发现编码苯丙氨酸的三个碱基基础上，破译了全部遗传密码子，确认 DNA 链上的三联体密码子决定蛋白质分子中氨基酸的类别和序列，并指出生物体共用一套密码子。1961 年，Monod 和 Jacob 研究大肠杆菌乳糖代谢诱导酶形成机制时，发现乳糖代谢是由一套调节基因控制的，为此提出了操纵子学说，开启了微生物代谢调控的研究。

微生物学对 20 世纪 80 年代建立起来的 DNA 重组技术、PCR 技术、DNA 测序技术、DNA 杂交等技术具有重要的贡献，表现为：在微生物中发现和制备了进行上述操作所需的一系列酶，如限制性内切核酸酶、连接酶、反转录酶、DNA 聚合酶等，以及各种类型的质粒载体。在这一时期，由于许多新的实验工具的出现，微生物学发展走向成熟，并出现了许多新的分支学科，如微生物生化、微生物系统学、分子微生物学、微生物生态学等基础微生物学，以及医学微生物学、农业微生物学、土壤微生物学、工业微生物学、海洋微生物学、生物技术等应用微生物学。

1995 年，Venter 及其同事对第一个独立生活的细菌流感嗜血杆菌（*Haemophilus influenzae*）全基因组的测序完成，标志着细菌学研究达到了一个新的高度。随后，1996 年第一个自养生活的古生菌詹氏甲烷球菌（*Methanococcus jannaschii*）、1997 年第一个真核生物酿酒酵母（*Saccharomyces cerevisiae*）全基因组测序完成。DNA 测序技术的快速发展和计算能力的不断进步产生了巨大的基因组信息，基因组学的诞生推动了微生物学的进步，使分子微生物学进入了快速发展的轨道。例如，现在获得一个完整的细菌基因组序列只需几小时。在基因组学的基础上衍生出的转录组学、蛋白质组学和代谢组学，可以研究细胞中的 RNA、蛋白质及代谢表达，这些新兴技术已成为微生物学研究中的常规方法，人们可以从宏观角度了解微生物的全部信息。近年来，人工设计和制造生命，即所谓的“合成生物学”成为生命科学研究热点，微生物体系再度引起广泛关注，如 2010 年诞生了基于支原体的第一个人工合成细胞，微生物合成生物学正在形成；2017 年，由我国科学家成功完成了酿酒酵母 4 条染色体的从头设计和化学合成，初步实现了化学全合成基因组对真核生物的生命调控。

未来的微生物学无论是以微生物作为模式材料继续探讨生命现象，还是利用微生物技术解决人类面临的热点问题都具有重要意义。现代微生物学发展的趋势主要表现在以下几个方面：利用模式微生物揭示生命起源与生物进化，探究活细胞所需的最小基因组，为在实验室可控条件下人造生命的到来奠定基础；具有微生物特殊代谢途径及调控规律的研究将会继续成为热点，并随着系统生物学、合成生物学的发展，新型代谢途径及细胞工厂的创建将有重大突破，新的生物技术的诞生指日可待；面对突发性传染病和生物恐怖的威胁，病原微生物研究仍然是微生物学研究的重点问题；面对日益恶化的地球环境问题，探讨微生物在地球重要元素生物化学循环中的作用以及对环境变化的相应机制将成为微生物学家面临的巨大挑战。

知识点回顾

1. 微生物是形体微小、单细胞或个体结构较为简单的多细胞，甚至无细胞结构的低等生物的总称，包括普通细菌、古生菌、放线菌、蓝细菌、支原体、衣原体和立克次氏体；真菌、单细胞藻类、原生生物；以及病毒、亚病毒等。微生物具有体积小、比表面积大；吸收多、转化快；生长旺、繁殖快；适应性强；变异易；分布广、数量多等独特属性。

2. 微生物对人类是一把双刃剑，既有利又有弊，但更多的微生物对人类是有益的，甚至是必需的。

3. 罗伯特·胡克是发现微生物的第一人，列文虎克是发现并精确描绘微生物的第一人。法国的巴斯德和德国的科赫是微生物学的主要奠基人。

4. 到 20 世纪的中晚期，微生物学已形成了基础和应用两大类微生物分支学科。进入 21 世纪，微生物学与其他学科相互交叉、渗透，更加速了微生物学科的发展，使该学科驶入了分子微生物学快车道。

关键词

1. 微生物学（microbiology）：主要研究微生物生命活动规律、技术方法及开发应用的科学。

2. 路易斯·巴斯德（Louis Pasteur），法国人，最初为化学家，后转向微生物学研究，是微生物学的奠基人。其主要贡献是：①通过曲颈瓶实验彻底否定了自然发生说，建立了病原学说；②通过研究鸡霍乱，发现将病原菌减毒可诱发免疫性来预防鸡霍乱病，其后又研究了牛、羊炭疽病和狂犬病，首次制成狂犬疫苗，证实其免疫学说，为人类防病治病做出了重大贡献；③提出了一切发酵过程都是微生物作用的结果，并分离到了许多引起发酵的微生物，证实了乙醇发酵是由酵母菌引起的，还发现乳酸发酵、乙酸发酵和丁酸发酵是由不同细菌所引起的；④创建了低温消毒法。为进一步研究微生物的生理生化和工业微生物学奠定了基础。

3. 罗伯特·科赫（Robert Koch），德国人，是著名的细菌学家，曾经是一名医生，对病原细菌的研究做出了突出的贡献：①证实了炭疽芽孢杆菌是炭疽病的病原菌；②分离、培养了当时死亡率极高的传染性疾病肺结核病的病原菌，还因此获得了诺贝尔生理学或医学奖；③提出了证明某种微生物是否为某种疾病病原体的基本原则——科赫法则。同时对微生物基本操作技术也具有重要贡献，如细菌纯培养方法、配制多种培养基技术、建立细菌染色、显微观察技术等。科赫也是微生物学的奠基人。

4. 科赫法则（Koch's rule）：该法则是由德国学者科赫提出的一套验证病原菌是否为某种疾病病原的科学方法，即：①病原微生物肯定存在于患病个体中；②这种微生物可从患病个体中分离出来，并能纯培养；③将这种纯培养物接种到健康个体后，可导致相同的疾病；④从试验发病的个体中能重新分离、培养出这种病原微生物。

自测题

一、选择题

1. 属于非细胞微生物的是（　　）。
（A）支原体　（B）衣原体
（C）噬菌体　（D）立克次氏体

2. 在微生物学中提出采用化学治疗剂治疗传染病是由于（　　）。
（A）胡克的工作
（B）抗生素的发现
（C）阐明了 DNA 的结构
（D）遗传工程的诞生

3. 蓝细菌在生物进化过程中具有里程碑式作用的特征在于它们能进行（　　）。
（A）运动　（B）二分裂
（C）异养营养　（D）光合作用

4. 判断微生物群落中某种微生物是有益还是有害，首要利用的技术是（　　）。
（A）显微技术　（B）消毒灭菌技术
（C）纯种培养技术　（D）纯种分离技术

5. 主要研究病原细菌引起疾病的发生率和分布的科学家被称为（　　）。
（A）流行病学家　（B）细菌学家
（C）病因学家　（D）免疫学家

6. 人类对微生物的利用主要是利用它们的（　　）。
（A）复杂有机物的降解能力
（B）多种生化转化能力
（C）高效能量转化能力
（D）合成菌体蛋白质的能力

7. “一个基因一个酶”学说，开创了生化遗传学，该研究是以哪种微生物作为研究对象的（　　）。
（A）粗糙脉孢霉　（B）大肠杆菌
（C）T 系噬菌体　（D）酿酒酵母

8. 曾造成欧洲、北美等地区传播并死亡几千万人的黑死病，是由哪种微生物引起的（　　）。
（A）天花病毒　（B）禽流感病毒
（C）炭疽杆菌　（D）鼠疫杆菌

9. 发现人类第一个安全、实用、多效的抗生素——青霉素的学者是（　　）。
（A）弗莱明　（B）埃尔利希
（C）钱恩　（D）佛洛里

10. 人类利用微生物不能生产的食品是(　　)。
（A）酸乳酪　（B）食醋
（C）腐乳　（D）火腿肠

二、问答题

1. 科赫法则对微生物学的发展产生了什么影响？有人提出科赫法则不再合适了，但许多疾病的病因仍然未知，新的疾病仍在继续出现，你认为放弃科赫法则的时间到了吗？为什么？

2. 试阐述微生物“生长旺盛、繁殖速度快”的属性对微生物学基础理论研究和应用实践有何重要意义。

3. 观察到微生物的第一人是谁？为什么发表研究结果对于科学家来说是非常重要的？请说明理由。

4. 举例说明微生物学确是一门“后起之秀”的前沿学科。

5. 微生物具有“分布广、种类多、数量大”的特点，请从微生物代谢特点的角度来解释其原因。

答案：

开篇事件

1. 答：人体的基因型、饮食、环境、生活方式、健康等都可以导致个体之间肠道菌群的构成，但有实验证明肠道菌群受饮食的影响要比受基因型的影响更大，同时也发现，某些类型的肠道微生物是可遗传的，其在不同人群中发生变化是由于不同宿主之间的基因变异。

2. 答：人体肠道中定居着许多对人体有益的微生物，它们对人体健康具有重要影响，被称为“被遗忘的器官”，与人体的能量代谢及物质代谢有关。2007 年 12 月，美国国立卫生研究院（NIH）启动了人体微生物组计划（human microbiome project，HMP），旨在揭示人体微生物菌群结构变化与人体健康和疾病的关系。2010 年欧盟资助了“人类肠道宏基因组计划”，其目的是探索人类肠道中的所有微生物群落，了解肠道微生物物种的分布。目前已有多项研究表明，人体肠道微生物菌群失调可导致自身免疫性疾病、过敏反应、肥胖、肠炎、糖尿病等（答案不唯一）。

选择题：1. C　2. B　3. D　4. D
5. A　6. B　7. A　8. D
9. A　10. D

问答题：

1. 答：科赫法则对传染病的研究起了重要的推动作用，该法则不仅证明了特定微生物引起特定疾病，还运用了纯培养技术，纯培养技术为细菌学、遗传学及其他生物学科的发展提供了关键技术手段，是进行微生物学研究的最基本方法之一，极大地推动了微生物学的发展。从此之后，研究人员运用科赫法则，相继揭示了许多人类和动植物疾病的病因，为预防和治疗这些疾病奠定了基础。

虽然仍有许多疾病的病因未知，新的疾病仍在继续出现，但目前我们不能放弃科赫法则，因为它是一套科学验证方法，作为一种研究方法，可能会受到现代研究方法的冲击而显得意义不如从前，但是作为一种研究思路，对人们建立严谨的思维还是具有重要意义的。

2. 答：该属性对微生物学基础研究具有极大的优越性，可使科研周期大大缩短、占用空间减少、研究效率提高、使用经费降低。但这一特性对于病原微生物来讲，也会对人类、动植物带来危害和损失，所以要严格防范。

在应用实践上，这一属性特别是对发酵工业具有重要意义，可以缩短发酵周期，提高生产效率。例如，利用大肠杆菌生产某种产品，20min 就可繁殖一代，单罐发酵十几小时就可收获一次，这种收获指数是任何生物类群无法比拟的；另外，这种发酵不受季节和时间的限制，而且可以自动化控制，对当前面临的自然资源不断减少、环境不断恶化具有重要的现实意义。

3. 答：没有人能确切知道谁是第一个观察到微生物的人。但是显微镜的利用是在17世纪中叶(1665年左右)，一位名为胡克的英国科学家发明并使用了复式显微镜，对一片软木塞组织中的细胞进行了观察，在所观察的标本中看到一段真菌。17 世纪 70 年代初期一位名为列文虎克的荷兰商人制作了多台显微镜并对镜下的生物进行了仔细观察和记录，并在于1673年写给伦敦皇家协会的信中描述了他所看到的各种微动体中的原生动物、真菌和各类细菌的形态特征。因此，大多数人只知道列文虎克观察到了微生物的存在，而不知道胡克也看到过微生物。说明将研究结果发表出来，能使人们快速了解研究动态是非常重要的。可以说列文虎克开启了用显微镜观察微生物世界的时代，被认为是第一个精确描述微生物世界的人，而胡克是第一个观察到微生物的人。

4. 答：可从以下几个方面考虑：①微生物作为通用和最适研究对象；②微生物在重大基本理论研究中的出色贡献（如遗传物质基础的证实、突变本质的阐明、遗传密码的破译、操纵子学说的提出等）；③微生物学是分子生物学发展的基础；④微生物学方法技术的通用性；⑤微生物学理论、方法和技术，不但是现代生物工程和遗传工程的必要基础，而且也是发展工、农、医、环保等应用学科的必要基础。

5. 答：微生物独有的代谢特征决定了其“分布广、种类多、数量大”的特点，主要从以下几个方面来解释：①微生物具备其他生物所不具备的代谢途径和功能，如化能自养型、厌氧生活、生物固氮、非放氧光合作用等，这些特点可使微生物适应不同的环境条件。②微生物具有灵活的代谢调控机制，具有诱导酶，使微生物根据具体的环境条件，快速调节细胞代谢途径，产生适应生存和繁殖的物质和代谢酶类。③微生物具有繁殖快、易变异的特性，能产生大量后代，变异可产生大量种类。

（李明春）

第二章 原核微生物

开篇事件：破译革兰氏阴性菌的“命门”

革兰氏阴性菌与革兰氏阳性菌在细胞壁上的主要区别是具有复杂的外膜结构，而脂多糖（lipopolysaccharide，LPS）是外膜（outer membrane，OM）的主要成分，也是导致炎症和人体天然免疫反应的主要原因。人们对脂多糖的研究已有百余年历史，但直到 21 世纪初才发现细菌脂多糖的跨膜转运及在外膜上的组装由 7 个脂多糖转运蛋白（lipopolysaccharide transport protein，LptA-G）来完成，其中定位在外膜上的 LptD-LptE 膜蛋白复合体形成了“桶与塞子”结构，负责脂多糖生成的最后一步，即转运脂多糖跨过细菌外膜并在外膜上组装，因此该膜蛋白复合体是革兰氏阴性菌存活的关键。

2014 年我国科学家成功解析了该复合体，指出 LptD 的跨膜区是迄今发现的由最多 β 链组成、尺寸最大的单体 β 桶状膜蛋白，LptD 的 26 条 β 链中的第 1 条和第 26 条间形成了宽度为 16Å 的脂多糖出口，只允许脂多糖从细胞质进入，并侧向运输到脂双层中，中途由 LptE 进行方向调整，因此该位置就是革兰氏阴性菌的“命门”。此结果为设计攻击“超级细菌”药物奠定了基础。目前有公司以脂多糖转运组装复合体作为药物靶点研发新药，已进入临床二期试验。

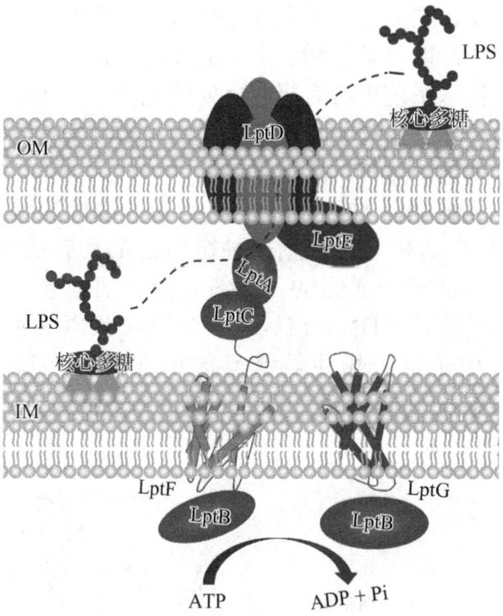

脂多糖（LPS）跨细菌外膜转运与组装示意图

思考题：

1. 请想一想，学习微生物的结构和功能对我们实际解决问题有什么作用？

2. 微生物耐药性问题目前是世界性的难题，试从微生物学角度，分析造成这一难题的原因。

参考文献：

莫婷，刘马峰，程安春. 2017. 部分革兰氏阴性菌脂多糖运输蛋白 LptD 的结构及功能研究进展. 微生物学通报，44（1）：217-224.

Qiao SA，Luo QS，Zhao Y，et al. 2014. Structural basis for lipopolysaccharide insertion in the bacterial outer membrane. *Nature*，511（7507）：108-111.

原核生物（prokaryote）与真核生物（eukaryote）的根本区别在于是否具有由核膜包裹的真正的细胞核。另外，原核生物还缺少真核生物中由单位膜分隔包围的功能分化的一些细胞器，如叶绿体、线粒体、高尔基体、液泡、溶酶体、内质网等内膜系统。原核生物都是单细胞生物，包括了三域系统中的细菌域和古生菌域的所有微生物，因此统称为原核微生物。

第一节 原核微生物细胞概述

一、原核微生物细胞组成

细菌（bacterium）和古生菌（archaea）都属于原核微生物，它们的形态和细胞结构非常相似，而在生理生化特性和分子水平上具有较大的差异，如复制、转录、翻译和中心代谢机制等方面存在不同。我们所说的细菌包括普通细菌、放线菌、蓝细菌、支原体、立克次氏体和衣原体等，它们存在于周围环境中，以及动植物、人类的体内和体表；而古生菌在生态系统中具有极其重要的地位，因为它们多生活于一些生存条件十分恶劣的极端环境中，如高温、高盐、高酸、高压等。

原核微生物细胞结构包括基本结构和特殊结构，基本结构是指任何一种微生物都具有的结构，是生命活动所必需的，如细胞壁、细胞膜、细胞质、核糖体、DNA 核区及一些颗粒状内含物；特殊结构是部分微生物具有的或在特殊环境下形成的结构，如荚膜、鞭毛、性毛、菌毛、芽孢等（图 2-1）。

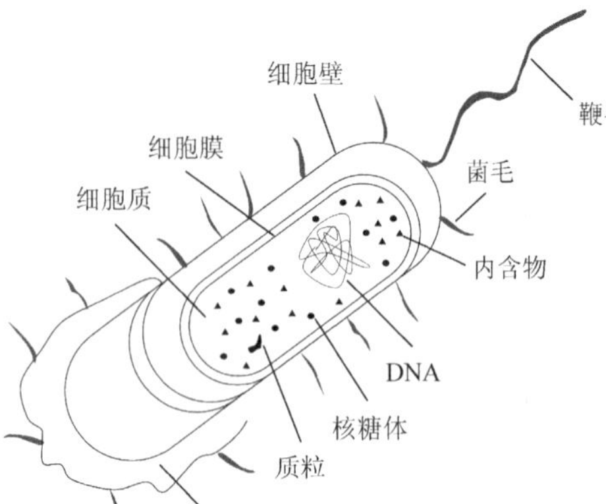

图 2-1 原核微生物的细胞结构

1. 细胞壁

目前除细菌中的支原体属（*Mycoplasma*）和古生菌中的热原体属（*Thermoplasma*）外，几乎所有的原核微生物都有一层坚韧、刚性的细胞壁（cell wall）。肽聚糖是细菌细胞壁所有的成分，而古生菌细胞壁组分较为复杂，既有假肽聚糖，也有糖蛋白、蛋白质等成分。细胞壁的主要作用是维持细胞所特有的形状；保护细胞免受各类损伤和渗透压危害；是细胞生长、分裂、运动所必需的结构；病原微生物的细胞壁还与其致病性、抗原性、抗生素敏感性有关。

2. 细胞膜

细胞膜（cell membrane）是将细胞与外界环境隔开的一层柔软而富有弹性的选择性半透膜。细菌细胞膜与其他真核细胞的细胞膜具有相同的结构和组成，主要由磷脂和蛋白质组成，两层磷脂整齐排列而具有流动性，亲水的头部面向膜表面，疏水的脂肪酸尾巴嵌入膜内，而蛋白质分散在磷脂分子之间，因此脂质双分子层犹如一“海洋”，外周膜蛋白可在其上做“漂浮”运动，而整合蛋白则似“冰山”状沉浸在其中做横向移动，由此构成了液态镶嵌模型（fluid mosaic model）。

细胞膜的主要功能是控制物质的内外运输。另外，因为原核微生物没有执行特定功能的细胞器，许多功能是由细胞膜来完成的，所以细胞膜上的蛋白质要比真核生物含量高，如载体蛋白、氧化磷酸化或光合磷酸化等能量代谢的酶蛋白都在细胞膜上，该部位就是细菌产能的场所。不仅如此，细胞膜还是合成细胞壁、鞭毛着生的重要部位，可以说细菌的细胞膜是一个多功能的“细胞器”。

古生菌的细胞膜与细菌的作用相同，但它的组成和结构更特殊（图 2-2）。表现为磷脂疏水部分不是长链脂肪酸，而是异戊二烯重复单位形成的烃链；烃链和甘油形成的是醚键而不是酯键；疏水双分子烃链尾部共价连接成二甘油四醚，这种脂单分子层膜可增强膜的强度，如嗜高温古生菌的细胞膜就是这种结构，同时，古生菌也可形成甘油二醚这种脂质双分子层的膜结构，而在有的古生菌中这两种膜结构可以同时存在。另外膜上含有多种独特脂质，如细菌红素、α-胡萝卜素、β-番茄红素、视黄醛、萘醌等，如嗜盐古生菌细胞膜中含有视紫红质分子，可通过分子构型变化进行光合磷酸化。

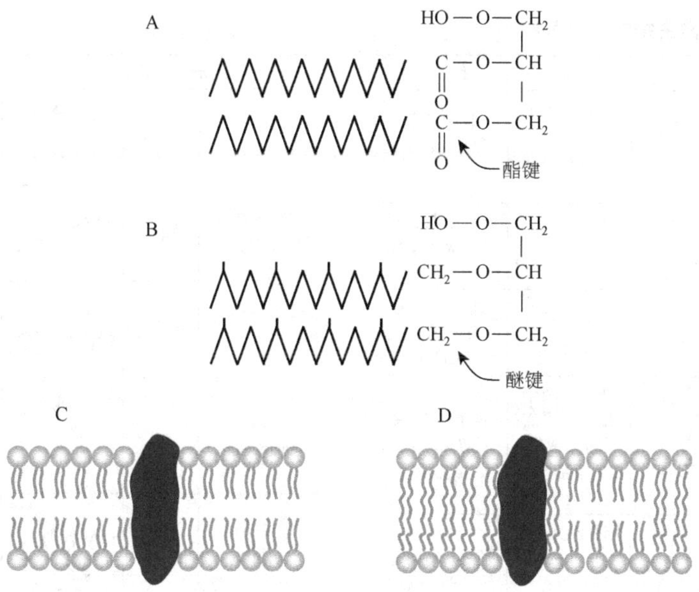

图 2-2　细菌和古生菌细胞膜的比较

A. 细菌脂质；B. 古生菌脂质中的甘油二醚；C. 细菌细胞膜由脂质双分子层构成；D. 古生菌细胞膜由脂单分子层或单、双分子层构成

3. 细胞质

原核微生物的细胞质（cytoplasm）是指细胞膜内除细胞核外的所有物质，大约 80%是水，其余为蛋白质、脂类、糖类、无机离子等胶体状物质。细胞质是酶发挥催化作用的媒介，许多合成代谢和分解代谢在此进行。细胞质还含有核糖体、颗粒状内含物以及细胞膜演变出的内膜结构，不同细菌细胞内的内含物及内膜结构也不尽相同，这些大分子无单位膜包裹，多以共价键与膜连接，所以细菌的细胞质是不流动的，这点与真核生物不同。细菌的核糖体（ribosome）由蛋白质和 RNA 组成，多以聚集成链状的多聚核糖体的形式存在，其沉降系数是 70S，含有 50S 和 30S 两个亚基，核糖体是蛋白质合成的场所，因此有些抗生素如链霉素和红霉素能特异性地结合 70S 核糖体，从而阻断细菌蛋白质的合成，达到杀死细菌的作用。

4. DNA 核区

原核微生物的细胞核没有核膜、核仁，仅是一核区（nuclear region），通常称为拟核（nucleoid），由大量 DNA、少量 RNA 和蛋白质组成，但缺少真核生物中的组蛋白。大多数原核微生物的 DNA 是以一条紧密的超螺旋、环状染色体形式存在，因此也将 DNA 核区称为细菌染色体（bacterial chromosome）或染色质体（chromatin body）。原核微生物的染色体较小，通过富尔根染色或吉姆萨染色可观察到核区，正常情况下，原核微生物只有一个核区，但在快速生长的菌体中，由于复制早于细胞分裂，可以观察到 2～4 个核区。但近些年发现，水生光合细菌球形红杆菌（*Rhodobacter sphaeroides*）、引起植物肿瘤的毛根农杆菌（*Agrobacterium rhizogenes*）、引起霍乱的霍乱弧菌（*Vibrio cholerae*）及猪布氏杆菌（*Brucella suis*）的部分菌株都有两个环状染色体。原核微生物中还含有游离于染色体之外的、小型环状 DNA 分子，称为质粒（plasmid），与染色体一起构成了原核微生物的遗传物质。

二、细胞形态的多样性

原核微生物细胞个体形态变化丰富、差异较大。最典型的形态是杆状、球状、螺旋状，分别称为杆菌、球菌和螺旋菌。球菌的大小用直径表示，为 0.5～1μm，杆菌和螺旋菌的大小以直径和长度表示，为（0.2～1）μm×（1～80）μm 和（0.3～1）μm×（1～50）μm。蓝细菌和放线菌还有丝状。除了上述的基本形态以外，还有柄状、方形、星形、三角形等特殊形态（表 2-1）。可以说，细胞的形状在一定程度上体现了其分裂方式，特别是球菌分裂后，子代在空间的不同排列常作为其分类依据，而杆菌的排列方式随生长阶段和培养条件的不同而发生改变，一般不作为分类依据，但其种类是原核微生物中最多的。当环境条件不适宜菌体生长或培养时间过长时，会造成菌体衰老、代谢异常，影响细胞的正常发育，这时细胞会出现梨形、丝状、分枝或膨大等异常形态，若培养条件恢复，形态也会恢复至正常形态。

表 2-1　原核微生物的形态和特点

形态、排列			特点	代表菌
球状（coccus）	单球菌	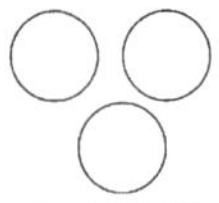	细胞沿一个平面分裂后，子细胞单独存在	脲微球菌（*Micrococcus ureae*）
	双球菌	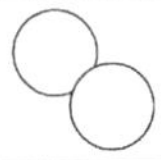	子细胞成双存在	淋病奈瑟氏球菌（*Neisseria gonorrhoeae*）
	链球菌		子细胞排列成链状	乳酸链球菌（*Streptococcus lactis*）
	四联球菌	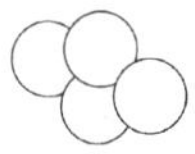	细胞沿两个相互垂直的平面分裂后，4 个子细胞呈正方形排列	四联微球菌（*Micrococcus tetregenus*）
	八叠球菌		细胞沿三个相互垂直的平面分裂，8 个子细胞叠成一个立方体	尿素八叠球菌（*Sarcina ureae*）
	葡萄球菌	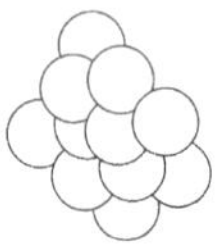	细胞随机分裂，子细胞不规则地聚集在一起，像一串串葡萄	金黄色葡萄球菌（*Staphylococcus aureus*）
杆状（rod）	单杆菌		两端钝圆	铜绿假单胞菌（*Pseudomonas aeruginosa*）
		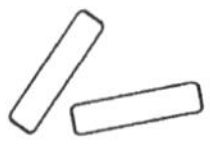	两端整齐	炭疽芽孢杆菌（*Bacillus anthracis*）
			一端呈棒槌状	破伤风梭菌（*Clostridium tetani*）
		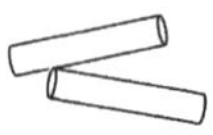	末端呈棍棒状	白喉棒杆菌（*Corynebacterium diphtheriae*）
	链杆菌		排列成长链状	巨大芽孢杆菌（*Bacillus megaterium*）

续表

形态、排列			特点	代表菌
螺旋状（spirillum）	弧菌		弯曲成逗号状	霍乱弧菌（*Vibrio cholerae*）
	螺菌		细胞壁坚硬，螺旋数 2～6 环	迂回螺菌（*Spirillum volutans*）
	螺旋体		菌体柔软，螺旋数大于 6 环，内鞭毛	紧卷螺旋体（*Spirochaeta stenostrepta*）
丝状（filamentous）				天蓝色链霉菌（*Streptomyces coelicolor*）
星状（star）				土壤星状菌（*Stella humosa*）
扁平四方状（square）				*Haloquadratum walsbyi*

原核微生物细胞的群体形态是指单个微生物细胞大量繁殖后，在固体培养基表面或内部形成肉眼可见、有一定形态结构的菌落（colony）。同一种微生物在不同成分的培养基上生长所形成的菌落特征不同，但若在固定的条件下，如培养基成分、培养温度、培养时间等，则菌落所呈现的形状、大小、颜色、纹饰等特征是不变的，可作为菌种分类鉴定的依据。例如，菌落形状有圆形、纺锤形、假根状、不规则状、丝状；表面有光滑、皱缩、颗粒状、龟裂状、同心圆状；质地有油脂状、膜状、黏稠、干燥；菌落边缘整齐、卷曲、波状、裂叶状、锯齿状、丝状；颜色有白色、无色或各种颜色等。

第二节　原核微生物的细胞壁

由丹麦学者 Christian Gram 于 1884 年发明的一种鉴别不同类型细菌的染色方法——革兰氏染色，可将原核微生物分为革兰氏阳性菌（Gram-positive bacterium，G^+）和革兰氏阴性菌（Gram-negative bacterium，G^-）两大类群。该方法的原理在于这两类细菌细胞壁化学成分的差异导致物理特性的改变，使细胞经结晶紫和碘染色后，在用乙醇脱色时，结晶紫保留在细胞内的为革兰氏阳性菌，而革兰氏阴性菌的结晶紫被洗掉，细胞褪色。再用碱性品红复染后，革兰氏阴性菌则呈粉红色，革兰氏阳性菌仍为紫色。革兰氏染色方法不仅反映出这两大类群细菌分类上的区别，也反映出它们在系统进化、细胞结构与功能、生理代谢、遗传变异、生态及致病性等方面的差别。

革兰氏阳性菌细胞壁厚，组成和结构简单，主要由肽聚糖、磷壁酸组成，肽聚糖构成了网格致密的三维网状结构，磷壁酸作为介质与肽聚糖结合；而革兰氏阴性菌细胞壁薄，化学组成和结构较为复杂，脂多糖是其主要组成成分，只有极薄的肽聚糖网状结构（图 2-3，表 2-2）。

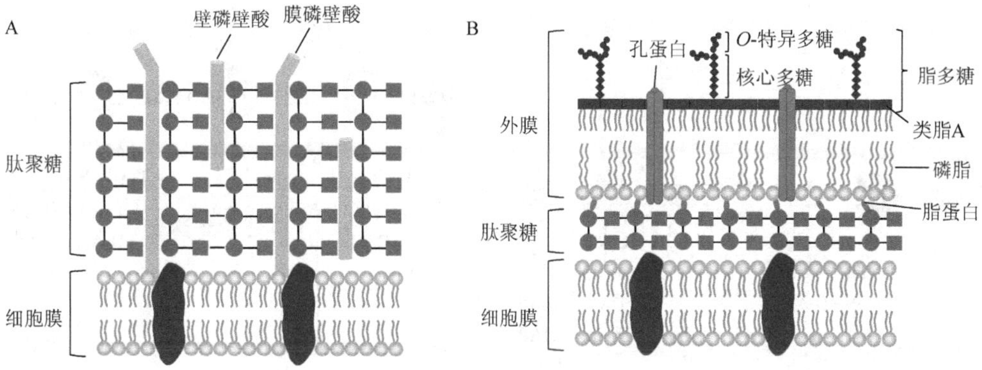

图 2-3 细菌细胞壁的结构

A. 革兰氏阳性菌；B. 革兰氏阴性菌

表 2-2 革兰氏阳性菌与革兰氏阴性菌细胞壁特征的比较

特征	革兰氏阳性菌	革兰氏阴性菌
肽聚糖	厚，层多	薄，一般单层
磷壁酸	常有	无
外膜	无	有
脂多糖	无	有
类脂和脂蛋白	少见	多
周质空间	无	有
鞭毛结构	有 2 个环	有 4 个环
产毒素	外毒素为主	内毒素为主
机械抗性	强	弱
抗溶菌酶	弱	强
青霉素、磺胺敏感性	敏感	不敏感
链霉素、氯霉素、四环素敏感性	不敏感	敏感
染料、去污剂敏感性	敏感	不敏感
干燥抗性	强	弱
产芽孢能力	部分产	不产

一、肽聚糖

肽聚糖（peptidoglycan）也称胞壁质（murein）、黏肽（mucopeptide），是细菌细胞壁特有成分，由肽聚糖单体以网状形式交联而成的一种酸性多糖。肽聚糖单体由肽和聚糖两部分组成，聚糖由 *N*-乙酰胞壁酸（*N*-acetylmuramic acid，NAM）和 *N*-乙酰葡糖胺（*N*-acetylglucosamine，NAG）通过 β-1, 4-糖苷键交替连接聚合形成主链，NAM 又与 L-Ala-D-Glu-L-Lys（DAP）-D-Ala 4 个氨基酸连成的四肽尾交联作为侧链。这些 D 型氨基酸在细菌细胞壁之外很少出现，它可保护肽聚糖免受肽酶的攻击。在革兰氏阳性菌中，第三位氨基酸为赖氨酸；而在革兰氏阴性菌中为二氨基庚二酸（diaminopimelic acid，DAP）（图 2-4）。另外，在革兰氏阴性菌相邻主链的四肽尾间没有氨基酸形成的肽桥，而是一条肽尾的末端 D-Ala 与另一条肽尾的第三个 DAP 直接连接，如大肠杆菌；而革兰氏阳性菌相邻主链的四肽尾之间通过肽桥连接，四肽尾中的任何一种氨基酸都可以出现在肽桥中，但从不出现支链氨基酸（芳香氨基酸、含硫氨基酸、组氨酸、精氨酸、脯氨酸等），如金黄色葡萄球菌的肽桥为 5 个甘氨酸形成的五肽。所有细菌中肽聚糖的整体结构非常保守，只是不同的细菌，在肽桥上存在差异，由此导致了肽聚糖分子的多样性。因为四肽尾连接在 NAM 上，肽尾之间也是交联连接，所以肽聚糖分子形成的三维网状结构类似建筑物的钢筋结构，赋予了细胞壁刚性与弹性。肽聚糖对许多化学物质具有抗性，但可被溶菌酶（lysozyme）降解，因该酶可以切断 NAG 和 NAM 之间的 β-1, 4-糖苷键；青霉素也可破坏正在生长的细菌肽聚糖的合成，使细菌无法形成完整的细胞壁而死亡。

二、革兰氏阳性菌的细胞壁

革兰氏阳性菌的细胞壁有较厚的肽聚糖层，厚可达 20～80nm，肽聚糖占细胞壁组分的 90%。另外 10%为磷壁酸（teichoic acid），是革兰氏阳性菌细胞壁上特有的一种酸性多糖，为核糖醇磷酸或甘油磷酸的多聚体，通过 NAM 的 6 位羟基以磷酸二酯键与肽聚糖相连或与细胞膜上的脂类相连，分别称为壁磷壁酸和膜磷壁酸。磷壁酸的主要功能是赋予细胞负电性，吸附二价阳离子（如 Mg^{2+}），保持细胞局部的离子环境，提供噬菌体吸附位点。

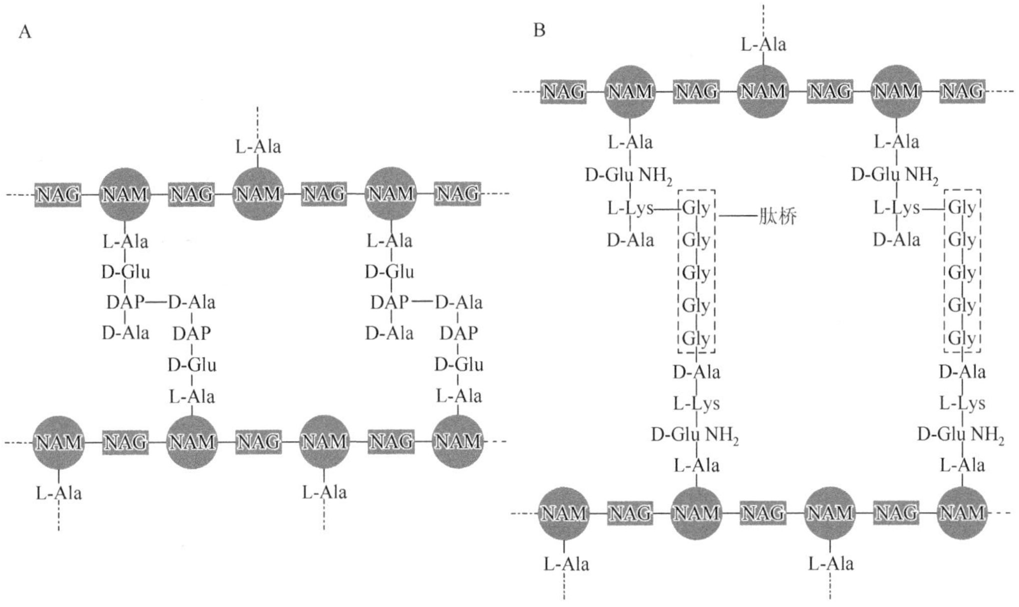

图 2-4　大肠杆菌（A）和金黄色葡萄球菌（B）的肽聚糖结构

三、革兰氏阴性菌的细胞壁

革兰氏阴性菌细胞壁无论是在组成上还是在结构上都比革兰氏阳性菌复杂得多。仅有的 1～2 层肽聚糖层不与外界直接接触，而是漂浮在周质空间中，其含量约占细胞壁总重的 10%，其余部分是多糖、蛋白质和脂类。因此交联度低、网孔大，抗机械能力较革兰氏阳性菌弱。

革兰氏阴性菌细胞壁最外层称为外膜（outer membrane），它与细胞膜一样具有脂质双分子层构成的液体流动镶嵌模型，不同的是，外膜不仅含有磷脂和蛋白质，还含有脂类和多糖紧密相连形成的脂多糖（lipopolysaccharide，LPS）复合物，该结构和成分是革兰氏阴性菌所特有的。外膜的主要功能是作为细菌的保护屏障，阻止有毒物质的进入，同时防止胞内成分的外流，因为膜上还有许多孔蛋白（porin）和转运蛋白形成了物质进出的通道。

脂多糖是外膜的主要组成成分，具有抗原性，是病原菌的致病因素，因此在描述埃希氏菌属（*Escherichia*）、沙门氏菌属（*Salmonella*）、志贺氏菌属（*Shigella*）、假单胞菌属（*Pseudomonas*）、奈瑟氏球菌属（*Neisseria*）和嗜血菌属（*Haemophilus*）的致病性时，LPS 与内毒素（endotoxin）的含义相当。不同种属的细菌，其 LPS 组分不同，由类脂 A（lipid A）、核心多糖（core polysaccharide）和 *O*-特异多糖（*O*-specific polysaccharide）三部分组成（图 2-5）。类脂 A 是革兰氏阴性菌内毒素的物质基础，是菌体感染造成致病性的原因，它可引起高烧、血管扩张、血压急速下降。类脂 A 的长链脂肪酸通过氨酯键与磷酸化葡糖胺组成的双糖相连，双糖以共价键连接在核心多糖上。核心多糖组成恒定，由己糖、庚糖和酮脱氧辛糖酸组成，功能与磷壁酸相似，是噬菌体特异吸附位点，使细菌表面呈负电性，可吸附 Mg^{2+}、Ca^{2+}等阳离子以提高其在细胞表面的浓度。与核心多糖相连的是 *O*-特异多糖，也称 *O*-抗原（*O*-antigen）、菌体抗原（somatic antigen），由四糖重复单位组成，其组成因细菌种属的不同而不同，决定了菌体表面抗原决定簇的多样性，如沙门氏菌属的抗原型多达 2107 种，一般都源自 *O*-特异侧链种类的变化。这种多变性是致病菌躲避宿主免疫系统攻击，保持感染成功的重要手段。

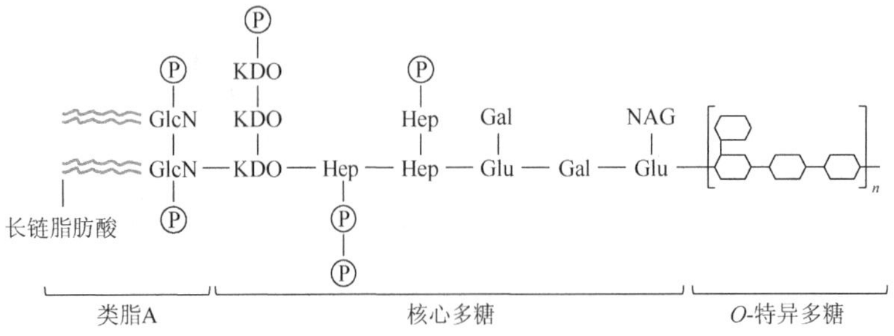

图 2-5　脂多糖结构

GlcN. 葡糖胺；KDO. 酮脱氧辛糖酸；Hep. 庚糖；Glu. 葡萄糖；Gal. 半乳糖；NAG. *N*-乙酰葡糖胺

长期被革兰氏阴性菌感染的患者，在感染后期再使用抗生素治疗会带来很大的危险，原因是革兰氏阴性菌被杀死后因其细胞壁裂解释放出大量LPS（内毒素），可能会引起病情恶化，导致患者死亡。

四、缺壁细菌

缺壁细菌是指自然进化过程中或实验室菌种自发突变后形成的缺少细胞壁的细菌，如 L 型细菌、支原体；另外也可以通过人为去除细胞壁获得缺壁细菌，如原生质体、原生质球（表 2-3）。

表 2-3 4 种缺壁细菌的对比

项目	L 型细菌	支原体	原生质体	原生质球
英文名	L-form of bacterium	mycoplasma	protoplast	spheroplast
缺壁原因	自发突变，因最初是在李斯特（Lister）研究所发现而得名	长期自然进化	用溶菌酶或青霉素人工去壁	用溶菌酶或青霉素人工去壁
缺壁程度	无壁	无壁	基本去除	部分去除
繁殖能力	有，稳定遗传	有	无	无
其他特征	过滤型细菌，固体培养呈“油煎蛋”状小菌落	细胞膜含有固醇	球形，对渗透压敏感；可用于育种和外源 DNA 转化	
能否恢复细胞壁	能，去除诱发因素，如抗生素等	不能	能	能
菌种实例	变形杆菌、葡萄球菌、链球菌、分枝杆菌和霍乱弧菌等 20 多种细菌	各种支原体	大多数革兰氏阳性菌	大多数革兰氏阴性菌

五、古生菌的细胞壁

除热原体属（*Thermoplasma*）没有细胞壁外，古生菌的细胞壁具有与细菌类似的功能，但它们的结构和化学组成差异较大。例如，甲烷杆菌属（*Methanobacterium*）细胞壁具有与肽聚糖相似的化合物，但它的骨架是由 *N*-乙酰葡糖胺（NAG）和 *N*-乙酰塔罗糖胺糖醛酸（*N*-acetyltalosaminuronic acid，NAT）通过β-1, 3-糖苷键交替连接而成的，肽尾由 L-Glu、L-Ala 和 L-Lys 三个 L 型氨基酸组成，肽桥则由一个 L-Glu 组成，因此称为假肽聚糖（pseudopeptidoglycan）（图 2-6）。其他古生菌的细胞壁组成也不相同，如甲烷八叠球菌属（*Methanosarcina*）细胞壁由独特的杂多糖组成；盐球菌的细胞壁由硫酸化多糖组成；盐杆菌的细胞壁由糖蛋白组成；甲烷球菌属、甲烷螺菌属的细胞壁由蛋白质组成。

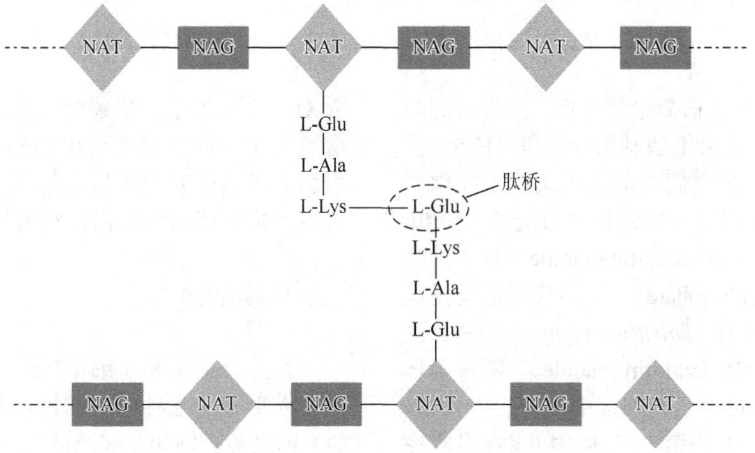

图 2-6 假肽聚糖的结构

S 层（S-layer）是古生菌最普遍的细胞壁类型，由蛋白质或糖蛋白构成类结晶表面层，呈现六边形、四边形、三边形等对称形态。S 层作为细胞与外界环境的界面，起到选择性分子筛的作用，允许小分子物质通过，而阻止大分子物质。

第三节　原核微生物细胞内部结构

不像真核微生物，原核微生物缺少真正的细胞器，其细胞内部除含有核糖体、拟核等结构外，还存在一些颗粒状的称为内含物的亚细胞结构，以及进化出来的辅助原核微生物生化过程的内膜系统。但不同原核微生物细胞的内含物及内膜结构也不尽相同。某些细菌有时还含有芽孢。

一、内含物

内含物（inclusion）是各种有机或无机化学成分累积而成的不溶性沉淀颗粒，其功能是贮存营养和能量，也称颗粒状贮藏物（reserve material），可由一层脂类或蛋白质组成的薄膜包围，将内含物与细胞质分开，如聚β-羟基丁酸颗粒、糖原和硫粒等；也可无膜包裹游离于细胞质中，如多聚磷酸盐颗粒和藻青素颗粒。这些内含物具有调节营养物质合理利用、维持细胞内环境的平衡等功能，同时人类可以大量积累和利用这些内含物。

固氮菌、产碱菌和肠杆菌等原核微生物可合成聚β-羟基丁酸（poly-β-hydroxybutyrate，PHB），用于贮藏碳源和能源。聚合物单体中碳原子数变化较大（C_4～C_{18}），又将该物质统称为聚β-羟基烷酯（poly-β-hydroxyalkanoate，PHA）（图 2-7）。由于该物质具有无毒、易降解的特性，是环境友好型医用塑料、生物降解塑料的良好原料。

A
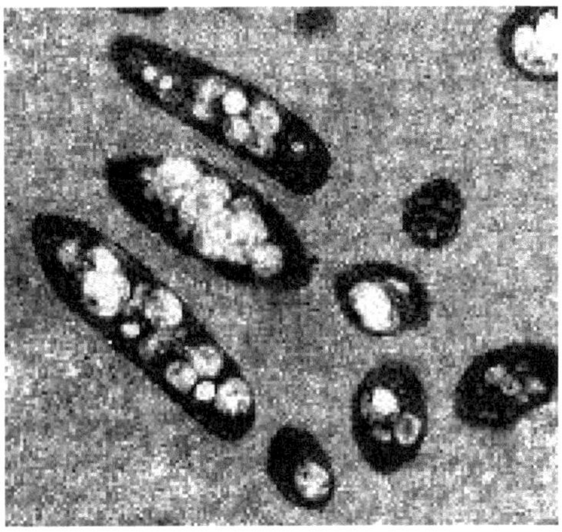
B
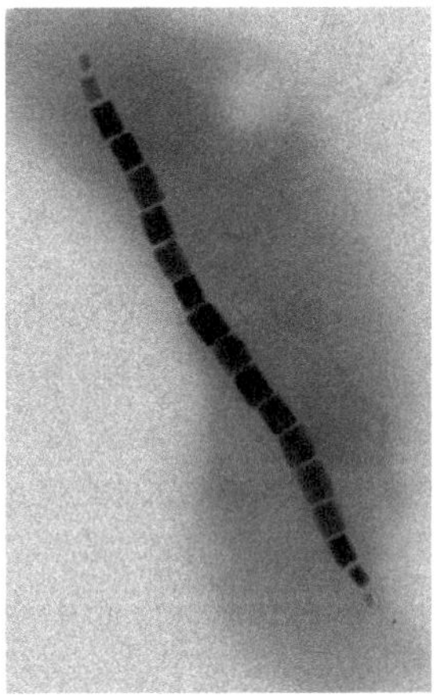

图 2-7　菌体中的 PHA（A）和磁小体（B）（潘永信，2011）

糖原（glycogen）是葡萄糖聚合物，作为碳源和能源的贮藏库。一些光合细菌利用硫化氢（H_2S）作为电子供体，产生的元素硫以颗粒形式积累在周质空间或细胞质内，形成的这种颗粒称为硫粒（sulfur globule）。异染粒（metachromatic granule）是一种聚磷酸盐化合物（polyphosphate），可为代谢活动提供磷酸盐，因在迂回螺菌（*Spirillum volutans*）中首次发现，所以也称迂回体（volutin granule）。藻青素颗粒（cyanophycin granule）是蓝细菌中独有的内含物，可贮存氮源和能源。在细菌中上述颗粒相当多，在环境中这些物质丰富时，常在细胞内以颗粒状物质积累起来；当环境中缺乏时，颗粒被氧化而重新被细菌利用。

磁小体（magnetosome）是从趋磁细菌中发现的一种特有结构，细胞内含有大小均匀、数目不等的Fe_3O_4颗粒，外由一层磷脂、蛋白质或糖蛋白膜包裹。含有磁小体的细菌表现出趋磁性（magnetotaxis），可引导细菌向有利于生存的环境运动。利用磁小体可生产定向药物和生物传感器等。

二、内膜结构

在光合细菌和蓝细菌的细胞质中存在由细胞膜演变而形成的几种内膜结构，具有光合作用和固定CO_2的功能。例如，红螺菌属（*Rhodospirillum*）、绿菌属（*Chlorobium*）等不放氧光合细菌中的载色体（chromatophore），其上含有菌绿素和类胡萝卜素等光合色素及光合磷酸化所需的酶类和电子传递体，是光合作用的部位。类囊体（thylakoid）是片层结构，有规律地以同心圆式排列，复杂且多层，其上含有叶绿素 a 和藻胆素（phycobilin）等光合色素颗粒及酶类，是蓝细菌进行光合作用的场所。某些自养细菌如蓝细菌、硝化细菌和硫杆菌等细胞中形成多角形或六角形的内膜结构，称为羧酶体（carboxysome），是固定 CO_2 的场所。

一些水生光合细菌和蓝细菌具有刚性且充满气体的特殊结构，称为气泡（gas vesicle）。气泡内由数排柱形小空泡（气泡囊）组成，被蛋白质膜包裹，该膜的外表面亲水，而内侧绝对疏水，故气泡只透气而不透水。这些生物通过调节气泡中的气体含量控制细胞处于最佳水层位置，以获得适宜生存的最适营养和光源。

在某些革兰氏阳性菌的电镜照片中可以看到细胞中部有细胞膜内陷折叠而成的管状、层状或囊状构造，称为中体（mesosome）或间体。但后被证明可能是在电镜制片过程中产生的赝像。

三、芽孢

细胞在生长后期，营养处于匮乏时，在少数细菌，特别是梭菌属和芽孢杆菌属的微生物可以在细胞质中形成一种圆形、厚壁、含水量极低、抗逆性极强的休眠体结构，称为芽孢或内生孢子（endospore），也简称为孢子（spore）。但与真菌的孢子不同，细菌的芽孢由细菌的营养细胞分化而来，一个细菌只形成一个芽孢，是帮助菌体存活的休眠体，而真菌可产生大量的孢子，是菌体的繁殖体。

芽孢是整个生物界中抗逆性最强的生命体，具有较强的抗高温、抗干燥、抗辐射、抗化学试剂的特性，因此在食品和医学上将能否消灭芽孢作为衡量各种消毒灭菌手段的最重要指标，由此也促进了高效灭菌技术的发展。芽孢可在环境恶劣的条件下存活相当长的时间，但当条件适宜时，可以重新萌发转变为营养态细胞。芽孢与营养细胞相比化学组成存在较大差异，见表 2-4。

表 2-4　芽孢与营养细胞的区别

名称	芽孢	营养细胞
抗热、辐射和化学物质能力	高	低
代谢强度	低	高
钙含量	高	低
吡啶二羧酸	有	无
小酸溶性蛋白	有	无
mRNA 含量	低或无	有
溶菌酶敏感性	无	敏感
含水量	低，10%～25%	高，80%以上

芽孢的最外侧称为胞外壁（exosporium），往里依次为芽孢衣（spore coat）、皮层（cortex）、核心（core），核心部分包括芽孢壁、芽孢质膜、芽孢质、拟核、核糖体和其他细胞生命活动必需物质（图 2-8）。芽孢衣对多价阳离子和水分的透性很差，而皮层占芽孢体积的一半，其离子强度高，产生极高的渗透压可夺取芽孢核心的水分，其结果造成皮层的充分膨胀，芽孢核心部分高度失水，保持干燥，由此增强了芽孢的耐热性，这就是所谓的“渗透调节皮层膨胀学说”阐明的芽孢耐热机制。同时芽孢含有的吡啶二羧酸钙（calcium-dipicolinic acid，DPA-Ca）、小酸溶性蛋白（small acid-soluble protein，SASP）等可能都是芽孢耐热的重要原因。

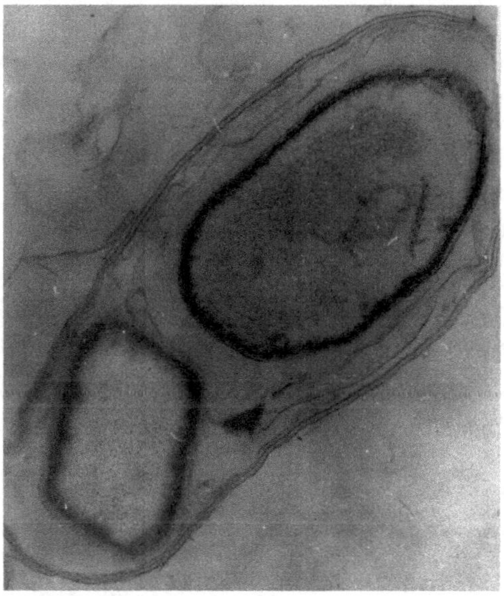

图 2-8　苏云金芽孢杆菌的芽孢（上部）及伴孢晶体（下部）

芽孢的形成是一种特化的细胞分裂，其过程可分为 7 个阶段。①DNA 浓缩，轴丝的形成（0.25h）：DNA 移动到细胞的中轴线并紧密缠绕。②隔膜形成（4h）：细胞膜内陷，细胞不对称分裂，小体积部分为将发育成前芽孢。③前芽孢形成（5.5h）：母体细胞吞噬小部分原生质体形成前芽孢，前芽孢双层隔膜形成。④皮层形成（6.5h）：经脱水，折光率增高，积累钙和吡啶二羧酸。⑤芽孢衣形成（8h）：进一步脱水，产生吡啶二羧酸钙和小酸溶性蛋白。⑥芽孢形成（0.5h）：皮层合成完成，芽孢成熟，抗热性和化学物质特性出现。⑦芽孢释放：芽孢囊裂解，芽孢游离出来。

大约 50 个基因及其产物经过 7～8h 完成了芽孢形成，这些基因和蛋白质具有时间及空间上的协调性。在适宜条件下，芽孢转化为营养细胞的萌发过程，需经过活化（activation）、萌发（germination）、生长（outgrowth）等步骤，但整个过程只需几分钟。

苏云金芽孢杆菌（*Bacillus thuringiensis*）除能产生芽孢外，还能产生一种称为伴孢晶体（parasporal crystal）的物质（图2-8），它是一种δ内毒素，可以杀死鳞翅目、双翅目和鞘翅目等200多种昆虫幼虫，现已开发成微生物杀虫剂，俗称“BT”，是世界上产量最大的微生物杀虫剂。

第四节　原核微生物细胞表面结构

有的原核微生物细胞表面除了细胞壁之外，还具有荚膜、鞭毛、菌毛、性毛等特殊结构，这些结构赋予了微生物不同的功能。

一、荚膜

某些原核微生物体表分泌的黏液状或胶质状的物质称为糖被（glycocalyx），其化学组成是多糖或蛋白质，是细胞外碳源和能源性储存物质。根据厚度不同，其名称也不同，如较厚的有固定形状的称为荚膜（capsule），薄而疏松无明显形状的称为黏液层（slime layer）。

有荚膜的菌体菌落表面湿润、光滑，而无荚膜的菌落表面干燥、粗糙。只有特定的一些细菌或某种细菌在特定的环境才形成荚膜，如炭疽芽孢杆菌（*Bacillus anthracis*）在体外培养时不产生荚膜，而当感染动物时，就会产生蛋白质组成的荚膜，它能抑制宿主产生抗体、抵抗吞噬细胞的吞噬作用，促进细菌侵入宿主后扩张繁殖，因此，一些病原菌都具有荚膜，可增强其致病性。荚膜虽是菌体细胞的非必需结构，但由于具有很强的吸水性，因此可保护细胞免受干燥影响，还能抗有害物质的损伤，有利于菌体的生存。有的细菌形成的黏液层可将许多菌体细胞连接在一起，相互作用形成生物膜，提高了细胞的黏附能力，如变异链球菌依靠黏液层将其黏附在牙齿表面，形成牙菌斑，引起龋齿。

荚膜可被开发利用，如野油菜黄单胞菌（*Xanthomonas campestris*）黏液层含有大量胞外多糖（图 2-9），开发出的黄原胶产品可用作食品添加剂，也可用作多种工业产品的品质改良剂，最具应用潜力的是作为石油开采的钻井泥浆处理剂和注水驱油的增黏剂，以提高原油采收率。从肠膜明串珠菌（*Leuconostoc mesenteroides*）糖被中提取多聚糖可制备代血浆。另外，产生糖被的细菌能形成活性污泥，在污水处理中这些微生物具有分解、吸附和沉降有害物质的作用。

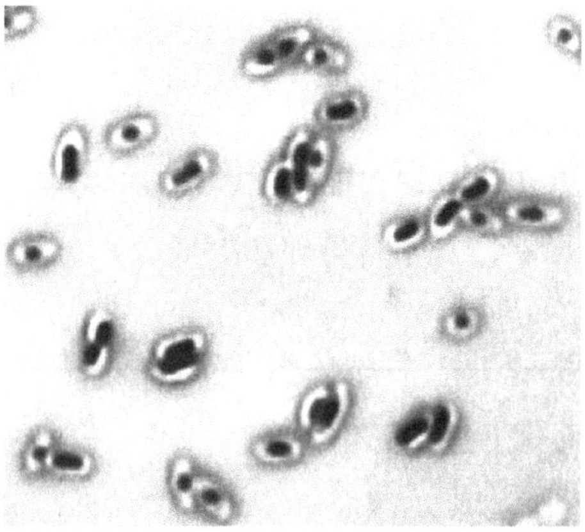

图 2-9　野油菜黄单胞菌的荚膜

二、鞭毛

原核微生物最常见的是依靠鞭毛进行运动，所有的螺菌和弧菌、多数杆菌和少数球菌如动性球菌属（*Planoeoccus*）都具有鞭毛（flagellum）。这些菌体的细胞表面着生一至数十根长丝状、螺旋形的附属物，具有推动细菌运动的功能，是细菌的“运动器官”。有的鞭毛遍布整个菌体表面称为周生鞭毛（peritrichous flagellum），如大肠杆菌、伤寒沙门氏菌；也有极生鞭毛（polar flagellum），若单根鞭毛只着生在菌体的一端的称为单端极生鞭毛（monot- richous flagellum），如霍乱弧菌（*Vibrio cholerae*），而单根鞭毛分别着生在菌体的两端，则称为两端极生鞭毛（amphitrichous flagellum），如空肠弯曲杆菌（*Campylobacter jejuni*）；从生鞭毛（lophotrichous flagellum）是在细胞的一端着生一簇鞭毛，如铜绿假单胞菌（*Pseudomonas aeruginosa*）。因此是否具有鞭毛、鞭毛的特征及着生位置可作为细菌分类鉴定的依据。

鞭毛可在相差显微镜下或经过特殊染色在光学显微镜下观察到。细菌鞭毛由鞭毛丝、钩形鞘和基体三部分组成（图 2-10），鞭毛丝（filament）是中空坚硬的圆柱体，由鞭毛蛋白（flagellin）螺旋状排列而成；钩形鞘（hook）连接鞭毛丝与基体部分，该区域短而弯曲，由单独类型的蛋白质组成；基体（basal body）结构最为复杂，由一组环围绕一中心杆组成。在革兰氏阴性菌中L环和P环分别与细胞壁上的脂多糖层和肽聚糖层相连（革兰氏阳性菌缺少这两个环），而MS环和C环分别嵌入细胞膜和细胞质中，另外驱动鞭毛运动的Mot蛋白和Fli蛋白深埋在细胞膜中。

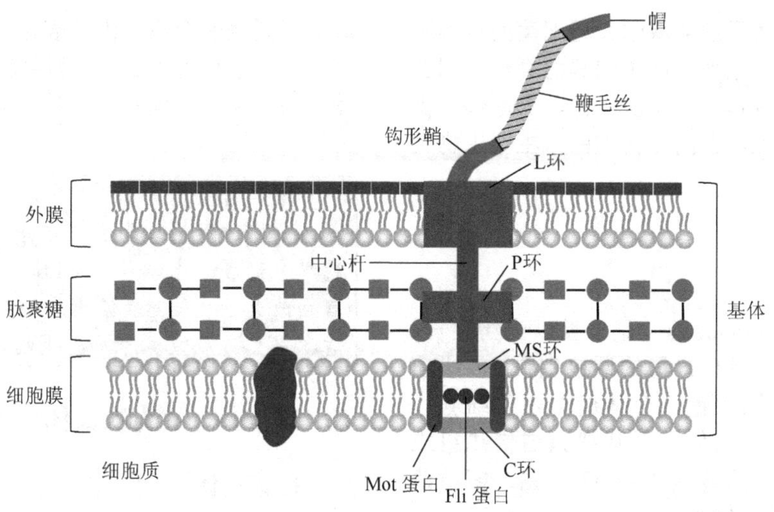

图 2-10 细菌鞭毛的结构

鞭毛的合成首先在 MS/C 环上进行，然后按照 Mot 蛋白、P 环、L 环、钩形鞘的顺序合成蛋白质，钩形鞘的顶端有一个帽子蛋白，可引导鞭毛蛋白穿过通道在鞭毛末端形成新的鞭毛丝。鞭毛的合成是一个自我组装的过程，以顶端延伸的方式进行生长。

细菌鞭毛的运动方式是旋转式，根据鞭毛着生的部位分为两种运动方式：①周生鞭毛。当鞭毛逆时针成束旋转时，推动菌体向前快速直线运动（run）；当顺时针旋转时导致鞭毛散开，使得菌体原地随机翻滚（tumble）重新定向，随后又回到逆时针旋转状态使菌体向新的方向运动。②极生鞭毛。通过鞭毛旋转，菌体从一个地方运动到另一个地方，并依靠旋转方向的改变来改变菌体的运动方向。鞭毛运动所需的能量来自于质子动势，质子通过 Mot 蛋白形成的一个穿越质膜的质子通道进行穿膜运动，来驱动鞭毛运动，鞭毛每旋转一次需要约 1000 个质子。对于缺少鞭毛的原核微生物可通过滑行的方式在物体表面迅速移动，如蓝细菌可借助分泌的黏液、约氏黄杆菌（*Flavobacterium johnsoniae*）通过细胞壁蛋白吸附在物体表面进行移动。

运动是鞭毛最基本的功能，是实现细菌趋性的手段。趋性（taxis）是指生物体对环境中的不同物理、化学或生物因子进行有方向性的应答运动。根据环境因子性质的不同，可分为趋化性（chemotaxis）、趋光性（phototaxis）、趋氧性（oxygenotaxis）和趋磁性（magnetotaxis）等。例如，细菌向有利于生长的营养物质运动时，要完成这种趋化性首先需要菌体的“感觉器官”感知到环境中的这种营养物质；然后由“信号处理系统”将这一信号传递给鞭毛；最后由鞭毛部位决定鞭毛旋转的方向，做出适宜的反应。另外，鞭毛还与病原菌的致病性有关，可应用鞭毛进行细菌的快速鉴定和细菌性疾病疫苗的研究。

三、菌毛

一些病原菌菌体表面生长着比鞭毛更细、更短的中空发丝状附属物，称为菌毛（fimbria），一般每个菌体有 250～300 条，由菌毛蛋白（pilin）组成。菌毛的功能不是运动，而是帮助病原菌黏附在宿主的消化道、呼吸道、泌尿道等黏膜上，然后进一步定殖和致病。例如，没有菌毛的淋病奈瑟氏球菌（*Neisseria gonorrhoeae*）菌株很少引起淋病，而有菌毛的菌株具有高度的感染性，它们可以附着在泌尿生殖系统的上皮细胞上，使其菌落化，增加其致病性。这样的菌株还能附着在精子细胞的表面，传播给其他个体。

四、性毛

在某些革兰氏阴性菌中发现构造和成分上与菌毛相同，但比菌毛长，数量仅一根或几根的丝状物，它连接两个细胞，是细菌接合时遗传物质 DNA 转移的通道，因此称为性毛（pilus 或 sex pilus）（见第七章）。有的性毛还是 RNA 噬菌体的特异性吸附受体。

第五节 原核微生物其他主要类群

已知的原核微生物有数千种，根据 16S rRNA 序列分析结果，将这些生物分为细菌域和古生菌域，本章前几节主要讲述了细菌域中普通细菌的结构和功能，本节将重点介绍细菌域中的其他类群，即放线菌、蓝细菌、螺旋体、立克次氏体、衣原体、支原体等的生物学特征，并简介古生菌域主要生物类群的生物特征。

一、放线菌

放线菌（Actinomycetes）是一类以菌丝生长、孢子繁殖、具有高 G + C 含量的原核生物。放线菌细胞壁主要成分为肽聚糖，个体形态是单细胞、多拟核、多分枝的丝状体，因其细胞结构和组成与普通细菌相似，故又称为丝状 G^+细菌。多数菌落质地致密、干燥、较小，并因菌落呈放射状而得名。放线菌通过分生孢子丝形成的分生孢子进行繁殖，孢子丝的形状和排列方式可作为放线菌分类的依据。

放线菌分布在中性偏碱性土壤中。在发现的天然抗生素中，约 2/3 由放线菌产生，其中 90%由链霉菌属（*Streptomyces*）不同的菌种产生，如链霉素、四环素、红霉素、氯霉素等，所以说放线菌特别是链霉菌属是天然抗生素的主要生物来源，有的放线菌还可生产维生素、酶制剂，在甾体转化、石油脱蜡、烃类发酵、污水处理等方面放线菌也发挥着重要的作用。

二、蓝细菌

蓝细菌（Cyanobacteria）曾被称为蓝藻、蓝绿藻，是光合细菌中种类最多、数量最大的一类原核生物，但与营光合作用的光合细菌有本质的不同，蓝细菌进行的是放氧型光合作用，被认为是地球上生命进化过程中第一个产氧的光合生物，对地球从无氧到有氧的转变、真核生物的进化起着里程碑式的作用，故被称为“功勋微生物”。同时因其抵抗力强，具有固氮能力，可在贫瘠沙滩荒岩上生长，所以也被称为“先锋生物”。

蓝细菌的细胞形态差异较大，按照单细胞、细胞群体、无分枝丝状体、分枝丝状体、有异形胞丝状体可将蓝细菌分成 5 个亚群，因此细胞形态在蓝细菌的分类中具有重要作用。由于蓝细菌含有进行光合作用的叶绿素 a 和藻胆素等色素，其细胞呈现蓝绿色，故称为蓝细菌。蓝细菌除具有气泡、类囊体、羧酶体等特有结构外，还有一种称为异形胞（heterocyst）的结构，是其进行固氮的场所。当环境中缺乏硝酸盐或铵盐时，在蓝细菌丝状体的中间或顶端有 5%～10%的营养细胞细胞壁加厚、变大分化形成异形胞，分化后的细胞失去了光合作用，激活了固氮酶合成基因的表达，合成的固氮酶用于固氮。除了自生固氮外，蓝细菌中的念珠藻、鱼腥藻还与真菌形成地衣共生体，也具有明显的固氮能力。

氮磷含量增加，可造成水体富营养化，蓝细菌在湖泊中过度繁殖形成“水华”（water bloom），海洋中形成“赤潮”（red tide）的自然生态现象。蓝细菌大量生长后，使水中的含氧量降低，有毒物质积累，造成鱼类等水生生物死亡。

三、螺旋体、立克次氏体、衣原体、支原体

1. 螺旋体

螺旋体（Spirochete）是一类具有独特形态结构和运动机制的特殊革兰氏阴性菌。其形态细长、柔软呈螺旋状，菌体由内向外的构成是原生质柱、周质内生鞭毛和外鞘，其中细胞壁和质膜包裹的原生质柱是螺旋体细胞的主要部分，而外鞘具有保护菌体的功能，若外鞘破损，则菌体死亡。螺旋体运动性很强，采用内生鞭毛驱动的旋转运动方式带动菌体的蠕动或旋转运动。

引起梅毒的苍白密螺旋体（*Treponema pallidum*）是人们所熟知的，但大多数螺旋体是非病原菌，对人类致病的螺旋体主要分布在密螺旋体属（*Treponema*）、疏螺旋体属（*Borrelia*）和钩端螺旋体属（*Leptospira*）。我国于 2003 年完成了问号钩端螺旋体（*Leptospira interrogans*）黄疸出血群赖型 56601 株的全基因组测序，它引起的钩端螺旋体病是一种典型的人兽共患病。

2. 立克次氏体

立克次氏体（Rickettsia）是一类以节肢动物，如虱、蜱、螨、蚤等为传播媒介，专性真核活细胞内寄生（除战壕热立克次氏体外）的革兰氏阴性菌。立克次氏体细胞结构与细菌类似，但生活方式又类似于病毒，因其产能代谢途径不完整，能量和所需营养要从宿主细胞获得，所以这类病原菌首先寄生在节肢动物消化道表皮细胞中，然后通过节肢动物叮咬和排泄物传播给人或其他动物，引起人类斑疹伤寒、恙虫热和 Q 热等严重的传染病。

3. 衣原体

衣原体（Chlamydia）是能通过细菌滤器、在真核细胞内营严格专性能量寄生的小型革兰氏阴性病原菌。衣原体与立克次氏体结构和特性类似，但其细胞更小，无滤过性，完全缺乏独立的产能系统，必须从宿主细胞内获取能量、酶类和一些小分子化合物。衣原体具有独特的生活周期，存在原体（elementary body）和始体（initial body）两种形式，具有感染力的原体经空气传播，通过胞吞、胞饮作

用或受体介导等方式进入宿主细胞，长大的原体丧失了感染性而转化为具有繁殖能力的始体，经二分裂形成了大量新的原体，宿主细胞破裂后释放出原体，继续感染新的宿主细胞。

衣原体不需媒介可直接感染动物和人类，一些种可引起人类沙眼、泌尿生殖道、呼吸道感染等疾病。我国微生物学家汤飞凡是首个利用鸡胚卵黄囊接种法成功分离培养出沙眼衣原体的科学家。

你知道吗？1906年，落基山斑疹热在蒙大拿州已造成许多人死亡，芝加哥大学病理学副教授H. T. Ricketts通过豚鼠动物实验发现是由一种很小的微生物通过蜱传播给人而致病的。后来他到墨西哥研究墨西哥斑疹伤寒时同样发现一种类似于落基山斑疹热的微生物可在猴子身上致病，也是通过蜱传染。由于在实验中不幸被蜱叮咬，H. T. Ricketts于1910年死于斑疹伤寒。后来人们为纪念他，以他的名字命名了这类病原体为Rickettsia。同期还有一位名为Stanislans von Prowazek的学者也因研究该病，被病原菌感染而死，为纪念这两位为科学研究而献身的学者，因此将这种病原体命名为普氏立克次氏体（*Rickettsia prowazekii*）。

4. 支原体

支原体（Mycoplasma）属于无壁细菌，其基因组小于600kb，是在宿主细胞外能自主生长繁殖的最小生物。从分子系统学来讲，支原体属于革兰氏阳性菌，但因没有细胞壁，其革兰氏染色呈阴性；因没有坚硬的细胞壁，其细胞形态多样，有球形、杆形和梨形，还有具分枝的菌丝状，故称支原体；因没有细胞壁，对影响细胞壁合成的抗生素（如青霉素、头孢菌素）表现出抗性，如肺炎支原体引起的肺炎需改用其他抗生素治疗。

四、古生菌

人们多认为古生菌指的是那些嗜热、嗜冷、嗜盐等嗜极微生物。其实几十年前在人类的消化道中就发现了产甲烷的古生菌，后来陆续在森林、土壤、湖泊等发现细菌的地方同样也发现了古生菌的存在。它在细胞形态、构造上与细菌较为接近，同属原核生物；但在进化谱系上却更接近于真核生物，因此Carl Woese根据16S rRNA序列分析结果，提出了独立于细菌和真核生物之外的第三种生命形式——古生菌（archaea）。目前来讲，对古生菌的生理、生化、生态等方面的了解还远不及大肠杆菌和酿酒酵母等微生物，但这种生命类型对高温、高盐、高酸、高寒、高压等极端环境下生命生存机制及极端微生物的开发应用是目前人们研究的热点问题。

古生菌分为泉古生菌门（Crenarchaeota）和广古生菌门（Euryarchaeota）。泉古生菌门的成员多为嗜极菌（extremophiles），包括硫还原球菌属（*Desulfurococcus*）、硫化叶菌属（*Sulfolobus*）、热网菌属（*Pyrodictium*）、热变形菌属（*Thermoproteus*）等大部分的超嗜热菌，它们的最适生长温度都在80℃以上；还包括一些在南极寒冷地区发现的嗜冷菌。硫黄矿硫化叶菌（*Sulfolobus solfataricus*）和深海热网菌（*Pyrodictium abyssi*）是这个门中人们所熟知的两个种，前者分离自意大利那不勒斯附近火山区的温泉中，既是超嗜热菌也是嗜酸菌，可生长在pH 3的酸性环境中；后者分离自深海的黑烟囱（black smoker），其最适生长温度为97～105℃，甚至在110℃也能生长，是专性厌氧、嗜热、嗜酸菌，该菌以氢为能源，硫为电子受体，所以能很好地生长在含硫化物、含氢的高温海底火山裂缝中。

广古生菌门类群多样，既有嗜热菌也有嗜盐菌，还有产甲烷菌（methanogen）。例如，激烈火球菌（*Pyrococcus furiosus*）是一种超级嗜热菌，是*Pfu* DNA聚合酶的生产菌株，可与水生栖热菌（*Thermus aquaticus*）生产的*Taq* DNA聚合酶在PCR反应中相互替代，但这两种DNA复制酶的特性具有较大差异。嗜盐菌包括盐杆菌属（*Halobacterium*）、盐球菌属（*Halococcus*）、嗜盐碱球菌属（*Natronococcus*）等。这些菌最显著的特点是需要高浓度的NaCl环境，其最适生长浓度为3～4mol/L NaCl（17%～23%），甚至在接近饱和盐浓度（36%）中也能生长。紫膜是极端嗜盐古生菌特有的细胞结构，是这类古生菌进行独特光合作用的基础。产甲烷菌是广古生菌门中生理特性最为多样的类群，有嗜热、嗜酸、嗜盐、喜温等产甲烷菌类型，但它们共同的特点是能在无氧条件下，将一碳化合物或乙酸转化成甲烷。模式菌株詹氏甲烷嗜温球菌（*Methanocaldococcus jannaschii*）是少数几个已完成基因组测序的产甲烷菌古生菌，该菌是以研究深海微生物学闻名的Holger Jannasch科学家名字命名的，该菌分离自西太平洋的白烟囱（white smoker）中，该环境是一个富含二氧化碳、氢气和多种矿物质的高温高压无氧环境。

知识点回顾

1. 原核微生物包括细菌域和古生菌域。原核细胞与真核细胞结构最大的不同是缺乏真正的细胞核和由膜包裹的细胞器。原核细胞除了具有细胞壁、细胞膜、细胞质、核糖体、核区和内含物等基本结构外，还具有荚膜、鞭毛、芽孢等特殊结构。

2. 细菌与古生菌的细胞壁差异较大。肽聚糖是细菌细胞壁特有成分，革兰氏阳性菌和革兰氏阴性菌肽聚糖构造基本相同，只是在四肽尾的第 3 个氨基酸和肽桥的有无上具有差别。除了肽聚糖外，革兰氏阴性菌还具有一个外膜结构，主要由脂多糖、蛋白质和磷脂组成。溶菌酶和青霉素能破坏细菌的细胞壁。而古生菌的细胞壁有多种类型，包括假肽聚糖、各种多糖及由糖蛋白和蛋白质构成的 S 层细胞壁，可以保护古生菌细胞免受渗透性水解。

3. 原核细胞含有硫、聚磷酸盐、碳链聚合物、磁小体等内含物，其功能是贮存物质、提供能量、趋磁作用。

4. 有些原核微生物细胞中还有由细胞膜演化出的内膜结构，如载色体、类囊体、羧酶体及气泡，这些结构具有光合作用、固定 CO_2、赋予细胞浮力的功能。

5. 某些革兰氏阳性菌的营养细胞可以分化形成抗逆性极强的芽孢。芽孢由胞外壁、芽孢衣、皮层、核心组成，核心高度脱水并含有营养细胞缺乏的吡啶二羧酸钙、小酸溶性蛋白等保护剂。芽孢是休眠体，在适宜条件下，可萌发成营养细胞。

6. 某些原核细胞表面具有荚膜、黏液层、菌毛、性毛、鞭毛等结构，这些结构具有保护菌体免受宿主攻击、抵抗干燥、附着、遗传物质交换、运动等功能。

7. 放线菌是以菌丝状生长、孢子繁殖、陆生性较强的一类原核微生物，是产生抗生素的主要生产菌；蓝细菌含有叶绿素 a，能进行产氧光合作用，有特化的异形胞，进行固氮作用；螺旋体、立克次氏体、衣原体、支原体多数是人和动物的病原菌，特点是代谢能力差，多数为细胞内寄生的小型原核生物。

关键词

1. 菌落（colony）：单个微生物在适宜的固体培养基表面或内部生长，繁殖到一定程度可以形成肉眼可见的、有一定形态结构的子细胞生长群体，称为菌落。

2. 肽聚糖（peptidoglycan）：肽聚糖是细菌细胞壁的特有成分，由大量肽聚糖单体以网状形式交联而成。肽聚糖单体含肽与聚糖两种成分，其中的肽为四肽尾和肽桥，聚糖则由 *N*-乙酰葡糖胺和 *N*-乙酰胞壁酸以 β-1, 4-糖苷键相互交联而成。G^+细菌和 G^-细菌的肽聚糖结构稍有不同。

3. 脂多糖（lipopolysaccharide，LPS）：是位于革兰氏阴性菌细胞壁最外层的一种较厚（8～10nm）的类脂多糖类物质，由类脂 A、核心多糖和 O-特异侧链（O-多糖，O-抗原）三部分组成，是 G^-细菌致病物质内毒素的成分。O-特异侧链赋予该分子抗原性，类脂 A 是内毒素呈现毒性的物质基础。

4. L 型细菌（L-form of bacterium）：指在实验室或宿主体内通过自发突变而形成的遗传性稳定的细胞壁缺陷菌株。因最初发现的念珠状链杆菌是在英国李斯特研究所被发现而得名。

5. 原生质体（protoplast）：是指 G^+细菌被溶菌酶或青霉素分子处理后所形成的无壁、只由细胞膜包围、对渗透压敏感的球形细胞。

6. 聚 β-羟基丁酸（poly-β-hydroxybutyrate，PHB）：是一种存在于某些细菌细胞内的一类颗粒状内含物，由许多 β-羟基丁酸分子聚合而成，不溶于水，具有贮藏能量、碳源和降低细胞内渗透压等功能。可用于制造可降解塑料。

7. 芽孢（endospore）：也称内生孢子，是产生芽孢的细菌在其生长发育后期，在细胞内形成的一个圆形或椭圆形、壁厚、含水量极低、抗逆性极强的休眠体。

8. 荚膜（capsule）：是糖被的一种。存在于某些细菌最外层、具有固定层次的胶状物质，一般为多糖或蛋白质。荚膜具有保护菌体免受干旱损伤或被宿主免疫活性细胞吞噬的功能。

9. 鞭毛（flagellum）：某些细菌细胞表面着生的一至数十条长丝状、螺旋形、可旋转的蛋白质附属物，具有推动细菌运动的功能，为细菌的"运动器官"。由基体、钩形鞘和鞭毛丝三部分组成。鞭毛在细菌表面的着生方式有一端生、两端生、周生和侧生等数种，它是细菌鉴定中的重要指标。

10. 放线菌（Actinomycetes）：是一类主要以菌丝生长、以分生孢子繁殖、具有高 G＋C 含量的陆生性很强的原核生物。革兰氏染色阳性，属于真细菌范畴。

11. 蓝细菌（Cyanobacteria）：是含叶绿素 a，进行放氧型光合作用的原核生物。由于抵抗力和固氮能力，可在贫瘠沙滩荒岩上生长，称为"先锋生物"。

12. 立克次氏体（Rickettsia）：是以节肢动物（如虱、蜱、螨、蚤）为传播媒介、在许多方面类似细菌的专性真核活细胞内寄生（除战壕热立克次氏体外）的革兰氏阴性菌。以发现并为此研究而献身的芝加哥大学病理学副教授 H. T. Ricketts 的名字命名，该病原体是人类斑疹伤寒、恙虫热和 Q 热等严重传染病的病原体。

13. 衣原体（Chlamydia）：是一类能通过细菌滤器，在真核细胞内营严格专性能量寄生的小型 G^-原核生物，是我国微生物学家汤飞凡首次从沙眼病灶中分离的。

14. 支原体（Mycoplasma）：又称类菌质体，是自然界中天然无细胞壁、介于独立生活和细胞内寄生生活方式间的最小型的原核生物，形态多样，多数寄生，少数腐生。

15. 古生菌（archaea）：是一个在进化途径上很早就与细菌和真核生物相互独立的生物类群，具有独特的16S rRNA序列，细胞壁含假肽聚糖、糖蛋白或蛋白质，细胞膜脂由醚键连接，主要包括一些生态类型独特的极端微生物（嗜盐、超嗜热、无细胞壁热原体等）和产甲烷菌等。

自测题

一、选择题

1. 革兰氏阳性菌细胞壁中，所特有的化学成分是（　　）。

（A）肽聚糖　（B）磷壁酸
（C）脂蛋白　（D）脂多糖

2. 在部分革兰氏阴性菌致病菌，如淋病奈瑟氏球菌中，（　　）是其致病性的重要物质基础。

（A）鞭毛　（B）性毛
（C）纤毛　（D）菌毛

3. 在细菌的芽孢皮层和芽孢核心中，有一种特殊的与其抗热性有关的物质是（　　）。

（A）DPA-Ca　（B）PHB
（C）m-DAP　（D）小酸溶性蛋白

4. 具有细胞壁的生物是（　　）。

（A）支原体　（B）衣原体
（C）热原体　（D）原生质体

5. 主要由节肢动物如虱、蜱、螨等进行传播的原核微生物是（　　）。

（A）衣原体　（B）支原体
（C）立克次氏体　（D）螺旋体

6. 细菌更容易形成芽孢的条件是（　　）。

（A）营养过剩　（B）环境恶劣
（C）形成菌落　（D）繁殖需要

7. 在原核微生物中，具有固定CO_2功能的结构是（　　）。

（A）羧酶体　（B）类囊体
（C）载色体　（D）迂回体

8. 甲烷杆菌属于（　　）。

（A）细菌　（B）放线菌
（C）古生菌　（D）蓝细菌

9. 大肠杆菌的鞭毛类型属于（　　）。

（A）单端极生鞭毛　（B）两端极生鞭毛
（C）周生鞭毛　（D）丛生鞭毛

10. 衣原体中具有繁殖能力的结构是（　　）。

（A）始体　（B）包涵体
（C）原体　（D）核糖体

二、问答题

1. 如何制备革兰氏阳性菌的原生质体？

2. 请指出：磷壁酸、吡啶二羧酸钙、m-二氨基庚二酸（m-DAP）、植烷甘油醚和甘油磷脂5种化合物分别较大量出现在细菌或古生菌细胞的什么结构中？

3. 很多抗菌药物是通过抑制菌体细胞壁的生长而发挥作用的，你认为这是一个药物开发的方向吗？

4. 所有的细菌都能运动吗？如果能运动，它们是怎样运动的？

5. 为什么蓝细菌在自然界分布非常广泛？

答案：

开篇事件

1. 答：这是一道开放性的问题，答案不唯一。不同类群的微生物有其共有结构和特殊结构，而这些结构在微生物体中都具有各自的功能，只有了解了它们之间的异同点，我们才能有针对性地加以开发和利用，避免盲目性。

例如，在疾病与健康方面：微生物对人类的最重要的影响之一是导致疾病的发生，因此，研究微生物的结构与功能是预防疾病的第一步。以前，由于人们并不了解细菌、真菌等致病微生物的结构与致病机制，临床大量使用广谱抗生素，造成耐药菌的产生，人类健康受到新威胁。随着人们对微生物结构、功能和其基因组研究的深入，致病菌的遗传机制、一些重要功能基因以及变异规律不断被解析，在此基础上科学家可以设计新的疫苗和药物作用靶点，开发抗病毒、抗真菌和抗细菌药物，为疾病的预防和临床治疗提供新思路和新方法。

2. 答：微生物耐药性的产生是自然界进化的必然结果，这在抗生素等抗微生物药物问世前就存在。微生物的耐药性主要分为固有耐药性和获得耐药性：固有耐药性是指微生物对某些药物天然不敏感。例如，绿脓杆菌对多种抗生素有天然耐药性；金黄色葡萄球菌有少数菌株可产生青霉素酶，对青霉素G有天然耐药性；获得耐药性是指微生物DNA/RNA的改变导致其获得耐药性表型。耐药性微生物的耐药基因来源于基因突变或可以通过接合、转导或转化等方式获得。而影响耐药性发生率有三个主要因素：药物使用的剂量、耐药基因自发突变率和转移状况。近些年来，临床上抗感染药物的大量使用产生了巨大的药物选择压力，也在一定程度上加快了微生物耐药性的适应进化。

选择题：1. B　2. D　3. A　4. B
5. C　6. B　7. A　8. C
9. C　10. A

问答题：

1. 答：将革兰氏阳性菌置于37℃培养过夜、收集、离心、洗涤后，用溶菌酶除去原有细胞壁；或在生长旺盛的菌体培养液中加入青霉素抑制新生细胞壁的合成；这样就能得到仅有一层细胞膜包裹的圆球状、对渗透压敏感的细胞（注意在去除细胞壁的过程中，应使菌体始终处于高渗缓冲体系中）。

2. 答：磷壁酸大量出现在革兰氏阳性菌细胞壁中；吡啶二羧酸钙大量出现在细菌的芽孢中；m-二氨基庚二酸（m-DAP）大量出现在革兰氏阴性菌细胞壁肽聚糖分子中；植烷甘油醚大量出现在古生菌细胞膜中；甘油磷脂大量出现在细菌细胞膜中。

3. 答：应该是药物开发的一个方向，因为人体细胞是没有细胞壁的，而无论是细菌还是真菌大多数都是有细胞壁的，因此这个药物就只造成细菌细胞壁合成受损，从而使细菌不能正常生长，而对人体细胞没有作用，这样该药物对人体造成的毒性很小，适于临床应用。

4. 答：不是所有的细菌都能运动，因为不是所有的细菌都具有鞭毛，如大部分球菌没有鞭毛就不能运动。金黄色葡萄球菌感染人体时，它不能主动运动到人体的各个部位。

细菌的运动是借助于鞭毛来完成的。细菌的鞭毛通过旋转推动菌体运动，周生鞭毛菌通过鞭毛逆时针和顺时针旋转使菌体向前直线运动或原地随机翻滚，而极生鞭毛则依靠鞭毛旋转方向的改变来改变菌体的运动方向。鞭毛运动所需的能量来自于质子动势。

5. 答：因为蓝细菌的营养类型为光能自养型，进行放氧型光合作用；有的具有固氮作用；菌体外面包有胶质层，可保持水分，耐受干燥能力强；可与多种植物共生，这些特点都使得蓝细菌广泛分布于自然环境。

（李明春）

第三章 真核微生物

开篇事件：美国超30万人感染美洲锥虫病！

中新社休斯敦2014年11月10日报道，美国热带医学和卫生学会警告，美洲锥虫病（Chagas disease）正肆虐美国，估计已有逾30万人受感染。该病潜伏患者体内初期没有症状，但病情恶化时可能导致心脏衰竭或其他致命疾病而死亡，治疗已起不到任何作用，因此被称为无声的疾病，又称“新艾滋病”。

病原体：属于真核微生物中原生生物界（Protista）眼虫门（Euglenozoa）动基体目（Kinetoplastida）锥虫属的克氏锥虫（*Trypanosoma cruzi*）。主要分布于南美和中美，故此病又称美洲锥虫病。传染媒介为锥蝽（是我们常说的“臭虫”的一种）。

传染途径：吸血的锥蝽叮咬人类的皮肤并留下粪便，粪便内的克氏锥虫便可通过伤口或口、眼黏膜进入人体。该病也可经血液感染。

病程：人体感染后的初期症状包括发烧、腹泻、呕吐、淋巴结肿大及肝、脾肿大，持续4～5周则转为慢性期。常在感染10～20年后最终发病，导致心脏衰竭或其他致命并发症而死亡。

治疗与风险：目前尚无特效药物治疗。美洲锥虫病正向世界其他地方慢慢扩散，包括欧洲和亚洲部分国家，日本和韩国曾有输入性病例报道。因此，未来我国也有输入风险。

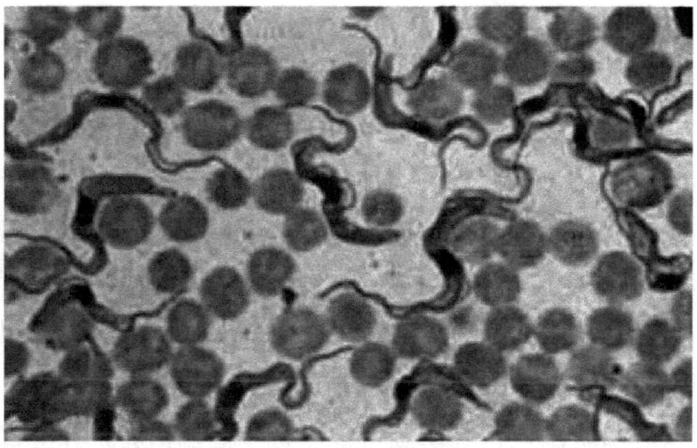

克氏锥虫的锥鞭毛体

锥鞭毛体生存于血液（或锥蝽的后肠）内，外形弯曲如新月状，后生鞭毛。球状体为红细胞

思考题：

美洲锥虫病的传播途径是什么？为何会让人与可怕的艾滋病扯上联系？有没有传播到我国的风险？

微生物横跨生物界中的三个重要域，即细菌域、古生菌域和真核生物域。细胞核（nucleus）的存在是真核生物的重要标志，凡是细胞核具有核膜、细胞进行有丝分裂、细胞质中存在具有不同功能细胞器（organelle）的生物均称为真核生物（eukaryote）。真核微生物(eukaryotic microbe)是低等的真核生物，比原核微生物的细胞结构复杂，细胞的各种功能不同程度地定位于由膜包围而形成的细胞器，包括细胞核、细胞膜、线粒体、核糖体、叶绿体、液泡、内质网、高尔基体、溶酶体和过氧化物酶体等。具有真核细胞的微生物类群主要包括真菌、原生生物（图 3-1）。在这些真核微生物中，尽管细胞类型和细胞功能是各种各样的，但它们却有共同之处，即细胞的许多功能都通过细胞器表现出来。一个细胞不是原核就是真核，不会有中间类型，由原核细胞演变为真核细胞要经过一个相当长的进化阶段。

- 真核微生物
  - 真菌
    - 丝状真菌——霉菌
    - 单细胞真菌——酵母
    - 高等真菌——蘑菇
    - 共生真菌——地衣
    - 菌根真菌——球囊菌
  - 原生生物
    - 管毛生物——卵菌、硅藻、褐藻、金藻
    - 泡状生物——顶复类、沟鞭藻类和纤毛类
    - 眼虫类——眼虫类和动基体类
    - 变形虫——内变形虫、裸变形虫和黏菌
    - 丝足虫——放射虫、有孔虫和绿蜘藻
    - 绿藻——衣藻、栅藻、团藻、水绵等

图 3-1　真核微生物主要类群图

真核生物是由原始的原核细胞间的内共生演化而来。真核生物进化是一种辐射状的，而且这种进化辐射是在系统发育早期同时发生的。因此认为真核微生物是真核生物进化过程中由原核微生物细胞之间内共生演化而来。真菌、原生生物和单细胞藻类等真核微生物，从个体形态、群体形态、营养吸收、代谢类型、遗传特性和生态分布等方面，都展现出一幅多样性的画面。

第一节　真核微生物的细胞结构与功能

真核微生物是低等的真核生物，细胞结构比原核生物复杂、比真核生物原始。真核细胞的一个重要特征是含有由原生质膜包被的细胞器，原核细胞内不存在这些细胞器。细胞所行使的各项功能均由细胞器完成，细胞是真核生物最小的功能单位。

因为真核微生物并非是由单一的祖先进化而来，所以细胞结构也就有显著的不同。例如，细胞是否具有线粒体而营好氧生活和厌氧生活；是否存在叶绿体而成为光养生物或自养生物；植物和真菌的细胞有液泡而没有溶酶体；动物和一些原生生物的细胞缺少细胞壁和液泡等。这样一来很难给出一个具有代表性的真核微生物的细胞结构图，只好给出一个模式图（图 3-2），除了细胞核以外图中显示的所有细胞器或其他结构并不都存在于所有真核细胞中。

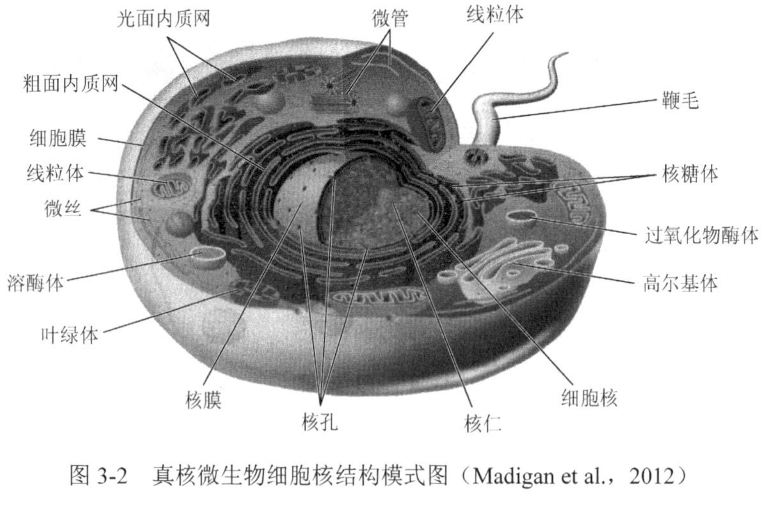

图 3-2　真核微生物细胞核结构模式图（Madigan et al.，2012）

一、细胞核

细胞核（nucleus）含有真核细胞的基因组，是细胞遗传信息（DNA）储存、复制和转录的主要场所。细胞核的存在与否是区别原核生物与真核生物的关键，细胞核对细胞的形态发育、生长繁殖、遗传变异起着决定性的作用。

细胞核的外形为球形或椭圆形体，核的直径达若干微米，甚至不染色就可以用光学显微镜观察到。然而，在较小的真核生物中，常需经过特殊的染色才能观察到核。通常每个细胞只含有一个核，有的却有 2 个甚至多个，如有些真菌的营养细胞中竟含有 10～20 个核，达到细胞总体积的 25%左右，而有时在菌丝顶端细胞中找不到细胞核。

细胞核由双层平行的膜包围着，两层膜之间有宽 10～50nm 的空间。外膜在许多区域与内质网相连。内膜与外膜有各自的功能，分别特异性地与核质和细胞质发生相互作用。核膜上有许多核孔（图 3-2），核孔的数目很多，是细胞核与细胞质间进行物质交流的选择性通道，这一过程称为核转运。核转运也需要能量，这些能量来自于高能化合物——鸟苷三磷酸（GTP）的水解。

核仁（nucleolus）是细胞核中合成核糖体 RNA（rRNA）和装配核糖体的场所，核仁富含 RNA，通常能用光学显微镜观察到。细胞质中合成的核糖体蛋白运输到核仁中，与核糖体 RNA 共同组装成真核生物核糖体的大、小亚单位，然后再运回细胞质中组成完整的核糖体，用于蛋白质的合成。真核微生物的核糖体与原核细胞的功能相似，但它们更大一些，两个亚单位分别为 60S 和 40S，组成 80S 的二聚体。

在光学显微镜下观察染色后的细胞核时，可以看到一种由或粗或细的长丝交织成的网状物，称为染色质。当细胞进行有丝分裂（mitosis）或减数分裂（meiosis）时，染色质经过盘绕、折叠、浓缩后变成显微镜下可见的棒状结构的染色体。在真核微生物的细胞核中，染色体的数目因物种的不同而不同。在真菌的细胞核中因染色体较小而不易观察，常通过电镜观察、遗传分析法、分子生物学方法等进行测定。例如，酿酒酵母基因组约为 13.390Mb，分布在 16 条染色体上；稻瘟病菌基因组约为 40Mb，分布在 7 条染色体上；兔脑炎原虫（微孢子虫）基因组约为 2.5Mb，分布在 11 条染色体上。

二、细胞膜

真核生物细胞是由细胞膜将细胞包被而形成屏障（图 3-2），这与原核生物相似，但是真核生物的细胞膜含有固醇，而使膜的硬度增强。真核生物的细胞膜具有重要的吸收和分泌功能。对环境中的营养物质或颗粒，细胞膜选择性地内陷形成泡囊（vesicle），以胞吞作用（endocytosis）而被吞入细胞内。而对细胞内合成的对人类有用的代谢产物及新陈代谢的废物，同样以膜包被的形式从细胞内以胞吐作用（exocytosis）形式排出体外。细胞膜和质膜包被的细胞器之间在质膜结构和功能上是相通的，可以进行膜的交换，这与细胞内的物质转运、跨膜运输、信号转导息息相关。

三、线粒体、氢化酶体和叶绿体

线粒体（mitochondria）和氢化酶体（hydrogenosome）分别在通过呼吸（氧化磷酸化）和发酵（转运电子）产生能量的过程中起着特殊作用，专行化能营养的能量代谢。叶绿体（chloroplast）是通过光合作用把光能转化成细胞能量。这三种细胞器都是由膜包围着的具产能作用的细胞器，但其功能却大不相同。

（一）线粒体

在需氧真核细胞中，呼吸作用和氧化磷酸化作用［一种生成腺苷三磷酸（ATP）的方式］定位于线粒体上。线粒体与原核生物大小差不多，可以是棒状或近似于球形（图 3-2）。线粒体由两层膜包围，外膜由等量的蛋白质和脂质混合组成，通透性强，存在很多的微小通道，允许离子和有机小分子通过。内膜较厚，常向内延伸成不同数量和形状的嵴，嵴是参与呼吸作用及 ATP 生成的酶的位点。嵴的外形是片层状、管状或盘状，这与真核微生物的类群有关。动物细胞、植物细胞和真菌有片层状嵴（图 3-3A）；具有纤维素胞壁和无壁的管毛生物、泡状生物的藻类、卵菌、黏菌、纤毛虫和单孢子虫等具有管状嵴（图 3-3B）；原生生物的动基体类和变形鞭毛虫等具有盘状嵴的线粒体（图 3-3C）。

线粒体的功能是细胞呼吸产生能量的场所，线粒体是酶的载体，是细胞的“动力房”。

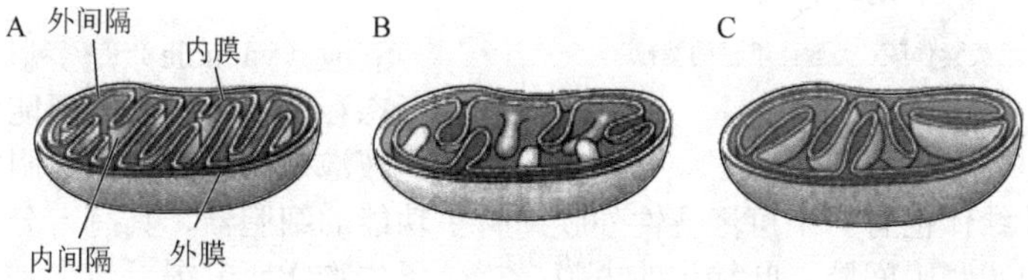

图 3-3　真核微生物的线粒体结构示意图

A. 片层状嵴线粒体；B. 管状嵴线粒体；C. 盘状嵴线粒体

（二）氢化酶体

一些厌氧真核微生物缺乏线粒体，而含有氢化酶体。尽管大小与线粒体相似，但氢化酶体却没有嵴和三羧酸循环中的酶类。具有氢化酶体的多种真核微生物，不是专性厌氧菌就是耐氧厌氧菌，这些厌氧菌专行发酵代谢，如动鞭毛虫纲的毛滴虫属（*Trichomonas*）等寄生虫和生活在反刍动物的瘤胃或缺氧的泥沼和沉积物中的各种有纤毛的原生生物。氢化酶体中主要的生化反应是将丙酮酸氧化成 H_2、CO_2 和乙酸（图 3-4）。丙酮酸被氧化成高能量的化合物乙酰辅酶 A，由乙酰辅酶 A 形成乙酸的时候产生 ATP，同时释放 H_2 和 CO_2。因为氢化酶体没有电子传递链和三羧酸循环，所以它不能像线粒体那样氧化由丙酮酸代谢生成的乙酸，乙酸从氢化酶体分泌到宿主细胞质内。

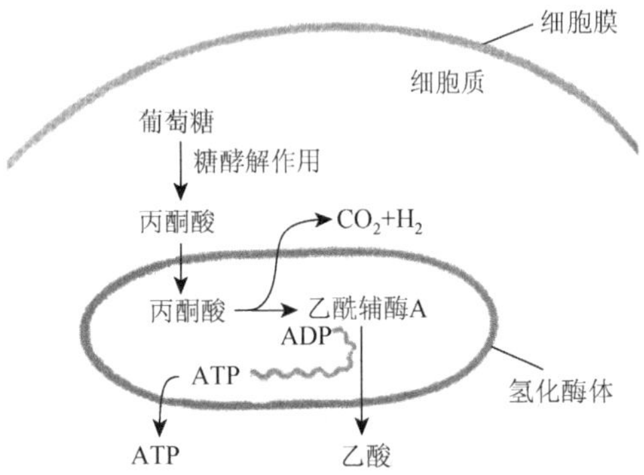

图 3-4　氢化酶体的生物化学反应

（三）叶绿体

叶绿体是细胞进行光合作用的细胞器，是由双层膜包裹的含有叶绿素的细胞器，能把光能转化成化学能，存在于能进行光合作用的真核生物中。通过光合作用把 CO_2 和 H_2O 合成葡萄糖并释放 O_2。藻类的叶绿体相当大，用光学显微镜很容易观察到（图 3-5）。叶绿体的大小、形状、数量变化很大。

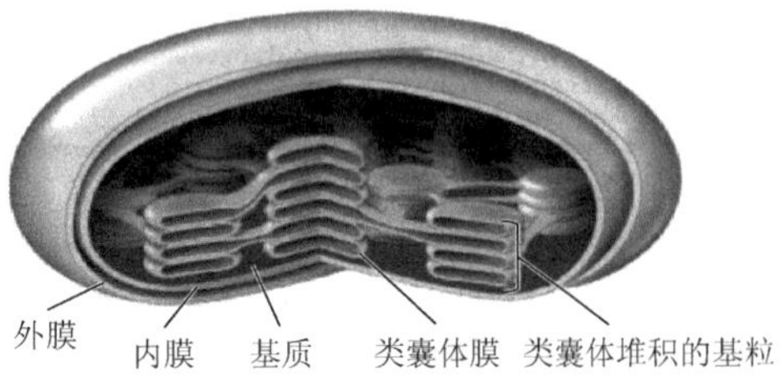

图 3-5　藻类叶绿体的模式结构

与线粒体相似，叶绿体也有一个可渗透性外膜和一个渗透性较差的内膜和膜间隙。叶绿体的内膜包围着叶绿体腔，这个腔被称为基质，但并不像线粒体内膜那样折叠成嵴。叶绿素和所有其他光合作用的组分都位于一系列称为类囊体的扁平膜片上。类囊体膜对离子和其他代谢物不能渗透，因为它的功能是形成 ATP 合成所需要的质子动力。在绿藻和绿色植物中，类囊体通常堆叠在一起，成为不连续的结构单位，称为基粒（图 3-5）。

叶绿体和线粒体一样属于真核生物中半自主复制的细胞器，系统进化的研究表明，现代真核生物中的叶绿体同线粒体一样，可能是细菌永久留存于另一个细胞中长期内共生的进化结果。

四、内质网与高尔基体

内质网和高尔基体是细胞蛋白质和脂类的合成、加工场所，并参与运输和代谢。

内质网（endoplasmic reticulum，ER）：是真核细胞中多形态的管道结构，有时形成交叉而呈分枝状，有时出现不同的形状，如管状、腔囊状及水泡状等。内质网的主要成分是脂蛋白，通常被核糖体附着形成粗面内质网（rER，图 3-2）。rER 通过核糖体的活性功能成为蛋白质的主要合成者。蛋白质一经合成就被运送至内质网管腔内，同时再由内质网合成新的膜包装蛋白质形成泡囊，并运输至细胞的不同部位或细胞外。没有核糖体附着的内质网称光面内质网（sER，图 3-2），是脂类的合成场所。新合成的物质在内质网膜表面以泡囊的形式转运到需要的细胞器，与目的细胞器的膜融合，所以内质网是细胞中各种物质转运的一种循环系统，同时内质网还给细胞质中所有的细胞器提供质膜和所需蛋白质。

高尔基体（Golgi apparatus）：又称高尔基复合体（图 3-2），是由一叠具有管状的扁平囊及其外围的小泡囊构成，扁平囊称为潴泡，一叠潴泡构成一个高尔基体。严格地讲，目前在真核微生物中见到的高尔基体形态差异较大，真正像高等动植物细胞的多潴泡叠加的高尔基体很少，大多呈现一个或少数几个叠加的潴泡。内质网合成的大分子物质，如蛋白质、脂类等被运送至高尔基体，在高尔基体内进行化学修饰、浓缩、包装而形成泡囊，通过微管蛋白和肌动蛋白细胞骨架系统运输到细胞的各个部位。

五、液泡

液泡（vacuole）是多形体的细胞器，大多以球状形态存在，近年来发现能够以延伸的管状结构存在。液泡是植物和真菌细胞中一种由单位膜包被的多功能的细胞器，具有十分重要的功能。近些年的分子生物学研究揭示液泡是一个动态的器官。它除了是细胞内许多溶质和大分子，如离子、糖、氨基酸、蛋白质和多糖的储藏库外，同时在细胞内分子的交流和运输中起着重要作用。近10年对真菌菌丝的顶端细胞的研究认为，管状和球状液泡相互融合连接组成一个大的网状结构。液泡的管状化是真核细胞的一个基本特性，并且保持融合和裂解过程的动态平衡。管状液泡是能运动的，具有不同的形态和不同的运动类型，这种运动依赖微管及马达蛋白（motor protein）。液泡像哺乳动物的溶酶体一样（动物细胞缺少液泡）含有水解酶，是用于裂解胞吞物质的一种细胞器，是胞吞途径的最后腔室，也是细胞凋亡形成的自噬体和内体被裂解的腔室。因此，液泡在内膜系统中占有重要地位。液泡是细胞中与内质网、高尔基体一样参与胞吞和胞吐作用的重要细胞器。

六、溶酶体与过氧化物酶体

溶酶体和过氧化物酶体是由内质网或高尔基体分泌的由膜包被的泡囊。溶酶体（lysosome，图3-2）是由单位膜包裹的细胞器，其包含的各种消化酶能分解蛋白质、脂肪、多糖等大分子物质，使细胞循环使用这些原材料用于新的生物合成。随着大分子在溶酶体中被水解，生成的单体从溶酶体转运到细胞质，供给细胞营养。

过氧化物酶体（peroxisome）也是一个单位膜包裹的膜细胞器（图3-2），其功能是利用各种氢供体，包括乙醇和长链脂肪酸，还原 O_2 产生 H_2O_2。在过氧化物酶体内产生的 H_2O_2 经过过氧化氢酶催化分解为 H_2O 和 O_2。过氧化物酶体能与细胞同步扩大和分裂，参与许多生命活动的重要过程，如脂肪酸的β-氧化、活性氧降解、乙醛酸循环，以及真菌β-内酰胺类抗生素的生物合成、醇类代谢、光呼吸调节等。

七、微管蛋白和肌动蛋白

近几年分子生物学技术的发展，促进了对细胞微管蛋白和肌动蛋白的研究。尽管对这些蛋白质作为细胞骨架的结构和组装尚缺乏资料，但是对于细胞骨架（cytoskeleton）的功能以及依赖于骨架的马达蛋白的功能似乎有了一个较清晰的框架。

微管蛋白组装的微管（microtubule）与肌动蛋白组装的肌动蛋白束（actin cables）分布于细胞质中，构成网络系统而形成胞内的支架。微管与肌动蛋白束分别与其专用的马达蛋白在细胞生长所需的泡囊转运过程中发挥重要作用。原则上来讲，马达蛋白产生一种推动力，沿着微管和肌动蛋白束支架系统将细胞的细胞器和生长所需的合成物质运送到目的地。从目前研究的资料可以看出它们是细胞内物质运输的轨道，同时具有对与生长相关的各种细胞器定位的功能。微管可能是维持细胞形态的主要支架，它参与了细胞的有丝分裂和减数分裂过程中基因组复制和分离的关键过程，同时它又是鞭毛的结构和运动原件。微管不能将分泌泡囊运送到生长的皮层区域，肌动蛋白束作为泡囊的另一转运体系，根据合成细胞壁组分的需要，使顶端的泡囊得以分配到菌丝的细胞膜或细胞壁，保证了微管与皮质层的联系。所以推测肌动蛋白细胞骨架在极性生长中发挥重要作用。

何谓马达蛋白？

马达蛋白是细胞内利用ATP供能形成推动力，进行细胞内物质运输或细胞运动的蛋白质分子，又称为分子发动机（molecular motor）。细胞骨架的马达蛋白是机械化学转化器，它将化学能（ATP）转变成机械能，以此动能沿着支架系统运送细胞内的货物，包括各种类型的泡囊、线粒体、溶酶体、染色体、其他蛋白体等。

八、细胞壁

细胞壁（cell wall）是细胞与外界环境的分界，维持细胞的硬度和形态，保护细胞免受外界环境的侵害和损伤等。真核微生物中一些具有动物性成员的细胞是缺乏细胞壁的，而真菌、单细胞藻类和一些光养的原生生物具有坚硬的细胞壁。真菌的细胞壁是以β-1，4-糖苷键连接的氨基葡萄糖重复单位组成的几丁质（chitin）构成的。而光养的藻类和原生生物细胞壁是以β-1，4-糖苷键连接的葡萄糖重复单位组成的纤维素（cellulose）和半纤维素构成的。

九、鞭毛与纤毛

鞭毛（flagellum）和纤毛（fimbria）存在于多种真核微生物中，是运动器官，使细胞通过游泳方式运动。真核细胞的鞭毛结构与细菌十分不同，并非旋转运动。鞭毛和纤毛的横切面非常相似，均由9对微管围绕成一圈，中心是一对轴丝微管而构成的9+2结构（图3-6）。鞭毛以微管蛋白水解ATP产生运动所需的能量。

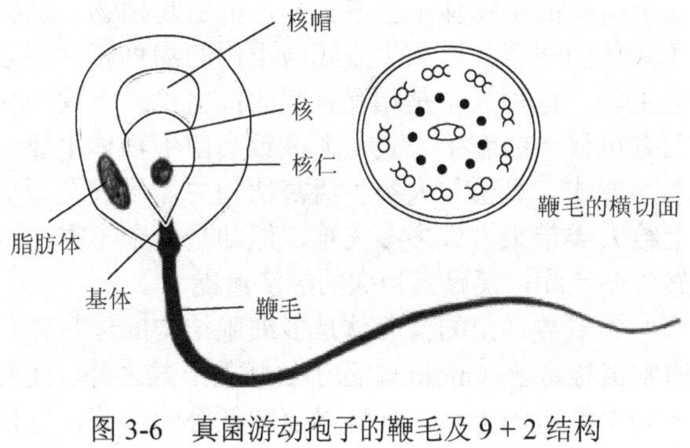

图3-6 真菌游动孢子的鞭毛及9+2结构

鞭毛和纤毛的运动很相似，都涉及一对轴丝微管沿细胞底部的相对协调滑动，朝向细胞或远离细胞。鞭毛或纤毛样的这种鞭打动作导致细胞推进。纤毛实质上是短鞭毛，通常十分迅速地同步拍击以推动细胞涌动。鞭毛是单个或成群存在的长附属物，以类似鞭打的方式推动细胞运动，鞭毛运动明显比纤毛慢。

第二节 真　菌

真菌（fungi）是真核生物中的一大类群，包含酵母、霉菌、地衣、菌根及最为人熟知的蘑菇等类群。真菌界的物种之间不论是菌体形态、生命循环还是生态特征都有很大的差别，根据资料统计目前已报道的数量近 10 万种，据真菌学家估测自然界有 100 万～150 万种之多。它们广泛分布于地球表面，无处不在。真菌虽然不在空气中生长繁殖，但是它的孢子却成群地漂浮在天空，只要稍微注意，你会发现人类原来生活在真菌的汪洋大海中。

给真菌做一个简单的定义是困难的。然而典型真菌有着它自身的特征范围以区别于其他生物类群。一般来讲，它必须具备下面 6 个特点：①真菌的细胞具有真正的细胞核，线粒体为片层状嵴；②它们通常为分枝繁茂的多细胞的丝状体，或呈单细胞的菌体形态如酵母菌和壶菌等；③它们有坚硬的几丁质细胞壁；④通过分泌胞外酶降解多聚物为简单化合物而吸收营养，是异养类型；⑤借助有性和无性的方式产生孢子，延续种族；⑥在系统发育上，它们必须由同一个祖先进化而来，是独立的单系群。

根据 18S rRNA 和 SSU rRNA 基因序列比较，研究了真菌、黏菌、水霉、藻类和原生动物的系统发育，发现真菌的壶菌、接合菌、球囊菌、子囊菌和担子菌形成一个系统发育上连贯一致的单元化群体，从而认定真菌是一个系统发育上的独立的单系群，与动物、植物并列成为真菌界（kingdom fungi）。

真菌缺少光合色素，无论是单细胞的酵母或者是丝状体的霉菌，靠分解周围环境中的营养物质，利用土壤和其他生态系统中的有机物而生存，是自然界主要的生物降解者。真菌能够以寄生方式侵入几乎所有的生物体来获取营养，能引起植物、动物和人体的病害；以共生方式与不同的物种相互和谐地生存，这种关系是相互有益的；生长在土壤和死亡有机体上的腐生方式是大多数真菌生物体主要的生存方式。真菌与人类生活密切相关，尽管在历史上给人类带来许许多多灾难，但却是一个丰富的自然资源宝库，蕴藏着巨大的经济潜能。

大多数真菌的营养体是多细胞结构的丝状体，通常俗称霉菌（mold）。除了丝状的形式之外，还有一些单细胞的类型，如酵母菌和低等的壶菌，它们的营养体属于单细胞类型，而在生理和遗传方面与丝状真菌没有什么特殊的区别。

1992 年，加拿大科学家 Smith 及其合作者，在 *Nature* 发表了一篇《球蜜环菌（*Armillaria bulbosa*）是最大最古老的活的生物体》的报告，称在美国密歇根州境内的一座栎树混合林中，发现的一株球蜜环菌地下菌丝体形成的菌落，占地面积达 $15hm^2$，估测菌龄超过了 1500 岁。首次证明该真菌是目前生活在自然界的最大的生物体。当时，这株球蜜环菌被新闻界称为“巨菌”。

一、丝状真菌——霉菌

（一）菌丝的形态

真菌的菌丝（hypha）是由硬壁包围的管状结构，内含可流动的原生质。它们可无限生长，但是通常有一个适当的直径范围，一般情况下大多限于 5～10μm，因真菌种类不同有所变化，但与环境条件的关系不大。菌丝的顶端呈圆锥形，称作伸展区。在菌丝快速生长时，这一部位是细胞壁生长的活跃区域。在这个区域之后，细胞壁逐渐加厚而不再延长生长。原生质膜通常是紧贴于菌丝壁上，而且在某些部位坚固地附着着，所以菌丝很难发生质壁分离。菌丝几乎沿着其长度的任何一点都能发生分枝，由于分枝的不断产生而形成一个特征性的圆形轮廓的菌落。高等真菌的菌丝中具有典型的横壁称作隔膜（septa），而低等真菌的菌丝中不存在隔膜，因而菌丝由于隔膜的有无而分为无隔菌丝和有隔菌丝（图 3-7）。据此把真菌分为低等真菌和高等真菌。

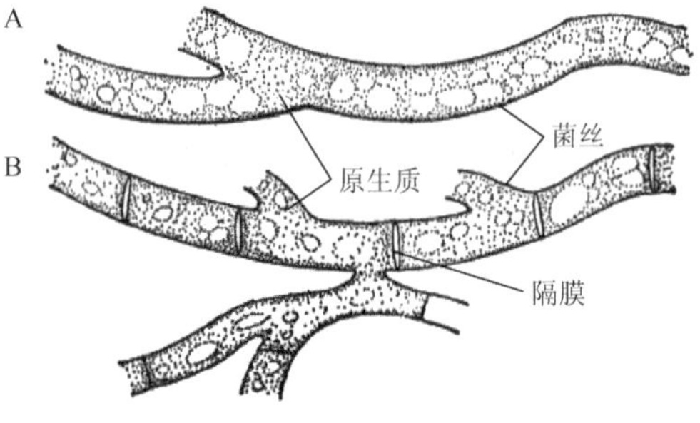

图 3-7　无隔菌丝（A）和有隔菌丝（B）

菌丝体或孢子接种在固体培养基上，经过培养，向四周蔓延繁殖而形成菌落（colony）（图 3-8）。菌落在固定的条件下，如培养基成分、培养温度、培养时间等，所呈现的形状、大小、颜色、纹饰等特征是不变的，但同一种真菌在不同成分的培养基上生长所形成的菌落会不同，因此可作为分类鉴定的依据。真菌菌落可归纳为疏松的、紧密的、平坦的、光滑的形状；质地为毡状、絮状、毛发状、绳索状、皮革状等。菌落生长过程中有的出现同心圆或放射纹；菌落的颜色多种多样，甚至很难用常见的颜色来描述。菌落的大小区别较大，在一定的培养时间内有的扩展到整个培养皿，有的呈局限性生长，直径仅 1～2cm 或更小。

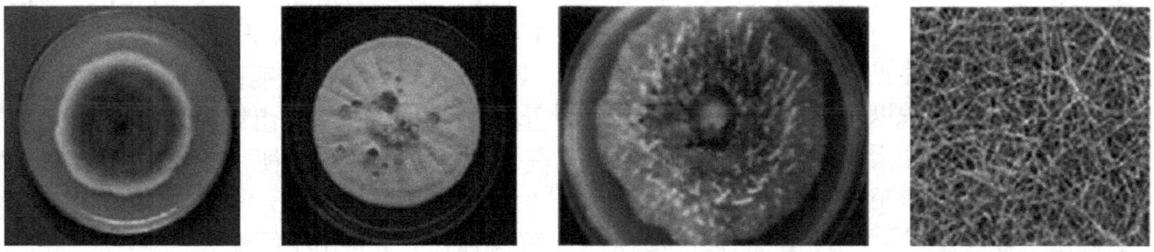

图 3-8　不同真菌的菌落形态

显示菌落的质地、颜色、大小及电镜下菌落中菌丝的交错生长状态

大多数真菌菌丝是透明的，有些菌能产生色素，而使菌丝呈暗褐色至黑色，或呈鲜艳的颜色。一些真菌分泌某种色素于菌丝体外，或分泌有机物质呈结晶状附着于菌丝表面。因为孢子具有色素，所以作为一个整体的真菌菌落往往具有颜色，如许多青霉和曲霉是绿色的，粗糙脉孢菌是淡红色的，毛霉和根霉是灰色的等。

（二）菌丝的细胞结构

通常认为有隔菌丝是由多细胞组成的，细胞是单核或多核的。然而严格来说，菌丝并非由多个细胞组成，而是由于隔膜的存在将菌丝分隔成许多小室，是有细胞核存在的固定的细胞质体积的功能单位。隔膜是由菌丝细胞壁向内做环状生长而形成的，它们发育很快，往往在几分钟内即可形成。

菌丝细胞内含有双层膜包围的典型的细胞核，核膜上有核孔，核内有明显的核仁。细胞质内的细胞器与其他真核生物相似，包括线粒体、内质网、液泡、核糖体、泡囊、脂肪滴和结晶体。除此之外，细胞质内还有微管和激动蛋白束，它们是细胞器移动和泡囊移动的“轨道”。在菌丝顶端之后的部位可见到液泡，最初液泡是小的，在老的菌丝部位它们融合而逐渐变大，直到充满整个细胞（图 3-9）。由于液泡变大所形成的压力驱使细胞质向菌丝顶端流动。在菌丝最老的部位，细胞质及细胞壁由于自溶而被降解，或是被其他微生物产生的裂解酶裂解。但有些老的菌丝细胞能积累大量的脂肪类物质与壁结合形成一层极厚的次生壁，这些细胞称为厚垣孢子（chlamydospore）（图 3-9）。它能抵抗不良环境而作为休眠的生存结构，在这一点上与细菌的内生孢子非常相近。

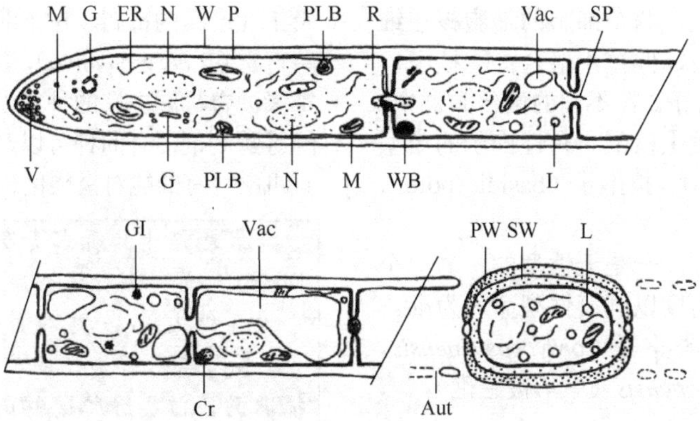

图 3-9　真菌菌丝的细胞结构

显示菌丝顶端、逐渐变老的菌丝、液泡、自溶现象和厚垣孢子的形成。V. 泡囊；M. 线粒体；G. 高尔基体；ER. 内质网；N. 核；W. 细胞壁；P. 原生质膜；PLB. 膜边体；R. 核糖体；WB. 伏鲁宁体；Vac. 液泡；SP. 隔膜孔；L. 脂肪体；GI. 糖原；Cr. 结晶体；Aut. 自溶现象；PW. 厚垣孢子的初始壁；SW. 厚垣孢子的次生壁

丝状真菌的生长是以顶端延长的方式进行的，它与维管束植物之间的一个重要区别是真菌细胞不能通过分生组织分裂生长，但它可通过顶端延长而生长成丝状体，顶端之后的菌丝细胞壁变厚而不能再延长。丝状真菌生长过程中产生繁茂的分枝而构成真菌的菌落，因此，分枝现象也是真菌生长过程中不可缺少的环节。

（三）繁殖

大多真菌都能进行有性生殖和无性生殖，这些真菌是多型的，它们有一种以上的形态。处于有性世代的真菌称作有性型，处于无性世代的则称作无性型。大多数真菌能生出微小的、显微镜下可见的孢子。孢子是由有性生殖或无性生殖产生的，是有利于真菌生存与传播的结构。它的大小、形状、颜色和生成方式是真菌的形态分类标准之一。

1. 无性生殖

无性繁殖是有丝分裂的结果，它使得子代的基因型与母本是一致的。无性生殖产生的孢子包括分生孢子、厚垣孢子、游动孢子和孢囊孢子。大部分真菌都能产生不能动的无性孢子——分生孢子（conidium，图 3-10），支撑分生孢子的结构称作分生孢子梗，它或是单生或是存在于某种包被的子实体中，如分生孢子盘（生长在宿主组织和表皮或角质层之间的扁平碟状的短分生孢子梗）、分生孢子器（内壁上有分生孢子梗的瓶状结构），以及许多分生孢子梗聚合成联丝体——分生孢子梗束等。

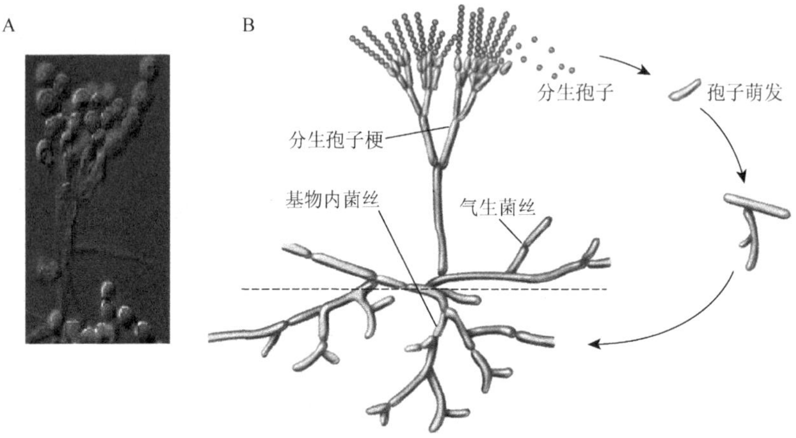

图 3-10　青霉菌的结构和生长

A. 青霉菌分生孢子梗及顶端的球形分生孢子的光学显微照片；B. 青霉菌的无性生殖循环，借助风或动物活动传播孢子

2. 有性生殖

有性生殖会导致基因重组，形成与亲本基因型不同的后代。在受精过程中，配子囊先形成特别的性细胞（配子或配子核），然后融合形成接合子。受精包括两个步骤：①质配，两个细胞的细胞核在细胞融合并存于一个细胞内，但核不融合；②核配，两个细胞核融合形成接合子。在不同的菌丝类群中，在质配后不一定会立即发生核配。有性孢子的类型包括子囊孢子（ascospore）、担孢子（basidiospore）、卵孢子和接合孢子。

有些真菌有两个名称，一是无性型的，另一个是有性型的。从分类学角度以其有性型命名为准。例如，冬虫夏草的有性型学名是 *Cordyceps sinensis*，无性型名称是 *Hirsutella sinensis*（中华被毛孢）。

（四）代表属

青霉属（*Penicillium*）：以其产生青霉素而著名，菌丝体产生帚状分枝的分生孢子梗是青霉属在形态上典型的特征（图 3-10）。从真菌的菌丝体长出的菌丝分枝可以伸展到空气中，在这些气生的分枝菌丝上形成的分生孢子梗，梗的顶端形成的孢子称为分生孢子。分生孢子多为青色，菌落絮状，大多数种的有性阶段不详。该属的许多种能引起粮食、食品、水果、蔬菜及工业产品的霉腐。在工业和医药上最著名的种是产黄青霉（*P. chrysogenum*），其能产生广谱抗生素——青霉素。青霉属中有的种可以产生磷酸二酯酶、纤维素酶等酶制剂；有的种可以产生丙二酸、甲基水杨酸等有机酸；有的能对甾族化合物进行生物转化。

真菌产生的青霉素及其二代产品头孢霉素的问世，改革了人类传染病的治疗方式，从而使人类平均寿命从 45 岁提高至 65 岁；环孢菌素 A 的问世，使人类器官移植技术获得成功。另外，真菌中提取的他汀类降胆固醇药物是目前治疗心血管疾病不可或缺的处方药。

二、单细胞真菌——酵母

酵母是单细胞真菌的代表，虽然真菌中壶菌纲的许多种是单细胞，但它们通常产生菌丝状的假根或侧生假根，因此并非是典型的单细胞结构。酵母菌不是一个自然分类群，它们分布在子囊菌门和担子菌门中。

（一）酵母菌的细胞形态和结构

酵母菌细胞通常是球形、卵圆形或者是圆柱形。细胞通常以出芽方式进行分裂。在出芽过程中，一个新细胞的形成是从老细胞上长出凸起的芽，芽渐渐长大，然后脱离母细胞（图 3-11A）；在酵母菌的出芽繁殖过程中，芽体往往不与母体脱落而又出芽，依此下去，许多酵母细胞首尾相接而形成假的菌丝链，称作假菌丝（pseudomycelium）（图 3-11C）；尽管多数酵母菌仅以单个细胞形式存在，但是某些酵母也能形成丝状体（图 3-11B）。在形成菌丝的酵母种类中，某些功能只有以丝状体的形式存在时才能表现。例如，白假丝酵母（*Candida albicans*）能引起阴道、口腔、肺感染，以及艾滋病患者的系统组织损害，其丝状体对致病性非常关键。

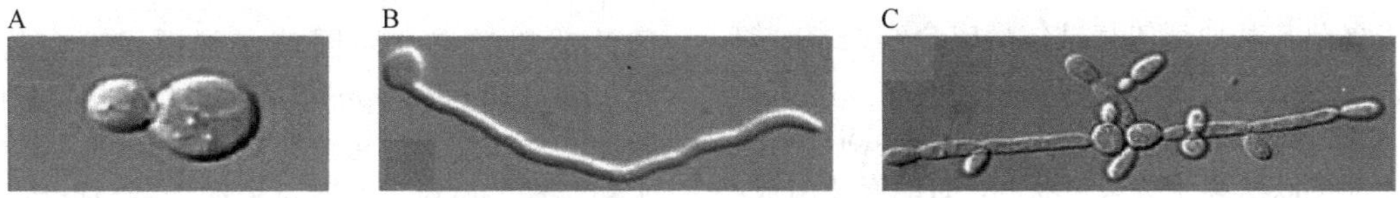

图 3-11 酵母的三种菌体形态显微照片

A. 酵母的出芽生长；B. 孢子萌发形成的菌丝；C. 酵母型菌体形成的假菌丝

酵母菌细胞具有真核生物所具有的细胞器。细胞被细胞膜所包裹，膜外有一层厚的细胞壁，细胞质内含有细胞核、线粒体、微体、内质网、液泡、过氧化物酶体、核糖体等细胞器。在酵母细胞中往往可以见到由2～3层光面内质网重叠而形成的未分化的高尔基体。在细胞核中可以见到核仁、分裂装置的纺锤极体、微管等，在细胞中还存在着作为能源的糖原、脂质体及多磷酸盐等贮藏物质（图 3-12）。

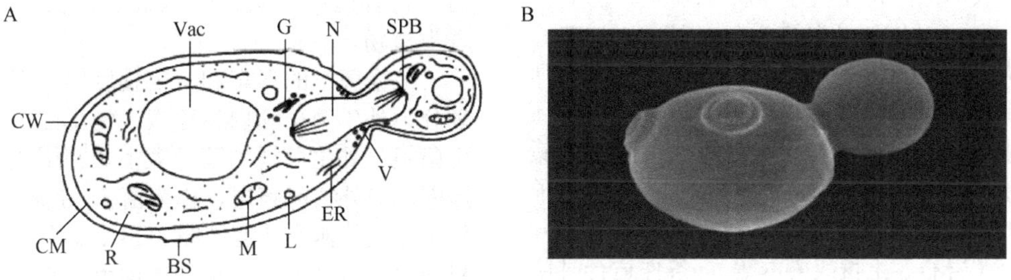

图 3-12 酵母细胞的结构和出芽繁殖

A. 酵母的细胞结构图。CW. 细胞壁；CM. 细胞膜；Vac. 液泡；BS. 芽痕；M. 线粒体；G. 高尔基体；L. 脂肪体；ER. 内质网；V. 泡囊；SPB. 纺锤极体；N. 细胞核；R. 核糖体。B. 显示酵母出芽繁殖过程和芽痕的电镜显微照片

（二）酵母菌的出芽繁殖

酵母菌的繁殖包括有性和无性两种形式，其中有性生殖主要是以产生子囊孢子的方式进行，有性生殖往往需要一定的营养和环境条件才能发生，所以酵母菌的有性生殖往往需要诱导培养才能观察到。无性繁殖主要是以芽殖和裂殖两种方式增加个体。大多数酵母菌借助出芽方式进行繁殖，芽体成熟后以产生隔膜的形式与母体分离。这一过程在子细胞上留下胎痕（birth scar），在母体细胞上留下芽痕（bud scar），这在一般光学显微镜下是看不见的（图 3-12B）。芽体可以从母细胞的不同点上产生，这种方式称为多端芽殖，如酿酒酵母（*Saccharomyces cerevisiae*）。但是在一些其他的酵母菌中，如路氏酵母（*Saccharomyces ludwigii*），芽体总是从细胞上的同一点发生，通常在细胞的两端，称作两端芽殖。从理论上讲，两端芽殖的酵母菌寿命长，它们出芽的数量是不受限制的，而多端芽殖的种，出芽的部位能够枯竭。

酵母菌必须以有机碳化合物作为主要碳源和能源，是一种从属性的营养体，因此，它营腐生性或少数营寄生性生活。在自然界中它栖息于植物体尤其是花蜜、树木汁液、果实及叶子的表面营腐生生活，有些半知菌类的酵母菌在动物体和人体内营寄生生活。但是大多数酵母菌借助于腐生性而和人类建立了密切的关系，如在面包制造、酒类酿造等方面，自古以来就被用于人类的日常生活之中。由于酵母菌重要的经济价值，多年来成为真核生物细胞

的模式生物，在生物学的各个领域进行了广泛深入的研究。

> 我国是乙肝病毒感染大国，新生儿降生 3d 内需要注射乙肝疫苗。该疫苗是世界上第一个用外源蛋白人工合成而在酵母菌中表达生产的。这是人类第一次在真核寄主中表达具有商业价值的外源基因，是疫苗研究史上的划时代产品。

三、共生真菌——地衣和菌根

一些真菌与其他活的有机体形成合作关系，如果这种合作关系是一种有规律的互利的结合，便称为共生现象，合作者则称为共生体（symbiote），两个共生体都可以从共生关系中获利，如地衣和菌根。

（一）地衣

地衣（lichen）是真菌和藻类或蓝细菌组合的微小的互惠共生体。地衣经常在潮湿的石头、树木和一些其他固体表面上发现。地衣分布广泛，种类与数量繁多，记载的种类大概有 16 000 种，其外形多样，呈壳状、叶状或灌木丛状。

组成地衣的藻类常是共球藻属（*Trebouxia*）、堇青藻属（*Trentepohlia*）和念珠藻属（*Nostoc*）中的成员。藻类是光合营养的，能产生有机物提供给真菌营养。真菌可以为藻细胞提供一个稳定的生长环境并提供生长所需的水分和无机盐等，并且保护藻类免受干化、损伤和高光照。大多数地衣真菌是子囊菌，当地衣真菌的孢子成熟后释放出来并落在一定的基物上（岩石、土壤或树木等），条件适合时便开始萌发和生长，形成菌丝体。这些菌丝体与相应的地衣共生藻相遇便开始进入前地衣阶段的共生生活。当共生藻以静孢子繁殖并被共生的真菌菌丝隔开时，前地衣体便开始逐渐增大并形成皮层，藻细胞在皮层下排列成层，此时便是初生地衣体阶段，接着髓层、下皮层及假根出现（图 3-13）。依据地衣

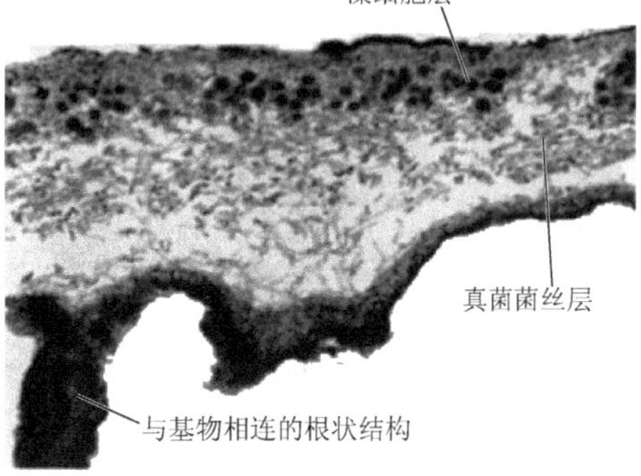

图 3-13　壳状地衣纵切片显示藻细胞层、菌丝层和根状结构

体的特征、地衣藻类的性质及孢子的类型进行分类。当代出现的一些分类系统大都以真菌的分类系统为主线，把地衣归于真菌的系统之中。

地衣能够在大多数植物不能忍受的恶劣环境下生存。但是，由于地衣对大气污染十分敏感，尤其对二氧化硫和氟特别敏感，因此，在工业基地与大城市中心很难找到它们。但是在一些严寒地区，地衣却是主要的植被，它是驯鹿和麝的良好饲料。石耳（*Umbilicaria esculenta*）是我国自古以来的山珍之一，据报道由于它含有大量的石耳多糖而具有抗癌作用。另外，地衣生长速度缓慢，生长周期长，因此冰川学家利用固着在裸露岩石上的地图衣（*Rhizocarpon geographicum*）进行冰川年代的测算。除此之外，地衣还可用作药物、染料、化妆品、香水和香精的原料；石蕊试纸的指示剂也是从地衣中提取的。

（二）菌根

真菌与植物根系结合形成特殊的共生体称为菌根（mycorrhiza）。能与植物根系形成菌根的真菌称为菌根菌（mycorrhizal fungi）。不是所有菌根菌和植物的根都有共生性质，目前已知 80%以上的植物有菌根，其中包括被子植物、裸子植物和蕨类植物。

根据菌根的形态和一定程度的生理特性把菌根划分为外生菌根和内生菌根。树木的菌根大都是外生菌根，外生菌根的菌丝大多紧密围绕在植物根部周围形成外拟薄膜层，称为菌鞘（mantle）。菌鞘是外生菌根的典型特征（图 3-14A）。外生菌根的植物根一般没有根毛，菌根的表面就是它的主要吸收器官。内生菌根侵入根系的深处，它们在根部细胞内的吸器结构为丛枝状吸胞（arbuscule，图 3-14B）。根外的菌丝吸收的矿物质从真菌运输到宿主的丛枝状吸胞，通过丛枝状吸胞衰老后裂解释放养分。而根内菌丝从宿主将碳水化合物转运到真菌内。内生菌根不像外生菌根，内生菌根的形态维持原来的根系形态，不影响根毛的生长。

通过对丛枝状菌根真菌的 SSU rRNA 基因序列进行系统分析后，发现内生真菌与接合菌门、子囊菌门和担子菌门中的真菌具有共同的起源，因此把它们从接合菌门中移出，建立了具有同等分类地位的球囊菌门（Glomeromycota）。

四、高等真菌——蘑菇

真菌中的子囊菌和担子菌称为高等真菌，尤其是一些丝状的担子菌，能形成大型的子实体（fruiting body），这就是蘑菇或蕈菌（mushroom）。

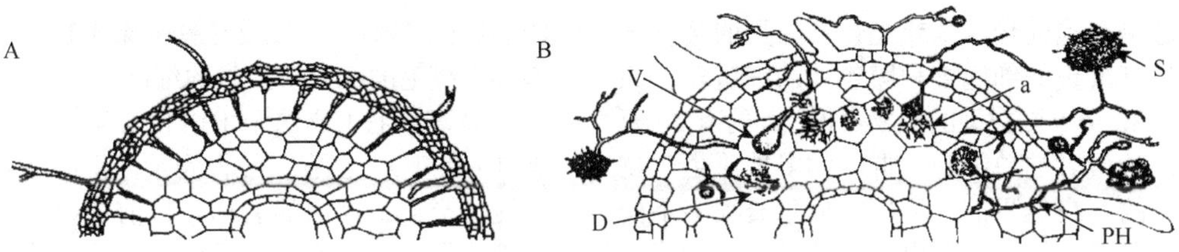

图 3-14　外生菌根和内生菌根的横切示意图

A. 外生菌根横切显示菌壳和胞间菌丝；B.内生菌丝的横切面。PH. 侵入菌丝；a. 丛枝状吸胞；V. 球形的胞囊；D. 吸器被植物消化；S. 根外真菌的孢子囊和孢子

蘑菇的大部分时期以一种简单的菌丝体或孢子存在，生长在土壤、枯叶或腐木上。然而当环境条件适宜的时候，通常是在温湿的天气后，发育形成子实体。开始是一个小的菌蕾形结构，存在于地下，接着发育成完全长好的子实体（地上可见部分）（图 3-15），然后形成有性孢子，称为担孢子（basidiospore）。担孢子长在子实体菌盖下层的菌褶（gill）上，菌褶上首先形成担子（basidium），一般情形下每个担子上产生 4 个担孢子。蘑菇的担孢子成熟后被风吹散，最终着陆于适宜的、通常是湿润的、有机物丰富的土壤中，开始再一次的发育循环。

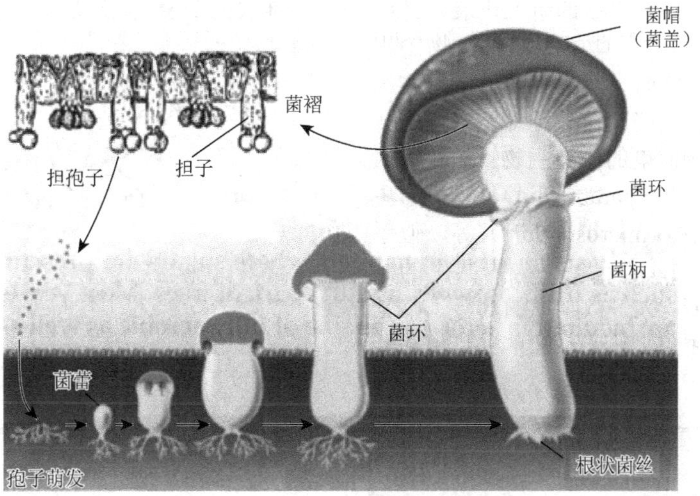

图 3-15　典型的蘑菇生活史

蘑菇是真菌的一种大型的子实体，因其形如伞状又称伞菌。包括许多色彩美丽、肉嫩味美、营养价值很高的食用菌和药用菌。目前已经成为人类食物资源而进行大量栽培。目前已可人工培养多种食用菌，如双孢蘑菇、草菇、香菇、平菇、猴头、灵芝等，多种伞菌具有抗癌物质。但是，伞菌也包括一些对人、畜有致死作用的毒蘑菇，资料统计全世界有毒蘑菇 150 余种，我国报道了 80 多种之多。

第三节　原 生 生 物

原生生物（protist）是另一类真核微生物类群（图 3-1）。原生生物包含了许多不适合分入其他界的单细胞生物。基于现代分子水平的研究，这一类生物在现代生物分类学中得到了重新定义，使得原生生物所指的范围更广泛。原生生物现在被认为是众多的属于不同类群生物的集合，它们在进化过程中拥有不同的细胞结构、能动性和生命周期。简单的结构也使得它们与其他真核生物如真菌、动物或植物相区分，呈散在的多元化辐射状的、进化状态的并系群，包括了管毛生物、泡状生物、眼虫门、变形虫、丝足虫和绿藻等 6 个类群。

一、原生生物的一般特征

原生生物拥有一些共同特征，一般意义上认为原生生物是单细胞的异养型或光合营养型的真核生物，细胞具有真正的细胞核和膜包围的细胞器。原生生物约有 80 个不同类型的生物类群，大约有 20 万个定名种，是最大的单细胞类群。大多数原生生物是可以运动的，自然界的水环境中栖息着很多不同的种，其中包括致命的寄生虫，它们是动植物或人类最严重的致病病原体。例如，管毛生物中的卵菌是重要的植物病原菌，泡状生物的顶复类引起人类的疟疾和弓形虫病等。同时它们又是水体环境的浮游生物，是海洋和淡水原生生物的重要食物。

原生生物在形态学上具有很大的差异性和多样性，这为分类学家如何分类提供了形态学上的依据，然而分类学家对原生生物的分类仍然意见不一。早期根据原生生物所具有的相似的结构特征，分为纤毛虫（ciliate）、鞭毛虫（flagellate）、孢子虫（sporozoan）和变形虫（amoeba）4 个多元形式类群。随着 18S rRNA 序列分类法的研究进展，开始在真核微生物中建立了一个真菌和原生生物的现代分类系统（图 3-1）。然而一些特定的原生生物细胞，它们缺少线粒体和一些其他关键细胞器，这些可能是早期分支的结构简单的真核生物，如双滴虫（diplomonad）、副基体虫（parabasalid）、内变形虫（entamoeba）、微孢子虫（microsporidia）等，似乎是那些没有参与内共生或者已经丢失内共生的原始真核细胞的现代后裔。大多数早期的真核生物是人体及其他动物的寄生虫，它们不能单独自由生活而依赖寄生生活。

真菌与天麻

天麻是我国一种重要的中药材，天麻块茎要播种在富含一种真菌——假蜜环菌（*Armillaria mellea*）的土壤中才能萌发和生长。假蜜环菌侵入天麻块茎的皮层细胞后，自身被溶解消化作为天麻营养被吸收。而当天麻新形成的块茎成熟后期，假蜜环菌菌丝便在块茎中吸收天麻的营养快速生长繁殖。天麻与假蜜环菌构成了一种特殊的共生营养关系。

二、代表性原生生物

（一）管毛生物

管毛生物（straminipila）是具有多样性的真核类群之一。现在已发现了 21 纲，有超过 100 000 种。涵盖了差异巨大的生命形式，从单细胞到大型原生质体再到复杂的多细胞菌体。其中最知名的是卵菌、硅藻、金藻和褐藻。分为光合和非光合管毛生物两类，光合管毛生物是水生环境中主要的真核生物，它们在生态系统中作为食物链的主要生产者扮演着重要的角色。非光合类群包括主要的农作物和植物的病原菌（卵菌），以及在真核微生物中十分重要的多种有鞭毛的或变形虫状的细胞。

尽管管毛生物这个术语相对来说还很新（约始于 1989 年），但它已经得到了广泛的认可，并且成为这个类群最常用的名称。目前认为管毛生物的光合细胞器——色素体，是通过次级内共生从一种红藻中获得的。

管毛生物的所有游动细胞都具有两种鞭毛（图 3-16）。每一根长的位于前端的鞭毛具有两排三分叉的绒毛，其后端的鞭毛通常是短小光滑的并缺乏绒毛。鞭毛为 9＋2 微管排列方式。光合管毛生物中的色素体在结构上很特殊，它具有 4 层外膜，最外层相当于粗糙型内质网与外层核膜相连。4 层膜的存在似乎是次级内共生的结果，分别相当于初始宿主的液泡膜和初始宿主的细胞膜。管毛生物色素体具有片层（lamellae）结构，每层都由三个堆放的类囊体形成。管毛生物的线粒体是管状嵴结构。

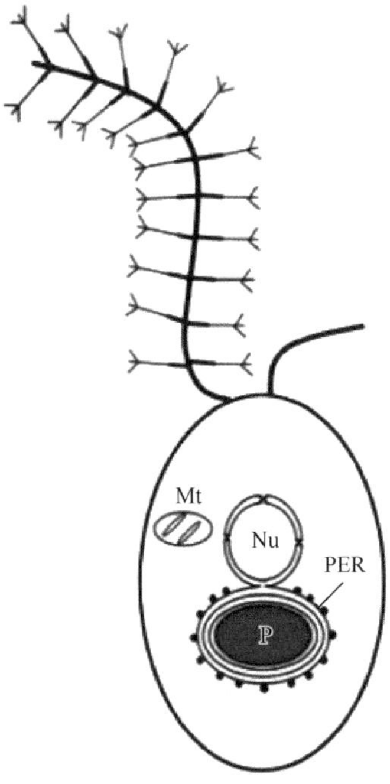

图 3-16　管毛生物游动细胞模式图

Nu. 细胞核；Mt. 管状嵴线粒体，P. 4 层膜色素体；PER. 周质内质网

卵菌一直被真菌学家划归于真菌，直到近年来才划归管毛菌。卵菌的共同特征是游动孢子具有一根绒鞭式和一根尾鞭式鞭毛，菌体具有纤维素的细胞壁，管状的线粒体嵴，生活史中二倍体世代占优势。菌丝无隔多核，有性生殖产生卵孢子。卵菌引起栽培植物的严重病害，我国主要的栽培作物如稻、麦、棉、果树和蔬菜，大都容易受到卵菌的侵袭而发生严重病害。

历史上卵菌引起的毁灭性自然灾难：19世纪中叶卵菌——致病疫霉（*Phytophthora infestans*）引起欧洲的马铃薯晚疫病，造成马铃薯绝产。致使爱尔兰岛800万居民由于饥馑和疾病而死亡约100万人，164万人逃荒到北美，轰动整个欧洲。当时教会悬赏病害调查，并由此导致植物病理学科的诞生。

（二）泡状生物

泡状生物（alveolata）是由原来原生动物界的泡囊虫类演化而来。它们最显著的共同特征是在细胞膜的皮层下有一层囊状的泡状体（alveoli），这些扁平的泡囊折叠为连续层支撑着膜，通常形成灵活的薄皮，从而具有独特的细胞表层，这有助于细胞保持渗透压平衡。泡状生物具有管状嵴的线粒体，鞭毛或纤毛有不同结构。这类原生生物的祖先显然是营光合作用的，主要包括顶复类（apicomplexans）、沟鞭藻类（dinoflagellates）和纤毛虫（ciliates）。1991年正式命名为Alveolata（初时译为泡囊虫门），当初认为是一个并系群，实际上后来证实是单系群。

顶复类是专性寄生，可导致人或动物严重的疾病。形状更像一个变形虫，它们有一个顶复体，在细胞的一端生有一细胞器团，该类群过去称为孢子虫（sporozoa），生活史中产生类似真菌孢子的子孢子（sporozoite）结构，它可以被传播到新的寄主体内。例如，由疟原虫属（*Plasmodium*）引起的疟疾（图3-17A）、弓浆虫属（*Toxoplasma*）引起的弓浆虫病、艾美球虫属（*Eimeria*）引起的球虫病等；纤毛虫是整个细胞覆盖着致密纤毛的类群，许多种含有叶绿体而行光合作用，代表属为草履虫属（*Paramecium*）（图3-17B）。

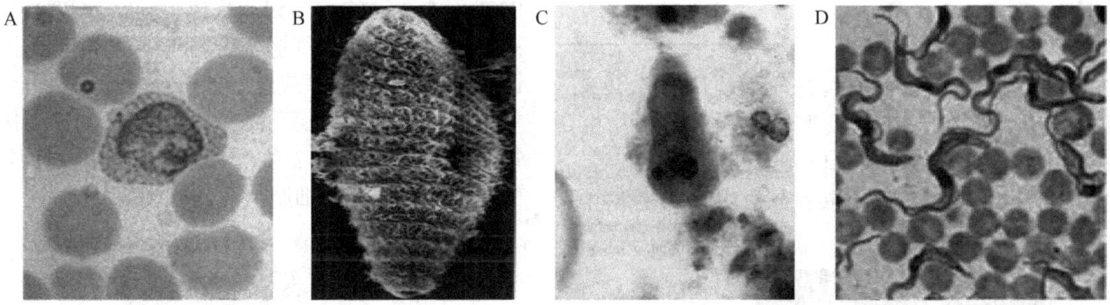

图3-17 泡状生物、变形虫类和眼虫门的代表种

A. 在红细胞内生长的间日疟原虫（*Plasmodium vivax*）；B. 单细胞草履虫的扫描电镜照片；C. 内变形虫属的痢疾内变形虫（*Entamoeba histolytica*），注意观察变形体内深色的细胞核；D. 锥虫属（*Trypanosoma*）中引起美洲锥虫病的克氏锥虫（*Trypanosoma cruzi*）。（A～C引自Madigan et al.，2012）

由疟原虫引起的疟疾，给人类带来了灾难性的寄生性传染病。历史记载以来，疟疾肆虐人类约3000年，至今每年约有5亿人感染此病，并有100万～200万人死于此病，目前仍然无法获得其预防疫苗。

（三）变形虫类

变形虫类（amoebozoa）是一类裸露的原生生物细胞类群，目前尚未认定变形虫类群是单系群。广泛分布在土壤和水体中，并能在动物和人体内寄生。变形虫的生殖方式是在细胞核有丝分裂之后，进行细胞的二分裂，一个细胞分裂成两个相同的子细胞。其变形运动的标志性特点是利用伪足行进和捕食。伪足形态多样，圆形的称为叶足、细长的称为丝足、网状的称为网足。变形虫主要类群有裸变形虫（gymnamoebae）、内变形虫（entamoebas）和黏菌（slime mold）。

裸变形虫：通过伪足包围细菌、其他原生生物和有机物，以内吞方式来捕食。变形运动是通过细胞质的流动而移动。变形虫属（*Amoeba*）是淡水常见属，存在于池塘中，直径为15～750μm，有的可以肉眼看到。内变形虫是脊椎和非脊椎动物的寄生虫，通常生活在口腔或肠道内。内变形虫属的痢疾内变形虫（*Entamoeba histolytica*）（图3-17C）是这类寄生虫的代表，很多情况下人体被感染后没有明显的症状，在肠道上产生溃疡后引起腹泻，即阿米巴痢疾。这种寄生虫通过粪便污染水和食品，以囊体的形式从一个人传染给另一个人。

从系统发育的分析表明，黏菌属于变形虫类，是裸变形虫的后裔。由于其生活史中分化形成由足、茎和孢子囊组成的子实体，过去一直归属于真菌。黏菌是非光合营养的真核微生物，不含叶绿素，产孢子和子实体。但作为原生生物，黏菌以吞噬方式摄食，能在固体表面快速移动。在自然界中，黏菌生活在腐烂的枯枝落叶、木头和土壤中。它们的食物是以细菌为主的微生物，以吞噬方式摄食。

(四) 眼虫门

眼虫门(Euglenozoa)是具有叶绿素和眼点而兼有动物和植物特性且具有鞭毛的单细胞原生生物。在藻类中称为“裸藻”,在原生动物中称为“眼虫”。根据目前提供的进化树资料,这些眼虫与裸藻显示出同一种系统进化的亲缘关系。眼虫类含有叶绿体,有光时进行光合作用,无光时,叶绿体消失,为异养营养型。多数可吞噬营养物,生活在水生环境中,可腐生或寄生。眼虫门生物是单细胞,包括眼虫类(euglenids)和动基体类(kinetoplastids)。大小在15~40μm,但一些动基体类会长到500μm。

动基体类的锥虫属(*Trypanosoma*)可引起人类疾病,如布鲁斯锥虫(*Trypanosoma brucei*)可引起非洲昏睡病,该病是一种慢性的、致死性的疾病,以及引起美洲锥虫病的克氏锥虫(*Trypanosoma cruzi*)(图3-17D)。

(五) 丝足虫类

丝足虫类(cercozoa)具有丝状的伪足,用于运动和捕食而区别于其他原生生物,包括有孔虫(foraminiferan)、绿蜘藻(chlorarachniophyte)和放射虫(radiolarian)。有孔虫和放射虫全部是海洋生物,前者主要生活在沿海,后者则在深海。以前丝足虫称为变形虫,是因为营养时期常是裸露的、具有伪足,有许多种在营养生长时分泌壳,而形成有壳的有孔虫和放射虫,当它们捕食时伪足可伸长到壳外。许多生物在系统进化过程中都出现了伪足。

(六) 绿藻

以往藻类根据所含色素、鞭毛类型及其他结构被划分为6个门,显示藻类是一个复合的多元类群。目前依据小亚基核糖体核糖核酸(SSU rRNA)序列分析,其中绿藻门(Chlorophyta)显示了独立的单系群特征。绿藻与陆生植物关系密切,并且具有片层状嵴线粒体,因此把绿藻门从多元系统的藻类中独立出来。直到最近,以是否存在叶绿体而将绿藻与硅藻、褐藻和金藻等分开。

绿藻成员具有纤维素的细胞壁,形态特征相对复杂,呈现广泛的多样性形态。从单细胞、能游动的或不能游动的个体到片状体、丝状体和群状体形态。许多绿藻或以细胞集合体形式的群状体出现,而构成如团藻、栅藻或丝状的水绵等形态(图3-18)。单细胞绿藻细胞的鞭毛通常是9+2微管排列构型。每个细胞有1条或2条鞭毛。鞭毛可着生在顶端、两侧或后端。藻类细胞一般没有纤毛。

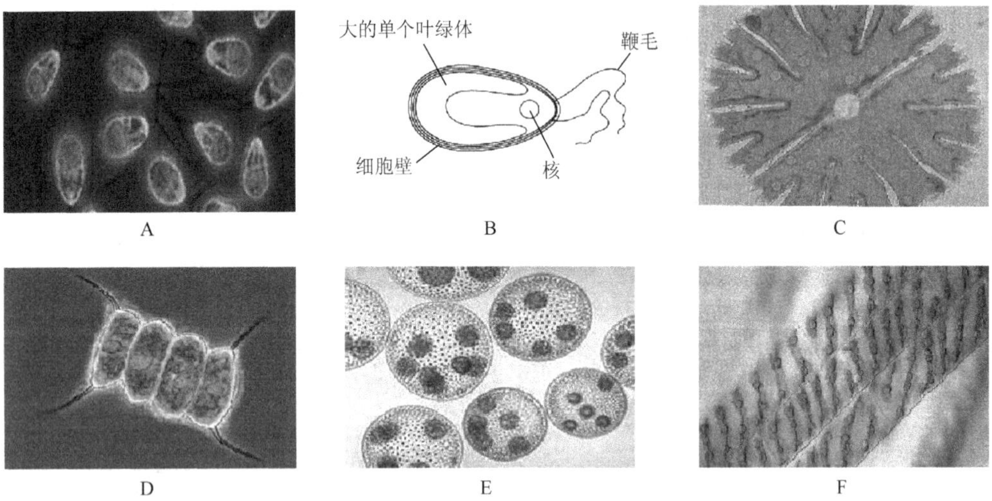

图3-18 绿藻细胞形态的不同类型

A. 单细胞的衣藻,注意前端鞭毛;B. 衣藻的线图,注意大个的U形叶绿体;C. 单细胞片状体的微星鼓藻(*Micrasterias* sp.);D. 由4个细胞排列组成的栅藻(*Scenedesmus* sp.);E. 群体的团藻(*Volvox* sp.),包括许多大的细胞;F. 水绵(*Spirogyra* sp.),一种丝状绿藻,注意绿色螺旋带状的叶绿体

在自然界中,绿藻约6000种,是淡水水域的浮游生物,湿地和潮湿的土壤或人造水域如游泳池、养鱼池等也是藻类栖息的生活环境,少数生长在海水中。近年来随着工业的发展,我国近海和一些内陆湖泊的水体遭到严重污染,从而为一些藻类的快速繁育提供了营养环境,一旦温度适宜便大量繁殖,2~3d覆盖水体表面,如近海出现的“红潮”和工业发达地区的湖泊出现的“蓝潮”。不管是“红潮”还是“蓝潮”,藻类并非是罪魁祸首,而是人类破坏自然环境造成的水体环境污染。

知识点回顾

第一节：真核微生物的细胞结构与功能

1. 在真核生物域中，真菌界、植物界和动物界已经被确认为单系群的界，而在这三界之外的真核生物多为单细胞生物体，统称为原生生物界，被划归为真核微生物。

2. 真核微生物是低等的真核生物，细胞的各种功能不同程度地由膜包围而形成的细胞器承担。

3. 细胞核含有真核细胞的基因组，是细胞遗传信息（DNA）的储存、复制和转录的主要场所。细胞核的存在与否是原核生物与真核生物区别的关键。

4. 线粒体、氢化酶体和叶绿体分别是需氧、厌氧和光养真核微生物营养类型的产能细胞器。

5. 内质网和高尔基体是细胞蛋白质和脂类的合成和加工场所，并参与运输和代谢。

6. 溶酶体含有酸性水解酶，参与细胞的消化作用；过氧化物酶体含有氨基酸和脂肪酸降解酶，过氧化氢酶对降解过程中产生的H_2O_2具有解毒作用。

第二节：真菌

1. 真菌缺少光合色素，靠分解周围环境中的营养物质来生活，是自然界主要的生物降解者。

2. 大多数真菌的营养体是多细胞结构的丝状体，通常俗称霉菌。除了丝状的形式之外，还有一些单细胞类型的酵母菌，酵母菌通常以出芽方式进行分裂。一个新细胞是从老细胞上出芽，芽渐渐长大后脱离母细胞，在母细胞上留下芽痕。

3. 一些真菌与其他活的有机体形成合作关系，如果这种合作关系是一种有规律的互利的结合，便称为共生现象，合作者则称为共生体。真菌与藻类细胞形成的共生体称为地衣；真菌与植物根系结合形成特殊的共生体称为菌根，能与植物根系形成菌根的真菌称为菌根菌。

4. 蘑菇是真菌的一种大型的子实体，因其形如伞状又称伞菌，多种伞菌具有抗癌活性物质。少数伞菌是对人、畜有致死作用的毒蘑菇。

第三节：原生生物

1. 原生生物大都没有细胞壁，而藻类和真菌有细胞壁。原生生物是最大的单细胞类群，大多数原生生物是可以运动的，有些是人类或其他动植物的最严重的致病病原体。

2. 原生生物界涵盖管毛生物、泡状生物、眼虫门、变形虫、丝足虫和绿藻等分类群。

3. 单细胞的藻类是光养型的，是自然界的主要初级生产者。

关键词

1. 细胞核（nucleus）：含有真核细胞的基因组。是细胞遗传信息（DNA）的储存、复制和转录的主要场所。

2. 核仁（nucleolus）：真核细胞细胞核中含有RNA的区域，是核糖体的装配场所。

3. 核糖体（ribosome）：位于细胞质中的由RNA和蛋白质组成的蛋白质合成部位。

4. 细胞器（organelle）：细胞的各种功能不同程度地定位于由膜包围而形成的细胞内结构。

5. 液泡（vacuole）：是植物和真菌细胞中一种有单位膜包被的多功能的细胞器。

6. 微管（microtubule）：构成纤毛、鞭毛及真核细胞部分细胞骨架结构的蛋白质小管。

7. 细胞骨架（cytoskeleton）：为真核细胞提供支持、刚性和形状并使细胞运动的纤维蛋白网络。

8. 减数分裂（meiosis）：真核细胞中发生的染色体数减半的分裂过程。

9. 有丝分裂（mitosis）：真核细胞中细胞核一分为二，形成子细胞核的过程。

10. 丛枝状吸胞（arbuscule）：内生菌根侵入根系的深处，在根部细胞内形成分枝的吸器结构。

11. 子囊孢子（ascospore）：在子囊内产生的有性孢子。

12. 担子（basidium）：担子菌有性生殖产生棒状结构，其上有通过细短小柄生长的外生孢子。

13. 担孢子（basidiospore）：担子菌的有性孢子。

14. 分生孢子（conidium）：真菌产生的呈链式排列的、小型的、气生的无性孢子。

自测题

一、选择题

1. 一般而言，真核微生物细胞是否具有（　　）而行好氧生活或厌氧生活；是否存在（　　）而成为光养生物或自养生物；植物和真菌的细胞有（　　）而没有（　　）。

(A) 线粒体　　(B) 叶绿体
(C) 液泡　　(D) 溶酶体

2. 内质网和高尔基体是细胞（　　）和（　　）的合成和加工场所，并参与运输和代谢。

(A) 蛋白质　　(B) 脂类
(C) 碳水化合物　　(D) 葡萄糖

3. 线粒体和叶绿体一样是属于真核微生物中（　　）的细胞器，系统进化的研究表明，叶绿体同线粒体可能是细菌永久留存于另一个细胞中长期内共生的进化结果。

(A) 自主复制　　(B) 半自主复制
(C) 自主遗传　　(D) 遗传复制

4. 真菌的细胞壁是以（　　）重复单位组成的

几丁质构成。而光养的原生生物和藻类细胞壁是由(　　)重复单位组成的纤维素和半纤维素构成。

(A)β-1，4-糖苷键连接的氨基葡萄糖

(B)β-1，4-糖苷键连接的葡萄糖

(C)β-1，6-糖苷键葡聚糖

(D)β-1，6-糖苷键连接的葡聚糖

5. 真菌的菌丝几乎沿着其长度的任何一点都能发生分枝，由于分枝的不断产生而形成一个特征性的圆形轮廓的(　　)。

(A)菌丝体　　(B)菌苔

(C)菌落　　(D)菌斑

6. 真菌与植物根系结合形成特殊的共生体称为(　　)。能与植物根系形成菌根的真菌称为(　　)。根据菌根的形态和一定程度的生理特性把菌根划分为(　　)和(　　)。

(A)菌根　　(B)菌根菌

(C)内生菌根　　(D)外生菌根

7. 管毛生物的所有游动细胞都具有(　　)。每一根长的是(　　)，具有两排三分叉的绒毛，其(　　)通常是短小光滑的并缺乏绒毛。

(A)一种鞭毛　　(B)前端鞭毛

(C)后端鞭毛　　(D)两种鞭毛

8. 绿藻具有(　　)的细胞壁，富含(　　)的细胞器，并且具有(　　)线粒体，藻类细胞一般没有(　　)。

(A)纤维素　　(B)叶绿素

(C)纤毛　　(D)片状嵴

二、问答题

1. 以原核微生物为对照，你认为真核微生物细胞有哪些主要特征？

2. 为什么说线粒体、氢化酶体和叶绿体是真核微生物的产能细胞器？

3. 光面内质网和粗面内质网有何不同？如何看待高尔基体的功能？

4. 你能否给真菌界下一个比较贴切的定义？

5. 请总结原生生物界的主要特征。

答案：

开篇事件

答：吸血的锥蝽叮咬人类的皮肤或者通过人的口、眼黏膜将携带的克氏锥虫侵入人体，因此，消灭居民区内锥蝽栖息地与滋生场所是控制传染源的有效方法。因为该病的病程与艾滋病类似，而且目前尚无有效药物治疗，所以让人与可怕的艾滋病扯上联系；美洲锥虫病确实存在输入我国的风险，但民众不必恐慌。防治关键在于控制这种疾病的传播媒介锥蝽。只要掌握了这种昆虫的栖息与滋生、生活习性、活动规律等特点，就能有效控制住疾病的蔓延和传播。

选择题：1. A，B，C，D　2. A，B　3. B

4. A，B　5. C　6. A，B，D，C

7. C，B，C　8. A，B，D，C

问答题：

1. 答：真核微生物是低等的真核生物，比原核微生物的细胞结构复杂，细胞的各种功能不同程度地定位于由膜包围而形成的细胞器，它们包括细胞核、细胞膜、线粒体、核糖体、叶绿体、液泡、内质网、高尔基体、溶酶体和过氧化物酶体等（图 3-2）。

2. 答：线粒体和氢化酶体分别在通过呼吸（氧化磷酸化）和发酵（转运电子）产生能量的过程中起着特殊作用，专行化能营养的能量代谢。叶绿体是通过光合作用把光能转化成细胞能量。这三种细胞器都是由膜包围着的产生能量的细胞器，但其功能却大不相同。

3. 答：内质网和高尔基体是细胞蛋白和脂类的合成、加工场所，并参与运输和代谢。粗面内质网（rER）通过核糖体的活性功能成为蛋白质的主要合成者。没有核糖体附着的内质网称光面内质网（sER），是脂类的合成场所。新合成的物质在内质网膜表面形成泡囊的形式转运到需要的细胞器，与目的细胞器的膜融合，所以内质网是细胞中各种物质转运的一种循环系统，同时内质网还给细胞质中所有的细胞器提供质膜和所需蛋白质。

内质网合成的大分子物质，如蛋白质、脂类等被运送至高尔基体，在高尔基体内进行化学修饰、浓缩、包装而形成泡囊，通过微管蛋白和肌动蛋白细胞骨架系统运输到细胞的各个部位。

4. 答：给真菌做一个简单的定义是困难的。然而典型真菌有着它自身的特征范围以区别于其他的生物类群。一般来讲，它必须具备下面 6 个特点：①真菌的细胞具有真正的细胞核，线粒体为片层状嵴；②它们通常为分枝繁茂的多细胞的丝状体，或呈单细胞的菌体形态如酵母菌和壶菌等；③它们有坚硬的几丁质细胞壁；④通过分泌胞外酶降解多聚物为简单化合物而吸收营养，是异养类型；⑤借助有性和无性的方式产生孢子延续种族；⑥在系统发育上，它们必须是由同一个祖先进化而来，即独立的单系群。

5. 答：尽管原生生物在形态学上具有很大的差异性和多样性，然而原生生物是拥有一些共同特征的生物类群。①一般意义上认为原生生物是单细胞的异养型或光合营养型的真核生物，细胞具有真正

的细胞核和膜包围的细胞器；②原生生物是一个并系群，约有 80 个不同类型的生物类群，大约有 20 万个定名种，是最大的单细胞类群；③原生生物在形态学上相差很大，大多数原生生物是可以运动的，自然界的水环境中栖息着很多不同的种，其中包括致命的寄生虫；④它们是动植物或人类最严重的致病病原体，如管毛生物中的卵菌是重要的植物病原菌，泡状生物的顶复类引起人类的疟疾和弓形虫病等；⑤同时它们又是水体环境的浮游生物，是海洋和淡水原生生物的重要食物；⑥似乎是那些没有参与内共生或者已经丢失内共生的原始真核细胞的现代后裔。大多数早期的真核生物是人体及其他动物的寄生虫，它们不能单独自由生活而依赖寄生生活。

（邢来君）

第四章 非细胞微生物：病毒

开篇事件：埃博拉病毒

2014 年 2 月，西非地区暴发埃博拉病毒感染疫情，从最初的几内亚，迅速蔓延至塞拉利昂、利比里亚及尼日利亚，此次疫情为 1976 年发现埃博拉病毒以来最严重的疫情。

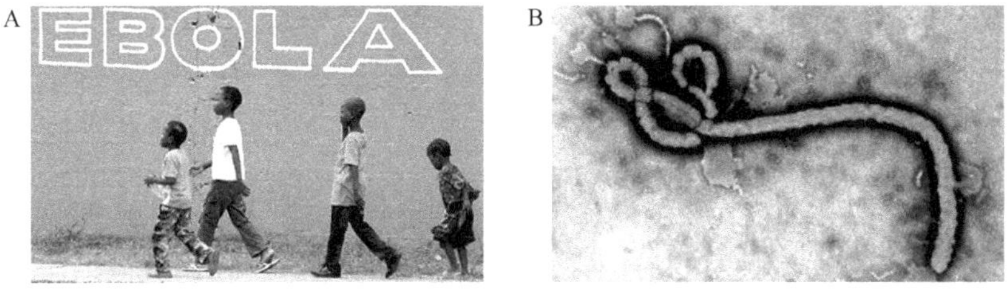

在西非严重的埃博拉病毒疫情及其显微照片

A. 利比里亚首都蒙罗维亚的儿童走过一面写有英文“埃博拉”字样的墙壁；B. 埃博拉病毒的电子显微照片

埃博拉病毒（Ebola virus）又译作伊波拉病毒，是一种感染力极强的病毒。1976 年在苏丹南部和刚果（旧称扎伊尔）的埃博拉河地区发现它的存在后，引起医学界的广泛关注和重视，“埃博拉”由此而得名。埃博拉病毒是引起人类和灵长类动物发生埃博拉出血热的烈性病毒，其引起的埃博拉出血热（EBHF）是当今世界上最致命的病毒性出血热，感染者症状包括恶心、呕吐、腹泻、肤色改变、全身酸痛、体内出血、体外出血、发烧等，死亡率在 50%～90%。埃博拉病毒的生物安全等级为 4 级（艾滋病为 3 级，SARS 为 3 级，级数越大防护越严格）。影片《恐怖地带》描述的病毒即以它为原型改编，片中医务人员穿着带有独立供气系统的厚重防护服开展工作的场景，在此次疫情防控中真实再现。这次疫情，除造成数万亿美元的经济损失外，数以百计的医疗工作者为此付出了自己宝贵的生命。至 2014 年 11 月 30 日，世界卫生组织表示，全球共有 622 名医疗工作者感染埃博拉病毒，其中 346 人死亡。他们以自己的行动诠释了崇高与责任的真正含义，必将为历史永久铭记。

参考文献：

Na W，Park N，Yeom M，et al. 2016. Ebola outbreak in Western Africa 2014: what is going on with Ebola virus? *Clinical and Experimental Vaccine Research*，4（1）: 17-22.

Kuhn JH，Becker S，Ebihara H，et al. 2010. Proposal for a revised taxonomy of the family Filoviridae : Classification，names of taxa and viruses，and virus abbreviations. *Archives of Virology*，155（12）: 2083-2103.

思考题：

1. 埃博拉病毒会对人类造成何种危害，以及造成这种危害的原因是什么？
2. 人类应该如何预防、控制这些给人类健康、生活造成危害的病毒所引起的传染性疾病？

病毒（virus）是生命世界中最小的成员。它不具有细胞结构，必须进入活的宿主（host）细胞才能完成复制周期。病毒独特的生命形式使之成为生物学重要的研究对象，同时也成为揭示生命奥秘的工具。本章将介绍一些典型病毒的特性、结构、分类及其复制过程；随后根据病毒感染的宿主分别介绍感染细菌、动物与植物的代表性病毒等基础知识。另外，亚病毒也将在第五节作简要介绍。相信随着多学科研究的快速进展，人们对生命本质的认知逐渐深入，对病毒性病害的防控及对病毒的利用将进入全新阶段。

第一节　病毒的性质、形态结构与分类

一、病毒的一般性质

病毒的存在形式表现为：在细胞外，是具有感染性的颗粒；而在细胞内则具有自我复制功能。成熟病毒的核酸通常被蛋白质所包裹，部分病毒还含有脂类、糖类等大分子，共同构成亚显微颗粒。病毒的胞外状态被称为病毒颗粒或毒粒（virion）。一旦进入细胞内，病毒颗粒结构发生改变，释放出具有复制能力的基因组。病毒基因组一般都很小，主要编码那些不能从宿主细胞获得的功能蛋白。

病毒结构简单，不具有细胞结构。遗传物质单一，一种病毒颗粒内通常只含有一种核酸，DNA或RNA。病毒不具有完整的合成代谢系统，不能以分裂方式进行繁殖及生长，必须依赖活细胞生存，为严格的胞内寄生生物。在活细胞内，病毒核酸提供遗传信息，利用宿主细胞的酶、能量合成系统、核糖体、细胞因子及大分子合成的前体来完成自身的生命活动——复制。

病毒十分微小（图 4-1），只有在电子显微镜下才能看到，极少数能在高倍光学显微镜下观察到。

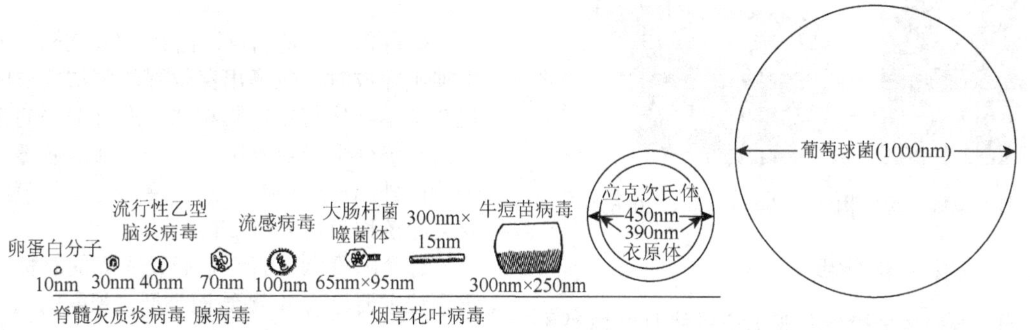

图 4-1　微生物大小比较

二、病毒颗粒的形态结构

病毒通常以纳米（nm）作为度量单位。不同的病毒，颗粒大小差别很大，较小的圆环病毒直径仅17nm，较大的痘病毒约300nm。

病毒形态多种多样，在已发现的数千种病毒中，病毒颗粒的形态大致可分为球形颗粒、杆状颗粒和复杂形状颗粒（如蝌蚪形、卵形、砖形）等几类。有些病毒的颗粒还呈现多形性（pleomorphic），如流感病毒（influenza virus），新分离的毒株常呈丝状，而在细胞内稳定传代后则成为直径约100nm的拟球状颗粒。

简单的病毒颗粒的主要结构是由核心（core）和衣壳（capsid）构成的核衣壳（nucleocapsid），这种病毒被称为裸露毒粒（naked virion），如烟草花叶病毒（tobacco mosaic virus，TMV）、脊髓灰质炎病毒（poliovirus）。有些病毒的核衣壳外部还有包膜（envelope），如图 4-2 所示。

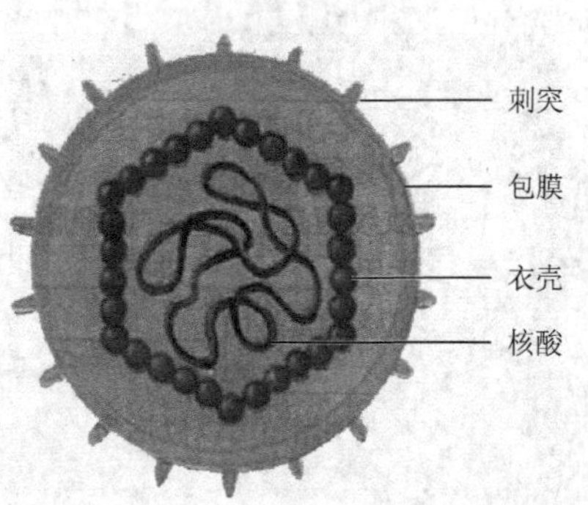

图 4-2　病毒颗粒结构模式图

病毒核心的主要成分是病毒的基因组和少量功

能性蛋白。蛋白质衣壳则由许多蛋白质分子单体以精确而高度重复的模式排列构成，使得病毒颗粒呈现高度对称性。已发现的病毒中存在三种对称结构：螺旋对称（helical symmetry）结构和二十面体对称（icosahedral symmetry）结构，以及二者合二为一的双对称（bisymmetry）结构。

（一）螺旋对称结构

螺旋对称是指蛋白亚单位有规律地沿着中心轴呈螺旋排列，进而形成高度有序、对称的稳定结构，如烟草花叶病毒，见图 4-3。

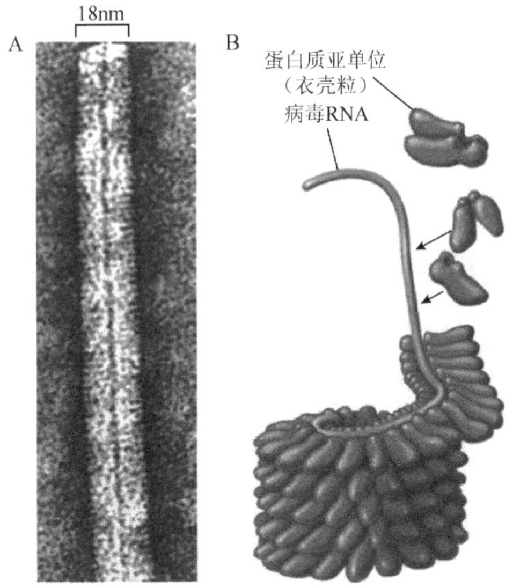

图 4-3　螺旋对称结构（Madigan et al.，2006）

（二）二十面体对称结构

二十面体对称是指蛋白亚单位围绕具立体对称的正多面体的角或边排列，从而形成一个封闭的蛋白质的鞘。由于在表面积一定的立体对称体中，二十面体的容积最大，能包装更多的病毒核酸，因此病毒衣壳多为二十面体对称结构，如图 4-4 所示。

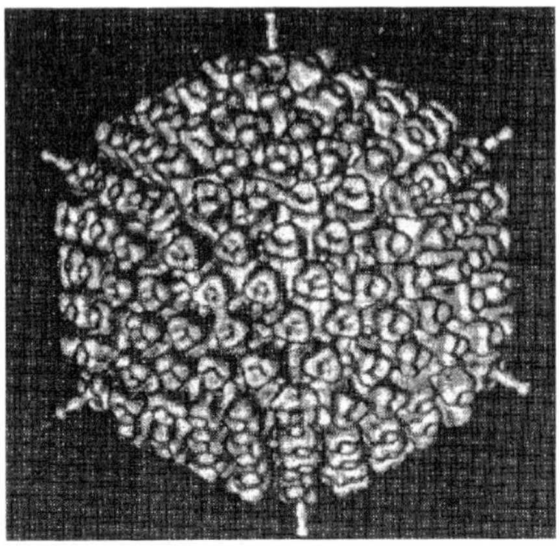

图 4-4　二十面体对称结构（Knipe et al.，2001）

（三）双对称结构

少数复杂病毒，如有尾噬菌体（tailed phage），其衣壳由具有二十面体对称结构的头部和具有螺旋对称的尾部两部分构成，称为双对称（bisymmetry），如图 4-5 所示。

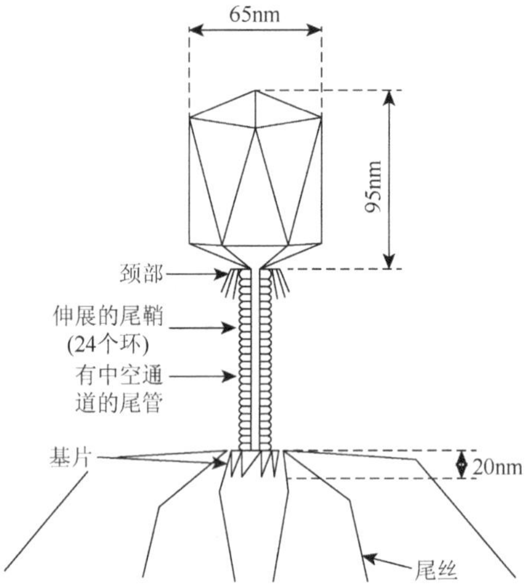

图 4-5　双对称结构

病毒包膜多是病毒以出芽（budding）方式从宿主细胞释放时，包裹出芽位置的膜结构形成，因此包膜基本结构与生物膜相似。病毒编码的包膜蛋白突出在膜外形成包膜突起，一些裸露病毒表面也有一些向外凸出的突起，这种突起与有包膜病毒的包膜突起统称为刺突（spike）。

综合病毒颗粒有无包膜及衣壳的对称方式，病毒颗粒主要分为 4 种结构类型：裸露的二十面体病毒颗粒；裸露的螺旋病毒颗粒；有包膜的二十面体病毒颗粒；有包膜的螺旋病毒颗粒。但有些复杂病毒，如流感病毒、痘病毒（poxvirus）具有多形性，不能被这 4 种类型所涵盖。

三、病毒的化学组成及功能

病毒的基本化学组成是核酸和蛋白质。有包膜的病毒还含有脂类和糖类。除此之外，有的特殊病毒还含有聚胺类化合物、无机阳离子等组分。

（一）病毒的核酸

核酸位于病毒的核心，是病毒的遗传物质。一种病毒只含有一种特定类型的核酸。根据核酸种类，可将病毒分为 DNA 病毒（DNA virus）和 RNA 病毒（RNA virus）。大多数病毒的基因组都是单倍体，只有反转录病毒（retroviruses）的基因组为二倍体。

病毒的基因组大体上可分为单链DNA（ssDNA）、

双链 DNA（dsDNA）、单链 RNA（ssRNA）、双链 RNA（dsRNA）4 种基本类型。其中单链病毒核酸还具有极性（polarity），定义如下：对于单链 RNA 病毒，如果其基因组 RNA 可以作为 mRNA 直接进行翻译，则定义它为正义链，称为正链 RNA（+ RNA）。如果其基因组 RNA 与其 mRNA 序列互补，则定义为反义链，称为负链 RNA（–RNA）。也有些病毒的 RNA 部分是正义链，部分是反义链，则定义这种病毒的 RNA 为双义 RNA（ambisense RNA）。对于单链 DNA 病毒，如果其基因组 DNA 与其 mRNA 序列相同，则为正极性，称为正链 DNA（+ DNA）病毒，如果基因组 DNA 与其 mRNA 序列互补，则为负极性，称为负链 DNA（–DNA）病毒。除了双链 RNA 外，其他各类病毒的基因组核酸分子还有线状和环状之分。

病毒核酸分子的结构特征多种多样，包括黏性末端、循环排列和末端重复序列等。有些病毒的基因组由多个核酸分子构成，即具有分节段基因组（segmented genome）。许多真核生物的正链 RNA 病毒的基因组具有同真核细胞 mRNA 一样的结构特征，即 5′端有帽子结构，3′端有聚腺苷酸 poly（A）结构。

（二）病毒的蛋白质

病毒的蛋白质根据其是否是病毒颗粒结构的必需成分而被分为结构蛋白（structure protein）和非结构蛋白（non-structure protein）。结构蛋白是指构成一个形态成熟的感染性病毒颗粒所必需的蛋白质；非结构蛋白是指由病毒基因组编码、在病毒复制过程中产生并具有一定功能但不一定包含于病毒颗粒中的蛋白质。其中结构蛋白又可细分为衣壳蛋白、包膜蛋白和病毒颗粒中的酶类。图 4-6 所示为人类免疫缺陷病毒（HIV）的结构示意图。

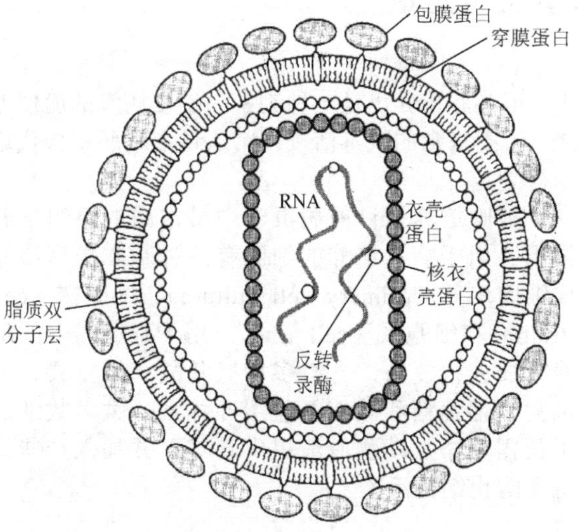

图4-6 人类免疫缺陷病毒的结构示意图（Madigan et al.，2006）

病毒颗粒由蛋白质（表面蛋白需要糖基化修饰）、核酸、酶类、脂质等组成

> 反转录酶（reverse transcripatase）是以 RNA 为模板指导三磷酸脱氧核苷酸合成互补 DNA（cDNA）的酶，可用于反转录 PCR（RT-PCR），将 RNA 转变为 DNA 后扩增。其中，鼠白血病病毒（MLV）反转录酶、禽成髓细胞瘤病毒（AMV）反转录酶等经过改造可成为基因工程的重要工具酶。

1. 衣壳蛋白

衣壳蛋白组成病毒颗粒外层衣壳结构，由一条或多条多肽链折叠而形成的蛋白质亚单位是构成衣壳蛋白的最小单位。大多数病毒衣壳是由几种不同的蛋白质亚单位结合成一种更大的单位——衣壳粒。决定蛋白质亚单位正常地聚集成衣壳粒的信息就包含在蛋白质本身的结构中，该装配过程称为自组装（self-assembly）。病毒的衣壳具有保护病毒核酸的作用。只有核衣壳的裸病毒的衣壳蛋白，参与病毒的吸附和进入，决定病毒的宿主嗜性，同时也是病毒的表面抗原。

2. 包膜蛋白

大多数包膜病毒是动物病毒（如流感病毒）。包膜蛋白主要包括包膜糖蛋白和基质蛋白（matrix protein）两类。包膜糖蛋白是包膜病毒的主要表面抗原，通过与宿主细胞上的受体相互作用从而导致病毒感染。基质蛋白是核衣壳与脂质双分子层间的亚膜结构，可支撑病毒结构，并参与核衣壳与包膜糖蛋白的识别，有利于病毒的出芽。

3. 病毒的酶类

在一些病毒复制过程中，需要病毒自身基因编码的酶，如反转录病毒（retrovirus）、嗜肝 DNA 病毒（hepadnavirus）颗粒中的反转录酶（reverse transcriptase，RT）；负链 RNA 病毒颗粒中的 RNA 依赖性的 RNA 聚合酶（RNA dependent RNA polymerase，RdRp）；有一些 dsDNA 病毒颗粒中也需要编码特殊的 DNA 依赖性的 RNA 聚合酶（DNA dependent RNA polymerase，DdRp）等。

此外，病毒颗粒中还有一些酶类参与病毒进入、释放和成熟等过程，如一些噬菌体的溶菌酶，使细菌细胞壁上形成孔洞促进病毒核酸进入。一些病毒的感染后期也会大量产生溶菌酶，有利于裂解宿主细胞，从而释放病毒颗粒。流感病毒中的神经氨酸酶在病毒释放过程中也具有类似功能。反转录病毒成熟过程需要蛋白酶的水解作用，帮助衣壳蛋白的前体形成成熟的衣壳粒。

4. 病毒的脂质

包膜病毒的包膜结构中含有来源于宿主细胞膜结构的脂质化合物，主要成分是磷脂、糖脂和胆固醇。脂质双分子层对于维持病毒颗粒结构的完整性，保护病毒的核衣壳十分重要。用脂肪溶剂或磷脂酶处理后，包膜病毒的侵染性会大大降低。

5. 病毒的糖类

糖是病毒颗粒不可缺少的组分之一，病毒中的糖类通常由宿主细胞合成。核糖或脱氧核糖存在于病毒 RNA 或 DNA 中，寡糖以侧链形式存在于某些病毒糖脂或糖蛋白中，黏多糖是病毒中糖类的另一种存在形式。有些复杂病毒还含有内部糖蛋白或者糖基化蛋白。

四、病毒的分类

（一）病毒的分类原则

病毒的分类和命名具有重要的意义，其目的之一是使我们了解某一病毒的分类地位后，即可大致推定该病毒的一些基本特征等。目前公认的病毒分类有如下几个原则：宿主种类；病毒形态结构与大小；核衣壳的对称型；病毒核酸结构、类型和相对分子质量；有无包膜及对理化因子和脂肪溶剂的敏感性；血清学和抗原性质；在宿主细胞中的增殖部位、过程及生长特性；流行病学特征及病理学特点。然而目前病毒的分类尚未涉及病毒的进化或系统发生。

（二）病毒的分类系统和命名

1. 病毒的分类系统

病毒学标准的分类系统按照病毒的结构分为病毒和亚病毒感染因子（含类病毒、卫星和朊病毒）。进一步，病毒按基因组构成分为 dsDNA 病毒、ssDNA 病毒、dsRNA 病毒、正链 ssRNA 病毒、负链 ssRNA 病毒、DNA 和 RNA 反转录病毒。在每类病毒中，进一步采用目（order）、科（family）、亚科（subfamily）、属（genus）、种（species）为单元进行分类。2009 年 11 月，国际病毒分类委员会（International Committee on Taxonomy of Viruses，ICTV）公布的病毒分类报告中报道 5000 余种病毒，归属为 6 目、87 科、19 亚科、348 属，共 2288 种。值得指出的是，只有少数病毒科归入目，大部分病毒只划分到科的等级。

2. 病毒的命名

对应 ICTV 分类原则，目前公认的命名规则为：通用的病毒分类系统采用目、科、亚科、属和种的分类等级。病毒“种”表示构成一个复制系，占据特定的生态环境而且具有多原则分类特征的病毒。种名必须反映出种的明确特征，不涉及属或科名。具有某些共同特征的种归为同一“属”，以“…*virus*”作为词尾，确认一个新属时会指定一个代表种。一群具有某些共同特征的属归为同一“科”，以“…viridae”作为词尾，亚科名以“…virinae”作为词尾，设立一个新科时必须指定一个代表属。病毒“目”是囊括一群具有某些共同特征的科，目名以“…virales”作为词尾。此外，关于亚病毒因子和书写也遵循类似规则。

近年来，大规模的基因组测序使病毒基因组数据库不断更新，包括发现很多新病毒。但是其中相当数量的病毒无法分类。现行的病毒分类与命名的体系和规则亟须进一步改进，以适应当代病毒学研究的快速发展。

第二节　病毒的生长与定量

科学的发展在很大程度上是由技术所决定的，病毒学也不例外，要真正地掌握病毒学，必须对病毒学的研究方法有所了解。

一、病毒的培养

病毒学研究首先需要获得足量的活性病毒。根据病毒种类不同，培养方法也不同。

早期动物病毒的培养主要在活体宿主系统中进行。兔、小鼠、大鼠和仓鼠等动物都曾作为培养病毒的宿主。由于细胞培养技术的出现，现在已较少使用活体动物培养病毒，但它们在分析病毒致病力和抗体制备中仍不可或缺。

受精的鸡胚可以作为病毒生长的基质，常被用来扩增病毒和产生减毒疫苗。虽然现在已应用较少，但鸡胚培养仍是一种制备高滴度病毒的简便方法。流感病毒的减毒活疫苗常通过在鸡胚中传代培养得到。

细胞培养是目前病毒学中最常用的组织培养技术。用于病毒培养的细胞有三种基本类型：原代细胞培养（primary cell culture）、细胞株（cell strain）和细胞系（cell line）。用于细胞培养的培养基成分很复杂，含有多种氨基酸、维生素、无机盐、葡萄糖和碳酸氢盐缓冲体系。大多数细胞生长需要添加动物血清提供营养，并加入一些抗生素防止细菌污染。

二、病毒的纯化

病毒的最初来源是被感染宿主的组织、体

液、血液或分泌物等。这些材料中不可避免地混杂大量的组织或细胞成分，甚至存在其他微生物。除去这些杂质，获得纯净的病毒的过程即病毒纯化。

病毒纯化主要有两个原则：第一，纯化后的病毒制备物应保证其感染性；第二，纯化后的病毒制备物应具有均一的颗粒大小、形态、密度、化学组成及抗原性质。病毒纯化有多种方法，常用的有效方法是超速离心。

可以用盐析、等电点沉淀、有机溶剂沉淀、离子交换、凝胶层析等蛋白质纯化方法来纯化病毒。病毒颗粒具有一定的大小、形状和密度，因此可利用离心技术达到纯化病毒的目的。

三、病毒的测定

被病毒感染的细胞会发生细胞变圆、皱缩、折光性增加、融合、失去黏附能力或裂解等形态变化，这种细胞病变作用（cytopathic effect，CPE）是鉴定病毒对细胞感染的最简单而且应用最广泛的标准。

病毒的定量分析又称为病毒的测定（assay of viruses）。病毒既能根据其理化性质或免疫学性质进行定量检测，也能根据它们与宿主或宿主细胞的相互作用进行定量。例如，使用电子显微镜直接计算病毒颗粒数目、血凝实验、免疫学实验，以及近期发展的包括病毒核酸实时定量扩增技术在内的分子生物学方法等。这些方法仅能测定病毒总量，不能反映病毒的活力和感染性。

病毒感染性测定（assay of infectivity）是描述引发宿主特异性反应的病毒最小剂量，即病毒的感染单位（infectious unit，IU），不反映感染性病毒颗粒的绝对数量。待测样品中的病毒数量通常以单位体积（ml）病毒悬液的感染单位数目（IU/ml）来表示，称为病毒的效价。生物学方法主要包括蚀斑测定和终点法（end point method）。

（一）蚀斑测定

蚀斑（plaque）测定方法最先应用于细菌病毒——噬菌体的感染性测定上。在琼脂平板上培养细菌，细菌生长成为肉眼可见的混浊层，当有病毒颗粒成功感染时，随噬菌体的复制，细菌裂解死亡，形成一个清亮的裂解圈，称为噬菌斑，故也称为噬菌斑（或噬斑）测定。

动物病毒的蚀斑测定方法与噬菌体计数方法类似，即将病毒样品接种到单层培养细胞中，被感染的细胞用半固体培养基覆盖，持续培养直至出现蚀斑。由于动物病毒在单层细胞培养上产生的蚀斑表现不同，故又分为空斑测定、合胞体计数、转化测定和吸附斑测定等不同表示方法。

因为蚀斑形成源于病毒复制导致宿主细胞的死亡，因此产生的蚀斑数目与加入的有感染性的噬菌体颗粒数量成正比，而不包括无感染活性的病毒。因此，蚀斑测定是目前较完善的病毒生物学测定方法。蚀斑测定的结果常用每毫升蚀斑形成单位（plaque forming unit，pfu），即 pfu/ml 来计算病毒悬液的滴度（titer）。

植物病毒一般用坏死斑法（或枯斑法）进行测定。先将能够破坏植物表皮与细胞壁的金刚砂粉末与植物病毒样品混合，用这种混合物摩擦植物叶片完成接种，感染导致叶片形成坏死斑，以每毫升混合物的坏死斑形成单位表示植物病毒的效价。

（二）终点法

对不适于用蚀斑或坏死斑法计数，但可观察并测定感染病变的病毒，可用终点法进行定量。首先将病毒进行系列稀释，将某稀释度的样品接种于细胞进行培养。当半数个体出现感染反应时的病毒剂量称为半数效应剂量。据此，利用终点法可测定出半致死剂量（50% lethal dose，LD_{50}）、半感染剂量（50% infective dose，ID_{50}）或组织培养物半感染剂量（50% tissue culture infective dose，$TCID_{50}$）。

第三节 病毒的复制

病毒以自身特有的方式进行繁殖，这一过程即病毒复制。

一、病毒复制的基本特征

病毒的复制是指病毒感染宿主细胞后，细胞时序性地产生组成病毒颗粒的各种成分，这些成分以一定的次序组装成病毒颗粒，并从细胞中释放出来，进而感染更多的宿主细胞，病毒数量显著增加。病毒的复制可以分为三个阶段：①病毒感染宿主细胞；②病毒编码蛋白的表达和基因组的复制；③病毒的组装与释放。

（一）病毒感染宿主细胞

病毒颗粒微小，基因组容量十分有限，不具备完成生活周期所必需的全部基因。病毒完成复制必须先进入宿主细胞，利用宿主细胞的生理生化过程完成自身复制。病毒进入宿主细胞早期分为三个步骤：吸附、侵入和脱壳。

1. 吸附

吸附（attachment）即病毒蛋白通常是表面蛋白识别宿主细胞表面特异性受体并与之结合。能与细胞特异性受体作用的病毒蛋白称为病毒吸附蛋白，它是病毒细胞嗜性的基础。无包膜病毒的吸附蛋白是核衣壳的组成部分，有包膜病毒的吸附蛋白是包膜蛋白，如流感病毒的血凝集素 HA 和人类免疫缺陷病毒的 gp120 等。

受体（cellular receptor）是指能够与病毒吸附蛋白相结合，并能介导病毒进入的细胞表面组分。病毒与细胞吸附的强弱取决于吸附蛋白与其受体的结合程度，但一些环境因素也会影响吸附作用，如温度、pH、离子强度及细胞的代谢产物等。

2. 侵入

病毒吸附到宿主细胞后，以不同的机制侵入（penetration）细胞。依据进入方式不同可以分为：①病毒穿过细胞膜直接进入细胞；②通过细胞内吞作用进入细胞；③通过病毒的包膜与细胞膜融合使内部组分进入细胞。其中无包膜病毒通过前两种方式进入细胞。有包膜的病毒要通过膜融合进入细胞，以内吞方式进入也要通过包膜与内吞小泡膜的融合。病毒的侵入过程也会受到某些环境因素的影响，如 pH。

3. 脱壳

病毒进入宿主细胞后，脱去衣壳释放出病毒核酸的过程称作脱壳（uncoating）。不是所有的病毒都需要将核酸从壳体中释放出来，如负链 RNA 病毒。病毒脱壳也并不一定紧接在侵入细胞之后立刻进行，如 T-偶数噬菌体侵入和脱壳是同时发生的；而单纯疱疹病毒（herpes simplex virus，HSV）在病毒核酸进入细胞核时，衣壳蛋白留在核外胞质中完成脱壳。

（二）病毒编码蛋白的表达和基因组的复制

病毒的基因组非常小，其实现自身的增殖，需要利用宿主和自身条件进行复制的物质准备，复制出子代的基因组，并且合成组成子代病毒颗粒的各种蛋白质。

不同的病毒进入宿主细胞之后，病毒蛋白的表达方式各异。DNA 病毒蛋白表达具有严格的时序性。以病毒的基因组复制为时间界限，在之前合成的蛋白质称为早期蛋白，之后合成的蛋白质称为晚期蛋白。早期蛋白主要负责病毒核酸的复制，调节病毒基因的表达，或改变宿主细胞大分子合成；晚期蛋白主要是一些构成病毒颗粒的结构蛋白。病毒蛋白合成除了有严格的时序性外，其合成数量也受到严格的调控，早期蛋白大部分是有催化作用的酶，所以其表达量相对较少；而晚期蛋白通常是病毒结构蛋白，其合成量则相对较大。RNA 病毒的蛋白表达多种多样，有的借助基因组表达出蛋白前体后进行自我切割，有的在转录后水平对 mRNA 前体进行处理，得到各种病毒蛋白。一些病毒和 DNA 病毒类似，蛋白表达呈现时序性。

病毒的基因组多样，复制策略各有不同。DNA 病毒 dsDNA 基因组可以通过和宿主相同的方式进行转录和复制。ssDNA 则先需要合成中间 dsDNA 中间体，再进行转录或复制。RNA 病毒的复制比较复杂，RNA 病毒的转录或复制需要依赖于 RNA 的 RNA 聚合酶，该酶由病毒自身编码。对于 dsRNA 和负链 RNA 基因组，首先通过依赖于 RNA 的 RNA 聚合酶转录出 mRNA，才能进行翻译，因而在病毒颗粒中包装有这类酶。对于正链 RNA 基因组，自身就可以作为 mRNA 进行翻译，但其基因组的复制也需要依赖于 RNA 的 RNA 聚合酶。反转录病毒复制较为特殊，需要一种病毒自身编码的反转录酶，将 RNA 反转录成 dsDNA，然后再以 DNA 为模板进行转录和翻译（图 4-7）。

（三）病毒的装配与释放

当病毒在细胞中为自身复制准备了足够的基础物质后，病毒各种组分以一定的方式结合，组装成完整的病毒颗粒，并释放到细胞外，这一过程即病毒的装配（assembly）与释放（release）。病毒的装配与释放意味着病毒复制的结束，成熟子代病毒颗粒的产生，也预示着新一轮的病毒感染即将开始。

无包膜的病毒能够在细胞质或细胞核中装配。例如，腺病毒（adenovirus）是由一种蛋白体与病毒 DNA 一端的包装序列结合，从而使 DNA 进入事先装配好的空衣壳，形成病毒颗粒，最后被蛋白酶切割形成成熟病毒（图 4-8）。而有包膜的病毒必须在装配时从细胞的膜结构中获得脂双层膜。有些病毒的包膜化发生在外壳蛋白组装之后，而另一些病毒外壳的装配和包膜化同时进行，如 HIV、Rous 肉瘤病毒。

二、病毒的复制周期

病毒具有自己特殊的复制周期（replication cycle）。

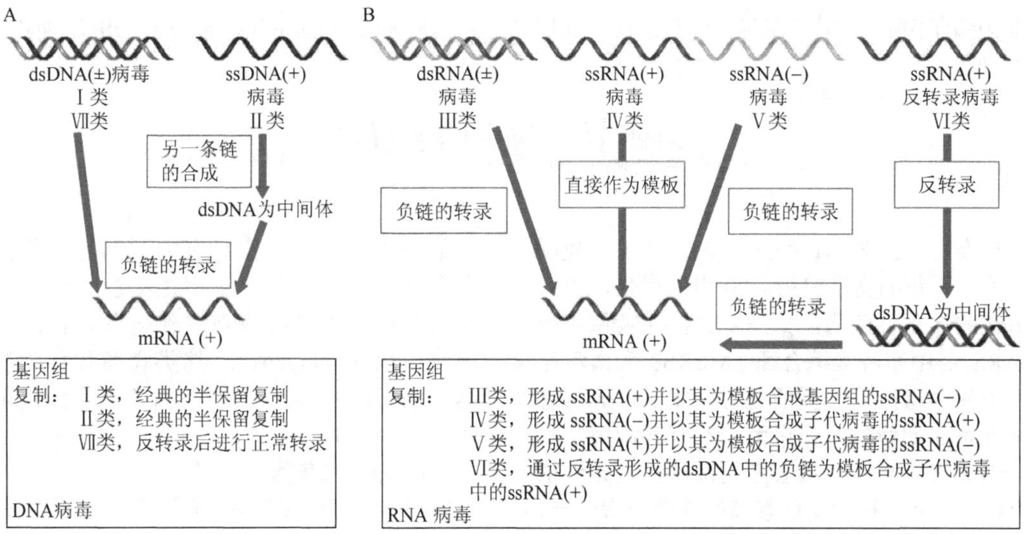

图 4-7　在 DNA 病毒（A）和 RNA 病毒（B）中病毒编码蛋白的表达及基因组的复制（Madigan et al.，2006）

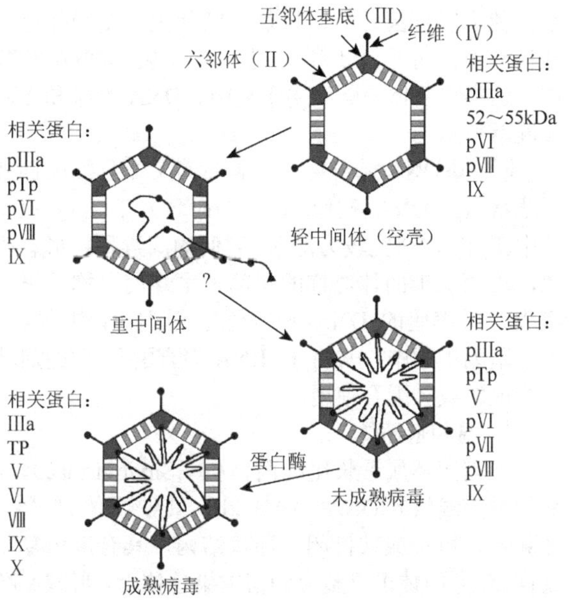

图 4-8　病毒颗粒装配过程示意图（以腺病毒为例）

病毒从吸附细胞开始，到子代病毒从感染细胞释放到细胞外的复制过程称为病毒复制周期。

将适量病毒接种于高浓度敏感细胞培养物，建立同步感染。以感染时间为横坐标，病毒的效价为纵坐标，绘制出的病毒特征曲线，即为一步生长曲线（one-step growth curve）。一步生长曲线可测定单个感染周期中，病毒复制所需要的时间及每个细胞的病毒的产量。

由一步生长曲线可见，病毒在吸附后的一段时间内，数量不增加，这段时间称为潜伏期，包括病毒穿入、脱壳和生物合成阶段。紧接着在潜伏期后的一段时间，病毒数的对数与时间成比例增加，产生大量子代病毒，这段时间称为对数生长期，包括病毒装配与释放，发生在感染后期。当宿主全部死亡，溶液中的病毒的效价达到最高点时称为平稳期。各时期病毒数量的变化见图 4-9。

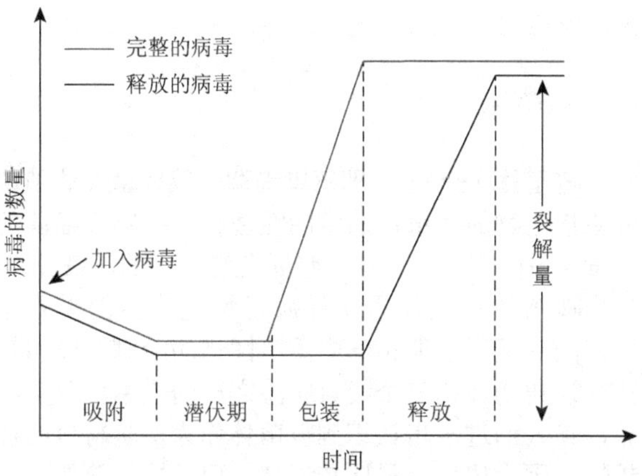

图 4-9　病毒的一步生长曲线

通过一步生长曲线可分析病毒复制的潜伏期和裂解量。潜伏期是由病毒吸附细胞到受感染细胞释放出子代病毒颗粒所需的最短时间。不同的病毒潜伏期长短不尽相同。裂解量是每个受感染的细胞产生子代病毒颗粒的平均数目。

病毒上述的复制周期，通常称为增殖性感染（productive infection）。而有一些病毒感染细胞后，由于自身或细胞的原因，无法产生感染新宿主细胞的子代成熟粒子，这类感染称为非增殖性感染（non-productive infection）。导致非增殖性感染的原因有很多，其中之一是新生成的病毒颗粒包含的基因组不完整，某些基因在上一轮复制周期中发生缺失，因此不能完成正常复制。由缺失基因组构成的病毒颗粒称为缺损病毒（defective virus）。某些缺损病毒除自身复制受限外，与野生病毒共感染时，常干扰野生病毒的复制，引起野生病毒滴度的下降，这类病毒颗粒称为缺损干扰颗粒（defective interfering particle，DIP），简称DI颗粒。

第四节　病毒的多样性

病毒感染由来已久，早在公元前2～3世纪我国史书就有关于天花的文字记录。20世纪以来，由人类病毒引起的流行性疾病，如严重急性呼吸系统综合征（SARS）、中东呼吸综合征（MERS）和禽流感等均对人类社会造成了严重的危害。然而，病毒感染并非只有负面的影响，如果为人类有效利用，同样会创造出美好的传奇。最著名的例子就是碎锦郁金香的育种，这个品种的花色就像撕碎的锦缎一样，花冠色彩斑斓，极具观赏价值。而最初这种花的出现，是因为它感染了郁金香碎色病毒。除此之外，某些病毒可作为生物材料在现代基因工程中起到重要作用。例如，噬菌体展示技术和动物慢病毒载体技术等可在药物开发、基因治疗、诱导多能干细胞、细胞成像、转基因动物及动物模型等基因工程方面被广泛应用。

一、噬菌体

噬菌体（phage）即感染细菌、放线菌及蓝细菌等原核生物的病毒，通常的噬菌体是指感染细菌的病毒。发酵工程中，应尽量避免噬菌体的污染。

噬菌体早期作为研究病毒增殖特性的模式系统，随后又用于遗传学中重组图谱的绘制。证明核酸是遗传物质的三个经典实验之一的噬菌体感染实验，使人们进一步认识到噬菌体作为实验材料的优越性。因为遗传背景比较清楚，而且操作简便，很多噬菌体成为基因工程的有力工具，如以噬菌体作为载体进行基因转导。

> 第一次世界大战期间，Twort用天花疫苗接种培养有细菌的琼脂平板，观察到一些菌落呈透明样，而且无法继续培养，因此他认为存在一种细菌病毒而产生这种现象。同时期的d'Herelle采集了痢疾患者体内的痢疾杆菌，监测它们在培养皿上的生长过程，第四天出现了不长细菌的圆点，他将之称作“噬斑”，它们会杀死周围的细菌，据此d'Herelle将这些病毒称为“噬菌体”。

（一）典型噬菌体

很多噬菌体感染宿主后，在细胞中完成复制并裂解释放，最终将宿主细胞杀死，这一过程称为裂解循环（lytic cycle），能在短时间内完成裂解循环的噬菌体称为烈性噬菌体（virulent phage）。其他一些噬菌体不仅具有裂解循环过程，还能使自身基因组长期整合于宿主染色体中，或以质粒形式存在，不产生成熟子代噬菌体，这一现象称为溶原化（lysogeny），这类噬菌体称为温和噬菌体（temperate phage）。下面简单介绍这两种噬菌体的典型代表。

1. 烈性噬菌体

（1）丝状ssDNA噬菌体　丝状噬菌体科（Inoviridae）的噬菌体M13是研究最为深入的丝状DNA噬菌体。M13的外形呈丝状，但DNA为环状，与RNA噬菌体类似，只感染雄性细菌。M13的感染不会使大肠杆菌死亡，只是使细胞生长变慢并持续性释放子代病毒。fd和f1也属于丝状ssDNA噬菌体。这类噬菌体广泛应用于克隆、DNA测序和噬菌体展示技术中。

（2）dsDNA噬菌体　著名的T系列噬菌体含有线状双链DNA基因组，分别命名为T_1、T_2…T_7，其中T_4和T_7研究较为深入。它们的病毒颗粒形态相似，均由二十面体对称的头部和呈螺旋对称的尾部组成。T_4编码的DNA连接酶是基因操作中的常用酶。基因工程中，常将T_7 RNA聚合酶与T_7的启动子构成的载体配合使用。

2. 温和噬菌体

λ噬菌体属于长尾噬菌体科（Siphoviridae），λ基因组为线状dsDNA，约49kb，其5′端有12个互补碱基，可形成共价闭合环状结构，具有滚环复制过程。λ噬菌体可以整合到宿主染色体上，形成原噬菌体（prophage），长时间存在于细胞内而无成熟病毒产生，维持溶原化状态。当受到外界因素，如紫外线、氮芥等诱导时则进入裂解循环。由于其特殊的生活周期，能承载较大外源DNA片段，而且有众多的限制性内切核酸酶位点，λ噬菌体经常用作基因工程的克隆载体。

（二）噬菌体的复制

由于噬菌体是细菌的病毒，其复制过程遵循病毒复制的基本过程，但与真核生物的病毒有所差异。在此以大肠杆菌T_4噬菌体（双链DNA噬菌体）为例，介绍噬菌体的复制过程。

噬菌体T_4结构较为复杂，基因产物可被分为3类：早期蛋白、中期蛋白和晚期蛋白。早期蛋白和中期蛋白是参与DNA复制和转录的酶；而晚期蛋白是衣壳蛋白以及参与成熟噬菌体颗粒释放的酶。T_4基因组DNA复制时会产生6～8基因组拷贝的串联体（concatemer）。T_4噬菌体的装配是一个复杂而有序的过程。基因组 DNA 在噬菌体头部装配完成之后再进行填充，串联体的切割和包装同时进行（图 4-10）。

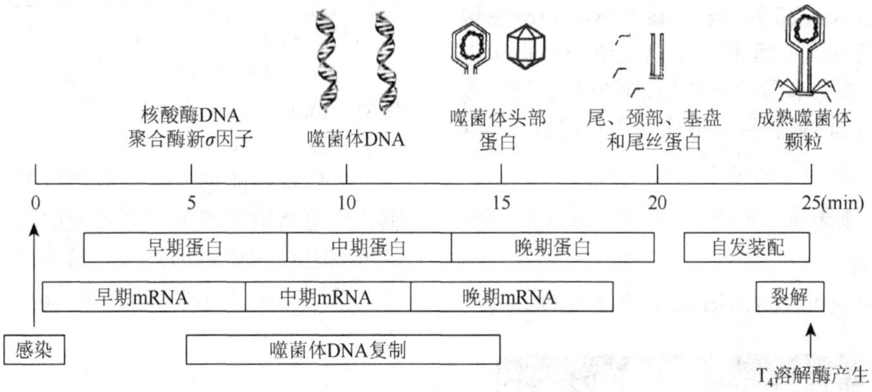

图 4-10　T_4噬菌体复制过程

（三）温和性噬菌体

温和性噬菌体通常是双链 DNA 噬菌体，基因组一般大于 20kb。基于其溶原性，温和性噬菌体可以分为三种类型：①以 λ 噬菌体为代表，其基因组 DNA 插入到宿主基因组的一个或几个位点。②以噬菌体 Mu 为代表，其基因组 DNA 被噬菌体编码的转座酶插入到宿主基因组的任何位置。③以噬菌体 P1 为代表，其基因组 DNA 并不插入宿主基因组，而是以质粒形式存在。含有原噬菌体的细菌称为溶原性细菌（lysogenic bacteria）。

原噬菌体在一定的条件下也会启动裂解循环，产生成熟的噬菌体颗粒。自然情况下的溶原性细菌的裂解称为自发裂解（spontaneous lysis），裂解量较少。由于环境的改变（如紫外线或氧化物）诱导产生大量的裂解称为诱发裂解（inductive lysis），如图 4-11 所示。病毒感染细胞后是以溶原化状态存在还是启动裂解循环通常由病毒编码的蛋白质控制。例如，λ 噬菌体可编码阻遏蛋白，不但可以抑制噬菌体裂解基因的表达，还可以阻遏新进入细胞的相同病毒基因组的表达，因此溶原性细菌对同类型的病毒具有免疫力。

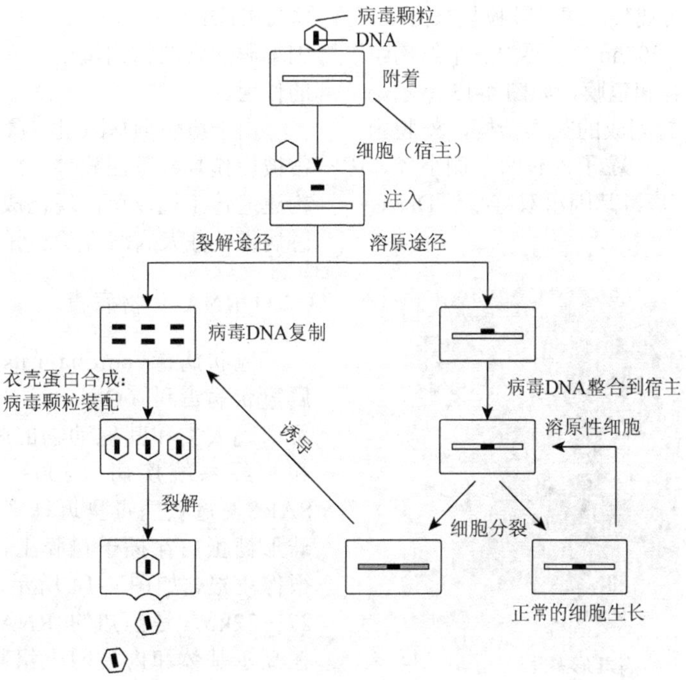

图 4-11　温和性噬菌体的感染周期

二、动物病毒

动物病毒的种类繁多，广泛侵袭人类和各种经济动物，是导致人类和牛、羊、猪及禽类等产生传染性疾病的重要原因。目前，在已发现的动物病毒中约有1/4的病毒具有致肿瘤作用，至少有5类病毒（乳头瘤病毒、反转录病毒、疱疹病毒、嗜肝DNA病毒和黄病毒）与癌症发生有关。

（一）DNA动物病毒

1. 多瘤病毒

多瘤病毒科（Polyomaviridae）属于dsDNA动物病毒，可以感染鸟类、啮齿类和灵长类动物。其中，猿猴病毒40（SV40）结构简单，呈直径为45nm的二十面体，无被膜，见图4-12A。SV40线状双链DNA基因组含有早期基因区、晚期基因区及调控区。早期基因转录出的早期mRNA可编码T抗原，用以启动DNA复制和晚期基因转录，翻译出外壳蛋白，与新生成的子代病毒DNA组装成病毒颗粒，其生活周期见图4-12B。

多瘤病毒能够高效率地感染天然宿主或许可细胞，产生增殖性感染，并杀死细胞。而当其感染非许可细胞时，病毒dsDNA可整合至宿主细胞染色体上，使部分非许可细胞发生转化，引发肿瘤。

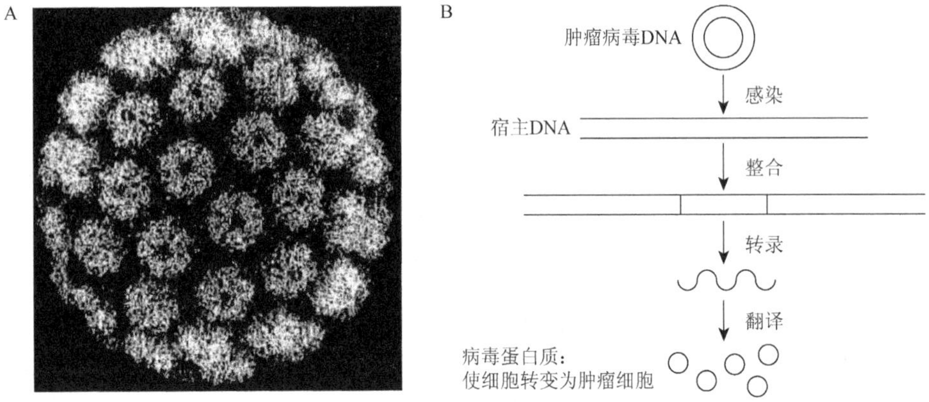

图4-12　SV40病毒颗粒模式图（A，Knipe et al.，2001）及生活周期简图（B）

2. 痘病毒

痘病毒科是目前已知的最复杂、最大的动物病毒，在光学显微镜下即可观察。病毒颗粒呈长方形，大小为400nm×240nm×200nm，主要由三个结构组成：核心体、两个侧小体和包膜，如图4-13所示。最外层是由微管和微丝排列成的类膜结构，外膜由蛋白质组成，不含有脂质；粒子内有两个侧小体，成分未知；核心体内含有病毒基因组双链线性DNA，大小为130～300kb。

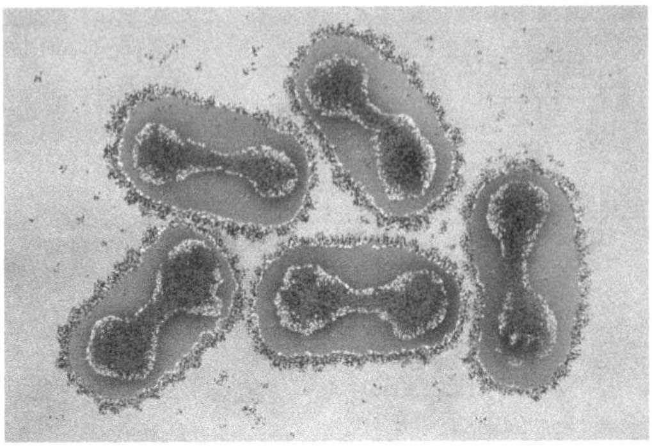

图4-13　痘病毒形态

痘病毒颗粒通过内吞小泡或直接与细胞膜融合使核心进入细胞质中。病毒颗粒的脱壳，必须在一种病毒早期基因编码的蛋白质合成以后才能进行。病毒DNA复制完成后，中期基因开始转录。晚期基因编码病毒的结构蛋白，其表达需要反式激活因子的作用。

由于痘病毒基因组容量大、宿主范围广等特点，常被用作真核基因载体。此外，痘病毒还可以用于构建遗传工程疫苗，现已成功利用痘病毒研制出流感病毒、狂犬病病毒及乙肝病毒疫苗。

（二）RNA动物病毒

冠状病毒（coronavirus）是正单链RNA病毒，属冠状病毒科（Coronaviridae），感染脊椎动物，可引起人类和其他动物的呼吸道、消化道、肝脏和神经系统疾病。2003年，冠状病毒引发了SARS。冠状病毒呈近球形，直径为60～220nm，球形糖蛋白穿插于包膜上，使病毒颗粒整体形状很像王冠，如图4-14所示。冠状病毒基因组长为27～32kb，是已知的RNA病毒中最大的。病毒在高尔基体和内质网上组装，以小泡形式运输到细胞膜，小泡与细胞膜融合，病毒颗粒被释放到细胞外。

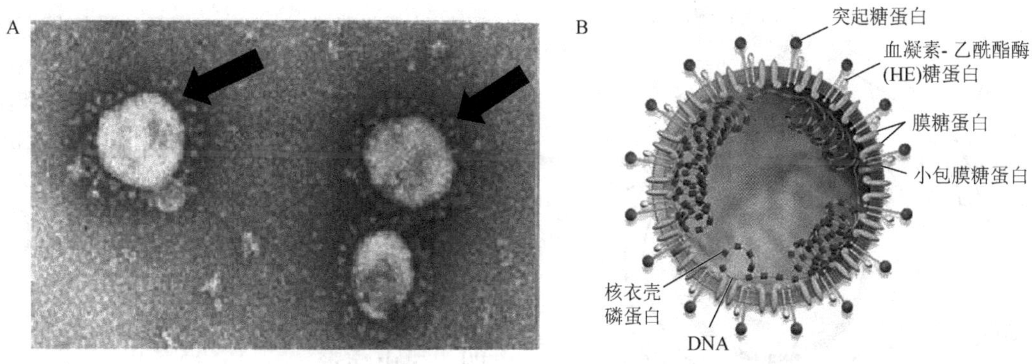

图 4-14 冠状病毒电镜形态图（A，Knipe et al.，2001）及颗粒结构模式图（B）

（三）特殊的动物病毒

1. 反转录病毒

反转录病毒科(Retroviridae)是一类特殊的 RNA 病毒，其主要特点为利用自身携带的反转录酶通过反转录方式进行复制。令人谈之色变的获得性免疫缺陷综合征（acquire immunodeficiency syndrome，AIDS，艾滋病）即是由一种反转录病毒——人类免疫缺陷病毒引起的。

反转录病毒颗粒包膜上有基质蛋白和糖蛋白突起，核衣壳呈二十面体对称，病毒核心是两条相同的单链正链 RNA 形成的双体结构。另外，还有核酸结合蛋白、反转录酶、整合酶等。

反转录病毒通过包膜糖蛋白与宿主细胞表面受体相互作用吸附于细胞表面，然后包膜与细胞膜融合，释放病毒核心进入细胞质中，病毒 RNA 进行反转录合成双链 DNA 分子。反转录病毒的反转录是一个非常复杂的过程，其中反转录酶作用独特，表现出三种酶活性：以 RNA 为模板的 DNA 聚合酶、以 DNA 为模板的 DNA 聚合酶和核糖核酸酶 H 的活性。反转录完成后，线状双链 DNA 分子可以整合入宿主染色体中，与细胞 DNA 同步复制，随细胞分裂传递至子代细胞。整合的原病毒 DNA 转录产生正链 RNA，可作为病毒基因组 RNA，也可作为 mRNA 翻译出病毒蛋白，最后经装配，出芽成熟，从宿主细胞中释放出子代病毒，见图 4-15。

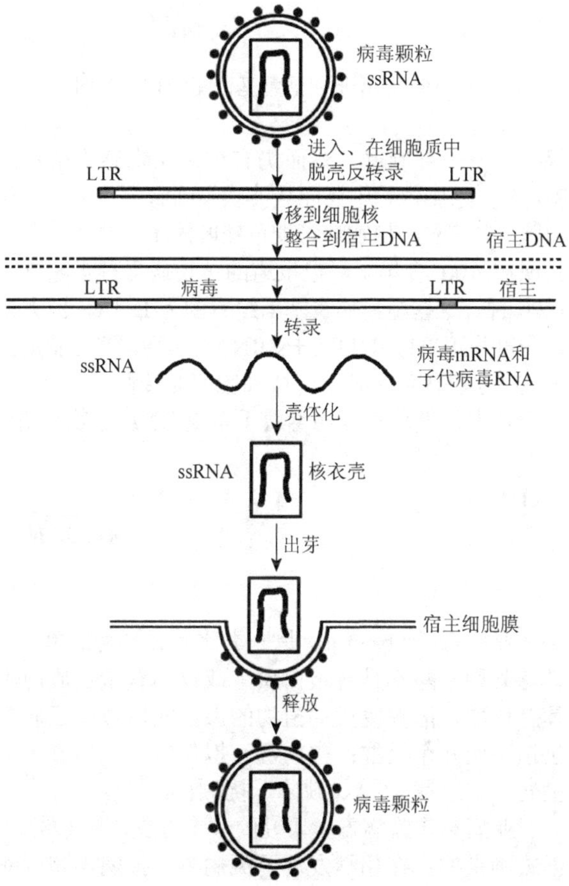

图 4-15 反转录病毒复制示意图

2. 嗜肝 DNA 病毒

嗜肝 DNA 病毒科（Hepadnaviridae）中的乙型肝炎病毒（hepatitis B virus，HBV）与人类的关系密切，全世界 HBV 感染者超过 2.5 亿人，HBV 感染者易发展为慢性活动性肝炎、肝硬化或原发性肝细胞癌。嗜肝 DNA 病毒复制周期中同样需要反转录酶。与反转录病毒不同的是，嗜肝 DNA 病毒复制是通过 RNA 作为中介的。

HBV 颗粒具有包膜，直径为 42～49nm，其基因组为不完全环状双链 DNA，如图 4-16 所示。HBV 感染细胞后，基因组 DNA 进入细胞核，不完全的双链结构形成共价闭合环状 DNA（cccDNA），而后以病毒 cccDNA 为模板转录出全长 mRNA（前基因组 RNA）及亚基因组转录本。前基因组 RNA 在病毒反转录酶作用下反转录为子代病毒基因组 DNA，还可以翻译产生病毒蛋白。

三、植物病毒

与动物细胞不同，植物细胞外侧具有较坚硬的

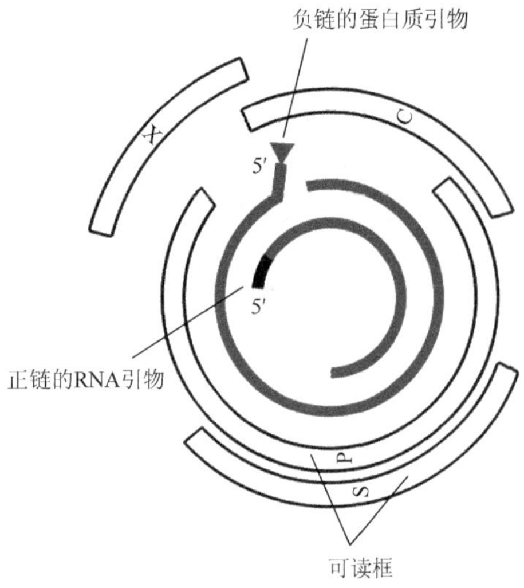

图 4-16　乙型肝炎病毒基因组结构示意图

保护层——细胞壁，然而仍有许多病毒感染植物细胞，在多细胞植物中还能从被感染细胞中传播至相邻细胞。自第一个植物病毒烟草花叶病毒（TMV）发现到现在 100 多年来，已报道的植物病毒种类超过了 1000 种，这些植物病毒基因组有的为 DNA，但大多数病毒是正单链 RNA（+ssRNA）病毒，这可能是由于这些小基因组更便于完成细胞间的转移。

其中，烟草花叶病毒属于单链 RNA 植物病毒，而且是无包膜的 + ssRNA 病毒，颗粒呈螺旋对称，不依靠昆虫为媒介进行传播，当 TMV 侵入植物表皮细胞的细胞质后，开始脱壳，边脱壳边翻译合成蛋白质。正链、负链 RNA 以及亚基因组 RNA 的合成均发生在宿主细胞质中。亚基因组 RNA 分别编码合成运动蛋白和外壳蛋白。运动蛋白可结合于新生成的基因组 + ssRNA，形成非常细的复合物，通过胞间连丝感染相邻的细胞。

四、昆虫病毒

一般提到的昆虫病毒往往是指狭义上的以昆虫作为宿主，并在宿主种群中发生流行病的昆虫病毒。昆虫病毒基因组多样，毒粒形态结构特殊，它们大都在宿主细胞内形成蛋白结晶性质的包涵体（inclusion body）。例如，家蚕脓病的多角体，就是包涵体的一种。病毒颗粒包藏于包涵体内，只有当它们从包涵体中释放出来以后，才有侵染宿主细胞的能力。包涵体保护病毒免受不良环境的影响，增强病毒的生存能力。

昆虫病毒可以作为基础研究的模型。由昆虫病毒改造出的表达载体系统是最为成功的外源基因表达系统之一，因此昆虫病毒也必将在今后的病毒学研究中占据一席之地。

第五节　亚　病　毒

亚病毒（sub-virus）是一类比病毒更为简单，仅具有某种核酸不具有蛋白质，或仅具有蛋白质而不具有核酸，能够侵染动植物的微小病原体。亚病毒包括下面几个类群：类病毒、拟病毒、朊病毒、卫星病毒、卫星 RNA、缺陷干扰颗粒。

亚病毒作为病毒学研究的一个分支，是 1983 年正式确定的。在相继发现了类病毒、拟病毒和朊病毒之后，人们把这些比普通病毒结构更简单的微小病原体统一归入亚病毒的范畴。

一、类病毒

1971 年，美国学者 Diener 及其同事在研究马铃薯纺锤形块茎病病原时，分离得到了一种特殊的病原体。它的特点是：无病毒颗粒和抗原性，对酚等有机溶剂不敏感，耐热性好，分子质量较小，对 RNA 酶敏感。所有这些结果表明，该病原体不是病毒，而是一种游离的小分子 RNA，从而提出了一个全新的概念——类病毒（viroid）。

类病毒是一类单链闭合环状的 RNA 分子，一般含有 200～400 个核苷酸，它们不具有包裹核酸的蛋白质外壳。在环状的 RNA 基因组内，往往由于链内碱基配对而形成双链和小环相间的二级结构，如图 4-17 所示。类病毒虽然基因组微小，但它们仍具有自我复制的能力，而且可以在多种植物中引起严重的疾病。

所有的类病毒都是依靠宿主体内的 RNA 聚合酶来完成由 RNA 到 RNA 的直接复制过程，不需要辅助病毒参与。目前认为，类病毒导致植物病症与病毒内部致病区的序列和构型有关，序列上的微小差异就可能对致病性产生极大影响，但是目前还没有从致病性变化与序列变化的关系上找到任何规律性。

二、拟病毒

自 20 世纪 80 年代以来，在澳大利亚陆续从绒毛烟、苜蓿、莨菪和地下三叶草上发现了 4 种独特

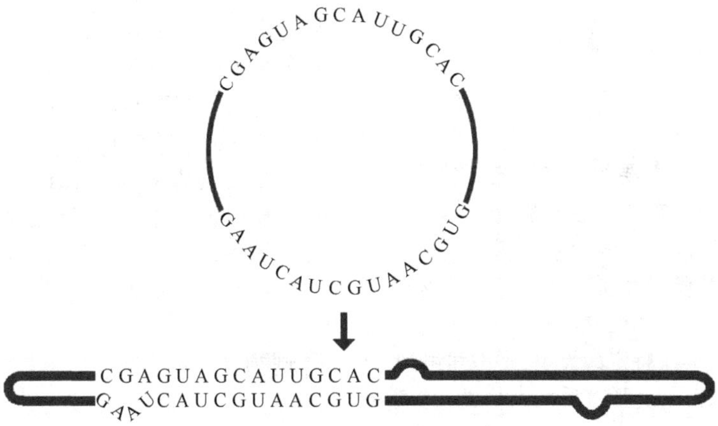

图 4-17　类病毒结构示意图

的植物病毒。这几种病毒的独特之处在于它们的基因组构成与其他病毒都有着显著的差异。以在绒毛烟上发现的绒毛烟斑驳病毒（velvet tobacco mottle virus，VTMoV）为例，该病毒在蛋白衣壳内含有两种不同的 RNA 分子，命名为 RNA_1 和 RNA_2，其中 RNA_1 的结构特征与普通病毒 RNA 同为单链线性分子。而 RNA_2 的理化特征和二级结构与类病毒相似，因此被称为拟类病毒（virusoid），也就是后来被称为“拟病毒”的 RNA 分子。

拟病毒不但在二级结构上与类病毒相似，而且与类病毒有序列上的同源性。研究者甚至认为拟病毒不过是普通病毒的外壳误将类病毒包装进来的结果。但是随后的研究使人们对这一观点产生了质疑。首先，拟病毒的复制在细胞质内进行，这与在细胞核内复制的类病毒有着本质的区别。其次，单独的拟病毒分子不能独立侵染宿主，并且拟病毒必须在特异的病毒基因组（即 RNA_1 分子）的辅助下才能完成复制，这与能够单独侵染植株的类病毒不同。

三、朊病毒

1982 年，Prusiner 等发现了羊瘙痒症的病原体。它经核酸酶和核酸变形剂处理后仍保持感染能力，而对蛋白酶和蛋白质变形剂敏感，因此推测其可能是一种不具有核酸结构的蛋白质侵染颗粒，称其为朊病毒蛋白（prion protein，PrP），提出了朊病毒（prion）的概念。

PrP 有两种构象形式，一种是正常构象（PrPc），另一种是致病构象（PrPsc）。这两种构象的氨基酸顺序完全一致，只是由于高级结构的不同而产生了完全不同的性质。PrPc 在朊病毒宿主中枢神经系统、淋巴组织和神经肌肉接头处表达，承担着诸如神经突触传递等的生物学功能。朊病毒则以 PrPsc 存在，当宿主受到朊病毒侵染后，PrPc 由富含 α 螺旋的构象转变成多 β 折叠的构象，成为具有致病性的 PrPsc，对细胞产生一系列的影响，引发疾病，如疯牛病、人类的库鲁（Ku-ru）病、克-雅病（Crentzfeld-Jakob disease，CJD）与其有关。

四、卫星病毒

卫星病毒（satellite virus）是一种必须在特异性辅助病毒的协助下，才能在细胞内复制的病毒，它依赖辅助病毒完成复制，同时又干扰辅助病毒的复制，甚至还能改变由其辅助病毒引起的宿主病状。卫星病毒可以包裹成形态学和血清学特征有别于辅助病毒的病毒颗粒，但是它的存在对辅助病毒的复制是不必需的。

卫星病毒基因组为 500～2000 个核苷酸的单链 RNA 分子，在序列上与辅助病毒没有同源性。与其他亚病毒不同，卫星病毒的基因组有编码序列，它可以编码病毒自身的外壳蛋白。

五、缺陷干扰颗粒

缺陷干扰颗粒（defective interfering particle，DIP），简称 DI 颗粒，是指那些因基因组不完整或者因基因某一点突变而产生的不能正常进行复制的病毒，也称缺陷病毒。缺陷病毒虽然自身不能复制，却可以干扰同源的正常病毒的生活周期。

DI 颗粒是在病毒增殖的过程中自发产生的。大多数动物病毒在大量增殖的情况下，经多次复制就会产生 DI 颗粒。DI 颗粒因自身基因组缺损而不能复制，但是若有辅助病毒存在则可进行增殖。由于 DI 颗粒的基因组比同种的正常病毒小，因此它在复制中占据优势，从而会干扰后者的复制。有观点认为，这种干扰作用可能与病毒进入持续性感染状态有关，不过 DI 颗粒不能干扰异种病毒的增殖。

知识点回顾

1. 病毒是一种独特而重要的非细胞生命体，以细胞外和细胞内两种形式存在。在细胞外，病毒以病毒颗粒形式存在，不能生长和分裂，感染进入细胞后，利用细胞的能量代谢和蛋白质合成系统才能完成生命周期。

2. 不同的病毒颗粒具有特定的大小、形态和结构。典型病毒颗粒由核酸基因组及蛋白质衣壳构成，核酸位于颗粒内部，部分病毒衣壳外包裹有包膜。亚病毒感染因子包括类病毒、卫星和朊病毒。病毒衣壳多为对称结构。病毒核酸携带病毒的遗传信息，可分为单链 DNA（ssDNA）、双链 DNA（dsDNA）、单链 RNA（ssRNA）、双链 RNA（dsRNA）4 种基本类型。构成病毒的蛋白质可分为结构蛋白、非结构蛋白及酶类。

3. 病毒的复制周期包括吸附、侵入、脱壳，病毒蛋白表达和基因组的复制，病毒的装配与释放。病毒依据核酸类型及复制特点分类。亚病毒感染因子复制方式独特。其中，朊病毒不含核酸成分，被认为由蛋白质携带遗传信息。

4. 侵染原核生物和真核生物的病毒遵循各自宿主基因复制与表达的特点，通过与宿主细胞的相互作用，改变宿主细胞内环境，使之有利于自身的基因表达和复制。

5. 对病毒的研究不仅使人类认识病毒、利用病毒，保护自身免受病毒侵害，同时也推动了医学、遗传学、生物化学及分子生物学的发展，促进了人类更好地认识自身和生命的本质。

关键词

1. 病毒（virus）：病毒不具有细胞结构，是一类必须通过感染进入活的宿主细胞才能完成复制周期的生命形式。

2. 病毒颗粒（virion）：病毒的细胞外存在形式，典型病毒颗粒由遗传物质及包裹遗传物质的蛋白质组成，部分病毒颗粒最外层有包膜结构。

3. RNA 病毒（RNA virus）：泛指病毒颗粒中以 RNA 为基因组的病毒。

4. DNA 病毒（DNA virus）：泛指病毒颗粒中以 DNA 为基因组的病毒。

5. 噬菌体（phage）：指感染细菌、放线菌及蓝细菌等原核生物的病毒，通常的噬菌体指感染细菌的病毒。

6. 复制周期（replication cycle）：指病毒从病毒颗粒吸附受体进入宿主细胞开始，到子代病毒颗粒从受感染细胞中释放到细胞外的过程。这一过程通常包括吸附、进入、脱衣壳、病毒蛋白的合成与基因组复制、装配和出芽等步骤。病毒经过复制周期产生更多的病毒颗粒。

7. 亚病毒（sub-virus）：比病毒更小的侵染性因子，包括类病毒、拟病毒、朊病毒及卫星病毒等。其中朊病毒可以自我复制，其他亚病毒需要依赖辅助病毒才能完成复制。

自测题

一、选择题

1. 度量病毒颗粒大小的单位是（　　）。
（A）mm　　（B）μm
（C）nm　　（D）pm

2. 以下噬菌体中基因组为单链 DNA 的是(　　)。
（A）T_4 噬菌体　　（B）ΦX174 噬菌体
（C）λ 噬菌体　　（D）MS2 噬菌体

3. 基因组是二倍体的病毒是（　　）。
（A）流感病毒　　（B）SARS 冠状病毒
（C）痘病毒　　（D）艾滋病病毒

4. 有包膜病毒感染宿主细胞的第一步由哪一组分介导？（　　）
（A）基质蛋白　　（B）衣壳蛋白
（C）包膜蛋白　　（D）包膜脂质

5. 无包膜病毒吸附宿主细胞的组分是（　　）。
（A）核衣壳蛋白　　（B）附属蛋白
（C）基因组核酸　　（D）基质蛋白

6. 血清学检测病毒感染可通过检测以下哪些成分确定？（　　）
（A）病毒蛋白　　（B）血清抗体
（C）基因组核酸　　（D）补体

7. 最易形成神经节潜伏感染的病毒是（　　）。
（A）乙肝病毒　　（B）单纯疱疹病毒
（C）艾滋病病毒　　（D）流感病毒

8. 以下病毒属于 RNA 病毒的有（　　）。
（A）乙肝病毒　　（B）单纯疱疹病毒
（C）艾滋病病毒　　（D）腺病毒

9. 必须将病毒基因组整合入宿主染色体才能完成复制的病毒是（　　）。
（A）腺病毒　　（B）疱疹病毒
（C）艾滋病病毒　　（D）流感病毒

10. 朊病毒引起的病患主要涉及（　　）。
（A）呼吸系统　　（B）消化系统
（C）循环系统　　（D）神经系统

二、问答题

1. 什么是病毒？

2. 病毒的复制周期有哪些主要阶段？了解各阶段的主要特点并思考艾滋病难以彻底治愈的原因。

3. 试评价病毒在自然界存在对人类生活的影响。

答案：

开篇事件

1. 答：埃博拉病毒引起的埃博拉出血热（EBHF）是当今世界上人类最致命的病毒性出血热，感染者症状包括恶心、呕吐、腹泻、肤色改变、全身酸痛、体内出血、体外出血、发烧等。发病后的两星期内，病毒外溢，导致人体内外出血、血液凝固、坏死的血液很快传及全身的各个器官，患者最终出现口腔、鼻腔和肛门出血等症状，患者可在 24h 内死亡，死亡率高达 88%。这种病毒危害如此之高，主要原因包括：致命力强但致病机理不详，至今没有辨认出任何有能力在暴发时存活的动物宿主；传播方式属于极易传播，各种非人类灵长类动物普遍易感，经肠道、非胃肠道或鼻内途径均可造成感染，病毒也可通过与患者体液直接接触，或与患者皮肤、黏膜等接触而传染；目前疫苗尚未被广泛使用，患者一旦感染这种病毒，没有疫苗注射，也没有其他治疗方法，实际上几近判了死刑。

2. 答：对于病毒引起的传染性疾病，除隔离传染源、切断传染途径外，免疫预防是重要而有效的措施。包括接种减毒活病毒疫苗（脊髓灰质炎疫苗、牛痘疫苗和麻疹疫苗等）及灭活病毒疫苗（流感疫苗、狂犬病疫苗等）。其次是人工被动免疫，注射患者恢复期血清及免疫球蛋白，可短期预防。

选择题：1. C　2. B　3. D　4. C　5. A　6. B　7. B　8. C　9. C　10.D

问答题：

1. 答：①病毒是唯一不具有细胞结构的生命形式，个体微小（纳米级），结构简单。遗传物质单一（一种病毒颗粒内通常只含有一种核酸，DNA 或 RNA）。病毒不具有完整的合成代谢系统，不能以分裂方式进行繁殖及生长，必须依赖活细胞进行复制繁殖。②病毒具有与其他生命相同的物质基础（蛋白质、核酸），是一种独特而重要的非细胞生命体，以细胞外和细胞内两种形式存在。在细胞外，病毒以病毒颗粒形式存在，不能生长和分裂，感染进入细胞后，病毒核酸提供遗传信息，利用细胞的能量代谢和蛋白质合成系统完成生命周期。

2. 答：病毒从吸附细胞开始，到子代病毒从感染细胞释放到细胞外的复制过程称为病毒复制周期，包括：吸附、侵入、脱壳，蛋白表达和基因组的复制，装配与释放。

获得性免疫缺陷综合征（acquire immunodeficiency syndrome，AIDS，艾滋病）即是由一种反转录病毒——人类免疫缺陷病毒引起。反转录病毒生活周期的独特之处在于必须将自身基因组整合入宿主染色体中，利用宿主基因表达机制才能表达病毒蛋白，进而完成复制周期，而细胞不具有清除这些病毒基因的机制。因此，一旦 HIV 建立感染，宿主细胞将终生携带病毒基因。这些细胞在自身复制过程中，将病毒基因传递给子代细胞。现有艾滋病治疗手段主要通过干扰病毒进入、反转录、整合及成熟等病毒生活周期的重要环节阻断病毒复制，对已经整合有病毒的细胞无杀伤能力。因此患者一旦罹患艾滋病，难以彻底治愈。

3. 答：病毒的存在对于自然来说是一种生态平衡的需要，病毒与宿主之间的关系不完全是危机宿主生存，也可能有利于宿主生存甚至帮助宿主进化。例如，有些植物病毒可以为宿主提供抗逆基因与宿主互利共生。人体中也存在一些内源反转录病毒并不威胁人类健康，反而可能有助于人类生存。在宿主与病毒的长期博弈过程中彼此互相适应，共同进化。

（李　悦　乔文涛）

第五章 微生物的营养与生理代谢

开篇事件：地球上“挑战极限盐浓度”的微生物

极端微生物生存的环境

地球上生存着许多“挑战极限”的微生物，即极端微生物。极端微生物是适合生活在极端环境中的微生物的总称。其中极端嗜盐微生物能够生长在高盐甚至饱和盐浓度介质中。嗜盐微生物能够在如此高盐浓度介质中生存，自然有着它们特有的生存策略。有些极端嗜盐菌为了应对高浓度盐，需要在细胞内积累高浓度的 K^+、Na^+、Cl^-等，与此适应的是，这些菌基因组编码大量富含酸性氨基酸的蛋白质；有些嗜盐菌则采用从细胞质向细胞外大量排出盐离子的策略。开展极端嗜盐微生物及其适应机制的研究，对于揭示生物圈起源的奥秘，认识生命的极限，人类在太空中寻找生命理论及发展微生物在化工、环保等领域的应用等具有重要的科学意义。

参考文献：

Oren A. 2013. Life at high salt concentrations，intracellular KCl concentrations，and acidic proteomes. *Front Microbiol.*，4：315.

思考题：

1. 根据极端微生物“挑战极限”的特点，以嗜盐微生物为例，我们若要分离该种微生物，应该到哪些环境中去寻找它们？
2. 以极端嗜盐古菌为例，试述其应用价值。

第一节 微生物的营养物质与吸收

营养（nutrition）是生物体从外部环境中摄取其生命活动必需的能量和物质，以满足其正常生长和繁殖的一种最基本的生理功能。而营养物（nutrient）则是具有营养功能的物质，对微生物而言，除了常规物质外，营养物还包括光辐射能。微生物的营养物能够为其生命活动提供结构物质、代谢调节物质、能量及必要的生理环境。

一、营养物质与功能

微生物培养基虽然多种多样，然而，从元素水平或营养要素水平，微生物的营养要求存在着“营养上的统一性”。在元素水平上均需要 20 种左右，且分为以 C、H、O、N、S、P 6 种元素为主的大量元素和 Na、K、Mg、Fe、Mn、Zn 等多种常量或微量元素；在营养要素水平上则均为碳源、氮源、能源、无机盐、生长因子和水这六大类营养物质。微生物从外界环境中摄取这些营养物质，经过细胞内各种分解代谢，为其生命活动提供必需的物质和能量；经各种合成代谢合成各种生物大分子并构建细胞结构以进行生长。因此这些营养物质在微生物的生命活动中发挥不同的作用和功能。

（一）碳源

一切能够为微生物生长繁殖提供碳元素的营养物，称为碳源（carbon source）。微生物细胞碳含量约为其干重的一半，因此碳源是除水分外需要量最大的营养物，又称为大量营养物（macronutrient）。将微生物界作为一个整体，其可利用的碳源范围，称为碳源谱（spectrum of carbon source）。微生物的碳源谱非常广泛，可分为有机碳和无机碳两大类。必须利用有机碳源的微生物，称为异养微生物；以无机碳源作为主要碳源的微生物，称为自养微生物。异养微生物的数量远远多于自养微生物。对异养微生物来说，碳源同时又是其能源，故这种碳源又称为双功能营养物（difunctional nutrient）。需要指出的是，异养微生物虽然必须利用各种有机碳源，但有些种类的微生物，尤其是生长在动物血液、组织和肠道中的致病菌，还需要少量的 CO_2 为碳源才能正常生长。碳作为营养元素用于构建微生物细胞的各类生物大分子和小分子有机物。

（二）氮源

一切能够为微生物生长繁殖提供氮元素的营养物，称为氮源（nitrogen source）。氮元素是构成蛋白质和核酸的主要元素，氮含量为细菌干重的 12%～15%，故氮源也是微生物的主要营养物。将微生物界作为一个整体，其可利用的氮源范围，称为氮源谱（spectrum of nitrogen source）。微生物的氮源谱也十分广泛，可分为有机氮和无机氮两大类。其中有机氮主要包括蛋白质、核酸、氨基酸、尿素等；而无机氮主要包括氨气、铵盐、硝酸盐和氮气等。根据微生物所能利用氮源种类，可将其分成两大类：不需要以氨基酸为氮源，而能将尿素、铵盐、硝酸盐、氮气等简单氮源自行合成所需的氨基酸的微生物称为氨基酸自养型生物（amino acid autotrophs）；反之，需要吸收外界现成的氨基酸为氮源的微生物，称为氨基酸异养型生物（amino acid heterotrophs）。氮作为营养元素主要用于微生物细胞各类蛋白质和核酸及有些维生素的分子构成。

（三）能源

能够为微生物生命活动提供最初能量的营养物或辐射能，称为能源（energy source）。异养型微生物的能源物质是有机物，同时又是碳源；光能营养微生物的能源是辐射能，对其培养必须光照。化能自养微生物的能源物质十分独特，是一些还原态的无机物，如 NH_4^+、NO_2^-、S、H_2S、H_2 和 Fe^{2+}等。化能自养微生物都是一些原核生物，包括亚硝酸细菌、硝酸细菌、硫化细菌、硫细菌、氢细菌和铁细菌等。化能自养微生物的存在，扩大了人们对生物圈能源的认识，突破了人们以往认为生物界只是直接或间接利用太阳能的观念。

（四）无机盐

无机盐（mineral salt），也称矿质元素，主要为微生物生长与繁殖提供除碳源、氮源以外的各种重要元素。根据生长所需浓度范围可以将其分为大量元素（macroelement）和微量元素（microelement）。大量元素的浓度为 10^{-4}～10^{-3}mol/L，如 P、S、K、Na、Mg 和 Fe 等；微量元素的浓度为 10^{-8}～10^{-6}mol/L，如 Zn、Mn、Cu、Mo、Co 和 Ni、Se、Sn 等。无机盐生理功能十分重要，见表 5-1。

表 5-1　无机盐生理功能

元素类型	功能	举例
大量元素	细胞内分子成分	S、P、Mg、Ca、Fe 等
	生理调节物质，可调节渗透压、pH 等	Na、K、Mg 等
	化能自养菌的能源	S、NH_4^+、NO_2^-、Fe^{2+}等
	无氧呼吸的氢受体	NO_3^-、SO_4^{2-} 等
微量元素	酶的激活剂	Cu^{2+}、Mn^{2+}等
	特殊分子结构成分	Mo、Co 等

（五）生长因子

生长因子（growth factor）是调节微生物正常代谢所必需，而不能用简单的碳源、氮源自行合成的有机物。它不具有碳源、氮源等结构材料的功能，需要量一般很少。狭义的生长因子一般仅指维生素，而广义的生长因子除维生素外，还包括碱基、卟啉及其衍生物、甾醇、胺类、C_4～C_6 的直链或分支脂肪酸，有时氨基酸营养缺陷突变株所需要的氨基酸也包括在内。

生长因子虽然是重要的营养要素，但并非所有微生物均需要外界提供生长因子。根据微生物需要生长因子与否，可将它们分为三类，见表 5-2。

表 5-2　微生物生长因子类型

类型	特点	举例
生长因子自养型	不需要从外界吸收任何生长因子	多数真菌、放线菌和不少细菌
生长因子异养型	需要从外界吸收多种生长因子	一般的乳酸菌、支原体需要甾醇等
生长因子过量合成型	合成并大量分泌某些维生素等生长因子	产甲烷菌产生维生素 B_{12} 等

在配制培养基时，通常使用富含生长因子的天然物质为原料为微生物提供生长因子，如酵母膏、玉米浆、肝浸液和麦芽汁等。

（六）水

微生物细胞的水含量很高，细菌、酵母菌分别含水 80%和 75%左右，霉菌的营养体和孢子约含水 85%和 39%，所以水是构成微生物细胞的主要物质。水既是细胞质内含物的介质，又是许多生化反应的场所，少数微生物水参与生化反应。

二、营养类型

营养类型是根据微生物生长所需要的能源和碳源的不同而划分的微生物类型。其划分有多种方法，较多的是按微生物对能源、供氢体和碳源的需要划分为 4 种类型，即化能无机自养型（chemolithoautotrophs）、化能有机异养型（chemoorganoheterotrophs）、光能无机自养型（photolithoautotrophs）、光能有机异养型（photoorganoheterotrophs），见表 5-3。

表 5-3　微生物的营养类型

营养类型	能源	供氢体	基本碳源	举例
化能无机自养型	无机物*	无机物	CO_2	硝化细菌、铁细菌等
化能有机异养型	有机物	有机物	有机物	绝大多数细菌和真核微生物
光能无机自养型	光	无机物	CO_2	蓝细菌、紫硫细菌等
光能有机异养型	光	有机物	CO_2、简单有机物	紫色无硫细菌

* NH_4^+、NO_2^-、S、H_2S、H_2、Fe^{2+}等

三、培养基

培养基是指根据微生物的营养要求所配制的供微生物生长或产生代谢产物的营养基质。培养基的种类与配制原则，见第十二章相关内容。

四、营养物质吸收方式

营养物质能否被微生物利用的一个决定性因素是其能否进入微生物细胞。只有营养物质进入细胞后才能被微生物细胞内的新陈代谢系统分解利用，进而使微生物正常生长繁殖。营养物质进入微生物细胞的运输方式有三类：扩散、主动运输和膜泡运输。

> 营养物质进入微生物细胞的运输方式有三类，而微生物细胞内合成的物质如何运出细胞呢？以微生物细胞内合成的蛋白质为例，蛋白质要通过位于微生物细胞膜及表面的蛋白质分泌系统分泌到细菌细胞外部。

（一）扩散

扩散（diffusion）是通过微生物的细胞膜将营养物质由膜外高浓度一侧向膜内低浓度一侧运送的运输方式。扩散是一种被动的物质跨膜运输方式，不消耗能量，营养物质不能逆浓度运输。扩散包括单纯扩散（simple diffusion）和促进扩散（facilitated diffusion），两者的区别在于后者须借助存在于细胞膜上的底物特异载体蛋白（carrier protein）的协助。

（二）主动运输

主动运输（active transport）是一类消耗能量（ATP、质子动势或“离子泵”等）并通过细胞膜上特异性载体蛋白构象变化，而使膜外环境中低浓度的溶质逆浓度运

入膜内的一种运送方式。由于营养物质的不同，膜上的载体蛋白种类不同，能量来源不同，因此主动运输的方式多样。主动运输与扩散的主要区别见表 5-4。

表 5-4　主动运输与扩散的主要区别

运输方式	是否借助载体	是否消耗能量	是否顺浓度梯度
单纯扩散	否	否	是
促进扩散	是	否	是
主动运输	是	是	否

（三）膜泡运输

膜泡运输（membrane vesicle transport）主要存在于原生动物，特别是变形虫等微生物的一种营养物质的运输方式。变形虫通过趋向性运动靠近营养物质，并将该物质吸附到膜表面，然后在该物质附近的细胞膜开始内陷，逐步将营养物质包围，最后形成一个含有该营养物质的膜泡，之后膜泡离开细胞膜而游离于细胞质中，营养物质通过这种运输方式由胞外进入胞内。如果膜泡中包含的是固体营养物质，则将这种营养物质运输方式称为胞吞作用（phagocytosis）；如果膜泡中包含的是液体，则称为胞饮作用（pinocytosis）。通过胞吞或胞饮作用进行的营养物质膜泡运输一般分为 5 个时期，即吸附期、膜伸展期、膜泡迅速形成期、附着膜泡形成期和膜泡释放期。

第二节　微生物的能量代谢

微生物的生命活动需要消耗能量，能量代谢的核心问题就是微生物如何把外界环境的最初能源物质转化成生命过程中能利用的能源——ATP。微生物可利用的外界能源物质包括光能、有机物和还原态的无机物。不同类型的微生物进行生物氧化时所利用的能源物质不同。异养微生物的能量来源主要为有机物的氧化；化能自养微生物能量来源主要为无机物的氧化；光养微生物通过光合磷酸化产能。

一、异养微生物有机底物氧化磷酸化产能

（一）葡萄糖分解代谢氧化脱氢 5 条途径

以葡萄糖作为异养微生物有机底物为例，它在生物氧化的脱氢阶段中，可通过 5 条途径完成其脱氢反应，并伴随还原力[H]和能量的产生。

1. EMP 途径

EMP 途径（Embden-Meyerhof-Parnas pathway）也称为糖酵解途径或己糖二磷酸途径。微生物的 EMP 与高等生物基本一致，反应步骤如图 5-1 所示。

根据能量的变化可将 EMP 途径划分为两个阶段：第一阶段是从葡萄糖到生成 2 分子的 3-磷酸甘油醛。该阶段葡萄糖消耗 ATP 被磷酸化，形成葡糖-6-Pi。其后的果糖-6-Pi 又消耗 ATP 被磷酸化，形成中间代谢物果糖-1, 6-二磷酸，该阶段消耗 2 分子 ATP，为耗能阶段。

第二阶段是 3-磷酸甘油醛氧化生成丙酮酸。其中甘油酸-1, 3-二磷酸转变为甘油酸-3-磷酸及磷酸烯醇丙酮酸转变为丙酮酸的反应中，共生成 4 分子 ATP，为产能阶段。

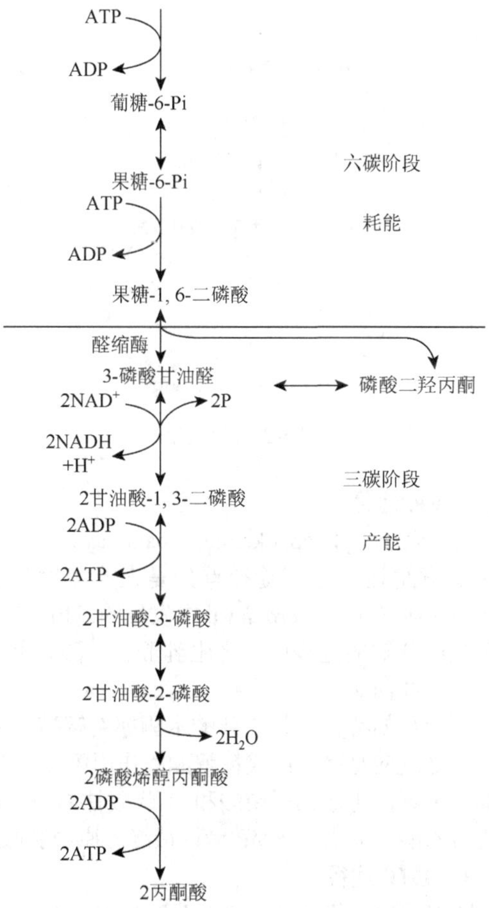

图 5-1　EMP 途径

经 EMP 途径中的耗能和产能阶段，1 分子葡萄糖氧化后净产生 2 分子 ATP、2 分子 NADH 和 2 分子丙酮酸。EMP 途径为细胞提供能量 ATP、还原力 NADH 和中间代谢物，为合成代谢提供条件。

2. ED 途径

ED 途径（Entner-Doudoroff pathway）又称为 2-酮-3-脱氧-6-磷酸葡糖酸（KDGE）途径，是由 Entner 和 Doudoroff 两人在嗜糖假单胞菌（*Pseudomonas saccharophila*）中发现的，故简称 ED 途径。该途径关键反应步骤见图 5-2，特点是葡萄糖只经过 4 步反应即可形成丙酮酸。在 ED 途径中，1 分子葡萄糖最后生成 2 分子丙酮酸、1 分子 ATP、1 分子 NADPH 和 1 分子 NADH。特征酶是 2-酮-3 脱氧-6-磷酸葡萄糖酸醛缩酶（KDPG 醛缩酶）。ED 途径仅存在于某些细菌中，在革兰氏阴性菌的假单胞菌和固氮菌中分布很广。对厌氧菌来说，靠 ED 途径通过底物水平磷酸化获能不如 EMP 途径经济。

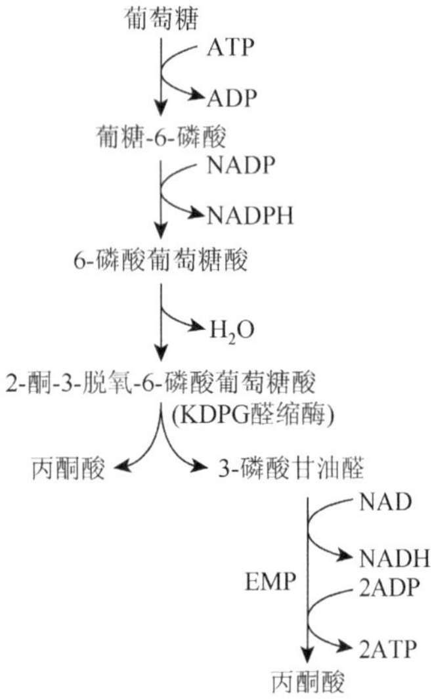

图 5-2　ED 途径

3. PK 途径

PK 途径（phosphoketolase pathway）又称磷酸戊糖解酮酶途径。该途径首先是在肠膜明串珠菌（*Leuconostoc mesenteroides*）中发现的。PK 途径是指在戊糖分解的过程中，产生乳酸、乙酸，并释放出 CO_2，过程如图 5-3 所示。

此途径的特征酶是 5-磷酸木酮糖裂解酶。PK 途径的关键反应是在磷酸戊糖解酮酶作用下使 5-磷酸木酮糖裂解，生成乙酰磷酸和 3-磷酸甘油醛，前者转变为乙酸，后者经 EMP 途径最终还原成乳酸。

4. HMP 途径

HMP 途径（hexose monophosphate pathway）也称己糖单磷酸途径、戊糖磷酸途径和磷酸葡萄糖酸途径等。HMP 途径循环的最终结果是 1 分子 6-磷酸葡萄糖转变为 1 分子 3-磷酸甘油醛、3 分子 CO_2 和 6 分子 NADPH，过程见图 5-4。HMP 途径在微生物生命活动中意义重大，主要为生物合成提供大量的还

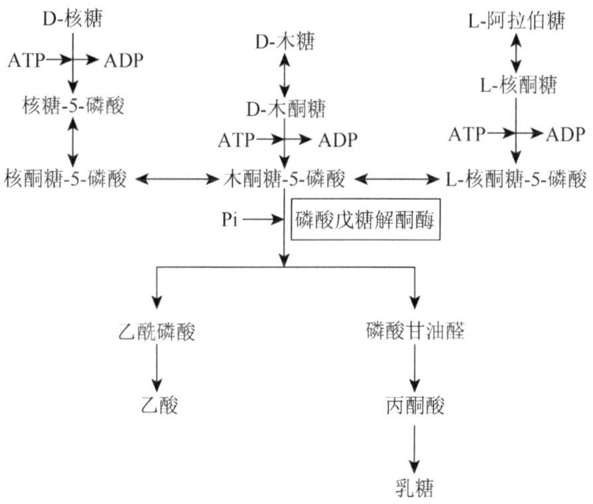

图 5-3　磷酸戊糖解酮酶途径

原力 NADPH 和各种碳骨架的原料，特别是提供核酸合成的前体物核酮糖-5-磷酸以及某些辅酶及氨基酸合成的前体物。NADPH 是合成脂肪酸、类固醇和谷氨酸的供氢体。此外，HMP 途径还与化能自养菌和光能自养菌的碳代谢密切相关，其产生的核酮糖-5-磷酸可转化为核酮糖-1, 5-二磷酸，在羧化酶作用下固定 CO_2。

HMP 途径可以为细胞物质合成代谢提供还原力 NADPH，提供三碳糖、四碳糖、五碳糖、六碳糖、七碳糖等不同结构的碳骨架，是不同糖分子的重要来源。其中的核糖又是合成 ATP、NAD、RNA 和 DNA 的主要成分。HMP 途径的特征性酶是转酮醇酶和转醛醇酶。在多数好氧菌和兼性厌氧菌中，往往同时存在 HMP 和 EMP 两条途径，只是利用率有所不同。例如，酿酒酵母对葡萄糖的分解 88%经 EMP 途径，12%经 HMP 途径。大肠杆菌对葡萄糖的分解 72%经 EMP 途径，28%经 HMP 途径。单独具有 EMP 或 HMP 途径的微生物较少，如弱氧化醋杆菌只有 HMP 途径。

5. TCA 循环

TCA 循环（tricarboxylic acid cycle）即三羧酸循环、柠檬酸循环或 Krebs 循环，由 1953 年获得诺贝尔生理学或医学奖的德国学者 Krebs 提出，是丙酮酸形成 CO_2、H_2O 和 $NADH_2$ 的过程。该循环中只有琥珀酸脱氢酶结合在线粒体膜（真核生物）或细胞膜（原核生物）上，其他酶位于线粒体基质（真核生物）中或细胞质内（原核生物）。

丙酮酸在脱氢酶系催化下生成乙酰-CoA，而后与草酰乙酸缩合形成柠檬酸，并开始 TCA 循环。TCA 循环过程中，产生一系列 4C、5C 和 6C 化合物，最后使草酰乙酸再生，接受来自下一个循环的乙酰-CoA，反应过程见图 5-5。循环的结果使丙酮酸被完全分解，生成 CO_2、NADH、$FADH_2$ 和 GTP。NADH

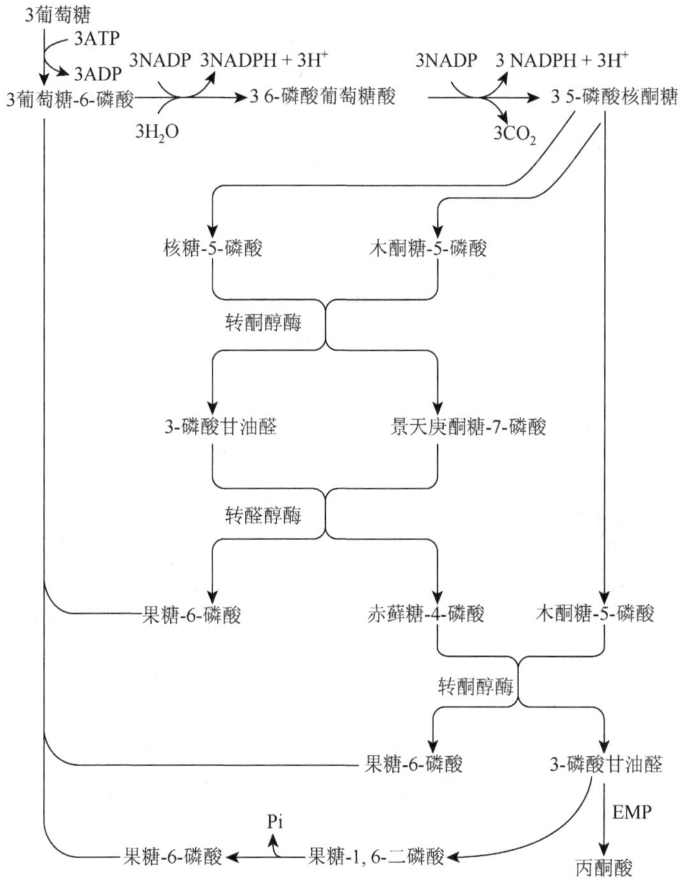

图 5-4　HMP 途径

和 $FADH_2$ 进入电子传递系统，将 H^+和电子交给 O_2 生成水并产生 ATP。除产生大量 ATP 外，TCA 循环还产生二羧酸和三羧酸等中间化合物，为细胞的生物合成提供了原材料，它们与氨基酸、脂肪酸等合成有密切关系，因此 TCA 循环是糖、蛋白质、脂肪酸等代谢的桥梁，位于一切分解代谢和合成代谢的枢纽地位。虽然 TCA 循环中氧没有直接参与反应，只作为底物脱氢后 H_2 的受体，但是 NAD^+和 FAD 再生时需氧，因此 TCA 循环必须在有氧条件下才能进行。

（二）异养微生物的三种产能方式

异养微生物利用有机物进行生物氧化。根据氧化还原反应中受氢体的不同，可将其分为 3 种产能方式：发酵、有氧呼吸和无氧呼吸。

1. 发酵

从生理角度而言，发酵（fermentation）作用是指在无氧为外源氢受体的条件下，底物脱氢后所产生的电子或氢经某些辅酶作用直接交给某一内源中间底物（形成高能化合物），以实现底物水平磷酸化产能的一种生物氧化反应。发酵作用仅是专性厌氧菌或兼性厌氧菌在无氧条件下获得能量的一种生物氧化方式，发酵产能的类型很多，因菌种而异。

发酵产能的主要特点是：有机底物未彻底分解氧化，而是生成可被还原的中间产物；生物氧化脱下的电子和氢不经电子传递链而直接还原中间产物，经底物水平的氧化磷酸化形成极少量 ATP；中间产物被还原可生成乙醇、乳酸、甘油等有重要应用价值的发酵产品；以发酵产能的厌氧菌因产能少而生长缓慢。

向牛奶中加入5%的市售纯酸奶（或乳酸菌粉），42℃发酵培养2h，即可得到酸奶。

2. 有氧呼吸

有氧呼吸（aerobic respiration）是指氧化过程中底物脱下的氢和电子经完整的电子传递链（呼吸链）传递，最终被外源分子 O_2 接受，生成水并释放大量 ATP 的过程。有机物通过有氧呼吸被彻底分解氧化，所释放的大量能量经电子水平氧化磷酸化合成 ATP，产生的 ATP 远高于发酵产能。异养型的好氧菌和兼性厌氧菌，氧化有机物经该方式产能。

有氧呼吸产能的主要特点是：有机底物彻底分解成 CO_2 和 H_2O；生物氧化脱下的电子和氢经电子传递链以外源分子氧为终端受体；以电子水平的氧化磷酸化产生最高量 ATP，好氧细菌经 EMP、TCA 循环彻底分解氧化 1 分子葡萄糖可产生 38 分子 ATP。

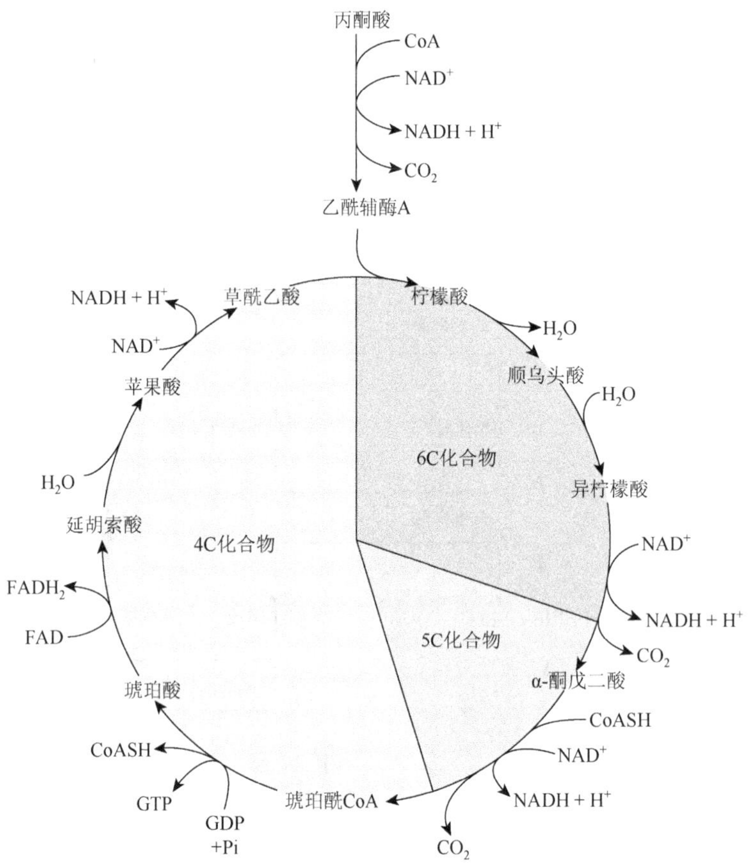

图 5-5 TCA 循环

电子传递链（electron transfer chain）由一系列氧化还原势呈梯度差的链状排列的氢或电子传递体构成，其成分位于原核生物细胞膜或真核生物线粒体膜上，负责把氢或电子从低氧化还原势的化合物逐级传递到高氧化还原势的分子氧、有机或无机氧化物，并将其还原。氢或电子传递过程中，与氧化磷酸化反应相偶联，形成一个跨膜质子动势，进而推动 ATP 的合成。氧化磷酸化形成 ATP 的机制普遍被认同的是化学渗透学说（chemiosomotic hypothesis）。该学说由英国诺贝尔化学奖获得者 P. Mitchell 提出：在氧化磷酸化过程中，在呼吸链有关酶系的作用下，底物分子上的质子从膜的内侧传递到膜的外侧，造成了膜两侧质子分布不均匀，即质子动势（质子动力、pH 梯度），这是合成 ATP 的能量来源。通过 ATP 酶的逆反应可把质子从膜的外侧重新运到膜的内侧，于是在消除质子动势的同时合成了 ATP。

氢或电子在电子传递链中的传递顺序一般如下：

NAD(P)→FP(黄素蛋白)→FeS(铁硫蛋白)→CoQ(辅酶 Q)→Cyt b→Cyt c→Cyt a→Cyt a_3

3. 无氧呼吸

无氧呼吸（anaerobic respiration）也称厌氧呼吸，是指在无氧条件下，呼吸链终端的受氢体为外源无机物或少数有机物，如 NO_3^-、NO_2^-、SO_4^{2-}、$S_2O_3^{2-}$、CO_2、延胡索酸等的过程。由于无氧呼吸最终的电子受体为无机氧化物或有机物，有一部分能量转移给了无机氧化物受体，因此生成的能量（ATP）低于有氧呼吸，产生的能量由 NADH 和终端受氢体的还原电势差大小决定。

无氧呼吸方式产能的主要特点是：底物按照常规途径脱氢后，经部分呼吸链递氢，最终由氧化态的无机物或有机物受氢，并完成电子水平氧化磷酸化产生 ATP。

二、化能自养微生物无机底物氧化磷酸化产能

化能自养微生物对无机物进行氧化产能。释放出的电子经电子传递链交给氧，所以化能自养菌多为好氧菌。只有少数是厌氧菌，此类菌主要以亚硝酸盐或碳酸盐代替氧进行无氧呼吸。化能自养菌氧化无机能源释放出的电子，顺电子传递链传递产生 ATP。该类型是微生物特有的产能方式。根据所氧化的无机物类型不同，将化能自养菌分为 4 类：氢细菌、硝化细菌、铁细菌、硫细菌。

（一）生理类群与无机能源物质

1. 氢细菌：H_2

氢细菌是一些兼性化能自养菌，大多为 G^+细菌，好氧。它们能氧化分子氢产能，也能利用其他有机物生长。氢细菌氧化氢释放出的电子经电子传递系统传

递产生 ATP。反应式为：$H_2 + 1/2O_2 \rightarrow H_2O$，该反应为放能反应，由氢化酶催化，一些氢细菌存在两种氢化酶，一种是可溶性的，可氧化 H_2 并将 NAD^+ 直接还原为 NADH，用于 CO_2 的同化。另一种与细胞膜结合，催化 H_2 氧化放出的电子通过电子传递系统，驱动质子跨膜运输，形成跨膜质子梯度，合成 ATP。

2. 硝化细菌：NH_4^+ 或 NO_2^-

硝化细菌包括两类细菌：亚硝酸细菌（nitrosomonas）和硝酸细菌（nitrobacter）。亚硝酸细菌负责将氨氧化成亚硝酸，然后硝酸细菌将亚硝酸氧化成硝酸。

亚硝酸细菌将氨氧化为亚硝酸的过程中，将大量能量用于驱使电子的逆转，以产生 NADH，用于固定和还原 CO_2，大约只产生 1 个 ATP，见图 5-6。图中 NH_3 在氨单加氧酶（ammonia monooxygenase，AMO）的催化下，产生 NH_2OH 和 H_2O，接着羟胺氧化还原酶（hydroxylamine oxidoreductase，HAO）将 NH_2OH 氧化成 NO_2^-，同时转移 4 个电子，其中有 2 个电子通过细胞色素 c 和泛醌传递给氨单加氧酶，另外 2 个电子通过细胞色素 aa_3 产生质子动力驱动 ATP 的合成。

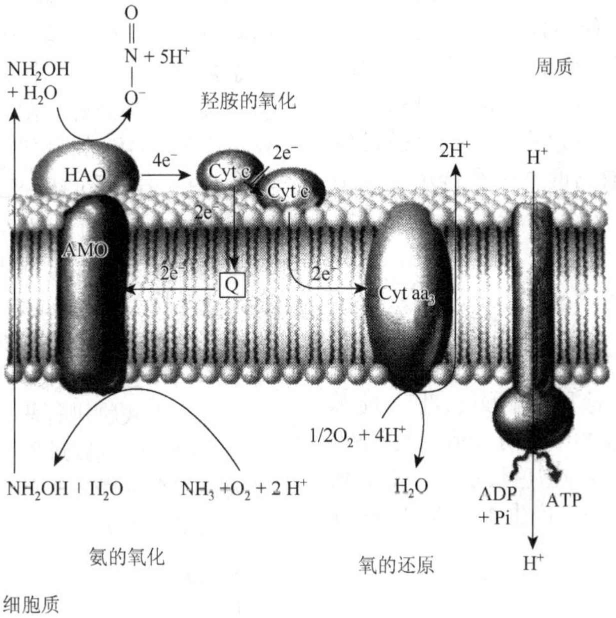

图 5-6　亚硝酸细菌中氨的氧化和电子流动过程（Madigan et al.，2006）

硝酸细菌氧化亚硝酸的氧不是来自氧分子，而是来自水的分解。氧化过程中，H_2O 和 NO_2^- 结合形成水化亚硝酸分子，脱下的电子经电子传递系统传递给 O_2 生成水，偶联氧化磷酸化合成 ATP，见图 5-7。图中显示出：硝酸细菌在亚硝酸盐氧化过程中，利用亚硝酸盐氧化还原酶（nitrite oxidoreductase，NOR）将亚硝酸盐氧化成硝酸盐，脱下的电子经细胞色素 c、aa_3 传递，所产生的质子动力最终驱动合成 ATP。

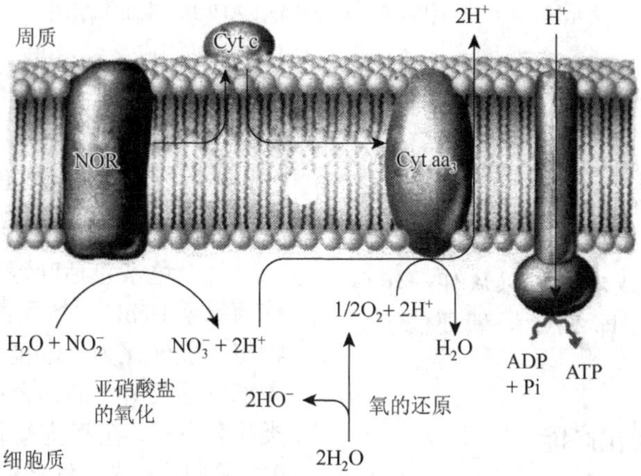

图 5-7　硝酸细菌将亚硝酸盐氧化成硝酸盐的过程（Madigan et al.，2006）

硝酸细菌和亚硝酸细菌通常生活在一起，互相合作，以免亚硝酸盐积累。它们生长过程中，需要的NADH通过消耗ATP逆转电子方式产生，所以生长缓慢。

3. 铁细菌：Fe^{2+}

铁细菌是一类生活在含有高浓度 Fe^{2+}的水环境中的细菌，主要有丝状铁细菌和普通铁细菌两类。亚铁的氧化仅在嗜酸性的氧化亚铁硫杆菌（*Thiobacillus ferrooxidans*）中研究得较为详细。这种细菌在酸性环境中能利用将 Fe^{2+}氧化成 Fe^{3+}过程中释放的能量进行生长。Fe^{2+}氧化放出的电子经电子传递链交给氧，同时伴随能量的放出，细胞质内有质子的消耗，从而驱动 ATP 合成。该菌的呼吸链中发现了一种含铜蛋白质（铜蓝蛋白），它与几种细胞色素 c、一种细胞色素 a 和氧化酶构成其电子传递链。Fe^{2+}氧化放出的电子在传递过程中放出能量的部位和数量还不十分清楚，有待进一步研究。

4. 硫细菌：HS^-、S^{2-}、S^0、SO_3^{2-}、$S_2O_3^{2-}$

硫杆菌（*Thiobacillus* sp.）是能够利用一种或多种还原态或部分还原态的硫化合物（包括硫化物、元素硫、硫代硫酸盐、多硫酸盐和亚硫酸盐）作为能源的细菌。H_2S 采用分步氧化的方式，首先形成元素硫，然后元素硫在硫氧化酶和醌-细胞色素系统作用下氧化为亚硫酸盐，此时放出的电子产生 4 个 ATP。亚硫酸盐有两条氧化途径：一是经亚硫酸-细胞色素 c 还原酶和末端细胞色素系统作用直接形成硫酸盐，产生一个 ATP；二是在磷酸腺苷硫酸盐还原酶、ADP 硫酸化酶和腺苷酸激酶的催化下，经磷酸腺苷硫酸盐途径生成硫酸盐，每分子 SO_3^{2-} 氧化产生 2.5 个 ATP。

（二）无机能源氧化脱出的 H^+和电子在不同部位进入电子传递链

化能自养微生物还原 CO_2 所需要的能量（ATP）和还原力[H]是通过氧化无机底物，如 NH_4^+、NO_2^-、H_2S、S、H_2 和 Fe^{2+}等而产生的。其产能的途径主要也是借助经电子传递链的氧化磷酸化反应，故化能自养菌一般都是好氧菌。这些无机底物通过氧化不仅可产生 ATP，其中有些底物，如 NH_4^+、H_2S 和 H_2 还可作为无机氢供体。氧化过程产生的 H^+和电子顺电子传递链经电子水平氧化磷酸化产生 ATP。当这些无机氢在充分提供 ATP 的条件下，可逆电子传递链形成还原力[H]。

在所有还原态的无机物中，H_2 的氧化还原电位较 $NAD^+/NADH$ 稍低，其余都明显高于它。因此，在各种无机底物进行氧化时，都必须按照其相应的氧化还原势的位置进入呼吸链，见图 5-8，因此必然造成化能自养微生物的呼吸链只具有很低的氧化磷酸化效率（P/O）。

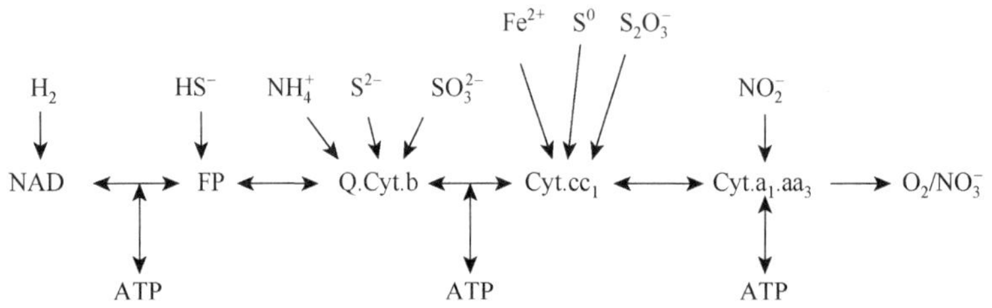

图 5-8 无机底物氧化时氢或电子进入呼吸链的部位

正向传递产生 ATP，逆向传递则消耗 ATP 并产生还原力[H]

化能自养微生物能量代谢的主要特点：无机底物的氧化直接与呼吸链发生联系，即由脱氢酶和氧化还原酶催化的无机底物脱氢或脱电子后，可直接进入呼吸链传递，而异养微生物对葡萄糖等有机底物的氧化要经过多条途径逐级脱氢；呼吸链组分更加多样化，氢或电子可以从任一组分直接进入呼吸链；产能效率即 P/O 一般要低于化能异养微生物。

三、光养微生物光合磷酸化产能

光养微生物如藻类、蓝细菌、光合细菌、嗜盐古生菌等能够利用光能固定 CO_2，以自养方式合成细胞物质而进行生命活动，同时也为其他异养性生物提供营养物质。

（一）光能转变成 ATP 的光合装置

1. 光合色素

光合色素包括叶绿素（Chl）、细菌叶绿素（也称菌绿素 Bchl）、类胡萝卜素和藻胆素，是光合微生物将光能转化为生物能的关键物质。与植物一样，大部分藻类所含的光合色素是叶绿素 a、叶绿素 b 和类胡萝卜素，在某些藻类中还含有叶绿素 c、叶绿素 d 和藻胆素；光合细菌的光合色素是菌绿素；嗜盐菌中含有一种视紫质类的色素。叶绿素和菌绿素化学结构相似，仅是侧链基团不同，从而导致吸收光谱不同。类胡萝卜素存在于所有光合生物中，具有捕获光能的作用，但不直接参与光合反应，而是把吸收的光能高效地传递给菌绿素（或叶绿素），这种光能同叶绿素（或菌绿素）直接捕获的光能一样可以用来进行光合磷酸化，因此，类胡萝卜素被称为天线色素。此外，类胡萝卜素还有两个作用：一是可以作为叶绿素所催化的光氧化反应的猝灭剂，以保护光合机构不受光氧化损伤；二是可能在细胞能量代谢方面起辅助作用。藻胆素因具有类似胆汁的颜色而得名，主要存在于蓝细菌和红藻中，化学结构与叶绿素相似，由 4 个吡咯环与蛋白质组成。藻胆素作为辅助色素于光合反应中发挥作用，以辅助生物体捕获更多的可用光。

2. 光合单位

光合单位（photosynthetic units）最早被定义为光合生物在光合作用过程中还原一分子 CO_2 所需要的叶绿素分子数。后来通过对紫色细菌载色体的分析研究，对光合单位有了进一步的认识。即 1 个光合单位包括 1 个光捕获复合体和 1 个反应中心复合体。光捕获复合体含有光合色素，如菌绿素，吸收光量子后，菌绿素（P_{870}）被激活，从而传给反应中心，激发态的 P_{870} 可释放出 1 个高能电子，用于光合磷酸化，被称为 1 个光合单位。

（二）光合磷酸化作用

光合磷酸化（photophosphorylation）是指将光能转变为生物能 ATP 的过程。在光合单位里，菌绿素分子吸收光量子处于激发态，这种激发态的分子放出高能电子而被氧化，释放出的高能电子经一系列电子传递系统传递逐步释放能量，偶联生成 ATP。

光合磷酸化根据电子传递途径的不同分为两种方式：环式光合磷酸化和非环式光合磷酸化。

1. 光合细菌非放氧型环式光合磷酸化

环式光合磷酸化（photophosphorylation）是一种存在于光合细菌中的原始光合作用机制，可在光能驱动下通过电子循环式传递而完成磷酸化产能。光反应中心的菌绿素 P_{870} 吸收光量子被激发，放出的高能电子依次传递给辅酶 Q、细胞色素 b/c_1、铁硫蛋白和细胞色素 c_2，最终再返回到光反应中心氧化态的菌绿素分子，使其还原，高能电子在传递过程中逐步释放能量，同时驱动 ATP 合成，见图 5-9。

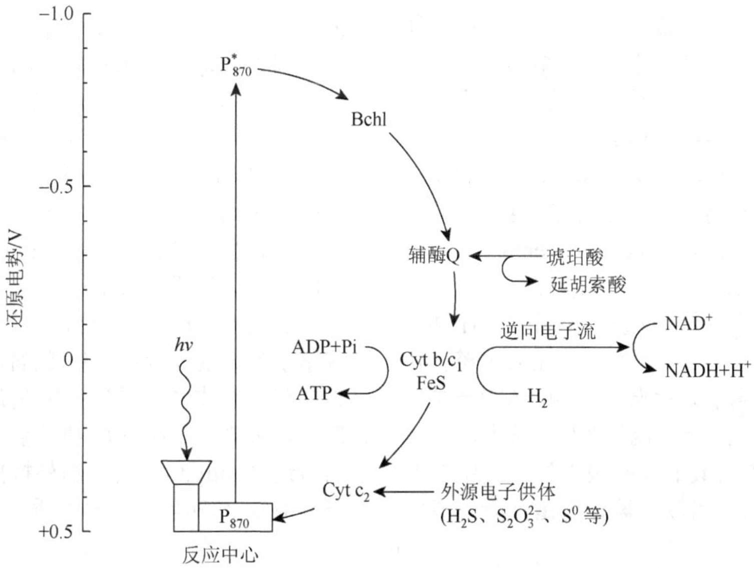

图 5-9 紫色非硫细菌的环式光合磷酸化系统

具有环式光合磷酸化的生物，均是属于原核生物真细菌中的光合细菌。它们都是厌氧菌，分类上为红螺菌目（Rhodospirillales）。它们的光合作用不产生氧，即不能利用 H_2O 作为 CO_2 还原时的供氢体，而能利用 H_2、H_2S 等作为还原 CO_2 的供氢体，所以不产生氧分子，故称为非放氧型光合磷酸化。

2. 蓝细菌放氧型非环式光合磷酸化

与绿色植物一样，蓝细菌和藻类含有 PS Ⅰ 和 PS Ⅱ 两个光合系统，PS Ⅰ 含叶绿素 a，反应中心的吸收光波为“P_{700}”，有利于红光吸收，PS Ⅱ 含叶绿素 b，反应中心的吸收光波为“P_{680}”，有利于蓝光吸收，这两个系统相偶联，进行非环式光合磷酸化。

非环式光合磷酸化的途径如图 5-10 所示：H_2O 经光解产生的氧以氧分子形式可及时释放，而电子须经 PS Ⅱ 和 PS Ⅰ 两个系统接力传递，最终由 $NADP^+$ 接受，于是产生了可用于还原 CO_2 的还原力。

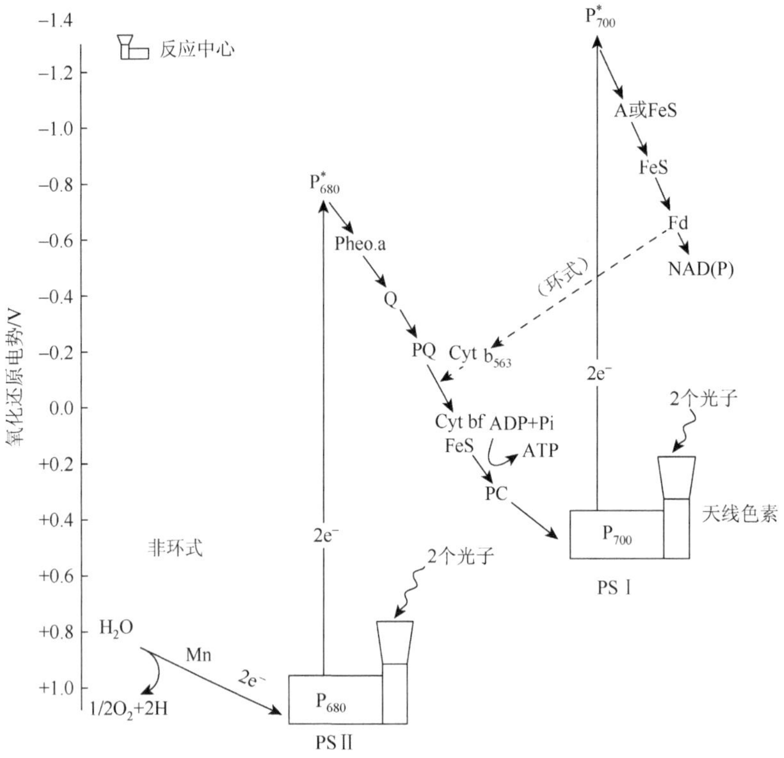

图 5-10　蓝细菌和高等植物的非环式光合磷酸化系统

在光合系统Ⅰ和Ⅱ的偶联中，电子从各系统中释放后，并没有返还给原系统，各系统叶绿素的复原是通过其他途径得到电子，因此称非环式光合磷酸化。

3. 嗜盐菌紫膜光介导的 ATP 合成

嗜盐菌（halophile 或 halophilic bacteria）不含菌绿素，也不存在电子传递链。其膜上具有由菌视紫素、酯类和蛋白质组成的细菌紫膜（purple membrane），是其进行光合磷酸化的部位。在无氧有光的条件下，菌视紫素经光照分子构型变化，光量子不断驱动 H^+质子至膜外，从而在膜内外形成质子动势，在 ATP 酶催化下，合成 ATP，此即嗜盐菌紫膜光介导的 ATP 合成。这种无菌绿素参与的光合磷酸化只在嗜盐菌中存在。

嗜盐菌的视紫素与人眼视网膜上柱状细胞中的视紫红质（rhodopsin）相似，被称为菌视紫素或细菌视紫红质（bacterial rhodopsin），可强烈吸收 570nm 处的绿色光谱区。菌视紫素的视觉色基（发色团）通常以全-反式（all *trans*）结构存在于膜内侧，可被激发并随着光吸收暂时转换成顺式（*cis* form）状态，如图 5-11 所示。这种转型使 H^+质子转移到膜外，随着菌视紫素分子的松弛和黑暗时吸收细胞质中的质子，顺式状态又转换成较为稳定的全-反式异构体。如此循环，形成质膜上的 H^+质子梯度差，产生电化势，进而在 ATP 酶的催化下，合成 ATP。这种由菌视紫素参与的光介导 ATP 的合成，与光合细菌叶绿素的产能有本质上的区别，是最简单的光合磷酸化反应。这种光介导的 H^+质子泵还具有通过 Na^+/K^+反向转运（antiport）向细胞外排出 Na^+的功能，并且能够驱动 K^+和各种营养物质，如氨基酸的吸收。

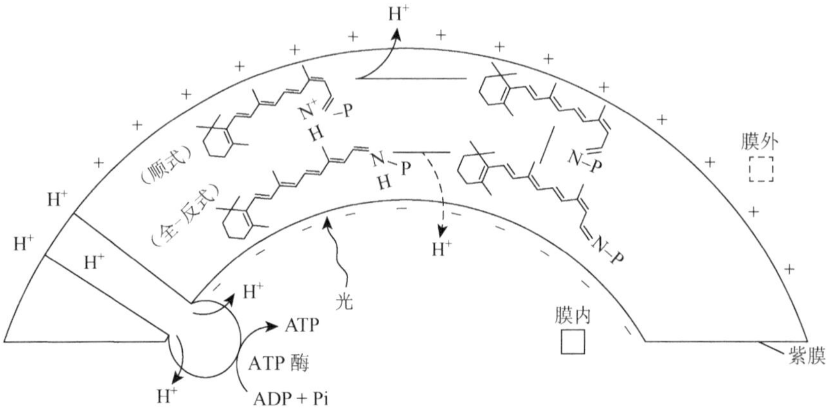

图 5-11　嗜盐菌紫膜菌视紫素质子泵的光介导模型

第三节　微生物的合成代谢

糖类、蛋白质、核酸、脂类和维生素等是一切生物所共有的重要物质，它们的合成代谢是生物化学课的重点内容，此书不作重复介绍。本节仅就微生物特有的、重要的和典型的合成代谢途径，包括 CO_2 固定、生物固氮、肽聚糖的生物合成和次生代谢进行介绍。

一、自养微生物 CO_2 固定的三条途径

各种自养微生物都能利用光合磷酸化或氧化磷酸化获取的能量与还原力，将空气中的 CO_2 同化吸收转变成糖和细胞物质，整个过程称为 CO_2 固定（carbon dioxide fixation）。与自养微生物不同的是，异养微生物固定 CO_2 是将 CO_2 固定在某种有机酸上，如磷酸烯醇丙酮酸和丙酮酸，固定 CO_2 后形成草酰乙酸，此反应常作为 TCA 循环的回补反应。不同的自养微生物固定 CO_2 的途径不同，下面介绍 3 条主要途径。

（一）卡尔文循环

卡尔文循环（Calvin cycle）途径也称为核酮糖二磷酸途径或还原性戊糖磷酸循环，是大多数光能自养菌和化能自养菌，如蓝细菌和铁细菌固定 CO_2 的主要途径。本途径两种特有酶是磷酸核酮糖激酶和核酮糖二磷酸羧化酶。

本循环分为 3 个阶段：①CO_2 固定反应。由 6 个核酮糖-1, 5-二磷酸，在核酮糖二磷酸羧化酶的催化下，固定 6 分子 CO_2，形成 12 个 3-磷酸甘油酸分子。②固定的 CO_2 还原。通过 EMP 逆向途径，3-磷酸甘油酸被还原成 3-磷酸甘油醛。③CO_2 受体再生。在磷酸核酮糖激酶催化下，核酮糖-5-磷酸转变为核酮糖-1, 5-二磷酸，以作为 CO_2 固定受体物质的反应（图 5-12）。

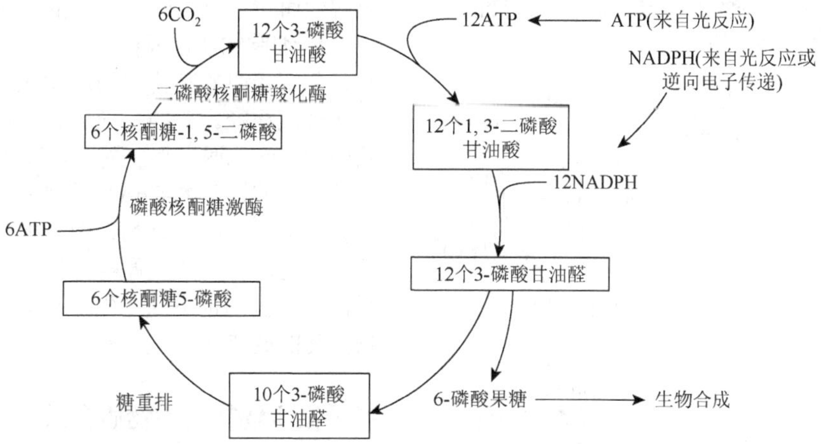

图 5-12　Calvin 循环

（二）还原性 TCA 循环

还原性 TCA 循环（reductive TCA cycle）也称逆向 TCA 循环。此途径存在于绿色硫细菌，如绿假单胞菌属中，大多数酶与正向 TCA 循环时相同，不同的是，柠檬酸在依赖于 ATP 的柠檬酸裂解酶的作用下，形成乙酰-CoA 和草酰乙酸（在正向 TCA 循环中，由乙酰-CoA 和草酰乙酸合成柠檬酸是利用柠檬酸合成酶）。

还原性 TCA 循环起始于柠檬酸的裂解产物草酰乙酸，它作为 CO_2 的受体，每循环一圈，就掺入 2 个 CO_2，并还原成可供各种生物合成用的乙酰-CoA，由它再固定 1 分子 CO_2 后，进一步形成丙酮酸、丙糖、己糖等一系列合成细胞物质的原料，如图 5-13 所示。

（三）羟基丙酸途径

羟基丙酸途径（hydroxypropionate pathway）是自养微生物绿色非硫细菌，如绿屈挠菌属（*Chloroflexus*）和几种极端嗜热古生菌如生金球菌（*Metallosphaera*）、酸菌（*Acidianus*）和硫化叶菌（*Sulfolobus*）中所特有的一种固定 CO_2 的机制，这类细菌既无 Calvin 循环，也无还原性 TCA 循环途径。羟基丙酸途径是以 H_2 或 H_2S 为电子供体对 CO_2 进行固定的特有途径。在羟基丙酸途径中，乙酰-CoA 先后经历两次羧化，先形成羟丙酰-CoA，继而形成甲基丙二酰-CoA，这个中间产物经分子重排分解产生乙酰-CoA 和乙醛酸，乙醛酸为细胞合成提供原料，乙酰-CoA 再生，又重新固

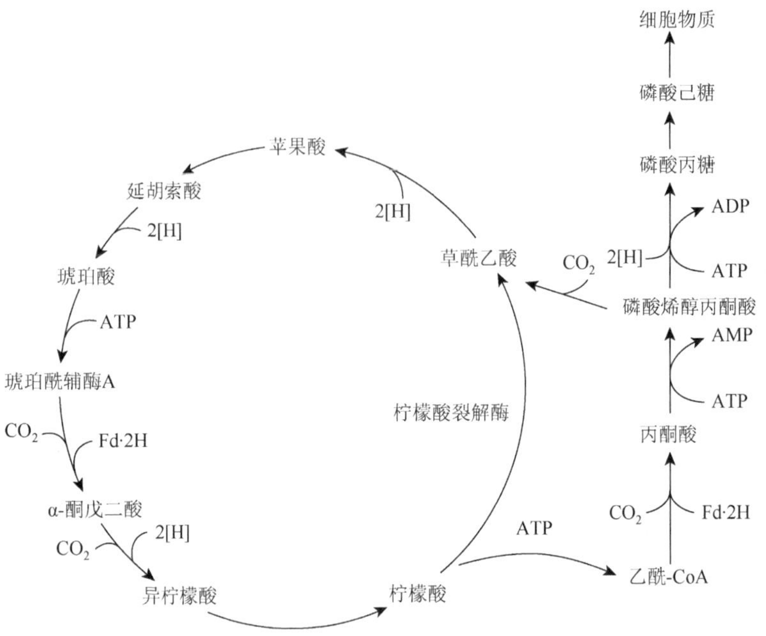

图 5-13　还原性 TCA 循环

定 CO_2 进入下一个循环，反应过程见图 5-14。因此，羟基丙酸途径的一个循环，是由 2 个 CO_2 分子还原成 1 个乙醛酸分子，该途径的关键步骤是羟基丙酸的产生，所以称为羟基丙酸途径。

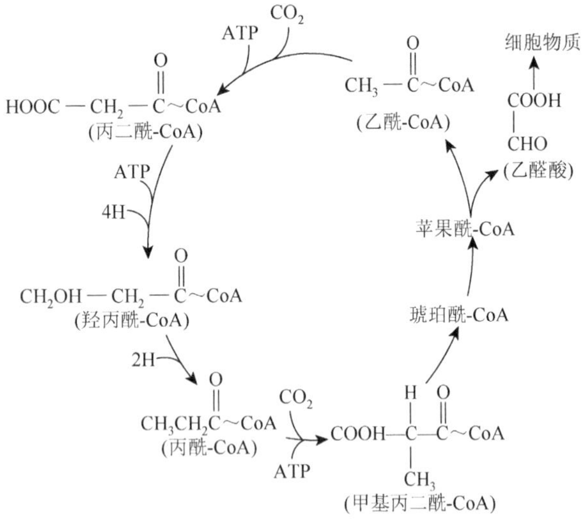

图 5-14　羟基丙酸途径

二、微生物细胞物质生物合成总观

微生物的合成代谢为利用能量代谢所产生的能量、中间产物及从外界吸收的小分子物质合成复杂的细胞物质的过程。

1. 细胞物质合成三要素

微生物对物质的分解代谢中，通过生物氧化，物质分解产生各种小分子中间代谢物，并产生能量 ATP 和还原力 NADH、NAD（P）H。而微生物在合成代谢中，正是利用这些 ATP、还原力、中间代谢物和外界的小分子物质来合成细胞物质。在细胞中，分解代谢与合成代谢是密切相关的。

2. 细胞物质合成代谢与分解代谢偶联

分解代谢的某些中间产物根据微生物的需要而转入合成途径。有的反应步骤可能是相同的，有着共同的中间代谢产物（图 5-15）。例如，分解代谢产生的丙酮酸、乙酰-CoA、草酰乙酸等化合物可作为生物合成反应的起始物，但合成代谢不是分解代谢的简单逆转。合成代谢与分解代谢中酶系不同，酶活性调节机制也不同，生物合成途径主要受其终产物浓度的调节。

三、微生物特有的物质合成

（一）生物固氮

众所周知，大气主要由氮气、氧气和少量的二氧化碳组成，氮气约占大气的 79%，氮气若能转化成植物可利用的氨，将会为植物提供大量的氮素营养物质。动植物没有固氮能力，目前只发现少数原核生物才具有固氮能力。所谓生物固氮（biological nitrogen fixation）是指大气中分子氮通过微生物固氮酶的催化而还原为氨的过程。

1. 固氮微生物

根据固氮微生物（nitrogen-fixing organisms）与其生存环境的关系，可将固氮菌分为 3 类。

第 1 类，自生固氮菌（free-living nitrogen-fixer），不依赖与其他生物共生，而能独立进行固氮的微生物。根据与氧气的关系，自生固氮菌又可分为好氧、兼

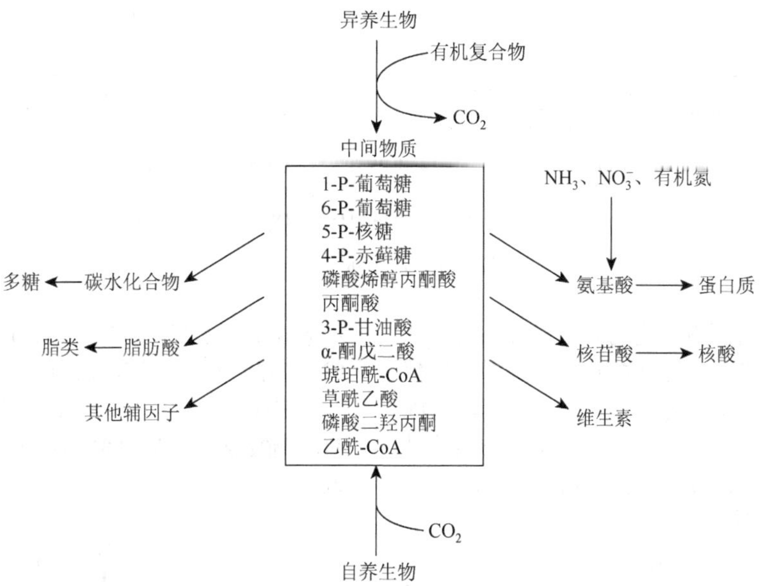

图 5-15 分解代谢与合成代谢相连接的重要中间产物

性厌氧和厌氧 3 类。在好氧条件下，固氮能力较强的菌为固氮菌属（*Azotobacter*）；在厌氧条件下，较重要的固氮菌是巴氏梭菌（*Clostridium pasteurianum*）。

第 2 类，共生固氮菌（symbiotic nitrogen-fixer），必须与其他生物共生在一起时才能进行固氮。共生固氮菌与其植物共生时有些会形成根瘤，有些则不。例如，根瘤菌属（*Rhizobium*）和固氮根瘤菌属（*Azorhizobium*），它们与其所共生的豆科植物有严格的种属特异性，并在植物的根系形成瘤状的共生结构。而念珠蓝细菌属（*Nostoc*）与地衣共生时则不形成根瘤。

第 3 类，联合固氮菌（associative nitrogen-fixer），这一类固氮菌必须生活在某些植物的根际和叶面等处才能进行固氮，但并不形成类似根瘤的共生结构。联合固氮菌把固定的氮供给植物吸收利用，如热带植物中的生脂固氮螺菌（*Azospirillum lipoferum*）等。

2. 固氮酶及其性质

生物固氮要在固氮酶的催化下进行，固氮酶是一种复合蛋白，由固二氮酶（dinitrogenase）和固二氮酶还原酶（dinitrogenase reductase）两种蛋白质构成。固二氮酶由铁蛋白和钼蛋白组成（称为钼铁蛋白），它是使 N_2 还原成 NH_3 的活性中心；固二氮酶还原酶是一种只含铁的蛋白质。在不同的生长条件下，某些固氮菌还可以合成不含钼的固氮酶。这种固氮酶被称作“替补固氮酶”（alternative nitrogenase），这种固氮酶保证了固氮菌在极度缺钼环境下正常进行生物固氮的功能。固氮酶的性质见表 5-5。

表 5-5 固氮酶的性质

性质	固二氮酶	固二氮酶还原酶
蛋白亚基数	4(2 大 2 小)	2(相同)
相对分子质量	约 22 万	约 6 万
Fe 原子数	24～32	4
Mo 原子数	2	0
不稳态 S 原子数	20～32	4
Cys 的巯基数	32～34	12
活性中心	铁钼辅因子	电子活化中心（Fe_4S_4）
氧气的敏感性	较敏感	极其敏感
功能	络合、活化、还原氮气	向固二氮酶传递电子

3. 固氮的生化途径

固氮反应不仅需要固氮酶的催化，同时还要求在严格厌氧的微环境中，在镁的参与下消耗大量的 ATP 和还原力来还原底物氮气。ATP 由氧化磷酸化和光合磷酸化产能代谢提供，所需的还原力由 NAD(P)H 提供。NAD(P)H 脱下的氢和电子通过电子载体铁氧还蛋白（Fd）和黄素氧还蛋白（FLd）传递给固二氮酶还原酶使其还原，还原型的固二氮酶还原酶与 ATP-Mg 结合，该复合物与结合了氮气分子的固二氮酶反应，形成 1∶1 复合物，同时有 1 个电子从固二氮酶还原酶-Mg-ATP 上转移到固二氮酶上，ATP 水解为 ADP + Pi，催化过程见图 5-16。由图可见，还原 1 个氮气分子，理论上仅需要 6 个电子，而实际测定却需 8 个电子，其中 2 个消耗在产 1 分子氢气上。

4. 固氮酶抗氧保护机制

前面已经介绍，固二氮酶和固二氮酶还原酶均对氧敏感，分子态的氧可使其不可逆的失活。例如，在空气中固二氮酶还原酶半衰期为 45s，固二氮酶半

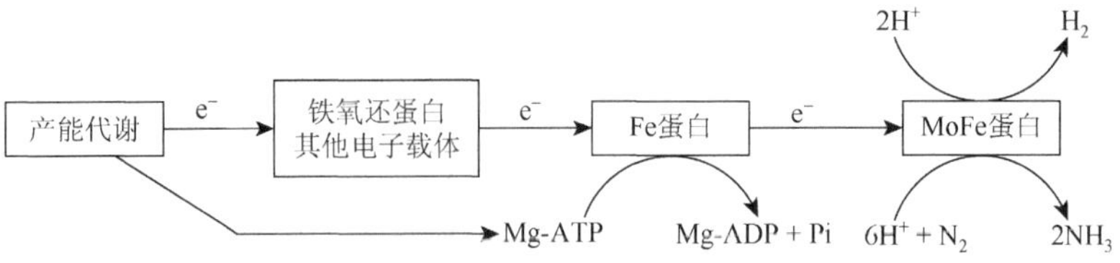

总反应式：$N_2 + 8H^+ + 8e^- + 18\sim24ATP \longrightarrow 2NH_3 + H_2 + 18\sim24ADP + 18\sim24Pi$

图 5-16 固氮的生化途径

衰期为 10min。因此固氮酶催化的固氮反应必须在严格的厌氧微环境中进行，而已知的大多数固氮菌都是好氧菌。好氧固氮菌生活在有氧的条件下，而固氮反应又必须在厌氧条件下进行，为此在长期的进化进程中，好氧性固氮菌在细胞结构和生理功能上形成特殊的抗氧保护机制。

1）呼吸保护：好氧性自生固氮菌（固氮菌科）能以极强的呼吸作用迅速将固氮部位周围的氧分子消耗掉，使细胞周围处于无氧的微环境状态，从而保护固氮酶。

2）构象保护：在高氧分压条件下，褐球固氮菌（*Azotobacter chroococcum*）和维涅兰德固氮菌（*Azotobacter vinelandii*）等的固氮酶能形成一个无固氮活性但能免受氧害的特殊构象，称为构象保护。目前已知，这种保护机制的原因是菌体内存在一种耐氧的蛋白质（铁硫蛋白Ⅱ），它在高氧条件下可与固二氮酶和固二氮酶还原酶形成耐氧的复合物。

3）结构保护：固氮菌在细胞结构和生理功能上形成特殊的抗氧保护机制。例如，蓝细菌分化出特殊的结构——异形胞，异形胞外有一层由糖脂组成的片层式较厚外膜，能够阻止氧气进入异形胞。蓝细菌中的固氮酶发挥作用仅限于异形胞中进行，屏蔽氧对固氮酶造成的危害。根瘤菌中的固氮酶存在于类菌体中，根瘤菌的特殊结构和生理环境不但保护了固氮酶，而且提供了合适的固氮条件，其中豆血红蛋白起着重要的输氧作用。而非异形胞蓝细菌，如织线蓝细菌属，能够通过将固氮作用与光合作用进行时间上的分隔来实现对固氮酶的保护。

（二）肽聚糖生物合成

肽聚糖是细菌细胞壁所独有的结构大分子，在革兰氏阳性菌中占细胞干重的 1/5。它是一种杂多糖，其合成途径复杂，约有 20 步反应，在细胞内各步反应所处的位置也有变化。下面以金黄色葡萄球菌（*Staphylococcus aureus*）为例，简单说明肽聚糖的合成过程。

1. 在细胞质中合成糖基单体 UDP-NAG 和 UDP-NAM-5 肽

首先由葡萄糖合成 *N*-乙酰葡糖胺（NAG），这个过程是从葡萄糖磷酸化成 6-磷酸葡萄糖后，进一步形成 6-磷酸果糖，然后通过转氨基和乙酰基作用形成 1-磷酸-*N*-乙酰葡糖胺。此物质通过 UTP 活化，转变成 UDP-*N*-乙酰葡糖胺（UDP-NAG），然后与磷酸烯醇丙酮酸缩合形成 UDP-*N*-乙酰胞壁酸（UDP-NAM），该过程如图 5-17 所示。

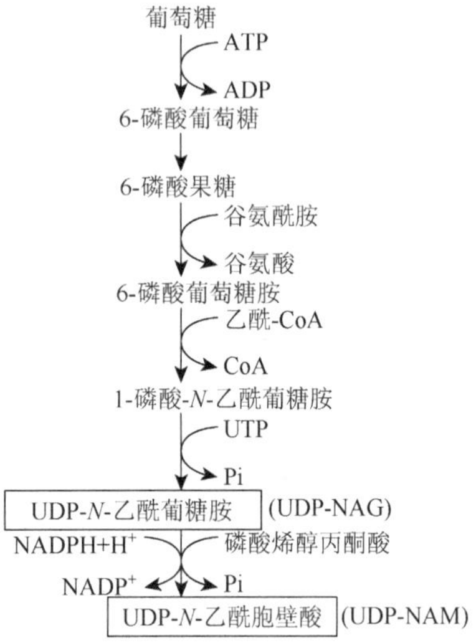

图 5-17 UDP-NAG 和 UDP-NAM 合成

UDP-NAM 首先与 L-丙氨酸通过肽键相连接，然后依次与 D-谷氨酸、L-赖氨酸连接，最后两个氨基酸是以 D-丙氨酰-D-丙氨酸的形式连接的，每步连接反应都要消耗 1 分子 ATP，UDP-NAM-5 肽的合成中，是由酶专一性催化的，与常规的蛋白质合成过程不同。

2. 在细胞膜中形成二糖亚单位

（1）膜内的 C_{55}-Lipid-P 糖基运输载体脂　在细胞质合成的 UDP-NAM-5 肽和 UDP-NAG 糖单体是亲水的，而细胞膜是疏水的，所以糖基单体不能通过细胞膜运往膜外参与细胞壁合成。必须在膜内的疏水性的有糖基运载功能的糖基载体脂上形成二糖亚单位，并将其运往膜外以合成细胞壁。糖基载体脂是细菌萜醇（bactoprenol）磷酸脂，用 C_{55}-Lipid-P 表示。它有很强的疏水性，可转运糖基穿过细胞膜参与胞壁和胞外多糖合成，其单磷酸脂有转运糖基功能，而双磷酸脂则失去糖基运载功能。

（2）在 C_{55}-Lipid-P 上形成“NAG-NAM-5 肽”二糖亚单位并运往膜外　在细胞膜上形成二糖亚单位过程如下：UDP-NAM-5 肽与细菌萜醇载体结合，形成类脂载体-P-P-NAM-5 肽，同时释放出 UMP。然后 UDP-NAG 以 β-1, 4-糖苷键与类脂载体-P-P-NAM-5 肽结合，形成肽聚糖的亚单位：NAG-NAM-5 肽-P-P 类脂载体。同时合成的亚单位在类脂载体的转运下由膜内转送到膜外。如图 5-18 所示。甘氨酸五肽的合成是在 ATP 和甘氨酰-tRNA 的参与下，首先生成氨酰-tRNA，然后通过肽键逐个连接起来，形成由 5 个甘氨酸构成的肽桥，但没有核糖体的参与。

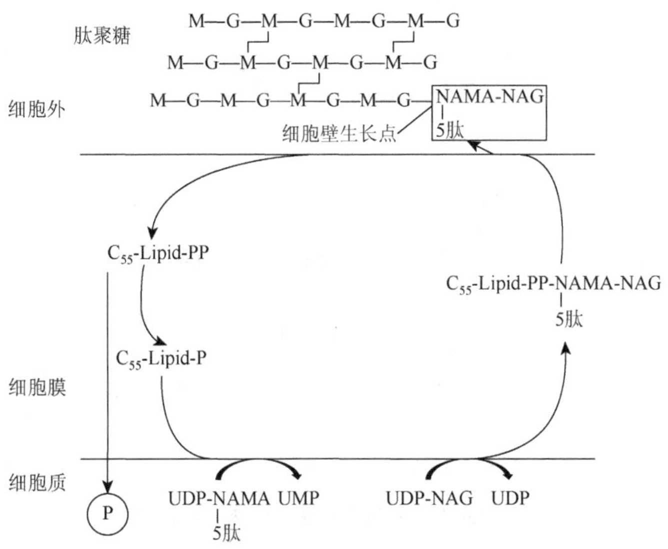

图 5-18　肽聚糖的生物合成

3. 在膜外形成肽聚糖三维网状结构

（1）在细胞壁生长点肽聚糖分子主链延伸　此阶段是肽聚糖的亚单位连接到引物上，使主链延伸（横向延长）和肽链交联（纵向交联）的过程。而引物则是原有细胞壁肽聚糖在自溶素（autolysin）的酶解作用下解开的肽聚糖主链。由焦磷酸类脂载体上卸下来的亚单位在膜外肽聚糖活跃合成的部位上，即细胞壁的生长点上，与引物结合，发生转糖基作用，使肽聚糖主链上横向上延伸一个双糖单位。

（2）肽链间的交联　然后再通过转肽酶的转肽作用，使两条多糖肽链间形成甘氨酸五肽“桥”而发生纵向交联。肽桥形成的具体过程如下：在转肽酶的作用下，在甲肽尾上通过 L-Lys 连接的五甘氨酸肽的游离氨基端与乙肽尾的第四个氨基酸——D-Ala 的游离羧基间形成一个肽键，于是两者交联。值得注意的是，以上反应细节是在金黄色葡萄球菌中研究出来的，而在大肠杆菌中，通过二氨基庚二酸与另一个短肽链中第四个丙氨酸连接，释放出末端的丙氨酸。

在转肽过程中，转肽酶的活性可被青霉素抑制，因为青霉素是肽聚糖单体五肽尾末端的 D-Ala-D-Ala 结构类似物，竞争转肽酶，从而抑制“真”肽聚糖的合成，使菌体不能形成完整的细胞壁，进而起到抑菌的作用，如图 5-19 所示。

青霉素的杀菌机理是竞争转肽酶，抑制细菌肽聚糖的合成。请查阅资料，思考其他抗生素的杀菌机制是什么？病毒感染能够用抗生素治疗吗？

（三）次生代谢及其产物

微生物在生命过程中，通过能量代谢、物质代谢进行生长、繁殖，并产生代谢产物，这些代谢过程称为初生代谢，产生的产物称为初生代谢产物（primary metabolite）。某些微生物除了初生代谢类型外，在生长到稳定期前后，初生代谢产生的中间产物作为起始物，合成一些对细胞本身无明显生理功能的代谢物，这种代谢产物称为次生代谢产物（secondary metabolite）。合成次生代谢产物的途径称为次生代谢途径。微生物的次生代谢产物种类繁多、化学结构复杂，主要有抗生素、维生素、生长激素、毒素、色素、生物碱等，有重要的开发应用价值。

1. 次生代谢的主要特点

特点 1：在初生代谢的基础上进行，以初生代谢产物为前体，通过独特的次生代谢途径合成次生代谢产物。

特点 2：次生代谢途径多样化，具有菌株特异性，某些途径仅存在于个别菌株中。

特点 3：次生代谢产物是在菌体生长到稳定期前

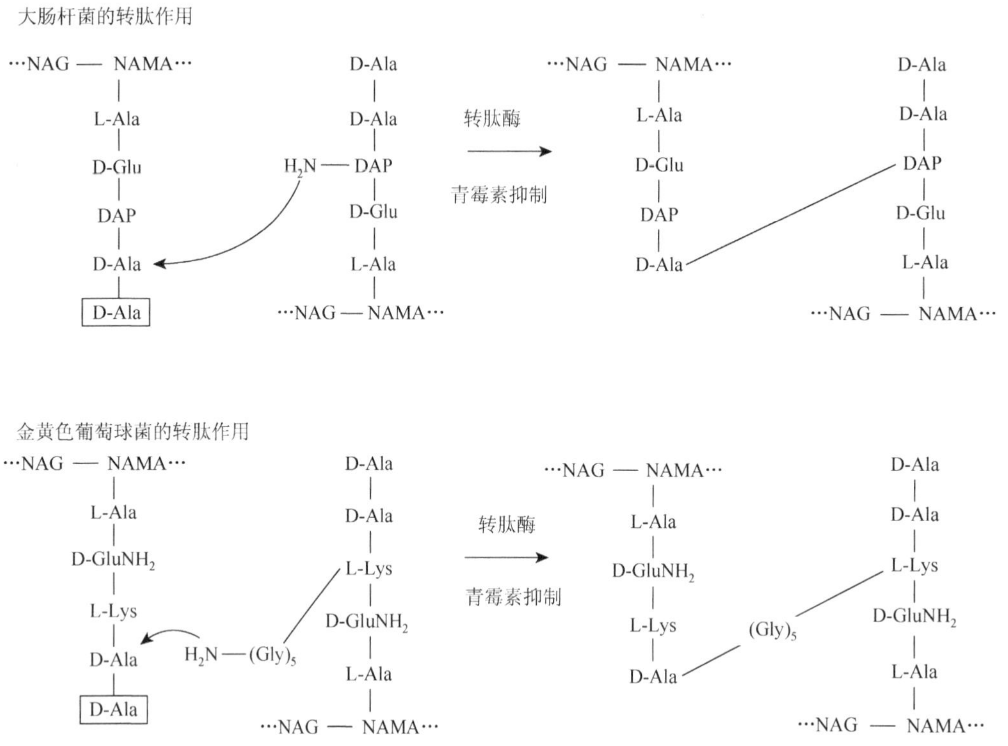

图 5-19　细胞膜外肽聚糖交联组装

后合成的，因此，菌体生长和产物合成是处于两个不同的阶段。

特点 4：次生代谢产物对菌体本身的生理功能不很明确，往往是一类结构上复杂而又类似的化合物。

特点 5：编码次生代谢酶的基因，许多位于质粒上，易受外界因素影响而丢失。因此，次生代谢途径不稳定。

特点 6：由于次生代谢以初生代谢物为前体，所以对初生代谢物的合成调控也适用于次生代谢。

2. 次生代谢与初生代谢的关系

次生代谢途径建立于初生代谢途径的基础上，以初生代谢途径中的代谢物为前体，经过一系列连续的酶促反应，合成次生代谢产物，如糖降解过程中的乙酰-CoA 是合成四环素、黄曲霉毒素的前体。次生代谢途径与初生代谢途径的联系见图 5-20。

3. 次生代谢产物及广泛应用

次生代谢产物种类繁多、化学结构复杂，分属多种类型，如大环内酯、多烯类、多炔类、多肽类、四环素类等。次生代谢物与人类的医药生产和保健工作密切相关，如放线菌和丝状真菌产生的抗生素、色素、毒素、信息素、生物碱及植物生长促进剂等。

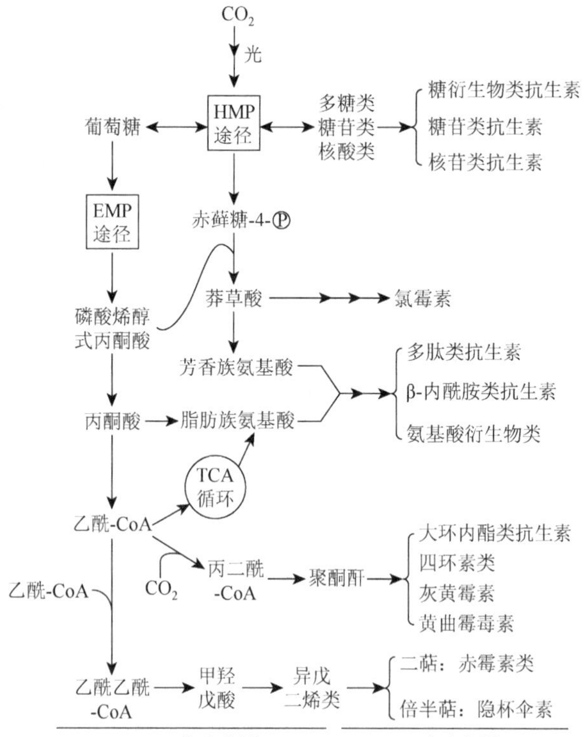

图 5-20　初生代谢途径与次生代谢途径的关系

知识点回顾

1. 微生物的营养要素有6类：碳源、氮源、能源、无机盐、生长因子、水。

2. 微生物的营养类型是根据它的碳源、能源及供氢体或供电子体的不同分为：化能无机自养型、化能有机异养型、光能无机自养型和光能有机异养型。

3. 微生物营养物质的吸收方式有三种：扩散、主动运输和膜泡运输。

4. 微生物能量代谢的核心问题是微生物如何把外界环境的最初能源物质转化成生命过程中能利用的能源——ATP。微生物可利用的外界能源物质包括光能、有机物和还原态的无机物。异养微生物通过有机底物氧化磷酸化产能，根据生物氧化过程最终受氢体的性质而分为发酵、有氧呼吸和无氧呼吸。化能自养微生物通过无机能源氧化磷酸化产能。光养微生物通过环式光合磷酸化、非环式光合磷酸化和光膜磷酸化产能。

5. 微生物特有的合成代谢途径种类繁多，最重要的有 CO_2 固定、生物固氮和肽聚糖的合成。物质合成的三要素为：ATP、还原力和小分子前体物质。

关键词

1. 发酵（fermentation）：在无氧等外源氢受体的条件下，底物脱氢后所产生的电子或氢经某些辅酶作用直接交给某一内源中间底物（形成高能化合物），以实现底物水平磷酸化产能的一种生物氧化反应。

2. 无氧呼吸（anaerobic respiration）：也称厌氧呼吸，是指在无氧条件下，呼吸链终端的受氢体为外源无机物或有机物，如 NO_3^-、NO_2^-、SO_4^{2-}、$S_2O_3^{2-}$、CO_2、延胡索酸等的过程。

3. 有氧呼吸（aerobic respiration）：氧化过程中底物脱下的氢和电子经完整的电子传递链（呼吸链）传递，最终被外源分子氧 O_2 接受，生成水并释放大量 ATP 的过程。

4. 电子传递链（electron transfer chain）：由一系列氧化还原势呈梯度差的链状排列的氢或电子传递体构成，其成分位于原核生物细胞膜或真核生物线粒体膜上，负责把氢或电子从低氧化还原势的化合物逐级传递到高氧化还原势的分子氧、有机或无机氧化物，并将其还原。

5. 光合磷酸化（photophosphorylation）：指将光能转变为生物能 ATP 的过程。

6. CO_2 固定（carbon dioxide fixation）：各种自养微生物都能够利用光合磷酸化或氧化磷酸化获取的能量与还原力，将空气中的 CO_2 同化吸收转变成糖和细胞物质，整个过程称为 CO_2 固定。

7. 生物固氮（biological nitrogen fixation）：指大气中分子氮通过微生物固氮酶的催化而还原为氨的过程。

8. 次生代谢产物（secondary metabolite）：某些微生物除了初生代谢类型外，在生长到稳定期前后，初生代谢产生的中间产物作为起始物，合成一些对细胞本身无明显生理功能的代谢物，这种代谢产物称为次生代谢产物。合成次生代谢产物的途径称为次生代谢途径。

自测题

一、选择题

1. 下列物质可用作微生物的生长因子的是(　　)。
（A）葡萄糖　　（B）叶酸
（C）纤维素　　（D）NaCl

2. 在以下4种氮源营养物上，含氮量最低的是（　　）。
（A）尿素　　（B）蛋白质
（C）硝酸铵　　（D）硫酸铵

3. H_2O 可以通过（　　）进入细胞。
（A）扩散　　（B）促进扩散
（C）主动运输　　（D）膜泡运输

4. 硝化细菌属于（　　）型的微生物。
（A）光能无机自养　　（B）光能有机异养
（C）化能无机自养　　（D）化能有机异养

5. 新陈代谢研究的核心问题是（　　）。
（A）分解　　（B）合成
（C）物质　　（D）能量

6. 葡萄糖经以下途径产 ATP 和还原力，若都折算成 ATP，则产能效率最高的是（　　）。
（A）EMP　　（B）ED
（C）HMP　　（D）EMP + TCA

7. 通过 ED 途径分解葡萄糖主要特点是只需经过（　　）反应，即可形成丙酮酸。
（A）2步　　（B）4步
（C）6步　　（D）6步以上

8. 以下4种物质中，不能被硫细菌作为能源物质的是（　　）。
（A）元素S　　（B）硫化物
（C）亚硫酸盐　　（D）硫酸盐

9. 在以下4类能够进行光合作用的细菌中，不含有叶绿素或菌绿素的是（　　）。
（A）蓝细菌　　（B）衣藻
（C）嗜盐菌　　（D）红螺菌

10. 青霉素对革兰氏阳性菌的抑菌作用机制是（　　）。
（A）导致细菌细胞壁裂解

（B）破坏*N*-乙酰葡糖胺与*N*-乙酰胞壁酸的交联

（C）抑制肽聚糖单体间的转肽作用

（D）抑制肽聚糖单体透过细胞膜

二、问答题

1. 什么是无氧呼吸？比较无氧呼吸和有氧呼吸产生能量的多少，并说明原因。

2. 简述革兰氏阳性细菌细胞壁肽聚糖合成过程及青霉素的抑制机制。

3. 简述化能自养微生物的生物氧化作用。

4. 能否精确地确定微生物对微量元素的需求，为什么？

5. 试比较底物水平磷酸化和氧化磷酸化中 ATP 的产生。

答案:

开篇事件

1. 嗜盐微生物生活在高盐浓度的环境中，如盐场、盐湖等处可以分离到该类微生物。

2. 极端嗜盐菌在盐碱地改造、高盐污水的处理、太阳能电池及生物材料合成等方面都具有重要的应用价值。

选择题：1. B　2. B　3. A　4. C　5. D　6. D　7. B　8. D　9. C　10. C

问答题：

1. 答：无氧呼吸是指在无氧条件下，呼吸链终端的受氢体为外源无机物或有机物，如 NO_3^-、NO_2^-、SO_4^{2-}、$S_2O_3^{2-}$、CO_2、延胡索酸等的过程。由于无氧呼吸最终的电子受体为无机氧化物或有机物，因此有一部分能量转移给了无机氧化物受体，因此生成的能量（ATP）低于有氧呼吸，产能量由 NADH 和终端受氢体的还原电势差大小决定。

2. 答：革兰氏阳性菌细胞壁肽聚糖合成分为三个阶段，即细胞质中、细胞膜上和细胞膜外。

细胞质中：葡萄糖→UDP-NAG→UDP-NAM→UDP-NAM-5 肽。

细胞膜上：在细菌萜醇上形成 NAG- NAM-5 肽二糖亚单位并运往膜外。

细胞膜外：在细胞壁生长点肽聚糖分子主链延伸和肽链交联。

青霉素是肽聚糖单体五肽尾末端的 D-Ala-D-Ala 结构类似物，竞争转肽酶，从而抑制“真”肽聚糖的合成。

3. 答：专性化能自养菌氧化无机物时，释放出的电子经电子传递链交给氧，所以专性化能自养菌多为好氧菌。只有少数是厌氧的无机化能自养菌，此类菌主要以亚硝酸盐或碳酸盐代替氧进行无氧呼吸。专性化能自养菌氧化无机能源释放出的电子，顺电子传递链传递产生 ATP。电子供体是 H_2、NH_4^+、H_2S 和 Fe^{2+}等，还原力的获得是逆呼吸链的方向进行传递，同时需要消耗能量。

4. 答：不能。微生物对微量元素需要量很低；微量元素常混在天然有机化合物、无机化学试剂、自来水、蒸馏水、普通玻璃器皿中。细胞中微量元素含量因各种因素而变化，如培养基组分含量不恒定、药品生产厂家及批次、水质、容器等，难以定量分析检测。

5. 答：底物水平磷酸化：发酵过程中往往伴随着高能化合物的产生，如磷酸烯醇丙酮酸，这些高能化合物可以偶联 ATP 或 GTP 的生成，即底物水平磷酸化产能。该种产能方式存在于发酵过程中，也存在于呼吸过程中，产生极少的能量。氧化磷酸化是指氧化过程中底物脱下的氢和电子经完整的电子传递链（呼吸链）传递，最终被外源分子氧 O_2 接受，生成水并释放大量 ATP 的过程。氧化磷酸化产能远远多于底物水平磷酸化产能。

（靳永新）

第六章 微生物的生长与控制

开篇事件：何种物质控制细菌二分裂或决定细菌的形状？

研究发现，细菌中存在与二分裂相关的 Fts 家族蛋白，其中起决定作用的是 FtsZ 蛋白，几种 Fts 蛋白相互作用组成控制细菌二分裂的分裂体(divisome)装置。比较发现，细菌二分裂起决定作用的 FtsZ 蛋白与真核细胞有丝分裂起重要作用的微管蛋白（tubulin）不仅功能相似，且分子结构类似，有其同源性。

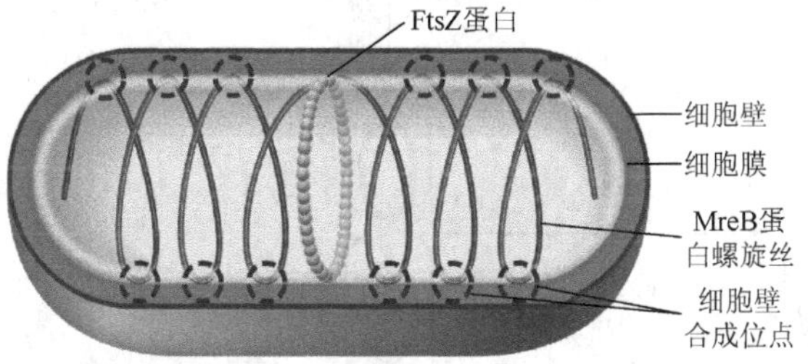

杆状菌 MreB 蛋白螺旋丝细胞骨架与新壁合成位点模式图

研究发现决定细菌形状的主要是 MreB 蛋白。杆菌中，MreB 蛋白螺旋丝既作为细胞骨架支撑杆状形态，又在生长的杆菌胞质内旋转，新合成的肽聚糖单体与其某位点结合，并在此点接触细胞质膜，使肽聚糖单体通过质膜运往膜外合成新细胞壁，该位点即是新壁合成位点。沿杆菌长轴有多个新壁合成位点，使胞壁只沿长轴方向延伸生长，使细胞呈杆状。球菌中没有 MreB 蛋白故只呈球状。MreB 蛋白螺旋丝排列发生变化可能使细菌呈现螺旋状、丝状等不同形态。在弧状的新月柄杆菌（*Caulobacter crescentus*）中，除含有 MreB 蛋白外还含有决定细胞呈弧状的新月蛋白（crescentin），其多个分子形成丝带，集中分布在弯曲细胞凹面表面使细胞呈弧状。比较发现，细菌胞内的 MreB 蛋白螺旋丝和某些细菌中的新月蛋白，不仅分别和真核细胞内与形态发生密切相关的骨架蛋白肌动蛋白(actin)、角质蛋白(keratin)功能相似，且分子结构也类似，有其同源性。

参考文献：

Madigan MT，Martinko JM，Bender KS，et al. 2015. Brock Biology of Microorganisms. 14th ed. New York: Always Learning.

思考题：

1. 细菌和真核细胞中的与形态发生相关的细胞骨架蛋白呈现什么关系？

2. 为什么说 MreB 蛋白作为细胞骨架并辅以新壁合成特定模式而决定了杆菌的形状？

生长是微生物生命活动的基本属性。微生物生长（microbial growth）的定义是："在一定的时间和条件下细胞数量的增加"。微生物生长需要适宜的外环境条件，有效地控制外环境条件可促进或限制微生物生长。本章主要介绍细菌和真菌的生长方式及规律、影响微生物生长的环境因素和功能、控制微生物生长的理化技术与机理。

第一节　微生物的生长

一、细菌的生长

（一）细菌的个体生长

1. 细菌生长周期

细菌生长周期（bacterial growth cycle）又称细菌细胞循环，是指从一个新产生的细菌子代细胞开始，经细胞体积扩增和一次细胞分裂，而形成两个新子代细胞的连续过程。缓慢生长的杆状细菌生长周期如图 6-1 所示。

细菌生长周期实际包括细胞体积扩增和细胞分裂数量增加两个阶段。根据微生物生长的定义，只有细胞分裂数量增加才称为细菌个体生长，而细胞体积扩增则为细胞分裂奠定了物质基础。

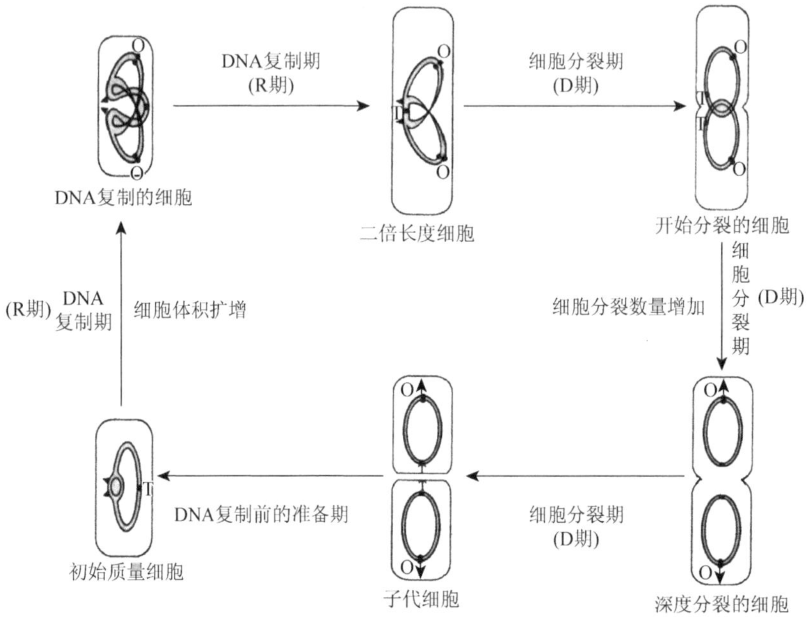

图 6-1　缓慢生长的杆状细菌生长周期

2. 细菌细胞体积增长与调控

从图 6-1 可看到，细胞分裂形成的子代细胞扩增为二倍长度细胞，要受 DNA 复制和细胞壁扩增的控制。子代细胞只有转变为初始质量细胞才启动 DNA 复制，只有 DNA 复制完成后才长成二倍长度细胞。细菌细胞壁扩增模式如图 6-2 所示，新合成的肽聚糖"二糖重复单位"不断从球菌赤道面组入原肽聚糖分子，使新形成的细胞壁在赤道面处向两侧并向内扩增。杆菌则在长轴的多位点处使细胞壁扩增。

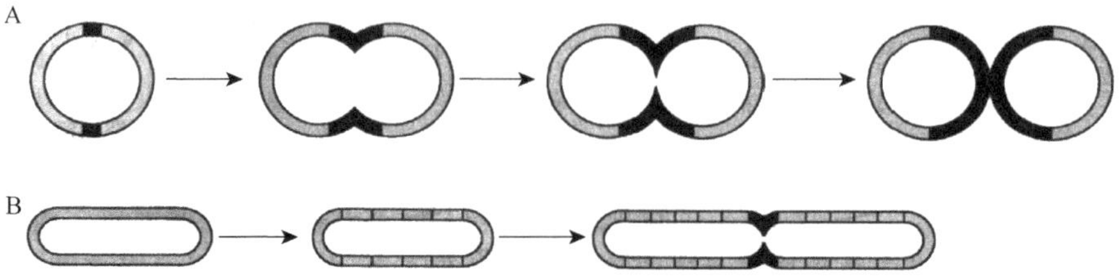

图 6-2　细菌细胞壁扩增模式示意图

A. 球菌；B. 杆菌

3. 细菌细胞的分裂与控制

细菌细胞只有经过二分裂（binary division）使其数量增加才得以生长，但二分裂受严格的控制。大肠杆菌均等二分裂控制机制如图 6-3 所示。只有大肠杆菌二倍长度细胞复制的两套拟核 DNA 开始分离时，才启动细胞二分裂。二分裂由分裂体（divisome）控制。分裂体由 FtsZ、FtsA、FtsK、FtsI、ZipA 等几种细胞分裂相关蛋白相互作用构成，其中起决定作用的是 FtsZ 蛋白。二倍长度细胞待分裂时，具有 GTP 酶活性的 FtsZ 蛋白水解 GTP，释放的能量将大量的 FtsZ 蛋白分子在二倍长度细胞中央的细胞膜内侧聚集成环，该环的位置即是二分裂的位置。ZipA 蛋白作为锚定物把 FtsZ 环固着在细胞膜上，FtsA 蛋白除了让 FtsZ 环稳定在细胞膜上外，还有 ATP 酶的功能，分解 ATP 释放的能量吸引 FtsK、FtsI 蛋白，FtsI 蛋白是合成新细胞壁所需的蛋白质，FtsK 蛋白则是促使拟核分离的蛋白质。分裂体依靠其细胞分裂相关蛋白的不同种类与功能，在二倍长度细胞中央和谐有序地控制着细胞隔膜的形成。随着 FtsZ 环的解聚和收缩，最终由隔膜将二倍长度细胞分裂成两个大小相同的子细胞，完成个体生长。此外，MinE 蛋白对二倍长度细胞中央形成 FtsZ 环和分裂体也起着重要的指导和促进作用。

L-型细菌细胞如何增殖？

缺失了细胞壁的枯草芽孢杆菌突变株即L-型菌株，其增殖不是通过杆状细胞二分裂方式，而是由L-型球形细胞释放出一个小的泡囊，该泡囊慢慢长大而发育成自身L-型球形细胞。该增殖方式不依赖细菌二分裂与分裂相关的FtsZ蛋白和决定细胞形状的MreB蛋白。

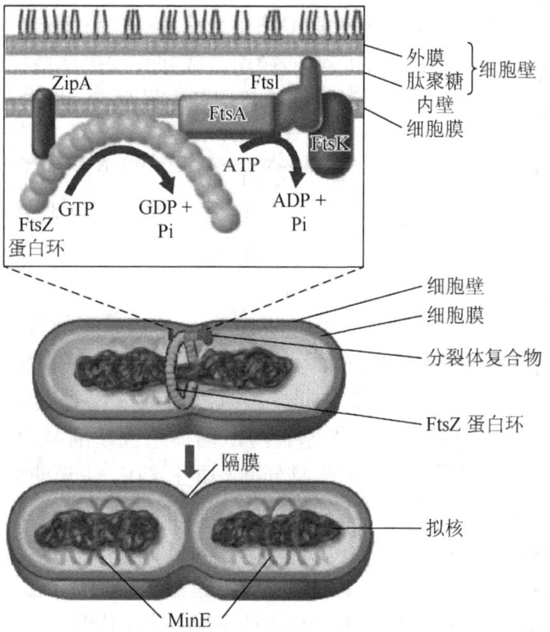

图 6-3 分裂体对细胞均等二分裂的控制

（二）细菌的群体生长

将单细胞、二分裂的细菌群体细胞，接种到一定体积的液体培养基中在适宜条件下进行分批培养（batch culture）。在培养过程中定时取培养液进行活菌计数或在特定光波下测其光密度（OD）以示总菌数。以培养时间为横坐标，以活菌数或光密度（OD）值为纵坐标绘制曲线，即为细菌生长曲线（bacterial growth curve）。该曲线真实地反映了细菌在分批培养中群体生长规律。

1. 细菌生长曲线

细菌分批培养生长曲线如图 6-4 所示。以活菌数作生长指标的生长曲线大致分为 4 个不同的生长时期。每个时期的细菌生长速率、细胞活性、菌数皆不同，呈现出一定的规律。

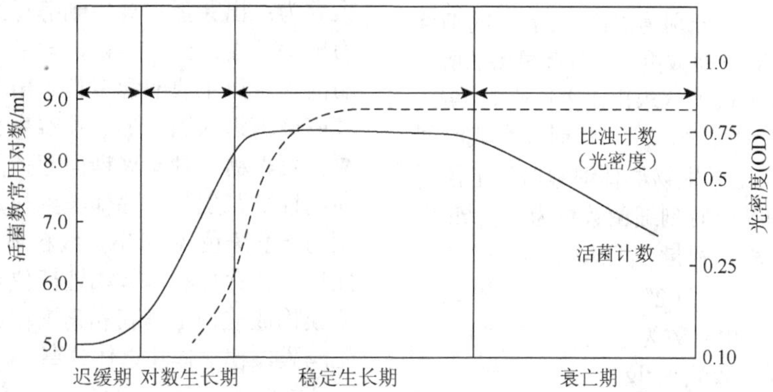

图 6-4 细菌分批培养生长曲线

（1）迟缓期（lag phase） 将一些细菌接种到新鲜培养基培养暂不生长的短暂时期为迟缓期，也称停滞期。形成的原因是接种的细菌老化、损伤或培养基成分显著变化。该时期细菌数量虽不增加，但细胞合成代谢活跃。

（2）对数生长期（log phase） 对数生长期又

称指数生长期。该时期细菌生长速率最快且恒定，数量呈指数增长，细胞物质稳速合成并有规律地增加，呈现平衡生长。该时期细胞代谢能力最强，活性最高。

（3）稳定生长期（stationary phase） 随着营养物质逐渐耗尽，有害代谢产物大量积累，pH 显著下降，培养液不再适宜细菌生长，生长呈平稳状态称稳定生长期。该时期细菌终止生长，活菌数最多且稳定平衡，次生代谢活跃。

（4）衰亡期（death phase） 营养物质耗尽，有害代谢物过量积累，使生长环境恶化，细菌细胞开始死亡而进入衰亡期。该时期活菌以比对数生长较低的速率死亡，细胞自溶，菌体总数逐渐减少。

在科学研究和微生物分批发酵生产中，生长曲线有重要的应用价值。接种对数生长期的菌种或加大接种量，可缩短迟缓期。进行酶学、蛋白质或 DNA 研究，常用对数生长期微生物细胞作实验材料。只有稳定生长期的微生物细胞才大量合成抗生素等次生代谢产物。

2. 相关计算公式

（1）比生长速率（μ）计算公式 对数生长期细菌平衡生长的数学模式表示为

$$\frac{dN}{dt}=\mu N\left(或\frac{dM}{dt}=\mu M\right) \quad (6\text{-}1)$$

式中，N 为细胞数量/ml 培养液；M 为细胞质量/ml 培养液；μ 为比生长速率（specific growth rate），即指单位数量细菌或单位细胞物质在单位时间（h）内的增量；t 为培养时间（h）。

（6-1）式积分得到公式：

$$\ln N_t - \ln N_0 = \mu(t_i - t_0) \quad (6\text{-}2)$$

（6-2）式换成常用对数得到公式：

$$\lg N_i - \lg N_0 = \frac{\mu(t_i - t_0)}{2.303}$$

$$\mu = \frac{\lg N_i - \lg N_0}{t_i - t_0}\times 2.303 \quad (6\text{-}3)$$

（6-3）式中的 N_1、N_0 分别为时间 t_1、t_0 时的细菌数量。只要测出 N_1、N_0 细菌数量，以及菌量增加所用时间（t_1–t_0），即可用（6-3）式求出比生长速率（μ）。

（2）代时（G）的计算公式 代时即世代时间（generation time），是指微生物群体细胞增殖 1 倍所需时间。对数生长期某一时刻细菌数量为 N_0，th 内细菌经 n 次分裂后，细菌数量 N_t 应增至为

$$N_t = N_0 \times 2^n \quad (6\text{-}4)$$

（6-4）式两边取常用对数为

$$\lg N_t = \lg N_0 + n\lg 2$$

$$n = \frac{\lg N_t - \lg N_0}{\lg 2} = 3.3(\lg N_t - \lg N_0) \quad (6\text{-}5)$$

$$因为 G=\frac{t}{n}, 所以 G=\frac{t}{3.3(\lg N_t - \lg N_0)} = \frac{0.301t}{\lg N_t - \lg N_0} \quad (6\text{-}6)$$

如果在某种条件下，对数生长的细菌经 4h 每毫升培养液细菌数量从 10^4 增加到 10^8，其比生长速率、代时经公式计算应为

$$\mu = \frac{\lg N_i - \lg N_0}{t_i - t_0}\times 2.303$$

$$= \frac{\lg 10^8 - \lg 10^4}{4}\times 2.303 = 2.303(\text{h})$$

$$G = \frac{0.301t}{\lg N_t - \lg N_0} = \frac{0.301\times 4\text{h}}{\lg 10^8 - \lg 10^4} = \frac{0.301\times 4\text{h}}{4}$$

$$= 0.301\text{h} = 18\,\text{min}$$

该细菌在该培养条件下，其对数生长期的比生长速率为每个细菌在每小时内增加 2.303 个细菌，其代时即细菌每分裂一代需要 18min。不同细菌不同培养条件下，其比生长速度（μ）和代时（G）皆不相同。

二、真菌的生长

（一）酵母菌的生长

1. 芽殖、裂殖和无性孢子生长方式

芽殖（budding）即出芽生殖，是大部分酵母菌的主要生长方式。酵母菌出芽有一端、两端和多端芽殖；裂殖（fission）即细胞以分裂方式生长，如粟酒裂殖酵母（*Schizosaccharomyces pombe*）细胞一端或两端扩增生长，待长成二倍长度圆柱体细胞后即均等分裂成两个子细胞；少数酵母菌以无性孢子的方式生长，如掷孢酵母属（*Sporobolomyces*）产生掷孢子，地霉属（*Geotrichum*）产生节孢子，假丝酵母属（*Candida*）产生厚垣孢子或节孢子。酵母菌以如上无性繁殖生长，故称为无性繁殖生长方式。

2. 酵母菌出芽生长的过程和机制

酵母菌出芽生长的过程和机制如图 6-5 所示。大致为：出芽蛋白聚集到酵母细胞表面特定位点作为出芽顶端；出芽早期，含酵母胞壁水解酶和合成酶的大量原生质泡囊聚集到出芽顶端，使葡聚糖、甘露聚糖组入胞壁形成顶端生长；其后，原生质泡囊、葡聚糖、甘露聚糖向芽体四周组入，使芽体各向同性扩张生长；芽体长到一定大小时，母细胞复制的一套染色体 DNA、线粒体等进入芽体；芽体成熟后，在芽体和母体相连部位长出原生质膜和几丁质膜构成的初生隔膜和葡聚糖、甘露聚糖构成的次生隔膜，使芽体和母体分离。

（二）丝状真菌的生长

1. 菌丝顶端生长与机制

孢子萌发形成的菌丝有极性之分，位于前端的为幼龄菌丝，其顶端有生长能力。位于后面的为老龄菌丝，无生长能力。菌丝顶端生长时，有大量的

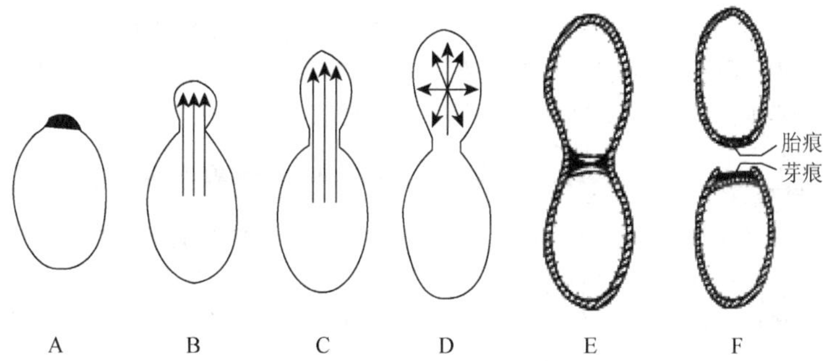

图 6-5 酵母菌出芽生长的大体过程和机制

A. 出芽位点的选择；B. 初始芽体顶端生长（箭头所指为生长方向）；
C. 顶端生长；D. 各向同性生长；E. 初生隔膜和次生隔膜形成；F. 芽体与母体分离

原生质泡囊聚集在菌丝顶端。1970 年，Grore 等提出菌丝顶端生长的“泡囊假说”，并得到广泛认可。有人提出在高尔基体或内质网特殊区域形成的泡囊聚集到菌丝顶端与其原生质膜融合，使质膜扩增；输送胞壁水解酶，水解菌丝顶端原细胞壁；输送壁合成物质与相关酶，在菌丝顶端合成新壁。泡囊的三重作用，导致菌丝顶端生长。丝状真菌菌丝顶端生长模式示意图如图 6-6 所示。

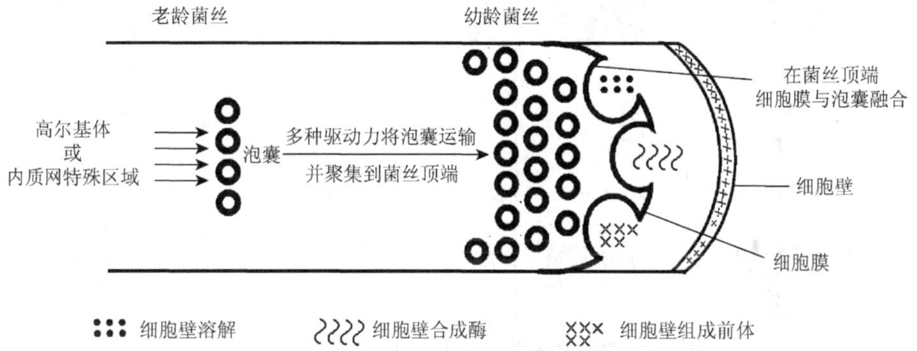

图 6-6 丝状真菌菌丝顶端生长模式示意图

2. 菌丝分枝生长

大多是在菌丝顶端之后的某一位置产生分枝菌丝而生长，并在第一次分枝菌丝上长出第二次分枝菌丝，像松柏树枝一样。图 6-7 示意了蛙粪霉菌丝分枝生长模式。当菌丝顶端细胞原生质累积到一个临界体积时，核分裂并形成隔膜，把顶端细胞分隔成新顶端、次顶端两个细胞。新顶端细胞继续生长，次顶端细胞在侧壁形成一个新的顶端并生长成分枝菌丝。分支菌丝形成机制仍遵循菌丝顶端生长“泡囊假说”。

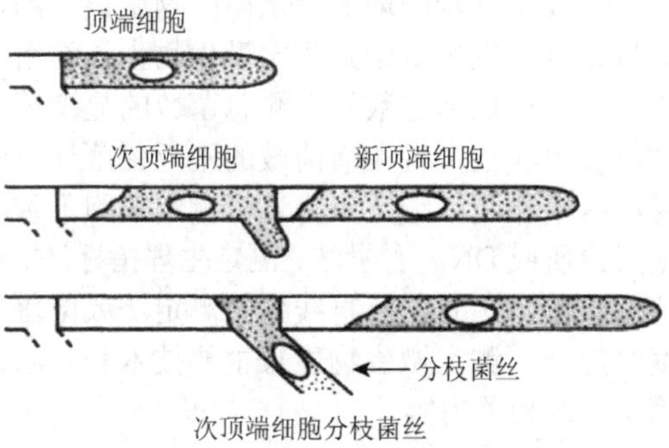

图 6-7 蛙粪霉菌丝分枝生长示意图

研究发现，原生质泡囊参与了丝状真菌菌丝的顶端生长与分枝生长。许多研究者的实验观察与分析，认为粗糙脉孢菌在25℃正常生长时，菌丝顶端每分钟向前延伸生长40mm，估计需有37 500个泡囊与顶端质膜相融合。

三、真菌的生殖

根据有性生殖过程和形成有性孢子的类型，将真菌界分为壶菌门、接合菌门、子囊菌门、担子菌门和半知菌类。前四门的真菌既有无性生殖生成无性孢子，又有有性生殖生成有性孢子，以繁衍后代。半知菌类真菌目前只发现无性生殖并靠无性孢子繁衍后代。真菌按有性生殖过程和有性孢子类型进行分类。

（一）酵母菌的生殖方式

酵母菌除以芽殖、裂殖和无性孢子等无性繁殖产生新个体外，在特定条件下还以有性生殖繁衍后代。

1. 有性生殖

酿酒酵母分为 a 型和 α 型两类性状不同的交配型细胞，细胞表面除分别具有被对方识别而聚集接合的凝集因子外，又分别产生抑制对方核染色体复制从而抑制其出芽无性繁殖的 α.a 外激素。当 a 型和 α 型细胞相遇时，在凝集因子作用下两型细胞黏附聚集，并在彼此的 α.a 外激素作用下皆不进行出芽无性繁殖而进行细胞融合而质配、核配，二倍体合子在子囊内经减数分裂和有丝分裂，形成并释放单倍体 a 型、α 型两类有性子囊孢子。

2. 酵母菌的生活史

酿酒酵母的生活史包括无性生殖和有性生殖两个过程，包括单倍体细胞和双倍体细胞两个阶段，单、双倍体细胞皆可进行出芽无性生殖，其生活史中单、双倍体细胞占同等地位，故称为单双倍体生活史。

（二）丝状真菌的生殖方式

1. 无性生殖与无性孢子

丝状真菌主要靠无性生殖产生大量无性孢子繁衍后代。许多丝状真菌如壶菌和接合菌先形成孢子囊，然后在内切割成单核无性游动孢子或孢囊孢子。在高等丝状真菌中，则由菌丝特化成分生孢子梗，梗上产生分生孢子，有的产生节孢子或厚垣孢子。丝状真菌产生的无性孢子主要类型和特征如图 6-8 所示。

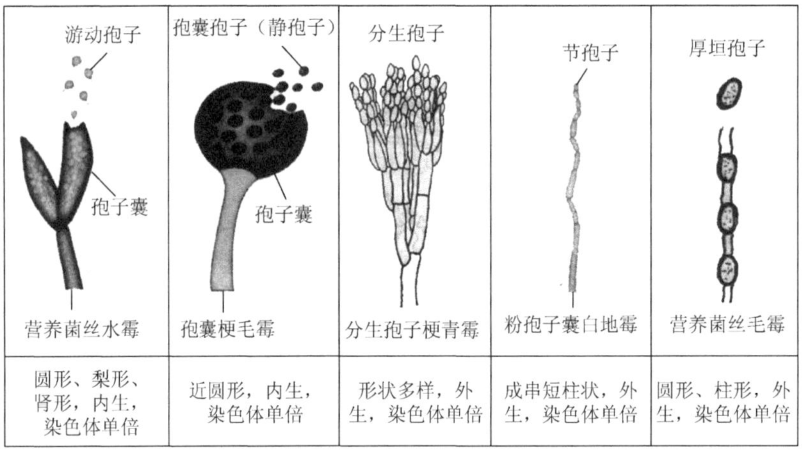

图 6-8　丝状真菌产生的无性孢子主要类型和特征

2. 有性生殖和有性孢子

不同的丝状真菌其有性生殖方式各不相同。两种性状不同的菌丝可有性接合，大多数则由菌丝分化成的性器官或性细胞相互交配。有性生殖包括质配、核配和减数分裂三个阶段。壶菌门、接合菌门丝状真菌有性生殖各自形成二倍体的卵孢子、接合孢子有性孢子，二倍体有性孢子在萌发过程中形成性状不同的单倍体有性孢子。子囊菌门、担子菌门丝状真菌有性生殖经质配、核配、减数分裂直接分别形成单倍体的子囊孢子、担孢子有性孢子。丝状真菌有性孢子类型如图 6-9 所示。

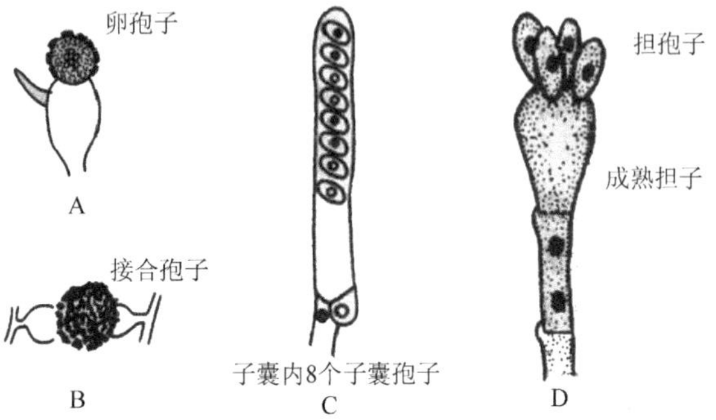

图 6-9　丝状真菌有性孢子类型

3. 丝状真菌的生活史

丝状真菌的生活史，是指孢子吸水膨胀，形成萌发管并形成菌丝后，经无性生殖和有性生殖，重新形成孢子的循环过程。丝状真菌的生活史复杂多样，接合菌门匍枝根霉（*Rhizopus stolonifer*）的生活史如图 6-10 所示。

四、微生物生长的测定

在科学研究和开发应用中，常用单位时间里微生物数量或生物量的增加表示微生物生长。测定细胞数量、测定生物量则是测定微生物生长常用的技术与方法。测定细胞数量有测总菌数的显微镜直接计数法和比浊法，有测活菌数的平板菌落计数法和滤膜浓缩培养法。测定生物量有测定细胞干重法、测定蛋白质或 DNA 含量法、测定生理指标法。丝状真菌生长测定则有菌丝直线生长测定法或菌落生长速度测定法。测定微生物生长主要技术和方法，详见第十二章相关内容。

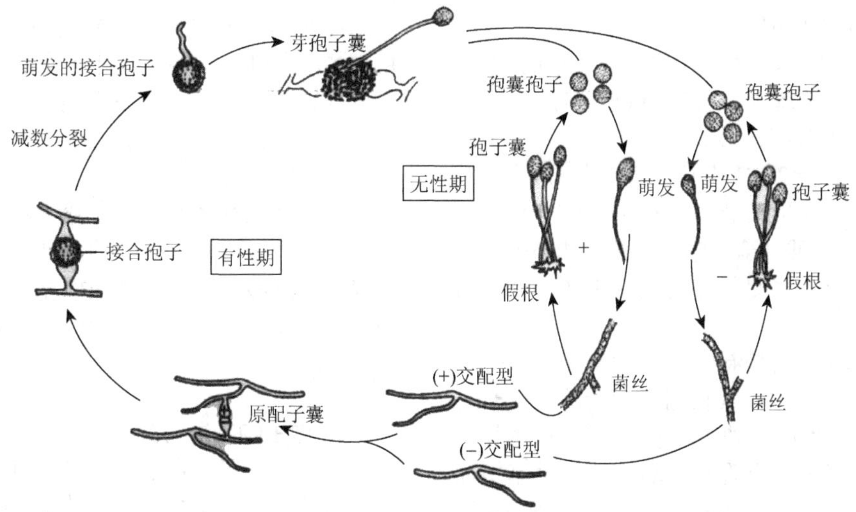

图 6-10　葡枝根霉的生活史（杨文博，2010）

第二节　环境对微生物生长的影响与生长控制

微生物生长是体内生理代谢与外环境相互作用的结果。因此，外环境是影响微生物生长的重要因素。本节主要介绍温度、pH、水活度和渗透性、氧气等环境因子对微生物生长的影响，并介绍如何营造最适环境条件促进有益微生物生长，或在特定的环境条件下控制有害微生物的存活与生长，兴利除害，造福人类。

一、环境因子对微生物生长的影响

（一）温度

1. 微生物生长基本温度及按最适温度对微生物分类

温度是影响微生物生长的重要环境因子。温度既可影响物质进出细胞，也可影响胞内的酶促反应。温度太低或太高微生物皆不能生长。因此，每种微生物皆有生长温度范围，都有最低、最高与最适生长温度，统称为生长的基本温度（cardinal temperature）。

最适生长温度下，微生物生长最快最好。根据最适生长温度的不同将微生物分为嗜冷菌、嗜温菌、嗜热菌和超嗜热菌。不同类型的微生物其生长的基本温度见表 6-1。

表 6-1　不同类型微生物生长的基本温度

按最适生长温度微生物类型	基本温度/℃		
	最低生长温度	最适生长温度	最高生长温度
嗜冷菌（psychrophile）	<0	15 或更低	20
嗜温菌（mesophile）	15～20	20～45	45 左右
嗜热菌（thermophile）	45	45 以上	80
超嗜热菌（hyperthermophile）	65	80 以上	>100

2. 最适生长温度的控制

在微生物实验室和发酵厂皆采用控温系统调控最适生长温度。微生物培养箱或摇床振荡器用电热自控系统调控最适生长温度。微生物发酵罐则利用冷、热水分别通过夹层或热蒸汽通过内部控温管道的控温系统调控最适生长温度，以促进微生物快速生长。

（二）pH

外环境中的 pH 是影响微生物生长的重要环境因子。它不仅影响环境中营养物质的溶解和电离，还影响细胞质膜的稳定性与膜载体蛋白的运输功能，从而影响环境中的营养物质通过质膜进入细胞。微生物生长对外环境 pH 有范围要求，超出该范围微生物生长受抑制。

1. 生长最适 pH 与微生物分类

生长最适 pH 是指最适合微生物生长的外环境 pH，该 pH 下微生物生长最快最好。根据最适 pH 的不同，将微生物分为嗜中性菌（neutrophile）、嗜酸性菌（acidophile）、嗜碱性菌（alkalinophile）和极端嗜碱性菌（extreme alkalinophile）等不同类型。大部分细菌、放线菌的生长最适 pH 是 6.5～7.5；酵母菌、霉菌的生长最适 pH 是 4.5～5.5。不同类型的微生物其生长最适 pH 见表 6-2。

表 6-2　不同类型微生物生长最适 pH

按生长最适 pH 微生物类型	生长最适 pH
嗜中性菌	5.5～8.0
嗜酸性菌	0～5.5
嗜碱性菌	8.5～10.0
极端嗜碱性菌	10.0 或大于 10.0

2. 微生物胞内的 pH

生长最适 pH 虽然是指微生物外环境中的 pH，然而大多数嗜中性菌胞内的 pH 则保持中性，以防止胞内重要的生物大分子遭酸、碱破坏变性。星名氏嗜酸菌外环境生长最适 pH 为 0.7，但胞内 pH 为 4.6；极端嗜碱性菌外环境生长最适 pH 可能超过 11，但胞内 pH 为 9.5。嗜酸性菌、嗜碱性菌胞内 pH 明显向中性靠拢，也是为了尽量维持胞内生物大分子的生物活性。

3. 生长最适 pH 的控制

微生物分批培养中，其代谢活动会消耗或产生酸、碱性物质，从而改变外环境 pH，影响微生物生长。为维持外环境生长最适 pH，经常在培养基中加入 KH_2PO_4 和 Na_2HPO_4 等缓冲剂，或加入 $CaCO_3$ 以调节培养液 pH 变化。

（三）水活度和渗透性

水是微生物生命活动必需的物质。微生物对外环境水的利用率，取决于外环境水含量、水中溶质浓度及溶质与水的亲和性。微生物对外环境水的利用率可用水活度（water activity，A_w）即一定温度和压力下，水溶液蒸汽压（P）与纯水蒸汽压（P_O）之比值（P/P_O）表示。水中溶质含量越高水活度越小，反之水活度越大。自然界各环境的水活度值为 0～1，大多数微生物适于在水活度接近或高于 0.98 的环境中生存。某些细菌可在低水活度环境中生存，如盐杆菌属与盐球菌属可在水活度为 0.750、耐旱真菌与好干燥真菌则可在水活度为 0.700 或更低水活度环境中生存。不同微生物生存环境的水活度不同。

水总是从溶质浓度低的高水活度区域向溶质浓度高的低水活度区域扩散渗透。大多数情况下，微生物胞内溶质浓度高于外环境水的溶质浓度，所以外环境水总是渗透进细胞而被利用，细胞处于正水平衡状态。为适应外环境水活度变化，微生物进化出多种机制改变胞内溶质浓度以调节胞内水活度，维持正水平衡，以提高水的利用率，促进微生物生长。否则微生物不能存活。

1. 嗜盐菌

嗜盐菌（halophile）是指能在较低水活度下生长并且特殊需要 NaCl 的微生物。需 1%～6% NaCl 者为轻度嗜盐菌（mild halophile）；需 7%～15% NaCl 者为中度嗜盐菌（moderate halophile）；需 15%～30% NaCl 者为极端嗜盐菌（extreme halophile）。

极端嗜盐古生菌嗜高盐的生理机制是：其细胞壁糖蛋白含大量酸性氨基酸，蛋白质负电荷必须由 Na^+ 屏蔽，否则相互排斥，使细胞壁处于不稳定状态，而使细胞裂解。其细胞质内的蛋白质也呈高酸性，其负电荷必须由 K^+ 屏蔽，以稳定其活性结构与功能。高浓度 K^+ 还能稳定核糖体的结构与功能。总之，与极端嗜盐菌细胞壁接触的外环境特需高浓度的 Na^+，而胞内特需高浓度 K^+，这既是胞内外生理功能的需要，也能维持细胞的正水平衡。

2. 相容性溶质

某些微生物之所以能在较低水活度的环境中生长，是因为它们具有在胞内合成或从外环境吸收糖类、醇类、氨基酸或其衍生物等相容性溶质（compatible solute）的能力。以此调节胞内水活度，维持正水平衡。

（四）氧气

1. 微生物与氧的关系

微生物对氧的需求或耐受力有很大的不同。根据微生物与氧的关系分为专性好氧菌（obligate aerobe）、兼性好氧菌（facultative aerobe）、微好氧菌（microaerophile）、耐氧厌氧菌（aerotolerant anaerobe）和专性厌氧菌（obligate anaerobe）。微生物与氧的关系类型及特征见表 6-3。

表 6-3 微生物与氧的关系类型及特征

微生物类型	与氧的关系	产能方式	试管液体培养生长状况	微生物举例
专性好氧菌	需要 O_2	有氧呼吸	只在液表层高含氧区生长	芽孢杆菌、青霉菌
兼性好氧菌	需要 O_2 或不需要 O_2	有氧呼吸、无氧呼吸或发酵	有氧、无氧区皆生长，有氧区生长更好	大肠杆菌、反硝化细菌、酵母菌
微好氧菌	需低量 O_2	有氧呼吸	只在低含氧区生长	迂回螺旋菌
耐氧厌氧菌	不需要 O_2	发酵	有氧、无氧区皆生长，有氧区生长不好	酿脓链球菌
专性厌氧菌	严格厌氧、氧致毒	发酵或无氧呼吸	只在无氧区生长	甲酸甲烷杆菌（古生菌）

2. 毒性氧与解毒酶

微生物将 O_2 还原成 H_2O 的呼吸过程中，偶然产生超氧负离子（O_2^-）、过氧化氢（H_2O_2）、羟自由基（·OH）等毒性氧。为免除其毒害，专性好氧菌、微好氧菌、兼性好氧菌、耐氧厌氧菌细胞内产生了超氧化物歧化酶（superoxide dismutase，SOD）、过氧化氢酶（catalase）或过氧化物酶（peroxidase）等解毒酶，能解除毒性氧的伤害。解毒酶对毒性氧的解毒反应如图 6-11 所示。专性厌氧菌因缺少超氧化物歧化酶等解毒酶，故遭毒性氧伤害。

$$O_2^- + O_2^- + 2H^+ \xrightarrow{\text{超氧化物歧化酶}} H_2O_2 + O_2$$

$$4O_2^- + 4H^+ \xrightarrow{\text{超氧化物歧化酶与过氧化氢酶}} 2H_2O + 3O_2$$

$$O_2^- + 2H^+ + \text{Cytc(还原型)} \xrightarrow{\text{超氧化物还原酶}} H_2O_2 + \text{Cytc(氧化型)}$$

$$H_2O_2 + H_2O_2 \xrightarrow{\text{过氧化氢酶}} 2H_2O_2 + O_2$$

$$H_2O_2 + NADH + H^+ \xrightarrow{\text{过氧化物酶}} 2H_2O + NAO^+$$

图 6-11　解毒酶对毒性氧（O_2^-、H_2O_2）的解毒反应

3. 专性好氧菌和厌氧菌的培养

专性好氧菌要想快速生长必须供给充足氧气。供氧方式是摇床振荡培养或向培养装置液体培养基中通入无菌空气并经搅拌器搅拌，以获得生长必需的溶解氧。培养厌氧菌可将还原剂羟基乙酸盐或刃天青加入培养基将 O_2 还原成 H_2O 而除去 O_2。培养专性厌氧菌需要专门的厌氧培养装置。

二、微生物生长的控制

虽然微生物为人类提供了诸多有重要价值的微生物发酵制品，并与人类当前面临的食品、健康、能源、环境等热点问题密切相关。但病原微生物的传播和污染也给人类及工农业生产带来巨大灾难，污染杂菌也会给发酵工业的纯培养造成重大损失，因此必须有效地控制其生长。

（一）体外控制微生物生长的物理技术与化学制剂

1. 灭菌、消毒与防腐

灭菌（sterilization）是用强烈的理化因素杀死物品上的所有微生物。物理灭菌技术分为高温灭菌、辐射或超声波灭菌与过滤灭菌；灭菌的化学试剂称灭菌剂。

消毒（disinfection）是用温和的理化因素杀死或抑制物品所有病原微生物的技术。食品业常用巴氏消毒法消毒。用于非生物材料或物品消毒的化学试剂称消毒剂。

防腐（antisepsis）是用某种理化因素杀死或抑制微生物生长，以防止食品、生物制品腐败变质的技术。物理防腐常用缺氧、高渗、高酸、干燥等条件杀死或抑制腐败微生物生长。用于防腐的化学试剂称防腐剂。

体外控制微生物生长常用的灭菌、消毒技术与方法，详见第十二章相关内容。

2. 体外控制微生物生长的化学制剂

体外控制病原微生物生长常用的化学制剂种类、用途与作用机制见第十二章相关内容。

（二）体内控制病原微生物生长的化学制剂

化学治疗（chemotherapy）是用具有高选择毒力的化学物质，特异性杀死或抑制病原微生物生长，治疗疾病的技术。专门用于化学治疗的化学物质如抗生素、抗代谢拮抗物等，称化学疗剂或抗微生物药物。

1. 抗代谢药物

抗代谢药物（antimetabolite）大多是人工合成的病原菌生长因子的结构类似物。它通过干扰病原菌正常生理代谢而显示毒力。人工合成的抗代谢药物有磺胺类、异烟肼、碱基结构类似物等。对氨基苯磺酰胺（磺胺类药物）的分子结构如图 6-12 所示。

对氨基苯甲酸　　　　对氨基苯磺酰胺

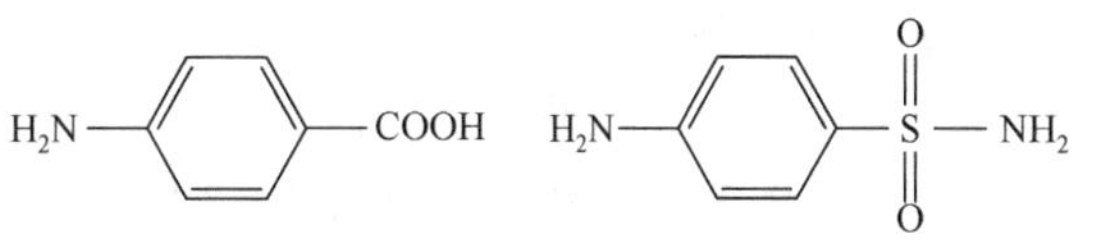

图 6-12　生长因子对氨基苯甲酸与其结构类似物对氨基苯磺酰胺

对氨基苯甲酸是细菌合成叶酸的前体物，叶酸又是合成核酸的前体物。对氨基苯磺酰胺是对氨基苯甲酸的结构类似物，它的掺入可与对氨基苯甲酸形成竞争性拮抗作用，抑制叶酸正常合成，进而抑制核酸合成，最终抑制病原菌生长。人体从食物中获取叶酸，而病原菌自己合成叶酸，所以磺胺类药物只对体内病原菌有选择性毒力。异烟肼是结核分枝杆菌（*Mycobacterium tuberculosis*）细胞壁表面特有的分支酸合成中一种酶的重要组成部分的结构类似物。异烟肼组入使该酶失去活性，干扰并抑制分支酸正常合成，使结核分枝杆菌失去细胞壁的完整性而死亡，异烟肼是有效控制和治疗结核病药物。碱基结构类似物替代正常碱基掺入 DNA 和 RNA 序列后，可以干扰并抑制 DNA 和 RNA 的复制与合成。核苷或核苷酸类似物常用作病毒或真菌感染的治疗药物。

2. 抗生素

抗生素（antibiotic）是一类由微生物或其他生物合成的次生代谢产物或半合成衍生物，低浓度即可抑制或干扰其他生物的生命活动。按天然抗生素的分子组成与活性部位结构特征，分为β-内酰胺类、氨基糖苷类、四环素类、大环内酯类、多烯大环内酯类、肽类、放线菌素类、安莎类等八大类。为防止病原菌产生抗药性或增强天然抗生素的抗菌活性，以天然抗生素为母核合成了一系列衍生物，称为半合成抗生素。抗细菌、抗真菌、抗病毒药物种类与作用模式参阅第十七章中关于抗生素的相关内容。

目前，许多微生物产生了很强的抗药性，甚至出现了可同时抗几种抗生素的“超级抗药菌”，这为用抗生素治疗微生物感染性疾病带来困难和潜在危险。因此，除了科学使用抗生素外，研发并筛选新型抗生素是人类面临的重大课题。

知识点回顾

1. 细菌个体以均等二分裂方式进行生长。分裂

体控制细菌二分裂，FtsZ 蛋白在均等二分裂中发挥决定性作用。在适宜环境条件下分批培养，细菌群体生长规律可用分为迟缓期、对数生长期、稳定生长期和衰亡期的“生长曲线”表示，各时期的活菌总数、生长速率、生理代谢活性不同，有重要的实际应用。

2. 酵母菌大多以芽殖，少数以裂殖或无性孢子方式进行生长。丝状真菌以菌丝顶端生长和菌丝分枝进行生长。在高尔基体或内质网形成的原生质泡囊在菌丝顶端或分枝生长中发挥重要作用。

3. 酵母菌和丝状真菌既有无性生殖又有有性生殖，以无性孢子和有性孢子繁衍后代。

4. 影响微生物生长的主要环境因素是温度、pH、水活度和渗透性、氧气等。最适的环境条件会促进微生物生长，高于或低于最适环境条件会影响其生长。对极端环境微生物满足其极端环境条件才能生长。

5. 人为创造有利环境条件可促进有益微生物生长。利用抗生素、杀菌剂、消毒剂、防腐剂等化学物质，或利用高温、过滤、射线等物理因素可有效杀灭或控制有害微生物生长。

关键词

1. 微生物生长（microbial growth）：在一定的时间和条件下微生物细胞数量的增加。

2. 细菌生长周期（bacterial growth cycle）：一个新产生的细菌子代细胞经体积扩增和一次细胞分裂，而形成两个新一代细胞的连续过程。

3. 分裂体和 FtsZ 蛋白：细菌中存在多种细菌分裂相关蛋白，其相互作用构成控制细胞二分裂的一套装置，称为分裂体（divisome），其中起决定作用的是 FtsZ 蛋白。

4. 分批培养（batch culture）：在体积固定的液体培养基封闭系统内培养微生物。

5. 细菌生长曲线（bacterial growth curve）：细菌在分批培养中，以培养时间为横坐标，以活菌数或总菌数为纵坐标所绘出的曲线。

6. 对数生长期（log phase）：细菌在分批培养中，其细胞生长速率最快而恒定，细菌数量呈指数增长的时期。

7. 世代时间（generation time）：微生物群体细胞增殖一倍所需的时间。

8. 比生长速率（specific growth rate）：单位数量的细菌或物质在单位时间内所增加的数量。

9. 芽殖（budding）：即出芽生殖，是大部分酵母菌以一端、两端或多端出芽生殖而增加数量的主要生长方式。

10. 基本温度（cardinal temperature）：每种微生物生长的最低、最高和最适温度统称基本温度。

11. 嗜温菌（mesophile）：最适生长温度为 20～45℃的微生物。

12. 超嗜热菌（hyperthermophile）：生长最适温度为 80℃或更高的微生物。

13. 水活度（water activity）：在一定温度和压力下，水溶液的蒸汽压与纯水蒸汽压之比。

14. 极端嗜盐菌（extreme halophile）：最适生长所需 15%～30% NaCl 的微生物。

15. 灭菌（sterilization）：用强烈的理化因素杀死物品所有活微生物的技术。

16. 化学治疗（chemotherapy）：用具有高选择毒力的化学物质，特异性杀死或抑制病原微生物生长，治疗疾病的技术。

17. 抗代谢药物（antimetabolite）：大多是人工合成的病原微生物生长因子的结构类似物，通过干扰病原微生物正常生理代谢而显示毒力。

18. 抗生素（antibiotic）：是一类由微生物或其他生物合成的次生代谢物或半合成衍生物，低浓度即可抑制或干扰其他生物的生命活动。

自测题

一、选择题

1. 细菌细胞通过什么方式进行分裂生长？（　　）

（A）二等分裂　　（B）有丝分裂

（C）减数分裂　　（D）非均等分裂

2. 在细菌分裂体中对细胞二分裂起决定作用的是哪种蛋白？（　　）

（A）FtsA　　（B）FtsK

（C）FtsI　　（D）FtsZ

3. 在二倍长度细胞中央指导控制形成 FtsZ 环和分裂体的是哪种蛋白？（　　）

（A）FtsZ　　（B）MinE

（C）MreB　　（D）ZipA

4. 绘制呈现 4 个不同生长时期的细菌生长曲线以什么数值作为纵坐标？（　　）

（A）用记数板显微镜下记数

（B）平板菌落计数

（C）测 OD 值

5. 细菌的最适生长是由胞内的哪种物质的最适条件决定的？（　　）

（A）膜内饱和与非饱和脂肪酸之比

（B）酶类

（C）拟核 DNA 结构

（D）质粒

6. 超嗜热菌最适生长温度是（　　）。

（A）20～45℃　　（B）15～80℃

（C）80℃或更高

7. 最容易引起人感染的细菌群是（　　）。

（A）嗜冷菌　　（B）嗜温菌

（C）嗜热菌

8. 对热敏感材料或不破坏热溶性蛋白所采用的最佳除菌方式是（　　）。

（A）干热灭菌　　（B）湿热灭菌

（C）射线辐射灭菌　　（D）滤膜过滤除菌

9. 在细菌生长曲线中，细菌生长速率最大的时期是（　　），活菌数最多的时期是（　　）。

（A）延迟期　　（B）对数生长期

（C）稳定期　　（D）衰亡期

二、问答题

1. 细菌、酵母菌、丝状真菌的生长方式是什么？

2. FtsZ 蛋白在细菌生长中，原生质泡囊在丝状真菌菌丝顶端生长中有何功能？

3. 你预计在何种水环境中会发现或分离到嗜冷菌和超嗜热菌？

4. 如何促进有益微生物或控制有害微生物的生长？

5. 用于临床的化学治疗剂必须具备哪些优良性状？

6. 在医药领域如何尽量解决病原菌耐药性？

答案：

开篇事件

1. 答：细菌细胞中的 MreB 蛋白螺旋丝较真核细胞的肌动蛋白（actin）微丝，作为细胞骨架蛋白在决定细胞形态方面不仅功能相似且分子结构同源。另外，在柄杆菌（*Caulobacter*）中发现的新月蛋白（crescentin）较之真核细胞中的角质蛋白（keratin），在决定细胞形态方面不仅功能相似且分子结构同源。从而找到了进化的根源。

2. 答：在生长的杆菌细胞中，MreB 蛋白螺旋丝不仅作为细胞骨架支撑起杆状形态，且在胞质内旋转的 MreB 蛋白螺旋丝同一位点结合肽聚糖合成前体与细胞膜，沿细胞长轴形成多个新细胞壁合成位点，使细胞壁沿长轴方向延伸生长，使细胞呈杆状。

选择题：1. A　2. D　3. B　4. C

5. B　6. C　7. A　8. D

9. B，C

问答题：

1. 答：细菌的生长方式是均等二分裂；酵母菌的生长方式是芽殖、裂殖或无性孢子生殖；丝状真菌的生长方式是菌丝顶端生长和分枝生长。

2. 答：FtsZ 蛋白在细菌细胞中心位点垂直平面质膜内侧形成 FtsZ 环，其收缩引导形成隔膜，导致细胞均等二分裂。原生质泡囊在丝状真菌菌级顶端，释放壁合成前体物和相关酶类而合成新壁。泡囊的原生质膜融入顶端质膜使其扩增，原生质泡囊直接参与菌丝顶端生长。

3. 答：在冷水中或冰水中可能发现或分离到嗜冷菌；在温泉或热泉水中可能发现或分离到超嗜热菌。

4. 答：根据微生物的营养类型、温度类型、pH 类型、需盐类型、与氧关系类型等，提供最适生长的外环境条件，促进有益微生物生长；通过高温、射线辐射、滤膜过滤等物理因素灭菌、除菌。用杀菌剂、消毒剂、防腐剂等化学制剂杀灭或抑制体外物品的病原微生物的生长。用抗代谢药物、抗生素等化学疗剂杀灭或抑制体内的病原微生物。

5. 答：必须对病原微生物有显著的毒力，有选择性毒性，有明确的抗菌谱。

6. 答：从医学角度科学使用抗生素，不滥用抗生素；从医药学角度努力研发新型抗生素或现有抗生素的衍生物。

（刁虎欣）

第七章 微生物遗传与变异

开篇事件：耐药基因的传播

2010 年 8 月出版的《柳叶刀传染病》期刊介绍，有一种新出现的不明原因的病症正在一些国家流行。患者感染的细菌对几乎所有抗生素都具有抗药性，死亡率很高。研究发现，这些细菌中都带有一个新型耐药基因，命名为 *ndm-1*。由于许多发病者曾在印度或巴基斯坦旅游和治疗，因而研究人员推测这种携带 NDM-1 的细菌可能起源于印度次大陆。据报道，这种病可以通过饮水等途径传染，表现症状为肠道感染。随后，这种耐药基因出现在世界各地的多种细菌中，在我国北方地区也有发现。

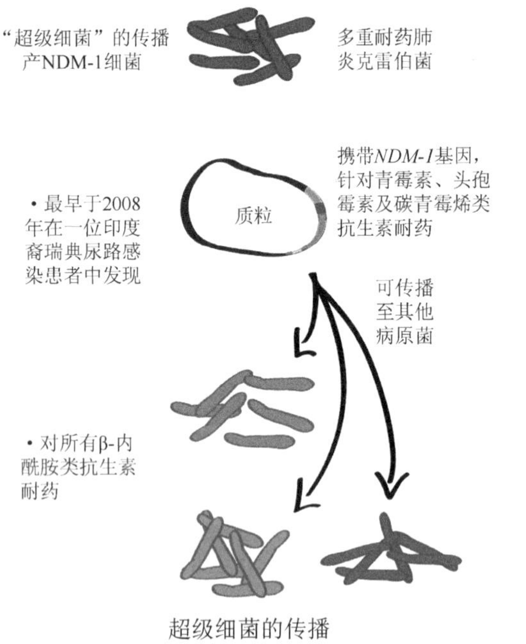

超级细菌的传播

大多数 NDM-1 新型超级病菌出现在大肠杆菌和肺炎克雷伯菌（*Klebsiella pneumoniae*）中。除了替加环素和黏菌素以外，携带这种基因的病菌对其他抗生素都具有抗药性。在部分患者身上，甚至这两种抗生素也不起作用。NDM-1 病菌甚至对碳青霉烯类（carbapenems）抗生素也具有耐药性，碳青霉烯类抗生素通常被认为是紧急治疗抗药性病症的最后方法。

参考文献：

Moellering RC Jr. 2010. NDM-1-a cause for wordwide concern. *N. Engl. J. Med.*，363：2377-2379.

思考题：

ndm-1 这种耐药基因为什么能在不同细菌中存在，又是如何在细菌中传播的？

微生物和其他生物一样，遗传物质是 DNA 或 RNA。本章在分子水平上，主要介绍微生物如何通过遗传物质的精确复制，使子代继承亲代的生物学性状；微生物如何经基因突变或基因重组，使子代获得不同于亲代的生物学性状。因此，基因突变是诱变育种的生物学基础，而基因重组则是杂交育种和基因工程育种的生物学基础。遗传和变异是微生物的基本属性，没有遗传就没有微生物物种的稳定性，没有变异的积累就没有微生物的进化。

第一节　微生物遗传的物质基础

微生物的种类繁多，包括病毒、细菌、放线菌、古生菌、真菌等。这些微生物的形态、大小和生活方式迥异。在分子水平上，它们遗传的物质基础是否相同？原核微生物和真核微生物遗传物质存在状态如何？如何进行精准复制而保持遗传稳定性？

一、证明核酸是遗传物质的实验

在 20 世纪早期，生物学家普遍认为遗传物质要能够稳定的保存和复制遗传信息，并具有可变性以作为进化的基础。蛋白质和核酸似乎都具备以上特点。在经过了多位科学家的一系列实验后，终于确立了核酸是遗传物质。

（一）转化实验

1928 年，英国医生 Frederick Griffith 在研究发生在伦敦的流行性肺炎时发现，从患者体内可以分离出两种被命名为肺炎链球菌（*Streptococcus pneumoniae*）的细菌：一种产荚膜，菌落光滑，简称 S（smooth）型；另一种不产荚膜，菌落粗糙，简称 R（rough）型。将 S 型菌株注射入小鼠后，引起小鼠死亡，而 R 型菌株则不能使小鼠死亡。作为对照实验，热致死的 S 型菌株不能使小鼠死亡。但出乎意料的是，如果将热致死的 S 型菌株和活的 R 型菌株混合在一起注射，则引起小鼠死亡。且从死亡小鼠分离出的菌为 S 型。根据以上结果，Griffith 认为 S 型菌株的某种物质可以使 R 型菌株转化为 S 型（图 7-1）。

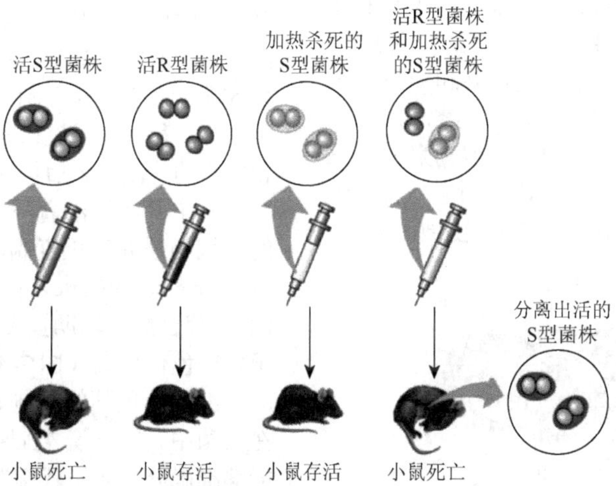

图 7-1　肺炎链球菌转化实验

但具体的转化物质是什么呢？直到 1944 年，美国学者 Oswald Avery 领导的研究小组在 Griffith 实验的基础上进行了进一步研究才解答了这个问题。当时的技术已经可以从细菌抽提物中除去脂类、糖类、蛋白质、RNA 及 DNA。首先，S 型菌株的抽提物可以转化 R 型菌株。如果从细菌抽提物去除脂类、糖类、蛋白质和 RNA，转化依旧可以发生。只有当用 DNA 酶处理抽提物，即去除了 DNA 后，转化才没有发生。以上实验证明了 DNA 是转化因子。

（二）噬菌体感染实验

为了确证 DNA 还是蛋白质是遗传物质，美国学者 Alfred Hershey 和 Martha Chase 于 1952 年采用只含有 DNA 和蛋白质的生物——T_2 噬菌体进行了实验。他们分别以 ^{32}P 标记了 DNA 或 ^{35}S 标记了蛋白质衣壳的 T_2 噬菌体去感染大肠杆菌。结果发现，具有 ^{32}P 标记的 DNA 进入了细菌，而 ^{35}S 标记的蛋白质始终处于细菌外。以上两种不同标记噬菌体感染细菌后，均繁殖产生了子代的 T_2 噬菌体，其蛋白质衣壳与留在细菌外的衣壳一模一样。这一实验证明了 DNA 携带有 T_2 噬菌体的全部遗传信息。

（三）病毒重建实验

1956 年，Fraenkel Conrat 和 B. Singer 利用病毒重组实验发现并证明了另一种遗传物质——RNA。烟草花叶病毒（tobacco mosaic virus，TMV）由 RNA 和蛋白质衣壳组成。一株 TMV 的变种病毒（holmes ribgrass virus）HR 与 TMV 的衣壳蛋白在氨基酸序列上有细微却明显的差别，引起烟草花叶病的斑点也不同。将以上两种病毒的 RNA 和蛋白质分离后，混合 TMV 的 RNA 和 HR 的衣壳蛋白组装成杂种病毒，感染烟草后，形成 TMV 病斑。从病斑处分离出的病毒所携带的 RNA 与衣壳蛋白完全同于 TMV。反之，用 HR 的 RNA 和 TMV 的衣壳蛋白重建的病毒所产生的病斑和子代病毒均属于 HR 型。以上实验证明，RNA 是这种病毒的遗传物质，决定着病毒的衣壳蛋白及感染特征。

以上三个实验都证明了核酸（DNA 和 RNA）是遗传物质。

二、细菌的染色体

细菌的染色体 DNA 大多数是以双链、共价闭合环状的形式存在。有些细菌具有线状染色体或多条染色体。大肠杆菌的染色体为 4.6×10^6 碱基对，伸展开来的长度是菌体的 1000 倍。通过超螺旋和一些特殊蛋白和 RNA 的协助，细菌 DNA 高度折叠，并集中在一定的区域。在电子显微镜下可以观察到聚集在一起的大肠杆菌染色体 DNA，称为拟核（图 7-2）。参与 DNA 折叠的蛋白质还具有调控基因表达等功能。

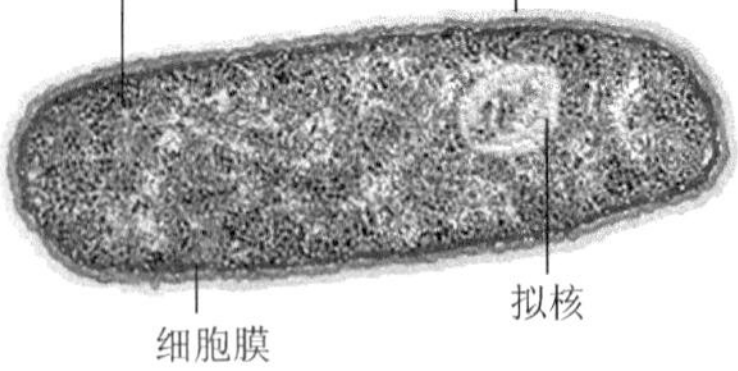

图 7-2　细菌的拟核

基因的转录由 RNA 聚合酶进行，RNA 聚合酶结合于基因的上游区域，起始转录，该区域称为启动子。调控蛋白结合在启动子区或临近区域，激活或抑制基因的表达。在细菌染色体上，很多功能上相关的基因前后相连成串，由一个共同的控制区进行转录的控制，这些基因组成操纵子。大肠杆菌共有约 4100 个基因，组成 2584 个操纵子（operon）。细菌基因组组成如此众多的操纵子，便于在转录水平上协同调控基因表达。例如，大肠杆菌染色体上与乳糖代谢相关的三个基因 *lacZ*、*lacY*、*lacA* 及其启动子和操纵区组成乳糖操纵子（图 7-3）。当环境中缺少乳糖时，负调控因子 Lac Ⅰ 蛋白结合在乳糖操纵子启动子的下游，抑制基因的表达；而当环境中有乳糖存在时，Lac Ⅰ 与乳糖结合，从 DNA 上脱离下来，使乳糖操纵子基因能够表达。

图 7-3　乳糖操纵子结构示意图（非按比例绘图）

三、细菌染色体的复制

1. 染色体复制起始位点

大肠杆菌染色体的复制起始于一个特殊的位点，称为复制起始位点（*oriC*）。*oriC* 的一端含有 3 个 13 碱基的富含 AT 的重复序列；另一端是复制起始蛋白 DnaA 结合区，内含 4 个重复序列，称为 DnaA 盒。

2. 复制过程

大肠杆菌染色体的复制可分为起始、延伸、终止及分离 4 个阶段。

首先，DnaA 蛋白结合到 *oriC*，在其他蛋白的帮助下将 DNA 双链分开。接着，DNA 聚合酶复合物以单链 DNA 为模板合成新的 DNA 链。DNA 拓扑异构酶和解旋酶不断将原始的 DNA 双链打开，形成单链 DNA，使复制不断进行。DNA 合成的生长点，即复制叉同时向两个方向移动，在复制中形成字母 θ 形状，因此称为双向 θ 复制。DNA 聚合酶合成 DNA 的方向为 5′端至 3′端。在复制叉上，一条 DNA 链的复制连续进行，称为先导链；另一条链随着复制叉的前进，合成小的片段，之后再连接起来，称为滞后链。

两个复制叉沿着环状染色体前进，最终在特定的区域相遇并终止复制。在染色体上有多个终止位点（termination site，简称 *ter* 位点）。在 *ter* 位点，DNA 聚合酶和辅助蛋白从 DNA 上解离下来，两个子代染色体分离（图 7-4）。

细菌染色体的复制和细胞分裂必需紧密协同。在细菌中，有一套类似细胞骨架的系统保证了染色能够准确分配到子代细胞中。

DNA 复制的保真

大肠杆菌染色体约有 4.6×10^6 个碱基，在没有诱变剂的情况下，发生突变的概率是多少呢？我们不妨来做以下计算：

在大肠杆菌染色体的复制中，DNA 聚合酶Ⅲ掺入错误碱基的概率为 10^{-5}，即平均每合成 10^5 个碱基会加入一个错配碱基。DNA 聚合酶Ⅲ的 ε 亚基（由 *dnaQ* 基因编码）具有校正功能。当错误碱基掺入新合成的 DNA 时，子链与母链的碱基错配会造成 DNA 聚合酶的短暂停滞。此时，ε 亚基介导将错配碱基切除。

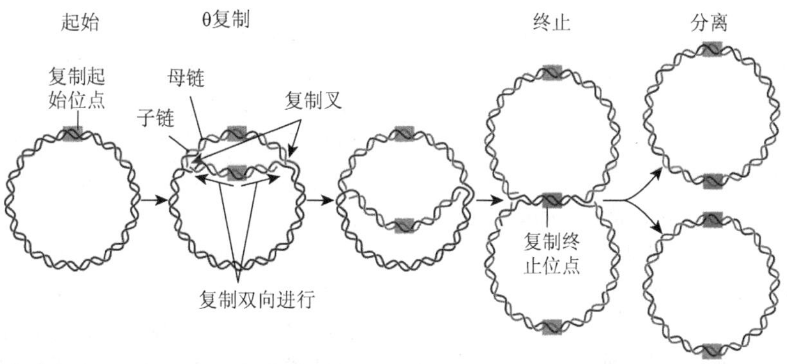

图 7-4 细菌染色体的复制

随后DNA聚合酶重新开始合成新的DNA链。这一校正功能使DNA合成的错误率减少为原来的1/100。大肠杆菌的错配修复系统（见本章第三节内容）可以进一步减少遗留在染色体上的错误碱基，使错误率再减少为原来的1/1000。根据以上数据，大肠杆菌在复制过程中天然发生错配（即突变）的概率为10^{-10}。其染色体约有4.6×10^{6}个碱基，那么每次复制会发生4.6×10^{-4}次错配，也就是说每约2000个子代细菌中会有一个碱基错配。大家可以计算一下，如果大肠杆菌中某一或两个错配修复系统缺失，会对突变率造成怎样的影响？在研究中，为了在某基因中引入随机突变，可将克隆有该基因的质粒转入敲除了修复系统的大肠杆菌（如XL-1 Red菌株）中进行复制，这样在该基因中会积累随机突变。

四、质粒

质粒（plasmid）是存在于染色体外且能独立复制的遗传因子，包括DNA和RNA。目前，质粒主要是指共价、闭合、环状，且能独立复制的双链DNA分子。

天然质粒可以编码蛋白质，赋予宿主一定的功能。例如，携带耐药基因的耐药质粒（也称R因子）是引起细菌耐药性传播的一个重要原因；根癌农杆菌（*Agrobacterium tumefaciens*）携带的Ti质粒对于诱导植物根瘤的形成起重要作用；农杆菌属（*Agrobacterium*）细菌携带的Ri质粒能够诱导植物产生毛状根；许多根瘤菌属细菌携带的质粒在固氮和与植物共生中起重要作用，以上质粒在农业生产和农作物改良中起重要作用；苏云金芽孢杆菌（*Bacillus thuringiensis*）内的带有杀虫基因的质粒是生物农药和转基因植物的重要基础；一些质粒编码降解人造化合物的基因，可用于污染环境的生物修复。

经过人工改造的质粒是目前应用最为广泛的分子生物学工具之一，在基因克隆、蛋白质表达、诱变、基因敲除、转化、转导和转染等方面发挥着重要作用。

（一）质粒的复制、分配和不相容性

1. 复制

质粒的复制主要有θ复制和滚环复制等形式。与细菌染色体的复制相似，质粒的复制也起始于特殊的位点——*oriV*。*oriV* 还决定了质粒的宿主范围。有些质粒只能在有限的几种细菌中复制，称为窄宿主范围质粒；反之，则称为广宿主范围质粒。例如，RK2和RSF1010质粒几乎能在所有革兰氏阴性菌或革兰氏阳性菌中复制。将不同来源的 *oriV* 连接到质粒上，能够增加质粒的宿主范围。另外，*oriV* 还与质粒的拷贝数相关。有些质粒，如F因子，只有1～2个拷贝，称为严紧型。而ColE1在细菌中的拷贝数在10个以上，这类质粒称为松弛型质粒。

2. 分配

绝大多数松弛型质粒随机分配到子代细胞中。由于拷贝数高，子代菌体一般都会带有一定的质粒。对于严紧型质粒，由于拷贝数有限，甚至与染色体的数目相同，就需要依赖主动的分配系统来确保子代菌体中均含有质粒。例如，R1质粒编码ParR和ParM蛋白。ParR结合质粒上的 *parC* 位点，ParM与ParR结合并通过形成线状多聚物将质粒推到菌体的两端。这样，当菌体从中间分裂时，每个子细胞就含有一个拷贝的质粒。

3. 不相容性

两种质粒不能在同一宿主中稳定共存的现象称为质粒的不相容性。这通常是由于两个质粒具有某些相同的与复制调控或分配相关的因子。具有不相容性的质粒属于同一不相容群[incompatibility（Inc）group]。利用质粒的不相容性，可以通过向菌株中转入人为构建质粒的方法去除菌株中同一不相容群的天然质粒。

（二）质粒的命名

现在国际标准的质粒命名是以p（代表plasmid）开头，后面是两个大写字母，可以是构建者（人名或单位名）的缩写，接着是一个编号，如pUC18构建于University of California。

五、转座因子

转座因子是一类可以从染色体 DNA 或质粒的

一个位置转移到另一位置或在两者之间相互转换位置的一段DNA序列。转座因子广泛分布于细菌、真菌、动植物及人类中。

（一）细菌的转座因子

细菌的转座因子（transposable element）包括插入序列（insertion sequence，IS）、转座子（transposon，Tn）和转座噬菌体（Mu phage）三大类。

1. 插入序列

插入序列也称IS因子，是转座因子中结构最简单的一种，其表示方法是在IS后面加上一个斜体的阿拉伯数字，如IS*1*、IS*2*等。插入序列大小一般为0.7～2.5kb，转座酶基因编码一个转座酶（transposase，Tnp）及调控转座酶活性或表达水平的蛋白质。在插入序列两端各有一段反向重复序列（inverted repeat，IR），是转座酶的识别位点。发生转座时，转座酶切割IR的两端，同时在靶位点进行交错切割，产生带有两个单链DNA黏性末端的DNA分子。IS序列插入靶位点后，黏性末端被补平，从而造成IS因子两侧出现正向重复序列（图7-5）。

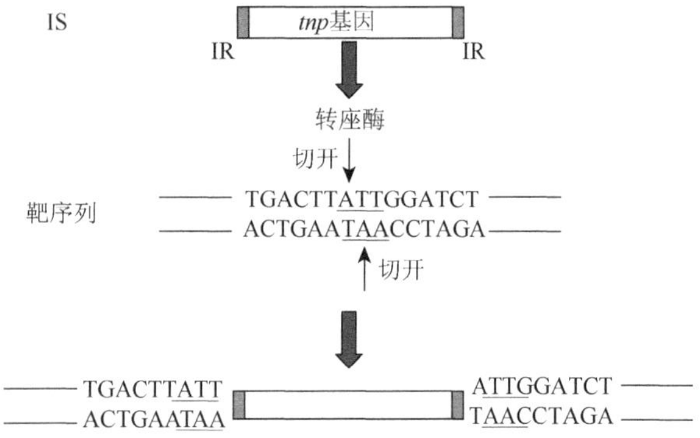

图7-5 IS因子的插入

2. 转座子

这一类转座因子除了携带与转座相关的基因外，还带有其他基因，如抗生素抗性基因、毒素基因和重金属抗性基因等。根据转座子的性质和结构，可将它们分为：Ⅰ类转座子、Ⅱ类转座子和接合性转座子。

Ⅰ类转座子的两端由IS因子组成。例如，Tn5的两端为IS50，其一端IS50含完整编码转座酶基因*tnp*，中间是一个操纵子，编码卡那霉素、博来霉素和链霉素的抗性基因。Ⅰ类转座子一般是剪切型转座，即由供体DNA上切离下来，插入到靶位点。原始的DNA上留下一个缺口，很有可能被降解。

Ⅱ类转座子的两端不含IS因子，只有反向重复序列或正向重复序列，中间是转座相关基因和抗性基因等。这类转座子一般采用复制型转座，即转座后供体DNA和靶位点各带有一个完整的转座子（图7-6）。

接合型转座子不具有反向重复序列，在转座时也不引起靶DNA产生正向重复序列。这类转座子一般整合在染色体上，在发生转座时，由染色体上切割下来，自我连接后成为环状DNA。该环状DNA分子可以插入染色体其他位置，或者在一条单链上产生一个切口，并以单链DNA形式转移到另一受体菌株，在受体菌株内环化，并复制成双链DNA。同时，供体菌株内的单链环状DNA也复制成环状双链DNA。供体和受体内的环状双链DNA又重新插入染色体中。

3. 转座噬菌体

转座噬菌体是一类具有转座功能的温和型噬菌体。其中研究较多的是Mu噬菌体。这种噬菌体的DNA进入宿主后，随机整合到染色体上。在某些诱导条件下，噬菌体DNA以复制型转座方式插入50～100个新的位点。同时，噬菌体蛋白开始表达，噬菌体DNA从染色体上切离下来，包装成噬菌体，从宿主中释放出来。

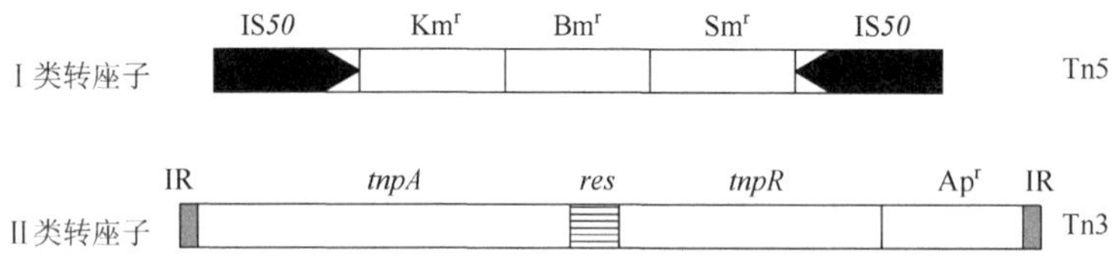

图7-6 转座子结构

Km. 卡那霉素；Bm. 博来霉素；Sm. 链霉素；*tnpA*. 转座酶；*tnpR*. 解离酶；*res*. 解离位点；Ap. 氨苄青霉素

（二）细菌转座因子的遗传效应和应用

转座子因子插入染色体上的结构基因后，会引起该基因的失活。同时，如果该基因下游还有其他基因位于同一操纵子中，这些基因的转录也会受到影响，这称为极性效应。另外，转座因子上的基因会赋予宿主新的表型。

转座子识别的靶序列一般很短，且在染色体上随机分布，因此理论上讲，转座子的插入位点可以覆盖整个基因组，也就是说，任意一个基因均有可能被转座子插入失活。利用这一特点，转座子可以作为随机诱变的工具。在转座子诱变的菌种库中，根据表型的变化可以筛选到需要的菌株。通过对菌株染色体上转座子的定位，就可以鉴定出与该表型相关的基因。另外，利用转座子还可以将某些特定基因插入到染色体上进行稳定表达。

六、真核微生物染色体的存在状态

真核微生物包括真菌、多数单细胞藻类及原生动物。真核微生物的染色体通过高度折叠集中于由核膜组成的细胞核内。在真核生物中，组蛋白在DNA折叠、包装及表达调控中起重要作用。在折叠过程中，4 种组蛋白组成 8 聚体，DNA 缠绕在外，形成核小体。核小体进一步折叠、超螺旋，形成显微镜下能够观察到的染色体。

以单细胞真核微生物酿酒酵母为例，其基因组包含大约 1200 万个碱基对，分成 16 组染色体，共有 6275 个基因，没有操纵子结构。每个基因中含有外显子和内含子，转录后 RNA 经剪切将外显子连接在一起成为 mRNA，再翻译成为蛋白质。

发表于2014年3月《科学》杂志上的文章报道，人类首次合成了酿酒酵母的3号染色体。该染色体在酵母中原本含近32万个碱基对，研究人员进行了500多处修改，还删去了原基因组中许多不具功能的区域，如转座子、假基因和非编码区，并在许多位点上进行了序列的改变，以使其更适合外源基因的插入。最终构建的染色体拥有约27万个碱基对。这条染色体被成功整合进活体酵母细胞之中，携带这条合成染色体的酵母细胞相当正常，它们与野生酵母细胞几乎一模一样。这项工作有助于更快地培育新的酵母合成菌株，用于制造稀有药物或更有效地进行发酵生产。

七、古生菌的染色体

古生菌的染色体是双链闭合环状 DNA，存在 1～3 个复制起始位点。染色体 DNA 的 G+C 含量变化大，从 21%到 68%。有些古生菌中带有与真核生物同源的组蛋白，并参与 DNA 的折叠。古生菌近 50%的基因与细菌、真核生物不同源，40%的基因或与真细菌或与真核生物同源类似，或是二者基因的融合。基因中不含有内含子，具有操纵子结构，启动子与细菌相似。

古生菌詹氏甲烷球菌（*Methanococcus jannaschii*）发现于1982年。该菌生活在2600m深、2.6×10^7Pa、94℃的海底火山口附近。1996年由美国基因组研究所（The Institute for Genomic Research，TIGR）和其他5个单位共40人联合完成了该菌的全基因组测序工作。詹氏甲烷球菌的染色体全长1.66×10^6bp，含1738个基因，约56%与细菌和真核生物不相似，而在可以推测功能的蛋白质中，44%具有细菌蛋白特征，只有13%的像真核生物的蛋白质。

第二节　微生物的突变

突变是指基因组的核酸序列发生了可遗传的变化。突变是重要的遗传学现象，它对于研究基因的功能、调控及生物进化都有重要意义，突变也是生物进化的源泉。与突变相关的基本概念包括突变体、表型和基因型。突变体是指某一物种中正常个体（通常称为野生型）的直接后代，但与亲本性状不同的个体。表型是指一个个体可观察到的各种特征，在遗传学研究中，常指突变体的性状。基因型是指一个生物体的 DNA 序列。

一、突变的类型

（一）点突变

1. 点突变的类型

点突变是指 DNA 上一个或少数几个核苷酸的变化，包括转换（transition）和颠换（transversion），以及核苷酸的插入或丢失。转换是指嘌呤间或嘧啶间的互换，即 G 与 A 的相互置换，C 与 T 的相互置换。颠换是指嘌呤与嘧啶间的互换，即 A 或 G 与 C 或 T 间的相互置换。

2. 点突变引起的遗传信息变化

当点突变发生在基因编码区时，根据其对编码蛋白序列造成的影响，可以分为同义突变（silent mutation，又称沉默突变）、错义突变（missense mutation）、无义突变（nonsense mutation）和移码突变（frameshift mutation）。

同义突变是指 DNA 序列中的单一碱基发生改变，但并未造成氨基酸序列的变化。这是由于密码子的简并性，通常这种突变发生在密码子的第三个核苷酸，也有可能在第二个核苷酸（可参照密码子表进行观察）。错义突变是指 DNA 序列中少数碱基的改变形成了新的密码子，编码另一氨基酸。这种改变会对蛋白质的结构和功能造成影响。无义突变是指编码区中的碱基发生改变后使原先编码氨基酸的密码子转变为终止密码子，从而导致该蛋白质翻译的提前终止。移码突变是由于核苷酸（非 3 的倍数）的插入或缺失导致下游密码子的阅读框发生改变，使蛋白质翻译发生变化。

（二）缺失突变

缺失突变是指一段 DNA 序列的丢失。它有可能是 DNA 不同区域间同源重组造成的。缺失突变通常用希腊字母 Δ 表示，如 Δ*hisA* 表示 *hisA* 基因的缺失。通常，一个操纵子中某个基因的缺失不会影响下游基因的转录。

（三）插入突变

插入突变是指一段 DNA 序列插入到另一段 DNA 中。能够导致插入突变的 DNA 通常包括插入序列（IS）、转座子及病毒（包括噬菌体）等。插入突变用：：表示，如 *hisA*：：Tn5 表示转座子 Tn5 插入到 *hisA* 基因中间。插入突变会使被插入基因的转录或翻译发生终止。如果插入位点位于一个操纵子中，下游基因的转录都会受到影响，称为极性效应（polar effect）。

二、表型的变化及突变型的筛选

DNA 的突变往往会引起表型的变化。以下分别介绍几种微生物遗传学研究中常见的表型，以及这些突变体的分离方法。

（一）营养缺陷型

营养缺陷型（auxotroph）是指微生物不能在无机盐类和碳源组成的基本培养基中增殖，必须补充一种或几种营养物质才能生长。营养缺陷型可分为两类：一种是失去合成某种生长因子的能力。例如，组氨酸营养缺陷型（His^-）的突变菌株丧失了合成组氨酸的能力，只有在基本培养基中添加了组氨酸才能使其生长。另一种营养缺陷型是失去了利用某种物质的能力。例如，麦芽糖营养缺陷型（Mal^-）的突变菌株不能在以麦芽糖为唯一碳源的基本培养基上生长，只有添加了其他碳源才能使其生长。

利用营养缺陷型不能在基本培养基生长而能够在完全培养基生长的特点，可以对这类突变菌株进行筛选。最常见的方法是平板影印法，基本操作方法如图 7-7 所示。将无菌丝绒包裹在一块圆木上，在长出单菌落的完全培养基平板上压一下，然后分别影印于基本和完全培养基上。经培养后，在完全培养基平板上生长而不能在基本培养基平板上生长即为营养缺陷型突变菌株。营养缺陷型菌株在代谢控制发酵及营养物质检测方面均有广泛应用，也可作为菌株的遗传标记。

（二）抗性突变型

细菌的抗性突变包括对各种有害物的抗性，在细菌遗传学中研究最多的是对噬菌体和抗生素的抗性突变。突变导致细菌表面蛋白或多糖发生变化，使噬菌体不能吸附到菌体表面是导致噬菌体抗性的一个原因。同理，药物靶蛋白基因的突变会导致抗生素不能与靶蛋白结合，这是抗性突变的一个主要原因。

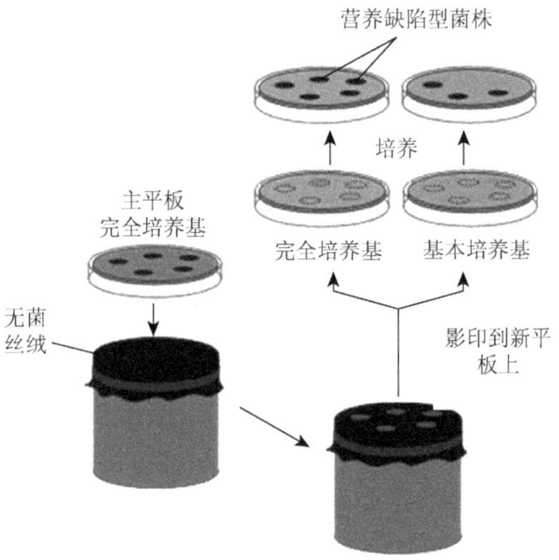

图 7-7　平板影印法筛选营养缺陷型突变菌株

抗性突变是遗传学研究中常用的选择标记。将细菌涂布于抗生素平板上，或者在涂有细菌的平板上喷上噬菌体，经培养后长出的菌落即为相应的抗性突变型菌株。

（三）条件致死型突变

条件致死型突变是指在野生型可生长的条件下，不能够生长的突变型。例如，野生型大肠杆菌在 25℃和 37℃都能够生长，某些突变型菌株只能在 25℃生长而不能在 37℃生长，这类菌株称为温度敏感型菌株。产生这种表型的一个原因是，某个生长必需的基因发生了突变，导致其编码的蛋白质只在 25℃有活性，而在 37℃则丧失了功能。条件致死型突变是研究生长必需基因的重要手段，也为通过改变条件控制个体的生长提供了基础。

条件致死型突变菌株的筛选也可以通过平板影印法进行，即将影印好的平板放置于不同条件（如温度）下培养。

三、自发突变

自发突变（spontaneous mutation）是指生物体未经诱变剂处理而自然发生的突变。一个曾经困扰生物学家多年的问题是自发突变的发生是随机的、与环境条件无关的，还是适应性的，即为了在某种环境条件下更好的生存而发生的。20 世纪中期的多个经典实验使这个问题有了结论，其中一个重要实验是 1952 年由 J. Lederberg 设计并进行的。实验如图 7-8 所示：首先，将在无抗生素的培养基平板上生长的菌落影印到含有链霉素的平板上（步骤 1～2）；经过培养，在链霉素平板上出现抗药性突变菌株（步骤 3）。判断这个抗药性突变的发生是随机的还是适应性的关键就在于在原始无抗生素平板上对应的那个菌株是否具有抗药性。如果它具有抗药性，则说明细菌在接触抗生素之前就产生了抗药性突变；反之，则说明细菌是在接触了抗生素之后才发生的突变。通过将原始平板上对应的菌株直接培养到含链霉素的液体培养基中发现，该菌株能够迅速生长，说明它已具有抗药性，而周围相邻的菌株则不能生长（步骤 4～5）。这个实验证明了抗药性突变的发生是随机的，而与是否接触抗生素无关。

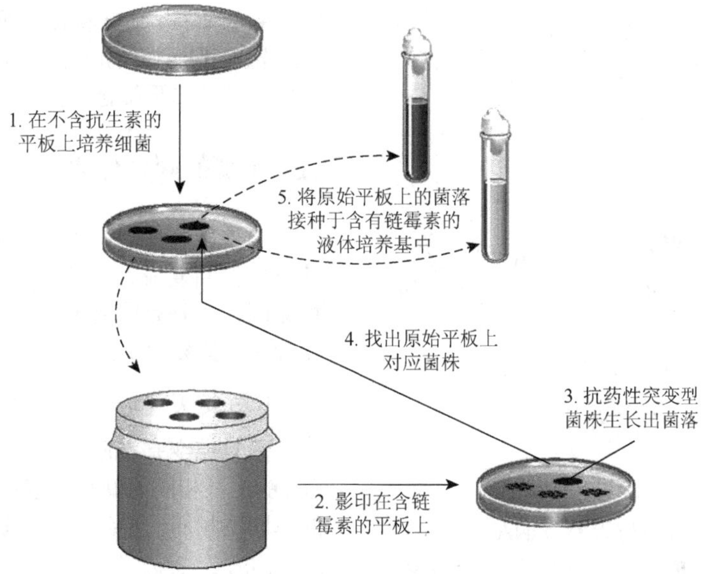

图 7-8　平板影印法证明抗药性突变的随机性

自发突变往往是由于 DNA 复制过程中碱基的错配造成的。连续多个相同的碱基也会造成 DNA 复制时碱基的缺失或插入。突变可能会造成微生物表型的变化。突变率是指产生某种突变型表型的突变概率，产生不同表型的突变率是不同的。例如，约有 11 个基因编码的蛋白质参与组氨酸的合成，其中任何一个基因突变导致的蛋白失活都会造成组氨酸合成缺陷，即组氨酸营养缺陷型，因此产生这种表型的突变率相对较高。而产生链霉素抗性的突变率较低。这是因为只有当核糖体亚基蛋白 S12 特异位点的某个氨基酸发生改变后，才能在保证核糖体能够正常翻译蛋白的前提下，使链霉素不能结合并抑制核糖体的功能。

应用于工业生产或科学研究的优良菌种随着长时间的培养及多次传代后，有可能会发生突变，导致其性状发生不同程度的退化，如产品的产量下降等。为了防止退化，应该注意尽量减少传代次数并妥善进行菌种保藏。菌种保藏技术详见第十二章相关内容。

四、诱发突变

能够诱发细胞 DNA 突变的物质称为诱变剂（mutagen），包括物理、化学和生物诱变剂。用诱变剂处理细胞或生物个体以提高突变率的方法称为诱发突变（induced mutation）。

（一）物理诱变剂

紫外线和电离辐射是常见的物理诱变剂。紫外线可使相邻的胸腺嘧啶形成二聚体，诱发 DNA 复制及修复的错误。X 射线和 γ 射线是常见的电离辐射诱变剂，这类射线可造成 DNA 链的断裂或者使 DNA 间或 DNA 与蛋白质间发生交联。

（二）化学诱变剂

1. 直接与 DNA 发生化学反应的化合物

烷化剂是一种高效诱变剂，包括亚硝基胍、甲基磺酸乙酯等。烷化剂主要使嘌呤，特别是鸟嘌呤上的 N-7 位烷基化，从而引起碱基错配、缺失甚至 DNA 链间的交联。亚硝酸可以使腺嘌呤或胞嘧啶发生脱氨基反应，从而造成碱基错配（图 7-9）。在生物体正常的呼吸作用中会产生氧自由基，包括超氧阴离子自由基、羟自由基、脂氧自由基等的一类化合物。这类物质，特别是羟自由基（·OH）能够将鸟嘌呤氧化为 8-羟基鸟嘌呤（GO），GO 能够与腺嘌呤配对，从而引起 G-C 至 A-T 突变。

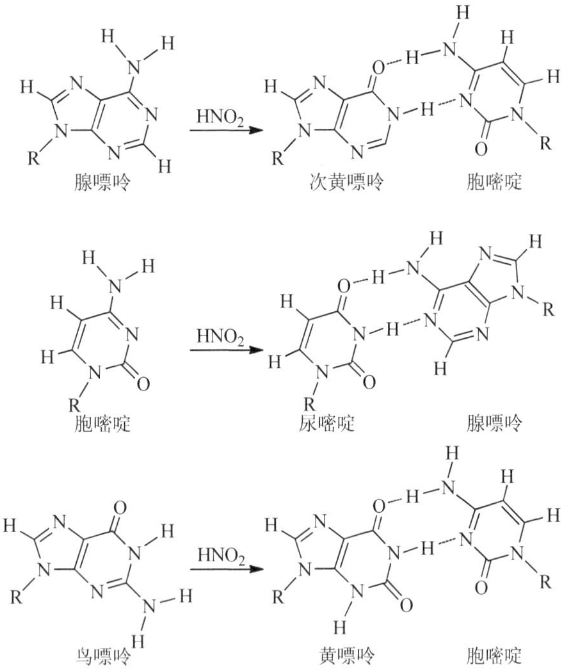

图 7-9　亚硝酸脱氨基引起的突变

2. 碱基类似物

碱基类似物是化学结构与天然 DNA 碱基类似的化合物。在 DNA 合成时，这类化合物能够掺入 DNA 分子中，造成碱基错配。例如，5-溴尿嘧啶（5-BU）是胸腺嘧啶结构类似物，它会在酮式与烯醇式结构间发生异构，其酮式结构与腺嘌呤配对，烯醇式结构与鸟嘌呤配对（图 7-10）。因此，DNA 中的 5-BU 发生结构异构时，会导致碱基错配。

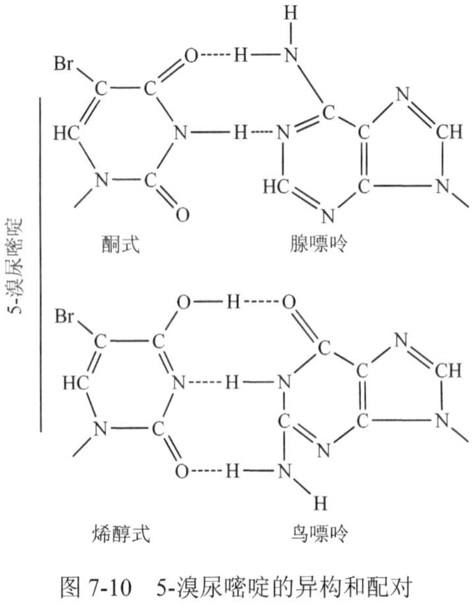

图 7-10　5-溴尿嘧啶的异构和配对

3. 插入型荧光染色剂

溴化乙锭、吖啶橙和吖啶黄等是环状的扁平分子，极易插入 DNA 双链中，造成碱基的缺失或插入。这类诱变剂还常用于微生物中质粒的消除。

（三）生物诱变剂

转座子是常用的生物诱变剂。目前遗传操作上常用的转座子都是经过分子生物学改造的。这些转座子如 Tn5 等，具有较高的转座频率及插入的随机性。转座子一般克隆在自杀质粒（不能在目标菌株中复制的质粒）上。将该质粒转入待诱变的菌株后，利用转座子携带的抗性标记筛选出转座子整合入染色体的细菌，再筛选所需的性状。

五、突变的回复与抑制

当突变菌株中发生二次突变时，可将该菌株的某一表型回复成野生型。这种表型的回复突变有多种原因，一种是回复突变，另一种是由于新发的突变抑制了原先突变的效果。

（一）回复突变

回复突变是指原突变位点的碱基又回复成野生型 DNA 上相同的碱基，这样回复突变菌株与野生型的基因型相同，导致表型回复。

（二）突变抑制

表型回复的另一原因是原突变位点以外的DNA发生了突变，使该菌株的表型与野生型相同，但基因型却与野生型有差别。这种抑制又分为基因内的抑制和基因间的抑制。

1. 基因内抑制

基因内抑制是指后发的突变发生在与原先突变相同的基因内而使表型得以回复。例如，第一次突变是由于一个碱基的插入，导致了下游序列的移码突变。当第二个突变发生在第一个突变附近，且导致一个碱基的缺失时，使得读码框得以回复。虽然有少数的氨基酸序列与野生型不同，但不影响蛋白的功能，这样，突变菌株的表型就回复成了野生型。

2. 基因间抑制

基因间抑制是指后发的突变发生在与原先突变不同的基因内。例如，第二个突变导致第一个突变基因的表达量升高。虽然第一个突变使蛋白质的活性降低，但由于表达量升高，弥补了低活性导致的缺陷。再如，*galE* 基因的突变使半乳糖代谢的中间产物 1-磷酸半乳糖及其下游产物 UDP 半乳糖在菌中积累，这两种物质积累到一定程度会对细菌产生毒性，故不能在含有半乳糖的培养基上生长。当 *galK* 基因发生突变后，其编码的蛋白不能将半乳糖转化为 1-磷酸半乳糖，因此不会有 1-磷酸半乳糖和

UDP 半乳糖的积累，使菌株能在含有半乳糖的培养基上生长。

六、诱发突变与致癌物的检测

人体癌细胞产生的一个主要原因是细胞发生了突变，因此诱变剂很有可能是致癌物。为了检测致癌物，美国的 B. Ames 教授建立了基于细菌回复突变的检测方法，称为 Ames 测验。

在这一实验中，首先将待测物与鼠肝匀浆混合，这样做的目的是模拟化合物在人体中的代谢过程，以使结果更为准确。之后，用样品处理组氨酸营养缺陷型的鼠伤寒沙门氏菌（*Salmonella typhimurium*）。如果样品中含有诱变剂，会使组氨酸营养缺陷型菌株发生回复突变的频率增加，即在不含组氨酸的基本培养基上产生多于对照样品的回复菌株。这一测验对致癌物的检出正确率在 90% 左右。

第三节　DNA 的损伤修复

处在自然界中各种物理和化学诱变因子总会对微生物的 DNA 造成损伤。微生物自身的 DNA 损伤修复系统能够在一定范围内进行修复，从而保障遗传信息的稳定或细菌的存活。细菌中有些系统只修复特定的 DNA 损伤，称为特殊修复途径；有的系统能够对不同的损伤进行修复，称为普遍修复途径。严重 DNA 的损伤会激活细菌的 SOS 反应，在这种情况下，细菌可能会以牺牲 DNA 保真性的形式优先保证自身的存活。

一、特殊修复途径

1. 特异性修复胸腺嘧啶二聚体的途径

紫外线（UV）会使 DNA 上相邻或两条 DNA 链之间的两个胸腺嘧啶形成二聚体。细胞中的光复活酶（photolyase）能够特异性地结合胸腺嘧啶二聚体。在吸收可见光（300～600nm）的能量后，光复活酶切断二聚体之间的连接键，使 DNA 回复原状（图 7-11）。

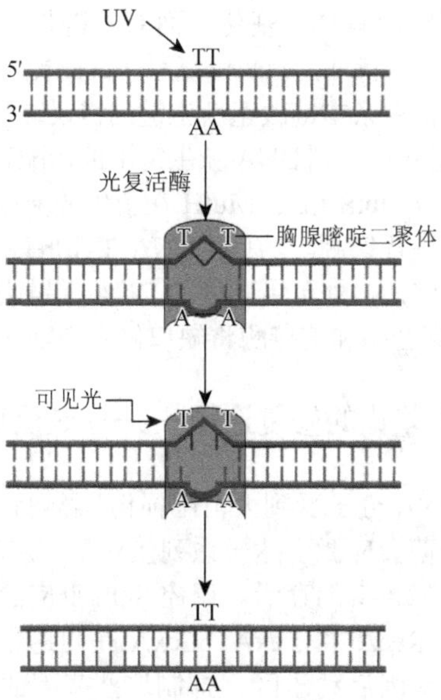

图 7-11　紫外线损伤的光复活修复

2. 对核苷酸脱氨基的修复途径

亚硝酸能够引起氧化脱氨而造成的碱基对错配，首先由 DNA 糖基化酶识别并切除脱氨基的碱基，再由脱嘌呤嘧啶内切核酸酶（AP endonuclease）在待修复碱基的 5′端对 DNA 进行切割。接着脱氧核糖核酸磷酸二酯酶将该核苷酸切除，并由 DNA 聚合酶和连接酶修复缺口（图 7-12）。

3. 对氧自由基造成损伤的修复途径

对于氧自由基氧化鸟嘌呤造成的 G-C 至 A-T 突变，MutY 和 MutM 可对其进行特异性的修复（图 7-13）。一种情况是 MutM 识别并切除氧化的鸟嘌呤，即 8-羟基鸟嘌呤（GO）；另一种情况是在复制后，MutY 识别并切除与 GO 配对的 A，换上 C，再由 MutM 进行修复。

二、普遍修复途径

除了特异性修复某种 DNA 损伤外，细菌中还具有普遍修复途径，能够修复多种 DNA 损伤或碱基错配。

（一）切除修复

切除修复（nucleotide excision repair）普遍存在于原核和真核生物中。在大肠杆菌中，UvrA、UvrB、UvrC、解旋酶 UvrD，以及 DNA 聚合酶 I 和连接酶共同作用，完成对 DNA 的修复。首先，UvrA 双体和 UvrB 组成聚合物，在 DNA 链上滑动。当遇到损伤或错配造成的 DNA 扭曲时，UvrB 结合到损伤处。此时，UvrA 解离下来，UvrC 与 UvrB 结合，并分别在损伤处的 5′端和 3′端对单链 DNA 进行切割，切割长度约为 12 个核苷酸。解旋酶 UvrD 打开双链间的氢键，使切开的 DNA 单链分离下来。DNA 聚合酶 I 将缺口补齐，并由连接酶封合完成修复（图 7-14）。

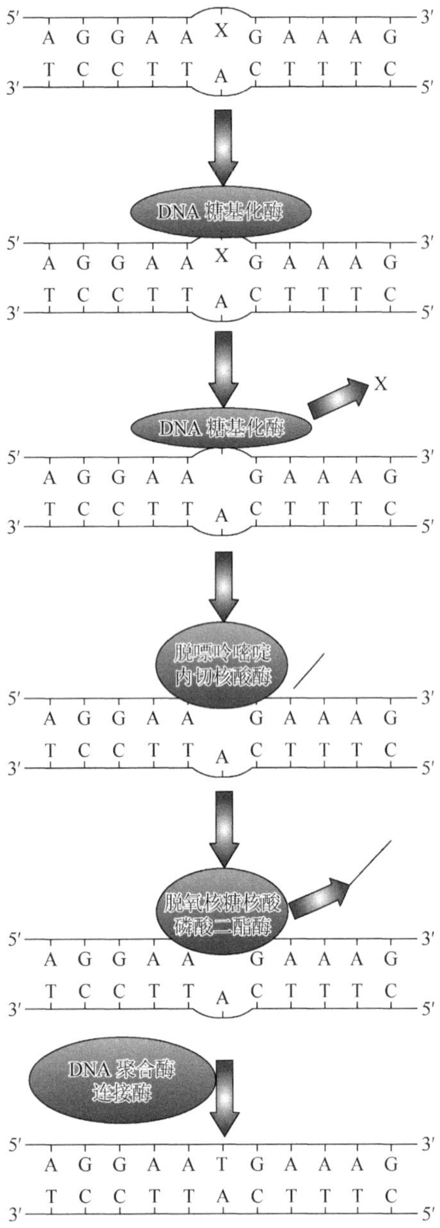

图 7-12　对核苷酸脱氨基的修复

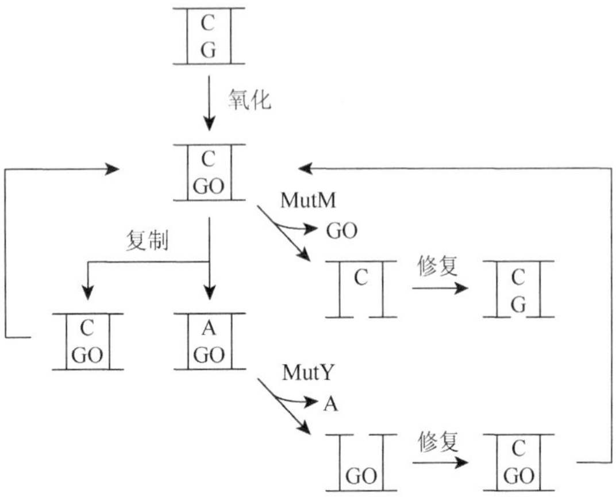

图 7-13　对氧自由基造成损伤的修复途径

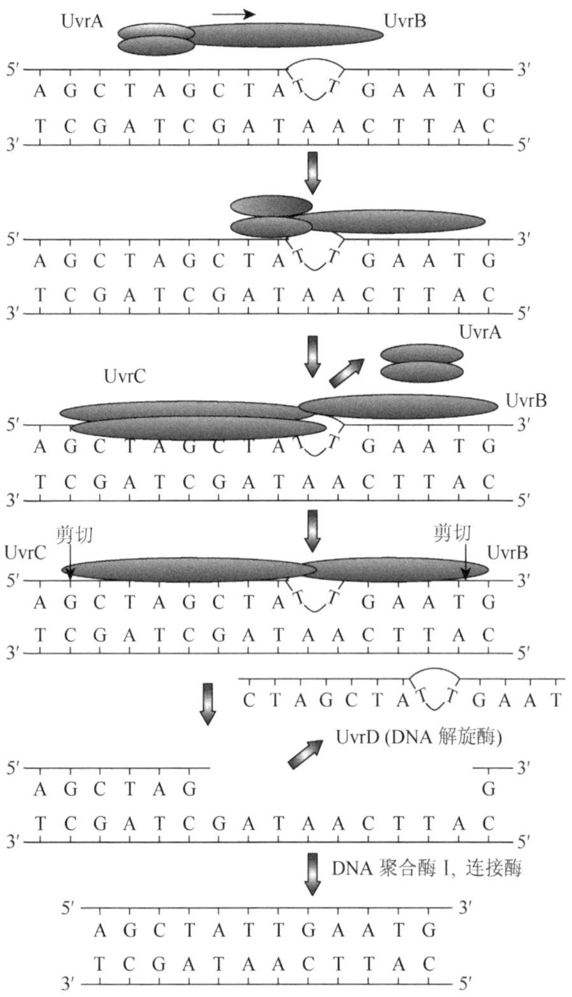

图 7-14　切除修复

（二）甲基化引导的错配修复

大肠杆菌拥有 DNA 甲基化修饰系统，能够在一定的位点对核苷酸进行甲基化修饰。DNA 复制后，新生链暂时没有被甲基化，而亲本链带有甲基化修饰。根据这一特征，错配修复系统的酶能够识别新生链，从而依据亲本链改正新生链的错误碱基。首先，MutS 识别并结合到 DNA 新生链上的错配碱基。MutL 和 MutH 与 MutS 结合，MutH 在新生链未被甲基化修饰的位点进行切割。随后，DNA 内切酶和解旋酶共同作用，将切口处至错配处的 DNA 单链去除，接着由 DNA 聚合酶和连接酶将缺口修复完整（图 7-15）。

三、容忍差错的修复途径——SOS 反应

当 DNA 分子受到大范围损伤，影响到正常的生长时，细菌会应激表达一系列蛋白质，启动 SOS 反应，以保障自身的存活。调控 SOS 反应的两个重要蛋白质是 RecA 和 LexA。LexA 是阻遏蛋白，结合到 SOS 基因启动子区，抑制这些基因的表达。当 DNA 受损且不能及时修复时，细菌内积累大量单链

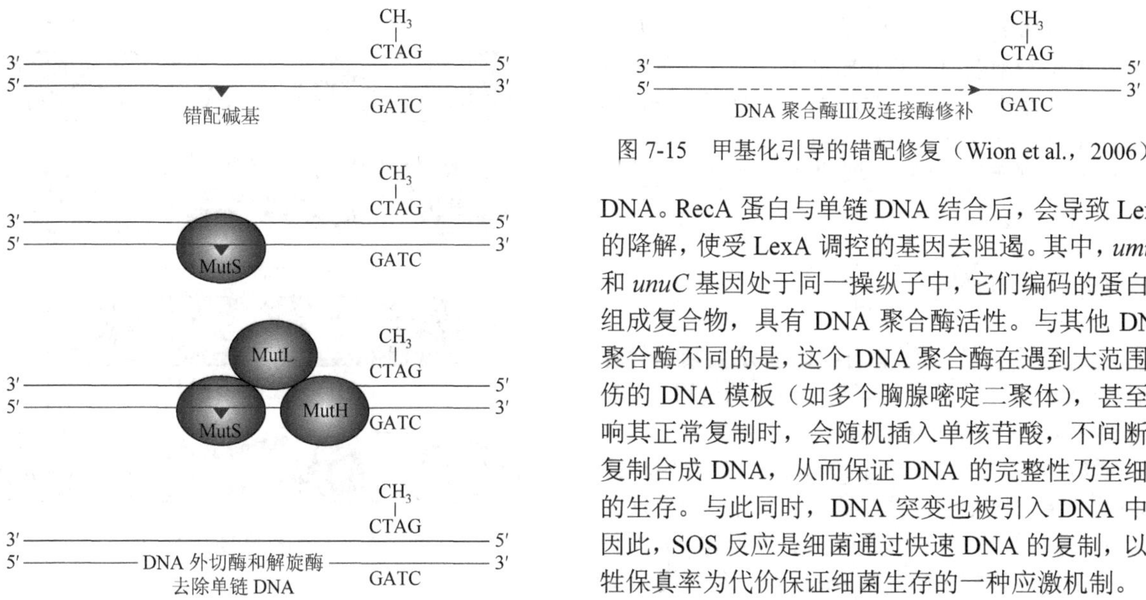

图 7-15 甲基化引导的错配修复（Wion et al.，2006）

DNA。RecA 蛋白与单链 DNA 结合后，会导致 LexA 的降解，使受 LexA 调控的基因去阻遏。其中，*umuD* 和 *unuC* 基因处于同一操纵子中，它们编码的蛋白质组成复合物，具有 DNA 聚合酶活性。与其他 DNA 聚合酶不同的是，这个 DNA 聚合酶在遇到大范围损伤的 DNA 模板（如多个胸腺嘧啶二聚体），甚至影响其正常复制时，会随机插入单核苷酸，不间断地复制合成 DNA，从而保证 DNA 的完整性乃至细菌的生存。与此同时，DNA 突变也被引入 DNA 中。因此，SOS 反应是细菌通过快速 DNA 的复制，以牺牲保真率为代价保证细菌生存的一种应激机制。

第四节 原核微生物 DNA 的转移和重组

原核微生物没有典型的有性生殖，不会像真核生物那样进行染色体的重组，但原核微生物能够通过转化、转导和接合转移实现 DNA 的重组。

一、细菌的转化

转化（transformation）是指游离的外源 DNA 分子进入受体细菌而带来遗传性状改变的过程。前面提及的肺炎链球菌转化实验是最早发现的细菌转化的证据。S 型菌株释放的 DNA 进入 R 型菌株，整合入染色体，使 R 型菌株转变为 S 型菌株。

细菌吸收并接受外源 DNA 的生理状态称为感受态（competence），被转化的细菌称为转化子。自然界中只有少数细菌具有天然感受态，而肺炎链球菌恰恰就是其中之一。人工诱导能够使细菌产生感受态，如用冷 $CaCl_2$ 处理大肠杆菌是制备感受态的经典方法。还有一种常用的方法是电转化，即将外源 DNA 与细菌混合后，使细菌处于瞬时高压电场下，从而使 DNA 进入细菌。电压越高，进入的 DNA 量就越多，但同时细菌的死亡率也会升高。因此，最佳的电转化率是平衡电压和死亡率的综合结果。

线性 DNA、质粒和噬菌体 DNA 都可以被转化入细菌。线性 DNA 需要整合入染色体才能稳定遗传。如果噬菌体 DNA 携带有全部的复制、组装和裂解基因，转化后就能够包装出噬菌体，裂解宿主细胞并释放出来，这一过程又称转染（transfection）。

二、细菌 DNA 的转导

噬菌体介导的细菌 DNA 的转移称为转导（transduction），可分为普遍性转导和特异性转导。

（一）普遍性转导

普遍性转导（generalized transduction）是噬菌体在细菌内组装时，外壳蛋白偶尔会错误地将宿主细菌染色体 DNA 包装入噬菌体。这样的噬菌体具有完整的结构，能够有效地感染敏感细菌，但注入菌体的是细菌 DNA。这段 DNA 整合入染色体后就会改变宿主的遗传性状。产生普遍性转导的前提是噬菌体繁殖时不会完全降解宿主 DNA，包装的特异性不是很强，且包装一般遵循 headful 原则，即噬菌体头部装入一定长度的 DNA 后就停止包装。

（二）特异性转导

特异性转导又称局限性转导（specialized transduction）一般是由温和型噬菌体介导的。例如，λ 噬菌体 DNA 会在大肠杆菌的特异性位点，即 *gal* 基因和 *bio* 基因间整合入染色体。当 λ 噬菌体由溶源化状态进入裂解周期时，绝大多数 λ 噬菌体 DNA 会完整的切离下来，进行复制和组装。偶尔也会发生错误的切离，即 λ 噬菌体 DNA 携带了相邻染色体上的 *gal* 基因或 *bio* 基因，而遗留了部分噬菌体 DNA

在宿主染色体上。这样的λ噬菌体DNA包装并释放后，在感染新细菌时，将携带的前宿主，并使其获得新生物学性状。*gal* 基因或 *bio* 基因转导入新的宿主。由于这些噬菌体 DNA 上缺失了部分噬菌体基因，因此不能够再复制并包装出新的子代噬菌体，新宿主细胞不会裂解。

三、细菌的接合转移

细菌的接合转移是指当细菌间发生紧密接触时，DNA 从一个细菌转移至另一细菌的过程。质粒和线性 DNA 均可通过接合转移进入受体菌。

质粒的接合转移（conjugation）能够在同种或异种的细菌间发生。F 质粒是在大肠杆菌中发现的且研究较多的接合转移质粒，又称性质粒。F 质粒带有一个与转移相关的基因 *tra* 区域，包括两类基因：一类负责杂交对形成（mating pair formation）；另一类负责 DNA 转移和复制（DNA transfer and replication）。含有 F 质粒的供体菌产生一根性菌毛，性菌毛将供体菌与受体菌连接在一起，然后性菌毛收缩，使细胞间相互接触。供体菌内 DNA 酶在 F 质粒的转移原点（*oriT*）处切开一条单链，该单链 DNA 进入受体菌，同时在供体菌中 F 质粒采用滚环复制的方式合成新的 DNA。F 质粒单链 DNA 进入受体菌后，以此 DNA 为模板合成互补链，形成完整 F 质粒（图 7-16）。

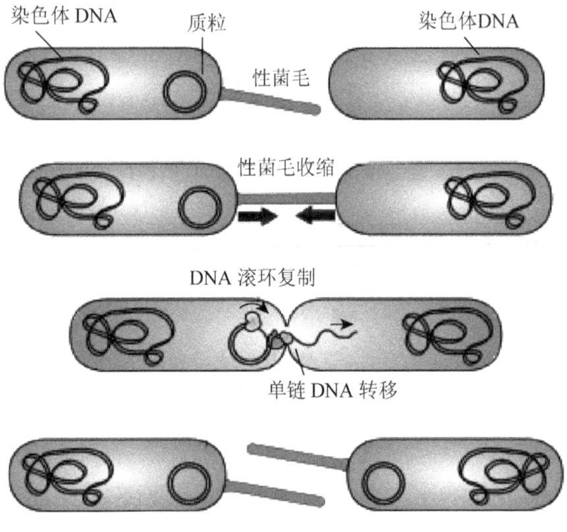

图 7-16　质粒的接合转移

F 质粒会通过同源重组插入细菌染色体。当接合转移发生时，*oriT* 处的质粒先导 DNA 率先进入受体菌，接下来是染色体 DNA。染色体 DNA 非常长，很难全部转入受体菌，往往只有一部分染色体 DNA 转入受体菌。通过同源重组，这部分 DNA 整合入受体菌染色体，对细菌的表型产生影响。由于这类供体菌能转移细菌染色体，因此被称为高频重组（high frequency of recombination，Hfr）菌株（图 7-17）。如果转移的 DNA 未能整合入染色体，可能随着细菌的复制而丢失。

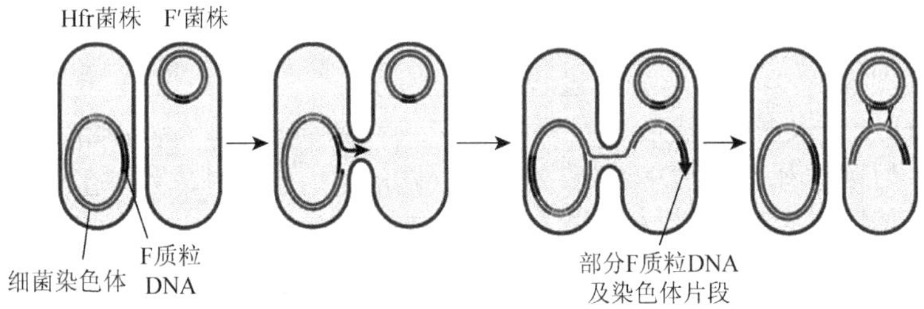

图 7-17　Hfr 菌株的接合转移

整合入染色体的 F 质粒还会从染色体上切离下来，在这一过程中 F 质粒有时候会携带有染色体 DNA 片段，称为 F′质粒。当 F′发生接合转移时，其携带的染色体 DNA 也随之进入受体菌。

与 F 质粒不同，有些质粒只含有转移原点 *oriT* 区域，而不含转移相关基因 *tra* 区域，这类质粒不能自主转移。但当其与自主接合质粒在同一宿主时，可以通过接合质粒产生的接合系统转入受体菌。因此，可以通过将 *oriT* 区域连接入质粒人工构建可被接合转移的质粒。有些人工构建的工程菌如 S17 携带有接合转移的基因，可以转移带有 *oriT* 区域的质粒。

第五节　真核微生物的遗传

真菌是真核微生物。大多数真菌具有典型的有性生殖过程和特点。有性生殖是真核微生物发生基因重组的重要途径。除此之外，准性生殖也是一些真菌进行基因重组的重要途径。

一、有性生殖

真菌的有性生殖起始于两个单倍体性细胞融合，形成二倍体，接着进行减数分裂，形成子代单倍体细胞。在减数分裂的过程中，可能发生染色体和基因重组。粗糙脉孢菌（*Neurospora crassa*）是研究真菌遗传、重组的模式菌株。该菌是丝状真菌，可进行无性和有性生殖。粗糙脉孢菌的有性生殖由两种不同接合型，即A和a型进行。一种接合型的粗糙脉孢菌产生的精子与另一接合型菌株产生的产囊体上的受精丝结合受精，产生一个二倍体细胞核。二倍体细胞核进行减数分裂产生4个单倍体核，每个单倍体核再发生一次有丝分裂，形成8个单倍体子囊孢子，称为四分体。这8个有性孢子在子囊中的排列顺序直接反映了减数分裂时染色单体的排列和分离（图7-18）。

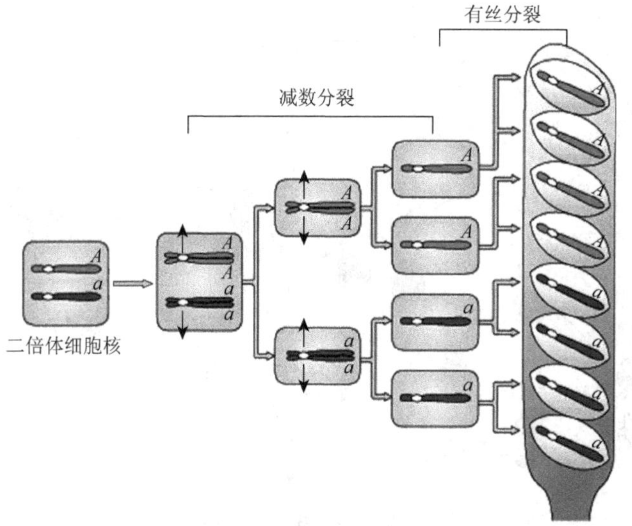

图7-18　粗糙脉孢菌有性生殖的染色体复制和分离

如图7-18所示，在减数分裂中未发生染色体的重排，子囊孢子的排列为AAAAaaaa，或aaaaAAAA。如果减数分裂中接合型基因簇A和a基因簇与着丝粒之间发生重排，则可能出现以下4种子囊孢子的排列：AaaaAAaa、aaAAaaAA、AAaaaaaaAA和aaAAAAaa。

二、准性生殖

有性生殖是真菌发生基因重组的重要机制。但有些真菌，如过去称为半知菌的真菌，很少或不发生有性生殖，但同样能够表现出基因重组。这一重组过程起始于两个营养细胞的融合，称为准性生殖（parasexual reproduction）。

（一）准性生殖的过程

准性生殖最早发现于构巢曲霉，其过程包括异核体的形成、核融合和体细胞交换及单倍体化。

1. 异核体的形成

当两个不同基因型的单倍体细胞或菌丝发生融合时，产生含有不同细胞核的细胞或菌丝，称为异核体。异核体的形成是准性生殖的第一步。例如，将构巢曲霉亮氨酸缺陷菌株（leu^-met^+）与蛋氨酸缺陷菌株（leu^+met^-）混合接种在基本培养基上时，会产生少数原养型菌落。这是因为两个菌株的菌丝发生融合，形成异核体。两个细胞核中编码的酶能够弥补彼此的缺陷，从而使异核体菌株得以在基本培养基上生长。

2. 核融合

异核体中不同基因型的细胞核会以极低的频率（10^{-6}左右）发生融合，形成杂合二倍体。如果将大量leu^-met^+与leu^+met^-异核体菌株的分生孢子接种在基本培养基上，会出现少量原养型菌株。这是由于发生了核融合的二倍体细胞以有丝分裂方式进行无性生殖产生了二倍体分生孢子。这些二倍体孢子具有在基本培养基上生长所需的野生型基因，因此萌发产生二倍体菌落。未发生核融合而产生的单倍体分生孢子是不能在基本培养基上生长的。

3. 体细胞交换及单倍体化

在二倍体细胞核中，同源染色体间会发生交换，产生重组二倍体，这一过程称为体细胞交换。还有少数细胞会发生异常有丝分裂，使一个细胞多一条染色体（$2n+1$），另一个细胞少一条染色体（$2n-1$），或产生单倍体，从而形成了具有新基因型的重组单倍体化的细胞。

（二）准性生殖的应用

如前所述，异核体、二倍体或重组体菌株有可能具有更好的环境适应能力，获得生长优势。对于不能进行有性生殖的真菌，可以通过准性生殖进行菌种改良，提高所需性状。另外，准性生殖还用于基因功能的遗传学研究。

三、酵母菌的接合遗传

酿酒酵母细胞可以是单倍体也可是二倍体，单倍体和二倍体菌株都可以通过出芽生殖进行繁殖。单倍体细胞分为 a 和 α 两种接合型，只有两个不同接合型的细胞能够发生接合，形成 a/α 二倍体细胞接合子。接合子通过出芽生殖进行二倍体细胞的增殖，在一定环境下，会发生减数分裂，形成单倍体子囊孢子（图 7-19）。

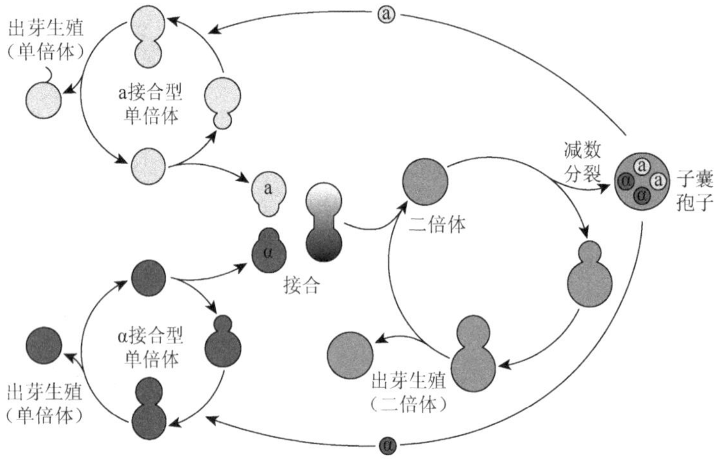

图 7-19　酿酒酵母的生活史

一个接合型的单倍体酵母菌在生长过程中，在群体中会自发出现另一接合型的单倍体酵母细胞。这两种接合型的单倍体酵母会发生接合，形成二倍体细胞。这种单倍体细胞接合型的变化称为接合型转变，而随后二倍体的形成即是酵母菌生活史中的同宗配合。

那么，这种接合型转变是如何产生的呢？首先要了解一下与接合型相关的基因。接合型基因 *MAT* 位于酵母菌的第三号染色体上，在其两侧有两个沉默基因座分别是 *HMLα* 和 *HMLa*。只有 *MAT* 基因能够活跃表达，并决定了细胞的接合型。接合型的转变起始于酵母菌自身编码产生的一个 DNA HO 内切酶，这个内切酶特异性地识别并剪切 *MAT* 区的 DNA，随后会有部分相邻的 DNA 被降解。由此产生的 DNA 3′端会有 *HMLα* 或 *HMLa* 区域的拷贝转移过来与之重组。如与之重组的是 *HMLα*，则表达 α 蛋白，作为外激素附着在酵母细胞表面，成为 α 接合型；如与之重组的是 *HMLa*，则表达 a 蛋白，该细胞为 a 接合型（图 7-20）。

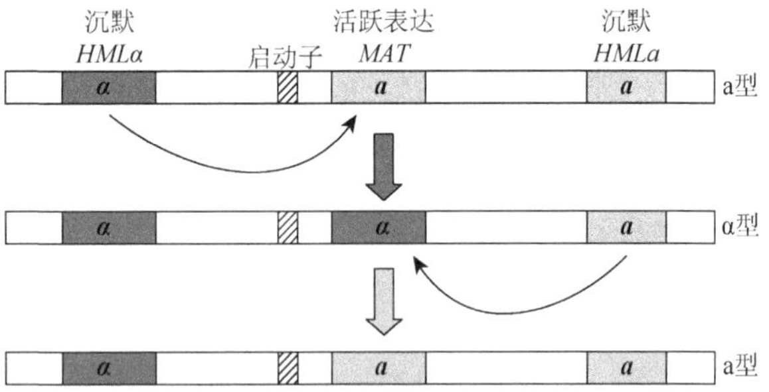

图 7-20　酵母接合型的转换

启动子下游的□为 *MAT* DNA 序列由 DNA HO 内切酶切割后剩余的 DNA 3′端

第六节　菌种的遗传改良

微生物已广泛应用于医药、食品、农业、化工生产和化学污染物治理，在人类生活中必不可少。优良的菌株能够提高产量或效率，降低生产成本，是应用中的关键因素。在自然界生存的野生型菌株具有一定的调控途径以适应各种自然条件的变化，并保持与其他微生物竞争的能力。但野生型菌株对某些人类所需产物的产量有限，或者难以大量有效的降解或吸收有害物质。因此可以对野生型菌株进行遗传改良，在相对稳定的环境条件下提高它们的生产或处理能力。通常的遗传改良手段包括物理、化学和生物诱变以及基因工程育种。

一、理化因子诱变育种

本章第二节曾经提到许多物理、化学因子能够诱发突变，提高微生物的突变率，在此基础上，结合灵敏有效的筛选方法可以获得所需的目的菌株。常用的物理、化学诱变剂包括紫外线、X 射线、亚硝基胍、甲基磺酸乙酯、硫酸二乙酯、叠氮化钠和乙烯亚胺等。

1. 诱变处理中菌株的状态

在诱变剂处理时，一般要求细胞要尽量分散，使每个细胞能够均匀地接触诱变剂。在处理霉菌和放线菌时，要尽量处理单核的孢子而避免多核的菌丝，且要把孢子打散。

霉菌和放线菌成熟的分生孢子对于诱变剂不是很敏感，但稍稍萌发的孢子会比较敏感。对于细菌而言，一般对数期的菌体对诱变剂更为敏感。

2. 诱变剂的剂量

诱变剂会造成 DNA 损伤，因此剂量越高突变率就会越高，但同时较大的剂量会造成微生物的死亡。因此，每一种诱变剂对不同的微生物都有一个最佳剂量，这个最佳剂量可以通过测量诱变剂处理后菌株的突变率和致死率进行确定。

二、生物诱变育种

转座子是最常见的生物诱变因子。利用某些转座子（如 Tn5 等）随机插入染色体的特点，可以将带有转座子的自杀质粒（即在目的菌株中不能复制的质粒）通过转化或接合转移等方式导入目的菌株。利用转座子带有的抗性标记筛选染色体上插入有转座子的菌株，再进行性状的筛选。还可以结合转座子定位技术，鉴定转座子在染色体上插入的位置，从而知道是哪个基因的突变导致的相应表型的变化。

三、杂交育种

杂交育种是指通过使具有不同基因型的细胞进行杂交，使遗传物质发生重组，产生具优良性状的新菌株。

细菌可以通过转化、转导和接合进行遗传重组。放线菌主要通过接合的方法进行 DNA 的转移和重组。酵母菌和一些真菌可以通过有性生殖的途径进行 DNA 的重组，还有部分真菌可采用准性生殖的方法。另外，原生质体融合也适用于细菌、放线菌和真菌。该技术主要是通过在一定条件下去除细胞壁形成原生质体，采用化学试剂如聚乙二醇或电场促进原生质体的融合，再在高渗培养基中使细胞壁再生，从而达到遗传物质重组的目的。

四、代谢控制发酵育种

随着对于微生物合成代谢途径以及代谢调节控制的了解愈加深入，人们可定向选育某种特定的突变型，通过改变代谢通路、降低或切断支路代谢产物合成，使代谢流向目的产物积累方向进行。例如，谷氨酸棒杆菌生物素缺陷型菌株中的乙酰辅酶 A 和生物素之间的合成反应受到阻断，切断了支路代谢，代谢只能向着谷氨酸合成方向进行，因而产量得到累积。

在生物合成中，终点产物对该途径的酶的活性有抑制作用，称为反馈抑制，该调控不利于产物的生产。例如，抗生素一方面作为终产物对参与抗生素生物合成的有关酶有抑制作用；另一方面对生产菌本身的生长具有抑制作用。因此，对自身产生抗生素耐受性提高且具有抗反馈抑制合成酶突变的菌株，合成抗生素的能力也将得到提高。例如，为提高螺旋霉素产量，可将生产菌株经诱变后，在螺旋霉素浓度梯度平板上筛选具有高螺旋霉素抗性的菌株，再进一步检测其生产能力。

五、基因工程育种

基因工程育种是指利用体外基因操作技术，在目的菌株中表达所需外源基因，或对目的菌株的基因、质粒甚至染色体进行改造，从而达到提高产量或增强功能的效果。例如，通过增加关键酶的表达水平提高产物的生产速度或直接克隆表达外源的目的蛋白等。目前，基因工程产品已经广为应用，如人生长激素、胰岛素、干扰素、流感和乙肝疫苗等。随着越来越多的微生物全基因组的测序，以及转录组学、蛋白组学和代谢组学的发展，人们对微生物的研究逐步从单一基因或操纵子提升到整体调控通路和代谢网络，以及某一环境中微生物的群体（如人体菌群或污染物治理菌群等）。对基因调控和代谢网络的解析为高效基因工程育种提供了理论基础和思路。

知识点回顾

1. 微生物主要的遗传物质是 DNA，有些病毒

（包括噬菌体）的遗传物质是 RNA。细菌的染色体 DNA 以拟核形式存在，真核微生物的染色体存在于核膜包裹的细胞核内。

2. 质粒是存在染色体外能够自主复制的遗传因子，不具有胞外期，非宿主所必需。质粒主要由 DNA 组成，也有 RNA 质粒。质粒的不相容性主要是由于两个不同的质粒具有近似的拷贝数控制机制或质粒分配机制。质粒的接合转移可以在同种或不同种微生物间发生。

3. 转座因子是一类能够在 DNA 上变换位置的 DNA 序列。细菌转座子可分为插入序列、转座子和转座噬菌体。

4. DNA 在复制时会以低频率发生随机的自发突变。物理、化学诱变剂能够提高突变率。转座因子的插入也会引起遗传性状的改变。

5. 微生物具有多种 DNA 修复系统，包括特异性修复某种 DNA 损伤或普遍性修复各种损伤的系统。某些情况，如大范围 DNA 损伤，能够激发细菌的 SOS 反应，使细菌在牺牲保真性的同时，保证 DNA 的复制和存活。

6. 原核微生物通过转化、转导和接合进行 DNA 的水平转移。发生水平转移的 DNA 可通过同源重组整合入宿主染色体，从而稳定遗传并影响宿主的遗传性状。

7. 真核微生物通过有性生殖及准性生殖进行 DNA 的重组。酵母菌单倍体细胞可在两种不同接合型间转变。不同接合型的酵母菌细胞通过接合形成二倍体细胞。

8. 为了获得具有优良性状的菌株，可采用诱变剂、DNA 重组和基因工程技术进行育种，并结合灵敏、简便的系统进行筛选。

关键词

1. 质粒（plasmid）是存在于染色体外且能独立复制的遗传因子，包括 DNA 和 RNA，主要是指共价、闭合、环状，且能独立复制的双链 DNA 分子。

2. 转座因子（transposable element）是一类可以从 DNA 的一个位置转移到另一位置的 DNA 序列，广泛分布于细菌、真菌、动植物及人类中。

3. 突变（mutation）是指基因组的核酸序列发生了可遗传的变化。

4. 诱变剂（mutagen）是指能够诱发细胞 DNA 突变的物质。

5. 转化（transformation）是指游离的 DNA 分子进入细菌而带来遗传性状改变的过程。

6. 转导（transduction）是指噬菌体介导的细菌 DNA 的转移。

7. 细菌的接合转移（conjugation）是指当细菌间发生紧密接触时，DNA 从一个细菌转移至另一细菌的过程。

自测题

一、选择题

1. 自然界中已发现作为遗传物质的有（　　）。
（A）单、双链 DNA
（B）单、双链 RNA
（C）DNA-RNA 杂合链和（A）、（B）选项
（D）（A）和（B）选项

2. 绝大部分细菌染色体是（　　）。
（A）双链线状 DNA
（B）双链环状 DNA
（C）单链线状 DNA
（D）单链环状 DNA

3. 基因突变会导致其编码的蛋白（　　）。
（A）功能缺失或减弱　（B）功能增强
（C）功能不变　（D）都有可能

4. 细菌在 DNA 受到损伤时（　　）。
（A）优先保证正确修复
（B）优先保证细菌生存
（C）不具有明显规律
（D）根据损伤程度确定正确修复或生存的优先性

5. 营养缺陷型的微生物（　　）。
（A）在基本培养基上会死亡
（B）在完全培养基上不能生长
（C）在基本培养基上能生长
（D）在完全培养基上能生长

6. 许多引起癌症的化合物对微生物突变率的影响是（　　）。
（A）能直接提高
（B）肯定不会影响
（C）经过一定处理后能提高
（D）（A）和（C）选项都有可能

7. 质粒的不相容性是由于（　　）。
（A）两质粒的拷贝数相近
（B）两质粒具有相似的复制调控或分配机制
（C）两质粒的大小相近
（D）两质粒来源于相近的天然宿主

8. 真核微生物的有性生殖（　　）。
（A）产生二倍体孢子
（B）产生单倍体孢子
（C）可发生染色体交换
（D）都会发生

9. 真核微生物的准性生殖（　　）。

（A）产生二倍体孢子

（B）产生单倍体孢子

（C）可发生染色体交换

（D）都会发生

10. 在单独培养一种接合型的酵母菌过程中（　　）。

（A）会自发产生其他接合型的酵母菌

（B）不会自发产生其他接合型的酵母菌

（C）需人工诱导才能产生其他接合型的酵母菌

（D）需进行基因工程改造才能产生其他接合型的酵母菌

二、问答题

1. 某一细菌的 DNA 含有 40%的 A+T，它的 mRNA 中 G+C 的含量是多少？其噬菌体的基因组含 30% A、23% T、29% G 和 18% C。如何解释这一现象？

2. 大多数对链霉素的耐药性是由于细菌一个编码核糖体蛋白的基因发生了突变。对于链霉素的耐药突变和精氨酸营养缺陷型突变，哪个发生的频率高？为什么？

3. 阐述质粒不相容性的机理。如两个大肠杆菌的两个质粒分别带有四环素和庆大霉素抗性，如何设计实验判断它们相容与否？

4. 实验室有一株产淀粉酶的地衣芽孢杆菌。设计实验通过诱变的方法筛选产量提高的菌株。

5. 某子囊菌的孢子颜色与两对自由组合基因有关，黄褐色品系与巧克力色品系杂交后，后代为 1 黑∶1 黄褐色∶1 巧克力色∶1 白，试写出亲本和后代的基因型（以 A，a，B，b 表示）。

答案：

开篇事件

答：经过对 *ndm-1* 编码基因及其两侧 DNA 序列的研究，发现该基因通常位于质粒上。在多个质粒不相容组的质粒中均发现了 NDM-1 编码基因。有些质粒本身带有接合转移系统。另外，在 *ndm-1* 编码基因两侧，还发现了 IS 序列，即该基因存在于转座因子中。因此，*ndm-1* 编码基因会随着转座因子的迁移而在不同质粒中穿梭。随着质粒的接合转移，又可在同种或异种的细菌间传播。同时，抗生素的不正当使用也是促使这类超级细菌出现的推手。

选择题：1. D　2. B　3. D　4. D　5. D
　　　　6. D　7. B　8. D　9. D　10. A

问答题：

1. 答：细菌 DNA 中含 60% GC，因此 mRNA 的 GC 含量为 60%左右（考虑到有些 DNA 区域不参与编码 mRNA，DNA 与 mRNA 的 GC 含量也许会有一点不同）。噬菌体中 A 与 T 不等，G 与 C 也不等，说明是单链 DNA 噬菌体。

2. 答：精氨酸营养缺陷型突变发生的频率高。针对链霉素的耐药突变发生在一个核糖体蛋白基因上，既要使核糖体不与链霉素结合，又要保证核糖体能够保持正常翻译蛋白的功能，因此发生这种突变的概率较低。而精氨酸合成需一系列酶完成，任何一个基因的失活突变均会导致精氨酸营养缺陷型，发生这种突变的概率较高。

3. 答：如果两个质粒具有相同或相近的拷贝数调控机制或分配机制，就会导致这两种质粒不能在同一宿主中稳定存在，称为质粒的不相容性。

实验设计：

1）将两个质粒分别转入大肠杆菌。

2）在没有抗生素的液体培养基中培养一定时间（如 8h）。

3）在含有或不含有抗生素的平板上稀释计数，根据两种平板上菌落数的差异分别计算出两种质粒的天然丢失频率。

4）将一个质粒转入含有另一个质粒的大肠杆菌中，利用双抗平板筛选出同时含有两种质粒的转化子。

5）在没有抗生素的液体培养基中培养一定时间［与第 2）步相同］。

6）在不含或含有单种抗生素的平板上稀释计数，根据平板上菌落数的差异分别计算出两种质粒的丢失频率。如果丢失频率高于单个质粒的天然丢失频率，则说明这两种质粒属于同一不相容组。如果丢失频率与单个质粒的天然丢失频率近似，则说明这两种质粒不属于同一不相容组

4. 答：实验设计

1）选择物理或化学诱变剂，如紫外线或者亚硝基胍等。

2）用诱变剂处理菌株，将处理后的细菌稀释涂布于含有淀粉的培养基平板上。

用碘液滴加在具有单菌落的淀粉平板中的菌落周围，由于菌落周围淀粉被水解而为无色透明，远离菌落的淀粉会与碘液反应呈蓝色，因此可根据透明圈直径和菌落比值大小，挑取比值大于出发菌株的菌落，即为淀粉酶产量可能增高的突变菌株。

5. 答：1）两个显性基因互补产生黑色，双隐性基因为白色。

2）亲本基因型：Aabb，aaBb。

3）后代基因型：Aabb × aaBb = AaBb（黑色，占 1/4），Aabb（黄褐色，占 1/4），aaBb（巧克力色，占 1/4），aabb（白色，占 1/4）。

（吴卫辉）

第八章 微生物基因表达与调控

开篇事件：细菌药物新时代或将来临

人类与肠道中近百万细菌保持着良好关系，这对人类健康非常重要。如果良好关系被破坏，不利于人体的细菌就会侵入，原来有利的细菌也变得不利于人体健康。人肠道细菌占粪便干重的1/3。2012年研究报道，通过将健康人的粪便移入患者肠道，调整有益菌群，可使人体重新恢复健康，即“以菌制菌”——细菌药物。但由于目前肠道宏基因组研究手段的限制，基因组还只能测定到属，无法聚焦关键菌群的“种”或“株”，使肠道菌群的差异变化仍停留在丰度改变的描述上，缺乏精准定量方式。另外，肠道菌群的“好”与“坏”缺乏评价标准。正常菌群的共性难以描述，菌群失衡的特征无法判断。因此，只有通过“全球微生物组计划”，进一步获得不同遗传背景、饮食习惯、生存环境个体的肠道微生物信息，才能更好地评判肠道细菌的“好与坏”，使细菌药物真正进入新时代。

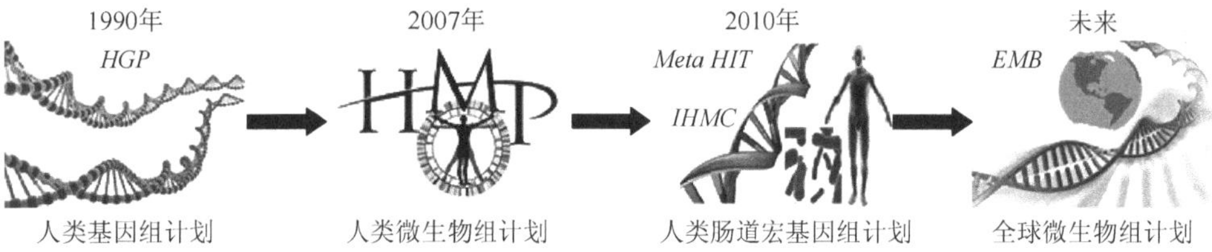

组学研究发展进程

参考文献：

Mitreva M. 2012. Structure, function and diversity of the healthy human microbiome. *Nature*, 486: 207-214.

Turnbaugh PJ, Ley RE, Hamady M, et al. 2007. The human microbiome project. *Nature*, 449: 804-810.

思考题：

1. 什么是菌群？
2. 什么是宏基因组学？

尽管自然界环境千变万化，但微生物都能逐渐适应变化的环境而生存，这说明其自身具有非常完备的调节系统。原核微生物结构简单，遗传背景清楚，所以基因表达调控方式相对简单，目前原核微生物已有3000多种进行了无缝隙全基因组测序。真核微生物结构复杂，遗传背景有待深入研究，所以其基因表达调控方式也相对复杂。尽管目前无缝拼接的真核微生物全基因组测序已有20多种，但其数目远少于原核微生物。因此，要揭示更多的有益真核微生物基因表达调控的规律，才能更好地工业化生产真核微生物的代谢产物，为人类提供更多的有益食品和有效药品，这些方面是未来微生物基因表达调控研究的重点。

微生物细胞中存在着两种主要的代谢调控模式：一种是控制已有酶的活性；另一种是控制酶的表达量（图8-1）。酶量的调节既可发生在转录水平，也可发生在翻译水平。而酶活性调节发生在酶蛋白刚刚合成以后，称为翻译后调控。

在原核微生物中，酶活性调节通常是一个迅速的过程，但酶量的调节则相对缓慢。如果细胞需要合成一种新酶，那么细胞中积累该酶并行使功能需要一定的时间。同样如果要终止一种酶的合成也需要一定的时间。在细胞代谢中，酶活性调节和酶有效合成调节是同时进行。本章首先简要介绍酶活性的调节方式，接着重点讲解在基因转录、翻译不同水平上控制酶有效合成调节的主要模式。

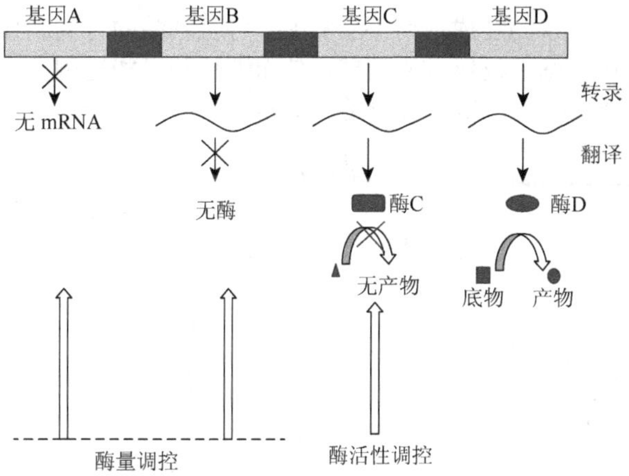

图8-1　细胞中基因表达调控模式

第一节　酶活性调节

酶活性调节有多种方式，本章简要讲解由效应物或共价修饰引起的别构酶活性抑制的可逆性调控。同时，介绍酶蛋白表达翻译后，经加工剪接使其分子改变，而导致酶活性变化的不可逆性调控。

一、反馈抑制

反馈抑制（feedback inhibition）是酶活性调节的主要机制，存在于整个生物合成途径中。在氨基酸、核苷酸及其他所需重要物质的生物合成中，当中间产物或终产物积累并超过细胞所需正常生理量时，中间产物或终产物就能抑制该合成途径的第一个酶的活性，并终止这些产物的合成，这种调节称为反馈抑制（图8-2）。如果这些产物被消耗，即可解除反馈抑制，第一个酶恢复活性，这些产物重新合成。反馈抑制是一种可逆性的调节机制。

酶作用底物和终产物其分子结构完全不同，终产物之所以对反应途经的第一个酶的活性有明显的抑制作用，是因为该酶往往是一种别构酶。别构酶（allosteric enzyme）有两个重要的结合位点：一是与底物结合的活性位点（active site）；二是与末端产物等效应物（effector）相结合的别构位点

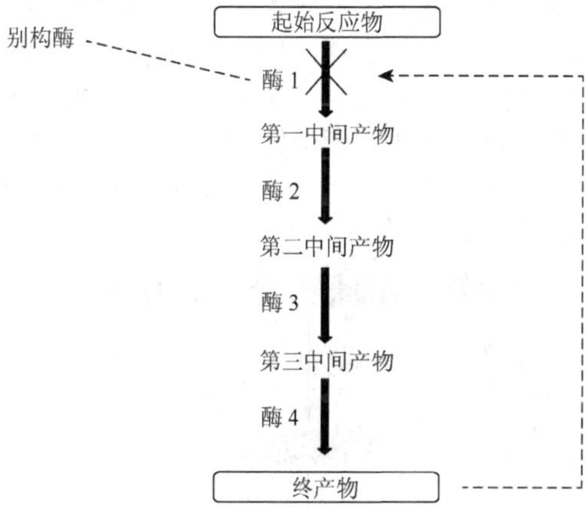

图8-2　酶活性的反馈抑制模式

（allosteric site）。一般情况下，效应物以非共价形式与别构位点结合，使酶分子构象发生改变，导致底物不能再有效地与活性位点结合。当效应物浓度下降时，效应物从别构位点上解离下来，酶分子活性位点又恢复到催化状态。

在合成与分解代谢途径中，别构酶普遍存在。特别在分支途径中，别构酶尤为重要。例如，脯氨酸和精氨酸的合成均来自谷氨酸。这两种氨基酸均能控制各自合成途径中的第一个酶，从而只控制它

们自身的合成，而不影响另一种氨基酸的合成。如此精细的反馈抑制调节，使得即使脯氨酸过剩，也不会引起精氨酸的缺乏（图 8-3）。

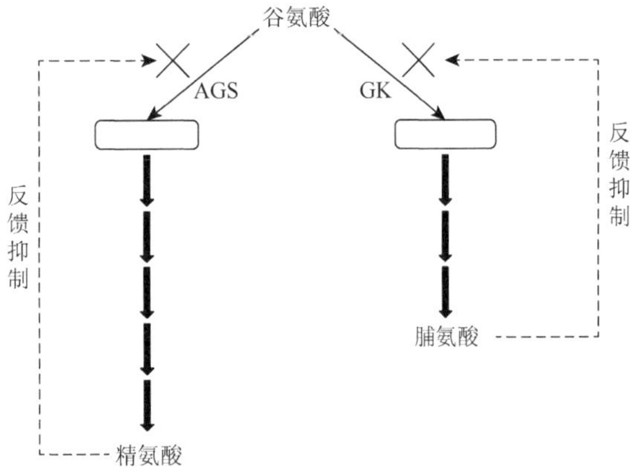

图 8-3　分支生物合成途径中的反馈抑制

AGS. *N*-乙酰谷氨酸合成酶；GK. γ-谷氨酸激酶

另外，同工酶（isoenzymes）也可调节一些生物合成途径。同工酶是指能催化同一生化反应的不同种类酶蛋白，但它们调节反馈抑制的方式不同。在大肠杆菌（*Escherichia coli*），7-磷酸-2-酮-3-脱氧庚糖酸（DAHP）合成酶在芳香族氨基酸的生物合成中非常重要（图 8-4）。三种不同的 DAHP 合成酶的同工酶都催化代谢途径中的第一步反应，并且这三种同工酶分别受各自终产物氨基酸的反馈抑制调节。在这一调控中，一种或两种效应物并不能完全抑制酶的活性，而是随着终产物合成量的增加，DAHP 合成酶活的总活力逐渐降低，直至三种终产物均过量时，该酶才能全部失活，这种反馈调节方式称为协同反馈抑制。

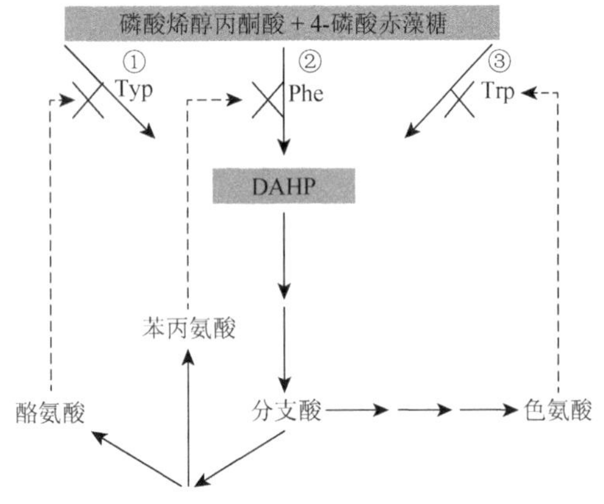

图 8-4　同工酶与反馈抑制

目前，随着人们对反馈抑制研究的不断深入，已分离出大量的特殊氨基酸反馈抑制缺失的突变株，这些突变株已解除了终产物正常的反馈抑制。因此，利用该突变株经代谢控制发酵可大规模商业化生产氨基酸，已用于医药、食品及其他生物化工产品。

二、共价修饰

在细菌中，酶活性的调节也可通过共价修饰（covalent modification）来实现，即通常为一些小分子结合到酶蛋白上或从其上除去。就别构蛋白酶来说，修饰基团的共价结合改变了酶蛋白的构象，失去了酶的催化活性。修饰基团一旦除去，酶活性又可恢复。因此，酶蛋白共价修饰的活性调节也是可逆性调控。常见的共价修饰有酶与腺嘌呤单核苷酸（AMP）、腺嘌呤双核苷酸（ADP）、无机磷（PO_4^{2-}）及甲基化（CH_3）基团的结合。最典型的例子是谷氨酰胺合成酶活性受 AMP 调节。

1. 谷氨酰胺合成酶的调节

谷氨酰胺合成酶（glutamine synthetase，GS）能与 AMP 结合而被腺苷酰化修饰。GS 在细胞同化氨的过程中起重要作用，其活性既受反馈抑制调节又受共价修饰调节。研究结果表明，有 9 种不同的化合物，其中包括几种氨基酸和核苷代谢物，可对 GS 的活性进行反馈抑制调节。其中每一种效应物只能部分地抑制GS的活性，只有9种效应物同时存在时，才能完全抑制 GS 的活性。

除反馈抑制外，GS 的活性还可通过共价修饰的方式进行调节。该调节受谷氨酰胺和谷氨酰胺前体、α-酮戊二酸和不含氨基的柠檬酸循环中间物质浓度所调控。每个 GS 分子包含 12 个相同的亚基，每个亚基都可以在特定位点进行腺苷酰化。当酶分子完全腺苷酰化后，就完全失去催化活性。当酶分子部分腺苷酰化时，仅具有部分活性。使 GS 结合或除去 AMP 基团而进行共价修饰的酶称为 P_{II}，P_{II} 自身也受共价修饰调节。当细胞中谷氨酰胺的水平下降时，P_{II} 被共价修饰，GS 去腺苷酰化，酶活性增高。当细胞中谷氨酰胺含量升高时，GS 就高度腺苷酰化，酶活性大幅度下降。GS 的活性水平可指示细胞中氮的含量。当氮含量低时，GS 显示出较高的活性；当氮含量升高时，GS 的活性降低。

2. 翻译后酶蛋白修饰与内含肽

虽然共价修饰方式调节酶活性的过程是可逆的。但有的酶蛋白翻译后以剪接修饰方式进行活性调节则是不可逆的。细菌中新合成的蛋白质在某些情况下需要翻译后的剪接修饰。如有的需将蛋白质起始位置的甲硫氨酸降解；有的分泌到胞外的蛋白质需要加一个前导序列；更特殊的是有些蛋白质翻译后要加工剪切掉蛋白质的某些部分，如除去内含肽（intein），再进行蛋白质部分的剪接（protein splicing）。经这些翻译后修饰才能形成有活性的蛋白质。蛋白质剪接发生在古生菌、细菌和真核生物的多种蛋白质中。图 8-5 显示了在引起麻风病的革兰氏阳性菌麻风分枝杆菌（*Mycobacterium leprae*）中，蛋白质剪接在 DNA 促旋酶（DNA gyrase，拓扑异构酶Ⅱ）合成过程中发挥作用。编码麻风分枝杆菌促旋酶 A 亚基的基因称为 *gyrA*，它编码 GyrA 蛋白。GyrA 多肽的侧翼氨基酸序列为外显肽（extein），GyrA 中的内含肽被除去后，外显肽连接在一起，形成有活性的蛋白质。因此，推测内含肽可能在蛋白质剪接中发挥调控作用。

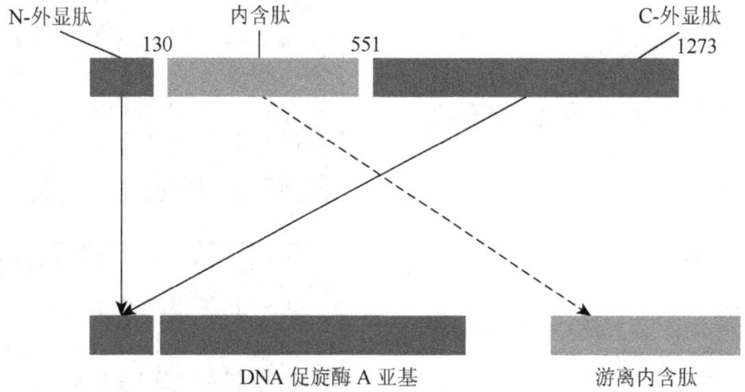

图 8-5　蛋白质剪接

从麻风分枝杆菌（*Mycobacterium leprae*）*gyrA* 基因转录的 mRNA，
经翻译产生的蛋白质含有 1273 个氨基酸残基。131～550 位氨基酸残基组成内含肽

第二节　酶基因表达与调控

微生物在其生长和繁殖过程中的主要基因产物是酶类。有些酶基因在细胞生长的任何时期都表达，这类酶称为组成型酶。而另一些酶基因的表达需要外界环境来控制。例如，大肠杆菌分解乳糖的酶基因，只有外界环境中存在乳糖时才被诱导表达，这类酶称为诱导型酶。微生物基因组编码的蛋白质一般远高于细胞中某一特定时期存在的蛋白质。因此，基因表达调控是所有细胞生命代谢所必需的，也是微生物自身节省物质与能源的一种方式。

一、原核微生物基因表达调控方式

微生物要有效地协调细胞中大量的生物化学反应，并使其可利用的资源发挥最大的生物效益，就必须利用多种基因表达调控方式来调节自身所产生的大分子物质。无论原核生物还是真核生物，转录是生物信息传递的第一步，也是基因表达调控的关键。如一个基因高效表达，那么细胞中就有大量该基因的蛋白产物。目前，已阐明细胞内存在多种在转录和翻译水平上控制酶合成的机制。这些基因表达的调控机制在很大程度上是受细胞生存环境，特别是一些小分子物质的影响。这些小分子物质指示着细胞生存环境的生理状况，并可与 DNA 结合蛋白相互作用，影响转录水平。DNA 结合蛋白包括有阻止转录进行的蛋白——阻遏蛋白（repressor protein）、促进转录进行的蛋白——激活蛋白（activator protein）等。下面将介绍几种典型的调控模式。

（一）负调控

在转录水平上，阻遏蛋白与操纵基因（operator）结合，阻止相关基因表达的调控方式，称为负调控（negative regulation）。当阻遏蛋白结合到操纵基因（启动子下游的特定 DNA 序列）上 RNA 聚合酶就不能沿着 DNA 链滑动，由此转录抑制。阻遏蛋白都是变构蛋白，也就是说环境中某种分子与阻遏蛋白结合后，就能改变其构象，并使其与 DNA 结合力发生变化。阻遏蛋白的作用机制有两种：如诱导和阻遏（图 8-6）。诱导：阻遏蛋白合成后能与操纵基因结合而使转录抑制。当环境中某分子（诱导物）与阻遏蛋白结合时，其构象会发生改变，以致阻遏蛋白不能再与操纵基因结合，RNA 聚合酶就能使 DNA 转录起始。阻遏：阻遏蛋白合成后不能直接与操纵基因结合。只有当环境中某分子（辅阻遏物）与阻遏蛋白结合后，形成的阻遏蛋白-辅阻遏物的复合物才能与操纵基因结合，转录抑制。

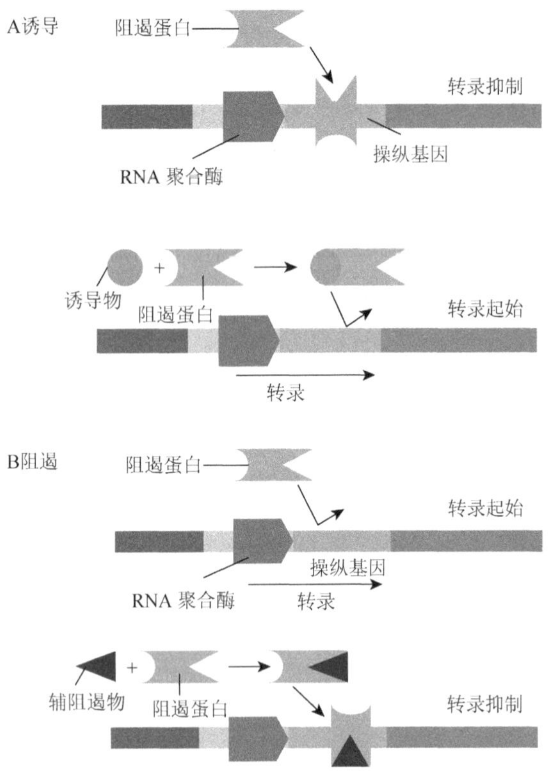

图 8-6 负调控模式

1. 酶诱导

酶诱导（enzyme induction）通常是指参与物质分解代谢的酶类只有当其作用底物存在时才合成。大肠杆菌分解利用乳糖时，产生的 β-半乳糖苷酶将乳糖水解成葡萄糖和半乳糖。当培养基中无乳糖存在时，β-半乳糖苷酶不会合成；一旦加入乳糖，该酶立即合成。β-半乳糖苷酶为诱导型酶，乳糖为诱导物。

2. 酶阻遏

酶阻遏（enzyme repression）通常是指参与物质合成代谢的酶类。只有当需要某物质时，如精氨酸，精氨酸合成所需的酶类才开始合成；当精氨酸过量时，该酶的合成就受抑制。精氨酸为辅阻遏物。在缺少精氨酸的培养基中，如果在对数生长期加入精氨酸，生长仍能按原速进行，但精氨酸合成酶的合成就终止。在任何情况下，阻遏是相当专一的，只影响自身途径中酶的合成，而不影响其他合成途径中的酶合成，所以细胞内的所有其他酶，仍按原有速度不断合成。

酶阻遏是酶诱导的互补。诱导物（inducer）为起始诱导酶合成的物质，辅阻遏物（corepressor）为起始阻遏酶合成的物质。这些物质通常为小分子，统称为效应物。然而诱导物和辅阻遏物并非都是相关酶的底物或终产物，也可为结构类似物，同样可起到诱导或阻遏作用。异丙基硫代-β-D-半乳糖苷（isopropylthio-β-D-galactoside，IPTG）是乳糖的结构类似物，可作为 β-半乳糖苷酶的诱导物，但不是该酶的水解底物。

酶阻遏机制

以精氨酸操纵子为例：过量的精氨酸作为辅阻遏物与细胞中阻遏蛋白结合，形成阻遏蛋白-辅阻遏物复合物，才能与操纵基因结合。操纵基因位于启动子的下游。如果阻遏蛋白-辅阻遏物复合物结合在操纵基因上，就会抑制RNA聚合酶与DNA的结合以及RNA聚合酶向下游移动，从而物理性地抑制编码精氨酸合成酶的所有结构基因的转录，抑制精氨酸的合成。

酶诱导机制

以乳糖操纵子为例：在诱导物乳糖不存在时，阻遏蛋白合成后就能与操纵基因结合，可完全抑制乳糖分解相关的基因转录。加入乳糖诱导物后，诱导物与阻遏蛋白结合，使阻遏蛋白构象发生变化，失去活性，其不能再与操纵基因结合，阻遏被解除，乳糖分解相关的基因开始转录。

（二）正调控

在转录水平上，激活蛋白（activator protein）与启动子附近的特定 DNA 序列结合，促进基因转录的调控方式，称为正调控（positive regulation）。由激活蛋白调控的基因，RNA 聚合酶是不能直接与启动子结合，起始转录。其原理是该启动子上游有一特定 DNA 序列，能与激活蛋白结合，这一特定 DNA 序列被称为激活蛋白结合位点。激活蛋白不能直接与激活蛋白结合位点结合。当环境中某种分子（诱导物）与激活蛋白结合后，激活蛋白构象发生变化，使其能结合到激活蛋白结合位点上，从而使 RNA 聚合酶结合到启动子上，转录起始（图 8-7）。

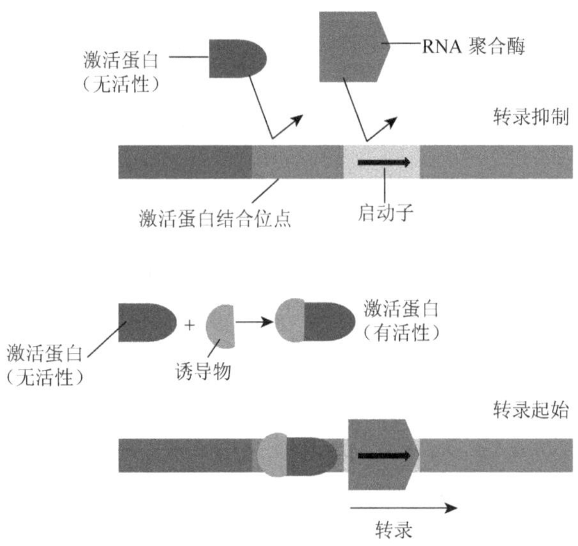

图 8-7 正调控模式

在大肠杆菌中，分解麦芽糖的反应就是一个典型的正调控。当培养基加入麦芽糖时，才能合成麦芽糖利用酶。首先激活蛋白（activator protein）与诱导物麦芽糖结合，其后再与激活蛋白结合位点结合，从而促使 RNA 聚合酶开始转录。

（三）弱化作用

弱化作用（attenuation）发生在转录起始后和终止前的过程中，不是以调节 DNA 与蛋白结合的方式来进行调控。换言之，弱化作用并不影响转录的起始，而只是减少操纵子（operon）完整转录产物的数量。转录的弱化作用最好实例是革兰氏阴性菌对特定氨基酸生物合成基因的调控。首先研究的是大肠杆菌中色氨酸操纵子转录的弱化作用。

1. 弱化作用与色氨酸操纵子

色氨酸操纵子含有 5 个与色氨酸合成相关的结构基因，在操纵子的起始部位是通用启动子和调控序列（图 8-8A）。像许多操纵子那样，色氨酸操纵子具有多种调控方式。色氨酸合成途经中的第一个酶为氨基苯甲酸合成酶，是由 *trpD* 和 *trpE* 编码的一个多亚基酶，受色氨酸反馈抑制。整个色氨酸操纵子的转录在负调控下进行。在操纵子中，除了启动子（*P*）和操纵基因（*O*）外，还存在一段序列称为前导序列（leader sequence，*L*），其末端序列含有串联的色氨酸密码，它具有弱化子（attenuator）的功能。

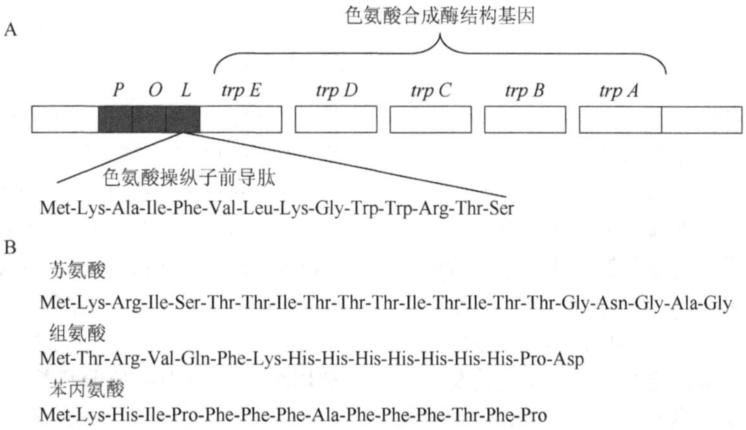

图 8-8　弱化作用和前导肽

A. 色氨酸操纵子结构；B. 其他一些氨基酸生物合成操纵子前导肽序列

2. 弱化作用机制

前导序列编码一个多肽，称为前导肽（leader peptide）。前导序列的翻译是如何调控下游色氨酸合成酶基因的转录呢？在原核细胞中转录和翻译是同步进行，一旦 mRNA 从 DNA 上释放出来，核糖体就能与之结合起始翻译。也就是说，当下游 DNA 序列仍在转录时，前面已转录出来的序列就开始翻译了（图 8-9）。

弱化作用的发生是由新合成的 mRNA 在某一部位由于临近核苷酸互补配对而折叠成唯一的茎环结构，抑制了 RNA 聚合酶的活性。当色氨酸过量时，核糖体开始翻译前导序列，随着前导序列的翻译，前导序列其余部分的 RNA，在其富含尿嘧啶末端序列前的 3，4 位点形成茎环结构的终止子（图 8-9），使 RNA 聚合酶在该处停止，抑制转录和色氨酸合成。

当色氨酸缺乏，在前导序列转录时，因缺乏携带色氨酸的 tRNA，核糖体在色氨酸密码子处停止，并在 2，3 位点形成茎环结构（图 8-9），新形成的茎环结构因位置改变不再是转录终止信号，而使 RNA 聚合酶起始色氨酸合成酶结构基因的转录，合成色氨酸。在弱化调控中，转录和翻译的相互作用，使翻译速率影响转录效率。

弱化作用也存在于大肠杆菌的组氨酸、苏氨酸-异亮氨酸、苯丙氨酸等氨基酸的生物合成，以及其他一些重要代谢过程中。如图 8-8B 所示，氨基酸生物合成操纵子中的前导肽都是富含该氨基酸的多肽。

（四）全局调控

全局调控（global control）是指生物通过调节多个不同基因的表达来对环境信号做出应答的调控。乳糖操纵子负调控与麦芽糖操纵子正调控都属于全局调控。

在讨论正负调控时，均没有考虑外界环境中会含有几种皆能被细菌利用的碳源同时存在。例如，大肠杆菌可利用的碳源很广，当多种碳源同时存在时，葡萄糖总是被优先利用，并同时阻遏其他糖分解酶的合成，以避免资源浪费。

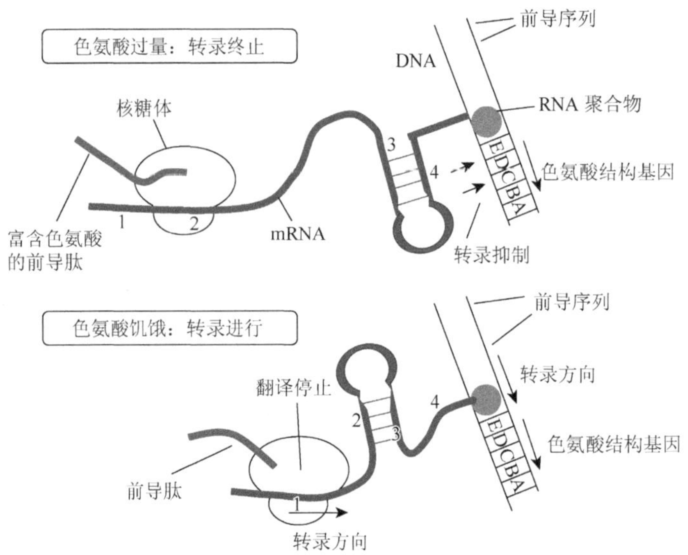

图 8-9　色氨酸操纵子弱化作用机制

1. 分解代谢物阻遏

大肠杆菌在同时含有葡萄糖和乳糖的培养基中生长时，它首先利用葡萄糖，同时阻遏乳糖分解酶的合成。只有葡萄糖耗尽后，乳糖分解酶才能合成，并开始利用乳糖。葡萄糖阻遏乳糖分解酶的合成，从而阻止乳糖分解利用的机制，称为分解代谢物阻遏（catabolite repression）。由于葡萄糖是第一个发现具有该效应的底物，因此分解代谢物阻遏也称为葡萄糖效应（glucose effect）。葡萄糖对乳糖的分解代谢物阻遏可引发两个对数生长期，故称为二次生长（diauxic growth）。第一个生长峰是利用葡萄糖，生长速率快；第二个生长峰是葡萄糖耗尽后，利用乳糖，生长速率较慢（图 8-10）。研究发现，最易利用的碳源（能源）总是对不易利用的碳源（能源）形成分解代谢物阻遏。

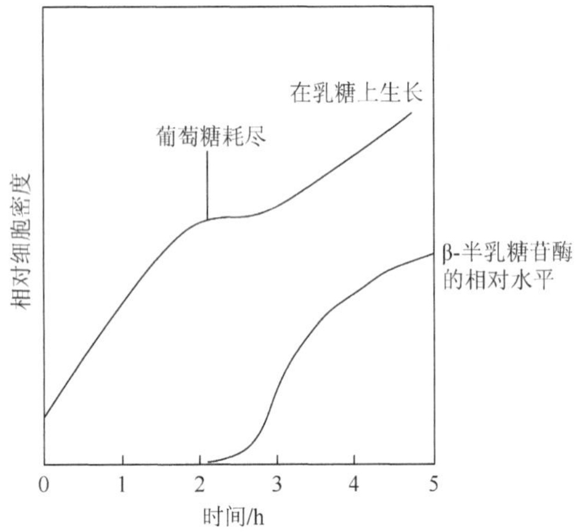

图 8-10　在葡萄糖和乳糖混合培养中的二次生长

葡萄糖对乳糖分解代谢物阻遏的机制：分解利用葡萄糖的酶是组成型酶，所以葡萄糖是微生物最易利用的碳源。而利用乳糖所需的 β-半乳糖苷酶是诱导型酶，其合成不仅需要乳糖作诱导物进行乳糖操纵子的负调控，还需分解代谢物激活蛋白（catabolite activator protein，CAP）的正调控。CAP 是一种别构蛋白，它必须与足量的环式腺嘌呤单磷酸（cyclic adenosine monophosphate，cAMP）结合而被激活，才能与 CAP 结合位点结合，促进 RNA 聚合酶与启动子结合，起始转录，合成 β-半乳糖苷酶类，分解利用乳糖。而当葡萄糖和乳糖同时存在时，葡萄糖抑制 cAMP 的合成，并还可促使 cAMP 向胞外运输，从而降低胞内 cAMP 的水平，不能激活 CAP，也就抑制了乳糖操纵子的转录，不能合成 β-半乳糖苷酶，进而也就不能利用乳糖，形成葡萄糖对乳糖的分解代谢物阻遏（图 8-11）。

2. 应急反应

细菌在自然界经常会遇到营养水平的变化。研究人员对大肠杆菌和其他一些原核微生物在不同营养状态下，其基因表达的“上调”和“下调”进行了大量的模拟研究。

模拟研究实例

以哺乳动物肠道内的大肠杆菌为例。在该环境中经常会有饥饱状态的不断变化。哺乳动物进食后一段时间，肠道内的氨基酸、维生素和其他营养物质丰富，在此环境中，大肠杆菌利用环境中的营养物质合成自身所需物质，停止部分生物合成途径，主要集中合成生物大分子上，如DNA和蛋白质，进行大量繁殖。但是，饱腹之后，因为环境中食物的枯竭，对于某些哺乳动物来说经常是处于长时间的饥饿状态，此时，大肠杆菌的生物合成途径又重新被激活，利用储存的能量，并减慢繁殖速度。一般来说，在营养丰富的条件下，大肠杆菌在24h内能繁殖很多代。但是，一旦营养匮乏，24h内仅仅繁殖一代。

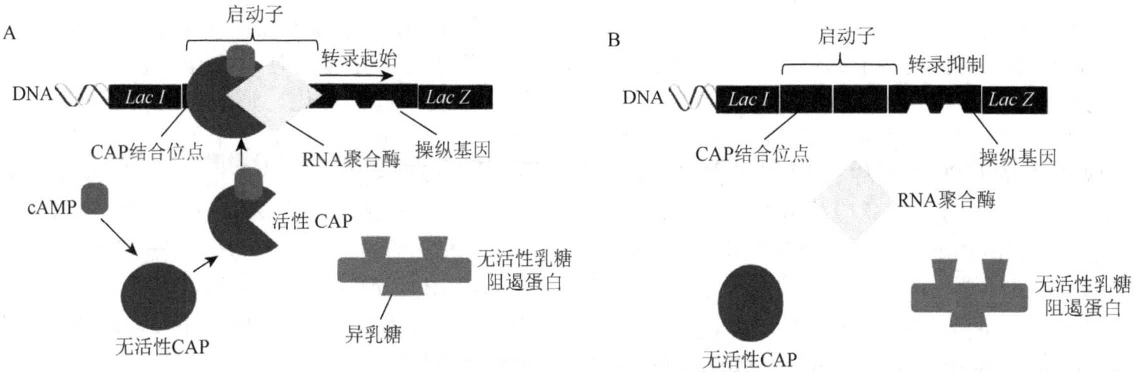

图 8-11 分解代谢物阻遏的全局调控

A. 在培养基中存在乳糖，缺乏葡萄糖（cAMP 高水平）；

B. 在培养基中存在乳糖和葡萄糖（cAMP 低水平）

最典型的实例是由氨基酸缺乏引起的基因调控——应急反应(stringent response)。当氨基酸缺乏之时，细菌将终止 rRNA 和 tRNA 合成、不再产生新核糖体、减少蛋白质和 DNA 的合成，但可激活新氨基酸的生物合成途径（图 8-12A）。当环境中缺乏氨基酸得到补充后，细菌又开始合成新蛋白质，但仍利用原有的核糖体。其后新 rRNA 合成重新开始，而合成速率和细胞生长速度有所降低。这个过程称为应急反应，也属于全局调控。

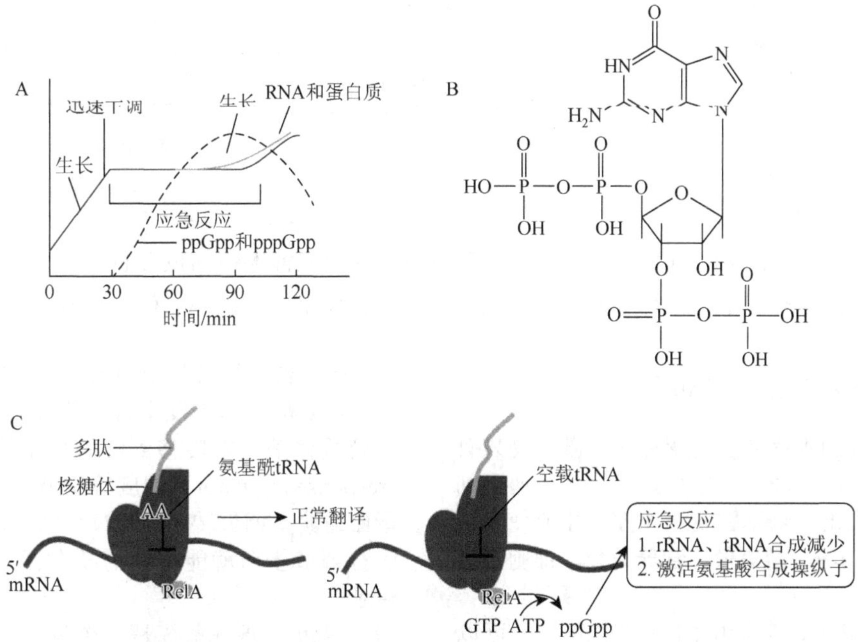

图 8-12 应急反应

A. 当营养条件下调时，rRNA、tRNA 和蛋白质的合成暂时停止；B. 鸟苷四磷酸（ppGpp）的结构；C. ppGpp 的合成

应急反应的信号是两个修饰的核苷酸(图 8-12B)，即鸟苷四磷酸（guanosine tetraphosphate，ppGpp）和鸟苷五磷酸（guanosine pentaphosphate，pppGpp）。在大肠杆菌中，这些核苷酸称为警报素（alarmone）。警报素是由一种 RelA 蛋白（焦磷酸转移酶）催化合成，ATP 作为磷酸的供体（图 8-12B、C）。在氨基酸缺乏时，细胞内产生大量空载 tRNA，并与核糖体结合，抑制了核糖体功能；而此时 RelA 与核糖体 50S 亚基结合后，激活 RelA，从而催化合成的 ppGpp/pppGpp（图 8-12C）。警报素的作用机制有两种推测：一是 ppGpp/pppGpp 可能与 RNA 聚合酶结合，使 RNA 聚合酶发生构型改变，从而识别不同的启动子，影响基因的转录效率；二是 ppGpp/pppGpp 可能与启动子结合，使启动子不再与 RNA 聚合酶结合，抑制转录。

对大多数原核微生物来说，自然界中的营养物质是不断变化的，所以像应急反应这样的全局调控，将使细胞代谢状态与环境中可利用的氨基酸达到平衡，这样可能会增加微生物在自然界中生存的竞争力。

3. 群体感应

致病菌进入机体的某个部位后，必须经过生长繁殖使菌体数量增加到一定的密度时，才会各自分泌毒素使机体致病。这种靠细菌密度、细菌间通信而实现协作的行为方式称为群体感应（quorum sensing），其通信分子叫感应信号分子，细菌靠感应信号分子的总体浓度而测定自身群体密度。研究发现，G^-细菌间进行通信的感应信号分子是酰基高丝氨酸内酯（acyl homoserine lactone，HSL，图 8-13A），而 G^+细菌则是“寡肽”。众多的 G^-细菌分泌的 HSL 信号分子经传递聚集进入细菌细胞，一旦达到足够浓度时便与细菌细胞内的受体蛋白结合并发生构象变化，形成活化复合物，像诱导剂一样与细菌 DNA 分子上的靶位点结合，促进 HSL 合成酶基因和依赖于细菌密度的特定基因转录表达，并合成分泌毒素因子、抗生素等生理活性物质，释放的 HSL 信号分子能进一步增强群体感应（图 8-13B）。铜绿假单胞菌毒性因子的合成和释放，以及金色假单胞菌抗生素的产生，皆遵循 G^-细菌的群体感应模式。

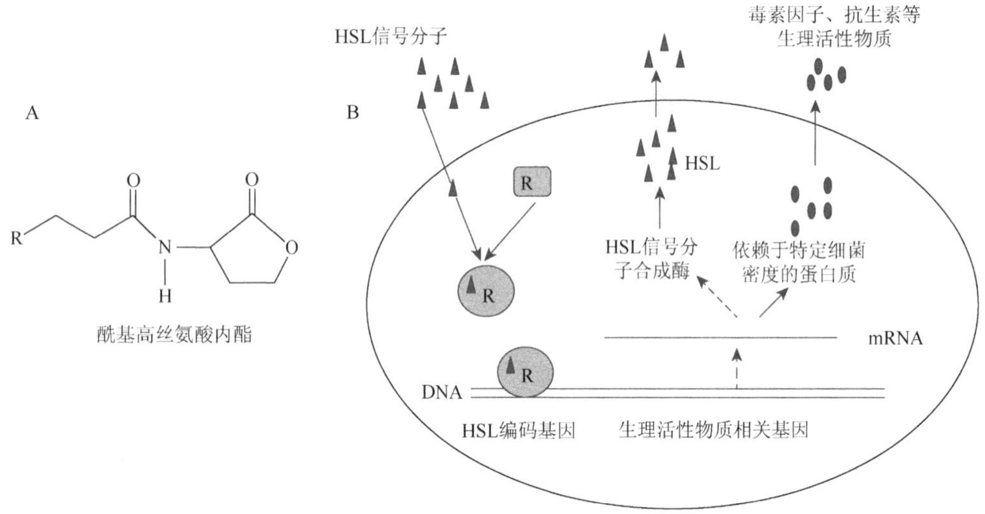

图 8-13　G^-细菌感应信号分子 HSL 的结构式及群体感应的分子机制

A. HSL 信号分子；B. G^-细菌中的群体感应机制。R 表示信号分子的受体蛋白；虚线表示信号分子合成酶并非总是产生

（五）信号转导和双组分调节系统

微生物所处的生存环境是变化的。微生物只有从环境中不断接收环境改变信号，并将其传递到细胞内特异性靶点上，经基因表达调控，才能使其很好地适应温度、pH、溶氧量、营养成分、细胞数量等变化。

在一些情况下，环境中的信号小分子，可以进入细胞，并作为效应分子，与调控蛋白结合，并对基因表达进行正、负调控。但是在大多数情况下，胞外信号并不能直接传递到调节蛋白，而是首先被感受器接收，然后由感受器将信号传递至其余的调控装置上，这一过程称为信号转导（signal transduction）。目前已知最简单的细胞信号转导是两类蛋白质组成的双组分调节系统（two-component regulatory）。

1. 感受器激酶和应答调节子

双组分调节系统由两类蛋白组成——感受器激酶蛋白和应答调节蛋白。感受器激酶横贯在细胞膜中，是一种起着被磷酸化作用的酶。在细胞膜表面，感受器激酶可感受到来自环境的信号，并在特异性组氨酸残基上发生自身磷酸化（图 8-14）。其后磷酸化基团被转移到细胞质中称为应答调节子（response regulator）的应答调节蛋白上。应答调节蛋白为典型调节转录的 DNA 结合蛋白，磷酸化的应答调节蛋白就能根据需要激活或者终止基因的转录。

双组分调节系统是一个反馈环，其中的磷酸化酶可使应答调节蛋白脱磷酸，感受器激酶本身也可以脱磷酸。但有的系统中用专一性蛋白行使去磷酸化的功能。虽然通常情况下磷酸化酶使应答调节蛋白的磷酸化快于去磷酸化，但是如果感受器激酶活性降低，会使应答调节蛋白的磷酸化终止。总之，磷酸化酶最终会使应答调节蛋白完全去磷酸化，这样就能终止由起始信号引发的基因转录控制，完成调控循环，为下一个调控循环做准备。

大肠杆菌有近 50 个由不同环境信号引发的双组分调节系统。当很低的渗透压作为环境信号时，感受器激酶 EnvZ 磷酸化，并将磷酸基团转

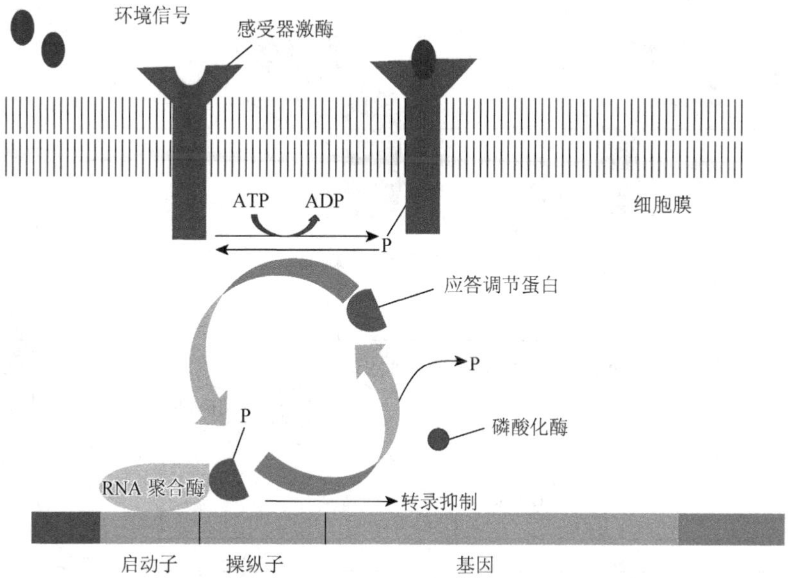

图 8-14 双组分调节系统控制的基因表达

移至应答调节蛋白 OmpR，该应答调节子激活 ompC 基因，合成大孔径的孔蛋白，它存在于大肠杆菌的外膜，代谢物可经孔蛋白穿越外膜而调控渗透压。

2. 趋化性

趋化性（chemotaxis）是指一些原核微生物既可向着吸引物运动又可远离排斥物的现象。在趋化性运动中，细菌如何调控鞭毛的旋转呢？

细菌中有一个感受器蛋白即甲基趋化蛋白（methyl-accepting chemotaxis protein，MCP）是一种跨膜蛋白（图 8-15），它可与胞质蛋白 CheW 和 CheA 相互作用。CheA 是趋化作用中的感受器激酶。当一个 MCP 蛋白与一种化学物质结合后，发生构象改变，并在 CheW 的帮助下使 CheA 磷酸化，形成 CheA-P。其后 CheA-P 使 CheY 磷酸化，并形成 CheY-P，CheY-P 与鞭毛运动器相互作用，使鞭毛顺时针旋转，引起细胞翻筋斗。非磷酸化的 CheY 不能与鞭毛运动器结合，鞭毛运动器保持逆时针旋转，使细胞继续向前运动。另一个蛋白 CheZ 可以使 CheY-P 去磷酸化，使细胞持续向前运动而不是翻筋斗。吸引物与 MCP 蛋白结合后，可降低 CheY-P 水平，导致细胞朝着吸引物向前游动。排斥物与 MCP 蛋白结合后，可提高 CheY-P 的水平，导致细胞翻筋斗，使细胞避离排斥物。

细菌除了收集环境信号与调节鞭毛旋转外，还可检测到周围化学物质的浓度随时间的变化，这一个过程称为适应（adaptation）。即细胞质蛋白 CheR（图 8-15）能够利用 *S*-腺苷甲硫氨酸上的甲基供体，连续地、低速地将甲基加到 MCP 上。而 CheB-P 可将 MCP 上的甲基去除。MCP 的甲基化水平影响着它们的构象，从而控制着对感受信号的适应。

二、真核微生物基因表达调控方式

（一）原核微生物与真核微生物基因表达调控的比较

尽管原核微生物与真核微生物具有许多共同的调控方式，但它们之间还是存在差异。在原核微生物中，转录和翻译相偶联无分隔。原核微生物的信使 RNA，通常是多顺反子，同一个 mRNA 分子可翻译出一种以上的蛋白质。在真核微生物中，转录与翻译发生在细胞内的不同位置。真核微生物的诱导和阻遏是怎样的呢？尽管很多真核微生物具有阻遏作用，但没有像原核微生物中常见的负调控那样的证据。真核微生物中没有多顺反子的证据，多顺反子 RNA 的翻译是无效的。大多数真核微生物的基因都具有内含子，因此，转录后的 RNA 剪接、编辑、运输和稳定性的调控是非常复杂的。而原核微生物编码特殊蛋白的基因中有“额外信息”却是在蛋白水平而不是在 RNA 水平被除去。这个过程称为蛋白质剪接，被除去的肽称为内含肽。在真核微生物中，翻译后的修饰也是很普遍的，最常见的就是蛋白质的糖基化。下面以酵母菌为例做简要介绍。

（二）酵母菌基因表达与调控

酵母菌是一种单细胞真核微生物。在自然界酵母菌分布很广，有近 600 种与人类密切相关。几千年来，人们的日常生活几乎离不开酵母菌，如酿酒、制药等，有很好的工业应用前景。特别是近十多年

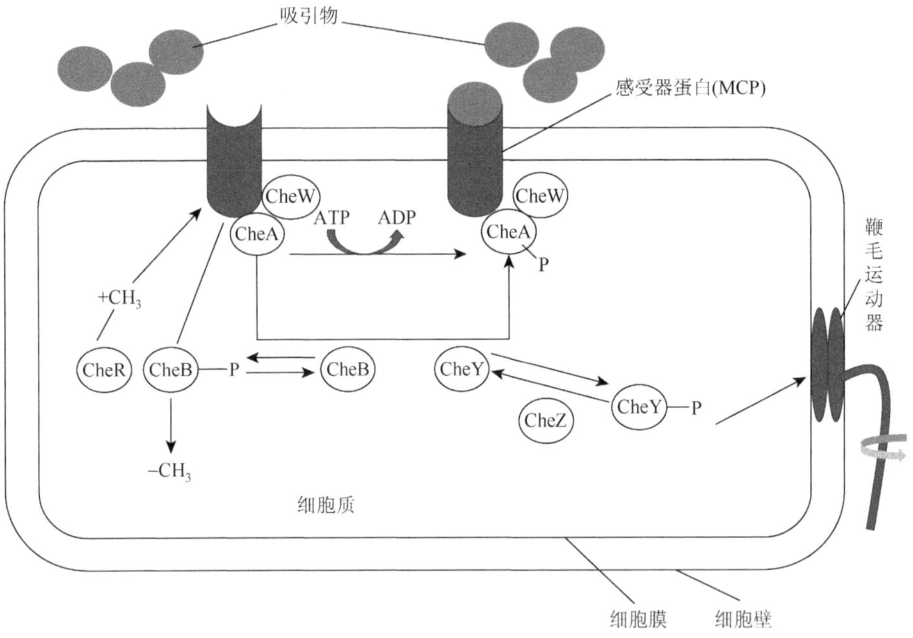

图 8-15 细菌趋化性作用模式

来，随着分子生物学研究的快速发展，酵母菌被当成最好的模式真核微生物用作表达外源蛋白的“工程菌”。1997 年还完成了酿酒酵母全基因组的测序工作。本节以酵母菌半乳糖代谢酶类调控为例，讨论真核微生物酵母菌半乳糖代谢调控的过程，从而对真核微生物的基因表达调控有一个初步的认识。

半乳糖是通过葡萄糖转化为 6-磷酸葡萄糖后进入糖酵解途径而被酵母菌利用。*gal1* 基因（激酶）、*gal7* 基因（转移酶）、*gal10* 基因（差向异构酶）和 *gal2* 基因（透性酶）参与半乳糖向 6-磷酸葡萄糖的转化。研究表明，*gal* 基因的转录被严格控制。*gal1* 基因、*gal7* 基因、*gal10* 基因和 *gal2* 基因在没有半乳糖时不表达，而在半乳糖存在的条件下，表达水平可提高约 1000 倍。*gal1* 基因、*gal7* 基因和 *gal10* 基因紧密连锁（图 8-16），但是它们并不形成原核生物中的操纵子结构，其 mRNA 是由各自的启动子单独转录。

gal4 基因位于 16 号染色体上，编码一个含 881 个氨基酸的蛋白质，是酵母菌半乳糖代谢酶基因（*gal*）转录必需的蛋白因子。GAL4 蛋白以二聚体形式分别与 *gal1* 基因、*gal7* 基因和 *gal10* 基因上游激活位点结合，激活这些基因的转录。GAL4 蛋白是一种正调控蛋白。*gal80* 基因位于 8 号染色体上，该基因编码的GAL80蛋白能与GAL4蛋白直接结合，而使 GAL4 蛋白不能与 *gal1* 基因、*gal7* 基因和 *gal10* 基因上游 DNA 位点结合，从而抑制了 GAL4 的转录激活功能（图 8-16A）。半乳糖（诱导物）与 GAL80 蛋白结合后，GAL4 蛋白不能和 GAL80 蛋白结合，又能起始基因的转录（图 8-16B）。由此看出，大肠杆菌中的 *lac* 操纵子和酵母菌中的 *gal* 基因，在表达调控机制上具有一定的差异。但两种生物又有其共同点：对于一种特定的代谢途径或者发育过程来说，基因表达都是受到某一信号的控制。虽然调控机制不同，但调控的结果是相似的。

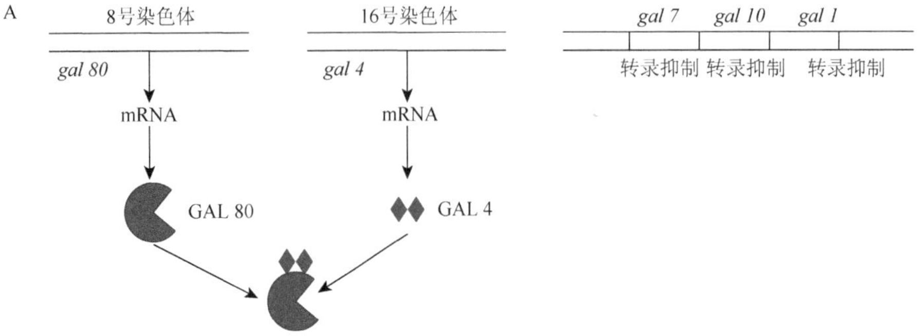

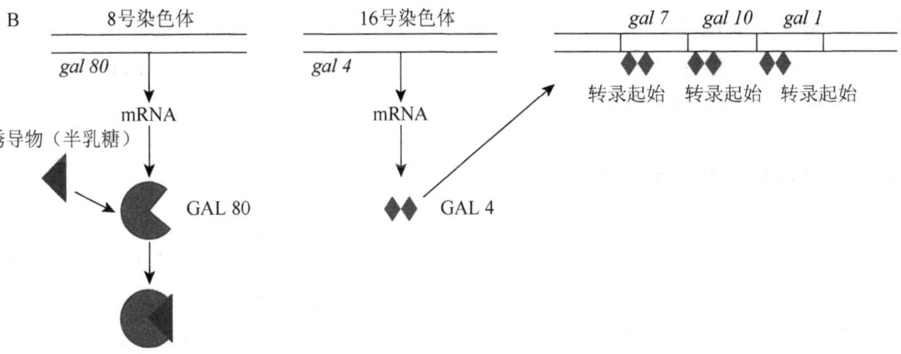

图 8-16　酵母菌半乳糖代谢酶基因表达调控

A. 无诱导物存在；B. 有诱导物存在

知识点回顾

1. 在微生物细胞内，存在两个主要的调控模式：一是调控现存酶的活性，二是调控酶量。酶活的调控，很明显是发生在蛋白质合成后。与之相反，酶量的调控发生在转录水平或在翻译水平。酶量调控水平不如酶活调控水平精细。但是，它们可协同作用，使能源得到有效利用。

2. 微生物基因表达的调控主要在转录水平上，这是一种最为经济的调控方式。但是也有转录后的“微调”，可以使基因的表达更加适应自身的需求和外界条件变化。

3. 转录调控是原核微生物的主要调控方式，分为正调控和负调控，并且涉及阻遏蛋白或激活蛋白与 DNA 分子之间的作用。

4. 弱化作用、全局调控、信号转导和双组分调节系统等，是微生物复杂调控的多种形式。

5. 尽管原核与真核微生物在许多主要的调控方式上有共同点，但它们之间仍有很多差异。

关键词

1. 反馈抑制（feedback inhibition）：代谢途径的最终产物可减弱代谢途径中第一个酶的活性。

2. 别构酶（allosteric enzyme）：具有两个结合位点的酶。这两个位点分别为活性位点（底物结合位点）和别构位点（效应物结合位点）。

3. 阻遏蛋白（repressor protein）：一种调控蛋白。在负控制中，它与 DNA 上专一位点结合，阻遏转录。

4. 激活蛋白（activator protein）：一种调控蛋白。在正调控中，它与 DNA 上专一位点结合，激活转录。

5. 操纵基因（operator）：带有二重对称的回文的核苷酸序列，位于操纵子的近端，可形成一个十字形结构。一个操纵基因含有特异阻遏蛋白的识别位点，并且控制邻近顺反子的表达。

6 负调控（negative control）：一种通过阻遏蛋白抑制基因或基因簇转录的基因表达调控机制。

7. 正调控（positive control）：一种通过激活蛋白促进基因或基因簇转录的基因表达调控机制。

8. 弱化作用（attenuation）：一种控制基因表达的机制，这一典型的转录终止发生在 mRNA 合成起始后、终止前。

9. 操纵子（operon）：多个原核生物相邻顺反子组成一个转录单元，在一个共同的操纵基因控制下合成一个多顺反子信使 RNA。

10. 全局调控（global control）：生物通过调节多个不同基因的表达来对环境信号做出应答的调控。

11. 应急反应（stringent response）：氨基酸饥饿时激活的一种全局调控。

12. 群体感应（quorum sensing）：生物体中的一种调控系统，只有在同种细胞密度达到一定值时调控才会发生。

13. 双组分调节系统（two-component regulatory）：由两类蛋白质组成——感受器激酶蛋白和应答调节子蛋白。感受器激酶横贯在胞质膜中，是一种起着被磷酸化作用的酶。

14. 趋化性（chemotaxis）：指一些原核微生物既可向着吸引物运动又可远离排斥物的现象。

自测题

一、选择题

1. 在原核微生物的细胞代谢中，酶活调节和酶量调节是（　　）。

（A）同时协同进行

（B）先酶活调节，再酶量调节

（C）先酶量调节，再酶活调节

（D）同时拮抗进行

2. 在原核微生物中，别构酶有（　　）关键的结合位点，在反馈抑制中起重要作用。

（A）4 个　　（B）3 个
（C）2 个　　（D）1 个

3. 在转录的负调控系统中，起着抑制结构基因转录的物质是（　　）。

（A）代谢物　　（B）阻遏蛋白
（C）诱导物　　（D）辅阻遏物

4. 在转录的正调控系统中，起着促进结构基因转录的物质是（　　）。

（A）效应物　　（B）诱导物
（C）辅阻遏物　　（D）激活蛋白

5. 弱化作用是细菌辅助阻遏作用的一种精细调控。通过操纵子前导区域内一段 DNA 序列而实现，它编码一条末端含有多个（　　）的多肽链——先导肽，被称为弱化子。

（A）苯丙氨酸　　（B）色氨酸
（C）络氨酸　　（D）丝氨酸

6. 弱化作用发生在（　　）的过程中。

（A）转录起始前
（B）转录结束后
（C）转录起始后和终止前
（D）翻译起始后

7. 大肠杆菌在同时含有葡萄糖和乳糖的培养基中生长时，出现的葡萄糖效应是（　　）所导致。

（A）全局调控的分解代谢物阻遏
（B）负调控的诱导
（C）负调控的阻遏
（D）弱化作用

8. 在转录的全局调控系统中，分解代谢物阻遏中关键的调节物质是（　　）。

（A）代谢物　　（B）辅阻遏物
（C）cAMP-CAP　　（D）诱导物

9. 在细菌处于氨基酸缺乏时，细胞内产生大量空载 tRNA，并与核糖体结合，激活 RelA 蛋白，使（　　）大量合成。

（A）rRNA　　（B）ppGpp/pppGpp
（C）ATP　　（D）cAMP

10. 在趋化现象中，甲基趋化蛋白属于（　　），它负责感受外界化学物质的变化并传递信息给细胞。

（A）阻遏蛋白　　（B）跨膜蛋白
（C）激活蛋白　　（D）别构蛋白

二、问答题

1. 什么是负调控、正调控？
2. 简述辅阻遏物和诱导物的异同。
3. 什么是二次生长？
4. 什么是组成型酶、诱导酶？
5. 双组分调节系统的调节模式是怎样的？

答案：

开篇事件

1. 答：菌群是一定区域和一定生境中各种微生物松散结合成的一种结构单位和生态功能单位。微生物菌群的分布与变化是生境因子限制选择的结果。

2. 答：宏基因组学又称微生物环境基因组学、元基因组学。它通过直接从环境样品中提取全部微生物 DNA，构建宏基因组文库，利用基因组学的研究策略研究环境样品所包含的全部微生物的遗传组成及其菌群功能。它是在微生物基因组学的基础上发展起来的一种研究微生物多样性、开发新的生理活性物质（或获得新基因）的新理念和新方法。

选择题：1. A　2. C　3. B　4. D
5. B　6. C　7. A　8. C
9. B　10. B

问答题：

1. 答：负调控：在转录水平上，阻遏蛋白与操纵基因结合，阻止相关基因表达的调控方式。

正调控：在转录水平上，激活蛋白与启动子附近的特定 DNA 序列结合，促进基因转录的调控方式。

2. 答：辅阻遏物通过与阻遏子结合使辅阻遏物-阻遏子复合物与操纵子结合，抑制转录。诱导物通过与阻遏子结合使阻遏子不能与操纵子结合，激活转录。

3. 答：在同时含有葡萄糖和乳糖的培养基中生长的细菌，最初细胞是优先利用葡萄糖。当葡萄糖耗尽时，生长短暂停滞，细胞开始代谢乳糖，又开始利用乳糖生长繁殖，这种现象称为二次生长。

4. 答：组成型酶：组成型酶是一直在合成的酶，表达这些酶的基因也是一直处于激活状态。固有酶在中央代谢途径中起着不可或缺的作用，如糖原酵解酶就是组成型酶。

诱导酶：诱导酶在平时的表达量极低，只有在需要的时候才会大量合成。例如，能够将乳糖水解成为两种单糖——葡萄糖和半乳糖的 β-半乳糖苷酶就是种诱导酶。表达该酶的基因是乳糖操纵子的一部分，仅仅在有乳糖存在的条件下，该基因才会进行表达。这种情形很容易理解：如果乳糖不存在的情况下，该操纵子就一直进行表达，这对于细菌来说是件极其浪费能源和营养物质的行为。诱导酶的功能通常是与运输和水解特定的能源资源有关。

5. 答：双组分调节系统由两类蛋白质组成——感受器激酶蛋白和应答调节子蛋白。感受器激酶横贯在细胞膜中，是一种起着被磷酸化作用的酶。在细胞膜表面，感受器激酶可感受到来自环境的信号，并在特异性组氨酸残基上发生自身磷酸化。其后磷酸化基团被转移到细胞质中称为应答调节子的应答调节蛋白上。应答调节蛋白为典型调节转录的DNA结合蛋白，磷酸化的应答调节蛋白就能根据需要激活或者终止基因的转录。

（刘　方）

第九章 微生物生态

开篇事件：谁来拯救重金属污染带来的食品安全问题

金属超标大米危害人类健康

2013 年 2 月 27 日，《南方日报》以“湖南问题大米流向广东餐桌”为题，报道了湖南镉超标大米进入广东市场的消息，引发镉大米事件，截至 5 月，广东省食品安全委员会公布了 2013 年抽检发现的 126 批次镉超标大米，其中确定由湖南厂家生产的多达 68 批次，涉事厂家来自湖南 14 个市州中的 8 个。其实，环保部门早已承认，中国土壤污染的总体形势相当严峻，据估算全国每年受重金属污染的粮食达 1200 万 t，造成的直接经济损失超过 200 亿元。土壤污染造成有害物质在农作物中积累，并通过食物链进入人体，引发各种疾病，最终危害人体健康。持续的重金属污染由于其毒性作用，对环境中的所有生命形式构成了重大威胁。这些金属在低浓度下是非常活跃的，并且可以积聚在食物网中，引起严重的公众健康问题。使用常规物理和化学方法的修复是不经济的，并会产生大量的化学废物。这些年来，危险金属的生物治理受到了越来越多的关注。微生物生物吸附剂的使用是环保且具有成本效益的，因此，它是对重金属污染环境进行修复的有效方法。

参考文献：

何翊，吴海. 2005. 生物修复技术在重金属污染治理中的应用. 化学通报，1：36-39.

Ayansina SA，Olubukola OB. 2017. A new strategy for heavy metal polluted environments：a review of microbial biosorbents. *Int. J. Environ. Res. Public Health*，14 (1)：94.

思考题：

1. 土壤中重金属污染的主要原因是什么？
2. 微生物处理重金属污染的主要方式是什么？

微生物生态学的研究目前已经进入系统生态学和分子生态学的水平，从宏观功能和微观基因两个角度来阐释微生物在生态系统中的地位和作用。系统生态学从生态系统的整体出发，考察微生物之间，以及微生物与环境之间的生态功能和相互关系。微生物是自然界有机物的主要分解者，对整个生态系统的能量流动、物质循环和信息传递起着重要的不可替代的作用。微生物分子生态学技术的发展能极大地促进微生物生态群落和功能的研究，从而使微生物在人类健康、农业生产和环境保护领域得以更好地应用和发展。

第一节　自然环境中的微生物

一、微生物生态系统

1. 种群、群落与生态系统

在地球上，微生物无所不在，是地球上种类最多、数量最大的生物类群。自然环境中，在一定时间里生活在同一生境的同一个体细胞生长形成的生物群体称为种群（population）。一个种群通常生活在一定的范围内，并占据着一定空间。生态学上，把一个种群生活的环境称为该种群的生境（habitat）。一个微生物种群是很少单独存在的，它们总是与其他微生物种群相联系，构成一个在生理上相互弥补的种群复合体，即群落（community）。微生物群落与其他生物群落和非生物环境之间相互紧密结合形成生态系统（ecosystem）。

生态系统主要包括生产者、消费者和分解者三大生物类群。微生物在生态系统的物质储存、循环和能量流动过程中担任多重角色，但主要以分解者的形式起作用。①微生物是生态系统的初级生产者（primary producer），微生物中的光能和化能自养微生物能将 CO_2 和无机营养元素同化为新的有机物，所固定的能量又可在食物链中传递；②微生物和动植物一样，也是主要能源物质的消费者（consumer）；③微生物最大的价值在于作为分解者（decomposer）分解生物圈内存在的或人类生产生活产生的各种复杂有机物质，并最后将其转化成二氧化碳等无机物，再次供给初级生产者利用，从而实现生源要素的再生和循环。

2. 微生物的微环境

自然界中微生物的生长依赖于可利用的资源和生长条件。微生物生态学家用微环境（microenvironment）一词来描述微生物实际生活和进行新陈代谢所在的生境。微生物生活的特定物理位置称为微环境，包括生物因素、非生物因素和有效资源（表 9-1）。微生物个体微小，所以它生活的环境也就十分微小，甚至肉眼难以看到，例如。在一个直径 3mm 大小的土壤颗粒中，由于化学和物理等因素的不同，可以存在几种不同的微环境。由于时间和空间的不同，微环境的物理化学条件也会发生频繁的变化，从而导致地球上形成无数的微生物微环境。

表 9-1　自然界中微生物生长所获得的主要资源和条件

资源	条件
碳（有机的、CO_2）	温度：冷→温→热
氮（有机的、无机的）	水势：干燥→潮→湿
其他常量营养物（S、P、K、Mg）	pH：0→7→14
微量营养物（Fe、Mn、Co、Cu、Zn、Ni）	O_2：有氧的→微氧的→无氧的
O_2 和其他电子受体（NO_3^-、SO_4^{2-}、Fe^{3+} 等）	光：亮光→暗光→黑暗
无机电子共体（H_2、H_2S、Fe^{2+}、NH_4^+、NO_2^- 等）	渗透条件：淡水→海水→高盐度水

二、微生物与高等生物

1. 人体微生物

在正常情况下，人的体表及与外界相通的体腔中（如口腔、呼吸道、消化道和泌尿生殖道等）都含有特定种类和数量的微生物。人体皮肤上生活的微生物主要有葡萄球菌属（*Staphylococcus*）、八叠球菌属（*Sarcina*）和分枝杆菌属（*Mycobacterium*）等；口腔中的微生物有链球菌属（*Streptococcus*）、棒杆菌属（*Corynebacterium*）、螺旋杆菌属（*Heliobacterium*）和螺旋体属（*Spirochaeta*）等；呼吸道微生物主要有葡萄球菌属（*Staphylococcus*）、棒杆菌属、链球菌属、奈瑟氏球菌属（*Neisseria*）等；肠道呈碱性，又是厌氧环境，因此生活着兼性厌氧和厌氧的微生物类群，如肠杆菌属（*Enterobacter*）、气杆菌属（*Aeromonas*）、埃希氏菌属（*Escherichia*）、变形杆菌属（*Proteus*）、梭菌属（*Clostridium*）、乳杆菌属（*Lactobacillus*）和拟杆菌属（*Bacteroides*）等；泌尿生殖系统里生活着乳杆菌属、棒杆菌属等，这些都是人体正常的微生物生理种群。

2. 植物体中的共生固氮微生物

植物的根、茎、叶、花、果、种子等器官和部位存在着各种有机物，为不同微生物类群的生存生长和繁殖提供了营养和空间。微生物主要分布在植物体内与根系部位。不同部位不同种类的微生物和植物形成互生，共生关系，如根瘤固氮微生物等，可促进植物的生长和发育，促进农林作物的增产；而与植物形成寄生关系的植物病原微生物，则对农林、作物造成严重危害。

3. 反刍动物瘤胃中的微生物

不同类群的动物其不同部位也存在着大量不同种类的微生物。最有趣的是反刍动物的瘤胃，在温度（38～41℃）、pH（5.5～7.3）、渗透压（600～900kPa）、缺氧的还原性环境（En 约为 350mV）、高水平营养物质等特定条件下，生长着大量多种微生物，形成复杂的微生物系统。瘤胃中种类、数量最多的是细菌，数量可达 10^{10}～10^{11}个/ml，占瘤胃生物总量的 50%～80%。目前已从瘤胃分离出 200 多种，大多数为厌氧菌和兼性厌氧菌。常见的细菌有纤维素消化菌、半纤维素消化菌、淀粉分解菌和产甲烷菌等。真菌约占瘤胃总生物量的 8%。常见的原生动物是纤毛虫和鞭毛虫，数量为 10^5～10^6个/ml。这些瘤胃微生物能帮助反刍动物消化纤维素并合成大量菌体蛋白，为反刍动物提供营养。瘤胃微生物和反刍动物形成的相互依存和制约的动态平衡，对反刍动物的健康、生产性能和食品安全具有重要意义。

三、水生环境的微生物

1. 淡水环境

河流环境中微生物群落的组成和丰度主要随营养物质和溶氧水平的变化而改变。在河流较浅的地方，水流湍急，溶氧较多，但营养不稳定，故微生物较少且多黏附在河床底部和岸边的岩石表面；在河流较深的地方，水流较缓，溶氧较少，但有机物相对丰富，因此有较多的浮游藻类、化能异养和自养微生物。湖泊水靠河流、降雨和地表径流补充水源，其微生物种类和数量主要受营养物质、光线和溶氧的影响。微生物在较深的湖泊中具有垂直按层次分布的特点（图 9-1）。在光线和氧气充足的浅水层分布着大量光合藻类、蓝细菌和好氧的化能异养微生物等。深水层光线少、溶解氧低，分布着光和细菌（紫色硫细菌、绿色硫细菌）及一些兼性厌氧化能自养菌，它们对于湖泊的营养物质循环起着非常重要的作用。而湖底区是厌氧的沉积物，分布着大量厌氧微生物，主要有脱硫弧菌、产甲烷菌和梭菌等。

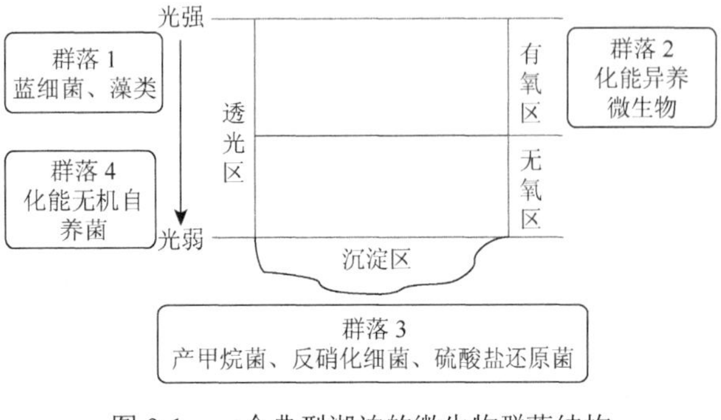

图 9-1 一个典型湖泊的微生物群落结构

2. 海水环境

海洋环境在低温、高盐（4%左右）、高静水压和稀营养（有机物质、氮、磷等含量低）、pH 多为弱碱性（8.3～8.5）的条件下，孕育着复杂的海洋微生物群落。主要包括各种古生菌和光能自养、化能自养、化能异养真细菌，以及一些藻类、原生动物和真菌。它们具有耐盐、耐压、耐冷和寡营养需求等特点。

海水不超过千米者为浅海。由于海洋热容较大，太阳紫外线强烈，因而表层很少有微生物存在。海平面以下 10m 处微生物最多。海平面以下 300m 为太阳光投射区，自上而下生活着放氧型和非放氧型光合微生物。浅海（尤其是港湾）中的微生物容易受到土壤、空气、河流等微生物入侵的影响，微生物营养类型比较多样化。主要以藻类、假单胞菌、螺菌、黄杆菌、弧菌、放线菌和霉菌为主。

深海一般是严格厌氧环境，对微生物的耐压和嗜压特性有更高的要求。如图 9-2 所示，在大洋底部构造中都发现有海底热液，这些热液是酸性和高度还原的，并富含各种化学物质，如重金属、甲烷和硫化氢。这些液体在涌出之前与海水混合，就会形成 10～30℃的中温环境；如果没有混合，就会达

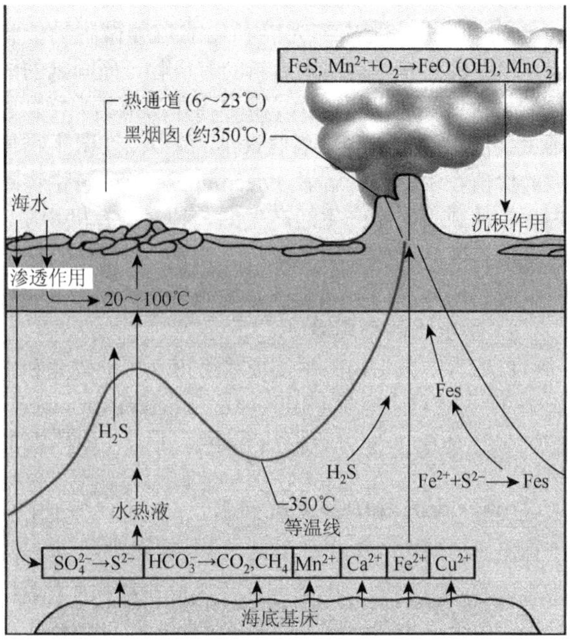

图 9-2 海底热液口附近生态系统示意图
（Michael and Madigan，2006）

到350℃高温并向外喷射，俗称“黑烟囱”。在每一喷口周围不但有大量自养的硫化细菌、硝化细菌、氢细菌、氧化铁细菌和甲烷氧化菌，它们以 H_2S、NH_4^+、H_2、Fe^{2+}和 CH_4 的氧化获得能量而生长。在海底热液喷口周围，还生长着一些无脊椎动物，如管蠕虫，这些动物没有口和消化道，但有一个特殊的营养体器官，里面充满了硫粒和共生的微生物。含有硫化细菌的营养体可通过氧化 $S_2O_3^{2-}$、S 和 SO_3^{2-} 参与 CO_2 的同化作用，以合成有机物来满足动物的营养需要，而管蠕虫则为自养菌提供还原态硫和稳定的生活环境。

四、土壤环境的微生物

土壤中含有各种各样的有机和无机营养物，是微生物最适宜的生活环境和大本营。土壤微生物的数量、类群和分布与土壤类型、气候及人类的生产活动密切相关，直接受到土壤结构、纵向深度、温度、通气、水分、有机质、施肥耕作等因素的影响。一般来说，土壤中的微生物以细菌和真菌为最多，其次是放线菌，此外还有少量藻类、病毒和原生动物（表 9-2）。土壤中的微生物在土壤中进行氧化、硝化、氨化、固氮、硫化等过程，对促进土壤有机质的分解和养分的转化起着非常重要的作用。例如，土壤中的纤维素和木质素通常只能被微生物降解；一些与植物进行共生的固氮菌和根系微生物对于土壤生态系统的形成非常重要。

表 9-2 农田土壤上层 15cm 处微生物数量和生物量

微生物	土壤中的量/(个/g 土壤)	生物量/(g/m^2)
细菌	1.5×10^8	150
真菌	1.0×10^5	205
放线菌	2.1×10^6	160
原生生物	2.6×10^4	50

五、大气环境的微生物

由于缺乏可为微生物直接利用的营养物质和足够的水分，再加上太阳紫外线的强烈辐射，大气环境并不适合微生物的生长繁殖。空气中的微生物主要来源于土壤尘粒、小水滴、气溶胶，以及人和动物体表的脱落物。微生物在空气中的分布很不均匀，含量和种类随地区、季节和空气中灰尘粒子多少，以及人们的活动情况而异。北方空气干燥、寒冷，含菌数较少，南方气候比较暖和、潮湿，含菌数较多；离地面较近处的空气含菌数较多，离地面越高，含菌数越少，一般每升高 10m，空气中含菌量减小一个数量级，尤其进入平流层后，空气中除有少量微生物休眠孢子外，几乎无微生物生存。工业城市和畜舍上方的空气中含菌量较多，海洋和农村空气中含菌量较少。空气中的微生物以细菌和细菌芽孢较多，也有酵母、霉菌孢子和病毒。这些微生物大小不一，一般附着在空气中的灰尘上和雾滴上。空气中的细菌量一般为 10^3～10^4 个/m^3。

六、极端环境的微生物

极端环境主要指高温、低温、高盐、高压、强酸、强碱、高辐射、干旱和低营养等环境，如火山口、岩浆、热泉、磁场、盐碱湖、深海、冰川、沙漠等，在这些环境中存在着的微生物称为极端微生物（extremophile）。

1. 嗜热微生物

嗜热微生物（thermophile）是指只在 42℃以上环境中生长的微生物。按照最适生长温度范围又可细分为：嗜热菌（最适 55～70℃，最低 42℃）、极端嗜热菌（extremothermophile，最适 70～85℃，最低 50℃）和超嗜热菌（hyperthermophile，最高 120℃，最适 80～110℃，最低 55℃）。前两类主要是细菌，而大部分超嗜热菌是古生菌，也有少量是细菌如栖热袍菌（*Thermotogales* sp.）和产液菌（*Aquificales* sp.）。

嗜热微生物主要存在于海底“黑烟囱”、火山口、地热蒸汽、热泉、沙漠或干燥岩石的表面、高温堆肥等环境中。常见的类群有地芽孢杆菌属（*Geobacillus*）、硫杆菌属（*Thiobacillus*）、硫化叶菌属（*Sulfolobus*）、栖热菌属（*Thermus*）、火球菌属（*Pyrococcus*）等。嗜热微生物不仅生长快、代谢力强、不易染杂菌且产生的嗜热酶在高温下具有更高的催化活性。嗜热微生物的嗜热机制是：胞内酶和蛋白质在高温时更稳定（分子中 1 个或多个部位被某些氨基酸所取代，能以特殊的方式折叠，抵抗温度的变性作用）；细胞膜富含饱和脂肪酸，因而膜在高温下仍很稳定并发挥功能；DNA 和 RNA 具有热稳定性结构，如 tRNA 在特定的碱基区域含较多 GC 对。

2. 嗜冷微生物

嗜冷微生物（psychrophile）是指最低生长温度在 0℃以下，最适生长温度≤15℃，最高生长温度在 20℃左右的微生物。能在 0℃生长但最适生长温度是 30℃的称为耐冷微生物（psychrotolerant microbe）。嗜冷菌主要分布在冰川、深海、高山、极地和冷库等处。其代表有极地雪衣藻（*Chlamydomonas nivalis*）、黏球藻、假单胞菌属、弧菌属和发光杆菌属等。嗜冷微生物的嗜冷机制主要是细胞膜含有大量的高不饱和、低熔点的脂肪酸，使其在低温下保持良好的流动性，此外，其体内的酶、转运系统和蛋白质合成均能在低温下保持活性。开发低温蛋白酶可用于洗涤剂行业，但嗜冷微生物也可致低温保藏食品腐败。

3. 嗜酸微生物

最适生长pH在4以下且在中性条件下不生长的微生物称为嗜酸微生物（acidophile）。在高酸条件下生长但最适生长 pH 接近中性的微生物称为耐酸微生物（acidotolerant microorganism）。嗜酸微生物生活在酸性热泉和火山湖附近，所以往往也是一些嗜热嗜酸的细菌和古生菌，如硫杆菌属（*Thiobacillus*）、硫化叶菌属（*Sulfolobus*）和热原体属（*Thermoplasma*）等。虽然生活在高酸性环境，但嗜酸微生物的胞内物质及酶大多略高于中性。现普遍认为是细胞壁和细胞膜具有排阻 H^+的能力或拥有高效的吸收 Na^+-排出 H^+传递系统。此外，细胞壁可能需要酸性条件以维持细胞结构。嗜酸微生物普遍用于微生物湿法冶金、煤矿生物脱硫等领域。

4. 嗜碱微生物

嗜碱微生物（alkalinophile）是指能专性生活在 pH>10 环境中，不能生活在中性条件下的微生物。而能在高碱性条件下生长，但最适生长并不在碱性范围的微生物，称为耐碱菌（alkalitolerant）。嗜碱微生物一般存在于盐碱地或盐碱湖中，属于古生菌，代表性种属有外硫红螺菌和嗜盐碱杆菌。嗜碱微生物生活在碱性条件下，但胞内维持 pH 中性的机理主要是细胞壁和细胞膜具有排阻 OH^-的能力或拥有高效的吸收 HCO_3^--排出 OH^-传递系统。其产生的一些碱性蛋白酶（pH 10～12）、纤维素酶（pH 10）和淀粉酶（pH 6～11）已广泛用于工业领域。

5. 嗜盐微生物

只能生活在大于 15%高盐浓度下的微生物称为嗜盐微生物（halophile）。一般海洋微生物生活在 3%左右的海水中。大部分嗜盐菌是古生菌，最适盐浓度在 25%～30%，广泛分布于盐湖、盐场、盐腌制的食品中。还有少部分古生菌能生活在含盐量 30%以上环境中，称为极端嗜盐菌。耐盐微生物（halotolerant microorganism）是在低盐下生长好，但在较高盐中也能生长。常见的嗜盐菌有杜氏藻属（*Dunaliella*）、盐杆菌属（*Halobacterium*）和盐球菌属（*Halococcus*）。

嗜盐菌的耐盐机制为：①嗜盐菌具有适应高盐环境的细胞结构和离子浓度，具有浓缩 K^+和排出 Na^+的能力，细胞内高浓度的 K^+有利于防止细胞脱水，并维持菌体的酶活性；②具有嗜盐的酶；③体内有许多气泡，加大了细胞的浮力；④光合盐杆菌细胞质膜含有菌视紫素蛋白，在光反应中，将光能转变成 ATP，同时向体外排出 Na^+。

6. 嗜压微生物

自然界的高压环境主要是指深海。深海中的海水每增加 10m 其压力就增加 1 个大气压，所以数千米深海中有数百个大气压力，其中生活的微生物必须具有嗜压或耐压的能力。从 400～600m 深的海水中分离的，只有在 400 个静水压力下才能最适最好生长的微生物称为嗜压菌（barophile）。而从 1000m 深的海水中分离的、只有在 700～800 个静水压力下才能最快生长的则称为极端嗜压菌（extreme barophile）。从 3000m 深的海水中分离的、在常压下或者在低压生长快，但是在高压下也能缓慢生长的称为耐压菌。

嗜压菌的嗜压机制主要是：在正常情况下，压力影响微生物生命活动部分原因是降低了酶与底物的结合。为免除压力影响，极端嗜压菌的酶必须折叠，且细胞膜不饱和脂肪酸含量高，减少细胞膜高压凝固，保持膜的透性与物质运输。高压下，嗜压菌细胞壁合成一种类似孔蛋白的 OmpH 新型外膜蛋白，维持外膜的跨膜运输功能。

7. 耐辐射微生物

耐辐射微生物只是对高辐射更具耐受性，而不是对辐射有特别嗜好。微生物的抗辐射能力高于高等生物是因它们含有一套高效的 DNA 错配修复机制。耐辐射异常球菌（*Deinococcus radiodurans*）是目前已知世界上最抗辐射、最耐干燥和寒冷的微生物。该菌能耐受 150 万 rad①的高辐射剂量，该辐射剂量足以将基因组破成碎片，但该菌修复机制可将破碎的染色体重新组装起来。深入研究耐辐射菌 DNA 损伤修复系统，可能为治疗辐射过量所致疾病提供新的途径。另外，辐射灭菌成为一种理想的冷杀菌方式，而耐辐射菌也是保藏食品腐败的主要原因。

8. 寡营养细菌

寡营养细菌（oligographic bacterium）定义为第一次培养时能在含碳 1～15mg/L 培养基中生长的细菌。同时把不能在富营养培养基上生长的寡营养细菌称为专性寡营养细菌；可在寡营养和富营养培养基上皆能生长的细菌称为兼性寡营养细菌。寡营养细菌并不是微生物分类学上的专用术语，而是指能在荒漠、海洋、湖泊、火山、冻原等营养匮乏的寡营养生态环境中生存的细菌，如柄杆菌属（*Caulobacter*）、生丝微菌属（*Hyphomicrobium*）、寡养菌属、阿拉斯鞘氨醇单胞菌（*Sphingomonas alaskensis*）等，其进化关系较远。在形态方面，典型的寡营养细菌无论在生长期，还是饥饿期，其体积大小相对稳定，细胞直径

① 1rad = 10^{-2}Gy

均小于 0.145μm。从营养角度看，寡营养细菌能利用低浓度有机营养，对高浓度营养敏感。研究发现，寡营养细菌可能是早期地球环境中的主要微生物，其发现和研究对认识生物的进化生态学及早期生物在地球环境有机化过程中的作用具有重要理论意义。

七、自然环境中不可培养的微生物

环境中存在的微生物多达 10^5～10^6 种，但在实验室培养基中可分离鉴定的微生物数量却十分有限。不可培养微生物是一个巨大的微生物资源库，对其进行深入研究可充分认识微生物物种的多样性，了解生物进化及微生物系统发育学信息。对不可培养微生物的代谢多样性进行研究还可发现新的代谢途径和新的代谢产物。目前研究者认为，高浓度的营养基质、无法实现原位培养、不明确环境中微生物之间的相互作用、缺乏尖端的微生物检测方法等是目前微生物不可培养的主要原因。

第二节 微生物与生物群体的相互作用

一、微生物之间的相互关系

在自然界，微生物之间的相互关系是十分微妙和复杂的，有时是相对的。根据环境和营养状况，微生物之间时而协同共生，时而拮抗寄生。在特定的生态环境中，微生物种群间可同时存在两种以上的相互关系，多种关系并存，使微生物种群间形成相互促进又相互制约的生态系统。微生物之间的相互关系包括中性关系、偏利关系、互养作用、共生关系、竞争关系、拮抗作用、寄生关系和捕食关系。

共生关系（mutualism）是指具有共生的特殊形态结构和功能，并相互受益的两类微生物之间的相互关系。自然界中有很多共生关系的例子，如藻类或蓝细菌与真菌共生形成新的地衣生物就是互惠共生关系的典型代表，在地衣中，藻类和蓝细菌进行光合作用合成有机物为真菌提供碳源，而真菌则为藻类或蓝细菌提供水、生长因子、无机营养等。形成地衣的藻类或蓝细菌和真菌已密不可分，分离后不能独立生活，这一互惠共生关系使地衣具有极强的环境适应力和生命力。

人体与肠道微生物间的互惠共生关系

人肠道向肠道微生物提供优越的栖息和繁殖环境，其中包括天然的厌氧条件、丰富的营养物质，以及适宜的温度和 pH 等；肠道微生物及其代谢产物影响到人体的营养物质加工、能量平衡、免疫功能、胃肠道发育和成熟及其他多种重要的生理活动，这种互惠共生关系可能是宿主与肠道微生物之间在长期的协同进化过程中相互选择和适应的结果。

寄生关系（parasitism）是指一种微生物（寄生物）生活在另一种微生物（寄主）的表面或体内，因寄生物生长而危害寄主的相互关系。最典型的是噬菌体专性寄生活体细菌细胞，噬菌体利用细菌细胞的营养物质、能量和代谢机器复制自身，最终使宿主细菌细胞裂解或受到伤害。寄生关系是自然界控制微生物种群数量平衡和节省营养物的主要途径。

二、微生物与植物之间的相互关系

在植物的不同部位存在着不同的微生物种群，正确地认识和利用微生物与高等植物间的相互关系，对指导农林生产、作物增收、抵御病虫害、减少化学农业对人类及整个生态系统的负面效应均有积极意义。

（一）互生关系

1. 根际微生物与植物的互生关系

根际微生物是指生活在植物根系附近土壤中的微生物。许多根际微生物与植物形成互生关系。例如，荧光假单胞菌（*Pseudomonas fluorescens*）和藤仓赤霉（*Gibberella fujikuroi*）作为根际微生物，不仅以植物根系的分泌物和脱落的植物细胞为营养物质生长。荧光假单胞菌在铁含量极少环境下，靠分泌的假单胞菌素（pseudobactin）为铁载体，亲和吸收环境中的 Fe^{3+}，为植物和自身菌体细胞提供铁营养。在根系附近的 Fe^{3+}含量进一步减少的条件下，导致植物根际的病原菌和有害微生物因“铁饥饿”而被抑制生长，间接保护并促进了植物生长。而藤仓赤霉（*Gibberella fujikuroi*）以无性世代串珠镰刀菌中产生分泌的赤霉素（gibberellin），作为植物激素直接促进植物生长。

2. 内生菌与植物的互生关系

植物内生菌指生活在植物组织内的微生物。植物内生细菌大多与植物体形成互生关系。内生细菌以植物组织内的有机物和无机物为营养物质而生活，许多内生的假单胞菌分泌吲哚乙酸或赤霉素促进植物生长；多数内生细菌对于黄萎病的病原菌有强烈的抑制作用而保护植物；联合固氮菌也能进入植物细胞进行固氮，为植物提供氮源；巴西固氮螺菌（*Azospirillum brasilense*）是一种专性内生菌，可以随植株传播并进行固氮，为植株提供氮源。

（二）共生关系

1. 真菌与植物共生形成菌根

菌根（mycorrhiza）是一些真菌和植物根系形成的互惠共生体。真菌从植物根部获得生长所需的碳水化合物和其他生长物质，而真菌从土壤中吸收矿物质供给植物生长，共生体增强了它们对环境的适应能力。目前学者认为 95%的维管植物都有菌根存在，按菌根的形态和特点，可将其分为外生菌根和内生菌根。外生菌根的特点是真菌菌丝体紧密包围植物的根系并形成外鞘，少量菌丝侵入根的外皮形成特殊的网状结构，这些结构能加强植物对水分和矿物质的吸收，对树苗培育和垦荒绿化有重要作用；内生菌根的特点是真菌的菌丝体主要伸入并存在于根的皮层细胞内。

2. 固氮细菌与植物的共生固氮

豆科植物的根分泌有机物质，作为营养物质促进根际微生物中的根瘤菌生长。根瘤菌通过根毛顶端进入豆科植物的根毛中，在结瘤因子（Nod 因子）刺激下根毛细胞分裂，而形成根瘤共生体，约 90%豆科植物具有形成根瘤的能力。根瘤内的根瘤菌分化成不能生长繁殖的类质体，豆科植物产生的豆血红蛋白吸收根瘤内的氧气，在无氧条件下类质体内的固氮酶催化固氮成氨，氨为植物提供所需的氮肥。放线菌弗兰克氏菌属（*Frankia*）可以与多种木本植物共生，形成根瘤。该菌一般利用简单的有机酸为碳源，绝大部分以氮气（N_2）作为唯一氮源，其固氮酶较根瘤菌有较高的耐氧性，以固氮产氨。有报道用该菌可提高杨树林、桤木的生长能力。

（三）寄生关系

某些病毒、细菌、真菌和原生动物寄生在植物上，作为病原微生物引起严重的植物病害。为了消除植物病害，可利用微生物如放线菌产生的农用抗生素或细菌产生的细菌素等可有效杀灭植物致病菌（表 9-3）。用放线菌产生的农用抗生素可抑制或杀灭植物病原菌。应用最成功的是用放射形土壤杆菌（*Agrobacterium radiobacter*）K84 菌株产生的土壤杆菌素防治桃树根癌病。

表 9-3　几种主要的农用抗生素及其可防治植物病害

抗生素	来源	防治病害
灭瘟素 S	灰色链霉菌（日本）	稻瘟病
春日霉素	春日链霉菌（日本）	稻瘟病
井冈霉素	吸水链霉菌（中国）	水稻纹枯病、棉花立枯病
放线酮菌	灰色链霉菌	小麦锈病、松疱锈病
多氧霉素	可可链霉菌	烟草赤星病、小麦白粉病
内疗素	棘孢吸水链霉菌（中国）	苹果树腐烂病
两性霉素 B	链霉菌	真菌病

三、微生物与人和动物之间的关系

（一）互养关系

正常情况下，人和动物的体表及与外界相通的体腔（如口腔、呼吸道、消化道和泌尿生殖道等）中都有特定种类和数量的微生物类群，称为正常的生理菌群。这些正常的生理菌群以人和动物的分泌物、脱落的细胞和食物消化物中摄取营养而生长，并帮助人和动物消化食物，提供人和动物不能合成的某些氨基酸和维生素，也能从一定程度上抑制和排斥外来病原菌的入侵；人和动物为正常的生理菌群提供合适的温度、湿度、水分、pH 等良好的生活环境，起到保护作用，因此二者之间呈现良好的互养关系。如果由于某种原因（如长时间连续服用抗菌药物或气候、水土及食物条件的突然变化等）导致正常菌群种类或数量的减少，将会使病原菌乘虚而入并发生疾病，称为菌群失调症。近年来的研究还发现，人体肠道内某些生理菌群的种类和分布与肥胖、糖尿病和癌症等疾病的发生有关。

（二）共生关系

1. 瘤胃微生物与反刍动物共生

哺乳动物因缺乏纤维素酶，所以不能食用纤维。但是食草性反刍动物却能够通过定居在瘤胃中的微生物来分解转化纤维素等物质进而吸收利用。瘤胃实际上是食草反刍动物与分解草食性物质的微生物所形成的共生体。瘤胃提供了厌氧、中温（39～40℃）和偏酸性（pH 5.5～7.0）的生态环境，生活有大量与之相适应的专性厌氧细菌和以纤毛虫为主的原生动物。瘤胃微生物通过它们各自的代谢活动，将纤维素、半纤维素、淀粉和蛋白等大分子化合物转化为乙酸、丙酸、丁酸、CO_2、CH_4、H_2 和 H_2O。有机酸进入动物血液或其他组织器官，转化为动物营养，免除了对微生物的毒害。此外，瘤胃中的微生物还可以大量合成动物不能合成的某些必需氨基酸及维生素，为动物提供必需的营养物质。

2. 光合细菌或发光细菌与海洋生物共生

海洋中的某些无脊椎动物行动欠敏捷，不能靠自身运动捕食摄取营养，只能与光合细菌互惠共生。例如，蓝细菌与海绵共生：蓝细菌通过光合作用给海绵提供有机营养物质，而海绵则向蓝细菌提供尿酸和 CO_2 以及合适的生长环境。某些深海鱼类长有囊状的特殊器官，其内可共生发光杆菌或发光弧菌等发光细菌。正常情况下，鱼类给发光细菌提供良好的营养和栖身场所，使发光细菌免受其他原生动物捕食；发光细菌不断发光，使该鱼类借光在深海漆黑的环境中易寻找捕食目标，发光细菌还能控制发光周期和发光强弱，引诱其他海洋生物向其靠近，以利于捕食。

3. 微生物与节肢动物的共生

自然界中微生物与节肢动物广泛存在多种形式的共生关系，并有种属特异性。例如，蚁类可将真菌携带至植物组织碎片上，并给真菌创造一个生存环境。而蚁类则取食真菌分解纤维素的副产物，并获得纤维素酶，该酶类在蚁类肠道继续分解纤维素。一些以食木材为主的甲虫甚至在头部有储藏真菌的袋囊，它们为真菌提供合适的生存环境，必要时将真菌“接种”至木材上取食木材的分解产物。再如，沃尔巴克氏体属（*Wolbachia*）广泛分布于节肢动物的生殖系统内，能诱导同宗细胞不交配，以增强雌性繁殖力和雄性生殖力，对昆虫的进化和保持种间优势具有重要意义。

（三）捕食关系

微生物由于个体微小，一般不能作为大型捕食性脊椎动物的食物。但某些水生的无脊椎动物却能通过特殊的捕食方式以微生物为食料。例如，水生的蜗牛、海胆等可取食水底沉积物表面的微生物；水体中的甲壳纲和腕足纲则采用特殊的“滤食”方式取食藻类、蓝细菌、光合细菌和真菌，甚至是原生动物。

（四）寄生关系

寄生在人和动物体内，并引起疾病的微生物称为寄生菌（parasite）或病原菌（pathogen），也称病原微生物。当寄主免疫能力低下时，就会在某一局部定居，营寄生生活，继而发病，严重时可导致寄主死亡。有些微生物如大肠杆菌是人肠道的正常菌群，但若经泌尿系统进入感染也会导致炎症，因此这类微生物也称条件致病微生物。只生活在人和动物体内或体表的微生物称为专性寄生菌，如病毒、衣原体和多数病原微生物等；一般情况下在土壤和水体等自然环境中生存，遇到特殊条件才侵入寄主体内致病的微生物称为兼性寄生菌，如引起破伤风的破伤风梭状芽孢杆菌（*Clostridium tetani*）、引起伤口感染的绿脓杆菌等。

第三节　微生物与自然界的物质循环

生物圈（biosphere）是生态系统内所有生物与非生命环境的总称，是地球上所有生物栖息生存的场所。在生物化学的推动下，自然界中的各种化学物质与能量一起在生物圈中进行转化和移动，构成生物地球化学循环（biogeochemical cycling）。自然界的生物物质循环可以归结为无机物质的有机质化或生物合成作用，以及有机物质的无机质化即生物分解作用两个对立的过程。整个生物圈的繁荣昌盛，其能量源于太阳能，而其元素来源则主要依赖于微生物所推动的物质循环。其中，生命必需元素（C、H、O、N、P 和 S）循环很快，而常量元素（Mg、K、Na、Ca 和卤族元素）和微量元素（Zn、Mo 和 Al 等）则循环较慢。

一、碳素循环

碳素是构成生物体的最基本元素成分，约占生物体干物质的一半。自然界的碳元素以 CO_2、HCO_3^-、碳水化合物、脂肪、蛋白质、烃类（碳氢化合物）等多种方式存在。碳的循环主要指无机碳和有机碳相互转化与循环。如图 9-3 所示，在有氧条件下，绿色植物和需氧自养型微生物利用光能或无机能源氧化产能，将 CO_2 和水合成为碳水化合物，是自然界有机物的生产者。异养微生物和动物经有氧呼吸将有机物分解成 CO_2，其中微生物是主要的有机物分解者。在无氧条件下，非放氧型光合细菌还原 CO_2 形成有机物，是有机物的初级生产者。微生物在进行分解作用中也合成一些简单和复杂的有机物质，包括 CH_4 等气体。生态系统中碳循环始终处于相对平衡状态，人为破坏了其中任何一个环节，都会造成生态紊乱。

二、氧素循环

氧是生物体内物质组成的重要元素。大气中的 O_2 主要来自光合作用过程中 H_2O 的分解。在生物呼吸过程中，又把大气中的 O_2 转化为 CO_2 和 H_2O。在一个环境中是否存在 O_2 决定了这一环境存在什么类型的微生物和微生物的代谢活动。O_2 对于专性厌氧菌具有抑制作用。兼性厌氧菌利用 O_2 作为最终电子受体时，可以从有机物中获得更多的能量。当环境中 O_2 耗尽时，有的兼性厌氧菌如硝酸盐还原菌利用 NO_3^-，而专性厌氧菌硫酸盐还原菌利用 SO_4^{2-} 作为最终电子受体进行无氧呼吸而获得较多的能量。

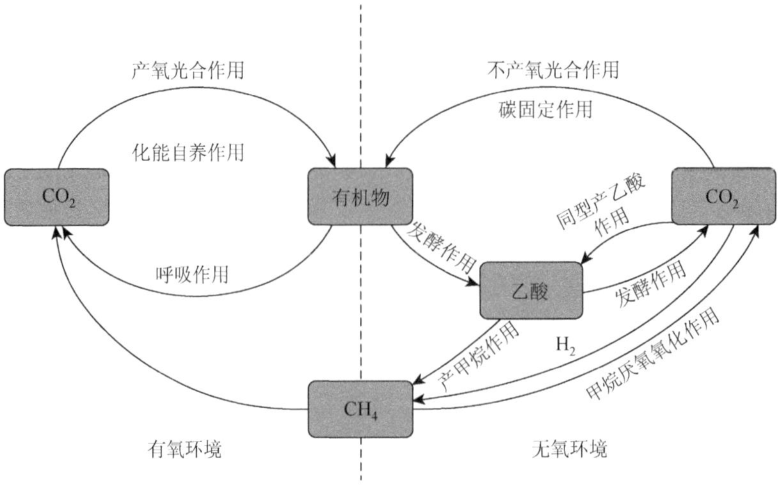

图 9-3　碳元素的生物地球化学循环

三、氮素循环

氮是组成生物有机体的另一种重要元素，自然界的氮素以分子态（N_2）、无机态（铵盐和硝酸盐等）和有机态（蛋白质和核酸等）存在。在微生物作用下氮循环主要是无机氮（N_2）和有机含氮物间的循环，主要包括固氮作用、铵同化作用、氨化作用、硝化作用、同化硝酸盐还原和反硝化作用（异化硝酸盐还原）（图 9-4），参与氮素循环的菌群主要有固氮菌、氨化微生物、铵同化微生物、亚硝化细菌、硝化细菌、同化硝酸盐还原菌、异化硝酸盐还原菌（反硝化细菌）等。

1. 固氮作用

生物固氮是固氮微生物在固氮酶的作用下，将大气中的氮转化为生物可利用的氨（铵盐）的过程。据测算全球生物圈每年约有 1.7×10^8t 的氮气被微生物固定。固氮微生物主要有固氮菌、梭菌、克雷伯氏菌、蓝细菌、根瘤菌和弗兰克氏菌。其中，根瘤菌属固氮贡献最大，每年可为每公顷土地固氮 250kg，供豆科植物吸收利用。大气中的 N_2 只有被固氮微生物转化成 NH_3（NH_4^+）才能被生物利用，因此生物固氮对维持自然界的氮循环起着极为重要的作用。

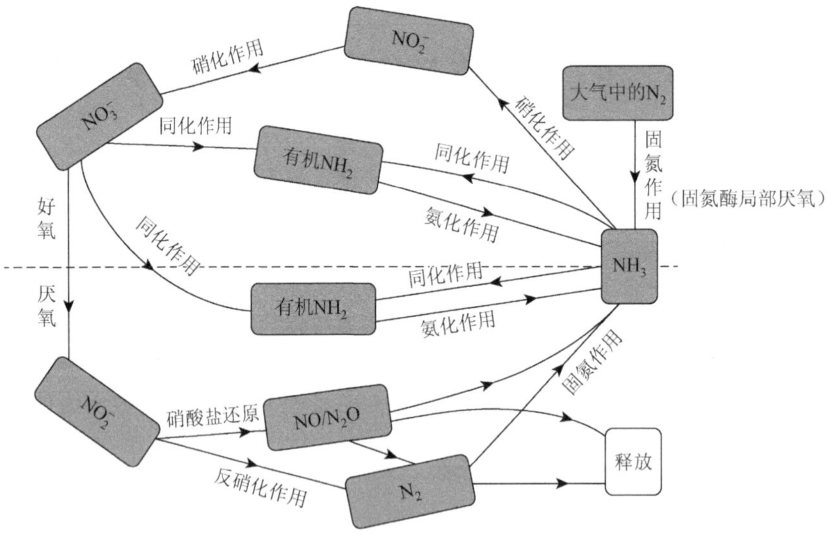

图 9-4　氮元素的生物地球化学循环

2. 铵同化作用

固氮作用生成的氨（铵盐）被微生物同化为氨基酸、嘌呤、嘧啶、胞壁酸等有机氮化合物的过程称为铵同化或氨的固定作用。

3. 氨化作用

氨化作用（ammonification）又称脱氨作用，是微生物先将蛋白质、核酸、几丁质等含氮有机物分别分解成氨基酸、嘌呤和嘧啶、氨基葡萄糖单体，然后将其中的 N 转化为 NH_3 的过程，是铵同化作用的逆反应。进入土壤中未被植物吸收利用的尿素、氮肥，能被土壤中的细菌如脲芽孢八叠球菌（*Sporosarcina ureae*）分解成碳酸铵，很快被分解成氨和二氧化碳。在酸性到中性环境中，NH_3 是以 NH_4^+ 的形式存在；在碱性环境中氨化作用产生的部分 NH_3 将释放到大气中去，成为生物无法利用的氨气，但其很容易受到光化学转化，经沉淀重新回到生物循环中。

4. 硝化作用

硝化作用（nitrification）是在有氧条件下将氨氧化成硝酸盐的过程。参与硝化作用的大多为无机化能自养的硝化细菌生理菌群。硝化细菌生理菌群分为亚硝化细菌和硝化细菌两个生理亚群。氨的氧化必须有 O_2 的参与，亚硝化细菌将 NH_4^+ 氧化成 NO_2^- 并产生能量，然后硝化细菌将 NO_2^- 氧化成 NO_3^- 并产生能量。亚硝化菌（nitrosobacteria）生理亚群代表属有：亚硝化单胞菌属（*Nitrosomonas*）、亚硝化螺菌属（*Nitrosospira*）、亚硝化球菌属（*Nitrosococcus*）、亚硝化弧菌属（*Nitrosovibrio*）和亚硝化叶菌属；硝化菌（nitrobacteria）生理亚群代表属有：硝化杆菌属（*Nitrobacter*）、硝化刺菌属，此外亚硝化螺菌和亚硝化球菌也能把亚硝酸盐氧化为硝酸盐。除了严格需氧的硝化细菌外，氨的氧化也能在无氧条件下进行。在缺氧的废水和污泥中加入硝酸盐，在刺激反硝化作用的同时也将氨氧化为 N_2 并产生能量，这一反应称为“厌氧氨氧化反应（anaerobic ammonium reaction）”，它的产能量很高。

$$5NH_4^+ + 3NO_2^- \rightarrow 4N_2 + 9H_2O + 2H^+ (\Delta G_0' = -1483kJ)$$

前述的甲烷氧化菌一般也能将氨氧化为亚硝酸，而氨同时抑制甲烷的氧化。

5. 同化硝酸盐还原作用

NO_3^- 能被多种微生物的硝酸盐还原酶和亚硝酸盐还原酶还原成 NH_3，并用于同化途径，合成含氮有机物，这个作用称为同化硝酸盐还原作用。许多细菌、真菌和藻类皆有同化硝酸盐还原作用，终产物 NH_3 对硝酸盐还原酶和亚硝酸盐还原酶有反馈抑制作用。

6. 异化硝酸盐还原作用

在无氧情况下，微生物能利用 NO_3^- 作为电子受体进行无氧呼吸，这个过程称异化硝酸盐还原作用，分为发酵性硝酸盐还原和呼吸性硝酸盐还原。前者发酵过程中硝酸盐不是最终电子受体，没有被完全还原，还原产物主要为亚硝酸盐和 NH_4^+，一般由兼性厌氧菌完成，主要有肠杆菌属和芽孢杆菌属。后者以硝酸盐为末端电子受体，将其还原为亚硝酸盐、氨或气态氮，高浓度的产物氨不会抑制硝酸盐还原酶的作用。在呼吸性硝酸盐还原中，最终将硝酸盐还原生成气态氮（N_2O 和 N_2）的过程称为反硝化作用（denitrification），其细菌称为反硝化细菌。

四、硫素循环

硫在地球生物圈中相当丰富，很少成为微生物生长的限制性营养元素。硫是生命有机体的重要组成部分，大约占细胞干重的 1%，存在于细胞骨架、蛋白质、维生素、辅酶和核酸物质中。自然界的硫元素价态最多，主要以单质硫、亚硫化物、硫化物、亚硫酸盐、硫酸盐、过硫酸盐和有机硫等形式存在。异养微生物一般只能利用亚硫酸盐、硫酸盐、过硫酸盐和有机硫，而自养微生物则可利用单质硫、亚硫化物和硫化物，各种微生物通过自身代谢推动硫元素的循环（图 9-5）。自然界硫的循环主要包括还原态硫的氧化、异化硫酸盐还原、同化硫酸盐还原和脱硫作用。

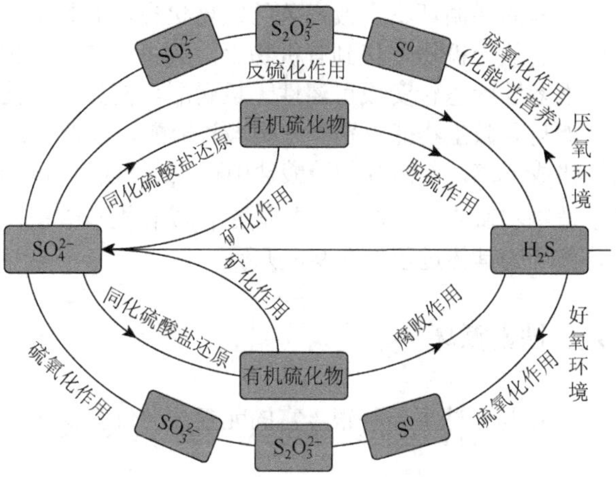

图 9-5　硫元素的生物地球化学循环

1. 硫的氧化

硫氧化作用是微生物将还原态的无机硫化物（S、H_2S、FeS_2、$S_2O_3^{2-}$、SO_3^{2-} 等）氧化成硫酸盐的过程，一般都是由自养微生物，如化能自养硫氧化菌（如硫杆菌属和发硫细菌属）和光能自养硫氧化菌来完成硫的氧化作用（如红硫菌属和绿硫菌属）。此外异养微生物如霉菌、节杆菌、芽孢杆菌也可氧化部分硫化物（硫＞0 价态）。最具有实际应用意义的例子是氧化硫硫杆菌（*Thiobacillus thiooxidans*）和氧化亚铁硫杆菌（*Thiobacillus ferrooxidans*）氧化硫产生的硫酸能从低品味的矿渣中“浸出”贵重金属，因而广泛应用于细菌浸矿（湿法冶金）领域。

2. 硫酸盐还原

硫酸盐可被微生物还原成还原态的硫化物，这部分微生物称为硫酸盐还原菌。硫酸盐还原产物被同化到细胞组分中或形成有机硫化合物的过程称为同化硫酸盐还原；而在厌氧条件下将硫酸盐作为无氧呼吸的受氢体，以有机酸或氢气作为电子供体，生成不被同化的 H_2S 的过程称为异化硫酸盐还原，也称反硫化作用。常见的类群有脱硫弧菌属和脱硫单胞菌属，以及一些极端嗜热古生菌。

3. 脱硫作用

自然界中有机硫化物主要以含硫氨基酸的形式存在，微生物在分解蛋白质的过程中也在进行有机硫的分解，释放出 H_2S、CH_3SH、$(CH_2)_3S$ 等含硫气体，一般腐生菌都具有分解有机硫的能力。反硫化菌和腐生菌在水稻秧田中过度生长时，会因积累 H_2S 而导致烂秧。

五、磷素循环

在生物圈中，磷不是很丰富的元素，但它是微生物遗传物质（如核酸）、能量储存物质（如 ATP）和细胞结构（如膜磷脂）的重要组成部分。由微生物参与的磷循环不会改变磷的氧化状态，而是将磷酸基团从无机物转移到有机物上，或将含磷化合物从不溶性状态转变成可溶性无机磷酸。例如，某些化能自养微生物能分别产生硝酸和硫酸，或把 Fe^{2+} 氧化成 Fe^{3+}，不溶性的磷酸盐中释放出 PO_4^{3-}，以利于植物和微生物吸收，并被固定化成有机磷酸盐。磷循环的具体过程如图 9-6 所示。

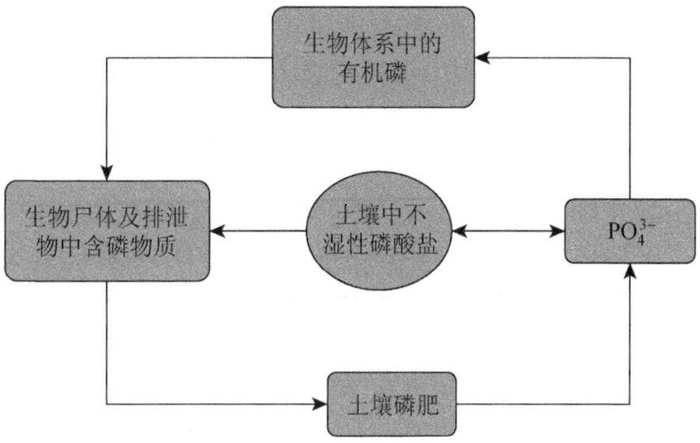

图 9-6　磷元素的生物地球化学循环

六、铁素循环

铁是地球上一种很丰富的元素，但仅有少部分的 Fe 参与生物地球化学循环。自然界中铁的循环仅包括氧化还原反应，即 $Fe^{2+} \rightleftharpoons Fe^{3+} + e$。而微生物参与的铁循环则包括氧化、还原和螯合作用。Fe^{3+} 和 Fe^{2+} 具有不同的溶解性能。在好氧条件下 Fe 主要以 Fe^{3+} 形式存在，在铁氧化菌的作用下亚铁化合物被氧化成高铁化合物而沉积下来；在环境需要时，铁还原细菌可以还原高铁化合物而使铁溶解，进而被铁离子螯合体捕获，螯合的铁可以被各自微生物细胞吸收同化。常见的铁氧化菌有纤发菌属（*Leptothrix*）和球衣菌属（*Sphaerotilus*），常见的铁还原菌有铁细菌属（*Ferribacterium*）、暗杆菌属（*Pelobacter*）和脱硫单胞菌属（*Desulfuromonas*）。具体循环过程如图 9-7 所示。

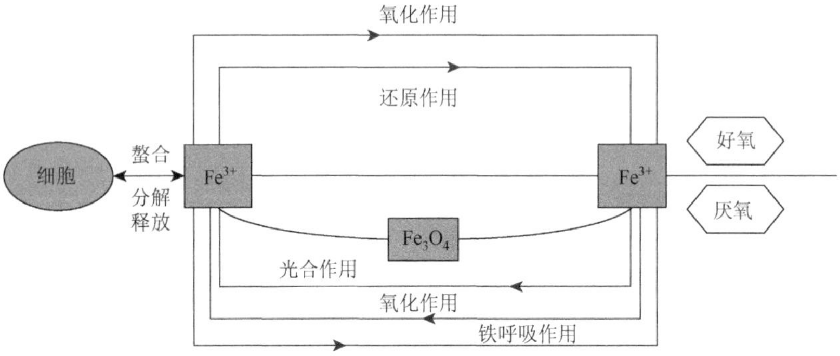

图 9-7　铁元素的生物地球化学循环

七、各种元素循环之间的相互关系

以上分别讨论了各种主要元素的循环，实际上，各种元素的循环是相互依赖的，任何一种元素的循环都会受到另一种元素循环的影响。这一方面的例子在碳、氢和氧循环中最明显（图 9-8）。光合微生物通过光合作用合成有机物，把太阳光的能量储存在有机物中，这些有机物氧化过程中释放的高能电子伴随能量释放驱动 N、S、Fe、Mn 的还原作用；在化能无机营养菌的作用下这些元素的重新氧化所释放出的能量又使 CO_2 转化成细胞物质。

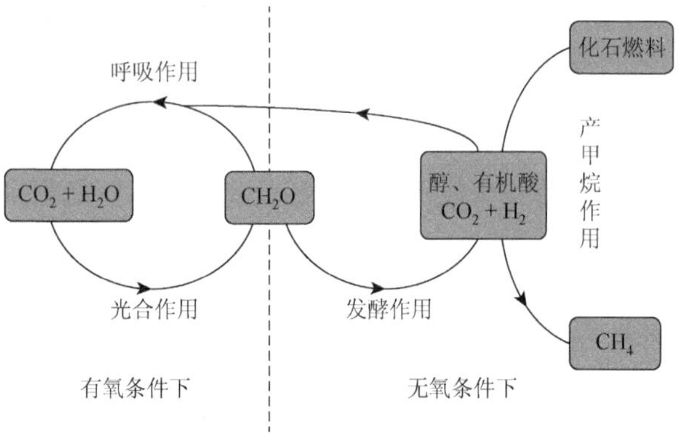

图 9-8　碳、氢、氧生物地球化学循环中的相互作用

第四节　微生物分子生态学新技术

微生物分子生态学（microbial molecular ecology）利用分子生物学的原理与方法在分子水平上研究自然界微生物群落多样性、生物活性与环境之间的关系。与传统的分离培养方法相比，分子生态学技术绕过传统的分离培养的瓶颈，能够对微生物的群落结构有一个比较全面、客观的认识，使得对环境样品中占大部分的不可培养微生物的研究成为了可能。

一、荧光原位杂交技术

荧光原位杂交（fluorescence *in situ* hybridization，FISH）技术，是用以生物素或地高辛为荧光标记的单链核酸为探针，按照碱基互补的原则，与未知样品的单链核酸进行特异性杂交，尤其是可以直接与定位在染色体上的特定基因进行杂交。荧光原位杂交具有快速、信号强、特异性高和同时检测多种核酸序列的优点。荧光原位杂交一般使用长探针（>1kb），杂交后用紫外光激发产生荧光，并用荧光显微镜进行观察，在微生物生态学研究中应用非常广泛，可应用于针对几种不同的物种基因保守序列荧光探针（标记的荧光颜色不同）对环境样品进行原位杂交，直接观察到存在的不同物种分布。

二、变性梯度凝胶电泳技术

变性梯度凝胶电泳（denaturing gradient gel electrophoresis，DGGE）技术是DNA在电泳过程中，双链分子在不断增加的化学变性剂的作用下开始解链，泳动速度发生变化，同样大小的DNA序列由于所含碱基的不同，其 T_m 也有差异，甚至一个碱基对的不同，都会导致 T_m 的很大差异，结果使得不同碱基组成而大小相同的产物在同一条凝胶泳道上彼此分开，进而反映基因组成的变化（图9-9）。DGGE技术最早应用于基因点突变的检测，它使传统琼脂糖凝胶电泳和聚丙烯酰胺凝胶电泳的检测分辨精度提高到一个碱基差异的水平上，后被环境微生物学者用于环境微生物多样性检测，可直观地展示不同样本间微生物群落组成的差异。

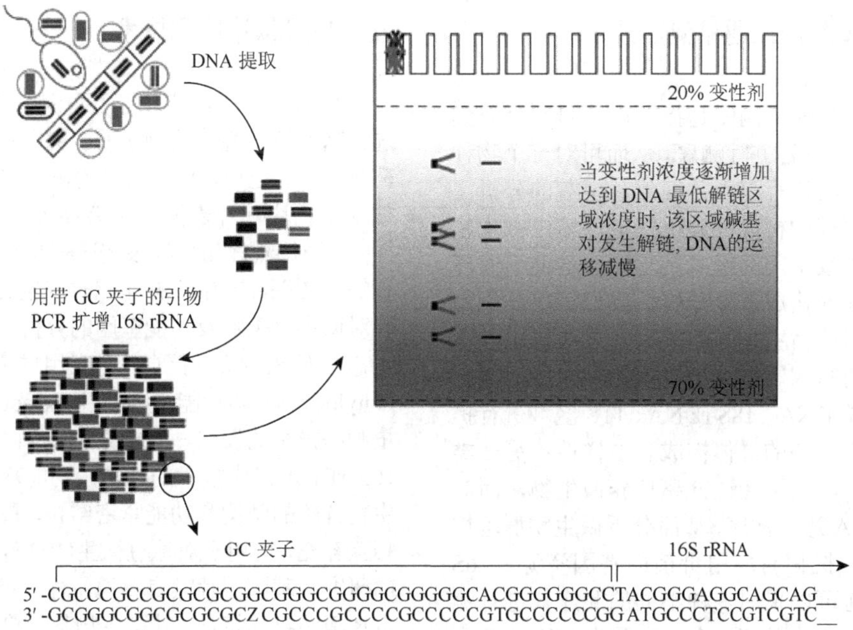

图9-9　变性梯度凝胶电泳（DGGE）原理图

三、末端限制性酶切多态性分析技术

末端限制性片段长度多态性（terminal-restriction fragment length polymorphism，T-RFLP）技术是将限制性片段长度多态性技术和荧光标记技术相结合后发展的一种较先进的分子生态学方法。如图9-10所示，其原理是：根据保守区设计通用引物，其中一个引物的5′端用荧光物质标记，以待分析样品DNA为模板进行PCR扩增，所得的PCR产物一端就带有这种荧光标记，然后将PCR产物利用合适的限制性内切酶进行消化，一般选用酶切位点为4bp的限制性内切酶。由于在不同细菌的扩增片段内存在核苷酸序列的差异，酶切位点就会存在差异，酶切后就会产生很多不同长度的限制性片段。消化产物用自动测序仪进行测定，只有末端带有荧光性标记的片段能被检测到。因为不同长度的末端限制性片段必然代表不同的细菌，通过检测这些末端标记的片段就可以反应微生物群落组成情况。T-RFLP技术可直观地展示不同样本间微生物群落组成的差异。

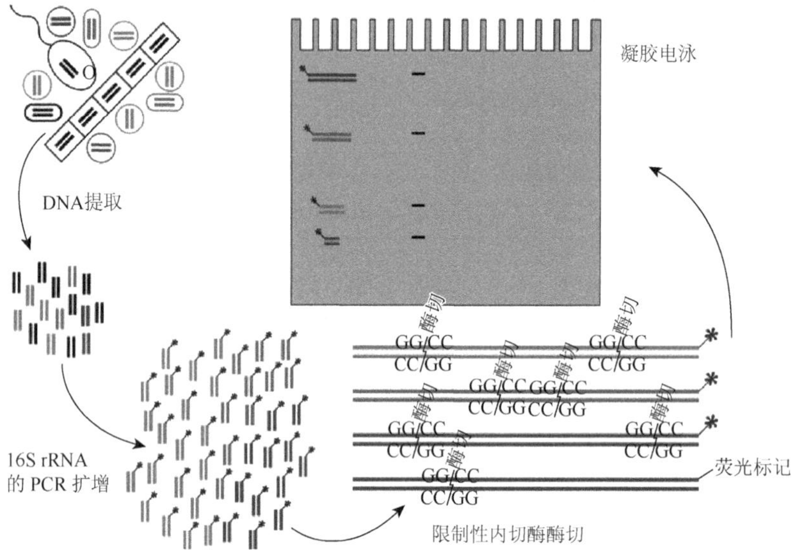

图9-10　末端限制性片段长度多态性（T-RFLP）分析原理图

四、16S rRNA基因高通量测序技术

微生物群落高通量测序是指一次性对几百万到十亿条DNA分子进行并行测序，从而可对一个物种的转录组和基因组进行深入、细致、全貌的分析。通过分析测序序列的构成可分析特定环境中微生物群体的构成情况或基因的组成及功能。借助不同环境下微生物群落的构成差异分析，我们可以分析微生物与环境因素或宿主之间的关系，寻找标志性菌群或特定功能的基因。微生物群落测序包括两类：一类是通过16S rDNA、18S rDNA、ITS区域进行扩增测序，分析微生物的群体构成和多样性；另一类是宏基因组测序，是不经过分离培养微生物，而对所有微生物DNA进行测序，从而分析微生物群落构成与基因构成，挖掘有应用价值的基因资源。16S rDNA测序目前可以采用多种不同的测序仪进行测序，目前最主流的是用Illumina公司的MiSeq测序仪测序，因为其在通量、长度和价格三者之间最为平衡。MiSeq测序仪可以产生2×300bp的测序读长，一次可以产生15Gb的测序数据，远大于其他测序仪的测序通量。目前测序技术的发展和价格的下降，使人们可以很方便地进行深度测序，分析环境中微生物群落分布组成。

五、基因芯片检测技术

基因芯片广泛应用于环境微生物和功能基因筛选、基因组研究、药物研发、突变检测、分子诊断、药物机理、免疫检测、食品检测等多个技术领域。该技术在一块基片表面固定有序列已知的靶核苷酸的探针，当待测样品目标核酸序列与基因芯片上对应位置的核酸探针产生互补匹配时产生荧光信号，进而实现对微生物类群及功能基因的分析。目前，在微生物生态学研究领域得到广泛应用的有系统发育芯片（PhyloChip）和功能基因芯片（GeoChip）。随着高通量测序技术的发展，系统发育芯片已受到功能相似的16S rDNA测序技术的冲击。功能基因芯片技术将微生物群落的结构和功能紧密结合，与高通量测序技术相互补充，可用于对原位微生物群落结构和代谢功能的研究。基因芯片具有高通量性、准确性、定量性、抗环境污染的特征，其微生物基因检验的深度和效率是传统方法和高通量测序技术无法相比的，可实现对已知物种或功能基因的快速检测。

六、宏基因组分析技术

宏基因组学（metagenomics）又称元基因组学，

是以环境样品中的微生物群体基因组为研究对象。该技术直接从环境样品中提取可培养和不可培养全部微生物的DNA，采用新一代高通量测序技术，获得环境微生物基因信息总和，研究环境微生物的群落结构、物种分类、系统进化、基因功能、代谢网络及与环境之间的关系。宏基因组不依赖于微生物的分离与培养，直接提取环境样本全部DNA进行测序，具有通量高、速度快、信息全等特点，在鉴定低丰度的微生物群落、挖掘更多基因资源方面具有较大优势。基于测序技术和生物信息学的快速发展，宏基因组技术优势在微生物研究领域中愈发突显，应用范围愈发广泛。

七、生物传感器

生物传感器（biosensor）是一种对生物物质敏感并将其浓度转换为电信号进行检测的仪器。生物传感器由检测器即作为识别元件的固定化生物物质（如酶、抗体、微生物细胞等）敏感膜、理化换能器（如氧电极、光敏管、场效应管、压电晶体等等）及信号放大装置等构成（图9-11）。生物传感器在发酵工程和环境保护领域中得到广泛应用。例如，BOD生物传感器：将生物传感器置于不含BOD物质的缓冲溶液中，由于溶液保持恒温并被氧饱和，传感器输出稳态电流；当加入样品时，有机物向生物传感器的生物膜中扩散，微生物对有机物质代谢耗氧，从而导致传感器输出电流降低；在适宜的BOD物质浓度范围内电流降低值与样品溶液的BOD浓度呈负相关线性关系。

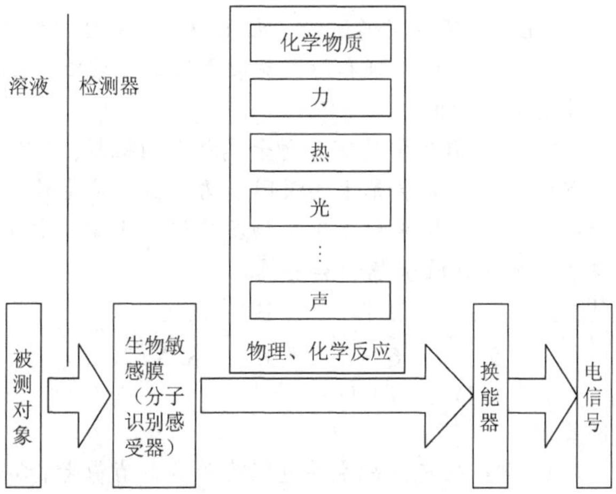

图9-11 生物传感器的工作机理

八、实时荧光定量技术

实时荧光定量PCR（quantitative real-time PCR，Q-PCR）是指在PCR反应体系中加入荧光基团，利用荧光信号积累实时监测每次PCR循环后产物总量的方法。根据荧光产生的原理，可以将Q-PCR分为荧光染料法和探针法。前者是指在PCR反应体系中，加入过量荧光染料，荧光染料非特异性地掺入DNA双链后，发射荧光信号，而不掺入DNA链中的荧光染料不发射荧光信号，从而保证荧光信号的增加与PCR产物的增加完全同步。TaqMan探针法的原理是探针完整时，报告基团发射的荧光信号被淬灭基团吸收，PCR扩增时，*Taq* DNA聚合酶的5′→3′外切酶活性被探针酶切降解，使报告荧光基团和淬灭荧光基团分离，从而荧光监测系统可接收到荧光信号，即每扩增一条DNA链，就有一个荧光分子形成，实现了荧光信号的累积与PCR产物的形成完全同步。实时荧光定量PCR技术在每一轮循环均检测一次荧光信号强度，有效地解决了传统定量只能终点检测的局限。实时荧光定量PCR技术可实现对某一功能基因的绝对定量，广泛应用于食品安全、临床疾病检测和环境保护等领域。

知识点回顾

1. 微生物生态学是研究微生物群体与生境中的其他生物和非生物之间的相互作用关系的学科，其核心问题是微生物与环境的相互关系。

2. 微生物之间的相互关系包括中性关系、偏利关系、协同关系、共生关系、竞争关系、拮抗关系、寄生关系和捕食关系。此外，微生物与其他物种生物间也存在复杂多样的相互关系。掌握根际微生物、植物共生菌和固氮菌与植物的关系，瘤胃微生物和节肢动物共生菌与动物的关系，病原微生物与人和动物之间的关系，对人类的生产生活具有重要意义。

3. 微生物作为生产者和主要的分解者，在自然界中碳、氢、氧、氮、硫、磷、铁等元素的循环中有着不可替代的作用。人类掌握微生物参与元素循环的反应机理，可以“修复”某些已被破坏的生态平衡，避免灾害性的后果。

4. 目前微生物生态学的研究已进入分子生物学水平，对微生物生态功能的研究除了用传统的经典方法进行微生物群落组成研究外，还必须掌握近代微生物分子生态学研究技术和方法，探索不可培养微生物生存的秘密。

关键词

1. 群落（community）：在一定时间内居住于一定环境中的各种群组成的生物系统。

2. 生态系统（ecosystem）：在一定空间内由生物和非生物成分组成的一个功能整体及生物圈能流和物质循环的一个功能单位。

3. 微环境（microenvironment）：微生物实际生活和进行新陈代谢所在的生境，即微生物生活的特定物理位置称为微环境，包括生物因素、非生物因素和有效资源。

4. 生物地球化学循环（biogeochemical cycling）：在生物化学推动力的作用下，自然界中的各种化学物质与能量一起在生物圈中进行的转化和移动。

5. 微生物分子生态学（microbial molecular ecology）：利用分子生物学的原理与方法在分子水平上研究自然界微生物群体与其周围生物和非生物环境间相互作用规律的学科。

自测题

一、选择题

1. 同化硝酸盐还原的酶可被下列哪种化合物抑制？（　　）

（A）氨　　（B）氧

（C）N_2　　（D）N_2O

2. 异化硝酸盐还原的酶可被下列哪种化合物抑制？（　　）

（A）氨　　（B）氧

（C）N_2　　（D）N_2O

3. 和豆科植物共生固氮的微生物是（　　）。

（A）假单胞菌　　（B）根瘤菌

（C）蓝细菌　　（D）自生固氮菌

4. 适用于生物冶金的微生物类群主要是（　　）。

（A）嗜热微生物　　（B）嗜冷微生物

（C）嗜酸微生物　　（D）嗜压微生物

5. 酸矿水的形成是微生物对某些金属和非金属元素转化的结合，下列哪种循环与酸矿水形成有关？（　　）

（A）S 循环　　（B）N 循环

（C）磷循环　　（D）硅循环

6. 亚硝化细菌和硝化细菌的关系可称为（　　）。

（A）协同共栖　　（B）偏利共栖

（C）共生　　（D）中立

7. 植物根系对根际微生物最大的影响是通过（　　）。

（A）植物遮荫

（B）根系分泌各种有机物

（C）根系富集水分

（D）根系伸长过程中造成土壤通气

8. 自然界氮素循环过程中，进行硝化作用和反硝化作用的微生物分别是（　　）。

（A）异养微生物和自养微生物

（B）都是自养微生物

（C）自养微生物和异养微生物

（D）都是异养微生物

9. 微生物分子生态学技术中能分析微生物群落组成的技术有（　　）。

（A）生物传感器

（B）荧光原位杂交

（C）实时荧光定量技术

（D）宏基因组

10. 下列不能用于研究微生物群落功能的分子生态学技术有（　　）。

（A）宏基因组分析技术

（B）基因芯片

（C）生物传感器

（D）T-RFLP 技术

二、问答题

1. 微生物在生态系统中起到哪些作用？

2. 微生物是如何参与自然界氮素循环的？

3. 宏基因组分析技术可以解决什么问题？

答案：

开篇事件

1. 答：土壤重金属的来源首先是土壤母质本身含有的重金属。土壤重金属污染主要来自于人类活动。造成土壤重金属污染的主要原因有：工业“三废”、生活垃圾、交通运输、大气降雨、降尘。其中废气飘尘、污水灌溉和污泥施肥是造成土壤重金属污染的重要原因。

2. 答：微生物具有各种金属螯合的机制，这使得其具有更大的金属生物吸附能力。微生物生物吸附的目标是使用生物或死生物及其组分从溶液中除去和（或）回收金属和类金属。

选择题：1. A　2. B　3. B　4. C

5. A　6. A　7. B　8. A

9. D　10. D

问答题：

1. 答：生态系统主要包括生产者、消费者和分解者三大生物类群。微生物在生态系统的物质储存、循环和能量流动过程中担任多重角色，但主要以分解者的形式起作用。①微生物是生态系统的初级生产者（primary producer），微生物中的光能和化能自养微生物能将 CO_2 和无机营养元素同化为新的有机物，所固定的能量又可在食物链中传递；②微生物和动植物一样，也是主要能源物质的消费者（consumer）；③微生物最大的价值在于作为分解者（decomposer）分解生物圈内存在的或人类生产生活产生的各种复杂有机物质，并最后将其转化成 CO_2 等无机物，再次供给初级生产者利用，从而实现生源要素的再生和循环。

2. 答：1）生物固氮：常温常压下，固氮生物通过体内固氮酶的催化作用，将大气中游离的分子态 N_2 还原为 NH_3 的过程。

2）氨化作用：含氮有机物通过各类微生物分解、转化成氨的过程。

3）同化型硝酸盐还原作用：以硝酸盐作营养，合成氨基酸、蛋白质和核酸等含氮物的过程。

4）硝化作用：土壤中由氨化作用生成的 NH_3，经硝化细菌氧化生成亚硝酸、硝酸的过程。

5）反硝化作用：微生物还原 NO_3^- 产生气态 N_2 的过程，即硝酸盐的异化还原。

3. 答：宏基因组学则以生态环境中全部细菌和真菌基因组 DNA 作为研究对象，它不是采用传统的培养微生物的基因组，包含了可培养和还不能培养的微生物的基因，通过克隆、异源表达来筛选有用基因及其产物，研究其功能和彼此之间的关系和相互作用，并揭示其规律。

（马 挺）

第十章 微生物的进化和分类鉴定

开篇事件：分离、鉴定是认识和利用微生物这把“双刃剑”的关键

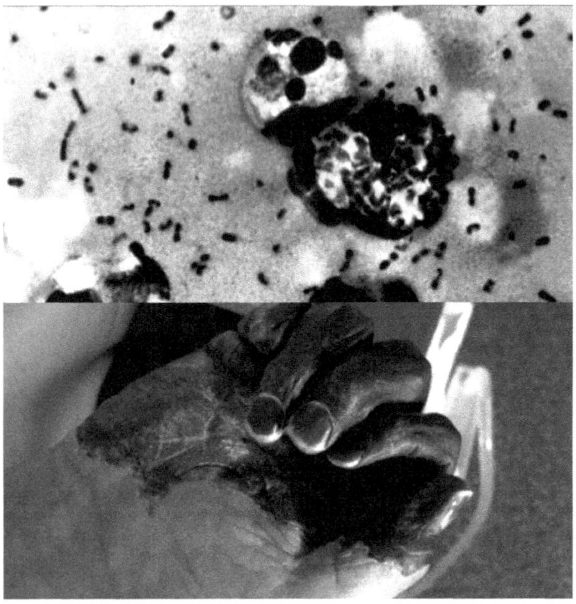

鼠疫杆菌与黑死病

公元 6～19 世纪，有一种传染病曾经三次大范围暴发，共计夺走了 1 亿多人的生命。患者最初的症状是淋巴结出现肿块，然后身体上出现青黑色的疱疹；如果不及时治疗 75%以上的患者会死亡，故当时人们称这种病为“黑死病”。在第三次流行时，生物学家(日本的北里柴三郎和法国的耶尔森)发现“黑死病”的病原体为鼠疫杆菌(*Yersinia pestis*)，并确定“黑死病”实际为鼠疫。试想，如果在鼠疫第一次大流行时科学家就分离并鉴定了它的病原体，那么其余两次大暴发是不是可以避免呢?

参考文献：

Byrne JP. 2012. Encyclopedia of the Black Death. Santa Barbara: ABC-CLIO.

思考题：

1. 用于微生物分类鉴定的主要指标是什么?
2. 如何使微生物的分类鉴定结果被国际同行认可和使用?

尽管现有的古生物学、地质学和地球化学直接或间接证据表明，早在 35 亿年前地球上就出现了类似细菌的简单生命，但直到荷兰商人列文虎克于 1675 年自制了第一架显微镜后微生物的研究和分类才成为可能。随着近代科学技术的飞速发展及其向生物学领域的渗透，微生物分类学的研究已经从简单的形态和生理生化特征鉴定发展到了采用形态、生理生化、遗传和细胞化学等指标的多相分类鉴定系统。逐渐形成了以《伯杰氏系统细菌学手册》和《真菌字典》为代表的较为成熟的细菌和真菌分类系统。

第一节 微生物的进化及物种多样性

现代生物进化论的观点认为，地球上丰富多样的生命形式都起源于共同的祖先，在自然选择压力的作用下形成了不同的生命分支，不同生物之间存在着或远或近的亲缘关系。因此，探讨微生物的进化历程及它们之间的亲缘关系成为微生物学研究的一项重要内容。

一、微生物的起源与进化

微生物是地球上最早出现的生命形式，广泛生活在从空气到地壳的各种环境中，具有非常高的多样性。大量的地质学、地球化学和古生物学证据表明：最早的生命体大约出现在 35 亿年前，也就是地球形成后的 10 亿年左右，主要是一些类似杆状细菌的原始生物。例如，在澳大利亚西部地区的叠层岩化石中就发现了细菌的踪迹，地质学证据表明这些化石形成于 35 亿年之前。实际上，在地球形成的早期，地球上没有任何大分子的有机物或生命形式。原始生命是由早期大气中的甲烷、氨气、硫化氢等小分子物质经过 4 个阶段逐渐形成的。首先，原始大气中的无机小分子在紫外辐射、闪电、火山喷发等能量的驱动下形成了有机物小分子，如糖类、氨基酸和核苷酸等。米勒（S. Miller）就在实验室中模拟了地球早期的大气环境，并成功合成了氨基酸和有机酸等小分子有机化合物。接着，这些有机化合物经过长期的积累和相互作用，在适当的条件下（如黏土的吸附作用）通过缩合或聚合形成了原始的蛋白质和核酸分子。之后，这些生物大分子相互作用形成了多分子体系，该过程也已经被苏联学者奥帕林（A. Oparin）和美国学者福克斯（S. Fox）在实验室中证实，他们获得了类似细菌的“团聚体”或“类蛋白微球体”。最后，多分子体系一旦在合适的条件下被膜包裹，并具有了自我复制和新陈代谢能力就形成了最原始的生命体。这些原始的生命体经过数亿年的进化便形成了今天丰富多样的生物世界。这就是苏联学者奥帕林提出的生命化学起源假说，目前已经成为普遍接受的生物起源学说。

原始生命经过漫长的进化过程赋予了 DNA、RNA 和蛋白质等特定的生物学功能，最终形成了以细菌和古生菌为代表的原核生物。目前，真核生物起源于原核生物的学说已经被绝大多数学者接受。在众多起源假说中内共生假说较为流行，它是由美国学者马古利斯（L. Margulis）于 1970 年提出的。该假说认为原始的真核生物来源于细菌与古生菌的共生体，在进化过程中古生菌丢失了细胞壁和细胞膜，细菌丢失了细胞壁并将其部分基因组转移至古生菌中。与细菌相比，古生菌与真核生物较近的亲缘关系可能是一个比较有力的证据。此外，生物界的共生现象、真核细胞器独立的遗传和代谢机制也都支持了这一假说。

二、进化的分子时钟

虽然地球上现存的物种具有极高的生物多样性，但它们都起源于共同的祖先。因此，亲缘关系是认识生物之间关系的最佳手段。这就需要找到能够反映生物进化历程的测量指征。在漫长的进化过程中，尽管自然选择的压力塑造了千变万化的生物表型，但 DNA、RNA、蛋白质等生物大分子的功能基本没有改变，且它们一级序列的变异程度与进化时间成正比，即它们的进化速率接近一个常数。因此，它们可以像时钟一样表征生物进化时间的长短。不过，并不是每个生物大分子都适合作为生物进化的测量指征。除了具有恒定的进化速率以外，作为“分子时钟”（molecular chronometer）的生物大分子还必须满足以下要求：①分布广泛性，即所选的生物大分子应普遍存在于所研究的各生物类群中，这样才能对所研究的生物类群进行全面的比较。②功能同源性，即所选择的生物大分子在不同的生物中应该具有相同或相似的生物学功能。功能不同的生物大分子可能起源于不同的祖先，且它们在进化过程中的选择压力不同，从而导致它们不同的进化速率，使可比性大大降低。③序列保守性，即所选择的生物大分子在一级结构上必须具有可以比较的同源序列，如 DNA 和 RNA 的碱基序列、蛋白质的氨基酸序列等。这主要是因为目前的技术条件通常只能对这些生物大分子的一级结构信息进行准确的比较分析。此外，在研究不同类群之间的系统发育关系时，还应根据其亲缘关系的远近选择具有不同进化速率的生物大分子作为“分子时钟”。例如，在研究亲缘关系较近的类群之间的系统发育关系时，应选择进化速率较大的生物大分子作为“分子时钟”，这样便于比较它们之间的差异。反之，则需要选择进化速率较慢的“分子时钟”，这样便于对所有要研究的类群进行纵向比较。

早期的系统发育研究主要依赖于生物的表型特征和大量的化石资料。由于微生物的个体微小、结构简单，可利用的表型信息很少，化石资料更是凤毛麟角，因此在早期的系统发育研究中很少涉及微生物。20 世纪 60 年代以后，随着分子生物学技术的出现和发展使生物大分子一级结构信息的获取成为可能，在比对了大量生物大分子的序列信息后，人们发现很多生物大分子的一级结构变异程度与它们的进化时间之间存在着较高的正相关性，于是建议利用生物大分子的一级结构信息对微生物进行分类和系统发育研究。大量的研究结果表明：在众多的生物大分子中，rRNA 是最适合作为“分子时钟”的生物大分子，尤其是原核生物的 16S rRNA 和真核生物的 18S rRNA。它们满足了“分子时钟”要求的所有条件：①作为蛋白质合成过程中不可缺少的功能分子 rRNA 存在于所有生物中；②rRNA 在不同生物细胞中的功能是一致的，且在漫长的进化过程中功能始终保持不变；③16S rRNA（18S rRNA）是大小适中的线性生物大分子，在其序列中既有高度保守和中度保守的区域，又有保守性相对较差的可变区。不仅可以根据其保守区的序列信息比较亲缘关系较远的物种，还可以根据其可变区的序列信息比较亲缘关系较近的物种。因此，16S rRNA（18S rRNA）已经成为目前公认的“分子时钟”。20 世纪 70 年代，美国的生物学家卡尔·乌斯（C. Woese）不仅利用这个“分子时钟”构建了包括微生物在内的整个生物界的系统发育树，还发现了生命的第三种形式——古生菌。

三、系统发育树

系统发育树（phylogenetic tree）（简称系统树）是根据不同生物中作为“分子时钟”的生物大分子间序列的差异程度用统计学方法绘制的带有分枝和节点的树状图，通常用来表示不同生物类群之间的亲缘关系及生物的进化历程。系统树的分枝表示生物的种类，分枝长度表示各类群之间的进化距离。不同分枝之间的连接点称为节点，表示生物类群。根据形状的不同，系统树分为有根树和无根树两类（图 10-1）。有根树不仅可以表示各生物类群之间的分类和亲缘关系，还可以表示系统树中各类群生物的进化历程，而无根树则只能表示各生物类群之间的分类和亲缘关系。如图 10-1a 所示的无根树只能表示在 A、B、C 和 D 4 种生物中，A 与 C、B 与 D 有较近的亲缘关系，A 与 B 或 D 的亲缘关系较远。而图 10-1b 所示的有根树则不仅可以表示出 A、B、C、D 之间的亲疏，而且能反映出它们起源自共同的祖先及各自的进化方向。根据拓扑学和统计学的原理，当用系统树表示 4 种生物之间的关系时，可能产生结构不同的 3 种无根树和 15 种有根树。而在实际应用中，我们通常只选择其中的最优树作为各生物类群的系统树。但即使是最优树也未必能真实地反映出所研究生物类群的亲缘关系和进化方向，这是因为所选择的进化测量指征、构建系统树的方法、实验和计算过程中存在的误差都会导致构建的系统发育树与真实系统发育树之间的偏差。因此，我们很难构建出各生物类群的真实系统发育树。

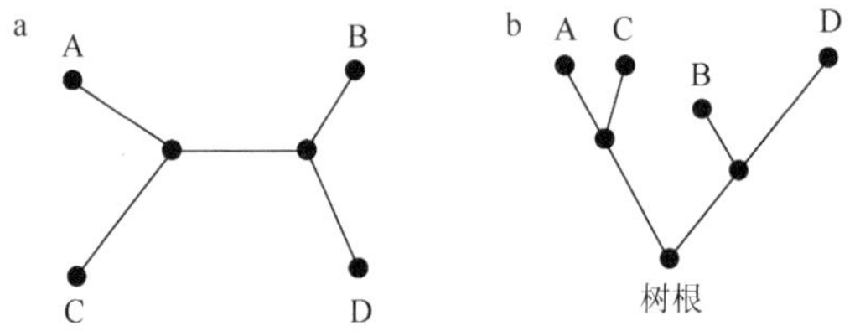

图 10-1　系统发育树

a. 无根树；b. 有根树

前面提到构建系统发育树方法的选择会直接决定所构建系统发育树的形状及其与真实系统发育树之间的偏差。那么，在实际应用中我们该如何选择呢？目前常用的基于核酸序列的建树方法有距离法、简约法和似然法三种：①距离法是根据所研究生物类群两两之间的进化距离构建系统发育树。它是从进化距离最短的分类群开始依次聚类，直至将所有的分类群都包含到一棵系统发育树中。目前教科书中常用的涵盖整个生物世界的系统树就是美国生物学家卡尔·乌斯根据距离法构建的。具体算法又分为算术平均不加权组对（UPGMA）法、Fitch-Margoliash（FM）法、最小进化（ME）法和邻接（NJ）法 4 种。②简约法，最常用的为最大简约法，它是在假设被研究的分类单位可以突变为与自身不同的任何一种分类单位的前提下，通过计算找出任意给定系统树中能够用最少的核苷酸突变数目解释整个进化过程的系统树作为最优系统发育树。③似然法，最常用的为最大似然法，它是选取一个特定的替代模型来分析要研究的分类单位，使每一个获得的系统树的似然率都为最大值，然后再挑出所有系统树中似然率最大的那个系统树作为最优树。

目前比较普遍接受的生物界级分类学说是由美国生物学家卡尔·乌斯于 20 世纪 80 年代提出的三域系统学说。他根据各生物类群“分子时钟”序列的差异程度利用距离法构建了涵盖整个生物世界的系统发育树（图 10-2），并提出了生物界可以分为细菌、古生菌和真核生物三域的生物界级分类学说。在他构建的系统发育树中，所有的生物类群都有共同的祖先，即系统树的根，进化过程使细菌与古生菌最先分成两个生物类群，接着是古生菌和真核生物被分开。最早形成独立分支的细菌域包含了目前所认识到的原核生物的绝大部分，在《伯杰氏系统细菌学手册》第二版中被分为 24 个门。其中产液菌门最靠近系统发育树的根部，该门中的成员都是一些嗜热的化能自养型细菌，可以通过将氢氧化成水获得能源。迄今为止发现的一些最嗜热的细菌大部分都包含在该分类群中。与产液菌门相近的热脱硫杆菌门、栖热袍菌门、绿屈挠菌门（无硫绿菌属）也具有嗜热的表型特征，其中栖热袍菌门的成员都是一些厌氧发酵的革兰氏阴性菌，有着与产液菌门成员相似的脂肪酸和醚脂类物质。再向上是拟杆菌门，其成员拟杆菌属和鞘氨醇杆菌属的细胞壁中存在鞘酯，其中的丙三醇被长链神经鞘氨醇取代。鞘酯是哺乳动物脑和神经组织的结构物，在细菌中极为罕见。之后几乎同时出现的是革兰氏阳性菌、蓝细菌门和绿菌门的分枝。蓝细菌门的成员具有叶绿素 a 和藻胆素，可以通过卡尔文循环固定二氧化碳并可通过光合作用产生氧气。同样能够进行光合作用的细菌还包括绿屈挠菌门和绿菌门中的部分成员。不过绿屈挠菌门的成员进行的是厌氧光合作用，绿菌门的成员是通过还原三羧酸循环固定二氧化碳而不是卡尔文循环。分枝末端的变形菌门是一个巨大又极具多样性的类群，其营养类型包括光养型、异养型、化能无机和化能有机营养型，它们在形态和生态分布上也各不相同。另一个分枝上的古生菌先于真核生物出现，现在发现的古生菌可以根据它们的 16S rRNA 分成三个门，即初古生菌门、泉古生菌门和广古生菌门。泉古生菌门主要包括一些嗜热并代谢硫的热变形菌、硫化叶菌等；广古生菌门主要包括一些产甲烷菌、嗜盐菌和嗜热降解硫的热源体和热球菌。

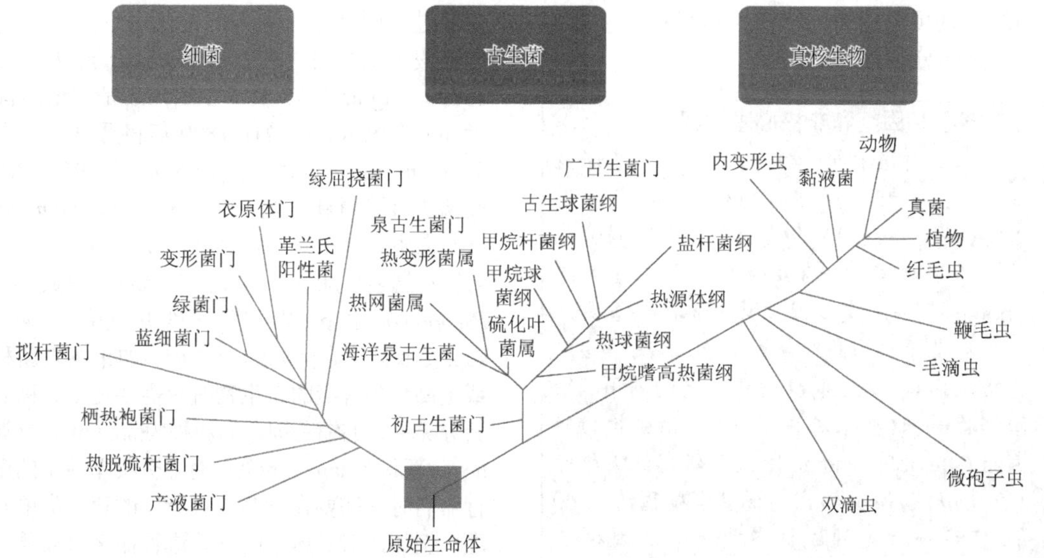

图 10-2　三域系统发育树（Madigan et al.，2010）

第二节　微生物的分类

微生物分类学（microbial taxonomy）是根据它们的形态、生理生化、遗传等特征的相似性将微生物分成不同的类群，并赋予相应的名称，由分类、命名和鉴定三个相互独立但又相互联系的部分组成。分类是指根据不同微生物之间的亲缘关系、形态及生理生化特征的相似性将其归属到不同的分类单元；命名是指根据公认的规则给每一个分类单元赋予相应的名称；鉴定是确定某一未知微生物归属于哪一个分类单元的过程。分类是我们认识、概括甚至推理未知微生物特征的关键步骤，在微生物研究过程中具有重要的意义。

一、微生物分类的单元与命名

微生物分类的等级包括门、纲、目、科、属、种，其中种（species）是最基本的分类单元，是根据微生物的遗传和表型特征确定的。同种的菌株应该具有许多共同的且明显区别于其他种的遗传和表型特征。目前，将特定微生物划归到种的主要依据是它们 16S 或 18S rRNA 序列的同源性（>97%）和基因组的同源性（>70%），并不能保证种内成员有较高的表型相似性。这主要是因为用于确定微生物分类地位的特征基因都位于相对保守的核心基因组上，而微生物的很多表型特征是由非核心基因组编码的。不过我们可以进一步用变种或亚种，甚至血清型对种内具有不同表型特征的微生物进行再次区分。每个种都有一个模式菌株，通常是最先被研究的菌株，它的各种特征被研究的也相对最为透彻，但它并不一定能代表种内其他菌株的共有特征。根据不同种微生物的共同特征可以将其划归到上一个分类等级——属（genus），每个属内的种都应该有共同的但又明显区别于其他属内种的遗传和表型特征。根据相同的规则可以将微生物依次划归到科、目、纲、门等更高的分类等级中。

核心基因组和非核心基因组

微生物的基因组中包含两类基因：一类基因被称为核心基因，它们编码细胞中行使必要功能的蛋白质、rRNA 等，如 DNA 和蛋白质合成酶的编码基因，这些基因共同构成了微生物的核心基因组（core genome）；另一类基因被称为非核心基因，它们可能只存在于种内的部分成员中，编码一些附属的细胞功能，如转运、特殊营养物质的利用、细胞表面修饰物等，这些基因共同构成了微生物的非核心基因组（flexible genome）。大量研究证明原绿球藻属（*Prochlorococcus*）成员的共有基因为 1200 多个，而在某一特定的成员中非核心基因也在 1000 个以上，两者的数量大致相当。与核心基因组相比，非核心基因组更容易在微生物间水平转移。因此，在研究微生物的系统发育关系时选择核心基因组更为合适，这样不会造成种系间的分类混乱。但不考虑非核心基因组的分类结果往往会出现“核苷酸序列特征与某些重要的表型特征相矛盾”的现象。

微生物分类的目的就是为了微生物学家能够更好地整理和交流微生物信息，因此，新分离到的微生物必须根据国际公认的命名法规进行命名。目前所采用的国际命名法规是由瑞典植物学家卡罗路·林奈（Carolus Linnaeus）提出的“双名法”，即每种微生物的学名都由代表属名和种名加词的两个拉丁文、希腊文或者拉丁化了的其他文字组成。属名在前，规定用拉丁文名词表示，首字母一定要大写，并可以缩写为单个的大写字母表示，如金黄色葡萄球菌的属名用 *Staphylococcus* 表示，也可以缩写为 *S.*。属名由微生物的构造、生理、形状，或由著名的科学家名字而来，用以描述微生物的主要特征。例如，*Staphylococcus* 是来源于希腊文的组合词，由 *staphylē*（葡萄）和 *kókkos*（颗粒状物）两个词演化而来，意为“像葡萄一样的颗粒状物”。种名加词在后，通常用形容词表示，首字母不能大写，也不得缩写，如金黄色葡萄球菌的种名用 *aureus* 表示。种名通常来源于描述微生物的色素、形状、来源、病名或著名的科学家姓名等的名词，用来表示微生物的次要特征，种名加词也可以是人名、地名或其他名词，如 *aureus* 意为“金色”。微生物的学名在印刷时要求印刷成斜体，书写时要求在名称下面加下划线，用于区别正常的英文单词。此外，为了更加准确地描述微生物的信息，在种名后面可以附上命名人的姓氏和命名年代。如果该微生物曾被他人命名过，则把原命名人的姓氏写在括号内。例如，恶臭假单胞菌的学名 *Pseudomonas putida*（Trevisan 1889）Migula 1895 表示 Trevisan 是该菌的首先发现者和原命名人，他曾在 1889 年将恶臭假单胞菌命名为 *Arthrobacter siderocapsulatus*，1895 年 Migula 对此菌进行了重新命名，将它转入 *Pseudomonas*。如果某一微生物尚未被鉴定到种，或者不具体指那个种，可以在属名后加 sp.（单数）或 spp.（复数）表示。如 *Pseudomonas* sp. 表示某一种假单胞菌，*Pseudomonas* spp.表示假单胞菌属的一些种。如果发表新种、新属或更高分类等级的微生物时，需要在新名称后面加上新分类单元的缩写词，如新种为 sp. nov.，新属为 gen. nov.，新科为 fam. nov.等。对亚分类单元中的微生物进行命名时，需要在学名中对所属的亚分类单元进行标注。例如，对亚属中的细菌进行命名时需要将亚属名放在属名和种名加词之间的括号内。例如，黏膜炎莫拉氏菌的学名为 *Moraxella*（*Branhamella*）*catarrhalis*。但亚种中的微生物命名规则稍有不同，是在种名加词后加 subsp.（亚种，subspecies 的缩写）及亚种名加词。例如，唾液乳杆菌唾液亚种应该写为：*Lactobacillus salivarius* subsp. *saliravius*。一个新分类单元的名称或现存的分类单元新组合要想得到国际学术界的认可就必须在《国际系统演化微生物学期刊》（*International Journal of Systematic and Evolutionary Microbiology*，IJSEM；原名 *International Journal of Systematic Bacteriology*，IJSB）上发表，而且应附上该分类单元的描述或该分类单元过去有效发表的描述作参考。如果新的名称仅发表在会议记录或论文摘要、菌种保藏的目录、通信、报纸、非科学期刊、专利上，均不为该法规认定为有效发表。

二、细菌分类系统

在微生物分类过程中仅明确分类单元和命名规则还是不够的，需要根据不同微生物间的相似特征建立完整的分类系统。分类系统可以根据微生物的表型相似性建立，即表型分类系统；也可以根据不同微生物间的亲缘关系建立，即系统发育分类系统。在DNA序列分析和比对技术出现之前，细菌分类主要是根据其表型特征进行的，比较有影响力的表型分类系统有H. Красильников、A. Prevot和D. Bergey提出的分类系统等，其中最具影响力的是D. Bergey分类系统。D. Bergey（1860～1937）是美国宾夕法尼亚大学的细菌学教授，1923年D. Bergey及其同事共同出版了《伯杰氏鉴定细菌学手册》，该手册全面介绍了D. Bergey分类系统，并根据表型特征对细菌进行了全面分类，参考价值非常高。自第1版发行后，该手册的第2至第9版又分别于1925年、1930年、1934年、1939年、1948年、1957年、1974年、1994年相继出版发行，每个版本都反映了当时细菌学发展的新成就。由于得到了国际同行的广泛认可，第7版之后很多国际上知名的细菌学家都加入了该手册的编写工作。其中第8版就有美、英、德、法等14个国家的细菌学家参加了编写工作，详细描述了系统内每一个属和种的属性。第9版的撰稿人则多达300余人，涉及近30个国家，广泛吸收了细胞学、遗传学和分子生物学在细菌分类学上的成就，使分类系统与真正反映亲缘关系的自然体系日趋接近。由于该手册能够反映细菌分类学的最新成果，逐渐确立了在国际细菌分类学研究的权威地位。20世纪70年代以来该手册所提出的分类系统已被国际同行普遍采用。尽管该书编辑们一再坚决否认，但还是被人称为国际上通用的“官方分类”。

《伯杰氏鉴定细菌学手册》第8版于1984～1989年分4卷出版，并更名为《伯杰氏系统细菌学手册》（*Bergey's Manual of Systematic Bacteriology*）（第1版）。《伯杰氏系统细菌学手册》第1版不仅内容增加，范围扩大，实用性增强，还增加了一些类群的16S rRNA、核酸杂交等系统发育方面的资料，特别是新分类单元的划分都是建立在核苷酸序列比对基础上的。在该版中还调整了细菌的高级分类单位，尤其是嗜盐菌和产甲烷菌，根据细胞壁组分分析和DNA序列分析的结果另列疵壁菌门古生菌纲。1994年又将《伯杰氏系统细菌学手册》1～4卷中有关属以上分类单元的分类鉴定资料进行少量的修改、补充后汇集成一册，用《伯杰氏鉴定细菌学手册》书名出版，故称之为《伯杰氏鉴定细菌学手册》第9版。第9版细菌鉴定手册将原核生物设立为35个群，其中古生菌部改编为5个群。全书描述了约500个属，划分为四大类：第一类，具细胞壁的革兰氏阴性菌；第二类，具细胞壁的革兰氏阳性菌；第三类，无细胞壁的细菌；第四类，古生菌。从1984年第1版《伯杰氏系统细菌学手册》开始发行以来，细菌分类又取得了巨大进展，古生菌从细菌中分离出来成为独立的生物域、新命名的种也成倍增加、新描述的属也在170个以上，尤其是80年代末以来，rRNA、DNA、蛋白质序列分析方法日趋实用，为细菌的系统发育积累了更多资料。因此，编委会又对其第1版进行新的修订，形成了《伯杰氏鉴定细菌学手册》第2版。第2版从2001年开始至2005年分5卷出版发行。第2版更多地采用核酸序列资料对分类群进行新的调整，这无疑是细菌系统发育分类的重大进展。但我们也应看到：在某些类群中，核苷酸序列特征与某些重要的表型特征相矛盾，如何解决这些问题，有待进一步研究。

尽管古生菌已经被明确地划归到古生菌域，《伯杰氏系统细菌学手册》并没有剥离对这部分原核微生物的描述。在该手册的第2版（2001～2005）中原核生物被分为26个门，其中古生菌被分为2个门，细菌被分为24个门（表10-1）。书中内容大致安排如下：第一卷包括古生菌、蓝细菌、光合细菌和最早分支的属，第二卷为变形杆菌，第三卷为低G+C含量的革兰氏阳性菌，第四卷为高G+C含量的革兰氏阳性菌，第五卷包括浮霉状菌、螺旋体、丝状杆菌、拟杆菌和梭杆菌。

表10-1 伯杰氏系统细菌学手册第2版分类大纲

类群	代表属数量	卷
古生菌（archaea）		第一卷 古生菌、蓝细菌、光合细菌和最早分支的属
1 泉古生菌门（Crenarchaeota）		
热变形菌纲（Thermoprotei）	3	
2 广古生菌门（Euryarchaeota）		
甲烷杆菌纲（Methanobacteria）	1	
甲烷球菌纲（Methanococci）	1	
盐杆菌纲（Halobacteria）	2	
热原体纲（Thermoplasmata）	2	
热球菌纲（Thermococci）	2	
古生球菌纲（Archaeoglobi）	1	
甲烷嗜高热菌纲（Methanopyri）	1	

续表

类群	代表属数量	卷
古生菌（archaea）		
1 产液菌门（Aquificae）		
产液菌纲（Aquificae）	2	
2 栖热袍菌门（Thermotogae）		
栖热袍菌纲（Thermotogae）	2	
3 热脱硫杆菌门（Thermodesulfobacteria）		
热脱硫杆菌纲（Thermodesulfobacteria）	1	
4 异常球菌-栖热菌门（Deinococcus-Thermus）		
异常球菌纲（Deinococci）	2	
5 产金菌门（Chrysiogenetes）		
产金菌纲（Chrysiogenetes）	1	
6 绿屈挠菌门（Chloroflexi）		
绿屈挠菌纲（Chloroflexi）	2	
7 热微菌门（Thermomicrobia）		
热微菌纲（Thermomicrobia）	1	
8 硝化螺菌门（Nitrispira）		
硝化螺菌纲（Nitrispira）	1	
9 脱铁杆菌门（Deferribacteres）		
脱铁杆菌纲（Deferribacteres）	2	
10 蓝细菌门（Cyanobacteria）		
蓝细菌纲（Cyanobacteria）	3	
11 绿菌门（Chlorobia）		
绿菌纲（Chlorobia）	2	
12 变形杆菌门（Proteobacteria）		第二卷 变形杆菌
α-变形杆菌钢（Alphaproteobacteria）	15	
β-变形杆菌纲（Betaproteobacteria）	6	
γ-变形杆菌纲（Gammaproteobacteria）	22	
δ-变形杆菌纲（Deltaproteobacteria）	8	
ε-变形杆菌纲（Epsilonproteobacteria）	2	
13 厚壁菌门（Firmicutes）		第三卷 低G+C含量的革兰氏阳性菌
梭菌纲（Clostridia）	7	
柔膜菌纲（Mollicutes）	3	
芽孢杆菌纲（Bacilli）	14	
14 放线菌门（Actinobacteria）		第四卷 高G+C含量的革兰氏阳性菌
放线菌纲（Acinobacteria）	21	
15 浮霉状菌门（Planctomycetes）		第五卷 浮霉状菌、螺旋体、丝状杆菌、拟杆菌和梭杆菌
浮霉状菌纲（Planctomycetacia）	1	
16 衣原体门（Chlamydiae）		
衣原体纲（Chlamydiae）	1	
17 螺旋体门（Spirochaetes）		
螺旋体纲（Spirochaetes）	4	
18 丝状杆菌门（Fibrobacteres）		
丝状杆菌纲（Fibrobacteres）	1	
19 酸杆菌门（Acidobacteria）		
酸杆菌纲（Acidobacteria）	1	
20 拟杆菌门（Bacteroidetes）		
拟杆菌纲（Bacteroides）	1	
黄杆菌纲（Flavobacteria）	1	
鞘氨醇杆菌纲（Sphingobacteria）	4	
21 梭菌门（Fusobacteria）		
梭菌纲（Fusobacteria）	2	
22 疣微菌门（Verrucomicrobia）		
疣微菌纲（Verrucomicrobiae）	2	
23 网球菌门（Dictyoglomi）		
网球菌纲（Dictyoglomi）	1	
24 出芽单胞菌门（Gemmatimonadetes）		
出芽单胞菌纲（Gemmatimonadetes）	1	

三、真菌分类系统

虽然人类认识和利用真菌的历史可以追溯到几千年前，但真菌分类学的研究却只有200年左右的时间。生物学家根据各自不同的观点提出了许多真菌分类系统，其中比较有代表性的分类系统有以下几个：①真菌分类检索表，由米凯利（Micheli）于1729年首次提出，这也是历史上第一个真菌分类系统；②林奈真菌分类系统，1735年由林奈在其《自然系统》一书中提出，该系统将真菌分为10属，其中一些属名沿用至今；③安斯沃思真菌分类系统，由安斯沃思（G. C. Ainsworth）等在1973年提出，该分类系统将惠特克（R. H. Whittaker）提出的真菌界分为两个门（真菌门和黏菌门），并根据菌丝是否有隔膜、有性孢子的类型等性状分为5个亚门；④真菌字典（1995版），由英国国际真菌研究所于1995年出版，该分类系统根据真菌18S rRNA的序列同源性、生物化学和细胞壁组分以及DNA序列分析的结果，将原来的真菌界划分为原生动物界、藻界和真菌界，其中真菌界仅包括了4个门，即壶菌门、接合菌门、子囊菌门和担子菌门；⑤真菌字典（第10版），2008年出版的第10版真菌字典将真菌分为7门及一个地位未定亚界、36纲、140目、560科、8283属、97 861种。后三个分类系统是目前在国内影响较大的真菌分类系统，它们的具体分类情况见表 10-2。

表 10-2　几种常用的真菌分类系统

安斯沃思真菌分类系统	真菌字典（1995）	真菌字典（2008）
真菌界	原生动物界	真菌界
黏菌门	集胞菌门	壶菌门
真菌门	网柄菌门	芽枝霉门
鞭毛菌亚门	黏菌门	新美鞭菌门
接合菌亚门	根肿菌门	球囊菌门
子囊菌亚门	藻界	接合菌门
担子菌亚门	丝壶菌门	地位未定（亚界）
半知菌亚门	网黏菌门	虫霉菌亚门
	卵菌门	梳霉亚门
	真菌界	毛霉菌亚门
	子囊菌门	捕虫霉菌亚门
	担子菌门	子囊菌门
	壶菌门	盘菌亚门
	接合菌门	酵母菌亚门
		外囊菌亚门
		担子菌门
		伞菌亚门
		柄锈菌亚门
		黑粉菌亚门
		地位未定（亚门）

第三节　微生物的分类方法和技术

近年来，随着科学技术的飞速发展及其向生物学领域的渗透，越来越多的指标被用于微生物分类方法和技术中，使其有了长足的进展，不仅能对结构简单、形体微小的微生物进行准确分类，还可以实现未知微生物的快速鉴定。

一、基于表型特征的微生物分类方法

为了能够更好地认识和利用微生物，便于微生物信息的收集和交流，常常需要对其进行分类。最初，微生物学家是根据不同微生物的形态特征进行分类的，但随着被认识微生物数量的增加，简单的形态结构特征越来越不能满足微生物分类学的需要，于是微生物的生理生化特征、血清学反应等先后被引入到微生物的分类和鉴定工作中，并逐渐形成了基于微生物表型特征的传统分类方法。传统分类方法所关注的微生物表型特征如表 10-3 所示。

表 10-3　细菌传统分类的常用特征

鉴定指标	指标描述
个体形态特征	
形状	球形、弧形、杆状、螺旋状、丝状、分枝状等
大小	细胞的直径（球菌），细胞的宽度和长度（杆菌、螺菌等）
排列方式	单个、成对、成链等排列方式
运动性	能否运动，运动方式等
染色情况	革兰氏染色、抗酸染色等
细胞的特殊结构	
芽孢	有无芽孢，芽孢的着生位置、形状等
荚膜	有无荚膜，荚膜的类型等
鞭毛	有无鞭毛，鞭毛的着生位置、数量等
孢子	有无孢子，孢子的着生位置、排列方式、数量、形状等
其他附属物	柄、鞘、丝状物等
细胞内含物	异染颗粒、类脂颗粒、伴孢晶体有无等

续表

鉴定指标	指标描述
群体形态特征	菌落的颜色、大小、形状、光泽、质地等
生理生化特征	
营养类型	光能自养、光能异养、化能自养、化能异养及兼性营养型
对氮源的利用能力	对蛋白质、蛋白胨、氨基酸、含氮无机盐、N_2等的利用
对碳源的利用能力	对各种单糖、双糖、多糖及醇类、有机酸等的利用
对生长因子的需求	对特殊维生素、氨基酸、X 因子、V 因子等的依赖性
对氧的需求	好氧、微好氧、厌氧及兼性厌氧
对温度的适应性	最适、最低及最高生长温度及致死温度
对 pH 的适应性	在一定 pH 条件下的生长能力及生长的 pH 范围
对渗透压的适应性	对盐浓度的耐受性或嗜盐性
对抗生素及抑菌剂的敏感性	对抗生素、氰化钾（钠）、胆汁、弧菌抑制剂或某些染料的敏感性
代谢产物	各种特征性代谢产物
与宿主的关系	共生、寄生、致病性等

虽然这些形态及生理生化特征都比较容易测定和描述，但在实际分类工作中由于不同分类者的主观判断差异常常引起分类意见分歧，很难形成统一的分类标准，而且大量分类数据的比较和分析也是人力难以完成的任务。20 世纪 50 年代以后，随着多元方差分析和电子计算机的发展，数值分类被应用于微生物分类工作中。数值分类法的核心理念是在“等权”原则下，利用尽可能多的表型信息对微生物进行分类。这样就避免了传统分类方法中因主观判断差异而引起的误差和意见分歧等问题。数值分类包括三个基本原则：①最大限度地包容信息；②客观公正地收集和分析数据，在分类过程中使每个特征都具有相同的权重（等权原则）；③采用依据表型分析结果得出的相似性来确定表观群。在数值分类过程中为了能够使微生物的表型信息转变成计算机能够识别的数字信息，需要对微生物的性状进行编码。例如，可以根据染色结果将革兰氏阳性菌赋值为“1”，革兰氏阴性菌赋值为“0”。不同微生物的各种性状经编码会形成一个由 0 和 1 组成的数据矩阵。计算机就可以根据这个数据矩阵计算出不同微生物之间的相似系数，并根据相似系数的大小逐次将试验菌株归到不同的表观群中。在数值分类中相似性≥75%的表观群一般相当于属，相似性≥80%的表观群一般相当于种。

二、基于分子特征的微生物分类方法

尽管微生物的形态特征是其遗传特征的表现形式，能够在一定程度上反映微生物的进化水平和分类地位，数值分类方法的引入也使得基于微生物表型特征的分类方法更为准确，但所获得的分类结果并不能准确反映出微生物之间的系统发育关系。随着分子生物学技术的发展以及原核生物的 16S rRNA 和真核生物的 18S rRNA 作为研究微生物系统发育关系的重要指标被广泛接受，现代微生物分类学已经由表型特征分析逐步过渡到了分子特征分析。近年来在微生物分类学权威期刊《国际系统演化微生物学期刊》上发表的文章中一般都包含 16S rRNA 或 18S rRNA 的序列特征、微生物间基因组的同源性和基因组的碱基组成 3 项分类特征。此外，还需要对微生物的形态及生理特征进行详细描述。

1. “分子时钟”的序列特征

16S rRNA 和 18S rRNA 作为研究微生物系统发育关系和分类的“分子时钟”已经被广大微生物研究者所接受。分类过程中使用和表征原核生物的 16S rRNA 序列特征已经成为分类步骤中一个默认的节环。虽然目前的基因测序能力已经可以轻松地获得任何一种可纯培养原核生物的基因组全序列，但只是为了分类或鉴定而去测定原核生物的全基因组在成本上是不划算的。在微生物鉴定和分类过程中通常是利用 PCR（聚合酶链反应）获得原核生物的 16S rRNA 的编码序列全长。然后，用 DNA 测序的方法获得 16S rRNA 的一级结构信息，即碱基序列信息。通过比较待分类微生物与已发表物种的 16S rRNA 序列信息可以初步确定其分类地位。目前，一般是通过计算两序列间的相似性系数 S_{ab} 来确定不同微生物之间的关系。假设菌株 a 和菌株 b 的 16S rRNA 碱基总数分别为 N_a 和 N_b，两者共同的碱基数为 N_{ab}，那么，$S_{ab}=2\times N_{ab}/(N_a+N_b)$。如果被比较的两种微生物间具有较高的 S_{ab} 值说明它们的亲缘关系较近。

例如，当两株微生物的 S_{ab} 值大于 97%时，可以大致认为它们属于同一个种，至少可以确定它们属于同一个属。要想确切得知待分类菌株的具体分类地位还需要其他分类特征的协助，如基因组的同源性、碱基组成及细胞壁脂肪酸组成等。

DNA 测序技术

从 1977 年的第一代 DNA 测序技术发展至今，已经从第一代过渡到第三代。第一代 DNA 测序技术是由桑格尔（Frederick Sanger）开创的双脱氧链终止法；第二代 DNA 测序技术的原理仍然是桑格尔提出的双脱氧终止法，只不过在测序之前首先将待测 DNA 片段化（200～500bp）后固定在特殊流通池（flow cell）的通道（channel）上并进行扩增，流通池的使用使第二代 DNA 测序技术的通量大大提高，但读长变短；第三代 DNA 测序技术发生了质的变革，在不进行链终止的情况下实现了边合成边测序的技术构想，是一种以芯片为测序载体的纳米单分子测序技术。基本原理是在 ZMW（零模波导孔）纳米孔中实现单分子 DNA 的扩增和测序。扩增过程中 4 色荧光标记 4 种碱基（dNTP）被依次连接到 DNA 链上后会发出不同的荧光，可以根据荧光的波长与峰值判断进入的碱基类型。

2. 微生物间的基因组同源性

微生物的形态及生理生化特征都是由它们所拥有的蛋白质决定的，而这些蛋白质又是由其基因组编码的。因此，比较两个微生物之间的基因组同源性就可以确定它们之间的亲缘关系。目前，用于确定微生物间基因组同源性的方法主要是核酸分子杂交技术。该技术是分子生物学中最常用的基本技术之一，其理论基础是 DNA 变性—复性动力学原理，即在一定的条件下（如温度、离子强度等）双链 DNA 分子可以解链形成两条单链的 DNA 分子，而当条件适宜时，两条单链的 DNA 又可以重新按碱基互补原则退火形成双链 DNA 分子。杂交方法分为固相杂交和液相杂交两种。在微生物分类研究中常用的是固相杂交法。大量研究资料表明：两个微生物之间 DNA-DNA 杂交同源性＞70%就可以确定它们属于同一个种的成员。理论上任何两个具有同源性的微生物基因组 DNA 都可以杂交，但同源性较低的基因组 DNA 之间往往难以形成稳定的、可以检测的杂交体。因此，在微生物的分类鉴定工作中需要选择合适的核酸分子进行杂交。一般来说，在种、属等级的分类研究中可以用分类样本的全基因组进行核酸分子杂交实验；在属以上（不包括属）等级的分类研究中需要选择保守性比较高的核酸分子，如持家基因等。

3. 基因组的碱基组成

所有生物的基因组 DNA 都是由腺嘌呤（A）、鸟嘌呤（G）、胸腺嘧啶（T）和胞嘧啶（C）4 个碱基组成的。由于不同物种对密码子的偏好性不同，导致了它们的基因组 DNA 中各种碱基的相对含量不同，亲缘关系较近的生物之间往往具有相似基因组 DNA 碱基组成。因此，在分类学上常将不同生物的基因组 DNA 中 G＋C 含量（G＋C 在全部碱基中的摩尔百分比）作为分类的重要指标之一。众所周知，组成基因组 DNA 的 GC 在 DNA 形成双链时有 3 个氢键相连，而 AT 之间只有两个氢键相连。当 DNA 由双链变成单链时需要吸收相应的能量才能打开 GC、AT 之间的氢键，且这种能量需求与 DNA 双链分子中氢键的多少成正比。因此，高 G＋C 含量的双链 DNA 分子需要在更高的热变性温度下才能形成单链 DNA 分子。大量实验数据表明 DNA 单链分子在 260nm 处的吸光度比双链 DNA 分子高得多。因此，在微生物分类学中常用热变性温度法测定基因组 DNA 碱基组成，该方法操作简单、重复性好。具体做法是在缓慢加热双链 DNA 分子的同时连续测定其在 260nm 处的吸光度。随着单链 DNA 分子的增加体系吸光度会持续增加，当所有的 DNA 都形成单链分子时体系的吸光度会达到最大值，继续升温体系的吸光度也不会再增加（图 10-3）。基因组 DNA 的解链过程在一个相对狭窄的温度范围内完成，其中体系吸光度增加至最大值的一半时所对应的温度称为测定 DNA 的 T_m 值，它与 DNA 中 G＋C 含量呈正比关系。因此，在分类过程中可以将待测 DNA 的 T_m 值作为其 G＋C 含量的特征值使用。

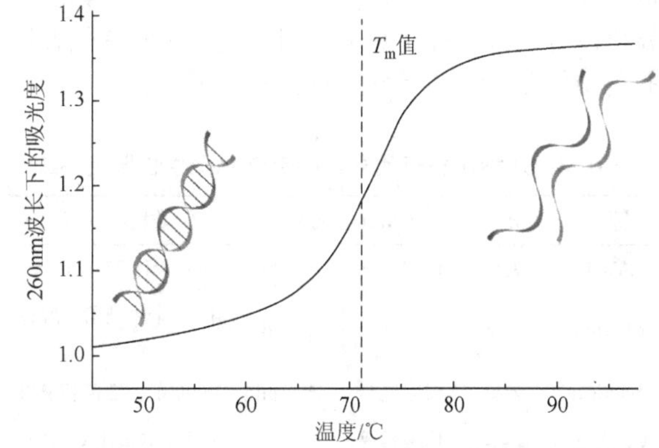

图 10-3　热变性法测定微生物基因组的 T_m 值

在利用微生物的分子特征对其进行分类时，为了确定难以区分类群的准确分类地位通常还将微生物的细胞壁成分、脂肪酸、代谢产物等作为微生物分类的指标。实际上，目前对微生物的分类研究已经不再局限于以上所描述的形态、生理生化和分子特征，分类方法逐渐呈现出多项分类的发展趋势。

多相分类的概念最初由科威尔（R. Colwell）于1970年提出，系指利用微生物多种不同的信息，包括表型的、基因型的和系统发育的信息，综合起来研究微生物分类和系统进化的过程。多相分类被认为是目前研究各级分类单位最有效手段，可用于所有水平上的分类单位的描述和定义。

三、微生物自动化鉴定和检测技术

20世纪80年代以后，随着分子生物学、生物化学、物理学和计算机科学等学科的迅速发展，及由这些学科或其交叉学科衍生的新技术向微生物学领域的渗透，使快速、准确、自动化的微生物鉴定系统的开发成为可能。目前，国际上已经开发出上百种微生物鉴定系统，包括各种微生物检测试剂盒、检测卡、半自动化微生物鉴定系统和全自动微生物鉴定系统等。按照鉴定系统的鉴定指标和原理可以将这些鉴定系统分成两大类，即基于微生物表型的鉴定系统和基于微生物基因型的鉴定系统。其中基于表型的鉴定系统又可以分为：以微生物的生理生化反应为鉴定指标的鉴定系统，如API/ATB、Micro-ID、Rap-ID、Enterotube、Minitek、Biolog和Vitek等；以微生物的细胞组分为鉴定指标的鉴定系统，如Sherlock MIS、MALDI TOF MS plus MicrobeLynx等。基于基因型的鉴定系统又可分为：以核酸指纹图谱为鉴定指标的鉴定系统，如RiboPrinter；以核酸序列为鉴定指标的鉴定系统，如MicroSeq。这些微生物鉴定系统已经广泛应用于微生物的分类鉴定和自动化检测工作中，并已在临床微生物的鉴定、重大疫病检测、食品安全、生物安全、进出口货物的检验检疫等领域发挥了重大作用。几个比较有代表性的自动化微生物鉴定系统如表10-4所示。

表10-4　几种比较有代表性的自动化微生物鉴定系统

系统	分类	鉴定指标	鉴定周期	数据库规模
Vitek	表型	代谢产物	≥2h	800余种细菌和酵母
Microlog	表型	碳源利用	≥4h	1900余种细菌、酵母和真菌
Sherlock	表型	细胞组分	≥15min	2000余种细菌和酵母
RiboPrinter	基因型	核酸指纹图谱	≥3h	207个属的1500余种细菌和酵母
MicroSeq	基因型	rRNA或rDNA序列	?	细菌全基因和500bp库，1400个条目

注：以大肠杆菌为例，且有足够的纯培养物

知识点回顾

1. 原始生命起源于无机小分子物质，并在进化过程中通过内共生机制形成了结构更为复杂的真核生物。

2. 16S rRNA（原核生物）和18S rRNA（真核生物）分子的序列相对保守，其变异程度与微生物的进化时间成正比，且它们作为蛋白质合成过程的必需因子广泛存在与所有生物中，因此常被称作生物进化的“分子时钟”。

3. 生物学家卡尔·乌斯利用不同生物间“分子时钟”的序列差异程度构建了涵盖整个生物界的系统发育树，并由此发现了细菌和真核生物外的第三种生命形式——古生菌。

4. 微生物的分类单元由高到低依次是域、门、纲、目、科、属和种，在对微生物进行命名时一般只用属名和种名两个加词，且属名的首字母必须大写。

5. 目前国际上公认的细菌分类系统是《伯杰氏系统细菌学手册》，比较有影响力的真菌分类系统有安斯沃思真菌分类系统、真菌字典和邢来君真菌分类系统。

6. 用于微生物分类的表型特征主要包括个体形态特征、细胞的特殊结构和生理生化特征；分子特征主要包括16S rRNA或18S rRNA的序列特征、微生物间基因组的同源性和基因组的碱基组成等。

7. 商品化的微生物自动化鉴定系统主要是基于微生物的表型特征或基因型特征开发的。

关键词

1. 分子时钟（molecular chronometer）：是指能够反映微生物进化程度的生物大分子，它们的序列变异程度与微生物的进化时间成正比，主要有DNA、RNA和蛋白质等。

2. 系统发育树（phylogenetic tree）：是指能够表示不同生物类群之间的亲缘关系及生物的进化历程的带有分枝和节点的树状图，一般根据作为“分子时钟”的生物大分子间序列的差异程度用统计学方法绘制。

3. 微生物分类（microbial taxonomy）：根据不同微生物之间的相似性将它们分成不同的类群，并给每个类群都赋予一个名称，由分类、命名和鉴定三个相互独立但又相互联系的部分组成。

4. 种（species）：最基本的微生物分类单元，同种的菌株应该具有许多共同的且明显区别于其他种的遗传和表型特征。

自测题

一、选择题

1. 下列哪一个微生物的名称是不正确的？（　　）

（A）*Lactobacillus salivarius* NK01

（B）*Lactobacillus* sp. NK01

（C）*Lactobacillus* salivarius subsp. *saliravius* NK01

（D）*Lactobacillus* NK01

2. 在数值分类中通常将相似性大于多少的表观群归为同一个属？（　　）

（A）70%　　（B）75%

（C）80%　　（D）97%

3. 在数值分类中通常将相似性大于多少的表观群归为同一个种？（　　）

（A）70%　　（B）75%

（C）80%　　（D）97%

4. 在细菌分类过程中通常认为 16S rRNA 同源性大于多少的微生物可以归为同一个种？（　　）

（A）70%　　（B）75%

（C）80%　　（D）97%

5. 在细菌分类过程中通常认为 DNA-DNA 同源性大于多少的不同微生物是同一个属的成员？（　　）

（A）70%　　（B）75%

（C）80%　　（D）97%

6. 在美国生物学家卡尔·乌斯构建的涵盖整个生命界的系统发育树中最早出现的细菌是下列的哪一种？（　　）

（A）产液菌　　（B）蓝细菌

（C）栖热袍菌　　（D）绿屈挠菌

7. 微生物分类主要由以下哪几部分组成？（　　）

（A）培养　　（B）鉴定

（C）分类　　（D）命名

8. 下列哪些是微生物基本分类单元的名称？（　　）

（A）目　　（B）属

（C）群　　（D）纲

9. 下列在国内比较有影响力的真菌分类系统中哪一种最先引入了 18S rRNA 的序列信息？（　　）

（A）真菌分类检索表

（B）安斯沃思真菌分类系统

（C）真菌字典

（D）邢来君真菌分类系统

10. 下列关于系统发育树的描述哪些是不正确的？（　　）

（A）有根树可以表示各生物类群之间的分类、亲缘关系和进化历程

（B）无根树可以表示各生物类群之间的分类、亲缘关系和进化历程

（C）系统发育树的分支表示生物的种类

（D）系统发育树的分支长度表示各类群之间的进化距离

二、问答题

1. 在研究生物的进化过程时，作为“分子时钟”的生物大分子应该具备哪些特点？

2. 用于微生物分类的特征有哪些？如果从环境中新分离到一株微生物，你将如何确定它的分类地位？

3. 简述微生物分类学的发展历程。

4. 微生物分类学中还存在哪些亟待解决的问题？你认为如何解决这些问题？

答案：

开篇事件

1. 答：目前可用于微生物分类鉴定的指标主要分为两类：其一是微生物的分子特征，包括原核生物的 16S rRNA 基因或真核生物的 18S rRNA 基因序列特征、基因组同源性、基因组碱基组成、细胞壁组分等；其二是微生物的表型特征，包括微生物的个体形态特征、生理生化特征和细胞的特殊结构等。

2. 答：微生物分类的目的是为了更好地使用和交流微生物信息，因此微生物学家需要根据统一的规则对微生物进行分类和命名。目前微生物的分类过程是首先根据它们的 rRNA 基因序列特征确定其大致的分类地位，接着用基因组同源性、基因组碱基组成、细胞壁组分、表型特征等对微生物进行更准确的分类。分类后要使用“双名法”对微生物进行命名，即每种微生物的学名都由代表属名和种名加词的两个拉丁文、希腊文或者拉丁化了的其他文字组成。如果被分类的微生物属于已被命名的分类单元，要使用已被接受的分类单元名而不是再重新命名该分类单元。例如，被分类的微生物为假单胞菌属中的一个新种，在命名过程中属名必须使用“*Pseudomonas*”，新种名可以根据命名规则自行给定。

选择题：1. D　2. B　3. C　4. D
5. A　6. A　7. A　8. C
9. C　10. B

问答题：

1. 答：作为“分子时钟”的生物大分子至少应该具备分布广泛性、功能同源性和序列保守性三个特点只有所选择的生物大分子普遍存在于所研究的各生物类群中，才能对它们进行全面的比较；功能相同或相似的生物大分子在进化过程中的选择压力基本相同，进化速率基本一致，具有较高的可比性；只有相对保守的一级结构序列信息才能用来根

据它们的异同点来确定不同微生物之间的分类和进化关系。

2. 答：可用于微生物分类的特征主要有两大类：表型特征和分子特征。表型特征包括微生物的个体形态特征、生理生化特征和细胞的特殊结构等；分子特征包括16S或18S rRNA的序列特征、基因组同源性和基因组的碱基组成等。对于新分离的微生物首先应该根据它的16S或18S rRNA序列特征大致确定其分类地位，然后再根据基因组碱基组成、基因组同源性、微生物的表型特征等进行进一步的区分，直至将微生物分类到最小的分类单元——种。有时候还要根据微生物细胞壁组分、血清型等对种内的微生物进一步区分。

3. 答：最初微生物的分类主要是根据它们的形态结构特征进行，后来为了能够准确区分更多微生物的分类地位生理生化特征、血清学反应等先后被引入到微生物的分类和鉴定工作中，但在实际分类工作中由于不同分类者的主观判断差异常常引起分类意见分歧，很难形成统一的分类标准。20世纪50年代以后，数值分类被应用于微生物分类工作中，使依据微生物表型特征的分类方法日趋成熟。但基于表型特征所获得的分类结果并不能准确反映出微生物之间的系统发育关系。分子特征，尤其是原核生物的16S rRNA和真核生物的18S rRNA序列特征被用于微生物分类后微生物的分类才更接近于它们在漫长进化历程中所形成的真实类群，并形成了比较成熟和公认的原核生物分类系统——《伯杰氏系统细菌学手册》。目前已经开发了许多基于微生物表型或基因型的快速鉴定系统。

4. 答：在利用微生物的分子特征进行分类时常常出现“核苷酸序列特征与某些重要的表型特征相矛盾”的现象。这可能是由于目前用作微生物分类的 rRNA 分子都是微生物的持家基因，位于其核心基因祖上，而微生物的许多表型特征，如致病性等是由位于其非核心基因组或质粒上的基因编码的。因此，在微生物分类研究中需要尽可能多地考虑微生物的分子和表型特征，或者找到更适合反应微生物分类地位的生物大分子。

（李国强）

第十一章 感染与免疫

开篇事件：流行性传染病的感染与自愈

人类感染诺如病毒

自然界中存在大量的病原微生物，常常引发传染病流行，如近年来国内外多次暴发诺如病毒感染事件，我国甚至发生了多起数百人的集体性感染。诺如病毒又称诺瓦克病毒，感染性强，可通过污染的水源和食物，以及人与人之间的接触等方式传播，引发恶心、呕吐、发热、腹痛和腹泻等症状。诺如病毒引起的感染性腹泻是一种急性肠道传染病，属于自限性疾病，因该病毒类型较多并不断发生抗原漂移，机体感染后所产生的抗体对其他类型或变异的诺如病毒不具备免疫保护能力，导致机体可重复感染。机体被该病毒感染后，在自愈过程中，尽管免疫细胞与病毒的相互作用过程、影响因素、作用机制仍不清楚，全面了解诺如病毒感染后机体免疫反应过程仍处于研究阶段，但据文献报道，非特异性免疫在抗病毒过程中发挥了关键作用，树突细胞和巨噬细胞等免疫细胞通过分泌 IFN-γ 和 IFN-α/β，抑制诺如病毒的复制，同时，在病毒感染早期，特异性 IgA 抗体也发挥了重要的作用。

参考文献：

陈荣凤，黄琼，张永慧. 2014. 诺如病毒感染宿主免疫应答的研究进展. 中国病原生物学杂志，10：953-956.

思考题：

免疫系统清除感染原的机制是什么？

感染（infection）是指病原微生物靠侵袭力突破人或动物机体的免疫防御系统，到达机体内部的特定部位，经生长繁殖或产生毒素而使机体患病的病理过程。机体的免疫系统有识别“自我”与“非我”的能力。免疫（immunity）则是指机体针对“非我”异物通过先天和（或）获得性免疫抵御与杀灭病原微生物的抗感染能力。病原体对机体的感染和机体依靠免疫抗感染，是一对矛盾，两者力量的强弱和增减，将决定感染过程的发展和结局，或病原体使机体患病，或机体排除或杀灭病原体，以维持自身稳定。

第一节　病原微生物感染

病原微生物侵入机体，是否致病既取决于微生物的致病性，又取决于机体的免疫力。如机体的免疫力低下，且病原微生物致病性强，病原微生物侵入机体后，会在其内繁殖和（或）产生毒性物质，破坏生物体的结构与功能，并引起病理改变。由病原微生物感染引起的疾病称为感染性疾病，而传染病以存在病原体并具有传染性、流行性、地方性和季节性以及免疫性等为基本特征。

感染可分为外源性感染和内源性感染。前者是指由体外的病原菌引起的感染。而后者则是因机体的免疫力下降或长期大量使用抗生素导致的寄生于人体内的正常菌群失调引起的自身感染。

一、病原微生物感染途径

病原微生物感染传播的主要方式包括：呼吸道感染，如结核分枝杆菌、白喉棒杆菌、嗜肺军团菌（*Legionella pneumophila*）、肺炎衣原体以及呼吸道病毒等；经污染的食品和水源的消化道感染，如伤寒沙门氏菌（*Salmonella typhi*）、霍乱弧菌、痢疾志贺氏菌以及肝炎病毒等；通过伤口或损伤的皮肤黏膜感染，如致病性金黄色葡萄球菌、破伤风梭状芽孢杆菌等；通过动物或昆虫叮咬进行创伤感染，如狂犬病毒、立克次氏体、乙脑病毒等；炭疽芽孢杆菌可通过皮肤侵入；布鲁氏杆菌可通过接触带菌动物侵入皮肤；淋病奈瑟氏球菌、沙眼衣原体可侵入正常的黏膜；人免疫缺陷病毒（HIV）可通过血液或器械等污染物侵入机体；疱疹病毒、乙肝病毒、HIV 等可由亲代直接传感给子代，称为垂直感染。有些病原体如结核分枝杆菌、炭疽芽孢杆菌等，可通过呼吸道、消化道和皮肤等多种不同侵染途径引发感染。

不同的病原微生物以不同的途径侵入机体内部，或到达特定组织部位，或造成病变，或形成病灶，或产生毒素，引发疾病的各种症状。

二、感染的分类

性质不同的病原体侵入机体后的寄生方式和引发病变的情况一般可分为细胞外感染和细胞内感染。大多数细菌和寄生虫的感染属于细胞外感染；而病毒和立克次氏体必须在靶细胞内增殖才引起感染的方式称为专性细胞内感染；某些病原体被吞噬细胞吞噬后不被杀死而在其内增殖感染称为兼性细胞内感染。

三、病原微生物的致病性

（一）细菌的致病性

病原细菌感染机体使之发病的能力称为致病性或病原性（pathogenicity）。病原细菌致病能力与其自身的毒力（virulence）、侵染数量及感染途径密切相关。病原细菌毒力的强弱主要取决于它对黏膜表面的黏附性、侵袭力和产生的毒素。

1. 黏附性

许多致病细菌是通过细胞表面的黏附因子特异性地黏附在呼吸道、消化道及泌尿生殖道黏膜上皮细胞而引起感染的。例如，致病性大肠杆菌通过荚膜或黏液层黏附于消化道黏膜表皮细胞纤毛，或通过定居因子抗原（colonization factor antigen，CFA）组成的菌毛黏附于小肠上皮细胞；酿脓葡萄球菌（*Staphylococcus pyogenes*）通过 M 黏着蛋白或脂磷壁酸与 M 蛋白协同黏附于呼吸道黏膜表皮细胞；淋病奈瑟氏球菌通过性毛（pili）结合于泌尿生殖道，或通过 Opa 黏着蛋白（opacity associated adhesion protein）黏着于生殖系统上皮细胞。如上致病细菌表面的荚膜、黏液层、菌毛、性毛、M 黏着蛋白、Opa 黏着蛋白等黏附因子是引发感染的毒力因子。

2. 侵袭力

侵袭力（invasiveness）是指致病细菌通过破损的皮肤和（或）黏膜进入机体内部，蔓延扩散，选择适宜的组织和器官定居，生长繁殖建立群落的能力。致病细菌可通过多种方式增强其侵袭力。肺炎链球菌致病菌株的多糖荚膜，能阻止吞噬细胞的吞噬，赋予致病毒株高侵袭力；链球菌、葡萄球菌致病菌以产生的透明质酸酶为侵袭力，该酶可分解、消化胞内基质和组织内的透明质酸多糖，使其从感染起点向内部及组织内蔓延；坏疽性梭状芽孢杆菌以产生的胶原酶为侵袭力，该酶分解胶原组织，破坏其网状结构，使其向体内扩散；酿脓链球菌以产生的链激酶为侵袭力，该酶可分解宿主限制其扩散的在感染部位形成的血纤维蛋白凝块，使其在体内更深地侵入与扩散；致病金黄色葡萄球菌产生凝固酶，该酶使血纤维蛋白凝固于细胞表面，免遭宿主免疫细胞的攻击。

3. 毒素

很多致病细菌侵入机体后靠产生毒素使机体致病。细菌毒素（toxin）分为外毒素（exotoxin）和内毒素（endotoxin）。

（1）*外毒素*　外毒素是致病细菌在生长过程中分泌到菌体外的毒性蛋白质，是导致机体致病的主要毒力物质。外毒素又可分为溶细胞毒素、A-B毒素和超抗原毒素。

酿脓链球菌产生的溶血素和产气荚膜梭菌（*Clostridium perfringens*）产生的O-毒素皆是卵磷脂酶，能分解感染部位血液中红细胞膜中的卵磷脂，使血红细胞溶解。溶血素和O-毒素属于溶细胞毒素，可使宿主化脓感染或起泡坏疽；白喉棒杆菌产生的白喉毒素属A-B毒素，B肽亚基特异性附着于儿童喉部表皮细胞，A肽亚基进入表皮细胞内干扰蛋白质合成，进而导致表皮细胞凋亡；破伤风梭菌在深部伤口厌氧处产生破伤风A-B外毒素，作为神经毒素特异性结合到中间神经元，阻断与肌肉伸张有关的神经递质的释放，使肌肉不可逆收缩而导致肌肉痉挛；霍乱弧菌产生的霍乱毒素是一种A-B肠毒素，B肽亚基特异性结合小肠上皮细胞膜，A肽亚基激活小肠上皮细胞内ATP环化酶，使ATP形成cAMP，高浓度的cAMP使小肠黏膜细胞快速分泌Cl^-和HCO_3^-到小肠腔，为维持小肠腔内外离子浓度平衡，大量水流入小肠腔而引起腹泻，使霍乱患者极度脱水乃至死亡。外毒素致病的主要特点是：毒性强，如肉毒毒素极少量即可致死；毒素蛋白具有强免疫原性，但对热不稳定。

（2）*内毒素*　革兰氏阴性致病菌细胞壁外膜中的脂多糖分子具有潜在的致病毒性。只有菌体细胞溶解时脂多糖分子才释放出来使机体致病，故脂多糖称为内毒素。脂多糖分子由O-抗原多糖-核心多糖-类脂A组成，实施毒性的是类脂A部分。由于类脂A难溶于水，只有完整的脂多糖分子或与蛋白形成的复合物才有致病性。不同G^-致病菌的类脂A结构类似，所以如发烧、腹泻、呕吐等病症基本相同。和外毒素相比，内毒素对细胞和组织的致毒作用没有特异性，毒性较低，免疫原性较弱，病症较轻，具普遍性。

（二）病毒的致病性

病毒是一种重要的病原体，人类约80%的传染病由病毒感染，其致病机制、感染类型与其他病原体不同，是基因水平的感染。病毒是活细胞内专性寄生生物，通过对特异性宿主的吸附、侵入、脱壳，其遗传物质在感染细胞内，“接管”宿主细胞的生物合成系统，借用宿主细胞提供的营养原料、能量和场所，合成病毒自身的遗传信息及所需的蛋白质，并组装成子代病毒。

病毒的感染会导致宿主细胞：一是正常细胞转化为肿瘤细胞；二是宿主细胞被裂解形成裂解性感染；三是缓慢释放子代病毒而宿主细胞不死亡，形成持续性感染；四是病毒在宿主细胞内可较长时间存在而不损伤宿主细胞，形成潜伏性感染，但晚期可形成裂解性感染。对人体造成严重疾病的几种有代表性的病毒及致病性见第四章相关内容。

（三）真菌的致病性

引起疾病病原真菌数量较细菌少，最常见的是真菌浅表层感染引起的真菌病，但随着易感人群的增加，严重的真菌感染病致死率较高。真菌的致病机制主要是：曲霉属等某些真菌的孢子是超敏原，与宿主细胞接触会引起哮喘或其他过敏反应；致病真菌产生多种真菌毒素（mycotoxins），直接侵害肝、肾、脑、中枢神经及造血组织，如黄曲霉毒素是对肝细胞危害严重的一种外毒素；致病真菌直接传染引起真菌病。

真菌病包括皮癣类浅表层真菌病和皮下真菌病的表皮真菌病以及由致病性真菌在机体内部器官上生长而导致的最严重的真菌感染性疾病，称为系统性真菌病。

由荚膜组织胞浆菌和粗球孢子菌直接感染正常健康人体，在肺部形成病灶而分别患组织胞浆菌病和球孢子菌病，称为原发性感染。艾滋病患者或免疫系统脆弱者，被如上两种致病真菌感染肺部所形成的同样的真菌病则严重得多，称为继发性感染。

第二节　机体的非特异性免疫

非特异性免疫是指机体在无特异性诱导的条件下，即可识别和清除病原体及其毒性产物而抗感染的能力，也称先天性免疫（innate immunity）。非特异性免疫与机体是否曾经接触过病原体及其产物无关。主要包括机体的物理与化学屏障作用、细胞的吞噬与杀灭作用、补体与干扰素、溶菌酶的溶菌作用。

一、生理屏障作用

作为重要的非特异性免疫方式，生理屏障作用是机体抵抗外源侵染的重要防线。其主要包括以下几方面。

1. 表面屏障

包括物理、化学和生物作用在内的表面屏障是机体的第一道防御线。健康完整的皮肤和黏膜具有强大的阻挡病原微生物入侵的作用，如鼻孔中的鼻毛、呼吸道黏膜表面的黏液和纤毛、皮肤的汗腺分泌的具杀菌作用的不饱和脂肪酸等。但少数病原微生物如羊布氏杆菌、野兔热杆菌和钩端螺旋体等，可突破健康皮肤和黏膜的屏障作用。

2. 局部屏障

局部屏障是机体的第二道防线，主要包括淋巴结的内部屏障、血脑屏障和胎盘屏障等。

当病原体突破表面屏障进入机体后，随着组织液及淋巴液被运送到淋巴结内，此时，淋巴结内的树突状细胞便可将其捕获固定，继而被巨噬细胞吞噬，阻止其向深部组织扩散蔓延，即淋巴结的内部屏障。

由软脑膜、脉络丛的脑部毛细血管壁和包在壁外的神经胶质细胞形成的胶质膜构成的血脑屏障是存在于血脑循环中的一种生理解剖学结构，可有效阻止病原微生物和大分子毒性物质经由血液进入脑组织及脑脊液，进而防止中枢神经系统感染。

胎盘屏障是由母体子宫内膜的基蜕膜和胎儿绒毛膜共同组成的一种能够阻止母体内多种病原微生物通过胎盘感染胎儿的母胎界面防御机构。该屏障并非完全性屏障，如当妊娠母体感染布氏杆菌后可引起胎盘发炎，进而导致胎儿感染。

除了上述三种生理屏障外，机体还有多种其他内部屏障保护体内重要器官免受感染，如肺脏中的气血屏障，能防止病原体经肺泡壁进入血液；睾丸中的血睾屏障，能防止病原微生物进入精细管等。

3. 正常菌群

正常菌群是指存在于正常人体表及与外界相通的腔道黏膜表面的微生物，在机体免疫功能正常时处于平衡的不致病状态，具有防御感染的屏障作用，并参与宿主蛋白质、碳水化合物和脂肪等物质的代谢及维生素的合成，促进宿主免疫器官的发育成熟、抗肿瘤、抗衰老等作用。当体内的正常菌群与宿主之间的平衡被打破时，机体的抗感染能力将直接受到影响。菌群失调的主要原因包括长期使用广谱抗生素、正常菌群寄居部位改变、机体免疫功能降低等。

二、细胞的非特异性免疫

在偶然情况下，病原体突破宿主的物理和化学防御机制感染宿主，同时宿主也调动免疫系统中的吞噬细胞和自然杀伤细胞杀灭病原体，进行非特异性抗感染免疫。

1. 吞噬细胞

吞噬细胞（phagocyte）是能够吞噬和杀伤外源病原体的一类白细胞，包括在血液中吞噬病原体的中性粒细胞、单核细胞和主要在组织器官中吞噬病原体的巨噬细胞、树突状细胞。所有吞噬细胞对病原体的吞噬和消化皆是非特异性的，并在机体的非特异性免疫方面起重要作用。

吞噬细胞靠表面的跨膜蛋白识别病原体 G^-细菌表面的脂多糖、G^+细菌表面的肽聚糖、酵母菌表面的甘露糖等信号分子，激活吞噬细胞的吞噬功能。吞噬细胞经胞吞作用，由细胞膜包裹外源病原体并吞入胞内，形成吞噬体，再和胞内的溶酶体融合，形成吞噬溶酶体。在依赖氧的强呼吸作用下，吸入的大量 O_2 经氧化学反应，在吞噬溶酶体内形成有毒的含氧化合物，如过氧化氢、超氧负离子、游离羟基、单态氧、次氯酸和一氧化氮等。这些有毒氧化物作用并杀死吞入的病原体，溶酶体内的溶菌酶、蛋白酶、磷酸酯酶、核酸酶和脂肪酶等杀菌物质，将病原体溶解。吞噬细胞吞噬并杀灭病原体的作用机理如图 11-1 所示。

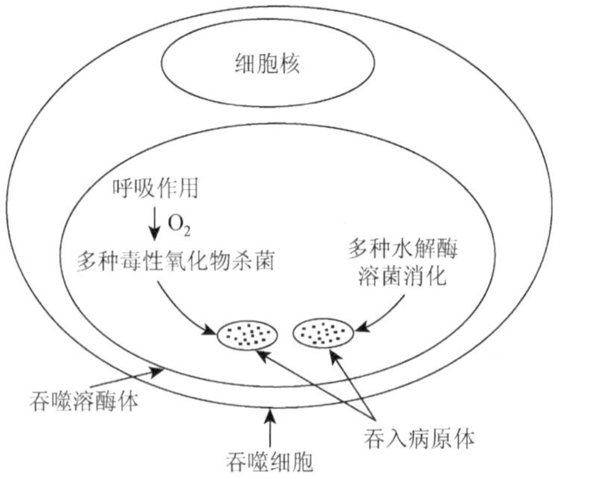

图 11-1　吞噬细胞吞噬并杀灭病原体机理模式图

中性粒细胞往往是首先运动到病原体感染处吞噬并杀灭病原体的吞噬细胞。巨噬细胞和树突状细胞除在各组织部位吞噬和杀灭病原体外，还可以在淋巴结和脾脏内吞噬和消化绝大多数病原体，并将其抗原决定簇呈递在细胞表面，特异性激活 T、B 效应淋巴细胞，引发特异性免疫。所以巨噬细胞、树突状细胞又是抗原呈递细胞（APC）。

2. 自然杀伤细胞

自然杀伤细胞（natural killer cell，NK 细胞）是一类不需要特异性抗原存在，即可释放穿孔素（perforin）和颗粒酶，直接杀伤被病毒或胞内寄生细菌感染的宿主细胞，阻断病毒和胞内寄生致病细菌的增值感染，也可释放肿瘤坏死因子（TNF），直接杀伤恶变的肿瘤细胞。其杀伤功能是非特异性的。

3. 炎症反应

炎症反应是机体对病原体和其毒素等有害刺激所产生的一种病理反应，常在感染部位发生红斑、肿胀、疼痛和发热。引起炎症反应的主要因素是吞噬细胞和各种因子。感染部位受损伤的宿主细胞产生趋化因子白介素-8（IL-8），吸引中性粒细胞最先到达感染或组织损伤部位吞噬和消化病原体，产生巨噬细胞炎症蛋白 MIP-α 和 MIP-β，引诱巨噬细胞向感染部位移动。巨噬细胞表面的跨膜蛋白识别病原体表面信号分子后，释放 IL-1、IL-6 和 TNF-α，这三种因子皆可增加血管的通透性，增大红肿的体积，刺激局部神经引起疼痛，也可引起发热。局部炎症症状轻且易康复。当炎症反应无法控制局部的病原体时，炎症反应也随之扩散，形成系统性炎症并导致败血性休克。

三、补体的非特异性免疫

补体（complement）是存在于血清中的一组按一定顺序相互作用的蛋白质，其 9 种组分分别用 C1～C9 表示，称为补体系统。补体具有酶原活性，只有顺序激活后才有杀伤病原体细胞的功能。激活的补体在机体非特异性抗感染免疫中发挥着重要作用。

1. 补体激活途径

补体激活有经典途径、替代途经、甘露聚糖结合性凝集素 MBL 途径三种，其启动因素不同，系列补体 C1～C9 以级联方式顺序激活过程也不同。

（1）*补体激活的启动因素*　在抗体存在下，抗体与病原体细胞表面相对应的抗原特异性结合，其抗原-抗体复合物即启动补体激活的经典途径；在无抗体存在时，血清蛋白备解素（P）与病原细菌表面脂多糖或肽聚糖信号分子结合，启动补体激活的替代途径；或血清蛋白凝集素与病原体细胞表面甘露聚糖信号分子相结合，启动补体激活的甘露聚糖结合凝集素 MBL 途径。

（2）*补体激活的级联顺序反应过程*　在经典途径中，抗原-抗体复合物结合 C1 并将其激活，$\overline{C1}$ 激活 C4、C2，被激活的 $\overline{C4\cdot2}$ 在病原体细胞膜上激活 C3，分为 C3a、C3b 两个片段，$\overline{C4\cdot2\cdot3a}$ 激活 C5，分为 C5a、C5b 两个片段，$\overline{C5b}$ 激活 C6、C7，并催化 $\overline{C5b\cdot6\cdot7}$ 激活并结合 C8、C9，最终形成被激活的 $\overline{C5b\cdot6\cdot7\cdot8\cdot9}$ 膜攻击复合物（membrane attack complex，MAC）和 C3b、C5a 激活片段。在替代途径中，与膜结合的备解素（P）激活 C3，分为 C3a、C3b 两个片段，$\overline{C3aP}$ 代替经典途径中的 $\overline{C4\cdot2\cdot3a}$ 直接激活 C5～C9，形成 $\overline{C5b\cdot6\cdot7\cdot8\cdot9}$ 膜攻击片段和 C3b、C5a 激活片段。在 MBL 途径中，凝集素和甘露聚糖复合物相当于经典途径中被激活的 $\overline{C1}$，可将被激活的 $\overline{C4\cdot2\cdot3a}$ 固定在细胞膜表面，激活 C5～C9，形成 C5b·6·7·8·9 膜攻击单位和 C3b、C5a 激活片段。补体激活途径如图 11-2 所示。

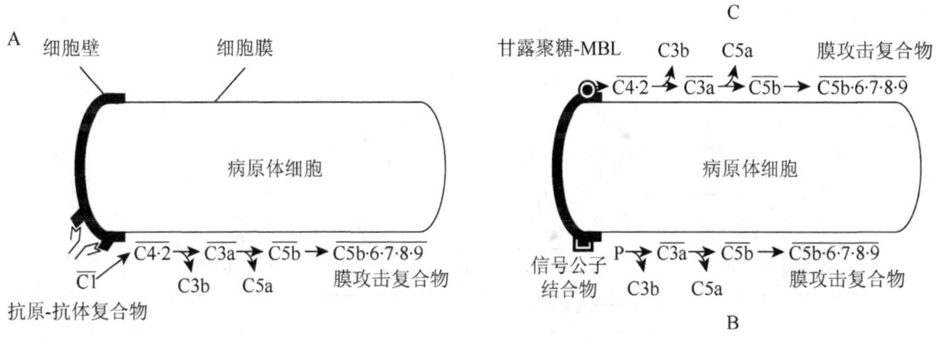

图 11-2　补体激活途径

A. 经典途径；B. 替代途径；C. 甘露聚糖结合性凝集素 MBL 途径

2. 激活的补体对病原体细胞的非特异性损伤

三种补体激活途径的结果，皆产生膜攻击复合物和激活的 C3b、C5a 片段。膜攻击复合物在膜结合位点处的相互作用，使膜上形成孔洞，引起病原体细胞渗透性溶解；C3b 具有趋化作用，可吸引吞噬细胞对病原体的吞噬；C5a 能吸引 T 细胞释放细胞因子促进吞噬细胞的吞噬作用。

3. 调理作用

在激活补体的经典途径中，当补体与细胞表面的抗原-抗体复合物结合时，病原体细胞更容易被吞噬。这是因为大多数吞噬细胞表面既有抗体的受体，又具有补体C3的受体，这些受体可分别与抗体的恒定区和补体的C3结合，进而提高吞噬细胞的吞噬能力，这种现象称调理作用。

对G^-细菌而言，膜攻击复合物是其有效的杀菌剂和溶菌剂，也可经调理作用被吞噬细胞吞噬。而对G^+细菌，则主要通过调理作用被吞噬灭杀。

四、干扰素、溶菌酶的非特异性免疫

1. 干扰素干扰病毒的复制

干扰素（interferon，IFN）是机体细胞受病毒感染或机体在其他诱生剂的作用下由细胞基因组控制产生的一类蛋白质，分泌到胞外后作用于同一细胞的另一组基因和（或）迅速释放到胞外作用于同种细胞膜上的IFN受体，使细胞内抗病毒蛋白（antiviral protein，AVP）基因活化，转录并翻译产生几种AVP，最终抑制病毒的增殖。

2. 溶菌酶对G^+细菌的溶菌作用

溶菌酶通过与细菌细胞壁肽聚糖层的作用位点结合，破坏肽聚糖链的聚合与稳定，使肽聚糖层解体，进而破坏细菌的细胞壁。G^+细菌细胞壁的主要成分是肽聚糖，其胞质的渗透压高达25～50个大气压，当失去细胞壁的保护时，菌体会迅速发生溶胀并破裂而死亡。

第三节　机体的特异性免疫

特异性免疫又称获得性免疫（adaptive immunity），是由特异性抗原引发的免疫。机体的T、B淋巴细胞受病原体或被感染的靶细胞表面特异性抗原刺激后，产生抗体或溶细胞物质、淋巴因子，特异性杀灭病原体或靶细胞而进行的抗传染免疫。

一、参与特异性免疫的主要器官和细胞

（一）免疫器官

1. 中枢免疫器官

中枢免疫器官主要包括骨髓、胸腺和鸟类的法氏囊等，在胚胎发育的早期形成。

骨髓是机体所有血细胞和淋巴细胞产生的重要场所，参与特异性免疫的T、B淋巴细胞和有抗原提呈功能的巨噬细胞、树突状细胞皆由骨髓干细胞分化、发育而来，如图11-3所示。B细胞在骨髓中成熟，T细胞在胸腺中成熟。

2. 外周免疫器官

外周免疫器官主要包括淋巴结、脾脏等，成熟的T、B淋巴细胞位于其中。抗原提呈细胞在淋巴结、脾脏内吞噬病原体，并将其特异性抗原提呈在细胞表面而刺激T、B细胞。外周免疫器官是T、B细胞接受抗原刺激的主要场所。

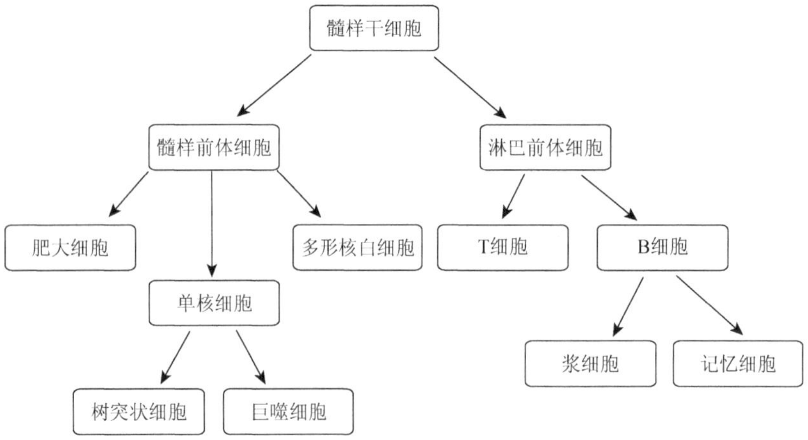

图11-3　特异性免疫相关细胞的分化

（二）免疫细胞

抗原提呈细胞（antigen presenting cell，APC）是指具有摄取、加工处理抗原并将抗原特异性信息提呈给T淋巴细胞的一类细胞，主要包含巨噬细胞、树突状细胞、B淋巴细胞和被病毒或胞内寄生细菌

感染的宿主细胞。

B 淋巴细胞接受特异性抗原刺激后，产生抗体并分泌到体液中行使特异性免疫功能，称体液免疫。B 细胞是介导体液免疫的细胞，但根据 B 细胞产生抗体是否依赖 T_H 细胞的辅助而分为两类：不依赖 T_H 细胞辅助产生抗体的是 B1 $CD5^+$细胞；依赖 T_H 细胞辅助产生抗体的是 B1 $CD5^-$细胞。

细胞毒性 Tc 细胞和炎症 T 细胞被特异性抗原刺激后，产生杀伤与溶细胞物质或细胞因子，使靶细胞凋亡或加强对病原体的吞噬作用与炎症反应，由 T 细胞介导的特异性免疫称细胞免疫。效应 T 细胞分为两类：效应毒性 Tc CD8 细胞，产生穿孔素和颗粒酶，使病毒和胞内寄生细菌感染的宿主细胞凋亡；效应炎症 T_H1 CD4 细胞，分泌细胞因子，加强巨噬细胞吞噬作用与炎症反应。

二、抗原

抗原（antigen，Ag）是指既能刺激机体的 B 细胞产生抗体和 T 细胞的免疫应答，又能与抗体和致敏 T 淋巴细胞在体内外发生特异性结合反应的物质。抗原的前一种性能称免疫原性（immunogenicity），后一种性能称反应原性（reactogenicity）。具有这两种性能的抗原也称为免疫原，只有反应原性的抗原称为半抗原。

（一）抗原的分子性质

抗原皆是有机分子，其必须具备外源性、大分子性、结构复杂性并有多个抗原决定簇。侵入机体的病原体是外源性异物，细胞表面和产物有多种分子抗原，人和动物不同物种间或同种不同个体间有机大分子相互转移，大多也为抗原；抗原分子一般是 10kDa 以上大分子，有的低分子质量的糖类、氨基酸与有机物是只有反应原性而没有免疫原性的半抗原，连接大分子载体的半抗原会成为抗原；抗原分子组成和结构复杂，复杂的、非重复的蛋白质和组成复杂的多糖类是有效的抗原；不溶性的热沉淀蛋白较之可溶性的同种蛋白更容易被吞噬细胞吞噬而引起免疫应答，因此是更好的抗原；抗原分子除如上必有的性能外，还必须有在抗原分子中起决定作用的抗原决定簇，它决定了抗原的特异性。

有效的抗原除由分子性质决定外，还取决于抗原物质进入机体的途径和剂量。采用肠胃以外的进入途径效果更佳，有效剂量是 10μg～1g。

（二）抗原决定簇

抗原决定簇（antigenic determinant）又称表位（epitope），是在抗原分子中起决定作用的化学基团。有着空间结构的蛋白质抗原分子，在其中的某些特定部位由 4～6 个特定氨基酸构成适宜的抗原决定簇，抗原决定簇大多分布在分子的外表面。4～6 个氨基酸相邻可构成线性的抗原决定簇，而远离的 4～6 个氨基酸也可形成构象型抗原决定簇。复杂的蛋白质抗原分子表面往往有多个不同的抗原决定簇。复杂的多糖类抗原则由几个单糖构成抗原决定簇。

抗原决定簇是传递抗原特异性信息的化学基团，它既是被 T 细胞表面受体（TCR）和 B 细胞表面受体（BCR）特异性识别与结合而激发特异性免疫应答的基础单位，也是与抗体特异性结合的部位。抗原决定簇的性质、数目和构象决定了抗原的特异性，它是诱导特异性免疫十分重要的功能基团。蛋白质抗原不同抗原决定簇与响应抗体特异性结合如图 11-4 所示。

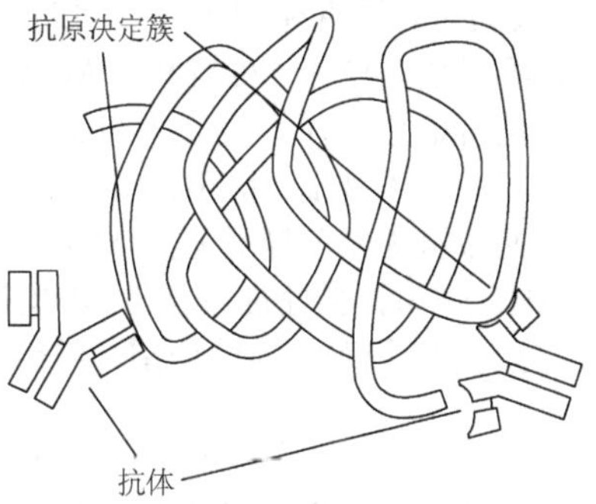

图 11-4　抗原和相对抗体的抗原决定簇

（三）病原体的主要抗原

侵入机体的病原细菌或病毒，皆是由多种抗原组成的复合体，是良好的抗原。例如，细菌表面的荚膜多糖，G^-细菌外壁层中的脂多糖，菌体表面的鞭毛、纤毛蛋白，菌体细胞产生的外毒素蛋白等皆是抗原物质；被膜病毒表面的糖蛋白，病毒壳体蛋白等也是抗原物质。细菌的荚膜多糖和脂多糖刺激 B 细胞产生抗体，不依赖 T_H 细胞的辅助，称为胸腺非依赖性抗原（TI-Ag），而蛋白质类抗原刺激 B 细胞产生抗体需要 T_H 细胞辅助，称为胸腺依赖性抗原（TD-Ag）。病原体多种抗原的各种抗原决定簇诱导特异性免疫应答，特异性杀伤病原体，实施抗传染免疫。在医学上重要的常见抗原除病原体抗原外，还包括细胞癌变过程中会出现或过高表达肿瘤特异性抗原和肿瘤相关抗原、机体正常蛋白发生组分结构变化而转变成自身抗原、动物免疫血清蛋白进入人体，以及 A、B 血型相互输血皆为外源异物抗原等。

（四）抗原提呈作用

巨噬细胞、树突状细胞和 B 淋巴细胞作为抗原提呈细胞，可经吞噬或内化作用将病原细菌吞噬，在胞内吞噬溶酶体或蛋白酶作用下，将病原细菌蛋白抗原分解，加工成包括抗原决定簇在内的特异性抗原肽，并与胞内合成的MHCⅡ类蛋白可变区结合成 MHCⅡ-抗原肽复合物，并呈递在细胞表面；病毒感染的宿主细胞在胞内蛋白质的作用下，将病毒蛋白分解、加工成包括抗原决定簇在内的特异性抗原肽，并与胞内合成的 MHCⅠ类蛋白可变区结合成 MHCⅠ-抗原肽复合物，呈递在细胞表面。抗原提呈示意图如图 11-5 所示。

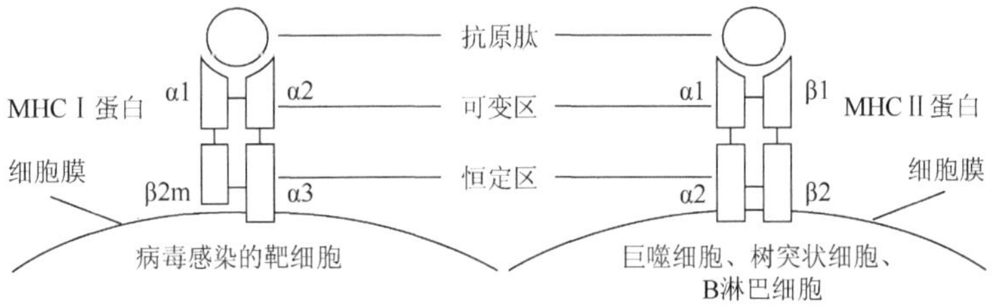

图 11-5　特异性抗原提呈示意图

主要组织相容性复合体（major histocompatibility complex，MHC）是人类共有的抗原，因氨基酸序列细微差别，人类共有数百种 MHC，不同的人的 MHC 可能不同，而每个人只有一种特有的 MHC，因此它成为人自身的标志性分子，也是人自身免疫系统区分自己与非己的分子基础。MHC 由跨膜的 α 链和 β 链组成，因两条链大小差异又分为 MHCⅠ和 MHCⅡ两类。MHC 作为特异性抗原肽呈递的辅助分子，与抗原肽一起被 T 细胞特异性识别与结合，引发特异性免疫。

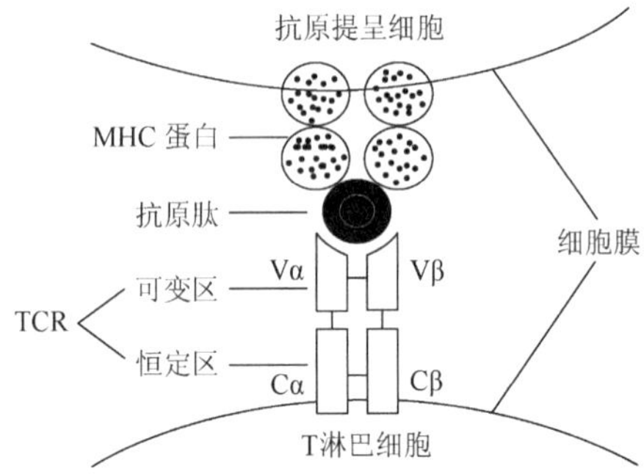

图 11-6　T 细胞表面的 TCR 与 APC 提呈的抗原肽的特异性识别与结合

三、T 淋巴细胞介导的特异性细胞免疫

成熟的 T 淋巴细胞分布在淋巴细胞和脾脏的特定区域，也是主要的体液循环细胞。其中的效应毒性 Tc 细胞、效应炎症 T_H1 细胞以及辅助 B 淋巴细胞产生抗体的 T_H2 细胞等，皆靠细胞表面的 T 细胞特异性抗原受体（TCR），特异性识别并结合抗原提呈细胞表面的 MHC-抗原肽，而介导细胞免疫。

（一）T 细胞特异性抗原受体

TCR 是 T 细胞表面延伸到外环境中的一种跨膜蛋白，由 α 链和 β 链组成。每条链含一个可变区（V 区）和一个恒定区（C 区），两条链的可变区相互作用形成一个完整的特异性抗原结合位点，该结合位点称为特异性抗原受体。T 细胞表面的 TCR 分子构成示意图如图 11-6 所示。T 细胞表面的 TCR 识别抗原提呈细胞表面的 MHC-抗原肽复合物后，当确认 MHC 是自身的 MHC 时，才能确定 MHC 所携带的抗原肽是侵入自身的病原体的特异性抗原，经精准的特异性识别后与抗原肽结合，并引发 T 细胞杀灭病原体的特异性细胞免疫。

（二）效应毒性 Tc 细胞介导的特异性杀细胞作用

Tc 细胞能识别 MHCⅠ中的外来抗原并直接破坏那些表面呈现异己的细胞。Tc 细胞和靶细胞的直接接触是杀伤作用的基础，如图 11-7 所示，Tc 细胞与靶蛋白接触过程中，TCR 和肽-MHCⅠ复合物的结合后，Tc 细胞释放含有穿孔素和颗粒酶的颗粒，进入靶细胞中后使其细胞膜形成孔洞，从而使靶细胞死亡。

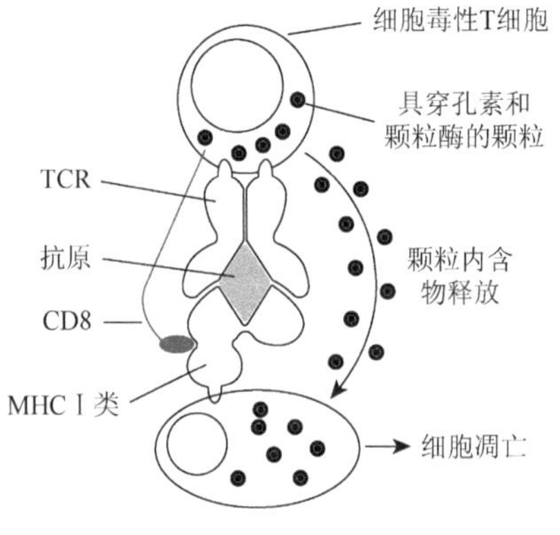

图 11-7　效应毒性 Tc 细胞的杀细胞作用

（三）炎症 T_H1 细胞介导的免疫炎症反应

MHCⅡ是具有抗原提呈功能的蛋白，只在具有吞噬作用的 APC 中表达。当外源抗原被分解到 10～

15 个氨基酸时，MHC Ⅱ与之结合形成 MHC Ⅱ-肽复合物，然后该复合物被转移到细胞质膜，在细胞质膜上提呈给特异性 T_H1 细胞。随后，T_H1 细胞释放肿瘤坏死因子（tumor necrosis factor，TNF）-α、GM-CSF 和 IFN-γ 等主要细胞因子，介导细胞毒和局部炎症有关的免疫应答，参与细胞免疫及迟发型超敏反应，加强吞噬细胞对病原体的吞噬和炎症反应（图 11-8）。

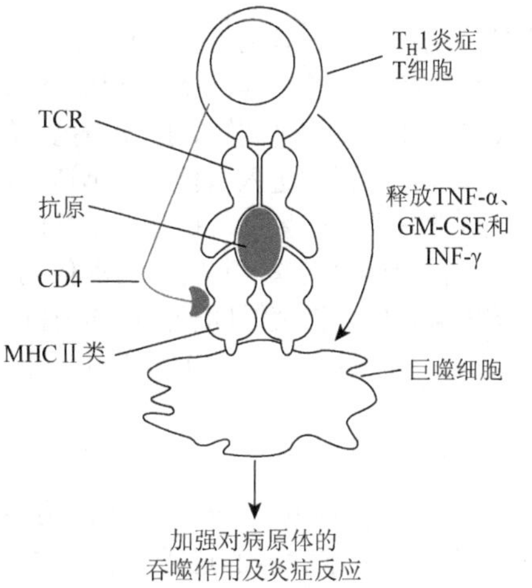

图 11-8　炎症 T_H1 细胞介导的免疫反应

四、B 淋巴细胞介导的特异性体液免疫

成熟的 B 细胞分布在淋巴结和脾脏的相关部位。当病原体侵染机体后，其表面的抗原分子的抗原决定簇与 B 细胞表面的膜抗体（mIg）特异结合，在抗原的刺激下 B 细胞活化分化为浆细胞，大量合成分泌抗体介导体液免疫。B 细胞产生抗体是否依赖 T_H 细胞辅助则取决于抗原性质。

（一）抗体

抗体（antibody，Ab）是 B 淋巴细胞接受特异性抗原刺激后产生的，并在体内外与之特异性结合而进行特异性免疫反应的免疫球蛋白（immuno globulin，Ig）。抗体存在体液中，并不能直接杀灭病原体，而是通过抗体与抗原决定簇特异性结合而捕获病原体，激活补体或吸引吞噬细胞杀灭病原体。由 B 细胞分泌体液抗体介导的免疫应答称为体液免疫。

（二）抗体的结构与分类

针对一种抗原决定簇的特异性刺激，相对应的浆细胞可产生 IgG、IgA、IgM、IgD、IgE 5 种抗体，其理化特性和免疫学性质不同。

1. IgG 的分子结构与功能

IgG 是血清中含量最高，最常见的体液循环抗体，在特异性体液免疫中发挥着十分重要的作用。其分子由两条相同的重链和两条相同的轻链组成。根据氨基酸序列是否变化，重链分为 N 端的可变区（V 区）和 C 端的三个保守的恒定区（C 区）。轻链分为 N 端的可变区和 C 端的一个保守的恒定区。两条重链和两条轻链靠共价键维系成构象对称的“Y”字形结构，称为单体（图 11-9）。轻、重链的 V 区相互作用形成与抗原决定簇特异性结合的位点，重链恒定区含有结合并激活补体的位点，并含有结合吞噬细胞的受体位点。IgG 是唯一能通过胎盘的抗体。

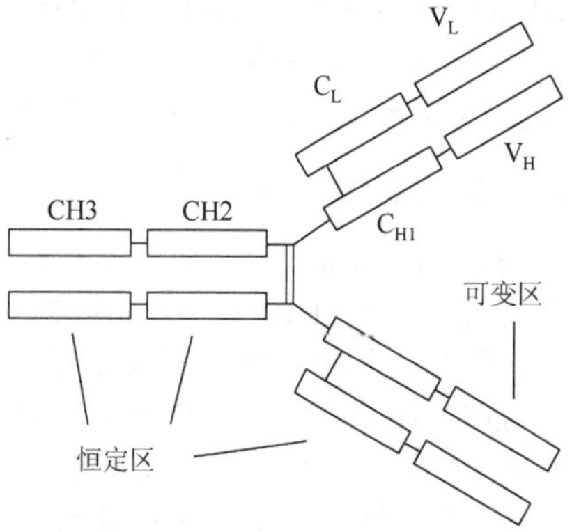

图 11-9　IgG 分子结构示意图

2. 其他类型的免疫球蛋白

IgA 是通过 J 链连接而形成二聚体，存在于唾液、泪液、初乳和胃肠道、呼吸道、生殖道等黏膜分泌液中，称为分泌液型抗体；IgM 是通过 J 链连接成的五聚体，是细菌感染后血清中出现的第一类抗体，但其 V 区与特异性抗原决定簇结合性较低；IgE 和 IgM 结构相似，通过重链中第四个恒定区与肥大细胞连接，引发变态反应；IgD 在血清中含量极低，功能不详，推测可能作为 B 细胞表面的膜抗体，作为特异性抗原受体。

5 类抗体的比较见表 11-1。

表 11-1　人免疫球蛋白的性质

类群	分子质量/Da	血清中含量/%	性质	分布
IgG	150 000	13.5	主要的抗体；有 4 个亚类：IgG_1，IgG_2，IgG_3，IgG_4；IgG_1 和 IgG_3 能激活补体	细胞外液；血液和淋巴；胎盘
IgM	970 000	1.5	免疫后最先出现的抗体；可激活补体	血液和淋巴；单体是 B 细胞表面受体

续表

类群	分子质量/Da	血清中含量/%	性质	分布
IgA	150 000	3.5	重要的循环抗体	分泌液中（唾液、初乳、细胞和血液）；单体在血液中，二聚体在分泌物中
	385 000	0.05	主要的分泌抗体	
IgD	180 000	0.03	小循环抗体	血液和淋巴；B 细胞表面
IgE	190 000	0.000 05	包含于变态反应；C_H4 有肥大细胞结合片段	血液和淋巴；结合肥大细胞

（三）不依赖 T_H 的体液免疫应答

某些多糖类抗原如细菌多糖、脂多糖等属 TI-Ag，能无需 T_H 细胞的辅助激活 B 细胞，而根据激活 B 细胞方式的不同，TI 抗原又可分为 TI-1 抗原和 TI-2 抗原两类。前者于低浓度下激活表达特异性 BCR 的 B 细胞产生 IgM，在感染初期发挥重要的防御作用；高浓度下 TI-1 可激活多克隆 B 细胞产生 IgM。上述过程不具备免疫记忆性。TI-2 抗原直接激活成熟的 B1 细胞，其重复的抗原决定簇与多个 BCR 结合，促使 BCR 进行交联，进而产生 IgM。

（四）依赖 T_H 的体液免疫应答

在 B 细胞活化和抗体产生过程中，T_H2 细胞的作用十分关键。如图 11-10 所示，成熟的 B 细胞上包裹着一层作为 B 细胞的抗原受体的抗体，抗原结合到 B 细胞上的抗原受体后，B 细胞作为 APC 与 T_H2 细胞相互作用，随后，抗原被吞进胞内，在 B 细胞中被分解，分解的肽再与 MHCⅡ结合，并提呈给带有特异性 TCR 的 T_H2 细胞促使其产生 IL-4 和 IL-5，这些细胞因子再刺激 B 细胞合成并分泌可溶性抗体。当再次接触相同抗原时，记忆细胞迅速转变为浆细胞并分泌抗体。

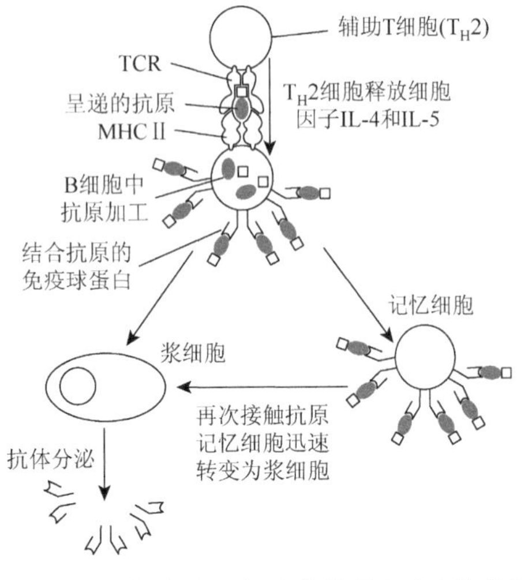

图 11-10　T 细胞和 B 细胞在抗体产生中的作用

当抗原初次进入机体时，产生的抗体以 IgM 为主。该过程为初级应答，其特点为潜伏期长、产生的抗体浓度低、体内持续时间短、抗体与抗原的亲和力低等。当相同抗原再次进入机体后，迅速激活记忆 B 细胞转化为浆细胞，产生大量抗体，使抗体效价迅速增加。该过程为再次应答，其特点为潜伏期短、产生的抗体浓度高、体内持续时间长、抗体与抗原的亲和力高等，该过程产生的抗体以 IgG 为主。

（五）抗体的免疫功能

抗体与特定的抗原结合产生沉淀或者细胞集团，然后被吞噬细胞吞噬的过程被称为抗体的中和作用。例如，在医疗实践中，应用外毒素、类毒素或其他毒物（如蛇毒）等进行免疫预防接种产生的抗毒素，可以中和相应毒素以预防和治疗相应的疾病，如白喉、破伤风、气性坏疽等感染。

调理作用（opsonization）又称调理素作用。调理吞噬作用可能是机体抵御全身性细菌感染和真菌感染的主要机制之一。抗体的调理作用主要是通过抗体的 Fc 段与中性粒细胞、巨噬细胞表面的 IgM FcR 和 IgG FcR 结合，从而增强其吞噬作用的；IgM 的 Fc 段虽然不能被吞噬细胞识别并诱导吞噬作用，但其可以激活补体系统，间接行使调理作用。

在经典活化途径中，抗体能够特异性地定位靶细胞并活化补体，经过补体途径使细胞裂解，进而起到抵抗革兰阴性杆菌、支原体、异体红细胞以及病毒和寄生虫的感染等机体保护作用。补体经典活化途径参阅本章第二节相关内容。

抗原诱导的Ig基因的高频突变、抗原刺激引起基因重排以及复制时体细胞的突变均是产生抗体多样性的重要原因。每一个体都能产生千百万种不同的抗体，抗体的多样性缘于编码基因的逐级重排。当淋巴细胞在骨髓中发育时，B细胞中的重链和轻链基因就发生了重排。在成熟的淋巴细胞中，基因被再次组装，基因片段以各种各样的组合相互搭配，在这个过程中包括已知的体细胞重组。在每一个成熟的B细胞中，最终重排的结果是只有一个重链基因和一个轻链基因。每种重排的基因都被转录并表达在B细胞表面，并以此作为抗原受体。当受到抗原刺激后，B细胞就可产生针对该抗原的可溶性Ig。

第四节　T、B淋巴细胞耐受与克隆选择

机体的免疫系统有识别自己和异己物质的能力。在正常情况下，T、B淋巴细胞为什么只选择异己抗原物质进行特异性免疫应答，而对自身组织细胞等抗原物质不发生免疫应答呈现免疫耐受呢？1957年，Burnet提出的被普遍认可的“克隆选择学说”，则较好地阐释了T、B细胞克隆选择与耐受的形成机制。

一、T、B细胞的耐受

T淋巴细胞是在机体胚胎早期的胸腺中发育成熟。T细胞发育过程中，其TCR不能与自身MHC蛋白结合的T细胞是不成熟、无免疫功能的，皆被清除，而TCR能和自身MHC-自身抗原肽发生强烈结合与免疫应答的T细胞也皆被清除；B细胞在胎儿期的骨髓中发育成熟，在T_H细胞辅助下凡是能与自身物质发生特异结合与免疫应答的B细胞，皆在骨髓中被清除。清除与自身抗原发生免疫应答的T、B细胞而获得免疫耐受。

二、T、B细胞的克隆选择

经过与自身抗原发生免疫应答T、B细胞的清除，其余的系列T、B细胞就是胎儿出生后专门针对体外抗原发生免疫应答的细胞。以体外抗原决定簇为特异性选择物，选择其膜抗体（BCR）能与之结合的B细胞，该B细胞表面的MHC-抗原肽再经T_H辅助细胞TCR的特异性结合并作用下，被选择的B细胞增殖形成一个克隆，每个克隆细胞皆有共同BCR并产生相同的抗体。以APC表面的MHC-抗原肽复合物为选择物，通过与之特异性结合的TCR选择T细胞。T细胞免疫耐受、B细胞克隆选择如图11-11所示。

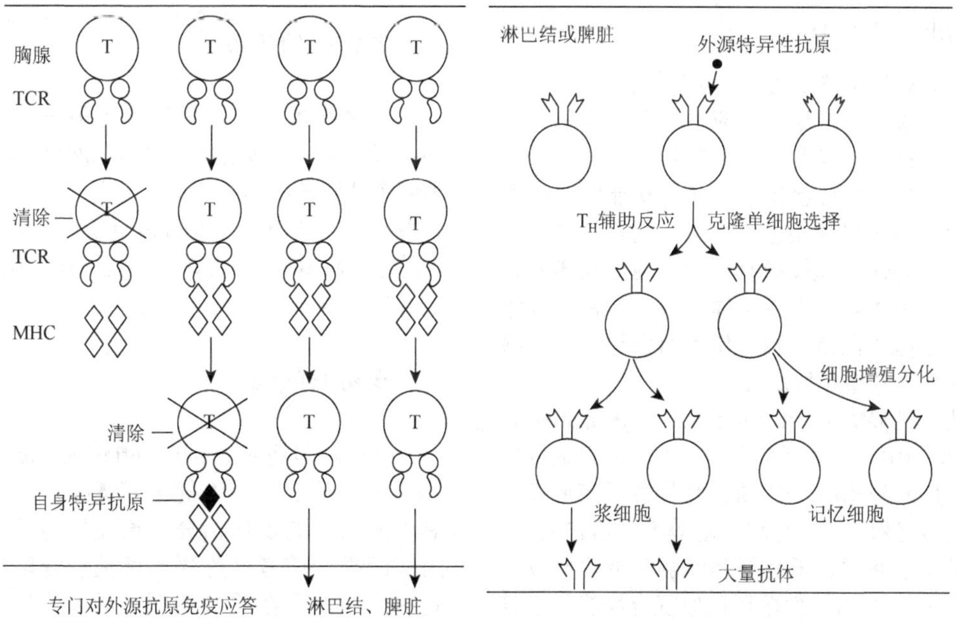

图11-11　T、B淋巴细胞免疫耐受和克隆选择形成机制

第五节　免 疫 病 理

在正常情况下，机体的免疫系统通过T细胞介导的细胞免疫和（或）B细胞介导的体液免疫抵抗外界入侵的病原体，以维持自身生理平衡或清除病变细胞，从而保护机体。但当免疫反应发生异常时，

也会引起组织伤害而引发疾病，称为免疫病理。免疫性疾病现已发现数十种。

一、超敏反应

超敏反应（hypersensitivity）是指机体已被某种抗原致敏，当再次接触相同抗原时，因机体的免疫处于高应答状态或摄入的同种抗原量极大时，会使免疫应答过强而导致组织损伤，称为超敏反应。根据引起超敏反应的抗原和效应因子的不同而分为4种类型。

（一）Ⅰ型超敏反应

引起Ⅰ型超敏反应的抗原（变应原）包含花粉、动物皮屑、某些食物以及其他物质。这些特殊的变应原都会在黏膜表面刺激 T_H2 细胞产生细胞因子，去诱导B细胞产生IgE。IgE靠恒定区的特定位点与肥大细胞结合。当再次接触同一变应原时，肥大细胞的两个或以上的 IgE 分子被变应原桥联在一起，触发肥大细胞释放组织胺、5-羟色胺、修饰性氨基酸等多种变态反应介质，在几分钟内引发变态反应症状，如血压下降、严重呼吸窘迫、皮肤红斑红肿、产生黏液、打喷嚏、痒、泪眼等。一般情况下，症状短暂，但一旦致敏，机体以后每次接触同一种变应原都会产生应答症状。过敏症状可轻、可重或威胁生命。Ⅰ型超敏反应又称变态反应或速发型超敏反应，产生的机制如图11-12所示。

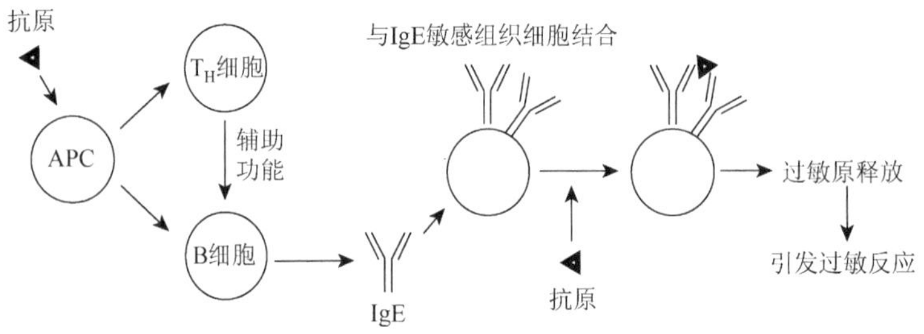

图 11-12　Ⅰ型超敏反应形成机制

（二）Ⅱ、Ⅲ、Ⅳ型超敏反应

某些个体对自身抗原反应，被限制的T、B细胞可能被活化，对自身抗原免疫应答引发自身免疫疾病。例如，对自身甲状腺表面抗原产生特异抗体IgG，抗原、抗体特异性反应会损伤甲状腺功能而患桥本病；个别青少年对自身胰腺中胰岛细胞表面抗原产生特异性抗体IgG，抗原、抗体特异反应会损伤胰岛细胞而患依赖胰岛素型青少年糖尿病，这种由抗体IgG与自身细胞表面抗原相互作用而引起的细胞毒型超敏反应称为Ⅱ型超敏反应。

系统性红斑狼疮（systemic lupus erythematosus，SLE）是典型的Ⅲ型超敏反应，其产生的原因是自身可溶性循环抗原与相应IgG抗体特异性反应形成不溶性复合物，沉积在肾、肺和脾脏等不同器官表面，其后激活补体引起局部器官细胞溶解和炎症反应。这种由IgG抗体和可溶性循环抗原复合物沉积在器官表面，由激活补体和炎症反应而损伤自身器官的超敏反应称为Ⅲ型超敏反应。Ⅳ型超敏反应的典型抗原包括某些微生物、少数自身抗原及一些化学物质，这些物质与皮肤共价键合，产生一些新的抗原，激发 T_H1 炎症细胞产生的炎症反应造成机体组织损伤，形成接触性皮炎。在第二次接触抗原后24～48h达到炎症反应高峰，引起皮肤瘙痒、红肿、局部组织破坏成疱，又称迟发超敏反应。

二、器官移植免疫

器官移植免疫是机体接受另一个体的器官和（或）组织后，对移植物引起的免疫攻击和排斥反应。不同个体有核细胞膜表面存在着有差异的MHC，彼此视为异物抗原，引发排斥反应。不同个体亲缘关系越近，MHC差异性越小，免疫排斥越弱，器官移植成功率越高。

三、免疫缺陷病

免疫缺陷病（immunodeficiency diseases）是机体的免疫系统发育不健全或遭损伤导致免疫功能缺陷所引起的疾病，分为原发性与继发性免疫缺陷病两类。前者又称先天性免疫缺陷病，与遗传有关，多发生在婴儿初期；后者又称获得性免疫缺陷病，可发生在任何年龄段，多因直接侵袭免疫系统的感染、恶性肿瘤、免疫抑制剂的使用、放化疗等所致。产生抗体能力低下的体液免疫缺陷患者，会发生连绵不断的细菌感染。细胞免疫缺陷表现为严重的病毒、真菌、胞内寄生菌（如结核杆菌）及某些原虫的感染。免疫缺陷病患者除表现为难以控制的感染外，自身免疫病及恶性肿瘤的发病率也明显升高。

第六节　临床免疫诊断技术与免疫预防

在微生物学、免疫学研究和临床的检验工作中，免疫测定被广泛用于特定的病原体或其产物的检测。当没有特定病原体的检测方法或常规检测方法很难操作时，免疫检测是一种相对简便有效的病原体鉴定方法，如多数病毒感染，包括 HIV 的感染。当病原微生物无法增殖时，免疫检测也常被用来确定其是否被感染。

一、血清学试验

体外的抗原抗体反应称为血清学反应，是所有免疫测试分析的基础。抗原抗体反应的机理是抗原决定簇与抗体分子上抗原结合部位的特异性结合，形成可见的抗原-抗体复合物，以进行目测或显微观察。特异性和灵敏度是评价血清学反应有效性的主要依据。特异性是指抗体识别单一抗原的能力，灵敏度是被检抗原检测限的标志。免疫分析方法及其检测灵敏度如表 11-2 所示。

表 11-2　免疫诊断检测的灵敏度

检测方法	灵敏度(μg 抗体/ml)*
沉淀反应	
液体中沉淀反应	24～160
凝胶中（双重免疫扩散）沉淀反应	24～160
凝集反应	
直接凝集反应	0.4
被动凝集反应	0.08
放射性免疫检测（RIA）	0.0008～0.008
酶联免疫吸附试验（ELISA）	0.0008～0.008
免疫荧光	8.0

*抗原与抗体发生阳性反应时所需抗体的最小量

（一）凝集反应

凝集反应是颗粒状抗原与其特异性抗体混合时产生可见团块的反应。该反应的灵敏度相对较低，但因其简单易行、特异性强、价格低廉、反应迅速且具有一定的灵敏度而广泛地被用于临床诊断和科研，可用于血液抗原成分的检测和许多病原体及病原体产物的鉴定。凝集反应可以分为直接凝集试验和被动凝集反应两类。可溶性抗体与整合在细胞或其他不溶性物质表面的抗原发生反应并形成团块被称为直接凝集反应。被动凝集反应是指将可溶性抗原吸附或化学偶联到细胞或不溶性颗粒（如乳胶小珠或活性炭粒子）上与抗体所进行的凝集反应。被动凝集反应的检测灵敏度相对较高，是直接凝集法的 5 倍。

（二）沉淀反应

可溶性抗体与相应的可溶性抗原进行反应，形成不溶的抗原-抗体复合物的反应称为沉淀反应。抗体分子一般有两个抗原结合位点，每个位点可与一个抗原分子结合。如果抗原含有多个抗原决定簇，抗体和抗原分子交联结合、大量聚集，形成沉淀。体外的沉淀反应极易观察，可为血清学检测中提供重要的信息，但检测灵敏度较低，通常仅用于实验室水平的科学研究中。在琼脂糖凝胶上进行的沉淀反应被称为免疫扩散试验，可用于鉴定抗原抗体反应的特异性，抗原和抗体均可从各自的凝胶孔中向外扩散，并在最适比例反应的区域出现沉淀带；将两种抗原与一种血清置于相邻小孔中，通过观察沉淀带的形成可判断分子间的关系。若相邻两种抗原是相同的，将会形成单一的、融合的沉淀带，称为均一带；若一个小孔中含有相应的抗原，但另一个孔中含有另外一种抗原，将会形成部分均一带（图 11-13），沉淀带的延长表示抗血清与第二种抗原的反应，被称为分支。

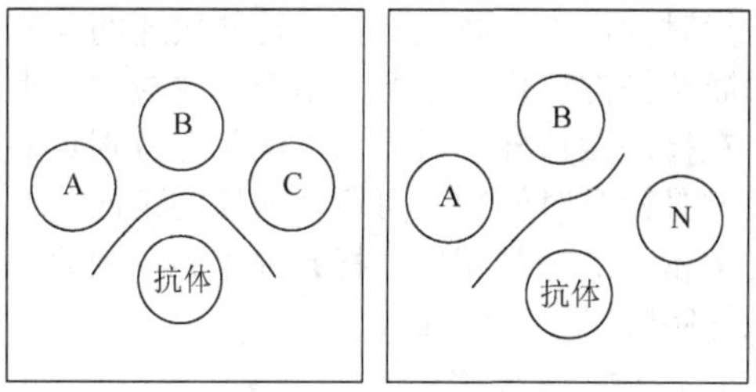

图 11-13　免疫扩散试验

A，B，C. 抗体相关抗原；N. 无关抗原

二、免疫诊断技术

（一）荧光抗体检测

荧光抗体检测是用荧光染料标记抗体检测细胞上特定抗原的方法。目前，荧光抗体检测技术已广泛地应用于临床诊断和研究工作中。

抗体可被各种不同的荧光染料（如罗丹明 B、异硫基氰酸荧光等）在不改变抗体的特异性的前提下共价修饰，赋予其能通过荧光显微镜直接观察的功能，适合于直观检测细胞表面的抗原。荧光抗体检测目前已广泛应用于微生物疾病的诊断和微生物生态学研究，该方法可以直接进行微生物的原位检测，不需对其进行分离和培养。

此外，荧光抗体分析也可用于一些非感染性疾病的诊断，如通过荧光抗体检测恶性肿瘤细胞表面的肿瘤特异性抗原，据此对其进行鉴别，并监测发病过程。荧光抗体也可以用来分离细胞混合物和确定复杂混合物（如血液）中特定细胞类型的数目。

虽然荧光抗体检测技术具有快速、高特异性等诸多优势，但有时也存在非特异性染色等缺陷，如许多肠道细菌的脂多糖抗原十分相似，均能与多种荧光探针结合，引起交叉反应。

（二）酶联免疫吸附测定和放射免疫测定

酶联免疫吸附试验（enzyme linked immunosorbant assay，ELISA）和放射免疫（radioimmunoassay，RIA）因其灵敏度高而成为广泛应用的免疫技术，这两种方法分别使用酶和放射性元素来标记抗体分子。

1. 酶联免疫吸附试验

1971 年，瑞典学者 Engvall 和 Perlmannn 及荷兰学者 Weerman 和 Schuurs 分别报道了检测体液中微量物质的固相免疫测定方法，称为酶联免疫吸附试验。ELISA 可分为直接 ELISA 和间接 ELISA。

（1）直接 ELISA 法　采用针对检测抗原的特异性酶标抗体进行检测的方法称为直接 ELISA 法。将抗原夹在两层抗体之间的直接 ELISA 法也称为夹心 ELISA 法或“三明治 ELISA”（图 11-14）。直接 ELISA 法通常用于检测血液、尿液和其他体液中的病原体的抗原或抗原性代谢物。

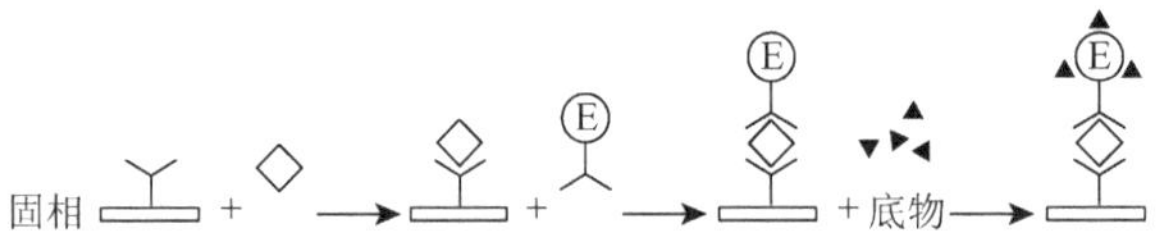

图 11-14　直接 ELISA 法

（2）间接 ELISA 法　采用针对抗体具备特异性的酶标抗抗体进行检测的方法称为间接 ELISA 法，间接 ELISA 法通常可以用来检测血清中的抗体（图 11-15）。

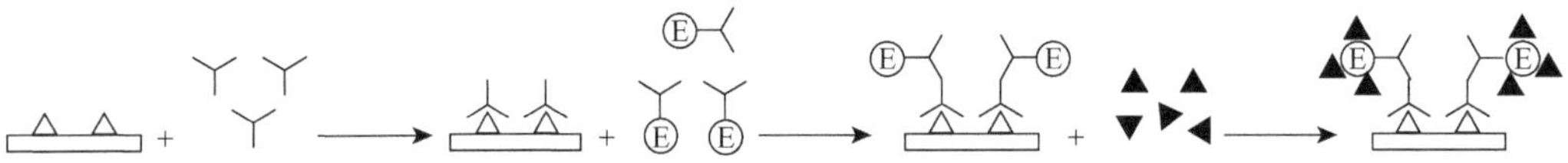

图 11-15　间接 ELISA 法

2. 快速 ELISA 检测法

改良的快速 ELISA 方法是将抗原或抗体试剂吸附到固定的支持材料上，如玻璃片、硝酸纤维素膜、塑料膜或塑料片等，在支持材料上的抗原抗体反应可在短时间内出现颜色变化。这些快速的反应常用于诊断传染性疾病，也可应用于妊娠检测和毒品检测。在检测微量样品时，该方法具有特别重要的价值，并且检测时间短，可避免病情的延误。但该方法与更精确的检测相比，特异性不高，因此还需要标准的实验室进一步确认。

3. 放射免疫试验

放射免疫试验是应用放射性物质代替 ELISA 中的酶作为抗体的偶联物。因抗原和抗体均能够被碘化，所以同位素 ^{125}I 是最常用的 RIA 偶联物。与 ELISA 不同，在绝大多数情况下，RIA 都采用直接法。

RIA 与 ELISA 有相同的灵敏度范围，也能快速得出结果，但是需要专门的设备以测定放射性活性物质，价格昂贵。此外，RIA 会产生不可忽视的放射性污染。因此，只有当 ELISA 不能满足测定的精确度和灵敏度时，才用 RIA 来检测。

（三）免疫印迹技术

免疫印迹试验可以确定复杂的混合物（如细胞裂解液或血液）中某种与特定的病原体相关的特异性蛋白。免疫印迹技术（Western blot）是蛋白质凝胶电泳分离技术、蛋白质转膜技术和特异性抗体鉴定技术相结合的技术。

采用聚丙烯酰胺凝胶电泳将蛋白混合物分离后通过电泳将分离的蛋白质转移到硝酸纤维素膜上；再加入抗特定蛋白质或蛋白质上某一特定表位的抗体；最后，加入能结合抗原-抗体复合物的放射性标记物或酶标二抗，进行放射性检测或底物显色分析（图 11-16）。

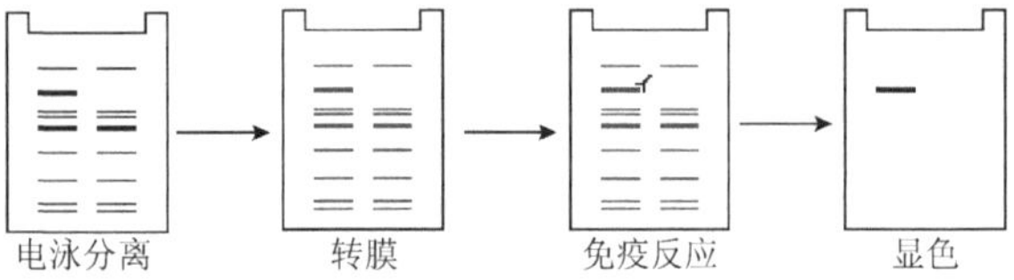

图 11-16　免疫印迹

免疫印迹通常用来检测抗原，直接地证明病原蛋白的存在，有时也可用来检测抗体，间接证明病原体的存在。与 ELISA 相比，更为繁琐、费时、昂贵，因此，一般情况下，ELISA 被广泛应用于病原体的筛选，而免疫印迹则被用于验证 ELISA 的阳性结果。

三、感染性疾病的预防

非特异性免疫和特异性免疫均可保护宿主免受感染，是机体存活的基础。对正常机体而言，非特异性免疫可抵御外来异己的入侵；同时，特异性免疫系统在接触抗原及再次接触抗原后可以产生相应的抗体，达到保护机体的目的。

在感染性疾病的预防中，可以通过人工接种的方式，使机体产生一些预期的抗体，参与特异性免疫应答，从而达到预防感染性疾病的目的。

（一）人工免疫

有目的的人工免疫是治疗和预防感染性疾病的主要措施。目前人工免疫的方法很多，包括：人工主动免疫，即使机体接触抗原，以诱导抗体产生，该免疫过程就是疫苗的接种；人工被动免疫，即给机体注射抗血清或纯化的免疫球蛋白，这种抗血清或抗体来源于接触过某抗原并形成抗体的另一个体；某些情况下，可发生天然被动免疫，如出生后的几个月内，新生儿血液中有母亲的 IgG 抗体，这些抗体是婴儿出生前通过胎盘由母体获得的，在胎儿免疫系统成熟过程中提供防病保护。

1. 人工主动免疫

人工主动免疫力可保持终生，常作为预防的措施，使机体免遭病原体的再次侵袭。用于人工主动免疫的材料通常为称为疫苗或免疫原的单一抗原或混合抗原，使机体引起免疫应答的过程称为免疫接种。采用疫苗进行免疫接种可能会引起感染或其他副作用，因此，常将病原体或其产物通过化学试剂或物理方法灭活以减少风险，如去除外毒素的毒力，保留其免疫原性的类毒素（toxoid）。类毒素作为免疫原效果通常不如原来的外毒素，但它们安全性高，并且可大剂量使用。

用活的细胞或病毒进行免疫接种通常比死的或灭活的材料更有效，但为了安全起见，活疫苗一般采用丧失毒力而保留免疫原性的减毒突变株。减毒株的病原体依然有毒性，会导致有些个体特别是那些免疫损伤者因免疫接种而感染。

常用的疫苗如表 11-3 所示。

表 11-3 用于人类感染性疾病的疫苗

	疾病	疫苗种类
细菌性疾病	炭疽病	类毒素
	白喉	类毒素
	破伤风	类毒素
	百日咳	灭活的细菌（百日咳博德特氏菌）或无细胞蛋白
	伤寒	灭活的细菌（伤寒沙门氏菌）
	副伤寒	灭活的细菌（副伤寒沙门氏菌）
	霍乱	灭活的细胞或细胞提取物（霍乱弧菌）
	鼠疫	灭活的细胞或细胞提取物（鼠疫耶尔森氏菌）
	结核	结核分枝杆菌减毒株
	脑膜炎	由脑膜炎奈瑟氏菌（*Neisseria meningitidis*）分离来的纯多糖
	细菌性肺炎	由肺炎球菌分离来的纯多糖
	斑疹伤寒	灭活的细菌（普氏立克次氏体）
	流感嗜血菌性脑膜炎	结合疫苗（流感嗜血杆菌多糖结合蛋白）
病毒性疾病	莫热病	减毒病毒
	麻疹	减毒病毒
	流行性腮腺炎	减毒病毒
	风疹	减毒病毒
	脊髓灰质炎	减毒或灭活病毒
	流感	灭活病毒
	狂犬病	灭活病毒或减毒的病毒
	天花	联合病毒（痘苗）
	甲型肝炎	重组 DNA 疫苗
	乙型肝炎	重组 DNA 疫苗或灭活病毒
	水痘	减毒病毒

2. 人工被动免疫

人工被动免疫是通过注射已有的抗体而获得的免疫力，含有抗体的制品称为抗血清或抗毒素。抗血清可以从免疫的动物中获得，如马或有高滴度抗体的人，这些拥有高滴度抗体的个体称超免疫者。为中和体内存在的抗原必须注射足量的抗体，因此抗血清或抗毒素所含的抗体的滴度要进行标定。人工被动免疫将不会使机体获得比注入的更多的抗体，而且这些抗体在体内会迅速消失，当再次接触相同的抗原时也不会引起应答反应，通常用于临床治疗来缓解患者的病情。

对于病毒的防治，疫苗是非常有效的手段。通过人工免疫方式可以有效遏制病毒的大范围传播。随着埃博拉病毒的暴发，美国、俄罗斯、加拿大、中国等国家相继开展埃博拉病疫苗的研发工作，2015年2月2日，美国国家卫生研究院宣布对美国和加拿大开发的疫苗cAd3-ZEBOV和rVSV-ZEBOV进行临床试验；2015年3

月，我国军事医学科学院生物工程研究所自主研发的重组埃博拉疫苗获得临床许可，进入人体试验，这是继美国、加拿大之后世界上第三个进入临床试验的埃博拉疫苗，该疫苗也是全球首个2014基因突变型埃博拉疫苗。此外，俄罗斯开发的埃博拉病毒疫苗也已完成了动物实验。

（二）免疫接种的新策略

尽管大多数免疫接种制品是来源于完整的生物体或类毒素，但目前已有其他的用来生产适合免疫接种的抗原的方法。最为简单的一种新方法是肽的人工合成，合成的肽作为疫苗，相当于感染原表面的抗原决定簇。

此外，可采用分子生物学技术根据病原体基因组提供的信息制备疫苗，将某一编码病原体抗原的基因克隆到病毒疫苗的基因组中并使之于机体内表达，诱导抗体的产生，这种制品称为重组载体疫苗。此种疫苗依赖于识别和克隆编码抗原的基因，也依赖于所克隆的基因在病毒疫苗中的表达能力。

另一个重要的免疫接种策略就是利用分子生物学技术生产重组蛋白作为免疫原，即首先将病原体基因克隆到一个合适的微生物宿主中并进行表达，然后收集表达的蛋白质作为疫苗。

另外，还有一种新型的DNA疫苗，其制备方法是以克隆的基因在宿主细胞中表达为基础，将含有DNA的质粒通过肌肉注射到宿主体内，宿主细胞接受DNA，转录并翻译产生免疫原性蛋白，这些蛋白通过Tc细胞、T_H1细胞和抗体刺激宿主发生常规的免疫应答，此种质粒被称为DNA疫苗。DNA疫苗比常规免疫接种具有更大的优势，由于这种方法通常只克隆和注射病原体的单一基因，因此不易引起感染，另外对特异性抗原的基因，如肿瘤特异性抗原，甚至一个独特的抗原决定簇的基因都可以克隆。此外通过在基因结构中加入MHCⅡ类基因的启动子，可以选择性地在树突细胞、B细胞和巨噬细胞中表达MHCⅡ类蛋白，表达、加工后的抗原可以被呈递在MHCⅠ类和MHCⅡ类蛋白上。由此可见，DNA疫苗既可以诱发细胞免疫，又可诱发体液免疫。

知识点回顾

1. 微生物感染及抗原物质：病原微生物能够侵入生物体，并在生物体内繁殖和（或）产生代谢产物，破坏生物体的结构与功能，引起病理改变。

2. 免疫及分类：免疫系统是执行免疫功能的机构。根据执行者的不同，免疫应答可分为细胞免疫和体液免疫，前者由于其直接针对所有病原体又被称作为非特异性免疫应答，而体液免疫则与特定的大分子相互作用，具有特异性、记忆性和耐受性等，故又称特异性免疫应答。

3. 免疫病理：在正常情况下，免疫系统通过细胞和（或）体液免疫来抵抗外界入侵的病原生物，以此维持自身生理平衡以及消除突变细胞，从而达到保护机体的目的。

4. 免疫学技术：免疫学检测方法包括血清学试验、酶联免疫吸附试验、放射免疫试验和免疫印迹等。在微生物学和免疫学研究以及临床检验工作中，免疫测定已被广泛应用。

关键词

1. 感染（infection）：病原微生物侵入机体后使机体致病的过程称之为感染，其是否致病一方面取决于微生物的致病性；另一方面取决于机体的免疫力。由病原微生物感染引起的，可从某一个体直接或间接传播到同种或异种个体的一类疾病称作感染性疾病。

2. 免疫（immunity）：免疫的传统概念是指机体抵抗病原微生物感染的能力，即抗传染免疫。随着科学的发展，免疫的概念已大大超过了抗传染免疫的范围。免疫是人体的一种生理恒常性保护功能，机体依靠这种功能识别“自身”和“异己”，破坏和排斥进入人体的抗原物质或人体自身所产生的被损伤细胞、肿瘤等，以维持机体的平衡。

3. 抗原（antigen）：是指既能刺激机体的B细胞产生抗体和T细胞的免疫应答，又能与抗体和致敏T淋巴细胞在体内外发生特异性结合反应的物质。完全抗原包含免疫原性和反应原性两种性能，具有这两种性能的抗原也称为免疫原，只有反应原性的抗原称为半抗原。

4. 抗体（antibody）：是B淋巴细胞接受特异性抗原刺激后产生的，并在体内外与之特异性结合而进行特异性免疫反应的免疫球蛋白。抗体存在体液中，并不能直接杀灭病原体，而是通过抗体与抗原决定簇特异性结合而捕获病原体，激活补体或吸引吞噬细胞杀灭病原体。机体在不同阶段可产生IgG、IgA、IgM、IgD、IgE 5种抗体，其理化特性和免疫学性质不同，其结构均包含可变区和恒定区，以共价键连接。

5. 抗原提呈细胞（antigen presenting cell，APC）：是指具有摄取、加工处理抗原并将抗原特异性信息提呈给T淋巴细胞的一类细胞，主要包含巨噬细胞、树突状细胞、B淋巴细胞和被病毒或胞内寄生细菌感染的宿主细胞。

6. 特异性免疫：又称获得性免疫（adaptive

immunity)，是由特异性抗原引发的免疫。机体的 T、B 淋巴细胞受病原体或被感染的靶细胞表面特异性抗原刺激后，产生抗体或溶细胞物质、淋巴因子，特异性杀灭病原体或靶细胞而进行的抗传染免疫。

7. 非特异性免疫：是指机体在无特异性诱导的条件下，即可识别和清除病原体及其毒性产物而抗感染的能力，也称先天性免疫（innate immunity）。

自测题

一、选择题

1. 免疫的概念是（　　）。
（A）机体的抗微生物感染功能
（B）机体清除损伤和衰老细胞的功能
（C）机体排除非自身物质的功能
（D）机体识别和排除抗原性物质的功能

2. TD-Ag 得名，是因为它（　　）。
（A）在胸腺中产生
（B）相应抗体在胸腺中产生
（C）对此抗原不产生体液免疫
（D）相应的抗体产生需 T 细胞辅助

3. 决定抗原特异性的物质基础是（　　）。
（A）抗原决定基　　（B）抗原的大小
（C）抗原的电荷性质　　（D）载体的性质

4. 下列哪种物质没有免疫原性？（　　）
（A）异嗜性抗原　　（B）抗体
（C）补体　　（D）半抗原

5. 抗原特异性取决于抗原分子的（　　）。
（A）物理性状
（B）分子质量大小
（C）异物性
（D）表面的特殊化学基团

6. 产生抗体的细胞是（　　）。
（A）T 细胞　　（B）B 细胞
（C）浆细胞　　（D）NK 细胞

7. 抗体的生物学作用叙述错误的是（　　）。
（A）中和外毒素　　（B）中和病毒
（C）杀伤胞内寄生菌　　（D）免疫调理作用

8. 关于补体的生物学作用，下列选项错误的是（　　）。
（A）溶菌、杀菌与细胞毒作用
（B）促炎症作用
（C）调理作用
（D）中和毒素作用

9. 人类的中枢免疫器官是（　　）。
（A）淋巴结和脾脏
（B）胸腺和骨髓
（C）淋巴结和胸腺
（D）骨髓和黏膜相关淋巴组织

10. 机体内最先发挥非特异性抗肿瘤作用的细胞是（　　）。
（A）CTL 细胞　　（B）NK 细胞
（C）LAK 细胞　　（D）单核/巨噬细胞

二、问答题

1. 病源微生物的感染途径有哪些？
2. 简述免疫应答的概念，免疫应答可分为哪两类？
3. 什么是抗原？如何理解完全抗原和半抗原？
4. 如何判断某一疾病是否是自身免疫病？
5. 获得性免疫的基本特征有哪些？

答案：

开篇事件

答：在侵染早期，机体通过非特异性免疫方式清除感染源，包括机体的物理与化学屏障作用、细胞的吞噬与杀灭作用、补体与干扰素作用、溶菌酶的溶菌作用，其识别和清除与是否曾经接触过病原体及其产物无关。伴随感染过程的发展，由特异性抗原引发的特异性免疫介入感染源的清除，机体的 T、B 淋巴细胞受病原体或被感染的靶细胞表面特异性抗原刺激后，产生抗体或溶细胞物质、淋巴因子，特异性地杀灭病原体或靶细胞。

选择题：1. D　2. D　3. A　4. D
5. D　6. C　7. C　8. D
9. B　10.B

问答题：

1. 答：感染途径一般可以分为以下 5 种途径：①呼吸道感染，引起该类感染的病原体对呼吸道有特异性亲和力，可以通过患者或带菌者的唾液、痰液及带有病原体的尘埃来传播，以对人体进行感染；②消化道感染，该类病原体主要是通过患者排泄物污染的食品和水源进行传播，其特征是感染性强，能抵抗消化液中各种酶类的分解，并具有耐酸性；③创伤感染，即通过伤口或损伤的皮肤黏膜侵入宿主体内引发感染；④接触性感染，通过皮肤直接侵入宿主体内；⑤垂直感染，主要指病原体由亲代向子代直接传播的感染方式。

2. 答：免疫应答是指机体的特异性淋巴细胞在接触抗原后，受到抗原激发，进而活化、增殖和分化，从而表现出一定的效应功能的过程。通常，免疫应答可分为先天性免疫应答（或非特异性免疫应答）和获得性免疫应答（或特异性免疫应答）两种类型。非特异性免疫应答能够识别所有外源分子和病原体，而特异性免疫应答只能够识别相应病原体的单一分子。

3. 答：抗原是一类既能刺激机体免疫系统使之产生特异性免疫应答抗体，又能与相应免疫应答产物即抗体和致敏淋巴细胞在体内或体外发生特异性结合的物质，也称为免疫原，其中前一种性能被称为免疫原性，后一种性能被称为免疫反应性。同时具有免疫原性和免疫反应性的抗原称为完全抗原；仅具有与相应抗体或致敏淋巴细胞结合的免疫反应性，而无免疫原性的物质称为半抗原。

4. 答：要确定自身免疫性疾病的存在，一般需要根据：①有自身免疫反应的存在；②排除继发性免疫反应的可能；③排除其他病因的存在。

5. 答：①特异性。抗原与抗体或抗原与T细胞的相互作用具有特异性，一旦触发了特异性免疫，则特异性地启动了针对特定病原体的防御和杀伤作用。

②记忆性。针对同一病原体产生的更加快速和更加强烈的应答能力，免疫记忆能够使得宿主特异性地抵抗以前接触过的病原体。

③耐受性。耐受是由机体获得的对自身抗原的特异性无应答状态，机体对体内所有大分子和潜在的抗原的耐受。

（张　奇）

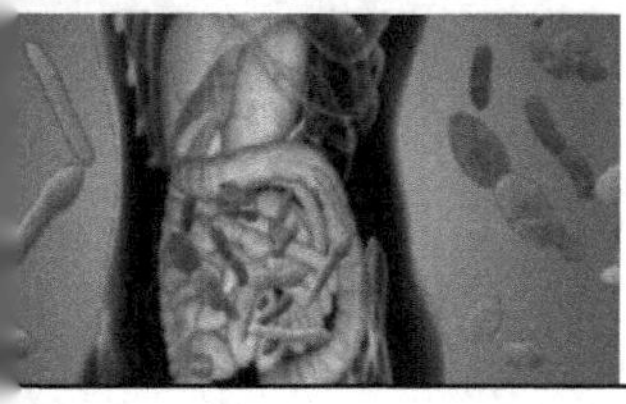

第二篇 >>

现代微生物学技术篇

第十二章 微生物基本技术

开篇事件：微生物无处不在且数量繁多!

微生物无处不在

微生物无处不在。虽然大部分微生物我们用肉眼是看不到的，但我们时时刻刻生活在微生物的包围中：城市上空每立方米的空气中漂浮着数千个微生物细胞，1g农耕土中有几百万个细菌、几十万个真菌孢子，湖泊、河流、海洋等水体中也生活着大量的微生物。人体的体表皮肤和与外界相通的口腔、上呼吸道、肠道、泌尿生殖道等黏膜及其腔道也同样寄居着不同种类和数量的微生物。据统计，人类体表皮肤分布着约200g微生物，口腔、上呼吸道各有约20g，而生活在人类肠道的微生物总重量高达1000g。

参考文献：

谢小军. 2014. 微生物，无处不在的亲密伙伴. 知识就是力量，5：10-13.

思考题：

微生物个体微小，人们是如何对分布在农耕土中的细菌数量进行计算的呢？

微生物是生活在人类周围的亲密伙伴，其中有些是对人类有益的，有些则是有害的，它们个体微小、数量众多，并且又是混居在一起的，我们应该采取什么样的方法对其进行研究和利用呢？例如，如何对微生物进行培养？如何进行观察？对特定微生物进行研究时，如何将其与其他混居的微生物分开呢？本章就微生物研究中所涉及的基本技术与方法进行介绍。

第一节　微生物培养基制备与灭菌及无菌操作技术

培养基（medium）是为微生物生长繁殖或为积累代谢产物而人工配制的营养基质。在微生物研究和发酵生产中，首先要配制培养基。不同种类的微生物对培养基的营养要求不同，即使是同一种微生物因培养目的不同，其培养基的营养要求亦不相同，因此在生产和科研中应根据需要配制合适的培养基。

一、培养基的制备技术

（一）培养基制备的基本原则及方法

尽管培养基种类繁多，但培养基的配制均应遵循以下五大原则。

1. 根据不同微生物的营养需要配制不同培养基

微生物生长繁殖需要碳源、氮源、能源、无机盐、生长因子、水六大类营养物质，因此所有的培养基均应含有这些营养成分。然而不同营养类型的微生物其营养成分需求不同，如自养型微生物可以利用无机 CO_2 为碳源，而异养型微生物则需要有机物作碳源，不同的异养型微生物所需的有机碳源也不尽相同。因此，要根据微生物的营养需求配制培养基。

2. 适宜的营养物质浓度及配比

除了加入微生物需要的所有营养物质外，这些营养物质还需要满足适宜的浓度和配比，其中最主要的是碳氮比（C/N，即碳元素与氮元素摩尔数比）。例如，过高浓度的糖类物质、无机盐等会抑制甚至杀死微生物。氮源是促进微生物生长繁殖的营养元素，在谷氨酸发酵中，较低的 C/N 以生长菌体为主，较高的 C/N 则以合成或积累谷氨酸为主。

3. 适宜的 pH 条件

不同微生物生长的最适 pH 是不同的，因此培养基也要满足合适的酸碱度。一般来说，细菌和放线菌适于在中性或微碱性条件下生长，而酵母菌和霉菌生长 pH 则偏酸。微生物的生长和代谢会改变培养基原有的成分，进而会使 pH 发生变化，这对微生物是很不利的，因此工业发酵时经常在培养基中加入一些 pH 缓冲剂来维持稳定的酸碱度。常用的缓冲剂有 KH_2PO_4、Na_2HPO_4、碳酸钙、两性电解质等。

4. 适宜的氧化还原电位

培养基的氧化还原电位（Φ）对微生物的生长也有明显影响，其主要与培养基的氧分压和 pH 有关。Φ 值低于 0.1V 时，厌氧菌才能生长，兼性厌氧菌进行发酵；而 Φ 值高于 0.1V 时好氧菌正常生长，兼性厌氧菌进行好氧呼吸。增加通气量或加入氧化剂可增加氧分压提高 Φ 值，加入抗坏血酸等还原剂可以降低 Φ 值。

5. 选择适宜的原料来源

尽量选用易获得、廉价的原料制作培养基，尤其是在工业发酵中，廉价的原料可以大幅降低成本。

（二）培养基的分类及应用

培养基可按照物质来源、物理状态和用途三大原则进行分类，每类培养基都各有其优缺点，如表 12-1 所示。

表 12-1　培养基常用分类

分类原则	名称	成分	特点及用途
物质来源	天然培养基（complex medium）	马铃薯、麦芽等天然有机物质制成	配制简单、经济实用，适用于工业生产
	合成培养基（synthetic medium）	由化学成分完全了解的物质配制	组成固定，稳定性好，多用于定量研究
	半合成培养基（semisynthetic medium）	天然有机物为主，添加适量化合物	工业生产和实验室中最常用
物理状态	液体培养基（liquid medium）	不含琼脂、明胶等凝固剂	营养吸收快，可搅拌振荡用于工业生产
	半固体培养基（semisolid medium）	含 0.2%～0.7%琼脂，呈半固体状	用于检查细菌运动性、菌种鉴定、厌氧菌培养及噬菌体效价测定等
	固体培养基（solid medium）	含 2%琼脂，可制成平板或斜面	微生物分离、纯化、鉴定、计数及观察
用途	基础培养基（minimum medium）	含一般微生物生长所需基本物质	用于培养一大类微生物
	加富培养基（enrichment medium）	添加某种微生物所需特殊物质	富集目的微生物以利于分离（表 12-2）
	鉴别培养基（differential medium）	加入化学试剂确定特定代谢产物	微生物快速鉴定（表 12-3）
	选择培养基（selective medium）	加入抑菌或杀菌剂（表 12-2）	抑制其他微生物以分离目的微生物

表 12-2　富集培养基和选择培养基举例

类别	培养基名称	筛选方法	用途
加富培养基	米曲汁乙醇培养基	加入 2%乙醇	富集氧化乙醇乙酸菌
	淀粉培养基	淀粉为主要碳源	富集淀粉酶生产菌
	酪素培养基	酪蛋白为主要碳源	富集蛋白酶生产菌
选择培养基	无氮培养基	培养基不含氮源	选择分离固氮菌
	链霉素培养基	加入链霉素	分离链霉素抗性株
	酸性蔗糖培养基	培养基 pH 1.6	分离产有机酸真菌

表 12-3　常见的鉴别培养基

名称	加入化学物质	代谢产物	培养基变化	用途
明胶培养基	明胶	胞外蛋白酶	明胶液化	鉴别蛋白酶生产菌
H_2S 试验培养基	乙酸铅	H_2S	产黑色沉淀	鉴别产 H_2S 菌株
溴甲酚绿牛乳培养基	溴甲酚绿	乳酸	变黄	鉴别乳酸菌
淀粉培养基	淀粉	胞外淀粉酶	淀粉水解圈	鉴别产淀粉酶菌株

二、灭菌技术

我们在进行微生物实验研究或工业生产时要对某一种或几种微生物进行操作，然而微生物“无时不在、无处不在”，因而使用的所有材料和器皿都要提前进行严格的灭菌，包括对细菌耐热芽孢的灭除，以保证实验过程不受到其他杂菌的污染。常用的灭菌方法有高温、过滤、辐射及化学药物灭菌。

1. 高温灭菌

蛋白质是微生物细胞的重要组分，是生命活动的关键物质，高温可使蛋白质变性，从而达到消灭微生物的目的。高温灭菌是最常用的灭菌方法之一，且只适用于耐热物品的灭菌。主要包括干热和湿热灭菌。

（1）干热灭菌　　干热空气灭菌法是指将平皿、锥形瓶、试管、移液管、牛津杯等玻璃或金属器皿置于烘箱内，调温 160℃维持 2～3h，用热空气来灭菌的方法。对于接种针、小刀、镊子、剪刀等小的金属工具则直接通过火焰灼烧法将其表面存在的微生物杀灭。

（2）湿热灭菌　　常用的有高压蒸汽灭菌法和常压间歇灭菌法。

高压蒸汽灭菌法是将培养基、水溶液、塑料及橡胶制品置于高压蒸汽灭菌锅或自动蒸汽灭菌锅内，电加热水待蒸汽压达 0.1MPa、温度达 121℃时维持 20min，通过穿透力较强的热水蒸气灭菌的方法。含葡萄糖等单糖或氨基酸的培养基，121℃高温灭菌会破坏其分子结构而失去营养功能，故采用 112℃（水蒸气压力 0.05MPa），维持 30min 湿热灭菌。蛋白质含量较高的固态培养基可酌情延长灭菌时间。

常压间歇灭菌法是专门为杀灭物料中芽孢杆菌的耐热芽孢设计的一种常压蒸汽灭菌法。常压下，水蒸气温度最高 100℃，不能杀死芽孢，只能杀死微生物营养体细胞。其后冷却，待芽孢萌发成营养体后再用常压蒸汽杀灭营养体细胞，这样反复 2～3 次就可通过杀灭营养体细胞的方式完全杀死芽孢。

2. 过滤除菌

对于含有抗生素、血清等一些热敏感物质的培养基，不能采用加热灭菌的方法，可采用过滤除菌法。把带菌的液体或气体通过带有微孔的过滤介质，截留微生物以达除菌目的。

常用的过滤除菌器有空气除菌器和液体除菌器两类。空气除菌器常用多层棉纤维或玻璃纤维作介质，安装在超净台或空气自净器中，当菌体尘埃微粒随气流经过介质时被截留在纤维表面，从而获得无菌空气。液体除菌器种类很多，有瓷制的、玻璃制的、石棉制的、硅藻土制的以及实验室最常用的多孔纤维素滤膜（图 12-1）等，每种滤器又有多种过滤孔径可供选择。

3. 辐射灭菌

辐射灭菌是利用电磁辐射产生的电磁波或射线杀死空气中或大多数物体表面微生物的方法。用于灭菌的电磁波有微波、紫外线、X 射线和 γ 射线等，它们杀灭微生物的原理均不相同（表 12-4）。紫外线是人们利用最多的一种辐射灭菌方法，它能使 DNA 分子中相邻的嘧啶形成二聚体，抑制 DNA 复制与转录等功能；另外，空气在紫外线照射下还可产生大量具有杀菌作用的臭氧（O_3）。但是由于紫外线穿透物体的能力较差，因此只能用于空气及物体表面的灭菌，对于细菌芽孢、真菌孢子效果较差。

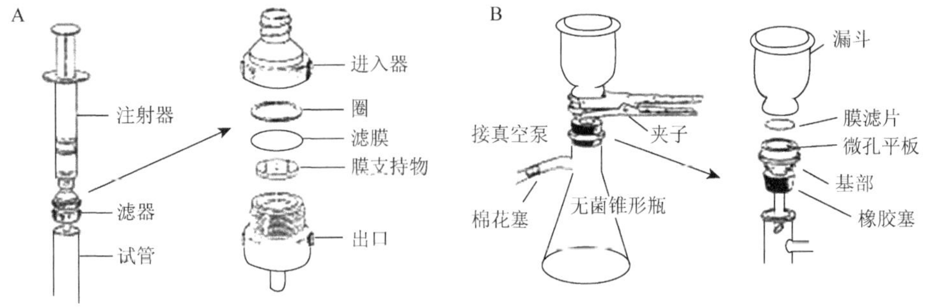

图 12-1　实验室常用的微孔滤器

A. 针头滤器；B. 微孔滤膜

表 12-4　各种电磁波灭菌原理

电磁波	灭菌原理	特点
微波	产热使蛋白质变性	由里及表加热，有一定穿透力
红外线	热辐射使蛋白质变性	由表及里加热
X 射线和 γ 射线	打断氢键、氧化双键，破坏环状结构，使分子聚合，产生自由基等方式破坏大分子结构	穿透力强
紫外线	诱导胸腺二聚体形成，抑制 DNA 复制	穿透力弱
超声波（光波）	产生强烈机械振荡、冲击波等使细胞破裂	快速，常用于液体灭菌

巴氏灭菌法：巴氏灭菌法是法国科学家巴斯德于19世纪发明的以杀死致病菌为主，又能保护营养成分不被破坏的消毒方法，常用于牛奶、啤酒等食品的消毒。一般常用条件为62℃、30min或71℃、15min。该法是基于结核杆菌在62℃下15min致死而规定的，只能杀死大多数腐生菌的营养体，对芽孢无效。

其实在日常生活中我们也在不知不觉中使用着许多消毒灭菌的方法，这些方法虽然不如本节中提到的灭菌方法彻底，但亦可达到消毒的作用，如日光消毒法。除了本节中提到的几种方法，仔细想一想，你还能找出几种呢？

4. 化学药物灭菌

灭菌剂、消毒剂、防腐剂等化学药物也有杀菌灭菌作用，其适用范围、作用机制及注意事项见表 12-5。

表 12-5　常用的消毒剂和灭菌剂

药物名称	适用范围	作用机制及注意	药物名称	适用范围	作用机制及注意
医药常用：			实验室常用：		
0.1%～0.2%苯扎溴铵	皮肤黏膜、小型器皿消毒	干扰细胞膜通透性。有吸附作用	75%乙醇	皮肤、手、金属用具消毒	脱水、蛋白质变性
0.2%～2%过氧乙酸	手、器皿、室内空气消毒	产新生态氧，氧化蛋白。具腐蚀性	甲醛	37%～40%防腐，10%熏蒸空气消毒	强还原性，蛋白质变性。腐蚀性
0.12%～0.8%环氧乙烷	电子仪器、不耐热医疗器材灭菌	与菌体蛋白结合。易燃易爆	3%过氧化氢	不耐热器皿消毒	氧化蛋白质。不稳定
碘液	皮肤消毒	氧化蛋白质	生活常用：		
工业常用：			0.2～1μl/L 氯气	自来水消毒	遇水生成次氯酸，氧化蛋白质
苯甲酸（钠）	酸性食品防腐剂	干扰细胞膜通透性	0.1%高锰酸钾	皮肤、器皿消毒	氧化蛋白质。遇还原物质分解
山梨酸（钾、钠）	酸性食品防腐剂	抑制脱氢酶系统	六六粉（酚）	肥皂、洗液、身体除臭剂	破坏细胞膜
乳酸	工厂或手术室空气消毒	蛋白质变性			
0.5%～5%漂白粉 [$CaCl_2Ca(OH)_2$]	餐具、无菌室、地面消毒	产新生态氧，氧化蛋白。腐蚀性			

三、无菌操作技术

微生物无处不在。为了保证实验和发酵生产不被其他种类的微生物所污染，除了对使用的用具、器皿及培养基进行灭菌外，还要保证在实验操作过程中，不能被杂菌污染。这种防止纯培养物被其他微生物污染，且自身也不污染操作环境的技术称为无菌操作技术（aseptic technique）。它贯穿于微生物分离、纯化、接种、培养及保藏技术始终，是保证微生物研究和生产顺利进行的基础，因此要树立高度的“无杂菌污染”意识，严格遵守无菌操作规程。

1. 无菌操作常用工具

微生物实验操作常用工具如图 12-2 所示。

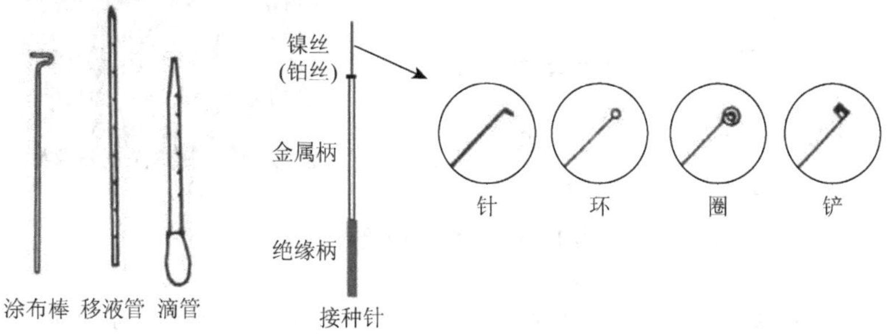

图 12-2　常用无菌操作器具

2. 常用无菌操作技术

为了保证在微生物实验操作过程中不污染杂菌，需要用某种物品或设备人为提供一个无菌区域。实验室中常用酒精灯提供无菌区域，由于酒精灯燃烧时火焰周围可形成一个高温无菌区，在此区域内进行操作可以避免污染空气中的杂菌（图 12-3A）。此外，超静工作台装有空气过滤装置，可将空气中的尘埃颗粒和微生物颗粒滤掉，为无菌操作提供较大无菌空间（图 12-3B）。下面就常用的几种无菌操作进行介绍。

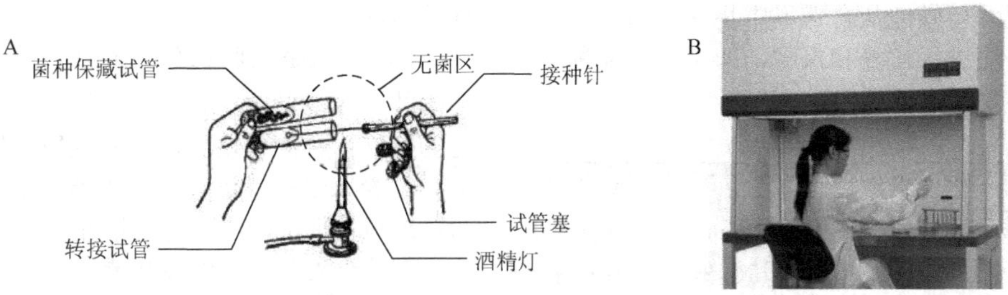

图 12-3　利用酒精灯及超静工作台进行无菌操作

（1）斜面接种　　斜面接种是指将保存的试管斜面菌种转接到一支新鲜的试管培养基斜面上的操作，常用于菌种的活化、传代、保藏等，其操作程序见图 12-4A。

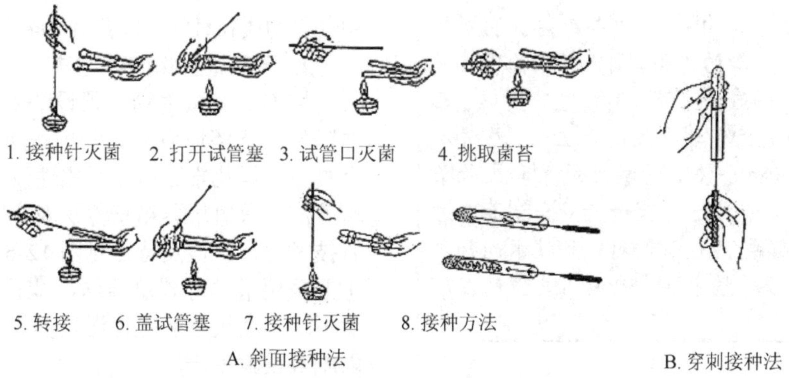

图 12-4　斜面接种过程示意图

（2）液体接种　　液体接种是指用移液管、微量移液器或接种环等将菌种转接至试管或锥形瓶的液体培养基内，该方法常用于观察菌体生长特性、生化反应特性及发酵工业的菌种扩大培养等（图 12-5A）。

（3）穿刺接种　　穿刺接种是指用接种针将菌体穿刺到固体或半固体试管深层培养基中，常用于厌氧菌培养、菌种保藏及检查细菌运动能力等（图 12-4B）。

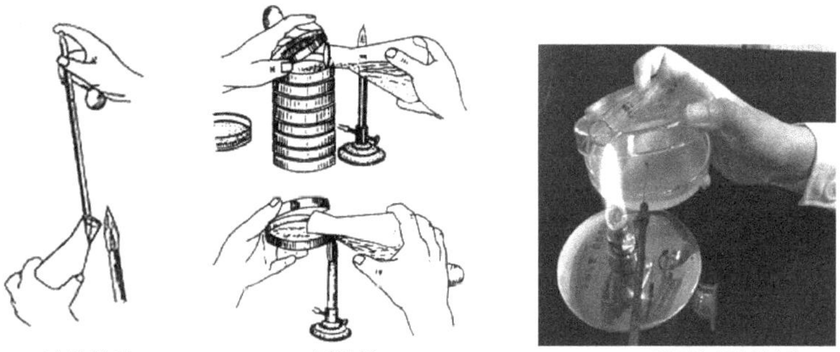

图 12-5　其他常用接种方法

（4）平板接种　　将融化的适量固体培养基在无菌区内倒入无菌的培养皿中，待凝固后即成营养琼脂平板（图 12-5B）。平板与斜面间常进行菌种的相互转接，用于单菌落的纯种培养及菌落形态的观察（图 12-5C）。

第二节　微生物纯培养与纯种分离及菌种保藏技术

微生物在自然界中是“混居”的，要对某一种微生物进行研究或利用，就要根据该种微生物的生理和生态特征，巧妙地从自然界中将其分离出来，并以科学的方法进行培养和保藏，即微生物纯种分离、纯培养以及保藏技术。

混合培养技术

长久以来，人们对微生物的纯培养技术深信不疑，认为要想研究和利用任何一种微生物首先必须要获得其纯种。然而，越来越多的事实证明，很多微生物的特殊功能都需要以共生微生物群落的形式才能够发挥，即使能够成功人工分离和纯培养这些微生物，由于离开了原来的共生环境，这些功能也不复存在了。例如，人类和动物胃肠道内存在着几百个物种的共生微生物群落，这些群落共同发挥着保持宿主胃肠道健康的作用。再如，生物甲烷是由拟杆菌属、梭状芽孢杆菌属、消化链球菌属、乙酸菌、甲烷菌等多种细菌联合发酵产生的，尽管人们对这些菌在纯培养条件下的相互关系和生长条件都已很清楚，但只有将这些菌进行混合培养时才可进行甲烷发酵，遗憾的是人们对这种技术尚知之甚少。因此，混合培养技术在未来具有广阔的发展空间。

一、微生物培养技术

微生物的培养方法多种多样，应根据研究目的和研究对象的不同，选择最适宜的培养方法。

1. 好氧微生物培养方法

大多数细菌、霉菌、放线菌、藻类、酵母菌及原生动物都属于好氧微生物，需要从空气中获得氧气以进行有氧呼吸，其培养方法主要包括固体及液体培养法。

（1）好氧微生物固体培养法　　将微生物接种在固体培养基表面，使其接触空气中的 O_2 而生长繁殖的方法，称固体培养法。实验室一般采用试管斜面、培养皿平板等进行固体培养，工业上多采用曲盘、通风制曲池等进行霉菌培养。

（2）好氧微生物液体培养法　　实验室最常用的好氧微生物液体培养方法是将菌种接种到装有液体培养基的试管或三角瓶内后，用6～8层纱布包扎瓶口，置于摇床恒温振荡培养，以增加液体培养基中的溶氧量，加快菌体生长代谢。工业上用发酵罐进行液体深层发酵，通过通气和搅拌，使微生物均匀且高效地利用营养物质和氧气，以获得大量菌体或代谢产物。

2. 厌氧微生物培养方法

培养厌氧微生物必须设法除去培养环境中的氧并降低氧化还原电势。常用的厌氧微生物培养方法有真空干燥化学吸氧法（焦性没食子酸法）、厌氧罐培养法、厌氧培养箱培养法及亨盖特（Hungate）厌氧技术等，原理及特点见图 12-6 和表 12-6。工业上主要采用液体静置培养法，即在发酵罐中接种菌种后不通气而进行静置保温培养，常用于乙醇、啤酒、丙酮等发酵生产。

3. 二元培养法

一些专性活细胞寄生微生物如衣原体、立克次氏体、病毒、某些螺旋体等，需要用人工培养的含有活细胞的培养物来培养，有些需要直接接种在动植物体内才能增殖，这种人为将两种具有寄生或共生特殊关系的微生物混合培养的方法称为二元培养法，如多数噬菌体需要与它们的宿主细菌细胞一起培养方可增殖。

二、微生物纯种分离技术

（一）纯种分离的原理

分散的单个微生物细胞或孢子在适宜的环境条件下于固体培养基上生长繁殖到一定程度可形成肉眼可见的、有一定形态结构的子细胞生长群落，称为单菌落（single colony）。若这些子细胞群体均由同一个细胞繁殖而来，即可称为纯种（pure strain）。利用这一原理，将自然界中混杂存在的微生物群体分散成单个细胞，并在适宜的培养基上生长为单菌落，即可得到各种微生物的纯种（图 12-7）。这种将多种混杂的微生物分离或纯化为纯种的技术即为纯种分离技术（pure strain isolation technique）。

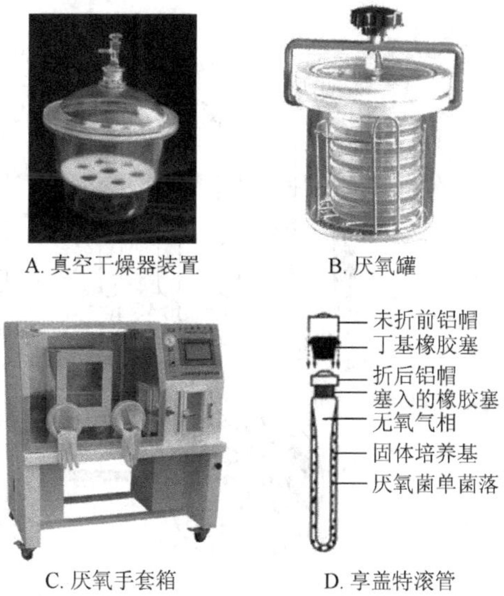

图 12-6　厌氧微生物培养装置

表 12-6　常见厌氧微生物培养方法

方法名称	除氧原理	特点
焦性没食子酸法	在干燥器内焦性没食子酸与氢氧化钠溶液发生反应而吸氧，形成无氧环境	仅培养环节无氧，设备简易，不适于培养需 CO_2 的微生物
厌氧罐培养法	对密封容器反复抽真空、灌氮气，剩余氧在钯催化下与氢气袋产生的氢气反应生成水	仅培养环节无氧，有厌氧度指示剂，可通入混合气体，可培养需 CO_2 的微生物
厌氧手套箱法	边抽气边充入氮气置换空气，实现箱内厌氧	在操作环节实现无氧条件，设备昂贵
亨盖特滚管技术	利用除氧铜柱在 350℃下与氧反应来制备高纯度氮，驱除培养基配制、分装过程中各种容器和小环境中的空气	各环节严格驱氧，操作技术要求极高

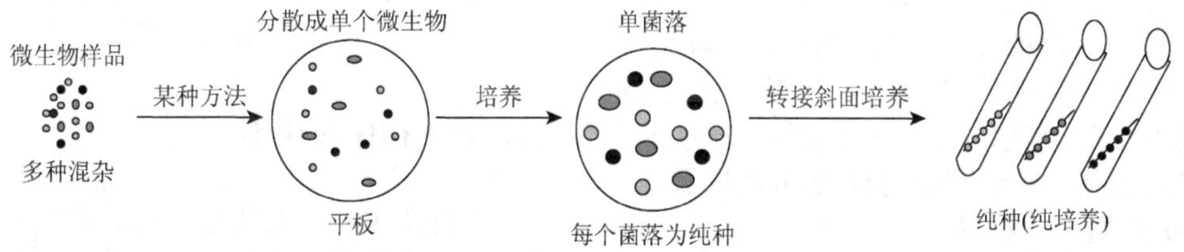

图 12-7　微生物纯种分离原理

1. 好氧菌及兼性厌氧菌纯种分离法

以从土壤中分离细菌纯种为例，阐述好氧菌纯种分离方法。由于土壤中混居的细菌数量与种类巨大，因此首先要采用 10 倍稀释法将土壤样品用无菌水适当稀释，再利用平板分离法将土壤稀释液分散在细菌营养琼脂平板上长成单菌落而获得细菌纯种。常用的平板分离法有划线分离、稀释倾注分离及涂布分离法（图 12-8）。

（1）划线分离法　用接种环蘸取稀释度较低的土壤稀释液在细菌营养平板表面作规则划线，密集的细菌样品经这样多次划线，可被逐步稀释直至单个细菌细胞，经培养成长为单菌落，即为细菌纯种。该法对酵母菌等单细胞微生物分离纯种也较为适宜。

（2）稀释倾注分离法　将土壤稀释液与熔化的固体培养基混匀倒入平板，培养后适宜稀释度的平板就会长出单菌落，即为细菌纯种。该法也适于产孢子的霉菌和放线菌纯种分离。

（3）涂布分离法　取适量土壤稀释液至于细菌营养平板上，用涂布器将稀释液均匀涂布于平板表面以获得单菌落，即为细菌纯种。

2. 厌氧菌纯种分离法

厌氧菌必须在无氧条件下才能生长繁殖，因此采用的分离方法较特殊。如果该微生物暴露于空气中不立即死亡，可以采用上述方法制备菌液均匀分散

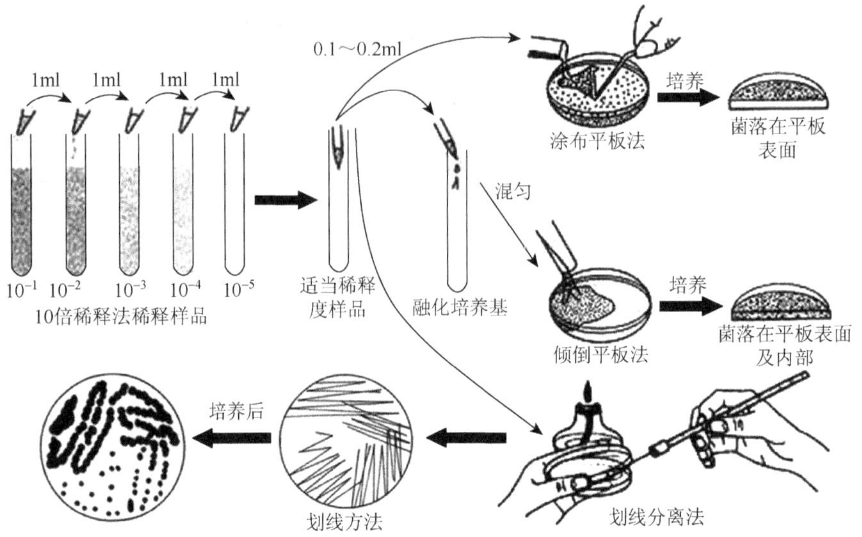

图 12-8　好氧及兼性厌氧菌常用纯种分离方法

平板，然后将其放置在封闭的无氧容器中培养。对于严格厌氧菌，可采用稀释摇管法进行纯种分离。该法使用融化的固体培养基对含菌样品进行稀释，并在培养基凝固后形成的琼脂柱表面，倾倒一层灭菌液体石蜡和固体石蜡的混合物以隔绝空气，培养后在琼脂柱中间无氧区域内形成的单菌落即为厌氧菌纯种。经纯种分离所得到的菌株是否是纯种，还需采用多种方法进行分类鉴定。

（二）选择培养分离技术

从事微生物学研究或开发应用，皆需要一些特殊功能的微生物，如能分解利用原油或能降解农药久效磷，或能产生碱性纤维素酶，或在65℃高温下能产生淀粉酶的细菌。要想在营养平板上直接分离到这些特殊功能的细菌，就要利用选择培养分离技术。

1. 选择性采集土壤样品

根据分离微生物适宜的生态环境，可选择性采集土样。分离分解利用原油的细菌要去油田采集土样；分离降解农药久效磷的细菌要去经常利用久效磷的田地采集土样；分解产生碱性纤维素酶或高温淀粉酶细菌要到常年堆积纤维素废物物或淀粉地方采集土样，以提高分离效率。

2. 富集培养与选择分离

为了进一步提高所分离的目的微生物的数量优势，可将待分离的土样添加在以原油或久效磷或纤维素或淀粉为唯一碳源的细菌液体培养基中，在所需的培养条件下振荡培养，以增加目的微生物的菌体数量。甚至经多次富集培养，使目的微生物在培养液中成为优势菌。利用前三种富集培养液在对应的选择培养基平板上37℃培养，可分别高效地分离到利用原油、能降解久效磷、产生碱性纤维素酶的细菌。而在65℃、添加淀粉的细菌液体培养基中富集培养之后，转至添加淀粉的选择培养基平板经65℃高温培养，长出的菌落即为产高温淀粉酶的菌株，菌落周围透明淀粉水解圈与菌落直径比越大，其高温淀粉酶活性越高。

3. 选择培养分离原理

根据被分离的目的微生物的特殊营养要求、产物要求、培养条件要求而专门设计的直接分离目的微生物的技术称选择培养分离（selective culture isolation）技术。

选择培养是分离微生物菌种最强有力的技术手段之一，通过将营养和生理条件选择因子无穷尽组合，可从自然界中选择出具各种特性的微生物。分离的目的微生物是否具有所需的特殊功能应进行检测。

三、微生物保藏技术

纯种微生物，尤其是经人工选育的高产株或工程株，具有重要的应用价值。然而经过一段时间的生长繁殖后，菌种原有的活力会逐渐下降，优良的生产性状也会发生退化，甚至丢失原有性状，因此，菌种的长期保藏是一项十分重要的工作。

微生物保藏（strain preservation）的原理是通过人工创造低温、干燥、缺氧等环境，使微生物的生长代谢处于最低的状态，从而使其极少或不发生变异。常用的菌种保藏方法有传代培养保藏法、沙管保藏法、液体石蜡保藏法、液氮保藏法及真空冷冻干燥保藏法等，实践中应根据微生物的特点及实验要求选择合适的保藏方法（表 12-7）。

1. 传代培养保藏法

传代保藏法是将菌种移接在适宜的试管斜面培养基上，置于冰箱保藏，定期转接传代，使用时转接活化后即可，是最常用的菌种保藏方法。若在培

表 12-7　常见菌种保藏方法比较

方法名称	适用范围及对象	优点	缺点
传代培养保藏法	各类微生物，实验室常用	操作简单，使用方便，菌种存活率高，无特殊设备	保藏时间 1～4 个月，需重复转接，易污染和变异
沙管保藏法	产孢子的霉菌、放线菌和产芽孢的细菌，酵母菌及以菌丝发育为主的真菌不适宜	保藏时间 3～5 年	制作沙管，操作较繁
液体石蜡保藏法	酵母、丝状真菌，细菌保藏效果稍差	操作简便，保藏时间 1～3 年	斜面及穿刺培养辅助方法
液氮保藏法	各类微生物，包括不产孢子真菌。菌种保藏机构常用	保藏时间长（数年）操作较简便	需液氮超低温冰箱
真空冷冻干燥保藏法	各类微生物，不产孢子真菌除外。菌种保藏机构常用	长期保藏（数年）	操作繁琐，部分菌体易受损伤甚至死亡

养物上覆盖一层无菌的液体石蜡以隔绝空气、防止水分蒸发，即液体石蜡培养法，可延长保藏时间。

2. 沙管保藏法

沙管保藏法是指将细菌细胞或孢子悬浮液注入已灭菌的沙管中，置干燥器中吸干水分后密封保藏。使用菌种时，取出部分沙粒置于适宜的培养基斜面上培养，再转接活化一次即可。

3. 真空冷冻干燥保藏法

又称低压冷冻干燥法，该法是将菌种悬浮于脱脂牛奶等保护剂的冷冻管中，先经低温预冻，然后在冻结状态下进行低温真空干燥，使水分升华，最终达到完全干燥状态，是目前最有效的菌种保藏方法。恢复培养时，将干燥样品加入液体培养基中溶化，摇匀后转移至适宜培养基培养。

4. 液氮保藏法

对于一些用真空冷冻干燥法不易保藏成功的微生物，菌种保藏机构常采用液氮保藏法。该法是用保护剂制成菌悬液密封于安瓿管内，控制速度冻结后，储藏于−196～−150℃的液态超低温冰箱中。使用菌种时，将安瓿管置于 38～40℃水浴中摇动，使内部的结冰全部融化，再将菌种转接到适宜培养基上培养。

第三节　微生物显微技术

微生物个体微小，要研究其形态、大小甚至内部结构必须借助显微镜，因此，微生物显微技术是重要的基本技术。

一、微生物形态与结构观察

（一）常用光学显微镜及原理

显微镜是微生物学研究必备的工具，其中以物镜的性能最为重要。决定物镜性能的最重要指标是放大倍数、分辨率和数值孔径。

微生物观察常用的是 4×、10×、40×和 100×不同放大倍数的物镜，前三种为干燥系物镜，即物镜与标本之间的介质是空气，100×为油浸系物镜，标本与物镜间的介质是香柏油。

分辨率是指能辨别两点之间最小距离的能力。显微镜分辨两点的距离越小，分辨率就越高，观察物体就越清晰。分辨率可用如下公式表示：

$$\text{最小可分辨率距离（分辨率）} = \frac{0.5\lambda}{n\sin\theta}$$

式中，λ 为所用光源的波长；θ 指光线投射到物镜上的最大角度的一半（镜口角），镜口角大小与物镜的工作距离呈负性相关；n 为玻片与物镜间介质的折射率。

$n\sin\theta$ 也是显微镜的另一个重要参数，数值孔径，它是决定物镜性能最重要的指标。物镜的数值孔径越大，显微镜的分辨率越高，被观察对象的细微结构也就越能明显地被辨别出来。以空气为介质的干燥系物镜数值孔径最大在 0.7 左右，而油浸系物镜数值孔径可达 1.4，所以油浸物镜分辨率最高，可清晰观察到微生物的细微结构。另外，由于香柏油折射率与玻璃相当，光线通过载玻片后可直接通过香柏油进入物镜而不发生折射，增加了油镜视野照明度，因此油镜对微生物学研究最为重要。显微镜常用物镜的用途及特性见表 12-8。

表 12-8 显微镜不同物镜特性比较

放大倍数	用途	数值孔径	工作距离	最大分辨率
4×	搜索观察对象及观察标本全貌	0.1	17～20mm	2.3μm
10×	搜索观察对象及观察标本全貌	0.25	4～8mm	0.9μm
40×	标本部分或较细微结构，可观察酵母及霉菌	0.55～0.65	0.5～0.7mm	0.35μm
100×	更细微结构，可观察细菌及放线菌	1.25～1.4	0.1mm	0.18μm

（二）电子显微镜及原理

在光学显微镜下无法看清小于 0.2μm 的细微结构，如微生物的细胞器、病毒，以及生物大分子的结构，因此将这些结构称为亚显微结构。要想看清这些结构，必须用电子显微镜。现代电子显微镜以波长更短的电磁波为光源，分辨率高达 0.1nm，放大倍数可达 100 万倍，是微生物学研究的有力工具。

目前最常用的是透射电子显微镜和扫描电子显微镜，其工作原理如图 12-9 所示。透射电子显微镜的工作原理与光学显微镜相似，所不同的是前者用电子束作光源，用电磁场作透镜，最终汇聚成人肉眼看不到的电子像，由荧光屏显示或用感光胶片做记录。扫描电镜的工作原理与光学显微镜和透射电镜不同，而是类似于电视。电子枪发出的电子束被电磁透镜汇聚成极细的电子“探针”，在样品表面进行“扫描”，被扫描到的样品表面的重金属因被激发而释放出二次电子信号，经探测器收集后，被闪烁器转变成光信号，再经光电倍增管和放大器转变成电压信号，控制荧光屏上电子束的强度，最终会得到一幅放大的样品立体图像。

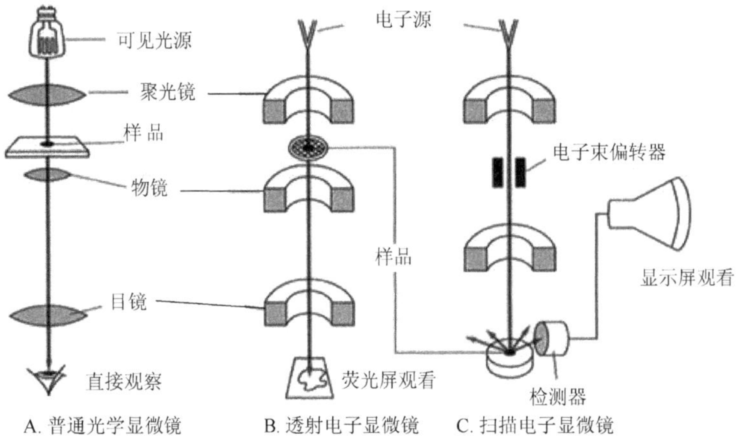

图 12-9 透射电镜与扫描电镜工作原理

显微镜种类很多，应根据不同的实验目的选择适合的显微镜。微生物学研究中最常用的显微镜原理及使用范围见表 12-9。

表 12-9 常用显微镜比较

类别	种类	成像原理	特点	适用对象
光学显微镜	明视野显微镜	使照明光线由下至上通过标本进入物镜	样品黑暗背景明亮	染色微生物样品
	暗视野显微镜	使照明光线以斜射的方式通过标本，利用标本表面反射或衍射光成像	样品明亮背景黑暗，菌体与背景反差大	观察活细菌运动性
	相差显微镜	将标本的相位差转变为振幅差，使透明标本内不同结构表现出明暗差异	细胞内各种结构间的对比度提高	观察透明活细胞内的细微结构
	荧光显微镜	利用紫外光或蓝紫光照射，使标本激发出荧光	黑暗背景发亮标本灵敏度较高	免疫、分子生物学及微生物检验
电子显微镜	透射电镜	电磁场作透镜，电子束作光源，通过标本后汇聚成电子像，用荧光屏或胶片显示	分辨率高，放大倍数大	观察细胞器、病毒、生物大分子

续表

类别	种类	成像原理	特点	适用对象
电子显微镜	扫描电镜	在电磁场作用下电子束在样品表面扫描后转变为光信号，用荧光屏显示	立体图像	观察样品的表面结构
	扫描隧道显微镜	极细金属探针接触样品表面电子云进行扫描，产生的电流变化反应样品表面形貌	分辨率最高（横向 0.1～0.2nm，纵向 0.001nm）	观察生物大分子、生物膜、古菌细胞壁、病毒

（三）常用微生物观察样品的制备

用光学显微镜观察微生物细胞前，首先要将微生物样品置于载玻片上，制成各种标本片，根据不同微生物的特点及观察目的采取不同的制片方法。

1. 活体制片技术

活体制片技术常用于观察微生物的运动、摄食特性及生长形态变化等。常用的活体制片法有压滴法和悬滴法。

（1）压滴法　压滴法是将菌悬液滴于载玻片上，加盖盖玻片后立即观察。酵母菌常用亚甲蓝进行活体染色制成染色水浸片，由于活细胞有较强的还原能力，能将亚甲蓝由蓝色氧化型转变为无色的还原型，而死细胞无此能力，因此可以此来区别活菌与死菌，常用于酵母活菌计数。制作霉菌菌丝活体标本时，由于菌丝常因吸水作用发生膨胀，不易观察，因此常用乳酸石炭酸油作为介质，盖上盖玻片后直接观察。

（2）悬滴法　将菌悬液滴于盖玻片中央，用牙签蘸取少量凡士林涂于盖玻片四角，将凹玻片翻转向下轻压于盖玻片上，使其与盖玻片粘合，然后快速翻转凹玻片（图 12-10）。此法菌液未与盖玻片接触，不受盖玻片压力的影响，因此更利于观察菌体运动方式、繁殖方式及孢子萌发等。

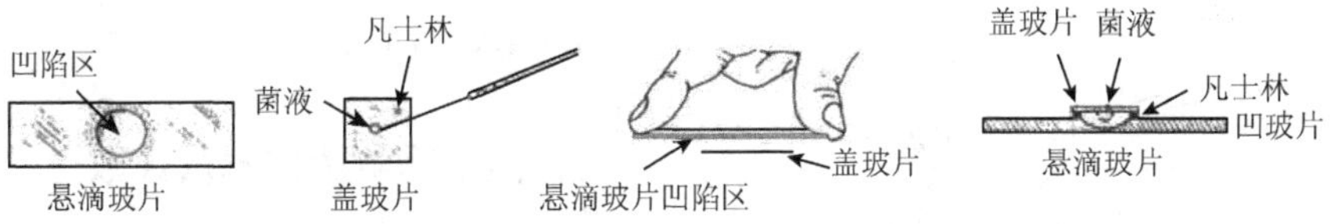

图 12-10　细菌悬滴片制作示意图

2. 微生物染色制片技术

细菌细胞微小且透明，用压滴片或悬滴片在普通光学显微镜下观察时，菌体和背景没有明显的颜色反差，难以看清它们的详细形态。因此除了观察微生物运动性和直接计数外，观察细菌时都要用染料对其染色，加大菌体与背景的色差，显微镜下才能更清楚地观察到细菌的一般结构和特殊结构。微生物染色制片的一般程序如图 12-11 所示。

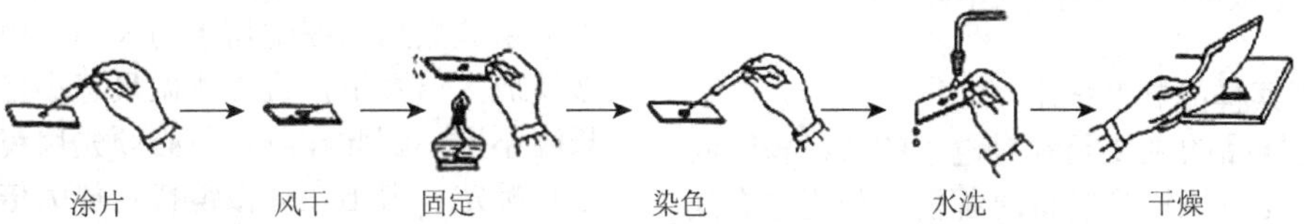

图 12-11　微生物染色制片步骤

微生物染色是借助细胞及细胞质对染料的毛细现象、渗透、吸附作用以及细胞和染料的各种化学作用进行的。所用的染料是一类苯环上带有发色基团和助色基团的有机化合物，发色基团决定染料的颜色，而助色基团则负责与微生物细胞表面结合而着色。常用的结晶紫、沙黄等碱性染料，其助色基团电离后带正电荷，可与细胞表面的负电荷结合而着色。酸性染料助色基团电离后带负电荷，可与细胞表面的正电荷结合而着色。不同微生物细胞结构各异，表面呈现的电荷性质不同，因此要选用适宜的染料与之结合并着色。微生物染色常用染料的性质、染色原理及用途见表 12-10。

表 12-10　微生物染色常用染料

染料名称	性质	染色原理	用途
酸性复红（品红）	酸性	静电作用	单染色等
伊红	酸性	静电作用	细胞质、嗜酸性颗粒染色
刚果红	酸性	静电作用	细菌负染色、酵母菌染色

续表

染料名称	性质	染色原理	用途
荧光素	酸性	静电作用	荧光染色
沙黄（番红）	碱性	静电作用	革兰氏染色、核染色
亚甲蓝（次甲基蓝）	碱性	静电作用	活体染色、放线菌染色
孔雀石绿	碱性	静电作用	细菌芽孢染色
吉姆萨染液（天青、伊红混合物）	中性	静电作用	疟原虫、立克次氏体染色
苏丹黑	单纯	溶于脂肪	酵母内脂肪粒染色

3. 丝状菌载玻片培养法制备标本片

放线菌和丝状真菌都属丝状菌，如果按照细菌常规的制片法，挑取菌丝观察往往会破坏它们的自然生长状态，为了得到完整、自然的菌丝及孢子形态，可采用载玻片培养法制备标本片（即小室培养法）。将孢子接种到载玻片上的琼脂培养基小块周边（图 12-12），并用盖玻片覆盖琼脂小块表面，可使菌丝向琼脂的四周生长，不受空间限制，因此可用显微镜观察到气生及营养菌丝生长、分枝及孢子分化的全过程。

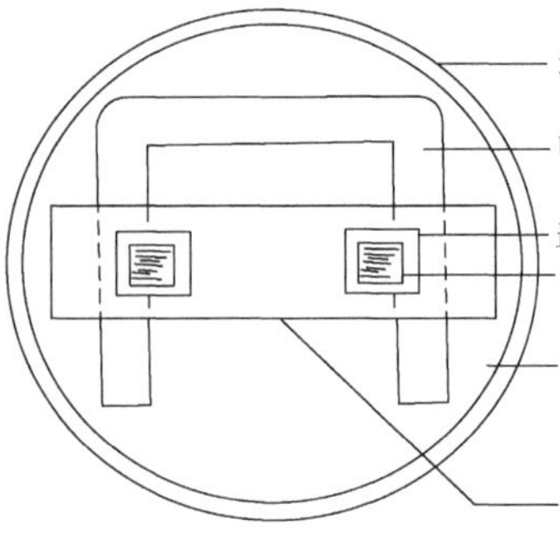

图 12-12 载玻片培养装置（小室俯视图）

4. 电镜观察样品制备技术

由于生物样品的主要元素对电子的散射与吸收能力较弱，因此电镜样品制备时都需要使用重金属盐进行染色或喷镀，以增加样品在电镜下的反差。电镜样品制备技术较复杂，种类也较多，这里简单介绍几种常用的样品制备技术。

（1）透射电镜样品制备

1）超薄切片技术。由于电子束穿透能力很弱，因此透射电镜观察的样品需制成厚度为 50～80nm 的超薄切片。超薄切片制备的过程包括：取材、戊二醛和锇酸双重固定、乙醇或丙酮脱水、浸透、环氧树脂包埋、超薄切片机切片及重金属如铀和铅染色。

2）负染色技术。负染色技术是通过在样品四周堆积磷钨酸钠、乙酸铀等重金属盐以加强样品外周的电子密度，使样品显示负反差，从而衬托出样品的形态和大小的方法。该法不需经过固定、脱水包埋和超薄切片等复杂操作，而是直接对沉降的样品匀浆悬浮液进行染色，主要用于观察细菌、病毒、噬菌体等微生物大分子结构、亚细胞碎片以及分离的细胞器等。

3）冷冻蚀刻技术。冷冻蚀刻技术是将样品经快速冷冻、断裂、升华、喷铂、喷碳而最终形成一层印有生物样品断裂面立体结构的复型膜，然后将生物样品腐蚀掉，用铜网将复型膜捞起进行透射电镜观察。冷冻蚀刻技术能保持细胞原来的结构，立体感鲜明，主要用于生物膜的研究。

（2）扫描电镜样品制备 扫描电镜用于研究样品的表面特征，因此样品制备方法较简单，包括观察面的暴露、戊二醛和锇酸双重固定、乙醇或丙酮脱水、干燥和金属喷镀导电等。其中，干燥是扫描电镜样品制备较重要的步骤。由于生物样品含水量大，自然干燥法会使细胞表面受到表面张力的影响而发生收缩，引起形态的改变，因此多采用液体 CO_2 临界点干燥法。该法是在临界状态下表面张力系数为零时进行干燥，从而使样品保持原有的形态。

二、微生物测微技术及计数

（一）测微技术

微生物个体微小，要测其大小，需要借助特殊的测量工具——显微测微尺，它包括目镜测微尺和镜台测微尺两部分。

目镜测微尺是一块中央刻有精确等分刻度尺的圆形玻璃片，测量时将其放在目镜中的隔板上，用以测量放大后的细胞物象的大小。由于在不同的显微镜放大倍数下，目镜测微尺每小格所代表的实际长度不同，因此在测量前必须先用镜台测微尺对其进行标定，得出在显微镜特定放大倍数下，目镜测微尺每小格所代表的相对实际长度。

镜台测微尺为一块特制的载玻片，中央有一个用树胶固封的标准刻度尺，尺长一般为 1mm，精确等分为 100 小格，每格长 10μm。标定时使镜台测微尺的一条刻度与目镜测微尺左边第一条刻度线重合，向右寻找两尺完全重合的另一条刻度线（图 12-13），即可计算出目镜测微尺每小格代表的实际长度。例如，在 100×油镜下，目镜测微尺 20 小格相对于镜台测微尺 2 小格，已知镜台测微尺每小格实际长度为 10μm，则 100×油镜下目镜测微尺每小格代表实际长度为 $2\times10/20=1\mu m$。同在 100×油镜下，用目镜测微尺测量细菌直径相当于多少小格，即可标出其大小（μm）。

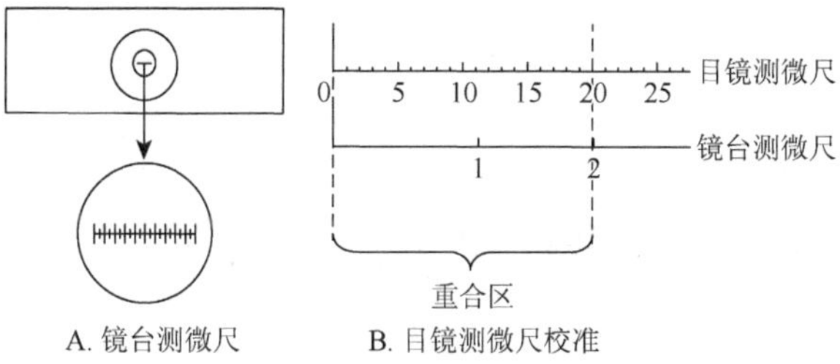

图 12-13　镜台测微尺与目镜测微尺校准

（二）显微计数

微生物数量的测定也是常用的基本技术。常用的微生物计数方法包括：显微直接计数法、平板菌落计数法等，在此只介绍显微镜直接计数法，其他方法见本节微生物生长测定。

显微镜直接计数法是指将少量待测细胞悬浮液置于计数器上，在显微镜下观察计数器上的细胞并进行直接计数。该法适用于在液体中能均匀分散的微生物细胞或孢子，如酵母细胞及霉菌孢子的直接计数。

微生物计数常用血细胞计数板作为计数器（图 12-14）。血细胞计数板是一块特制的厚玻璃片，玻片中间有一个下陷的大方格计数室，内有双线分割成的 16 个中方格，每个中方格又被单线分离成 25 个小方格。大方格计数室共 400 个小方格，盖玻片覆盖后其容积为 $0.1mm^3$。计数时，将菌悬液充满计数室，在显微镜下用计数器数出计数室四角中方格内 100 个小方格内的总细胞数，用如下计算公式求得每毫升菌悬液中的细胞数。

$$\text{细胞数/1ml 菌悬液}=\frac{\text{细胞总数}}{100}\times 400\times 10^4\times \text{菌悬液稀释倍数}$$

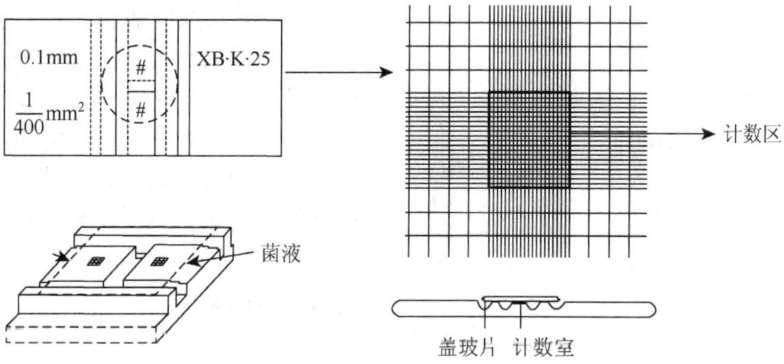

图 12-14　血细胞计数板构造及计数方法

三、微生物生长测定

微生物生长测定，在研究微生物生长规律、评价抗菌物及培养条件对微生物生长的影响以及食品微生物检测等方面都有重要的应用。微生物生长测定可通过测定微生物细胞数量和细胞物质总量（生长量）两类方法进行，常用方法如图 12-15 所示。每种方法都有其优缺点和适用范围（表 12-11），应用时应根据研究目的和研究对象选用最合适的方法。

（一）微生物细胞数量测定

细胞数量测定法是指通过计算微生物个数来反映微生物群体生长的方法，该法适用于单细胞微生物或孢子计数。最常用的是显微镜直接计数法、平板菌落计数法和膜过滤计数法。

平板菌落计数法是一种最常用的活菌计数法，常用于食品及水体的微生物含量检测。其基本原理是，样品经适度稀释并涂布平板得到单菌落，一个单菌落即由原样品中一个活菌体细胞生长发育而成，因此通过统计菌落数，根据其稀释倍数和取样量，即可换算出单位样品中所含活菌数（图 12-16）。

膜过滤计数法是将一定体积的水体样品通过硝化纤维滤膜或醋酸纤维滤膜将菌体滤出，再将滤膜

表 12-11　常用微生物生长测定法比较

方法名称	适用范围及对象	优点	缺点
显微镜直接计数法	个体较大的单细胞或颗粒、总菌计数	直观快速借助染料可进行活菌计数	样品需在一定浓度范围内，不适于运动细菌计数
平板菌落计数法	活菌计数	测定准确浓度较大样品亦适用	操作较繁琐，需时较长
膜过滤计数法	水体等流体样品	含菌量低、体积大的样品亦适用	操作较繁琐
比浊法	菌体生长监测绘制生长曲线	操作简便迅速可连续测定	需制作标准曲线，测定条件要求较固定
测干重法	多细胞微生物、丝状菌等菌体发酵工业生产检测	可用于菌体浓度较高样品	操作较繁琐，易受杂质颗粒干扰
生理指标测定法	工业生产快速检测	可连续测定	常需借助特定仪器

- 微生物生长测定常用技术与方法
  - 细胞物质总量测定
    - 直接法
      - 菌丝生长或菌落生长
      - 称干重法
    - 间接法
      - 比浊法
      - 生理指标法
        - 测含碳量或含氮量
        - 测其他(磷、核酸、ATP、产酸、产气)
  - 细胞数量总数测定
    - 直接法
      - 显微镜直接计数法
      - 染色活菌计数法
      - 比例计数法
      - 过滤计数法
    - 间接法
      - 平板菌落计数法
      - 膜过滤菌落计数法
      - 厌氧菌菌落计数法

图 12-15　微生物生长测定常用方法

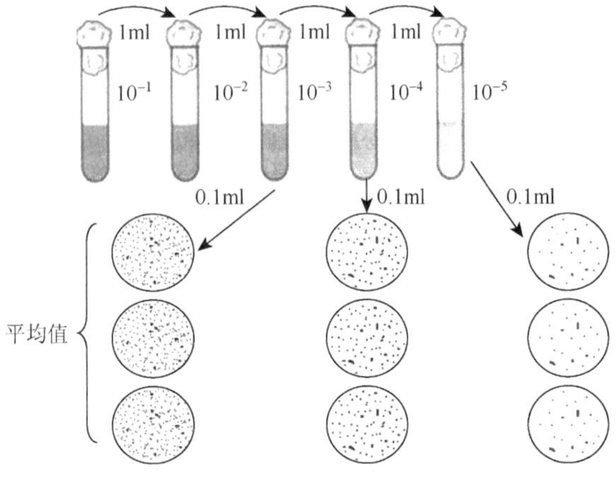

图 12-16　平板菌落计数法原理

干燥、染色并在显微镜下数出膜上微生物个数除以原样品体积即可得到样品所含菌体浓度。若将滤膜转移到培养基上进行培养，最后对形成的菌落进行统计，即为膜过滤菌落计数法，该法可统计出样品中所含的活菌数，适用于含菌数较低的样品。常用于检测水体中大肠菌群数量。

（二）微生物生长量测定

微生物生长量测定不需计算微生物个体数目，而是通过测定微生物群体细胞物质总量，如体积、重量以及生理代谢产物量等指标的变化来反映微生物的生长，适用于一切微生物，具体分类如图 12-15 所示。实验室及工业中最常用的有称干重法、比浊法及生理指标法。

称干重法是通过离心或过滤收集菌体，经干燥后称量菌体干重，该法常用于检测多细胞微生物及丝状菌生长情况。

比浊法是通过测定菌悬液的光密度值（OD 值）来反映菌液浓度变化的方法。当光线通过菌悬液时，由于菌体的散射及吸收作用使光线的透过率降低，在一定范围内，其透光率与微生物细胞浓度成反比，OD 值与细胞浓度成正比。

生理指标法是利用测定与微生物生长量相平行的生理指标，如含氮量、呼吸强度、产酸量等来间接反映菌体生长量的方法。例如，蛋白质是构成细胞的主要物质，含量稳定，而氮又是蛋白质的主要成分，因此通过测定含氮量可推知微生物的大致含量。

知识点回顾

1. 培养基是人工配制的用于培养微生物的营养基质。配制时要符合培养基配制的五大原则及制备流程。培养基类型按照成分来源不同分为天然和合成培养基；按照物理状态分为固体、半固体和液体培养基；按照用途不同分为基础、加富、鉴别、选择培养基等。

2. 微生物无处不在。在微生物实验前要对实验物品进行灭菌，常用的灭菌方法有高温、过滤、辐射及化学药物灭菌，应根据微生物的特性及实验要求选择合适的灭菌方法。进行微生物实验要树立高度的无菌意识，严格遵守无菌操作技术规程。

3. 要获得某一种微生物的纯种，首先要利用平板划线分离法、稀释倾注分离法、涂布分离法、显微单细胞分离法等纯种分离技术将其从自然界中混杂的微生物群体中分离出来，然后对分离到的菌株进行纯种鉴定。当预分离的微生物在环境中的数量较少时，应对其进行富集培养，使其形成繁殖优势，再对其进行分离。为了使纯种微生物长期存活并减少变异的发生，需要对菌种进行保藏。常用的菌种保藏方法有传代培养保藏法、沙管保藏法、液体石蜡保藏法、液氮保藏法及真空冷冻干燥保藏法等。

4. 微生物个体微小，对其进行观察、测量及计数常需借助显微镜。测量微生物大小时需要借助显微测微尺对显微镜物镜进行标定后进行。测定微生物数量可采用显微镜直接计数法进行总菌计数，此外还可采用平板菌落计数、膜过滤计数、比浊法以及生理指标法等。

关键词

1. 培养基（medium）：根据微生物生长繁殖或积累代谢产物所需，通过人工方法配制的营养基质。

2. 基础培养基（minimum medium）：指含有一般微生物生长繁殖所需基本物质的培养基。

3. 加富培养基（enrichment medium）：在基础培养基中添加特殊营养物质以满足某些微生物生长需求的培养基。

4. 选择培养基（selected medium）：在普通培养基中加入抑菌剂或杀菌剂，用来抑制不需要微生物的生长并分离出目的微生物的培养基。

5. 鉴别培养基（differential medium）：在普通培养基中加入化学试剂来鉴别不同类型微生物的培养基。

6. 无菌技术（aseptic technique）：防止纯培养物被其他微生物污染，其自身也不污染操作环境的技术。

7. 单菌落（single colony）：分散的单个微生物在适宜的固体培养基上生长繁殖到一定程度可形成肉眼可见的、有一定形态结构的子细胞生长群体。

8. 纯种（pure strain）：由同一个细胞繁殖而来的子细胞群体。

9. 纯种分离技术（pure strain isolation technique）：将多种混杂的微生物分离或纯化为纯种的技术。

10. 选择培养分离（selective culture isolation）：针对欲分离微生物的生命活动特点，或制造有利于其生长的环境，或抑制大多数其他微生物的生长，使其形成繁殖优势，从而更容易地将其分离出来。

11. 微生物保藏（strain preservation）：通过人工创造低温、干燥、缺氧等环境，使微生物的生长代谢处于最低的状态，从而使其长时间保持原有性状和生命活动力。

自测题

一、选择题

1. 半固体培养基中，琼脂的使用浓度为(　　)。
（A）0.3%～0.5%　（B）1.5%～2.0%
（C）0.2%　（D）6%

2. 不同微生物的最适生长 pH 和温度不同，放线菌对 pH 和培养温度的要求是（　　）。
（A）25～28℃　pH 4.5～6.0
（B）28～30℃　pH 6.4～7.0
（C）30～37℃　pH 7.2～7.5
（D）25～30℃　pH 7.2～7.5

3. 能在人工培养基上单独培养的是（　　）。
（A）立克次氏体　（B）支原体
（C）衣原体　（D）病毒

4. 细菌标本制作采取的方法是（　　）。
（A）悬滴片　（B）压片法
（C）涂片法　（D）组织切片法

5. 许多方便面里配有一小包干蔬菜，这些蔬菜采用的保存方法是（　　）。
（A）冷冻法　（B）盐腌法
（C）高温灭菌法　（D）脱水法

6. 常用（　　）培养基培养观察细菌运动。
（A）固体　（B）半固体
（C）液体　（D）活组织

7. 对金属制品或清洁玻璃器皿的灭菌法为（　　）。
（A）火焰灼烧法
（B）干热灭菌法
（C）间歇空气灭菌法
（D）高压蒸汽灭菌法

8. 下列方法中，属于活菌计数法的是（　　）。
（A）稀释平板计数法
（B）显微镜直接计数法
（C）过滤计数法
（D）划线法

9. “菌落”是指（　　）。
（A）细菌在固体培养基上生长繁殖而形成肉眼可见的细胞集团
（B）一个细菌在固体培养基上生长繁殖而形成肉眼可见的细胞集团
（C）一个细菌细胞
（D）细菌在液体培养基上生长繁殖而形成肉眼可见的细胞集团

10. 在筛选抗青霉素菌株时，须在培养基中加入青霉素，其作用是（　　）。
（A）筛选
（B）诱变
（C）鉴别
（D）以上答案都不对

二、问答题

1. 为什么要进行富集培养？
2. 简述培养基的配制原则和步骤。
3. 测定微生物的繁殖数常用那些方法？并比较

它们的优缺点。

4. 指出下列物品灭菌或消毒的方法及条件：涂布棒、血清、啤酒、培养皿、培养基、饮用水、种子、皮肤、无菌室。

5. 设计筛选高温淀粉酶产生菌的方案，并指出关键步骤。

答案：

开篇事件

答：使用无菌操作技术采用菌落计数法对土壤中的细菌进行计数，首先采集 1g 土样置于无菌水中充分混匀，利用梯度稀释法将土壤悬液逐步稀释至适宜浓度，并涂布于细菌营养平板上进行培养，待长出菌落后计算适宜平板上的菌落数再乘以稀释倍数即可得到 1g 土样中细菌的数量。

选择题：1. A　2. D　3. B　4. C
5. D　6. B　7. B　8. A
9. A　10. A

问答题：

1. 答：由于稀释涂平板、划线分离等纯种分离方法没有任何选择性，当欲分离的微生物的自然存在数量与其他种微生物相比非常少时，仅仅依靠这些方法需要耗费大量时间。而如果在分离某种微生物前，首先根据目的微生物的特性设计最适宜其生长的条件，对其进行富集培养，使该菌在群落中的数量大幅增加成为优势菌株，再通过稀释倒平板法或平板划线等操作会更容易将其分离出来，可大幅缩短分离所需时间，提高分离工作的效率。

2. 答：1）培养基配制原则：①根据不同微生物的营养需要配制不同培养基；②适宜的营养物质浓度及配比；③适宜的 pH 条件；④适宜的氧化还原电位；⑤选择适宜的原料来源。

2）培养基制备流程：

称量→溶解→调 pH→加凝固剂→融化→过滤→分装→包扎→灭菌→无菌检查

3. 答：1）直接法：在显微镜下直接观察细胞并进行计数的方法，所得结果包括死细胞。①比例计数法：粗略的计算方法。②血细胞计数板法：可以数出死菌和活菌的数目较精确，但亦有一定误差。③过滤计数法：可以用于含菌量较少的液体样品。

2）间接计数法：活菌计数法。①膜过滤菌落计数法：可以用于含菌量较少的液体样品。②平板菌落计数法：技术要求较高。

4. 答：①涂布棒：蘸酒精火焰灼烧灭菌。②血清：过滤除菌。③啤酒：巴氏消毒 70℃、15min。④培养皿：干热灭菌（160～170℃、2h）。⑤细菌培养基：121℃、20min。⑥饮用水：漂白粉、O_3、Cl_2。⑦种子：重金属盐（$HgCl_2$）。⑧皮肤：氧化剂（高锰酸钾）、70%乙醇。⑨无菌室：紫外线辐射、福尔马林。

5. 答：1）样品来源：从纺织厂腐败的浆料、面粉厂垃圾堆中采集菌样。

2）富集：培养基以淀粉作为唯一碳源，65℃高温培养。

3）分离：依据平板菌落周围的淀粉水解透明圈的大小进行分离。

4）初筛。

5）复筛。

6）生产性能测定。

（陈容容）

第十三章 微生物基因工程技术

开篇事件：基因工程“蜘蛛羊”诞生啦！

“蜘蛛羊”是一种转基因山羊，美国怀俄明大学分子生物学家兰迪·刘易斯研究小组将蜘蛛丝基因导入山羊受精卵，“蜘蛛羊”的乳汁中就含有蛛丝蛋白，羊奶经过提炼、干燥后可获得蜘蛛丝。

蜘蛛丝具有比钢强韧又兼具轻巧和弹性的特性，可用于研制人造韧带、人造腱、支撑组织、骨骼、防弹衣和降落伞绳等，有“神奇之丝”之称。然而，体积小吐丝量少的蜘蛛难以通过养殖业满足大规模生产的需要。而“蜘蛛羊”的诞生则解决了这个矛盾，1L 羊奶可制成 33g 蜘蛛丝，这相当于上百只蜘蛛产出的蜘蛛丝。尽管如此，“蜘蛛羊”像许多动物转基因工程那样陷入道德争议。

“蜘蛛羊”

参考文献：

Steinkraus HB，Rothfuss H，Jones JA，et al. 2012. The absence of detectable fetal microchimerism in nontransgenic goats (Capra aegagrus hircus) bearing transgenic offspring. *J Anim Sci*，90（2）：481-488.

思考题：

除了将蜘蛛丝基因导入山羊受精卵中从“蜘蛛羊”的乳汁中获得蜘蛛丝，是否可以利用基因工程技术实现蜘蛛丝蛋白在微生物中的表达，从而获得蜘蛛丝？如何实现？

基因工程（genetic engineering）又称重组DNA技术，是指在体外对不同来源的DNA分子进行重新组合，并使之在合适的宿主细胞中实现增殖和表达的遗传操作。基因工程的出现不仅带动了以生产新型产品为目的的新生物技术产业的兴起，还标志着人类已能按照自己的意愿经基因操作获得新生物性状或新生物物种。基因工程技术的出现是20世纪生物科学具有划时代意义的事件。基因工程包括植物基因工程、动物基因工程等多个领域，本章主要介绍微生物的基因工程技术。

第一节　微生物基因工程的工具酶

在重组DNA技术中，DNA分子的切割、重组、修饰及合成都涉及一系列的酶促反应。催化这些反应的酶是进行DNA操作的基本工具，故称为工具酶。在基因操作过程中，常用的工具酶包括：限制性内切核酸酶、连接酶、聚合酶和修饰酶。本节重点介绍限制性内切核酸酶和DNA连接酶。

一、限制性内切核酸酶

限制性内切核酸酶（restriction endonuclease）是可以识别双链DNA分子中某种特定核苷酸序列，并在识别位点或其周围切割双链DNA的一类内切核酸酶，简称限制酶。

1. 宿主控制的限制和修饰作用

在噬菌体侵染大肠杆菌的过程中，发现在原核生物体内存在着宿主控制的限制（restriction）和修饰（modification）现象，简称限制/修饰体系。限制作用是通过细菌体内的限制酶识别并切割外源入侵的DNA（如噬菌体DNA等），使得外源DNA入侵受到限制。而宿主体内的修饰酶（甲基转移酶）对自身DNA分子特定位置的碱基进行甲基化修饰，从而免遭自身限制酶的切割。

2. Ⅱ型限制酶的命名和作用特点

根据限制酶的结构、辅因子的需求、切割位点与作用方式可分为Ⅰ型、Ⅱ型和Ⅲ型。由于Ⅰ型和Ⅲ型限制酶同时具有修饰及识别切割作用，且切割位点与特异性识别序列之间有距离，故不能用于基因工程。而Ⅱ型限制酶其内切核酸酶活性和甲基转移酶活性是分离的，且有特异性识别序列，其切割位点与识别序列基本一致，所以在基因克隆中有特别广泛的用途。

（1）Ⅱ型限制酶的命名　限制酶在细菌体内分布很广，目前用于基因工程的Ⅱ型限制酶约有100种，需要有统一的命名法。现以“*Eco*RⅠ”限制酶为例，阐明其命名原则。“*Eco*RⅠ”是从大肠杆菌（*Escherichia coli*）RY13菌株中发现的第一种限制酶，其第一个字母*E*（大写、斜体）代表该酶来源微生物的属名，第二、第三个字母*co*（小写、斜体）代表其种名，R代表菌株名称，罗马数字Ⅰ代表从该菌株首次分离到的第一种限制酶。

（2）Ⅱ型限制酶的识别序列　Ⅱ型限制酶的识别序列通常由4～8个碱基对组成，虽然不同酶的识别序列不同，但是所有限制酶的识别序列都有一个共同点，即具有双重旋转对称结构形式，也称为回文结构，即同一条单链以中心轴对折可形成互补的双链。这些序列中，有些是连续的（如GATC），有些则是间断的（如GANTC）。限制酶识别序列越长，在DNA上切割位点就越少，产生的限制片段也就越长。通常，识别序列为6bp的限制酶在基因操作过程中应用最广。

（3）Ⅱ型限制酶产生的末端　Ⅱ型限制酶对特异性识别序列可进行对称切割或非对称切割，以形成平末端（如*Sma*Ⅰ切割后形成平末端）或黏性末端。黏性末端又可以分为5′突出的黏性末端和3′突出的黏性末端两种。例如，*Eco*RⅠ切割后形成5′突出的黏性末端，*Pst*Ⅰ切割后形成3′突出的黏性末端。

5′-G↓AATTC-3′ 3′-CTTAA↑G-5′	—*Eco*RⅠ→	5′-G-3′ 3′-CTTAA-5′	+	5′-AATTC-3′ 3′-G-5′
5′-CTGCA↓G-3′ 3′-G↑ACGTC-5′	—*Pst*Ⅰ→	5′-CTGCA-3′ 3′-G-5′	+	5′-G-3′ 3′-ACGTC-5′
5′-CCC↓GGG-3′ 3′-GGG↑CCC-5′	—*Sma*Ⅰ→	5′-CCC-3′ 3′-GGG-5′	+	5′-GGG-3′ 3′-CCC-5′

3. 限制酶活性及其影响因素

限制酶的活性单位用U来表示，1U是指在50μl的反应液中，37℃经过1h反应，将1μg DNA完全切割所需要的酶量。影响限制酶反应的因素很多，DNA制备过程中的污染（蛋白质、乙醇、EDTA、SDS、酚、氯仿和某些高浓度金属离子）、缓冲条件、酶切消化反应的温度、DNA的分子结构及DNA的甲基化程度等均能抑制限制酶的活性。这种抑制可通过增加酶量（10～20U/μg DNA）、增大反应体积及适当延长反应时间来加以克服。

二、DNA连接酶

DNA连接酶（DNA ligase）：将不同的DNA片

段连接在一起的酶。其催化两个双链 DNA 片段相邻的 5′-P 端与 3′-OH 端之间形成磷酸二酯键，它既能催化双链 DNA 中单链缺口的封闭，也能催化两个双链 DNA 片段的连接。连接酶作用的最适反应温度为 37℃，但在该温度下黏性末端之间的氢键结合不稳定，因此在基因操作中，通常黏性末端的连接反应温度为 16～26℃。常用的 DNA 连接酶有 T_4 DNA 连接酶和 *E. coli* DNA 连接酶两种。T_4 DNA 连接酶既能催化黏性末端的连接又能催化平末端的连接，且前者的连接效率远高于后者。而 *E. coli* DNA 连接酶只能催化黏性末端的连接。因此，T_4 DNA 连接酶在基因操作中应用更加广泛。

三、DNA 聚合酶

DNA 聚合酶（DNA polymerase）是在具备模板、引物（prime）、脱氧三磷酸核苷（dNTP）等的情况下催化 DNA 合成的酶。根据模板的不同，DNA 聚合酶可分为依赖于 DNA 的 DNA 聚合酶和依赖于 RNA 的 DNA 聚合酶即反转录酶（reverse transcriptase），该酶的作用是将 mRNA 反转录成 cDNA。目前常用的 DNA 聚合酶的特性见表 13-1。

四、修饰酶

在分子克隆操作中除了上述三类主要的工具酶外，还可以用一些其他的酶对 DNA 进行必要的修饰，以利于克隆的进行。下面简单介绍 4 种常用的修饰酶：①碱性磷酸酶，催化 DNA（或 RNA）的 5′-P 端转换成的 5′-OH 端。通过去除 5′磷酸基团，可有效防止 DNA 片段自身连接。②末端转移酶，可在二价阳离子存在下，催化 dNTP 加到 DNA 分子的 3′-OH 端，可用于 DNA 片段的末端加尾。3′突出的黏性末端是末端转移酶的最适底物。③T_4 多核苷激酶，催化 ATP 的γ-磷酸基团转移到 DNA 或 RNA 的 5′端。主要用于缺乏 5′磷酸的 DNA 进行磷酸化，同时可对末端进行标记。④核酸酶，可降解单链 DNA 或 RNA，但对双链 DNA、双链 RNA 和 DNA：RNA 杂交体不敏感，主要用于使双链 DNA 突出末端变成平末端。

表 13-1　4 种常用 DNA 聚合酶的特性

聚合酶名称	按模板分类	5′→3′DNA 聚合酶活性	5′→3′外切核酸酶活性	3′→5′外切核酸酶活性	RNase H 活性	聚合酶名称	按模板分类	5′→3′DNA 聚合酶活性	5′→3′外切核酸酶活性	3′→5′外切核酸酶活性	RNase H 活性
E. coli DNA 聚合酶 I	依赖于DNA的DNA聚合酶	有	有	有	无	T_4 噬菌体 DNA 聚合酶	依赖于DNA的DNA聚合酶	有	无	有	无
Klenow 聚合酶	依赖于DNA的DNA聚合酶	有	无	有	无	反转录酶	依赖于RNA的DNA聚合酶	有	无	无	有

第二节　微生物基因工程克隆载体

各种工具酶的发现和应用解决了 DNA 体外重组的技术问题，但是要想实现重组后的外源 DNA 在宿主细胞中的增殖和表达，还需要运载工具即载体。载体按照功能可分为克隆载体（cloning vector）和表达载体（expression vector）两大类。克隆载体用于在宿主细胞中克隆和扩增外源 DNA 片段；表达载体则用于在宿主细胞中获得外源基因的表达产物。本节主要讲述克隆载体。

克隆载体作为将外源基因运送到宿主细胞并进行复制和扩增的运载工具，必须具备如下性质：一是有复制原点 *ori*，能独立自主复制；二是有供外源 DNA 片段插入的多种限制酶的唯一切点；三是有一定的选择标记，便于外源 DNA 插入的阳性克隆筛选。此外，克隆载体最好有较高拷贝数，便于载体制备；有较小的相对分子质量，易于操作。

目前微生物基因工程中使用的克隆载体主要有质粒载体、噬菌体载体、酵母质粒载体和人工染色体等。不同克隆载体的容量大小如表 13-2 所示。

表 13-2　不同克隆载体最大可插入片段大小

载体	宿主	插入片段大小
质粒载体	大肠杆菌	≤10kb
λ噬菌体载体	大肠杆菌	5～25kb
Cosmid 载体	大肠杆菌	35～45kb
M13 噬菌体载体	大肠杆菌	≥20kb
BAC	大肠杆菌	≤300kb
YAC	酿酒酵母（*Saccharomyces cerevisiae*）	200～2000kb

一、质粒载体

质粒（plasmid）是某些微生物存在于染色体外、能进行自我复制、小的DNA遗传因子。质粒对宿主细胞本身是非必需的，但其可赋予细胞某些特性，如抗生素抗性等。目前微生物基因工程中所使用的质粒克隆载体，绝大多数是由细菌天然质粒经人工修饰改造而成。

1. pBR322 质粒载体

pBR322 是人工构建的第一个应用广泛的质粒克隆载体。它由4361bp组成，可插入约5kb的外源片段，含有一个DNA复制原点（*ori*），两种抗生素的抗性基因，即四环素抗性基因（tet^r）和氨苄青霉素抗性基因（amp^r）（图13-1）。其宿主是大肠杆菌，每个细胞含有20～30个拷贝，用氯霉素（Cm）抑制宿主细胞蛋白质合成后，每个细胞可积累1000～3000个拷贝。该载体还含有30多个限制性内切核酸酶的单一位点，当外源DNA插入到其中一个抗性基因内，质粒就失去该抗性，可用抗性失活选择阳性克隆。

2. pUC18 质粒载体

在pBR322的基础上又构建成pUC系列等克隆载体。pUC18、pUC19是第二代新型克隆载体，两者结构几乎完全一致，只是多克隆位点（multiple cloning site，MCS）的限制酶排列方向相反。pUC18含有一个复制原点*ori*、一个amp^r基因、一个*E. coli* β-半乳糖苷酶（LacZ）的N端编码序列*lacZ′*和调控序列（图13-1）。其宿主细胞是*E. coli LacZ*ΔM15基因突变株。pUC18中的*lacZ′*基因编码β-半乳糖苷酶分子中的α肽，可被异丙基-β-D-硫代半乳糖苷（IPTG）诱导，与宿主细胞中的无功能的LacZ产物互补，形成有活性的β-半乳糖苷酶，水解5-溴-4-氯-3-吲哚-β-D-半乳糖苷（X-gal）形成蓝色菌落。如果在pUC18 *lacZ′*基因内的MCS位点插入外源片段，就会破坏α-互补作用，不能水解X-gal，从而形成白色菌落。

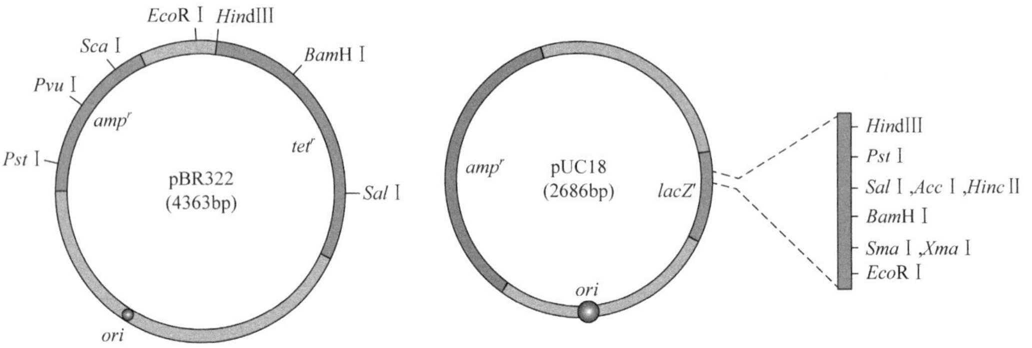

图 13-1　质粒载体结构图谱

二、噬菌体载体

噬菌体（phage）是一类细菌病毒的总称。噬菌体侵染宿主细胞可进入复制期，并复制出多个子代噬菌体。其复制的关键步骤是噬菌体的遗传物质要自我复制多个拷贝，并包裹蛋白质壳体，形成噬菌体颗粒。具有自主复制能力的噬菌体遗传物质可作为携载外源基因片段的克隆载体。

1. λ噬菌体载体

λ噬菌体的基因组是长约48.5kb的线状双链DNA，DNA两端具有12个核苷酸的单链末端并序列互补，称为*cos*位点。进入大肠杆菌细胞内，黏性末端配对形成环状双链DNA。λ基因组可划分为三个功能区（图13-2），即左侧区、中间区和右侧区。其中中间区约占基因组的1/3，含有溶源和整合的基因，它对于λ噬菌体的复制和包装是非必需的，可被外源DNA取代。

λ噬菌体载体可分为插入型载体和取代型载体两类。插入型载体是指通过切开单一限制酶位点在λDNA的非必需区插入外源片段；取代型载体具有成对限制酶位点，外源DNA可取代两限制位点之间的DNA片段。由于λ噬菌体头部容量限制，重组DNA分子的大小要介于野生型λ DNA长度的75%～105%，才能被包装成为有感染力的噬菌体颗粒。所以插入型载体携带的外源片段要远远小于取代型载体。λ噬菌体载体最大可克隆23kb的外源片段，其克隆能力大于质粒载体，常被用于构建基因文库。

2. 黏粒

黏粒又称Cosmid载体，是含有λ噬菌体*cos*位点的质粒，它既可以像质粒克隆载体那样在宿主细胞中扩增，又可以像λ噬菌体克隆载体那样在体外被壳体包装。最简单的黏粒是一个正常的小质粒，含有质粒的复制原点*ori*、抗性基因选择标记、一个*cos*位点和用于克隆DNA外源片段的多克隆位点（图13-3）。

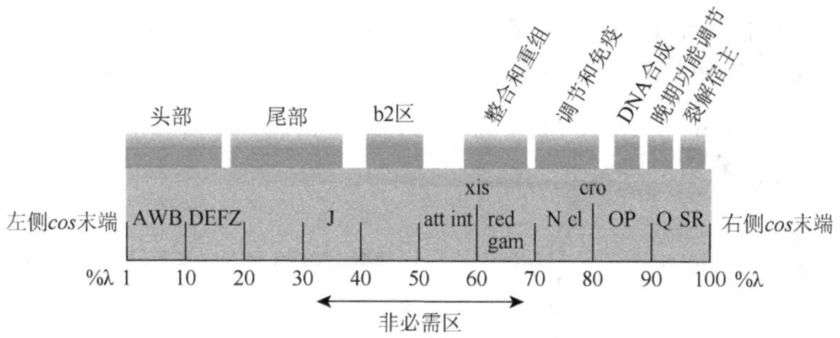

图 13-2 λ噬菌体的基因组图谱

%λ：用百分比来表示在λ噬菌体基因组上的位置

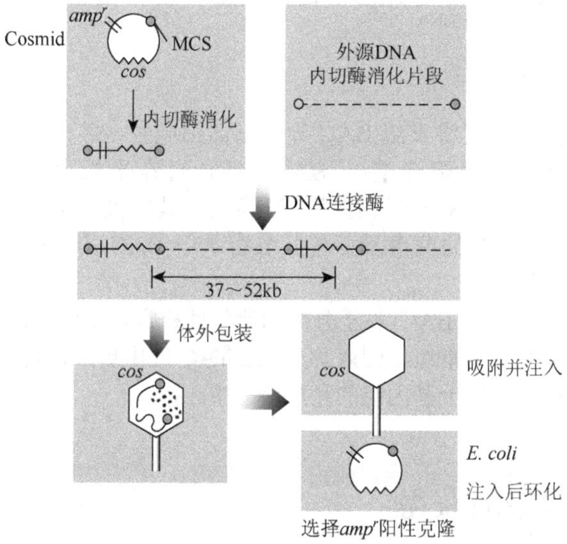

图 13-3 利用 Cosmid 载体构建克隆的过程示意图

将外源 DNA 片段与两个含有 *cos* 位点的载体连接，形成线性重组 DNA，如果两个 *cos* 位点之间的距离合适（37～52kb），即可在体外包装成重组噬菌体颗粒。然后感染大肠杆菌，两个 *cos* 位点连接成环状 DNA 分子，并以质粒的形式进行复制（图 13-3）。常用的黏粒大小为 5～7kb，可携带 35～45kb 的外源 DNA 片段。由于它比质粒和λ噬菌体载体可携带更大的外源 DNA 片段，故常用于构建基因文库。

3. M13 噬菌体载体

M13 噬菌体属于丝状噬菌体，其遗传物质是单链闭合环状 DNA，大小约 6.4kb。进入大肠杆菌后复制成双链的复制型（RF 型）DNA，RF 型能够像质粒一样进行纯化并在体外操作。M13 噬菌体大部分基因是复制必需的，有一小段称为基因间隔区，可用作克隆外源 DNA 片段的克隆位点。由于 M13 噬菌体不是裂解宿主细胞而是从宿主细胞中分泌出噬菌体颗粒，因此没有包装限制，能包装 6 倍于 M13 DNA 长度的重组噬菌体 DNA，可克隆 20kb 或者更大的外源 DNA 片段，主要用于制备单链 DNA 或基因测序。

三、酵母质粒载体

酵母质粒载体大都具有酵母的复制原点和酵母选择标记——*URA3* 基因（尿嘧啶核苷酸合成酶基因 3）或 *TRP1* 基因（色氨酸合成酶基因 1），同时还含有大肠杆菌的复制原点和选择标记（*amp*^{r} 和 *tet*^{r}），故既可在酵母中复制也可在大肠杆菌中复制，属于穿梭质粒载体。

根据酵母质粒载体具有的不同酵母特性，可分为以下 4 类：①酵母附加体载体（YEP），含有酿酒酵母 2μ 质粒与 DNA 复制有关的序列，对宿主细胞转化率高，稳定性好，拷贝数高；②酵母整合质粒（YIP），不含酵母的 DNA 复制起始区（ARS），不能在酵母中自主复制，能整合到酵母染色体中，随染色体 DNA 一起复制；③酵母复制质粒（YRP），含酵母的 DNA 复制起始区，能在酵母中自主复制，有中等数量拷贝数；④酵母着丝粒质粒（YCP），在酵母复制质粒基础上增加了一段来自酵母染色体着丝粒的 DNA 片段，以保证该载体在细胞分裂时平均分配，有高度的质粒稳定性。

四、人工染色体

人工染色体（artificial chromosome）指人工构建的含有天然染色体基本功能单位的克隆载体系统。人工染色体较之前介绍的细菌、酵母菌质粒载体和噬菌体载体，能克隆更大的外源 DNA 片段，用于基因组图谱制作、基因分离以及基因组序列分析。人工染色体包括酵母人工染色体（YAC）、细菌人工染色体（BAC）、P1 人工染色体、哺乳动物人工染色体和人类游离人工染色体，这里主要介绍酵母人工染色体和细菌人工染色体。

1. 酵母人工染色体

酵母人工染色体是在酵母细胞中用于克隆外源 DNA 大片段的克隆载体。其含有酵母细胞中必需的端粒、着丝粒、复制起始序列和标记基因。主要是用来构建大片段 DNA 文库，特别用来构建高等真核生物的基因组文库，并不用作常规的基因克隆。利用 YAC 载体进行克隆的策略如图 13-4 所示，YAC 文库装载的 DNA 片段的大小一般可达 200～500kb，有的可达 1Mb 以上，甚至达到 2Mb。

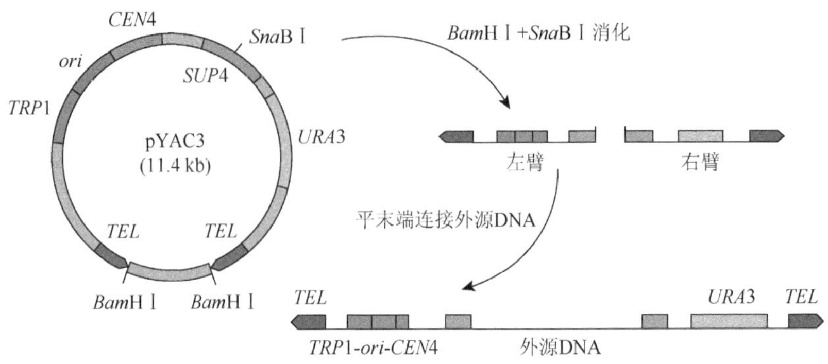

图 13-4　pYAC3 的克隆策略

2. 细菌人工染色体

细菌人工染色体是以大肠杆菌 F 因子为基础构建的细菌克隆载体，保留了 F 因子的严紧型复制子和保证低拷贝质粒准确分配到子代细胞的 *par* 基因等基本功能的相关序列，还包含选择性标记（如氯霉素抗性 cm^r）和多克隆位点。BAC 克隆容量可以达 300kb，当外源 DNA 片段插入多克隆位点时，导致该区域的 *lacZ* 基因失活。利用电穿孔技术可将重组 BAC 导入细菌细胞中，并通过氯霉素抗性筛选重组 BAC，或通过在平板上加入 IPTG 和 X-gal 进行蓝白斑筛选，其中没有插入外源 DNA 的菌落呈蓝色，含有重组 BAC 的菌落呈白色。

由于 BAC 易于分离，遗传性稳定，不像 YAC 易发生再重组，因此 BAC 比 YAC 应用更广，目前已广泛用于基因组的测序研究中。

第三节　目的基因的获得

基因克隆的关键是获得目的基因，根据不同的目的基因（来源、大小、已知信息量等）可采用不同的方法获得，包括基因的直接合成、通过聚合酶链反应（polymerase chain reaction，PCR）体外扩增和通过文库筛选获得。

一、目的基因的化学合成

基因合成是用人工方法合成基因的技术，所能合成的长度为 50bp～12kb，是基因获取的手段之一，相对于从已有生物中获取基因来说，基因合成无需模板，因而不受基因来源限制。

基因合成的优点如下：①合成周期短，可以保证序列的 100%正确无误；②更具灵活性，可以对基因的酶切位点和基因序列进行修改，方便后期进行克隆和实验；③可根据自己的意愿设计获得自然界中很难获得甚至不存在的基因；④可以对基因进行密码子的优化，使基因在各种生物表达体系中都能得到良好表达。目前基因合成技术已在克隆人鼠抗体或重组抗体、合成不同的基因突变株、设计合成 DNA 疫苗、大量合成用于微芯片的 cDNA 等方面得到了广泛应用。

二、目的基因的体外 PCR 扩增

PCR 技术是 20 世纪 80 年代发展起来的新技术，通过 PCR 技术可快速高效地合成目的基因，前提条件是已知基因的部分 DNA 序列，其原理是利用 DNA 聚合酶在体外模拟细胞内 DNA 复制过程，选择性地将 DNA 某个特殊区域扩增出来的技术。通过 PCR 扩增可获得大量的靶 DNA，从而满足后续进行分子克隆操作。

> 1983 年，美国 Kary B. Mullis 首先提出设想，1985 年由其发明了聚合酶链反应，即简易 DNA 扩增法，意味着 PCR 技术的真正诞生。1993 年 Kary B. Mullis 获得诺贝尔化学奖。

PCR 的基本组分包括：DNA 模板（一般 PCR 扩增 10^4～10^7 个模板分子即可），两条引物（5′-引物和 3′-引物），4 种 dNTP 和 DNA 聚合酶（*Taq* DNA 聚合酶或其他 DNA 聚合酶）。PCR 扩增可分为三个步骤：首先是模板 DNA 在高温下（92～96℃）进行变性（denaturation），使双链 DNA 解链成为单链 DNA；然后退火（annealing），将温度降至 37～72℃，使引物和模板的互补区结合，完成复性过程；最后，在 72℃的条件下，DNA 聚合酶将 dNTP 连续加到引物的 3′-OH 端，合成 DNA，这个步骤称为延伸（extension）。PCR 是按碱基互补配对与半保留复制原理，合成一条新的与模板 DNA 链互补的半保留复制链，重复循环“变性—退火—延伸”三过程就可获得更多的“半保留复制链”，这三个热反应过程称为一个循环，每一个循环的产物又可以作为下一个循环的模板，经过 20～40 个循环可扩增得到大量位于两条引物之间的目的 DNA 片段。每完成一个循环需 2～4min，2～3h 就能将待扩增目的基因扩增放大几百万倍（图 13-5）。

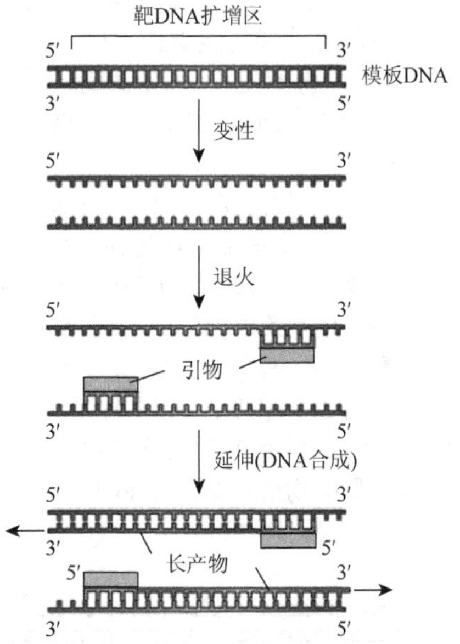

图 13-5 PCR 循环过程示意图

PCR 反应中使用的 DNA 聚合酶是耐高温的，在高温聚合酶发现之前，是通过 Klenow DNA 聚合酶来完成的，该酶在 DNA 变性温度下容易失活，所以在 PCR 过程中，要不断补加新鲜的酶。后来在古细菌嗜热水生菌（*Thermus aquaticus*）中分离到一种 DNA 聚合酶，在 PCR 变性温度下仍具活性，这种酶定名为 *Taq* DNA 聚合酶。该聚合酶具有 5′→3′DNA 聚合酶活性和 5′→3′外切核酸酶活性，但无 3′→5′外切核酸酶活性，所以缺少编辑功能，扩增片段的出错率很高。后来又陆续分离到一些具有 3′→5′外切酶活性的耐热高保真 DNA 聚合酶（如 *Vent* DNA 聚合酶、*Pwo* DNA 聚合酶、*Pfu* DNA 聚合酶等），这些聚合酶在扩增过程中的错配概率较 *Taq* DNA 聚合酶更小，才使 PCR 技术应用更加广泛。

除了常规的 PCR 技术外，还有其他一些 PCR 技术，例如：①反转录 PCR（reverse transcription-PCR，RT-PCR）。以反转录的产物（cDNA）作为模板所进行的 PCR 反应。该方法是检测 RNA 分子的良好方法，也是获得测序用模板 DNA 的有效手段，还是 cDNA 克隆的重要步骤。②实时定量 PCR（real time PCR）。在 PCR 反应体系中加入荧光基团，利用荧光信号积累实时监测整个 PCR 进程，最后通过标准曲线对起始模板进行定量分析的方法。与常规 PCR 相比，它具有特异性更强、有效解决 PCR 污染问题、自动化程度高等特点。目前实时定量 PCR 所使用的荧光标记方式主要有两种：荧光染料和荧光探针。③多重 PCR。在一个反应体系中使用一对以上引物的 PCR，其结果产生多个 PCR 产物。该 PCR 技术可用于物种或品系的鉴定、临床样本的诊断、法医鉴定和病原物的污染鉴定等。④巢式 PCR。通过两轮 PCR 反应，使用两套引物扩增特异性地目的 DNA 片段。经过两套引物扩增后大大提高了 PCR 产物的产量和特异性。一般用于病毒及肿瘤基因的检测。⑤原位 PCR。在组织细胞的原位进行 PCR 反应，它结合了原位杂交和 PCR 技术的优点。该技术在分子和细胞水平上研究疾病的发病机理、临床过程及病理转归等方面有重大的实用价值。

三、构建文库筛选目的基因

1. 基因组文库的构建

基因组文库（genomic library）是指某种生物基因组的全部遗传信息的集合。是用重组 DNA 技术将某种生物细胞的基因组 DNA 的所有片段随机地连接到载体上，然后转移到适当的宿主细胞中，让宿主菌长成克隆。这样，每个克隆内都包含有特定的基因组 DNA 片段，整个克隆群体就包含基因组的全部基因片段总和，这一组克隆的总体就被称为某种生物的基因文库。由于制备 DNA 片段的切点是随机的，因此每一克隆内所含的 DNA 片段既可能是一个或几个基因，也可能是一个基因的一部分或除完整基因外还包含着两侧的邻近 DNA 顺序。

2. 基因文库的构建

基因文库（gene library）又称 cDNA 文库，是以 mRNA 为模板，经反转录酶催化，在体外反转录成 cDNA，与适宜的载体（常用噬菌体载体或质粒载体）连接后转化受体菌，则每个细菌含有一段 cDNA，并能繁殖扩增，这样包含着细胞全部 mRNA 信息的 cDNA 克隆集合称为该组织细胞的 cDNA 文库。cDNA 文库能特异地反映某种组织或细胞在特定发育阶段表达的蛋白质的情况，因此 cDNA 文库在研究具体某类特定细胞中基因组的表达状态及表达基因的功能鉴定方便具有特殊的优势，从而使它在个体发育、细胞分化、细胞周期调控、细胞衰老和死亡调控等生命现象的研究中具有更为广泛的应用价值。

基因文库与基因组文库的区别在于基因文库在mRNA拼接过程中已经除去了内含子等成分，便于DNA重组时直接使用。cDNA文库的构建共分为5个步骤：①细胞总RNA的提取和mRNA的分离，获取高质量的mRNA是构建高质量的cDNA文库的关键步骤之一。②cDNA第一条链的合成。以Oligo（dT）引物或者随机引物，在反转录酶的作用下以mRNA为模板合成第一链cDNA。③cDNA第二条链的合成。利用自身引导合成法、置换合成法、引导合成法或者引物-衔接头合成法中的一种将上一步形成的mRNA/cDNA杂交分子，在DNA聚合酶的作用下，以第一链为模版，合成cDNA的第二链。④双链cDNA连接到质粒或噬菌体载体并导入大肠杆菌中增殖。⑤cDNA文库的鉴定和评价。

随着分子生物学研究的发展，近年来，为了研究的需要已发展了均一化cDNA文库、差减杂交cDNA文库和全长cDNA文库等技术。

四、利用定点突变获得突变基因

定点突变（site-directed mutagenesis）是在体外向目的DNA片段中引入所需变化，包括碱基的添加、删除、点突变等。该方法的出现改变了以往对DNA诱变的盲目性和随机性，可以根据实验者的设计有目的地得到突变体。定点突变的方法包括盒式突变、寡核苷酸引物诱变及PCR介导的定点诱变等。

1. 盒式突变

盒式突变（cassette mutagenesis）利用目的基因序列中适当限制酶切位点切除特定的双链DNA片段，并用人工化学合成的带有突变核苷酸的双链寡核苷酸片段取代。包括简单的盒式取代诱变和混合寡核苷酸诱变两种方式。简单的盒式取代诱变用于取代的是含有突变的单一序列双链寡核苷酸，而混合寡核苷酸诱变用于取代的是含有随机突变的混合双链寡核苷酸，即在限定区域内引入大量的随机突变。该方法适用于需要突变位点的两端有成对的酶切位点的情况。

2. 寡聚核苷酸定点诱变

以寡核苷酸链作为引物，以目的克隆为模板，合成新链。若引物上某点与原始片段不同，新链就在该点产生了突变。应用寡聚核苷酸进行DNA的定点诱变时，首先将待突变的DNA克隆到M13噬菌体RF型载体上，制备单链噬菌体DNA；合成带突变位点的引物，与待突变DNA退火，并用DNA聚合酶合成M13 DNA单链的互补链，即负链；连接酶连接成为共价闭合环状双链DNA分子；转染受体细胞，在平板上出现噬菌斑；纯化噬菌斑，再感染受体菌，分离噬菌体的RF型，进一步鉴定哪些是突变型，哪些是野生型。从理论上讲，突变型和野生型各占50%。

加拿大的生物化学家Michael Smith于1978年发明了寡聚核苷酸定点诱变技术，因此与PCR发明者Mullis一起获得了1993年的诺贝尔化学奖。

3. PCR介导的定点诱变

PCR介导的定点诱变简便、高效、可靠，目前已经取代经典的方法成为定点诱变的首选方法。常用的方法有三种：重叠延伸PCR诱变、大引物PCR诱变、环状诱变法（*Dpn* Ⅰ法）。下面重点介绍重叠延伸PCR诱变。

重叠延伸PCR诱变需要1对内部致突变引物（含有希望引入的突变位点，如置换、插入或缺失）和1对侧翼引物，需经过3次PCR反应，突变效率非常高（图13-6）。2条内部致突变引物与模板DNA的不同链匹配，都含有预设突变。2个独立的PCR反应分别扩增出2个重叠的DNA片段，突变位点位于重叠区域；混合2个PCR反应产物，变性，退火后加入1对侧翼引物进行第三轮PCR反应，得到带有突变的基因片段。

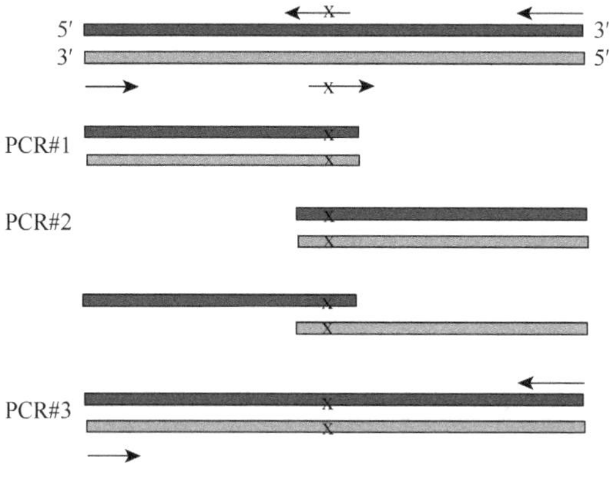

图13-6　重叠延伸PCR诱变（X为诱变位点）

第四节　克隆目的基因并导入宿主细胞

一、目的基因片段与载体的连接

目的基因片段与载体的连接主要依赖限制酶和连接酶的作用。具体连接方式分为两大类，即黏性末端连接和平末端连接。

当外源DNA与载体用同一种限制酶切割，则可以产生互补的黏性末端，可在 DNA 连接酶的作用下直接连接。但由于只用了一种限制酶消化，存在载体自连问题，可用碱性磷酸酶对载体处理后再与外源 DNA 连接。但当对外源片段和载体分别用两种不同的限制酶切割，可有效避免载体自连。

非互补黏性末端不能用 T_4 DNA 连接酶进行连接，需要用修饰酶对末端进行修饰，使之变成平末端，如用 S1 核酸酶或绿豆芽核酸酶将突出末端切平，或用 Klenow 聚合酶补平 5′突出的末端，再按照平末端的方法进行连接。

平末端可直接用 T_4 DNA 连接酶进行连接，但由于平末端连接效率很低，为了提高平末端连接效率可将平末端转化成黏性末端，最常用的方法是同聚物加尾和连接物连接法。

二、重组 DNA 导入宿主细胞

将重组 DNA 分子导入宿主细胞的操作称为基因转移。由于外源基因与载体构成的重组 DNA 分子性质不同、宿主细胞不同，将重组 DNA 分子导入宿主细胞的具体方法也不相同，通常可通过转化、转染或感染等方式将重组 DNA 分子直接导入宿主细胞。基因工程的宿主细胞有原核细胞（大肠杆菌、枯草芽孢杆菌、链球菌、放线菌等）和真核细胞（酵母菌、动物细胞、植物细胞、昆虫细胞等）。

三、重组体的筛选与鉴定

不同的载体及相应的宿主系统，其重组子的筛选、鉴定方法也不同，概括起来主要有以下 4 种。

（一）遗传检测法

根据转化细胞与非转化细胞遗传表型差异进行筛选。主要分为载体表型选择法和插入基因的表型选择。

载体表型选择法是根据载体的表型进行选择，最常用的是抗生素抗性筛选和插入失活筛选。大多数基因工程载体均带有抗生素抗性基因，如 amp^r、tet^r、卡那霉素抗性基因（kan^r）等。用此类载体构建重组体时，如果载体保留了抗性基因的活性，那么它所转化的细胞可以在含此种抗生素的培养基中生长出转化子克隆，而未转化的细胞则不能生长，这样就可以初步筛选出带有转化子的克隆，这是一种正向选择。

当外源 DNA 片段插入到某一基因内的位点后，使这个基因丧失了原有的功能称插入失活。外源 DNA 片段插入到位于筛选标记基因（抗生素基因或 β-半乳糖苷酶基因）的多克隆位点后，会造成标记基因失活，表现出转化子相应的抗生素抗性消失或转化子颜色改变，通过这些可以初步鉴定出转化子是重组子或非重组子。

插入基因的表型选择是利用插入的外源基因（抗性基因和必需氨基酸编码基因等）的表达产物特性进行直接选择，但要求外源基因能够在转化的宿主菌中表达出有功能性蛋白产物，并赋予宿主菌新的表型特征或弥补受体菌株突变型缺陷，以区分非重组子。如插入的外源基因为宿主和载体所没有的抗性基因，这样重组子就会赋予宿主新的抗性，因此可在平板上加入相应的抗生素从而将重组子特异性的选择出来。

（二）物理检测法

最常用的方法是凝胶电泳检测法，是利用有插入外源 DNA 片段的重组体的分子质量大于空载体分子质量来检测的。主要包括：①直接电泳检测法。从转化的菌体克隆中分离质粒，以空载体质粒为对照，电泳，比较其分子质量。②酶切电泳检测法。前提条件是插入的外源 DNA 片段的序列已知，可根据插入片段的限制性酶切图谱，选择一两种限制酶切割质粒，电泳后比较电泳结果是否符合预计结果。③PCR 扩增检测法。PCR 能在模板序列上扩增出预期 DNA 片段。需用根据插入片段设计引物进行 PCR 扩增，电泳 PCR 产物，检测是否有 PCR 产物以及大小是否符合预计。

（三）核酸杂交检测法

当目的基因是未知功能的基因或一些不能在原核生物中表达的真核生物的基因时，可以利用核酸探针来筛选。探针可以根据该基因的部分序列、同源基因片段或不完整的蛋白质产物（通过蛋白测序设计简并引物）来设计。最常用的杂交筛选法为平板杂交法，包括菌落杂交和噬菌斑杂交。探针可以用 ^{32}P 或 ^{125}I 放射性同位素标记，还可以用生物素和荧光素等非放射性标记。

平板杂交法：构建文库时，若载体为噬菌体载体，以噬菌斑形式保存；若为质粒载体，则以菌落形式保存。每个噬菌斑或菌落均表示文库中的一个克隆。如图 13-7 所示，将噬菌斑或菌落转移到硝酸纤维素膜上，经碱变性处理，放入杂交缓冲液中，与带标记的探针杂交，然后放射自显影或进行显色反应。只有靶基因的序列与探针互补，才能检出杂交信号，最后根据结果再在平板的相应位置得到了带目的克隆的噬菌斑或菌落，又称阳性克隆。

（四）免疫化学检测法

免疫筛选法和核酸杂交的方法类似，只是使用

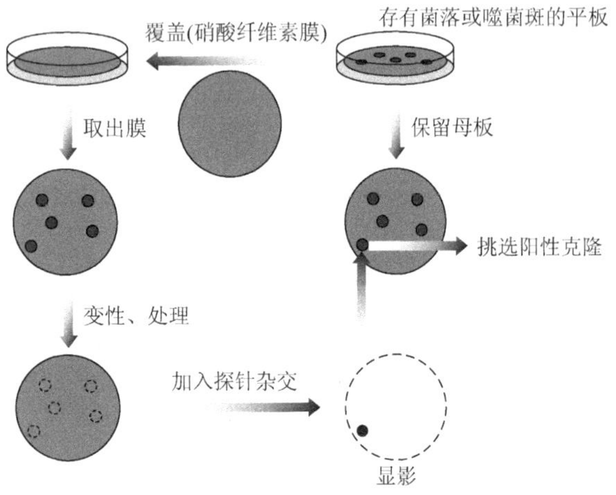

图 13-7　平板杂交法

的探针不是核酸而是特异性抗体。适合免疫筛选的外源基因必须在宿主细胞中实现表达，还需要有目的基因产物所对应的抗体。

根据检测方法不同，免疫筛选法可分为原位检测和免疫沉淀检测。原位检测是将菌落或噬菌斑原位影印到固相支持膜（如硝酸纤维素膜），原位溶解菌落或噬菌斑释放出抗原蛋白，再将抗体与固定有抗原蛋白的膜杂交，使抗原抗体反应结合，最后用标记的二抗与之反应，通过对标记物的检测确定阳性克隆。免疫沉淀检测法主要用于检测分泌蛋白，是在培养基中添加特异性抗体，如果有菌落分泌出对应的抗原蛋白，抗原和抗体结合形成沉淀会在菌落周围形成白色圆圈。

第五节　外源基因在微生物中的表达

一、表达载体

外源基因要想实现在宿主细胞中的表达，需要将外源基因克隆到合适的表达载体上。表达载体在满足克隆载体的基本要求（复制起点 *ori*、筛选标记和多克隆位点 MCS）基础上，还增加外源基因表达所需的元件（启动子、核糖体结合位点 RBS、起始密码子、终止密码子和终止子等），使目的基因能够在宿主细胞中实现表达（图 13-8）。

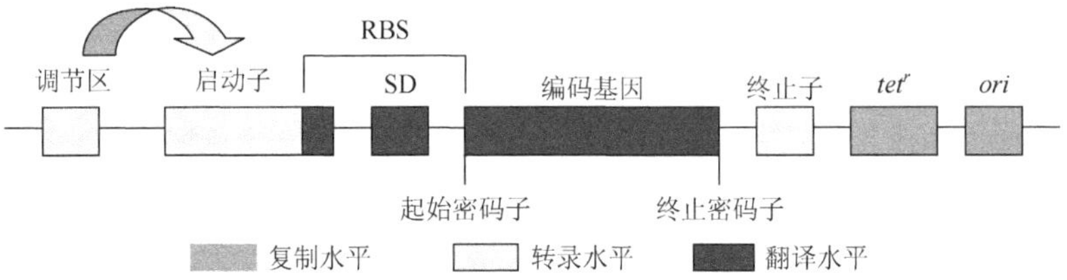

图 13-8　表达载体基本元件

二、外源基因在细菌中的表达

目前大肠杆菌表达系统是使用最广泛、使用效率最高的基因高表达系统。大肠杆菌的遗传学、生物化学、分子生物学和基因组学已经研究得非常清楚，拥有各类适用的宿主菌株和不同类型的表达载体。实验已经证实，许多真核基因，如生长抑素基因和胰岛素基因都可以在大肠杆菌中实现有效的、高水平的表达。除此之外，大肠杆菌培养方便、操作简单、成本低廉，因此易于进行工业化批量生产。但该系统也存在一些不足，如缺少真核生物的蛋白质翻译后修饰和加工过程；表达的蛋白质多以包涵体形式存在，需经复性才能恢复构象与活性；宿主本身杂蛋白多，纯化比较复杂。如果在外源基因上加入一段信号肽，可实现外源蛋白定位于周质空间或者直接分泌至胞外培养基中，可以极大简化下游复性及分离纯化工艺，减少表达蛋白对宿主菌的毒性和代谢负担。目前大肠杆菌的分泌表达已有了诸多成功案例，但是重组蛋白的大规模表达还是存在很多技术瓶颈，如产量低、周质空间蛋白需进一步纯化等。鉴于大肠杆菌分泌系统还有许多未知，以及与芽孢杆菌分泌表达系统和昆虫细胞分泌表达系统相比，相对不够不成熟。下面将重点介绍大肠杆菌胞内表达系统。

（一）大肠杆菌表达系统

对于表达不同的蛋白质，需要采用不同的载体。目前已知的大肠杆菌的表达载体可分为非融合型表达载体和融合型表达载体两种。非融合表达是以外源基因 mRNA 的 AUG 起始翻译，表达产物在序列上与天然的目的蛋白一致。融合表达是将目的蛋白与另一个蛋白质或多肽片段的 DNA 序列融合并在菌体内表达。融合型表达的载体包括分泌表达载体、带纯化标签的表达载体、表面呈现表达载体、带伴侣的表达载体。

基因的表达涉及转录和翻译两个过程，表达元件包括转录元件（启动子和转录终止子）和翻译元件（核糖体结合位点、翻译起始密码子和终止密码子）。

1. 转录元件

在载体中最常使用的启动子主要有三类，即乳糖操纵子*lac*基因的启动子、色氨酸合成操纵子中*trp*启动子以及由 *lac* 和 *trp* 拼接形成的杂合启动子 *tac* Ⅰ（活性比 *lac* 高 11 倍）和 *tac*Ⅱ（活性比 *lac* 高 8 倍）；T_7噬菌体的启动子；λ噬菌体的P_L启动子。

为了提高转录效率，一般在表达目的基因下游装载一个转录终止子，也就是在表达载体的 MCS 位点下游会有终止子。转录终止子可以使 mRNA 和载体分子稳定。

2. 核糖体结合位点

核糖体结合位点（ribosomal binding site，RBS）：细胞中的核糖体需要在 mRNA 上找到有效的 RBS 以及其中的 Shine-Dalgarno 序列（SD 序列），才能启动邻近下游由翻译起始密码子开始的蛋白质的翻译。SD 序列是一段富含嘌呤碱基的 6～8 个核苷酸的调节元件，可与核糖体中的 16S rRNA 的 3′端互补序列形成碱基配对，SD 序列与 16S rRNA 互补程度以及它与起始密码子之间的距离（一般间隔 3～11bp）决定了翻译的起始效率。

3. 表达的控制和形式

现在设计的表达载体都是可控表达载体，外源基因通过诱导后才能表达，不同的启动子使用的诱导方式不同。通过诱导表达使细菌的生长与外源基因的表达先后分开，可防止外源基因的渗漏表达，特别是可防止某些有毒基因产物对细胞的毒害。T_7噬菌体启动子、*lac* 启动子及其衍生启动子 *tac* Ⅰ和 *tac*Ⅱ均在 IPTG 诱导下启动转录，λ噬菌体的 P_L 启动子受 *c*I 基因产物的调节，*c*I 基因是温度敏感的，在低温（30℃）下抑制转录，在高温（40～45℃）下失去活性，P_L 启动子开始转录表达。

表达形式有两种：一种是直接表达，外源基因插入时不需要校对读码框就能准确翻译；另一种是融合表达，如果 N 端有融合肽，外源基因插入时要考虑读码框是否正确；如果 C 端有融合肽，外源基因插入时除了要考虑读码框是否正确外，还需要去除外源基因上的终止密码子。

4. 融合蛋白表达载体

（1）pET 载体　　pET 载体使用 T_7 噬菌体启动子，能被 T_7 RNA 聚合酶识别，可在整合有 T_7 RNA 聚合酶的 *E. coli* BL21（DE3）菌株中表达，其基因表达受到 IPTG 的诱导，最大表达量可达到细胞总蛋白的 50%，表达产物多以包涵体形式存在于细胞内。pET 系统中较新的载体带有 6 个组氨酸（His）序列，可以通过镍柱（Ni^{+}）进行亲和层析，纯化表达产物（图 13-9）。

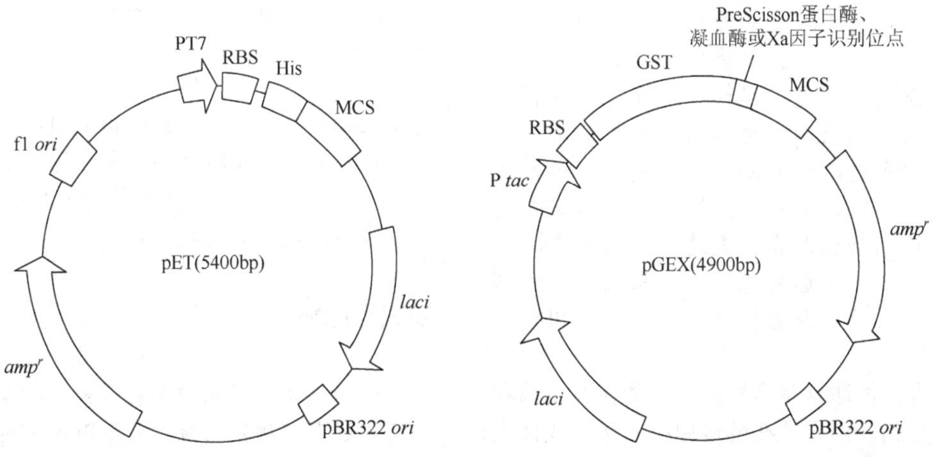

图 13-9　常用原核表达载体结构示意图

> 包涵体是具有膜结构的非结晶性蛋白质聚集体。包涵体的形成有利于防止蛋白酶对表达蛋白的降解，并且非常有利于分离表达产物。但包涵体形成后，表达蛋白不具有生物活性，因此必须溶解包涵体并对表达蛋白进行复性。

（2）pGEX 载体　　pGEX 载体使用 *tac* 启动子，基因表达受到 IPTG 的诱导（图 13-9）。该系列载体均带有谷胱甘肽硫转移酶（glutathione S-transferase，GST）标签，目的蛋白与 GST 融合表达后可增加目的蛋白的表达量、稳定性和可溶性。同时，带有 GST 标签有利于目的蛋白的纯化，可通过 Glutathione Sepharose 4B 填料亲和层析得到表达产物，pGEX 载体上的 PreScission 蛋白酶、凝血酶或 Xa 因子识别位点能将目的蛋白从融合产物中切割下来。

（二）芽孢杆菌表达系统

芽孢杆菌属于革兰氏阳性菌，是非致病微生物，安全性高；能直接将蛋白分泌释放到培养基中，有利于分离纯化，其分泌的真核来源的重组蛋白多数情况下都具有天然构象和生物活性；生长迅速，培养条件简单，遗传背景清晰，而且有较好的工业生产基础。虽然芽孢杆菌表达系统具有上述优点，但该系统尚存在蛋白酶和质粒不稳定等问题。

芽孢杆菌表达载体，复制子主要来源于金黄色葡萄球菌和小芽孢杆菌的复制子，启动子必需使用芽孢杆菌能够识别的启动子。质粒载体、染色体整合质粒和噬菌体均可作为芽孢杆菌的表达载体。目前已在枯草芽孢杆菌表达系统中成功表达了多种外源基因，广泛应用于工业生产。1998 年，Lam 等成功在枯草芽孢杆菌中表达了人表皮生长因子(hEGF)，发酵后测得培养液上清中 hEGF 的含量为 7.0ng/ml。2003 年，Olmos-Soto 等利用 6 种蛋白酶缺陷的枯草芽孢杆菌菌株超表达了胰岛素原（1mg/ml）。

三、外源基因在酵母菌中的表达

酵母是单细胞的真核生物，易培养且生长繁殖速度快，能够耐受较高的流体静压，用于表达基因工程产品时，可以大规模生产。其基因表达调控机制比较清楚，遗传操作相对简便；具有原核生物所不具备的蛋白质翻译后加工和修饰系统可将外源基因表达产物分泌到培养基中；对人体和环境安全，不含毒素和特异性病毒。酵母表达系统由于兼具原核以及真核表达系统的优点，应用此系统可高水平表达外源蛋白。常用的有酿酒酵母表达系统、甲醇营养型酵母表达系统和裂殖酵母表达系统。

酵母表达载体通常是穿梭载体，能在酵母菌和大肠杆菌中复制，但只能在酵母菌中表达。载体上的表达盒由启动子、分泌信号序列和终止子等组成，是酵母表达载体的重要元件。用于酵母双杂交的 pGBKT$_7$ 表达载体的结构示意图如图 13-10 所示，该载体有酵母菌的复制原点（2μ *ori*）和大肠杆菌的复制原点（pUC *ori*），两个筛选标记（kan^r 和 *TRP*1），T$_7$ 噬菌体的启动子和终止子以及用于插入外源 DNA 片段的 MCS。目前已成功利用酿酒酵母生产出青蒿素前体——青蒿酸，利用毕赤巴斯德氏酵母生产出人源抗菌肽——IL-37。

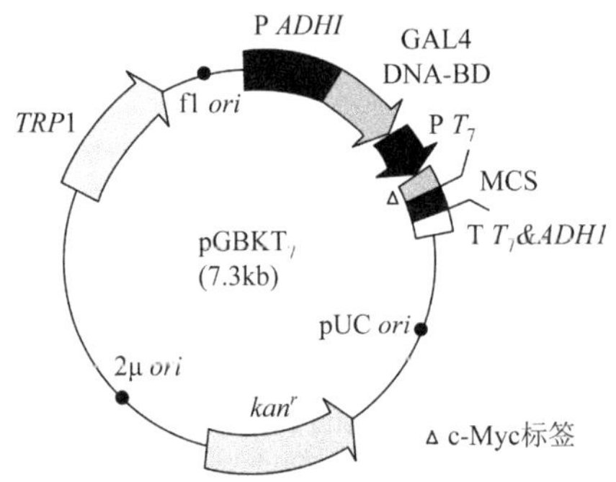

图 13-10　酵母表达载体结构示意图

四、微生物基因工程产品简介

1977 年，第一个微生物基因工程产品生长抑素成功在大肠杆菌中表达，首次实现了真核基因在原核细胞中的表达。生长抑素产于下丘脑，能够抑制生长素、胰岛素和胰高血糖素，可用于治疗急性胰腺炎和肢端肥大症。在 1977 年之前，人们需要从羊脑提取物中才能获少量的生长抑素，根本无法满足临床需要。而生长抑素成功在大肠杆菌中表达后，9L 的发酵液的产量相当于 50 万头羊脑提取物，使得生长抑素可广泛应用于临床治疗。生长抑素为 14 个氨基酸的小肽，科学家通过化学合成法合成了生长抑素基因，并将该基因克隆到大肠杆菌表达载体中，结果发现生长抑素一表达出来很短时间就会被大肠杆菌中的蛋白酶降解。为了避免生长抑素被降解，科学家对表达载体进行改造，将生长抑素基因克隆到大肠杆菌的 β-半乳糖苷酶基因下游，最终表达出融合蛋白，从而有效避免了生长抑素的降解，并获得的融合蛋白，接着用化学切割（溴化氢）法将生长抑素切割下来，最后再通过纯化获得生长抑素。在随后的几年时间中，科学家先后实现了胰岛素、人生长激素和人干扰素等在大肠杆菌中的表达，为临床治疗做出了巨大贡献。

知识点回顾

1. 常用的工具酶包括：限制性内切核酸酶、连接酶、聚合酶和修饰酶。Ⅱ型限制酶的识别序列是回文结构，切割后产生 5′突出黏性末端、3′突出黏性末端和平末端。

2. 载体是运载工具，可以携带外源 DNA 进入宿主细胞，并在宿主细胞中进行复制或表达。克隆载体的三个必需元件：复制原点（*ori*）、多克隆位点（MCS）、筛选标记。主要有质粒载体、噬菌体载体、酵母载体、人工染色体、病毒载体。表达载体需要在克隆载体基本骨架的基础上增加表达所需的元件（如启动子、核糖体结合位点、起始密码子、终止密码子和终止子等）。

3. DNA 克隆包括 4 个基本过程：①目的基因的获得，直接化学合成、PCR 体外扩增、从文库中筛选。②目的基因片段与载体在体外连接，需要用到末端修饰的酶和末端修饰的方法。③将重组的 DNA 导入宿主细胞，并在细胞内复制和扩增。④重组体的筛选和鉴定，包括遗传检测法、物理检测法、核酸杂交检测法和免疫化学检测法。

4. PCR 技术能选择性地将 DNA 某个特殊区域扩增出来的技术。定点突变可以在体外有计划的改变目的 DNA 片段的遗传信息，包括碱基的添加、删除、点突变等。定点突变的方法包括盒式突变、寡核苷酸引物诱变及 PCR 介导的定点诱变等，其中 PCR 介导的定点诱变是目前最常用、最简便的方法。

5. 原核表达系统主要包括大肠杆菌和芽孢杆菌表达系统，目前多种真核基因已经实现了在原核系统中的表达。由于原核表达系统普遍存在缺少真核生物的蛋白质翻译后修饰和加工过程，因此有些时候需要用到真核表达系统。

关键词

1. 基因工程（gene engineering）：又称重组 DNA 技术，是指在体外对不同来源的 DNA 分子进行重新组合，并使之在合适的宿主细胞中实现增殖和表达的遗传操作。

2. 限制性内切核酸酶（restriction endonuclease）：是可以识别双链 DNA 分子中某种特定核苷酸序列，并在识别位点或其周围切割双链 DNA 的一类内切核酸酶，简称限制酶。

3. DNA 连接酶（DNA ligase）：催化两个双链 DNA 片段相邻的 5′-P 端与 3′-OH 端之间形成磷酸二酯键的酶。

4. DNA 聚合酶（DNA polymerase）的主要活性是在具备模板、引物、dNTP 等的情况下催化 DNA 的合成。

5. 质粒（plasmid）：存在于染色体外的稳定遗传因子，能进行自我复制。

6. 人工染色体（artificial chromosome）：人工构建的含有天然染色体基本功能单位的载体系统。

7. 基因组文库（genomic library）：指某种生物基因组的全部遗传信息的集合。

8. 基因文库（gene library）：也称 cDNA 文库，是包含着细胞全部 mRNA 信息的 cDNA 克隆集合。

9. 聚合酶链反应（polymerase chain reaction，PCR）：利用 DNA 聚合酶在体外模拟细胞内 DNA 复制过程，选择性地将 DNA 某个特殊区域扩增出来的技术。

10. 定点突变（site-directed mutagenesis）：在体外向目的 DNA 片段中引入所需变化，包括碱基的添加、删除、点突变等。

自测题

一、选择题

1. 下面哪个位点可能是Ⅱ型限制性内切核酸酶的位点？（　　）

（A）CAGCAG　　（B）GATATC
（C）AGACC　　（D）CTAATC

2. 在 *E. coli* 菌株 C 上生长 λ_C 噬菌体感染 *E. coli* 菌株 K，成斑率（EOP）为 10^{-4}。那么 *E. coli* 菌株 K 中限制和修饰系统属于哪种？（　　）

（A）R^-M^-　　（B）R^-M^+
（C）R^+M^+　　（D）R^+M^-

3. T_4 DNA 连接酶的底物是（　　）。

（A）2′-OH 和 3′-P
（B）3′-OH 和 2′-P
（C）3′-OH 和 5′-P
（D）5′-OH 和 3′-P

4. 下面哪个启动子不能被 IPTG 诱导？（　　）

（A）*lac*　　（B）*tac* Ⅰ
（C）T_7　　（D）*trp*

5. 外源基因插入 pBR322 载体上 *amp* 基因内的 *Eco*R Ⅰ 位点后形成重组 DNA，该重组 DNA 转化 *E. coli* 菌株，其中 *r* 代表抗性，*s* 代表敏感，那么该菌株的基因型为（　　）。

（A）$amp^r tet^r$　　（B）$amp^r tet^s$
（C）$amp^s tet^r$　　（D）$amp^s tet^s$

6. 下面哪个 DNA 聚合酶缺乏 3′→5′校正活性？（　　）

（A）Klenow DNA 聚合酶
（B）*Pfu* DNA 聚合酶
（C）*Vent* DNA 聚合酶
（D）*Taq* DNA 聚合酶

7. 如果要在 *E. coli* 中表达小鼠细胞的某个蛋白（基因序列已知），那么第一步应该（　　）。

（A）分离小鼠细胞的基因组 DNA，然后通过 PCR 扩增目的基因

（B）分离小鼠细胞的总 RNA，然后通过 RT-PCR 扩增目的基因

（C）分离小鼠细胞的总蛋白，然后利用抗体分离该蛋白

（D）上述都对

8. 下列哪项不是基因工程中用来运载目的基因的载体？（　　）

（A）细菌质粒　　（B）噬菌体
（C）动植物病毒　（D）细菌核区的 DNA

9. 在 *E. coli* 表达真核基因 *a* 需要（　　）。

（A）*a* 基因需要与一个真核基因融合表达

（B）*a* 基因需要在一个 *E. coli* 启动子的控制下表达

（C）*a* 基因需要在一个真核基因启动子的控制下表达

（D）上述均不对

10. 在原核蛋白合成的过程中，SD 序列必须首先结合（　　）。

（A）核糖体的大亚基

（B）核糖体的小亚基

（C）18S rRNA 的 3′端

（D）16S rRNA 的 3′端

二、问答题

1. 表达载体需要具备哪些元件？

2. 简述定点诱变的原理及方法。

3. 简述 PCR 的基本原理及标准 PCR 反应的热循环过程。

4. 实验设计：A 蛋白在 HeLa 细胞（哺乳动物细胞系）中高表达，A 蛋白由 *a* 基因编码，基因序列已知。请设计实验（不能直接合成 *a* 基因），将 *a* 基因克隆到原核表达载体（带 His 标签和 T_7 启动子）上实现 A 蛋白在 *E. coli* 中的表达，并获得 A 蛋白。

答案：

开篇事件

答：可以，可通过基因工程技术将蜘蛛丝蛋白基因克隆到合适的微生物表达载体中，再将重组质粒转入微生物中从而实现蜘蛛丝蛋白的表达，并获得蜘蛛丝。

选择题：1. B　2. C　3. C　4. D　5. C　6. D　7. B　8. D　9. B　10. D

问答题：

1. 答：①复制元件，复制原点 *ori*；②多克隆位点；③可供筛选的选择性标记；④表达元件，启动子、终止子、核糖体结合位点（RBS）；⑤起始密码子和终止密码子。

2. 答：定点突变是在体外向目的 DNA 片段中引入所需变化，包括碱基的添加、删除、点突变等。定点突变的方法包括盒式突变、寡核苷酸引物诱变及 PCR 介导的定点诱变等。

3. 答：PCR 遵循半保留复制的原理。标准 PCR 的热循环过程如下：①预变性；②PCR 循环，变性、退火、延伸；③最后延伸，4℃保持。

4. 答：①提取 HeLa 细胞的总 RNA 或 mRNA；②oligo（dT）/随机引物/*a* 基因特异性引物，在反转录酶作用下进行反转录；③根据 *a* 基因序列设计上、下游引物，进行 RT-PCR；④PCR 后进行克隆，构建到带 His 标签的原核表达质粒中：T_4 DNA 连接酶连接、转化大肠杆菌、酶切鉴定或者测序；⑤将构建正确的质粒转化表达用的大肠杆菌菌株；⑥利用 IPTG 诱导表达；⑦利用亲和层析进行纯化。

（谈　娟）

第十四章 微生物发酵工程技术

开篇事件：发酵工程已拓展至动植物细胞“发酵”

发酵工程已不仅仅是采用微生物进行发酵了！已经扩展到了动植物细胞的发酵！人们已广泛利用微生物，如细菌、酵母、丝状真菌发酵生产多种抗生素、维生素、氨基酸、酶制剂、酶抑制剂、菌体制剂等产物。然而，许多有重要价值的蛋白质等生物活性物质，必须借助动植物细胞培养才能获得，如病毒疫苗、干扰素、单克隆抗体等。目前已实现工业化和正在研究开发的产品有疫苗、单克隆抗体、酶、激素、长春花碱、紫草宁、可卡因等。市场的需要推动了动植物细胞大量培养新工艺和新技术的开发，正在向大型化和自动化的方向发展，已成为现代生物技术中重要的组成部分。

发酵缸

参考文献：

宋存江. 2014. 发酵工程原理与技术. 北京：高等教育出版社.

思考题：

1. 利用发酵罐进行生产，只能采用微生物作为生产种子吗？

2. 目前，采用发酵工程技术进行生产的产品种类有哪些？

第一节 发酵工程的基本概念及其发展趋势

在漫长的生物进化过程中，微生物细胞内部已经建立了完善的生长繁殖、营养物利用、代谢产物合成与调控机制。微生物细胞从不过量合成自己所不需要的代谢产物。随着研究的深入，细胞内部精细的调控机制越来越清楚。因此，人们过量生产某些代谢产物的发酵过程，对于生产用微生物细胞而言，就是一种“病态”过程。我们就是要研究在发酵过程中微生物细胞积累代谢产物的规律和特征，研究各种发酵方式，以便有效控制发酵过程，获得大量代谢产物。

一、发酵工程概念

发酵工程是利用微生物或动植物细胞的生长繁殖和代谢活动以及特定功能，通过现代化工程技术生产有用物质或直接应用于工业化生产的技术体系。是将传统发酵与现代的DNA重组、细胞融合、分子修饰和改造等新技术结合并发展起来的现代发酵技术。它是渗透有工程学的微生物学，是微生物工业的基础与核心。例如，利用阿氏假囊酵母（*Eremothecium ashbyii*）或棉病囊霉（*Ashbya gosypii*）发酵法生产维生素 B_2（核黄素）。

微生物发酵工程是指利用微生物来生产某种产品或完成某个工业过程。例如，利用解淀粉芽孢杆菌（*Bacillus amyloliquefaciens*）发酵法生产水溶性聚合物γ-聚谷氨酸（poly-γ-glutamic acid）；利用活性污泥法进行生活污水或工业污水的净化处理等。从众多实例中就可以发现进行微生物发酵的前提条件包括两个重要方面：①应具有合适的生产菌种或工业过程用微生物种源；②应具备控制微生物生长、繁殖、代谢的工艺条件和工业过程控制的工艺条件。

二、发酵工程产品的种类

微生物发酵产物的类型可分为四大类。

第一类是微生物菌体本身，如利用肠链球菌（*Streptococcus Faecalis*）生产传统的活菌制剂——乳酶生（lactasin）。

第二类是微生物的初级代谢产物或次级代谢产物。微生物从外界吸收各种营养物质，通过分解代谢和合成代谢生成维持生命活动的物质和能量的过程，称为初级代谢，这一过程的产物即为初级代谢产物，如谷氨酸、赖氨酸等的发酵生产等。次级代谢产物是指微生物在一定的生长时期，以初级代谢产物为前体，合成的一些对微生物的生命活动无明确功能的物质。有人把超出生理需求的过量初级代谢产物也称为次级代谢产物。次级代谢产物包括：抗生素、维生素、激素、生物碱、某些色素、某些胞外聚合物等。

第三类产品是微生物的转化产物，如棒状杆菌催化可的松转化为去氢可的松。反应式如图14-1所示。

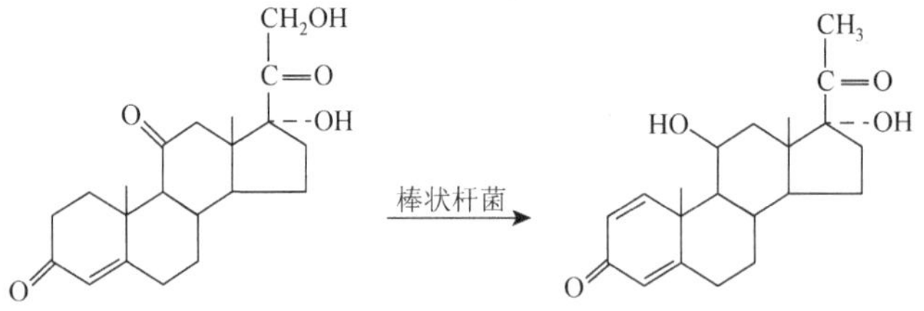

图14-1 棒状杆菌催化可的松转化为去氢可的松

第四类不是具体的产品，是指微生物群体完成某个生物过程，如活性污泥进行污水处理；“微贮菌群”进行干草贮藏，使干草增加适口性，提高饲料转化率等。

三、发酵工程的特点

微生物发酵工程主要由两大部分组成，即微生物生化反应过程和产物分离过程。例如，由链霉菌（*Streptomyces tanoshiensis-zamyceticus*）发酵制备具有降压作用的血管紧张肽转化酶（ACE）的抑制剂——吩嗪色因（phenacein），发酵结束后，必须进行一系列的产物分离过程，才能得到目的产物。所以，产物的分离纯化也是微生物工程的一个重要方面。

微生物发酵工程的共性在于：①发酵生产过程

必须选择和优化培养基的组成；②严格防止杂菌污染；③合理设计种子培养系统，使之与生产过程合理配套；④合理设计通气和搅拌设备，使之既保证供气，又节能，且不使细胞或代谢物失活；⑤合理控制不同阶段的环境条件和营养物质的浓度是保证低耗高产的重要因素；⑥选择合适分离方法，高效率低成本地从细胞或发酵液中分离、纯化、精制其产品。

微生物发酵工程的特点在于：①微生物的生化反应是在常温常压下进行的；②原料无需精制即可使用；③反应是以生物体的自动调节方式进行，多个反应过程能在同一反应器进行；④能生产化工方法无法合成的高分子物质及酶类；⑤能选择性地进行复杂化合物的转化反应；⑥通过菌种改良能利用原设备增加产量；⑦发酵生产易被杂菌或噬菌体污染，菌种易变异，影响生产；⑧底物不能完全转化成目的产物，副产物不可避免；⑨原料以农副产品居多，价格波动较大；⑩生产前准备工作量大，反应器效率低，有的废物需处理。

四、发酵工程产品简介

发酵工程产品已涉及食品、医药、工业、农业、环境、能源等领域，部分产品见表 14-1。

五、发酵工程的发展方向

发酵工程的发展方向概括起来包括以下几个方面：①继续依托资源微生物学和动植物细胞生物学的研究成果，开发新型发酵制品；②继续采用基因工程和代谢工程技术对现有菌种进行改造，采用合成生物学技术创建新型生命体以满足发酵工程的需要；③进一步实现生物反应器的优化，开发具有全方位检测、多元化控制、多层次排查、有内置强度可调的光照系统，可进行光合培养、并可稳定连续生产的发酵装置；④加大发酵过程的优化力度，开展基于参数相关的发酵过程多水平问题研究，开发发酵过程多参数调整的放大技术；⑤开发高效分离纯化方法，做到方法简单、耗时短、外加试剂少、稳定性好、产品纯度高、产品收率高；⑥开展清洁生产，致力于环境友好，实现循环经济，避免发酵工程与人争粮、争水，与粮争地、争水。开发利用植物纤维素等废弃物为发酵原料的新技术，使废弃物循环使用，尽可能使发酵生产做到 CO_2 近零排放。

表 14-1　部分发酵产品种类及其生产菌种信息

产品名称	微生物菌种名	发酵方式	产品类型	产品名称	微生物菌种名	发酵方式	产品类型
卡那霉素	卡那霉素链霉菌（*Streptomyces kannmyceticus*）	液体发酵	抗生素	灵芝（红芝）	红芝（*Ganoderma lucidum*）	固态发酵	菌体制剂
万古霉素	头状链霉菌（*Streptomyces orientalis*）	液体发酵	抗生素	乳酶生	肠链球菌（*Streptococcus faecalis*）	液体发酵	活菌体制剂
乳酸链球菌素	乳酸链球菌（*Lactococcus lactis*）	液体发酵	细菌素	丙酮、丁醇	丙酮丁醇梭状芽孢杆菌（*Clostridium acetobutylicum*）	液体发酵	有机溶剂
β-胡萝卜素	三孢布拉氏菌（*Blackslea trispora*）	液体发酵	维生素类	柠檬酸	黑曲霉（*Aspergillus niger*）	液体发酵	有机酸
维生素 B_6	毕赤酵母（*Pichia* sp.）	液体发酵	维生素	细菌伴孢晶体	苏云金芽孢杆菌（*Bacillus thuringiensis*）	固态发酵	生物农药
维生素 B_2	阿氏假囊酵母（*Eremothecium ashbyii*）	液体发酵	维生素	解磷菌 解钾菌	枯草芽孢杆菌（*Bacillus subtilis*） 胶质芽孢杆菌（*Bacillus mucilaginosus*）	固态发酵	生物菌肥
谷氨酸	谷氨酸棒状杆菌（*Corynebacterium glutamicum*）	液体发酵	氨基酸	ε-聚赖氨酸	小白色链霉菌（*Streptomyces albulus*）	液体发酵	生物防腐剂
苏氨酸	石蜡节杆菌（*Arthrobacter paraffineus*）	液体发酵	氨基酸	聚羟基烷酸酯	巨大芽孢杆菌（*Bacillus megaterium*）	液体发酵	生物降解材料
胶原酶	溶组织梭状芽孢杆菌（*Clostridium histolyticum*）	液体发酵	酶制剂	磁小体	趋磁细菌（*Magnetotactic bacteria*）	液体发酵	磁性材料
抑肽素	链霉菌（*Streptomyces* sp.）	液体发酵	酶抑制剂	低聚果糖	解淀粉芽孢杆菌（*Bacillus amyloliquefaciens*）	液体发酵	益生元
肌苷酸	谷氨酸棒杆菌（*Corynebacterium glutamicum*）	液体发酵	核苷酸	白酒	酒曲（根霉、曲霉、毛霉、酵母、乳酸菌等）	固态发酵	白酒类
皮质醇	蓝色犁头霉（*Absidia coerulea*）	液体发酵	激素				

总之，发酵工程领域还有很多理论和实际问题尚未解决，需要生物科学、化学工程、计算机智能控制等领域的科技人员共同努力，脚踏实地协作开展实验与研究，提高微生物发酵工程技术水平。

第二节　微生物发酵工程的类别及其特征

微生物发酵过程即微生物的反应过程，是指由生长繁殖的微生物所引起的生物化学反应过程。它不仅包括了传统概念中发酵产品生产的全部内容，也包括固定化的微生物的反应过程、生物淋滤过程、生物废水处理过程等。

所有的微生物都能进行微生物发酵生产某种产品吗？答案是否定的。事实上，微生物必须满足一定的条件，才能作为发酵菌种。

一、微生物发酵菌种必须满足的条件

虽然人们已从自然界中分离了大量微生物，但只有少部分分离纯化的微生物能作为用于工业生产的菌种。当前发酵工业用微生物的总趋势是从发酵菌转向氧化菌、从野生型菌株转向变异菌株、从自然选育菌种转向代谢控制菌种、从诱发基因突变转向基因重组的定向育种。尽管工业菌种多种多样，但是，选择工业生产菌种（industrial microbial strain）应遵循以下原则：①菌种能在廉价原料制成的培养基条件下迅速生长，并大量高效地生成所需的代谢产物；②菌种可以在易于控制的培养条件下（糖浓度、pH、温度、溶解氧、渗透压等）迅速生长和发酵，且所需酶活力高；③菌种生长速度和反应速度较快，发酵周期短；④根据代谢控制的要求，选择单产高的营养缺陷型突变株或解除代谢调控突变菌种或野生菌种；⑤选育抗噬菌体能力强的菌种，使其不易感染噬菌体；⑥菌种不易退化变异，保证发酵生产和产品质量的稳定；⑦菌种不是病原菌，不产生任何有害的生物活性物质和毒素（包括抗生素、激素、毒素等），以保证生产安全。

发酵工程用菌种的来源包括：①从自然环境中分离；②收集现有菌株进行筛选，可向国内外微生物或培养物保藏单位索取或购置，如中国农业微生物菌种保藏管理中心（ACCC）、中国典型培养物保藏中心（CCTCC）、中国普通微生物菌种保藏管理中心（CGMCC）和中国工业微生物菌种保藏管理中心（CICC）等国内菌种保藏机构；American Type Culture Collection，USA（ATCC）、Institute for Fermentation，Osaka，Japan（IFO）、Food and drug Administration，USA（FDA）和 National Institute of Health，USA（NIH）等国外菌种保藏机构；③菌种改造，利用现代分子微生物、系统生物学、代谢工程、合成生物学等技术对工业用微生物菌种进行改造。

二、发酵工程的类别及其特征

微生物发酵类型可以概括为：

微生物发酵
- 对氧需要或不需要
  - 好氧发酵
  - 兼性发酵
  - 厌氧发酵
- 培养基是液态或固态
  - 液态发酵
  - 固态发酵
- 发酵是在培养基表面或深层进行
  - 表面发酵
  - 深层发酵
- 发酵是间歇或连续进行
  - 分批发酵
  - 补料分批发酵/高密度发酵
  - 连续发酵
- 菌种是否被固定在载体上
  - 游离发酵
  - 固定化发酵
- 发酵是单一菌种还是混合菌种
  - 单一纯种发酵
  - 双菌发酵
  - 混合发酵

本节主要介绍 6 种基本发酵方式，即分批发酵、补料分批发酵、连续发酵、固态发酵、高密度发酵和工程菌发酵。

（一）分批发酵

分批发酵（batch fermentation）是指生物反应器的间歇操作，在发酵过程中，除了不断进行通气（好氧发酵）和为调节发酵液的 pH 而加入酸碱溶液外，与外界没有其他物料交换。室内进行摇瓶培养也是分批发酵。分批发酵所有工艺变量都随时间而变化。主要的工艺变量是各种物质的浓度及其变化速率（图 14-2）。

分批发酵目的产物可以种类不同，但操作工艺基本相同。在分批发酵中，低浓度培养基中的营养物会迅速耗尽，引起培养物过早地从指数生长期向稳定期转变。提高底物浓度的优点与不足：①提高底物浓度可以延长微生物的指数生长期，

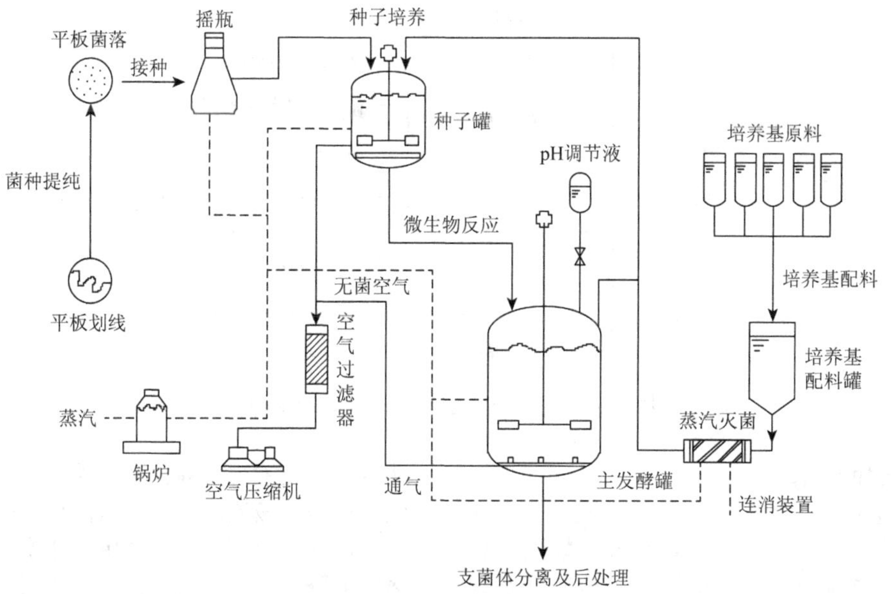

图 14-2 分批发酵工艺流程图

从而提高发酵的容量产率和产物浓度。②提高底物浓度对于某些可溶性碳源来说，微生物的 K_s 值多在 1～10mg/L，当超过 $10K_s$ 或 10～100mg/L 时，微生物就会以接近最大比生长速率（μ_{max}）的速度生长。③过高的底物浓度会造成一系列不利影响，如底物抑制、培养基黏度升高引起传质效率降低等。克服此不足的方法就是采用补料分批发酵技术。

（二）补料分批发酵

在微生物分批发酵中，以某种方式向培养系统中补加一定物料的培养技术。通过向培养系统中补充物料，可以使培养液中的底物浓度较长时间地保持在一定范围内，既保证微生物的生长需要，又不造成不利影响，从而达到提高容量产率、产物浓度和得率的目的。

1. 补料分批发酵技术的优势

补料分批培养（fed-batch fermentation）是介于分批培养和连续培养之间的一种微生物细胞培养方式，它兼有两种培养方式的优点，并在某种程度上克服了它们所存在的缺点。补料的目的及意义在于：①维持菌体正常代谢，推迟自溶期。②可以解除培养过程中的底物抑制、产物的反馈抑制和葡萄糖的分解阻遏效应，延长产物合成期。③可以维持较高的产物增长幅度。④增加发酵液总体积。⑤纠正异常发酵，控制 pH 和代谢方向。例如，四环素发酵生产时，发酵中间不补糖，周期 72～96h，产率为 5.5～7kU/ml，而在发酵中间补糖，生产周期则为 120～130h，产率达到 10～12kU/ml。⑥对于耗氧过程，可以避免在分批培养过程中因一次性投糖过多造成的细胞大量生长，耗氧过多以至通风搅拌设备不相匹配的状况。在某种程度上可减少微生物细胞的生产量，提高目的产物的转化率。⑦微生物细胞可以控制在一系列连续的过渡态阶段，可用来控制细胞的质量；并可重复某个时期细胞培养的过渡态，可用于理论研究。

2. 补料分批发酵技术的类型

根据补入物料的组成可将补料分批发酵分为完全补料培养和半分批补料培养。完全补料培养是补入营养成分完全的培养基。半分批补料培养是仅补入一种或几种限制性营养成分得补料培养。根据物料流入（F_{in}）和流出（F_{ex}）发酵罐的速率，补料分批发酵分为多种形式，见图 14-3。

当 $F_{in}=F_{ex}=0$ 时，即为分批发酵；当 $F_{in}=F_{ex}\neq0$ 时，即为连续发酵（恒体积操作）。分批发酵和连续发酵是两个极端。介于中间的便是补料分批发酵。另外，根据操作方式还有，近似恒体积操作、增加体积操作和重复循环操作。近似恒体积操作是让补料的容量流速近似于蒸发速率，由于蒸发速率较慢，要补加高浓度溶液或直接补入液体或固体物料本身，满足微生物的生长需要。增加体积操作，即 $F_{ex}=0$，由于发酵液体积的不断增大和产物积累造成生长抑制，为保持产量只能延长发酵时间。重复循环操作是为缩短发酵时间，定期从发酵罐中排出一定量的发酵液，以便能进一步补加物料。其实，连续发酵也是重复循环补料培养的一种极限情况，即 $F_{in}=F_{ex}=$ 定值。

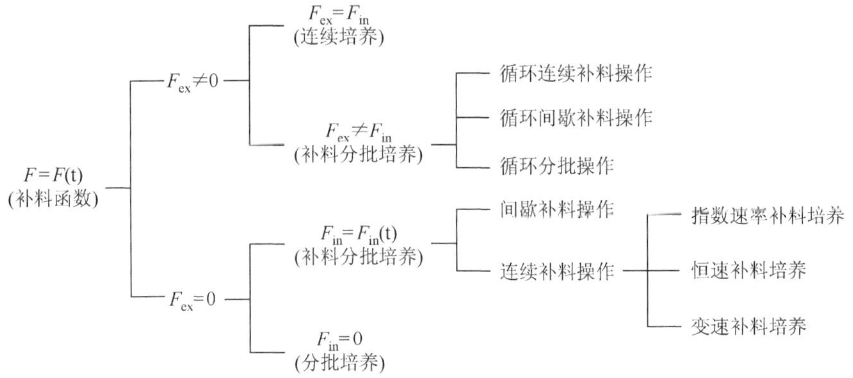

图 14-3　F_{in}与F_{ex}值及其关系确立发酵类型

3. 补料流加物料的方式

连续补料工艺中，有三种流加方式，恒定流速补料操作、恒定底物浓度操作和指数流速操作。①恒定流速补料操作指由于补料速度是定值，操作简便，设备简单，是最常用的流加方式，发酵液体积呈线性增长。由于在指数生长期，微生物的底物消耗也呈指数增加，恒定流速补料不能维持底物浓度不变。底物浓度会随时间延长而逐步降低。Pan 等通过恒速流加培养生产人生长激素，菌体浓度达到 120OD_{525}；采用该技术生产干扰素，菌体浓度（干重）达到 46g/L，干扰素比生产率（单位质量菌体）为 17mg/g。②恒定底物浓度操作又称延长培养，是指用一定的方式连续补料，维持限制性底物浓度恒定的一种操作。③指数流速操作能在短时间内获得最大量细胞，还可通过变更流速指数来控制比生长速率。补料的控制包括无反馈控制操作和反馈控制操作：①无反馈控制操作是补料流速不随培养液变化而变化，人为地预先设定好。恒定流速补料和指数流速补料属于此类。②反馈控制操作是通过传感器直接测量培养物生长的特定参数，进而根据参数的变化来调节物料向培养物中补加的速率，使培养物参数保持恒值或最优值。恒定底物浓度操作属于此类。

（三）连续发酵

连续发酵（continuous fermentation）是指以一定的速度向培养系统内添加新鲜的培养基，同时以相同的速度流出培养液，从而使培养系统内培养液的体积维持恒定，使微生物细胞处于近似恒定状态下生长的微生物发酵方式。以菌体或与菌体相平行的代谢产物为发酵产品时，常用恒浊连续培养装置进行连续发酵，该装置以维持恒定的高密度的菌体细胞为控制目标。当流入培养基的速度低于菌体生长速度时，装置内的菌体密度提高，即经光电控制系统促使培养液流出以降低其菌体密度。反之，当流入培养基的速度高于菌体生长速度时，装置内的菌体密度降低，即经光电控制系统弱化培养液流出以提高其菌体密度。饲料酵母、乙醇、乳酸等即经该装置进行连续发酵。图 14-4 为典型的实验室连续发酵系统

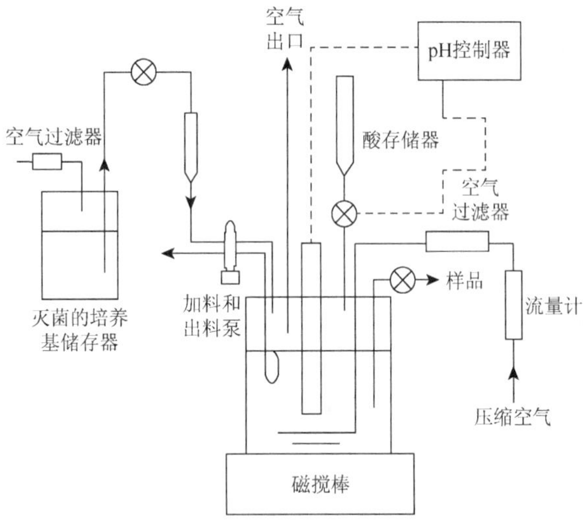

图 14-4　实验室连续培养系统

连续发酵的最大特点是微生物细胞的生长速度、产物的代谢均处于恒定状态，可达到稳定、高速培养微生物细胞或产生大量代谢产物的目的。

根据反应器的类别将连续发酵分为罐式连续发酵和管式连续发酵。罐式连续发酵可以是单罐，也可以是多罐串联进行操作；而管式反应器无法单独使用，必须与其他形式的反应器联合使用。

连续发酵的技术优势是简化了菌种的扩大培养，不需要发酵罐的多次灭菌、清洗、出料等操作，缩短了发酵周期，提高了设备利用率，降低了人力、

物力的消耗，增加了生产效率，使产品更具商业竞争力。其不足之处是菌体较长时间连续增殖生长易产生突变细胞。图 14-5 为单罐和多罐串联连续发酵示意图。

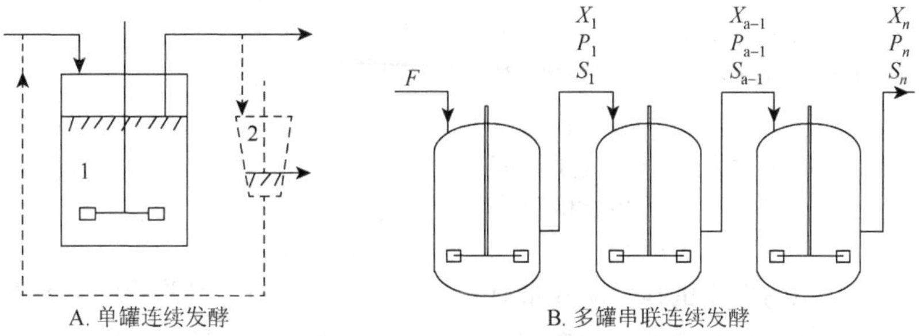

图 14-5　单罐和多罐串联连续发酵示意图

1. 发酵罐；2. 分离器；*F*. 流加量；*X*. 细胞浓度；*P*. 产物浓度；*S*. 底物浓度

表 14-2 通过面包酵母连续发酵生产与分批发酵生产比较，可看出连续发酵比分批发酵生产效率有所提高，成本降低。另一个例子，如丙酮丁醇梭状芽孢杆菌（*Clostridium acetobutylicum*）采用二级罐连续发酵生产丙酮、丁醇，运转期可持续一年，效益明显优于分批发酵。

表 14-2　连续发酵与分批发酵生产面包酵母

面包酵母的生产	分批发酵	连续发酵
168h 最大产量/t	225	300
平均每小时生产酵母/t	1.5	2.5
每吨酵母耗电/(kW·h)	500	430

（四）固态发酵

固态发酵（solid state fermentation）是指微生物在没有或几乎没有游离水的较湿的固态培养基上的发酵过程。固态的湿培养基一般根据成分不同控制含水量在 40%～80%，无游离水流出。我国农村的堆肥、青饲料发酵和酿酒制曲，就是典型的固态发酵。特别是我国历史悠久、国际著名的白酒生产都有自己独特的固态发酵工艺过程。由于固态发酵方式节能、环保，近来又得到了人们的青睐。例如，以产朊假丝酵母（*Candida utilis*）、面包酵母（*Saccharomyces cerevisiae*）和啤酒酵母（*Saccharomyces carlsbergensis*）为复合发酵菌种，以麸皮、大豆饼和少量脱毒棉籽饼为原料，经固态发酵法生产饲料蛋白添加剂得到快速发展。

目前，伴随着发酵工程机械化、自动化、化工技术和设备的改进，在传统固态发酵的基础上发展到现代固态发酵。现代固态发酵与传统固态发酵的技术比较见表 14-3。现代固态发酵在发酵工程的作用和地位正逐步提升，特别是有些发酵产品采用现代固态发酵比液态发酵效果更好。新型固态反应器的研究与开发应用，使许多生物活性物质已成功采用固态发酵方式进行了小批量生产。例如，利用龟裂链霉菌（*Streptomyces rimosus*）为发酵菌种，以玉米穗为主要原料固态发酵生产土霉素；以枯草芽孢杆菌（*Bacillus subtilis*）为发酵菌种，以黏土及稻草复合培养基固态发酵生产抗真菌素。

表 14-3　高细胞密度发酵成功的实例

菌种	基础培养基	发酵罐	补料方法	细胞干重/(g/L)	培养时间/h
大肠杆菌	葡萄糖、矿物盐或甘油、矿物盐	搅拌罐	葡萄糖（甘油），非限制指数补料	140～150	30～40
枯草芽孢杆菌	含葡萄糖的完全培养基	搅拌罐	补料分批培养，补加葡萄糖调节 pH	185	30
毕氏酵母	葡萄糖、矿物盐	搅拌罐	补料分批培养，补加甲醇	100	50～120

现代固态发酵与传统固态发酵相比，具有以下特点：①在密闭的固态发酵反应器中进行；②采用单一纯种菌株或混合菌株发酵；③扩大了固态发酵的应用范围；④操作能耗高，设备投资较大；⑤需要无菌处理发酵原料；⑥适宜于分离纯化高附加值产品。

（五）高密度发酵

微生物代谢产物的合成完全是靠菌体作为生产者来实现的。菌体量越多，产物的产量也越大。因此，通过发酵工程实现高密度微生物细胞培养则是发酵的最终要求。

目前，采用一定的工艺技术实现了高密度发酵（high cell density fermentation），它不仅使发酵液的菌体浓度比分批发酵提高了10倍以上，而且使菌体的生产能力也处于最佳状态，并能消除有害代谢物对菌体正常发酵的影响。高密度发酵较分批发酵有显著的技术优势。表14-3列举了几种微生物的高密度发酵结果。

高密度发酵生物反应器有常用的搅拌罐和带有外置式或内置式细胞持留装置的反应器，如透析膜反应器、气升式反应器、气旋式反应器等。日本人铃木等用搅拌陶瓷膜反应器系统实现乳酸杆菌高密度培养，其陶瓷过滤器可从发酵液中去除抑制生长的代谢副产物。日本人内野等采用内外两个圆筒的膜透析反应器，能连续去除抑制性代谢产物，始终保持菌体生长繁殖。

补料技术常用于高密度发酵，对提高菌体密度效果明显。有人采用三阶段式流加葡萄糖，高密度培养大肠杆菌重组菌株（YK537/pDH-B2m），菌体密度达到53OD_{600}，骨形成蛋白（BMP-2A）产量达到2.78g/L。但有些菌体高密度发酵菌体浓度较理论浓度尚有距离，仍需深入研究。

（六）工程菌发酵

随着分子生物学技术特别是重组DNA技术的快速发展，众多的基因工程产品相继问世。基因工程菌发酵生产的产品越来越多，如用于治疗风湿的促肾上腺皮质激素（adrenocorticotrophic hormone）、治疗血液病的集落刺激因子（colony stimulating factor）、治疗糖尿病的胰岛素（insulin）以及抗肿瘤的巨噬细胞激活因子（macrophage activating factor）等。

1. 适于发酵生产的工程菌应具备的条件

用于发酵生产的基因工程菌应该具备下列条件：①其产物可分泌、非致病性、不产生内毒素、外源基因整合在受体菌DNA上；②能利用糖蜜、淀粉等常规的碳源，并可进行连续培养；③发酵温度适当；④代谢控制容易进行；基因工程技术日臻成熟，所构建的工程菌已实现发酵生产，很多产品已投放市场，如胰岛素、干扰素、生长激素、乙型肝炎疫苗、高产苏氨酸等。有的基因工程菌其产品产量已高于普通菌种。一种带有头孢菌素生物合成限制性扩环酶外源基因的工程菌，其头孢菌素C的产量比原有菌种提高15%。

2. 工程菌的培养

（1）工程菌的培养　工程菌常以大肠杆菌、枯草芽孢杆菌、某些假单胞菌和酵母菌以及哺乳动物细胞等作为外源基因受体，其发酵培养与普通菌种的好气培养没有本质的差异。基因工程菌通常采用二阶段发酵培养工艺，先在一定时间内提高菌体浓度，其后添加诱导物或改变培养温度而诱导外源基因的产物表达，并以综合评价决定产物表达的最佳诱导条件。

（2）基因工程菌的发酵设备　基因工程菌常用的发酵设备主要是机械搅拌发酵罐和气升式发酵罐。基因工程菌因大量合成异源蛋白，可直接或间接地干扰工程菌细胞壁的正常合成，使其细胞壁变软。因此。工程菌对外界的剪切力更敏感，大剪切力容易使工程菌细胞破碎。所以，用没有机械搅拌装置、剪切力较小的气升式发酵罐比机械搅拌发酵罐更利于基因工程菌发酵培养。

（3）基因工程菌的高密度发酵及控制　高密度发酵工艺已成为基因工程菌发酵生产的主要工艺。该工艺与非高密度发酵相比，其发酵周期不仅缩短一半以上，且菌体产量和产物表达量是普通发酵的10～50倍，蛋白活性可提高2～3倍。

在基因工程菌的高密度发酵中，要尽量选择容易被工程菌利用的营养物质作为培养基成分。例如，普通发酵培养基一般是以葡萄糖为碳源，而工程菌则常以甘油作为碳源，用甘油作碳源可提高工程菌的繁殖速度。同时还要对培养基的成分进行优化、组合，并借助于选择压力，以淘汰非目的基因工程菌。

基因工程菌发酵培养多采用补料分批发酵。在高密度培养工程菌生产谷胱甘肽（GSH）时，用指数流加补料方式可显著提高细胞产率、细胞干重和GSH产量。用20L发酵罐进行粒细胞集落刺激因了（GCSF）工程菌发酵时，在对数生长中期经40min流加1L发酵培养基，其菌体产量比普通发酵提高了14倍，纯化后的蛋白活性提高了4倍。

> 初学者的一个有趣问题——“既然已经有微生物连续发酵的生产技术了，为什么还要研究分批发酵和补料分批发酵呢？”答案非常简单：虽然连续发酵可以大大提高生产效率，提高设备利用率，降低生产成本，但是连续发酵的一个致命弱点是，微生物菌种长期连续发酵，将会积累自发突变，使生产菌种发生变异，不利于发酵生产。事实上，目前，工业上几乎所有发酵产品使用的发酵生产方式均为阶段性连续发酵或补料分批发酵。

第三节　微生物发酵工程的设备（生物反应器）

液体发酵设备必须具备适合微生物生长、促进产物形成、在低消耗下获得高产量的各种部件。优良的发酵设备应具有严密的结构，良好的液体混合性能，较高的传质、传热速率，同时还应有配套且可靠的检测及控制系统。

本节主要介绍液体发酵罐中的机械搅拌发酵罐和现代固态发酵设备。

一、通用式机械搅拌发酵罐

图 14-6 是典型机械搅拌通风发酵罐结构的示意图，为目前大多数发酵工厂最常用的形式，称为“通用式”，其容积为 20～200m^3，有的甚至可达 500m^3。

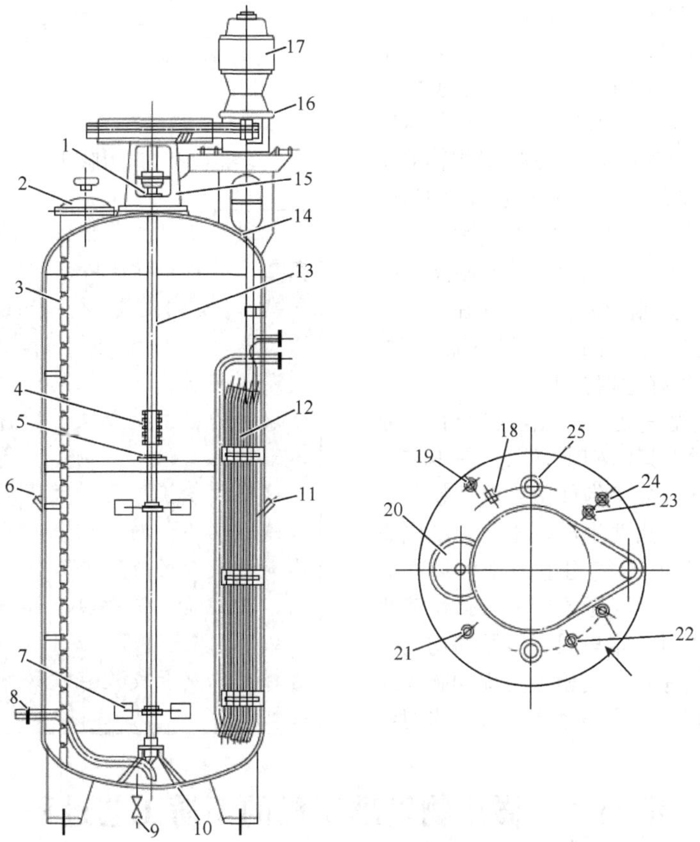

图 14-6　大型通用式发酵罐结构图（宋存江，2014）

1. 轴封；2. 人孔；3. 梯子；4. 联轴节；5. 中间轴承；6. 热电偶接口；7. 搅拌器；8. 通风管；9. 放料口；10. 底轴承；11. 温度计；12. 冷却管；13. 轴；14. 取样口；15. 轴承柱；16. 三角皮带传动；17. 电机；18. 压力表；19. 取样口；20. 人孔；21. 进料口；22. 补料口；23. 排气口；24. 回流口；25. 视镜

通过罐内搅拌器打碎空气气泡，增加气-液接触面积，提高气-液间的传质速率。为使发酵液充分混合，液体中的固形物料保持悬浮状态，防止搅拌器运转时液体产生漩涡，发酵罐内壁安装挡板加强搅拌强度，消除漩涡。

二、固态发酵设备

固态发酵设备主要包括：静态固态发酵反应器和动态密闭式固态发酵器，前者主要包括：托盘式和填充床式等；后者包括：转鼓式固态发酵反应器、搅拌式固态发酵反应器、气固流化床发酵反应器、立式多层固态发酵罐、吸附载体固态发酵专用反应器和压力脉动固态发酵反应器（气相双动态固态发酵反应器）。这里着重介绍压力脉动固态发酵器。

影响固态发酵规模化生产广泛推广的原因在于：固态发酵的培养参数（传热、传质及水活度等）难以控制。在传统的固态发酵中，加强传质、传热的手段就是机械翻动，即气相不动，固相连续翻动。其翻动的目的就是使颗粒混合，加速反应颗粒间或气体分子间的接触频率，使料层间的气体由分子扩散变为对流扩散。但对发酵过程中的微生物反应而言，过多的翻动对生长不利，翻动引起的剪切力对菌体往往具有伤害作用，使菌丝体断裂。翻动固体物料除设备机械密封困难、能耗高、结构复杂、引起染菌等问题外，还有两个致命的缺陷：①黏湿物料与机械耙及四壁接触，且接触压力大，死角不可避免，无法清洗彻底，几乎不可能达到严格意义上的纯种培养；②翻动使发酵料层内的微生物能够接触空气，但也使得培养基结团，实际上团块内部微生物并没有因机械翻动而接触更多的氧气。

在固态发酵过程中，搅拌和强制性通风的方式基本可以使颗粒间的空气得到定期的更换。而基质颗粒内部毛细管及菌丝体与物料间空隙的空气，仅靠这些方式得不到有效的更换。搅拌剪切力影响微生物的生长和代谢。气相双动态固态发酵中气体内循环的目的是使气相始终处于对流扩散状态。内循环速率变化与微生物的代谢状况相对应。在气相双动态固态发酵中，培养基料层厚度、气体脉冲压力变化范围、气体内循环速率等都会影响发酵。出于是密闭系统，气相双动态固态发酵过程能很好地保持水分。

压力脉动固态发酵罐是近年来由我国自行研制的一种新型固态发酵罐，其结构示意图见图 14-7。目前用于微生物农药苏云金芽孢杆菌可湿性粉剂、白僵菌和纤维素酶等的示范性生产。压力脉动固态发酵罐是对密闭反应器内的气相压力施以周期脉动，并以快速泄压方式使潮湿颗粒间的气体快速膨胀，颗粒松动，从而达到气体与固态料层间均匀传质、分布热量的目的。另外，气相压力周期脉动还会引发 O_2 浓度、渗透压、温度波动等多种因素对细胞膜进行周期性刺激作用，可加速细胞的代谢、生长、繁殖，以及内外物质、能量、信息的传递过程。一般可使发酵时间缩短 1/3，产率提高 2～5 倍。

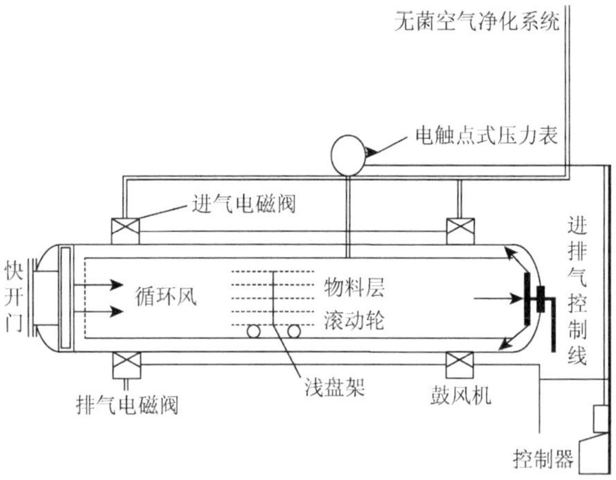

图 14-7　压力脉动固态发酵罐结构示意图

> 到过发酵生产企业的读者都会发现，不同企业在生产不同发酵产品时，使用的发酵生产设备——发酵罐，有的瘦高（径高比差距大），有的矮胖（径高比差距小），为何发酵罐在形态上有这么大的差别呢？其实，发酵罐的外观并非是为了好看才进行设计的，主要取决于菌种发酵特征和发酵生产工艺特点而设计。例如，气升式发酵罐，罐内无机械搅拌装置，可最大限度地减少染菌率，减少机械剪切力，对长菌丝的各种真菌尤为适宜，气体提升充分的气液混合使氧气的传递利用极大提高，特别适合高黏度培养基和对于溶氧要求高的产品。这类发酵罐大多为瘦高型，径高比可达 1∶9。这样可以延长气泡在发酵罐中的持留时间，提高溶氧率。

第四节　微生物发酵工程的下游工艺过程

在微生物发酵产品生产过程中，一般将微生物发酵、酶促反应或动植物细胞大量培养阶段称为“上游过程”；而产物回收、产品粗分离、产品精制、纯化后加工等后续过程称为“下游过程”。在生产实践中必须使上、下游过程相互协调才能实现微生物发酵产品的产业化。

一、下游工艺过程的基本知识

微生物发酵产品的特点表现为：①发酵产品中有时含有微生物细胞、其他代谢副产物及残留培养基成分；②作为发酵产品的生物活性物质对酸碱度、温度、金属离子、有机溶剂、机械搅拌剪切力、表面张力等理化因素敏感，易失活变性；③生物发酵产品种类繁多，如蛋白质、核苷酸、氨基酸、有机化合物、高分子聚合物等，产物的相对分子质量、结构、性质等具非常大的差异。针对微生物发酵产品的特点，对产物分离纯化技术就提出了很高的要求：①分离纯化技术方法必须条件温和、能耗低、效率高、收率高、易操作、周期短，既保持产品生物活性，又降低下游分离纯化过程的经济成本；②分离工艺不受或少受上游工艺条件或原材料来源的影响，有较宽的应用范围；③分离纯化技术对目的产物有较好的选择专一性，少加或不加外源试剂，以提高产物的分离纯化效率与纯度，从而提高产品质量；④操作时间短，不受或少受操作者的影响。

二、下游工艺技术的步骤和特点

发酵产品分离纯化一般分为两个阶段、5个步骤。两个阶段是产物的分离阶段和产物的纯化精制阶段。5个步骤是：发酵液的预处理、发酵液的固液分离、细胞的破碎、初步纯化、最终精制。发酵产品分离纯化的一般步骤如图14-8所示。

1. 发酵液的预处理

发酵液预处理的目的是去除各种杂质，以利于产品分离纯化。预处理过程一般包括：①分离菌体细胞；②去除固体悬浮物、杂蛋白质、重金属离子、色素、热原质、毒性物质；③调节适当的pH和温度，以保持产品的生物活性。

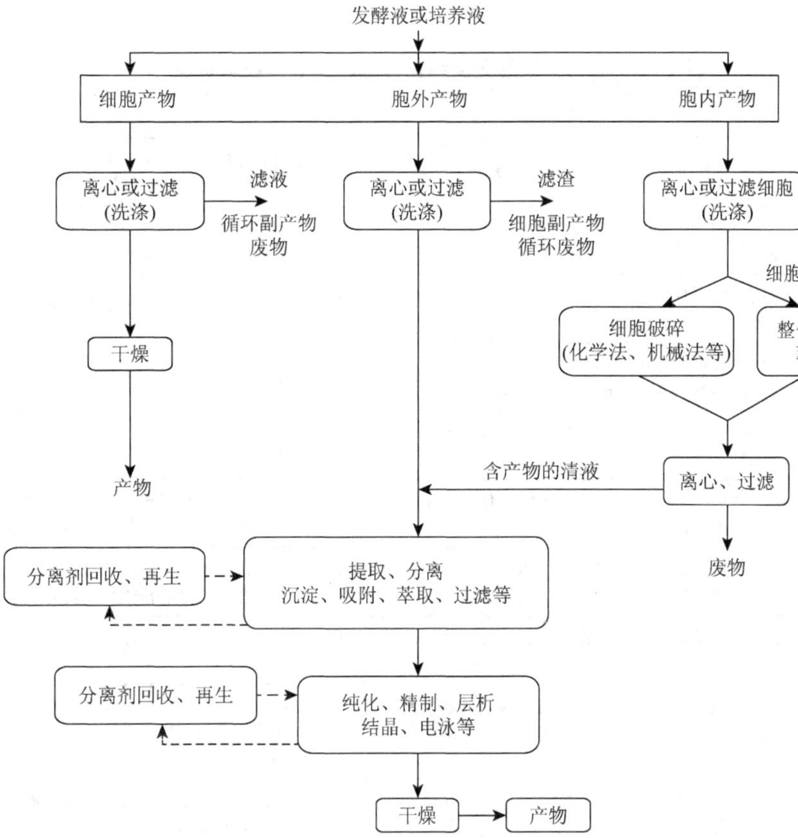

图14-8 生物产品分离纯化的一般步骤

2. 发酵液的固液分离

发酵液固液分离方法见表14-4。

表14-4 固液分离过程常用技术方法及特点

技术名称	技术原理	技术使用设备	技术特点
絮凝技术	利用电荷中和及大分子桥联作用形成更大的粒子	发酵液存储器或絮凝用容器	使固形物颗粒增大，便于沉降、过滤和离心，提高了固液分离速度和液体的澄清度
离心技术	在离心产生的重力场作用下，加快颗粒的沉降速度	高速冷冻离心机 碟片式离心机 管式离心机 倾析式离心机 框式离心机	常用于实验室 适于大规模工业应用，易放大推广 固液分离效果较好，含水低，易放大推广 连续操作易放大，易于工业应用，操作稳定 离心力作用下的过滤，适于工业应用
过滤技术	依据过滤介质的空隙大小进行分离	板框过滤机；平板过滤器；真空旋转过滤机；管式过滤器；蜂窝式过滤器；深层过滤器	设备简单，操作容易，适合大规模工业使用
膜分离技术	依据被分离的分子大小和膜孔大小进行分离	中空纤维、管式微孔过滤器 中空纤维、管式超滤器 中空纤维、反渗透器 半透膜型、离子半透膜型电渗析器	主要用于分离细胞，操作简单，效果好 适用于粗分离、脱盐、浓缩，批式或连续操作，适用性广，易放大 主要用于无盐、无热源的水的制备和小分子物质浓缩 可连续进行带电荷物质的分离

3. 细胞的破碎

通过采用压力破碎、球磨破碎、超声波破碎、渗透压破碎、有机溶剂破碎和表面活性剂破碎等不同方法可将细胞内的目的产物释放出来并转入液相，便于产物分离纯化。

4. 产物的纯化和精制

发酵产物分离纯化与精制除了传统的沉淀法、吸附法、离子交换、萃取法等之外，还有超滤、反渗透、电渗析、凝胶电泳、离子交换层析、亲和层析、疏水层析、等电聚集、双水相萃取、超临界萃取、反胶团萃取、凝胶层析等新技术、新方法。常用生物物质的分离纯化方法、原理和特点见表 14-5。

三、发酵工程产品分离纯化方法必须满足的条件

微生物发酵工程产品的分离纯化方法必须能够保证：①任何人使用均能生产出合格产品；②方法在任何环境中使用都具有重复性，可生产出同一规格的产品；③要求分离工艺不受或少受上游工艺条件或原材料来源的影响，或者有一较宽的稳定范围；④需严格控制的各种工艺步骤或技术越少越好，工艺条件可变动范围越宽，工艺的重复性越好；⑤在选择分离纯化技术、工艺和条件时要能确保去除危险性杂质，保证产品质量和生产过程的安全；⑥为保证产品质量，尽可能减少工艺操作的单元数，操作单元数越多，产品的分离纯化收率就越低，为保证分离纯化技术具有高效性，分离原理相同的技术一般在工艺中不重复；⑦在生物分离工艺过程中，尽可能少地外加试剂，以免增加分离纯化步骤，干扰产品质量；⑧要求分离工艺的操作时间尽可能短，

表 14-5　生物物质的分离纯化方法、原理和技术特点

方法名称		方法原理	方法特点
产物萃取法	产物有机溶剂萃取法	依靠产物在水和有机溶剂中的分配系数的差异进行分离	适用于有机化合物及结合有脂质或非极性侧链的蛋白质等的分离。其中反胶团系统较适合生物活性物质的萃取
	产物双水相萃取法	依据目的物在不相容的聚合物或无机盐溶液形成的两相中的分配系数不同而进行分离	可连续或批式操作，设备简单，萃取容易，操作稳定，易放大，适合于大规模应用
	产物反胶团萃取法	利用表面活性剂形成的“油包水”微粒，对蛋白质等进行分离	有一定的选择性，操作简单，萃取能力大
	产物凝胶萃取法	利用凝胶可发生可逆，非连续的溶胀和皱缩以及对所吸收的液体具有选择性的性质进行物质分离	设备简单，能耗低，再生容易，有良好的应用前景
	产物超临界流体萃取法	利用某些流体在高于其临界压力和临界温度时形成的超临界流体作为溶剂进行萃取	萃取能力大，速度快，可通过控制温度和压力来改变对某些物质的选择性
产物沉淀法	产物有机溶剂沉淀法	利用有机溶剂破坏蛋白质分子的水化壳，使之聚集成更大的分子而沉淀	可用于沉淀各种蛋白质，可实现分级沉淀，达到粗分离和浓缩的目的。操作简便，可大规模应用
	产物盐析法	利用无机盐破坏蛋白质分子的水化层，中和表面电荷，使之聚焦成更大的分子团而沉淀	可用于蛋白质分级沉淀或沉淀、粗分离及浓缩作用，对生物活性有一定的保护作用，方法简便，可大规模应用
	产物化学沉淀法	通过化学试剂与目的产物形成新的化合物，改变溶解度而沉淀	可针对性沉淀目的产物
	产物等电点沉淀法	利用等电物质在等电点时溶解度最小的原理，在低的离子强度下，调节 pH 至等电点使蛋白质等所带的电荷为零，沉淀分离。	方法简单有效，成本较低，是常用的粗分离方法
结晶法	产物结晶法	利用只有同类分子或离子才能排列成为晶体的性质进行物质分离	选择性好，成本低，设备简单，操作方便，广泛应用与抗生素等的分离
产物层析法	产物离子交换层析	依据被分离物质各组分的电荷性质，数量以及与离子交换剂的吸附和交换能力不同而达到分离的目的	适用于带有电荷的大、中、小及生物活性或非生物活性物质的分离纯化，纯化效率较高，可柱式或搅拌式操作。应用广泛，常用于实验室和工业生产
	产物吸附层析法	依据范德瓦耳斯力，极性氢键等作用力将分离物吸附于吸附剂上，然后改变条件进行洗脱，达到分离纯化的目的	吸附色谱可柱式或搅拌式操作，吸附剂种类繁多，可选择范围和应用范围广。吸附和解吸的条件温和，不需要复杂的再生
	产物亲和层析法	依据目的产物与专一性配基的专一性相互作用进行分离	选择性较高，纯化倍数和效率高。可从复杂的混合物中直接分离目的产物
	产物疏水层析法	依靠疏水相互作用进行分离	选择性较好，使用稳定性好，应用较广
	产物凝胶层析法	依据分子大小不同进行分离	分离条件温和，活性收率较高，应用广，选择性和分辨率高，适合于生物大分子的分离纯化

以保证生物物质的收率。要求分离工艺温和、能耗低、纯化倍数高、收率高，以及容易操作、可放大等。

总之，微生物发酵工程下游技术工艺的选择取决于发酵产品的成分、结构和特征以及上游发酵技术工艺的要求。事实上，下游产品分离纯化的经济投入占整个发酵工程产品经济总投入的20%～60%，是发酵工程技术企业应考虑的重要技术环节。

知识点回顾

1. 微生物发酵工程是生物技术中重要的内容之一，在诸多领域有着广泛的应用。微生物发酵工程包括两个主要方面：应具有合适的生产菌种；具备控制微生物生长、繁殖、代谢的工艺条件。微生物发酵工程的目的是获得某种产品或完成某个工业过程，微生物发酵工程的产品包括：微生物菌体、微生物的初级代谢产物或次级代谢产物、微生物的转化产物。微生物发酵工程中对于菌种具有严格的要求，有多种来源途径，最根本的来源是多样化的自然环境。

2. 微生物发酵工程包括多种发酵方式：分批发酵、补料分批发酵、连续发酵、固态发酵、高密度发酵和工程菌发酵等。补料分批发酵是生产实践中最常使用的一种方式。高密度发酵和工程菌发酵是今后将着力发展的发酵方式。

3. 发酵设备是实现微生物过程的重要保证，微生物发酵对于发酵设备有着严格的要求，常见的发酵设备主要包括：机械搅拌通风发酵罐、气升式发酵罐、自吸式发酵罐、厌氧发酵罐、固态发酵罐、压力脉动固态发酵罐等。

4. 下游工艺过程也是微生物发酵工程的重要组成部分，实现微生物发酵产品产业化，必须使上、下游过程相协调才能达到整个过程的优化。

关键词

1. 补料分批发酵（fed batch fermentation）：在微生物分批发酵中，以某种方式向培养系统中补加一定物料的培养技术。通过向培养系统中补充物料，可以使培养液中的底物浓度较长时间地保持在一定范围内，即保证微生物的生长需要，又不造成不利影响，从而达到提高容量产率、产物浓度和得率的目的。

2. 连续发酵（continuous fermentation）：指以相同的速度向培养系统内连续流加新鲜的培养基并同时输出发酵液，使培养系统内各状态变量恒定的培养方法。是一个开放的培养系统。可根据发酵目的，把微生物分批培养到某个阶段后，人为地固定其生长和代谢速率。人为地将微生物的生长代谢活动保持在最旺盛状态，而且pH、营养成分、溶解氧等状态变量也可通过系统外部调控保持恒定，如此连续发酵的时间越长，设备利用率就越高。

3. 固态发酵（solid state fermentation）：指没有或几乎没有自由水存在下，在有一定湿度的水不溶性固体基质中，一种或多种微生物的一个生物反应过程。固态发酵是以气相为连续相的生物反应过程。现代固态发酵的特点是：①从传统落后的操作形式发展成为可纯种大规模培养的发酵类型；②各种类型的固态发酵反应器已应用于科研与生产实践，使固态发酵过程具可控性和可操作性；③已被广泛应用于抗生素、氨基酸、多糖、有机酸、酶制剂、生物农药以及化工产品等的生产。

4. 高密度发酵（high cell density fermentation）：高细胞密度发酵是一个相对概念，是指应用一定的培养技术和装置提高菌体的发酵密度，使菌体密度比普通发酵培养有显著的提高，最终提高特定产物的比生产率。用以描述的单位是干细胞重量/升（DCW/L）。从大面上来讲，凡是细胞密度比较高，以至接近其理论值的培养均可称为高密度培养，一般认为其上限值为160～200g（DCW/L），下限值为20～30g（DCW/L）。高密度发酵采用一定的工艺技术，保证微生物生长的适宜条件，延长微生物的指数增殖过程，从而得到高浓度的细胞。采用高细胞浓度培养技术，发酵液中菌体浓度比分批式培养可高10倍以上。

5. 产物超临界流体萃取法（supercritical fluid extraction of products）：利用某些流体在高于其临界压力和临界温度时形成的超临界流体作为溶剂进行萃取。萃取能力大，速度快，可通过控制温度和压力来改变对某些物质的选择性。

6. 产物有机溶剂沉淀法（organic solvent precipitation of products）：利用有机溶剂破坏蛋白质分子的水化壳，使之聚集成更大的分子而沉淀。可用于沉淀各种蛋白质，可实现分级沉淀，达到粗分离和浓缩的目的。操作简便，可大规模应用。

7. 产物等电点沉淀法（isoelectric precipitation of products）：利用等电物质在等电点时溶解度最小的原理，在低的离子强度下，调节pH至等电点使蛋白质等所带的电荷为零，沉淀分离。方法简单有效，成本较低，是常用的粗分离方法。

自测题

一、选择题

1. 生物反应器间歇操作，在发酵过程中，不断进行通气（好氧发酵）和为调节发酵液的pH而加入酸碱溶液外，与外界没有其他物料交换。这种培养方式操作简单，是一种最为广泛使用的方式，称之为（　　）。

（A）连续发酵
（B）半连续发酵
（C）补料分批发酵
（D）分批发酵

2. 发酵工程的前提条件是指具有（　　）条件。

（A）合适的生产菌种和具备控制微生物生长代谢的工艺
（B）菌种筛选技术和具备控制微生物生长代谢的工艺
（C）发酵设备和具备控制微生物生长代谢的工艺
（D）控制微生物生长代谢的工艺和产物分离工艺

3. 发酵过程中，出现了污染，工人们进行了如下处理：a. 严控发酵液流失；b. 彻底清理生产环境；c. 停产一段时间；d. 调换生产菌种。这是（　　）污染。

（A）噬菌体污染　（B）细菌污染
（C）霉菌污染　（D）多种微生物污染

4. 发酵初期提高底物浓度可以延长微生物的（　　），从而提高发酵的容量产率和产物浓度。

（A）延迟期　（B）指数生长期
（C）稳定期　（D）衰退期

5. 微生物发酵过程中，种子罐接种至发酵缸，如何缩短发酵缸的延迟期？（　　）

（A）升高发酵缸温度
（B）加大接种量
（C）提高发酵培养基浓度
（D）升高种子缸培养温度

6. 在通用式发酵罐的结构中为了（　　）在发酵罐内壁需安装挡板。

（A）防止搅拌器运转时液体溢出
（B）防止搅拌器运转时液体产生涡
（C）防止搅拌器运转时液体飞出轴封
（D）防止搅拌器运转时桨叶不工作

7. 发酵法生产维生素 B_2（核黄素）所用的微生物是（　　）。

（A）阿氏假囊酵母　（B）毕赤氏酵母
（C）热带假丝酵母　（D）葡萄汁酵母

8. 在微生物发酵工程中，导致菌体过剩，溶解氧下降的可能原因是（　　）。

（A）发酵液转稀　（B）发酵液过浓
（C）种子质量　（D）pH 不正常

9. 在微生物发酵工程中产生的泡沫对发酵的影响表现为（　　）。

（A）产生副产物
（B）微生物菌体变异
（C）减少装液量，增加污染机会
（D）影响下游产物分离纯化

10. 补料分批发酵中补料的目的和意义可以概括为（　　）。

（A）推迟自溶期和延长产物合成期
（B）降低底物消耗量
（C）有效缩短生产周期
（D）降低发酵工艺的复杂性

二、问答题

1. 发酵过程中异常现象（发酵液转稀、发酵液过浓、耗糖缓慢、pH 不正常）处理措施有哪些？

2. 简述补料分批发酵技术的特点，与分批发酵，连续发酵的区别。

3. 通风发酵设备中的机械搅拌发酵罐必须满足什么基本条件？

4. 如何提高高产菌的稳定性？

5. 简述补料分批发酵的适用范围。

答案：

开篇事件

1. 答：不是，目前采用发酵罐进行发酵产品生产，不仅能够采用微生物作为发酵菌种，还可以采用某些动物细胞、植物细胞作为发酵生产的种子，进行发酵产品生产。

2. 答：主要包括抗生素、维生素、氨基酸、酶制剂、酶抑制剂、菌体制剂等产物；还有许多有重要价值的蛋白质等生物活性物质；包括借助动植物细胞培养获得的病毒疫苗、干扰素、单克隆抗体等；另外，还可生产疫苗、激素、长春花碱、紫草宁、可卡因等。

选择题：1. D　2. A　3. A　4. B　5. B
6. B　7. A　8. B　9. C　10. A

问答题：

1. 答：1）发酵液转稀：适时补入适当碳源或氮源促使繁殖新菌体，恢复正常。

2）发酵液过浓：补入 10%无菌水，使菌液浓度下降，改善发酵条件。

3）耗糖缓慢：补入适量合适的氮源、磷盐、提高发酵温度、增大风量。

4）pH 不正常：采用酸或碱调整。

2. 答：由于基质的缓慢补入，既满足了微生物生长和产物合成的持续需要，又避免了由于基质过量引起的各种调控反应，从而能使产率获得很大提高；补料技术本身的提高（少次多量、少量多次、流加、微机控制流加等）；使整个发酵过程中不断地调节补料率，维持各项物质的供需平衡。补料分批发酵是介于分批发酵和连续发酵之间的发酵形式；区别于分批发酵技术：由于补加物料，补料分批发酵系统不一再是封闭系统；区别于连续发酵技术：补料分批系统并不是连续地向外放出发酵液，罐内的培养液体积（V）不再是个常数，而是随时间（t）和物料流速（F）而变化的变量（变体积操作）。

3. 答：机械搅拌发酵罐是发酵工厂常用类型之一。它是利用机械搅拌器的作用使空气和醪液充分混合，促使氧在醪液中溶解，以保证供给微生物生长繁殖和代谢所需要的溶解氧。为保证发酵工艺应满足下列条件：①发酵罐应具有适宜径高比，罐身越长，氧的利用率越高，径高比一般为（1∶1.7）~（1∶4）；②罐体各部件要有强度，能承受相当的压力，可进行正常的发酵罐灭菌；③发酵罐的搅拌通风装置能使气液充分混合，保证发酵必需的溶解氧；④具有足够的冷却面积，微生物生长代谢过程放出大量的热，为了控制发酵过程不同阶段所需的温度，应装有足够的冷却部件；⑤罐内应尽量减少死角，避免藏污积垢，灭菌能彻底，避免染菌；⑥搅拌器的轴封应严密，尽量减少泄漏。

4. 答：①首先在菌种选育中应把菌株产量分布中的稳度作为评价菌株的条件之一，不仅以产量高低为基准；②菌株选育中避免使用含有多核的包子和菌丝片段；③用单倍化试剂处理高产菌株，有提高菌株稳定性的作用；④在培养基中加入某些金属离子可增加菌株的稳定性；⑤利用营养缺陷型和原养型在生理和抗性上的不同，在发酵培养基中加入抗生素也会有防止回复突变发生的效果；⑥在生产过程中应尽力减少菌种传代次数，这是发酵工业中普遍遵循的原则；⑦杂菌污染、发酵条件改变都能引起发酵生产产量波动，应注意区分原因。

5. 答：①高菌体浓度培养（高密度培养）系统；②存在高浓度底物抑制的系统，如苯酚等，通过流加底物降低抑制；③存在 Crabtree 效应的系统（酵母培养中，初糖过高，即使溶氧充足，也会产生乙醇，影响菌体得率）；④受异化代谢物阻遏的系统（葡萄糖作碳源时，分解代谢物抑制异化代谢有关的酶合成）；⑤利用营养突变体的系统；⑥希望延长反应时间或补充损失水分的系统。

（宋存江）

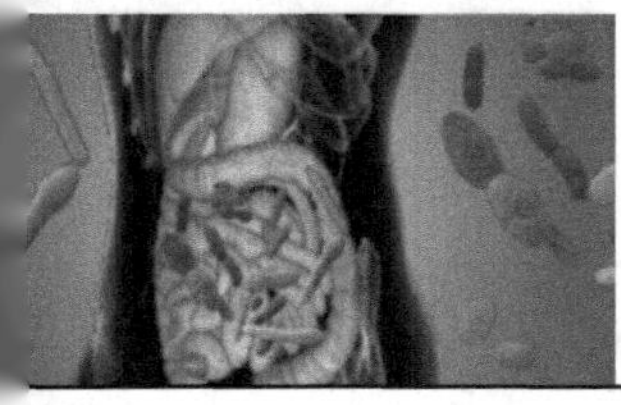

第三篇 >>

微生物资源应用篇

第十五章 微生物与农业

开篇事件：国际农药巨头争抢微生物农药发展高地

随着人们环境保护、食品安全意识的不断增强，监管法规对化学农药限制的不断加大。我国2013年3月1日起正式实施的食品安全新国标《食品中农药最大残留限量》，制定了322种农药在十大类农产品和食品中的2293个残留限量，和原有标准比，增加了1400余个。

近年来，国际生物农药行业收购风起云涌。国际农药巨头德国拜耳作物科学公司于2009年收购以色列生物农药公司AgroGreen的坚强芽孢杆菌技术，使之成为微生物杀线虫剂Votivo进入市场。2012年再次出手，以4.25亿美元成功收购美国生物技术公司AgraQuest，随后推出微生物杀菌剂SERE-NADE；2013年又收购了德国的微生物农药供应商Prophyta公司。2012年，德国巴斯夫公司以10.2亿美元收购美国Becker Underwood公司，顺利成为生物种子处理技术的全球领先供应商，同时，增加了生物植保产品、草坪和园艺用产品、动物营养产品等。瑞士先正达公司也不甘落后，2013年，完成对比利时生物技术公司Devgen的收购。

食品安全法首提果蔬生产禁用剧毒农药

参考文献：

杨光. 2012. 生物农药行业收购风起云涌. 农药市场信息, 29: 35-36.

思考题：

1. 传统的农药巨头公司为何要争相并购生物农药公司？并提升微生物农药在其战略规划中的优先级别？
2. 除了微生物农药外，微生物在农业上是否还有其他的用武之地？

微生物与农业关系密切。每年因微生物病害导致的损失约为作物总产量的 15%，其中以细菌、真菌、病毒、支原体和线虫诱发的病害较普遍和严重，尤以真菌性病害为最，如水稻的稻瘟病、棉花的萎蔫病等。此外，一些致病微生物引发的家禽、家畜的疫病也严重威胁着养殖业，更严重的是一些人畜共患病，如狂犬病、禽流感等甚至直接威胁到人类的生命安全。但同时，对农业生产有益的微生物也不少，这些微生物可以制成微生物农药、微生物肥料和微生物饲料等加以应用，在减少化学农药、化学肥料和抗生素施用的同时，保证了农产品的增产、增效。本章将重点阐述有益微生物在农业生产中应用，至于威胁农业生产的有害微生物及其防治，请参考植物病理学和兽医学等相关教材或书籍。

第一节 微生物农药

微生物农药（microbial pesticide）是指由微生物及其代谢产物加工而成的具有杀虫、杀菌、除草或调节植物生长等具有农药活性的物质。按照其用途可以分为微生物杀虫剂、微生物杀菌剂、微生物除草剂和微生物激素等。

一、微生物杀虫剂

微生物杀虫剂（microbial insecticide）是利用细菌、真菌、病毒以及微孢子等微生物本身及其代谢产物加工而成的生物杀虫剂。其中直接应用微生物活体本身的杀虫剂包括细菌杀虫剂、真菌杀虫剂、病毒杀虫剂、微孢子杀虫剂、昆虫病原线虫杀虫剂等，而抗生素杀虫剂主要应用的是放线菌等微生物代谢产生的杀虫抗生素。

（一）细菌杀虫剂

细菌杀虫剂中主要研究应用的品种有苏云金芽孢杆菌、球形芽孢杆菌和日本金龟子芽孢杆菌等，其中苏云金杆菌是最具有代表性的品种。

1. 苏云金芽孢杆菌

苏云金芽孢杆菌（*Bacillus thuringiensis*，Bt）是一类革兰氏阳性、产芽孢、产伴孢晶体的杆状细菌，已经广泛用于农业、林业、贮藏以及卫生等多种害虫的防治，也是目前世界上研究最深入、应用最成功的杀虫细菌（表 15-1）。

表 15-1 苏云金芽孢杆菌的特性

指标	特性
分类特点	革兰氏阳性、产芽孢、产伴孢晶体的杆状细菌
分布	分布广泛，已自几十个国家的昆虫、土壤、储库、植物叶片以及水域等不同样品中分离出超过 50 000 株
杀虫谱	涵盖鳞翅目（Lepidoptera）、鞘翅目（Coleoptera）、双翅目（Diptera）、膜翅目（Hymenoptera）、同翅目（Homoptera）、直翅目（Orthoptera）、虱目（Phthiraptera）、食毛目（Mallophaga）、蚤目（Siphonaptera）9 个目的昆虫。螨类（Acari）、扁形动物门中的吸虫和绦虫，线形动物门中的动植物线虫，原生动物门的鞭毛虫、变形虫和草履虫等也对 Bt 敏感

（1）Bt 研究简史　1901 年，日本学者石渡繁胤（Shigetane Ishiwata）首次从患病的家蚕（*Bombyx mori*）中分离到一种杆状细菌，命名为猝倒芽孢杆菌（*Bacillus sotto*）。1911 年，恩斯特•贝尔林纳（Ernst Berliner）在德国苏云金省面粉厂的患病地中海粉螟（*Anagasta kuhniella*）中分离一株芽孢杆菌，并将其命名为苏云金芽孢杆菌。

1938 年，第一个 Bt 商品制剂 Sporeine 在法国问世。1970 年，美国科学家 Howard Dulmage 分离筛选到比当时商品株毒力高 20～200 倍的 HD-1 菌株，成为 Bt 实用化的里程碑。随后相继发现了对双翅目高效的以色列亚种（*Bacillus thuringiensis* subsp. *israelensis*），以及对鞘翅目高效的拟步甲亚种（*Bacillus thuringiensis* subsp. *tenebrionis*）与圣地亚哥亚种（*Bacillus thuringiensis* subsp. *sandiego*），使人们认识到 Bt 的杀虫谱不仅限于鳞翅目害虫。

我国的 Bt 研究大致经历了 20 世纪 90 年代前的收集资源、菌株鉴定、生产发酵等研究的常规阶段和 20 世纪 90 年代后以分子生物学、蛋白质组学、转录组学、代谢组学、转基因等现代技术手段全面介入的快速发展阶段。新基因的发现、转基因新成果的不断涌现，大大提升了我国微生物农药在国际上的地位。2012 年，在我国生物农药出口中，Bt 产值已达 1160 万美元。

（2）Bt 杀虫晶体蛋白及其杀虫、抗性机理　与其他芽孢杆菌相比，Bt 最大的不同之处是伴随芽孢的形成会产生伴孢晶体。伴孢晶体由杀虫晶体蛋白（insecticidal crystal protein，ICP 或 delta-endotoxin， δ-内毒素）组成，是苏云金芽孢杆菌最主要的杀虫活性物质。

Bt 杀虫晶体蛋白在伴孢晶体内是以原毒素（protoxin）的形式存在，当被敏感昆虫摄食之后，溶解于其中肠液中；原毒素经过蛋白酶水解激活后，转变成为具有杀虫活性的毒性肽。毒性肽可以与昆虫中肠上皮细胞细胞膜上的特异受体结合，然后部分插入细胞膜形成一个允许离子自由通过的孔道，造成肠细胞的裂解，最终导致昆虫死亡。由此可见，杀虫晶体蛋白发挥其杀虫作用要经过溶解、酶解活化、与受体结合、膜“孔洞”形成以及细胞裂解等环节，其中任何一个环节发生变化都将影响昆虫对 Bt 的敏感性（图 15-1）。

由于单独品种 Bt 杀虫剂的长期频繁使用以及

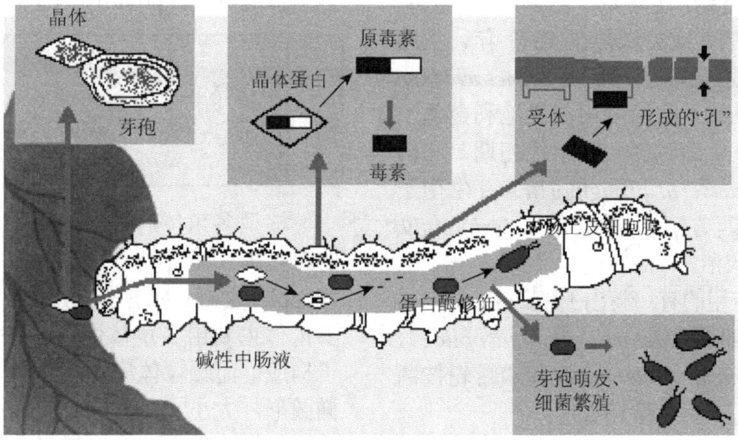

图 15-1 苏云金芽孢杆菌晶体蛋白杀虫机理

Bt 转基因植物的大面积、长期应用带来的持续选择压力，不可避免地导致昆虫产生了抗性。目前至少有十几种昆虫在实验室和田间对不同 Bt 菌株及 ICP 产生了不同程度的抗性。昆虫对 Bt 的抗性可以发生在杀虫晶体蛋白起作用的各个环节。其中，昆虫中肠细胞膜上 Bt 毒素受体的突变或缺失是造成昆虫产生抗性的一个重要因素。此外，昆虫取食行为的改变也可能是抗性产生的原因之一。

Bt 抗性治理策略主要有以下几方面：①轮换或更替使用含不同 ICP 成分的 Bt 杀虫剂或转基因作物，特别注意使用杀虫机制有所不同的 ICP，若选择具有协同作用的 ICP 组合，在延缓抗性同时，还能起到增效作用。②开发具有不同杀虫机制的 ICP Bt 新菌株。③提供避难所（refugie）保存昆虫的敏感个体以保证群体的多样性，减缓昆虫抗性形成的速度。④转基因植物中 ICP 表达的基因调控：在同一植物中表达不同类型的 ICP，筛选新 ICP 取代抗性 ICP；在特定组织（害虫最易侵害处）表达，保护关键组织；伤口-诱导 ICP 表达，只表达杀死昆虫阈值的蛋白量；化学-诱导 ICP 的表达；超高水平 ICP 的表达，使植物不再成为害虫的寄主等。以上各项措施都至少在理论上能够防止和延缓昆虫的抗性，不过要在实际应用中达到预期效果还需要不断地探索和实践。

2. 球形芽孢杆菌

球形芽孢杆菌（*Bacillus sphaericus*，Bs）是一种在自然界中广泛分布的好气芽孢杆菌，能够在其亚末端形成膨大胞子囊和球形芽孢。

Bs 主要的毒力因子是在芽孢形成过程中产生的，包裹在芽孢外壁内，由二元毒素组成的蛋白晶体。二元毒素由 BinA 和 BinB 组成，其中 BinA 蛋白对蚊幼虫的毒力低，而单独的 BinB 对蚊虫幼虫无毒，只有两蛋白同时存在时，才表现出对库蚊、按蚊的高毒力。

Bs 广泛应用于病媒蚊虫的生物防治中，利用 Bs 开发出的杀蚊制剂对控制疟疾、丝虫病、登革热等蚊媒疾病的传播等方面发挥了重要作用，被认为是一种对人、畜、禽、水生生物无毒，不污染环境的生物杀蚊虫幼虫制剂。目前，包括中国在内的多个国家已经开发出商业化 Bs 杀蚊制剂，取得了良好效果。

3. 日本金龟子芽孢杆菌

20 世纪 30 年代从感染了乳状病的蛴螬体内分离出的一种专性寄生金龟子幼虫的细菌，被命名为日本金龟子芽孢杆菌（*Paenibacillus popilliae*）。该菌主要通过芽孢感染蛴螬。存在于土壤中的芽孢进入幼虫的消化管后萌发成杆状的营养细胞，然后穿透肠壁进入体腔内，在体液中进行增殖，最终导致幼虫死亡。染病的蛴螬呈乳白色，因此称为乳状病（milky disease）。对于蛴螬死亡的原因一般认为是营养物质消耗殆尽或氧化酶代谢紊乱，也可能与细菌产生的毒素有关。美国已经成功开发出日本金龟子芽孢杆菌制剂 Doom，并在美国、加拿大、新西兰等日本金龟子泛滥的国家大面积使用，防治效果一般达 60%～80%。

（二）真菌杀虫剂

能侵入昆虫体内寄生、使昆虫发病致死的真菌称为昆虫病原真菌（entomophagous fungus）。1834 年，Bassi 实验证实白僵菌可使家蚕感染白僵病，标志着人们认识昆虫疾病的开始，也奠定了昆虫病理学的基础。害虫微生物防治的首次尝试是在 1873 年，俄国科学家 Metchnikov 用金龟子绿僵菌（*Metarhizium anisopliae* var. *anisopliae*）防治麦田的奥地利金龟子（*Anisoplara austriace*）。20 世纪 70 年代初期，法国就用布氏白僵菌（*Beauveria brongniartii*）芽生孢子制剂成功地对森林西方五月鳃金龟（*Melolontha melolontha*）进行了防治。

目前，主要研究应用的有：球孢白僵菌（*Beauveria bassiana*）、金龟子绿僵菌（*Metarrhizium anisopliae*）、淡紫拟青霉（*Paecilomyces lilacinus*）和蜡蚧轮枝菌（*Lecanicillium lecanii*）等（表 15-2）。

表 15-2　常见的昆虫病原真菌及其防控对象和杀虫机理

真菌种类	防控对象	杀虫机理
球孢白僵菌	松毛虫、玉米螟和松墨天牛	真菌孢子黏附在寄主体表并识别寄主；在适宜的条件下，真菌孢子开始萌发，长出芽管，形成侵染结构（如附着胞、穿透钉等），穿透寄主体壁，进入寄主血淋巴；在寄主血淋巴中以虫菌体（hyphal body）的形式对抗或逃避寄主的免疫反应，实现在寄主体内定殖；昆虫病原真菌生长、繁殖并分泌一系列毒素，消耗寄主的营养，干扰寄主的正常生理代谢，破坏寄主昆虫组织的结构，最终导致寄主昆虫死亡；寄主死亡后，昆虫病原真菌在寄主体内开始营腐生生长，利用寄主降解的组织，在寄主体表体内，产生大量真菌孢子
金龟子绿僵菌	蝗虫和蟑螂	
淡紫拟青霉	柑橘、马铃薯等多种作物根结线虫，以及大豆孢囊线虫	
蜡蚧轮枝菌	蚜虫、蓟马和白粉虱	

昆虫病原真菌多数种类专化性不强，寄主范围较广，能防治多种害虫。除了可以从消化道侵入虫体外，病原真菌还可以从昆虫完整的体壁、气孔入侵，是昆虫病原物中唯一的能通过表皮感染昆虫的微生物，可以制备成触杀性的微生物杀虫剂，在防治蚜虫等刺吸式害虫、地下害虫、卫生害虫等过程中占有特殊的地位。此外，真菌感染昆虫不仅受到本身专化性、感染发生数量和寄主的生理状况影响，而且与环境条件密切相关，特别是温度、湿度、光照等因素。

（三）昆虫病毒杀虫剂

从广义上来说，能在昆虫体内增殖的病毒都可算是昆虫病毒。不过，很多病毒虽然能在昆虫体内增殖，但对昆虫的侵染率和致病力并不高，一般并不表现病原性。因此，我们通常只将以昆虫为宿主并对昆虫有致病性的病毒称为昆虫病毒。

目前用于生物防治的主要是杆状病毒科的核型多角体病毒（nucleopolyhedrovirus，NPV）和颗粒体病毒（granulovirus，GV）以及呼肠孤病毒科的质型多角体病毒（cypovirus，CPV）。

> **昆虫病毒病最早的记载**
>
> 中国陈旉所著《农书》（1149）中即有关于家蚕“高节”“脚肿”病的记载，即中国农民俗称的“脓病”。

核型多角体病毒（NPV）的包涵体在自然界中的存在形式是直径 0.5～15μm 的多面体，称作多角体（polyhedron，或者 polyhedral inclusion body，PIB）。多角体主要由多角体蛋白和镶嵌其中的大量病毒粒子构成。而颗粒体病毒（GV）的包涵体较小，呈长椭圆形，大小（300～511）nm×（119～350）nm，简称颗粒体（granule，或者 occlusion body，OB）。一般每个颗粒体只含有一个病毒粒子。

昆虫病毒的感染方式主要有三种：一是通过食物经口进入中肠后感染，这是自然界昆虫病毒传染的主要方式；二是创伤感染，昆虫核型多角体病毒能够通过体表的创伤感染而发病；三是昆虫病毒可经卵传染，这在生物防治上具有重要意义。

> **生物导弹**
>
> 用柞蚕（*Antheraea pernyi*）卵来繁殖赤眼蜂（*Trichogramma evanescena*）时，将适应赤眼蜂携带的病毒剂型喷洒在柞蚕卵表面。当赤眼蜂从蚕卵中爬出来时，身上可粘上数百个病毒。携带病毒的赤眼蜂能迅速准确地找到害虫卵作为寄生卵，将病毒粘到卵壳上。等到害虫幼虫孵化时，就会吞食卵面，将病毒也吃进去，造成害虫种群发生病毒性流行病。该技术实施方法简单，只需将半个火柴盒大小的“生物导弹”挂在树木一人高处即可。只用 5 枚生物导弹就可控制一亩①范围的松毛虫，持续期长，一次防治多年受益。

多角体进入宿主昆虫的中肠后，中肠的碱性环境和其中的蛋白酶迅速溶解多角体蛋白，将其中包含的病毒粒子释放出来。释放出的病毒粒子通过内吞作用侵入中肠柱状细胞，进入细胞核进行复制，生成出芽型病毒粒子（budded virus，BV），完成第一次侵染。BV 经由昆虫的气管系统和循环系统传遍全身，对脂肪体、肌肉、血细胞、神经、气管等组

① 1 亩≈666.7m^2

织进行二次侵染，复制生成大量包埋型病毒粒子（occlusion-derived virus，ODV）。感染后期，多角体蛋白将ODV装配成多角体。此时，昆虫细胞中充斥着大量的多角体，病毒的蛋白酶和几丁质酶表达，将昆虫的细胞和体壁溶解，使虫体液化，体壁脆弱易破，流出脓汁样的体液，向环境中释放出多角体。

病毒杀虫剂是一种靶标专一的杀虫剂，它能导致害虫染病暴发和流行，可在几年内将虫害维持在经济阀值以下，而且它不杀死天敌，对人畜无毒无害，是一类具有良好应用前景的杀虫剂。我国应用面积较大的有赤松毛虫质型多角体病毒（CPV）、棉铃虫和油桐尺蠖核型多角体病毒（NPV）和菜粉蝶颗粒体病毒（GV）等病毒杀虫剂，而且取得了较好的防治效果。但是，病毒杀虫剂也存在杀虫范围窄、作用速度缓慢、不能用常规发酵方式生产、生产成本相对较高等问题。因此近年来人们在病毒增效因子和采用基因工程技术改造病毒杀虫剂等方面作了深入的研究。

（四）杀虫抗生素

杀虫抗生素（antibiotic insecticides）在近30年才有了重大进展，成为杀虫剂中的“后起之秀”，也为微生物杀虫剂开辟了一个崭新的领域。

利用抗生素防治害虫的研究始于20世纪50年代初，1950年，Kido等发现抗霉素A（antimycin A）具有杀虫、杀螨作用。60年代以后，人们开始有目的地筛选新的杀虫抗生素，相继开发出一批高效的杀虫抗生素，如紫菜霉素（porfiromycin）、密旋霉素（pactamycin）、普拉星隆（Prasinom）、四活（抗）菌素（杀螨索）和密尔比霉素（杀虫素B 41，Milbemycin）等。20世纪80年代，浙江省农业科学院最早报道的杀蚜素是我国报道的第一个农用杀虫素，应用面积曾一度达到几十万亩。随后，上海农药研究所的浏阳霉素、上海农业科学院植物保护研究所的韶关霉素、江西农业大学的南昌霉素和梅岭霉素等相继问世。目前商品化的杀虫抗生素主要有阿维菌素（avermectin）和多杀菌素（spinosad）等。

阿维菌素是日本北里研究所与美国默克公司联合开发的，由阿维链霉菌（*Streptomyces avermitilis*）发酵产生的一组大环内酯类杀虫抗生素。它除对几十种家禽、家畜体内外寄生虫高效、对螨类有特效外，对鳞翅目、鞘翅目、双翅目等10个目25个科的84种农业害虫也有不同程度的防治效果，是一种广谱、高效的大环内酯类杀虫抗生素，尤其是对危害严重而又防治难的农作物害虫如小菜蛾、棉铃虫、美洲斑潜蝇、梨木虱及螨类等主要农作物害虫具有显著防效。其作用机理是通过干涉害虫神经生理活动，刺激昆虫γ-氨基丁酸（GABA）系统，使害虫中央神经系统的信号不能被运动神经元接受，导致害虫迅速处于麻痹、拒食、缓动或不动状态而死亡，对昆虫和螨类兼具触杀及胃毒作用。

自20世纪80年代投放市场以来，阿维菌素已逐步成为继Bt制剂、井冈霉素之后，生物农药产业的又一支柱产品。我国于1991年引入阿维菌素，现已成为世界上最大的阿维菌素生产国。

多杀菌素（又名刺糖菌素）是美国陶氏益农公司开发，由刺糖多胞菌（*Saccharopolyspora spinosa*）发酵产生的大环内酯类杀虫抗生素，对双翅目和大部分鳞翅目昆虫有很高的活性。它对目标害虫的卵、幼虫、成虫都有触杀活性，但对鳞翅目害虫的胃毒效果最好。与一般的杀虫剂相比，多杀菌素兼具生物农药的安全性和化学合成农药的快速效果，并因其低毒、低残留、分解快、对天敌安全而获得美国“总统绿色化学品挑战奖”。

（五）其他微生物杀虫剂

1. 微孢子虫

微孢子虫是专性细胞内寄生的单细胞原生动物，个体微小，无线粒体，专性细胞内寄生。目前已报道的微孢子虫种类有800种以上，大多数寄生于昆虫，少数寄生于鱼类和哺乳动物。

昆虫微孢子虫病的发生十分普遍，是自然界中制约昆虫种群密度的重要因素之一，与细菌病、真菌病、病毒病一起并列为昆虫四大病害。

昆虫微孢子虫可通过经口感染的水平传播和经卵感染的垂直传播引起昆虫疾病的发生与流行。微孢子虫通常以成熟的孢子存在于自然界中，被昆虫取食后在寄主消化道内发芽。孢子内盘曲的极丝迅速翻出，像一根接种针，刺进肠壁细胞，然后将孢质注入寄主细胞内，从而完成整个侵染过程。微孢子虫对寄主昆虫的破坏作用主要体现在掠夺养分、分泌蛋白酶溶解寄主细胞内容物、机械破坏寄主细胞完整性等方面。其发病过程较为缓慢，其中一部分幼虫染病后，可一直发育到成虫，并能产卵，经卵将微孢子虫传至下一代。

目前研究较多的昆虫微孢子虫主要有蝗虫微孢子虫（*Nosema locusta*）和玉米螟微孢子虫（*Nosema pyraustae*）。其中，蝗虫微孢子虫作为一种生物治蝗技术已经商品化大量生产并在多个国家广泛应用。我国仅1998～1999年在内蒙古、新疆、青海等省（自治区）采用蝗虫微孢子虫防治草原蝗灾，总面积达46.66万hm^2以上，有效地控制了蝗虫为害。

2. 昆虫病原线虫

昆虫病原线虫（entomopathogenic nematode）是指一类专性寄生昆虫的线虫，主要是斯氏线虫科（Steinernematidae）和异小杆线虫科（Heterorhabditidae）的一些线虫。

昆虫病原线虫以第 3 龄幼虫侵染寄主，这些线虫消化道内携带有共生菌，当线虫从昆虫消化道或节间膜侵入昆虫体内后，其共生菌从线虫体内释放出来，在昆虫血液内增殖，产生毒素致昆虫死亡。线虫则以寄主组织和细菌细胞为食，成熟后交配产生后代。

由于昆虫病原线虫寄主范围广泛，具主动搜索能力，对土栖性、钻蛀性以及隐蔽性害虫有特殊防效。此外，它可规模化培养，使用方便，对人畜安全，不污染环境，在工业化国家的生物农药市场中，此类线虫的市场销售额仅次于苏云金芽孢杆菌，在美国是免注册产品。我国也已开发出防治草地蛴螬的“绿草宝”、防治韭菜蛆等地下害虫的昆虫病原线虫商品制剂——“奈玛”等。

二、微生物杀菌剂

微生物杀菌剂（microbial fungicide）是指由微生物及其代谢产物加工而成的具有抑制植物病害的杀菌剂。微生物杀菌剂主要抑制病原菌能量产生、干扰生物合成和破坏细胞结构，有的兼有刺激植物生长的作用。微生物杀菌剂主要有农用抗生素、细菌杀菌剂和真菌杀菌剂。

（一）农用抗生素

1958 年，日本发现世界上第一个农用抗生素——灭瘟素-S（Blasticidin-S），并成功用于防治稻瘟病。目前，我国生产的农用杀菌抗生素主要品种有井冈霉素、宁南霉素、中生菌素、春雷霉素、多抗霉素、农用链霉素等。其中，井冈霉素已成为我国农药杀菌剂和杀虫剂销售和使用量名列前茅的品种，与苏云金芽孢杆菌、阿维菌素、赤霉素 4 个品种已成为我国微生物农药产业中的领军品种（表 15-3）。

（二）细菌杀菌剂

放线菌是最早发现的有生物防治效果的微生物，如链霉菌属中的许多种对植物病原菌有拮抗作用。1989 年芬兰推出的放线菌生物杀菌剂 Mycostop，其有效成分就是灰绿链霉菌（*Streptomyces griseovirdis*），主要作用于观赏植物和温室蔬菜上的镰刀菌，也可用于种子处理。我国开发的 5406 抗生菌为泾阳链霉菌（*Streptomyces jingyangensis*），对黄萎病菌、枯萎病菌、立枯病菌、猝倒病菌等多种植物病害具有抗性，且可促进植物生长。

表 15-3 常见农用抗生素及其防控对象和作用机理

指标	抗生素		
	井冈霉素	宁南霉素	中生菌素
来源	吸水链霉菌井冈变种（*Streptomyces hygroscopicus* var. *jingganggensis*）	诺尔斯链霉菌西昌变种（*Streptomyces noursei* var. *xichangensisn*）	淡紫灰链霉菌海南变种（*Streptomyces lavendulae* var. *hainanensis*）
活性成分	多组分的弱碱性氨基环醇类抗生素	胞嘧啶核苷肽新型抗生素	*N*-糖苷类抗生素
防治对象	主要用于水稻纹枯病，也可用于水稻稻曲病，以及蔬菜和棉花等作物病害的防治	可有效防治烟草、水稻、小麦、蔬菜、果树等多种作物的病毒病。还可防治白粉病、根腐病等真菌病害，以及水稻白叶枯病、白菜软腐病、茄科作物青枯病等细菌性病害	对蔬菜软腐病菌、黄瓜角斑病菌、水稻白叶枯病菌、苹果轮纹病病菌、小麦赤霉病菌等具有明显的抗菌活性
作用机理	干扰和抑制水稻纹枯病菌丝体细胞正常生长发育，形成不正常分枝，削弱纹枯病菌的致病力，从而起到防治作用	抑制病毒核酸的复制和外壳蛋白的合成，还能提高植物的抗病力	能抑制病原细菌蛋白质的肽键生成；可抑制真菌菌丝生长和孢子萌发；还可刺激植物体内植保素及木质素的前体物质的生成，从而提高植物的抗病能力

早期用于生防研究的细菌多为革兰氏阴性菌，如假单胞杆菌（*Pseudomonas* spp.）、放射形土壤杆菌（*Agrobacterium* spp.）、欧文氏菌（*Erwinia* spp.）等。其中荧光假单胞杆菌（*Pseudomonas fluorescens*）大量存在于植物根际，繁殖迅速，能产生抗生素和嗜铁素（siderophores），对植物根系的多种植物病原菌有抑制作用。放射形土壤杆菌（*Agrobacterium radiobacter*）菌株 K84 在 1973 年就被大规模生产，用来防治果树的根癌病。欧氏杆菌对白菜、萝卜、马铃薯等的软腐病或腐烂病有防治效果。

一些自然界中广泛存在的非致病性革兰氏阳性菌也具有抑制植物病害的能力，特别是芽孢杆菌（*Bacillus* spp.）种类繁多、资源丰富，芽孢的形成使得它们的适应性和抗逆能力强，易于工业化生产和贮藏，生产潜力大。

枯草芽孢杆菌（*Bacillus subtilis*）制剂 Kodiak 已在美国商业化，对植物病原菌镰刀菌和丝核菌有很好的防治效果，同时兼具防病和促进作物生长的作用。我国已开发成功并投入生产的枯草芽孢杆菌商品制剂有百抗、麦丰宁、纹曲宁、依天得、根腐消等。百抗的主要有效成分是枯草芽孢杆菌 B908。大田应用中，百抗对水稻纹枯病防效 70%以上，其抑菌机制为营养竞争、位点占领等。麦丰宁是由枯草芽孢杆菌 B3 制成的活体生物杀菌剂，对小麦纹枯病田间防效达 50%～80%，其防病机制主要是产生抑制小麦纹枯病病菌菌丝生长、菌核形成和菌核萌发的抗菌物质。

细菌杀菌剂的作用机理包括：产生多种抗菌产物如小分子抗生素、抗菌蛋白（多肽）、嗜铁素及 HCN 等可直接杀死病原菌或抑制病原菌的生长；与病原菌竞争营养和生存空间，诱导植物产生抗性等。

（三）真菌杀菌剂

真菌杀菌剂研究和应用最广泛的是木霉菌，包括哈茨木霉（*Trichoderma harzinum*）、绿色木霉（*T. viride*）、钩状木霉（*T. hamatum*）、长枝木霉（*T. longibrachiatum*）、康氏木霉（*T. koningii*）等。木霉菌制剂具有生产工艺简单、使用方便等优点，对立枯病、菌核病、腐霉病、灰霉病等多种病害有较好的防效。早在 1981 年木霉制剂已在西欧一些国家商品化生产。我国开发研制的木霉菌杀菌剂——灭菌灵（又名生菌消），主要用于防治各种作物的霜霉病。

其次是粘帚霉（Gliocladium）。链孢粘帚霉（*Gliocladium catenulatum*）主要用于防治土壤里的腐霉菌和丝核菌。除此之外，毛壳菌（*Chaetomium*）、镰刀菌（*Fusarium*）、轮枝菌（*Verticillum*）等 20 多个属的真菌中都有被开发为病害生防制剂的，如防治玉米苗枯病的球毛壳菌（*Chaetomium globosum*）、防治枯萎病的非致病性尖孢镰刀菌（*Fusarium oxysporum*）、防治葫芦白粉病的蜡蚧轮枝菌（*Verticillium lecanii*）等。

真菌杀菌剂的机理包括：重寄生作用，能寄生于病原真菌；拮抗作用，产生拮抗性物质（如抗生素和几丁质酶、蛋白酶、葡聚糖等酶类）；竞争作用，争夺生长空间和所需营养；还能诱导植物产生抗性。

三、微生物除草剂

全世界大约有 30 万种杂草广泛分布，其中约 1800 种杂草所造成的产量损失占粮食年产量的 9.7%。微生物除草剂（microbial herbicide）是指利用微生物活体或由其产生的活性代谢产物来防治杂草的生防制剂。迄今为止，已经商品化或接近商品化的微生物除草剂近 20 种。

（一）活体微生物除草剂

由杂草病原微生物和适宜的助剂组成的微生物制剂称作活体微生物除草剂。作为植物病原微生物的真菌、细菌、病毒都可用于活体微生物除草剂。最常见的是植物病原真菌。它们的孢子可直接穿透寄主表皮，进入寄主体内产生毒素，最终导致杂草死亡。目前，已有刺盘孢菌属（*Colletotrichum*）、镰孢菌属（*Fusarium*）、链格孢菌属（*Alternaria*）和尾孢菌属（*Cercospora*）的一些真菌具有开发潜力。已开发的主要真菌除草剂有防治菟丝子的鲁保一号、防治绞死藤的 Devine 以及防治豆科杂草的 Collego 等。

20 世纪 90 年代，人们从杂草根系土壤的微生物菌群中筛选出具有除草活性的细菌，开发致病的细菌作除草剂成为除草剂开发研究的热点。细菌除草剂的研究主要涉及假单胞菌属（*Pseudomonas*）、肠杆菌属（*Enterobacter*）、黄杆菌属（*Flavobacterium*）、柠檬酸细菌属（*Citrobacter*）、无色杆菌属（*Achromobacter*）、产碱杆菌属（*Alcaligenes*）、欧文氏菌属（*Erwinia*）和黄单胞菌属（*Xanthomonas*）的细菌。日本已开发出的细菌除草剂 Camperico，其有效成分是野油菜黄单胞菌野油菜致病变种（*Xanthomonas campestris* pv. *poannua*），用于防治高尔夫球场的早熟禾，专一性强，具有种间选择性，防效可达 90%。

除此之外，利用病毒防治杂草也有一些实例。例如，Lpp-1 病毒可用来防治水中的蓝绿藻等水生杂草；烟草轻绿花叶病毒（tabacco mild green mosaic virus）能高效控制严重危害美国东南部牧场和草地的杂草，有望成为第一个病毒类的微生物除草剂产品。

（二）微生物源除草剂

利用微生物所产生的具有杀（抑）草活性的代谢产物进行杂草防治的除草剂称作微生物源除草剂，也称农用抗生素除草剂。微生物源除草剂的有效成分主要是微生物在代谢过程中产生的抗生物质或毒素。第一个微生物源除草剂是中国科学院从绿色产色链霉菌（*Streptomyces viridochromogenes*）中分离的双丙氨膦，可广泛用于防控禾本科杂草及阔叶杂草。具除草活性的抗生素还有除草菌素（herbicidin）、绿僵菌素（destruxin E）、杆孢菌素（roridins）和疣孢菌素（verucarins）。

真菌毒素：如侵染番茄的交链孢菌（*Alternaria alternata* Tomato pathotype）产生的 AAL-毒素能抑制植物的神经酰胺合成酶，导致该酶的底物（即 4-羟双氢鞘氨醇和二氢鞘氨醇）大量积累和细胞膜的破裂。AAL-毒素对多种杂草有较宽的作用范围，对龙葵（*Solanum nigrum*）和曼陀罗（*Datura stramonium*）有防除效果。交链格孢菌［*Alternaria alternate*（Fr.）Keissler］产生的 AAC-毒素可使杂草紫茎泽兰萎蔫，最后导致杂草死亡。此外，由壳二孢菌、茎点霉菌产生的莎草素（cyperin）和从黑斑病菌中分离而得的 Alteichin 等作用机制较明确的真菌毒素，都具有一定的除草活性。

细菌毒素：假单胞菌属（*Pseudomonas*）、欧文氏菌属（*Erwinia*）和黄单胞菌属（*Xanthomonas*）的细菌能产生的具有除草作用的毒素。如黄单胞菌 L4 毒素是野油菜黄单胞菌反枝苋致病变种（*Xanthomonas campestris* pv. retroflexus）产生的一种细菌毒素，主成分为环肽化合物，能通过破坏杂草叶片的线粒体内膜而使 ATP 能量代谢不能正常进行，能量过量消耗，最终导致植物萎蔫、死亡。

此外，人们开始研发蛋白质源除草剂。尖孢镰刀菌（*Fusarium oxysporum*）产生的真菌蛋白能杀死阔叶杂草而其对单子叶植物很安全，革兰氏阴性菌梨火疫病菌（*Erwinia amylovora*）的天然蛋白质产物 messager 已注册为除草剂。

四、微生物源植物激素

微生物源植物激素是一种植物生长调节剂，一般以极低的浓度调控其生长发育。目前使用最多、最有效的微生物源植物激素是赤霉素（gibberellin，GA）。

1926 年，日本学者黑泽英一发现，当水稻感染了赤霉菌或者将赤霉菌培养基的滤液喷施到健康水稻幼苗上，都会导致水稻秧苗疯长，而结实率却大大降低。1934 年，薮田贞治郎分离出引起水稻徒长的赤霉菌分泌物，并于 1938 年正式命名为赤霉素。1959 年，赤霉素的化学结构被确定，发现它是一类双萜类化合物，化学结构比较复杂。

赤霉素广泛分布于细菌、真菌、藻类、蕨类以及裸子植物和被子植物中，已经发现赤霉素类物质超过 140 种。赤霉素对多种作物果蔬等促进其生长、发芽、开花结果；能刺激果实生长，提高结实率，对棉花、蔬菜、瓜果、水稻等有显著的增产效果。

我国自 20 世纪 50 年代以来，一直在大规模应用赤霉素，尤其是近 20 多年在杂交水稻上的应用，增产效果显著。目前，赤霉素主要通过藤仓赤霉菌（*Gibberella fujikuroi*）的液体深层发酵生产，我国已成为世界上最大的赤霉素生产国。

脱落酸（abscisic acid，ABA）是一种 15 碳倍半萜烯化合物，是一种抑制生长的植物激素，与生长素、乙烯、赤霉素、细胞分裂素并列为植物五大激素，广泛分布于高等植物。它可以提高植物的抗旱和耐盐力，对开发利用中低产田以及植树造林、绿化沙漠等有极高的价值。脱落酸还是抑制种子萌发的有效抑制剂，因此可以用于种子贮藏，保证种子、果实的贮藏质量。此外，脱落酸还能引起叶片气孔的迅速关闭，可用于花的保鲜、调节花期、促进生根等，在花卉园艺上有较大的应用价值。2008 年，北京奥运会期间，北京全市的百万盆鲜花，均有施加脱落酸，以保证花盛开的状态。脱落酸在美国、日本、东南亚等地已广泛应用于农业生产之中，在我国农业生产上也逐步获得大面积推广。

尽管脱落酸在植物中广泛分布，但其含量非常低，据报道从 200kg 棉桃中才提取到 9mg 的脱落酸，难以使用直接提取法获得。另外，天然脱落酸的光学构型特殊，传统的化学合成法生产成本极高，因此微生物发酵法就备受重视。成功应用于大规模发酵的主要为灰葡萄孢霉菌（*Botrytis cinerea*）。

第二节 微生物肥料与饲料

粮食问题是世界性的重大问题。为了解决这个问题，小小的微生物可以大显身手。上一节提到的微生物农药能够减少病虫害所造成损失；而一些微生物可用作肥料，改善作物养分供应，促进作物生长，达到增产和改善品质的目的。

另外，随着人类生活水平的提高，对肉鱼蛋奶不断增大的需求促使现代化养殖业的高速发展，由此造成的饲料短缺、人畜争粮现象已成为严重制约养殖业发展的瓶颈。近年来，微生物饲料的研究、应用和推广有效地缓解了饲料用粮不足，人畜争粮的矛盾，在世界各国越来越受到重视。

一、微生物肥料

微生物肥料（microbial fertilizer）是一类通过有效活菌的生命活动和其代谢产物的作用，改善作物养分供应，促进和调控作物生长，达到增产和改善品质的生物制剂，又称菌肥、菌剂、接种剂。微生物肥料和化肥有本质的区别：前者是活的生命，而后者是矿质元素。此外，微生物肥料在提高土壤肥力、改善土壤性质、减少化肥使用量、减少环境污染、降低某些病害特别是土传病害的发生和危害方面也具有重要作用。

1895 年，法国学者 Noble 研制出纯培养的根瘤菌制剂——“Nitragin”。1930 年苏联及东欧一些国家的学者将从土壤中分离出的硅酸盐细菌和解磷细菌用于农业生产。我国微生物肥料的研究可追溯到 20 世纪 30 年代，50 年代开始应用大豆根瘤菌剂。通过多年的研究积累，我国在固氮、分解土壤有机物质和难溶性矿物质、抗病与刺激作物生长、根系共生菌等领域开发出一系列生物肥料产品。截至2014年8月在农业部正式登记的微生物肥料品种有1149种，另有863种获得产品临时登记证。

微生物肥料的种类很多，根据其功能和肥效大致可分为4类：增加有效营养供给的菌肥，如根瘤菌菌肥、固氮菌菌肥、解磷菌菌肥、解钾菌菌肥等；提高作物根系吸收营养能力的菌肥，包括外生菌根菌剂和内生菌根菌剂；促进植物生长的菌肥，如根际促生菌菌肥；复合微生物肥料。

（一）增加有效营养供给的菌肥

1. 根瘤菌菌肥

根瘤菌是一类可以在豆科植物根部结瘤和固氮的杆状细菌，侵染豆科植物根部后形成根瘤，可以固定空气中游离的氮素成NH_3，与豆科植物形成共生固氮关系。根瘤菌菌肥是用人工选育的优良根瘤菌种，通过大量繁殖而制成的根瘤菌菌剂，是研究最早、迄今应用最广泛、效果最稳定的微生物肥料之一。根瘤菌只与豆科植物结瘤共生，而且根瘤菌的各个菌株只能感染一定的豆科植物，共生关系具有专一性。目前已经从花生、大豆、绿豆、牧草、羽扇豆、金合欢、紫穗槐等根瘤菌中选育出许多优良菌种。研究和应用的主要根瘤菌剂是花生根瘤菌（*Bradyrhizobium* sp.）、大豆根瘤菌（*B. japonicum*）、豌豆根瘤菌（*Rhizobium leguminosarum*）、苜蓿根瘤菌（*R. meliloti*）。根瘤菌的田间应用主要采用种子拌菌和土壤混菌。

2. 固氮菌菌肥

固氮菌菌肥的有效成分是固氮菌。固氮菌是一类能在土壤或作物根际生活，利用土壤中的有机质或根系分泌的有机物作碳源来固定空气中的氮素成NH_3的微生物。这类细菌在根系不形成类似根瘤的共生结构，其固氮活性受到外界环境因子影响很大。此外，固氮菌还需要磷、钾、钙、硫、镁及各种微量元素，固氮效率也不如根瘤菌。但是由于它们在土壤中的分布要比根瘤菌广泛得多，固氮总量相当大。固氮菌菌剂适用于各种作物，特别是禾本科作物和叶菜类作物，常拌种施用，也可作基肥、追肥。根据菌种及特性分为自生固氮菌和联合固氮菌。

（1）自生固氮菌　自生固氮菌能独立固氮，与植物或其他生物无明显的依存关系，主要分布于细菌和蓝细菌的不同科、属及生理群中，如红螺菌、红硫细菌、绿硫细菌和梭状芽孢杆菌等。还可进一步细分为光合固氮菌、化能自养固氮菌和异养固氮菌。

（2）联合固氮菌　联合固氮菌主要是聚集在根表或通过植物根部伤口定殖到根内，不形成根瘤状特异结构的一种特殊共生固氮体系，其中联合固氮微生物以根际分泌物为碳源和能源，而植物则获得固氮菌固定的氮及分泌的生物活性物质。与根瘤菌只与豆科植物的共生固氮不同，联合固氮菌的宿主范围较广泛，如水稻、小麦、玉米等植物的根际。除了固氮，还具有分泌植物激素、维生素、抑制植物乙烯合成等诸多生物学特性。

3. 解磷菌菌肥

解磷菌菌肥（phosphorus bacterial fertilizer）是利用微生物代谢过程中产生有机酸和酶类，使固定在土壤中的无机磷酸盐溶解、有机磷酸盐矿化或通过固定作用将难溶性磷酸盐类变成可溶性酸盐类，供植物吸收利用的微生物菌肥。这类微生物一般分为无机磷微生物和有机磷微生物。前者可以通过溶解作用、氧化还原作用以及微生物本身的固定与释放作用，分解无机磷化合物；后者主要通过产生植酸酶、核酸酶和磷酸酯酶等，分解、矿化土壤中的有机磷，并使其转化为可溶态供作物吸收利用。解磷菌主要有芽孢杆菌属（*Bacillus*）、假单胞菌属（*Pseudomonas*）、节杆菌属（*Arthrobacter*）、AM菌根菌等，其中发现最早、解磷效果最好、应用最广泛的是解磷巨大芽孢杆菌（*Bacillus megatherium*）。

4. 解钾菌菌肥

解钾菌菌肥（potassium bacterial fertilizer）是能够分解土壤中难溶性的含钾铝硅酸盐矿物，促进难溶性的钾等养分元素转化成有效钾的微生物肥料，又称为生物钾肥或硅酸盐菌剂。其活性成分硅酸盐细菌，能在种子或作物根系周围迅速增殖形成群体优势，并分解硅酸盐、铝硅酸盐类矿物，释放出钾、磷、硅等元素，增加土壤中速效养分的含量，改善土壤的供肥能力，满足作物生长发育的需要。硅酸盐细菌的解钾作用一般认为是多因素共同作用的结果，通过其产生的有机酸、氨基酸的酸溶以及荚膜多糖的络合作用等来共同实现。硅酸盐细菌的钾在细胞灰分中的含量可高达33%～43%，当细胞死亡后，这部分钾重新释放出来供植物利用。固氮菌和解钾菌混用效果更佳。

（二）提高根系吸收营养能力的菌肥

主要是指菌根真菌肥料。菌根（mycorrhiza）是一些土壤真菌与植物的根形成具有特定形态结构和功能的共生体。真菌菌根能够为植物提供更多的磷素营养，促进作物对某些微量元素的吸收，增强作物的抗旱、抗病害等抗逆能力。

植物形成菌根是普遍现象，自然界大部分植物都具有菌根，根据菌根的形态结构和菌根共生时的其他性状，菌根可划分为外生菌根和内生菌根。

1. 外生菌根

外生菌根是指与植物根共生的真菌菌丝在根外形成的菌套和哈氏网。外生菌根的形成从幼苗阶段就开始了，外生菌根对植物有促进生长和预防病害的作用。其功能主要表现在：①扩大了寄生植物根的吸收面，能吸收更多的水分和养分；②外生菌根形成的菌套和哈氏网起到屏障的病原菌作用；③外生菌根真菌产生抗生素，表现抗菌活性，控制病害的发生；④外生根根圈的微生物群落起着防御病菌侵袭的作用。

2. 内生菌根

内生菌根是指与植物根共生的真菌其绝大部分菌丝侵入根表层内形成包囊和丛枝菌根。内生菌根研究最多的是丛枝菌根（*Arbuscular mycorrhizae*，AM），它是土壤共生真菌中分布最广泛的一类真菌，可以与200个科的20万个种以上的植物共生生活。AM菌根侵染到作物根部形成椭圆形泡囊，还将菌丝伸延到土壤中去，从而扩大了吸收面，增加了根系对水分的吸收，提高作物的抗旱能力。同时还能帮助作物吸收磷、钾、硫、钙、锌、铁、铜等营养元素，提高作物的产量和品质。此外，AM菌根还有重金属的“解毒”功能和其他抗逆作用。

（三）促进作物生长的菌肥

这一类菌肥主要是指植物根际促生菌菌肥。根际促生菌（compound microbial fertilizer）是一类大量定殖于植物根部的优势有益菌类，能促进植物生长，防治病害、增加作物产量，它有两大功效：一是促生长作用；二是生物防治作用。

1. 促生长作用

PGPR代谢所产生的生长素、赤霉素、细胞分裂素、脱落酸、乙烯、酚类化合物及其衍生物等植物激素，各类氨基酸、烟酸、泛酸、生物素、维生素B_{12}等维生素，以及核酸类和水杨酸都能不同程度地刺激调节植物的生长。

PGPR能够增加植物有效营养供给，如很多促生菌是固氮菌，能为植物提供氮素营养。还有一些PGPR如解磷细菌和硅酸盐细菌能分解土壤中难溶性的矿物质，并转化成易溶性的矿物质，从而帮助植物吸收各种矿质元素。有的PGPR还能促进其他有益微生物与宿主的共生，如促进豆科植物—根瘤菌的共生，这可能是因为PGPR刺激植物根部生长，为根瘤菌的感染和结瘤提供了更多机会。

2. 生物防治作用

PGPR能够增强植物对病原菌和环境胁迫的抗性和忍耐力。PGPR能通过产生抗生素、铁载体、系统防卫酶以及氰化物（HCN）等多种物质抑制细菌或真菌性病害，某些微生物也能诱导诱导植物防卫基因的表达，增强植物系统抗性，从而提高生防效果。

PGPR是根际的优势菌，不但数量占优，在营养及生态位竞争方面也处于优势，可有效阻止和降低病原微生物的入侵。

PGPR通过产生抗生素类物质、抗菌肽、抗菌蛋白、氢氰酸（hydrogen cyanide）等对土壤病原微生物的入侵起到抑制作用。此外，某些PGPR还会产生细胞壁水解酶、昆布多糖酶、β-1, 3-葡聚糖酶、蛋白水解酶和几丁质酶等酶类，对病原微生物细胞壁起破坏作用，从而减轻其对作物的危害。

另外，铁元素对所有生物来说都是必需的，但由于土壤中活性铁的缺乏，而且微生物吸铁的能力有限，从而导致铁竞争的加剧。在土壤中低Fe^{3+}的环境条件下，PGPR会分泌出一种对铁离子有很强结合能力的螯合物——嗜铁素（siderophore），根系中有限的Fe^{3+}与之螯合后，能被PGPR吸收利用，而不能被大多数微生物特别是病原菌利用，使病原菌缺铁而不能进行正常的生长。

PGPR还能引发植物的诱导系统抗性（induced systemic resistance，ISR），其机制主要通过增强植物根系细胞壁强度，改变植物的生理生化特性，以抵抗病原菌的入侵。PGPR的外膜脂多糖（lipopolysaccharides）、嗜铁素和水杨酸等与诱导系统抗性密切相关。

PGPR还能提高寄主植物对非生物胁迫（如干旱、盐分、养分亏缺或肥害、重金属）的忍耐力。当植物遭遇非生物胁迫时，内源性乙烯增加，影响植株的正常生理活动及代谢，但PGPR可通过产生脱氨酶降解乙烯的前体物质1-氨基环丙烷-1-羧基（1-aminocyclopropane-1-carboxylate，ACC），从而降低植物激素乙烯的水平，减轻环境胁迫对植株的影响，促进植物根茎的生长和养分的吸收。

根际促生菌可以单独使用，也可以与其他微生物肥料复合使用，使促生、肥效作用更好地结合起来，以提高和加强应用效果。但在复合使用时，要考虑根际促生菌与其他微生物之间是否有拮抗作用。

（四）复合微生物肥料

复合微生物肥料（compound microbial fertilizer）是指特定微生物与营养物质复合，能提高农产品产量或改善农产品品质的活体微生物制品。微生物复合肥以有益微生物为主，配以有机肥和无机肥，使其与微生物紧密结合，产生互促效应，平衡协调地供应作物的营养，起到肥效缓急相济的作用。在促进植物生长、增强抗病能力、提高农产品产量、改善农产品品质的同时，复合微生物肥料还能有效降低肥料的施用量，改良土壤，保护生态环境。目前主要产品有阿姆斯、保绿丰、田力宝等。

二、微生物饲料

微生物饲料（microbial feed）是以微生物、复合酶为生物饲料发酵剂菌种，利用微生物生长繁殖和新陈代谢，将粗饲料原料或一些廉价的有机物转化为微生物菌体蛋白、生物活性小肽、氨基酸、维生素、抗生素、微生物活性益生菌、复合酶制剂等为一体的生物发酵饲料。它不但可以弥补常规饲料中容易缺乏的氨基酸，而且能使粗饲料原料营养成分迅速转化，达到增强消化吸收利用的效果。这既有利于饲料的保存，又可提高饲料的适口性、有效利用性和营养价值，为缓解饲料用粮发挥了重要的作用。

用于发酵饲料生产的菌种除了无毒、无害之外，还有以下主要功效：分泌蛋白酶、脂肪酶、淀粉酶等酶类，降解饲料中的抗营养因子和有毒物质，促进营养物质的消化吸收；产生维生素和菌体蛋白，提高饲料的营养价值；调节肠道微生态平衡，增强动物的免疫机能，提高抗病力。发酵饲料可分为固态发酵饲料、单细胞蛋白饲料以及微生物饲料添加剂等。

固态发酵饲料是利用微生物的发酵作用来改变饲料原料的理化性能、提高消化吸收率、延长贮存期限或变废为宝，如将秸秆秕壳残渣等变为发酵饲料，或将有毒的饼粕类变为无毒、低毒的优质饲料。这一类型的饲料包括：青贮饲料、糖化饲料、纤维素酵解饲料、畜禽粪便与动物下脚料发酵饲料、脱毒饼粕类饲料等。

单细胞蛋白饲料是利用廉价的碳源、氮源通过微生物液态发酵生产的蛋白质饲料。微生物具有较高的蛋白质含量，细菌的干物质中含有50%～80%，饲料酵母达 40%～60%，可与优质鱼粉相媲美。同时单细胞蛋白饲料中含有较多的可溶性碳水化合物和 B 族维生素，因此是畜禽的优质蛋白饲料源。用于生产单细胞蛋白的微生物种类主要有酵母、细菌、放线菌及藻类等。目前国内所用居多的是饲料酵母。当前用来生产单细胞蛋白的碳、氮供体有工农业生产的副产品，如作物秸秆、纸浆废液、畜禽粪便等。

微生物饲料添加剂（microbial feed additive）是指应用于养殖业生产、摄入足够量时对饲养动物产生有益作用的活性微生物，常用的微生物饲料添加剂是能通过改善肠道微生态的平衡而对动物产生有利影响的益生菌。微生物饲料添加剂具有竞争性抑制肠道致病菌、维护肠道健康、缓解不良应激反应、改善畜舍环境、调节机体脂肪代谢和改善畜产品品质的功能。

目前，研究与应用较多的菌种还有乳杆菌、芽孢杆菌、活性酵母、双歧杆菌、肠球菌和链球菌等。2013 年我国农业部发布的《饲料添加剂品种目录（2013）》中批准使用的微生物共 34 种。

知识点回顾

1. 微生物农药与传统的化学农药相比，具有选择性强，对人、畜、天敌、农作物和自然环境安全，不易产生抗性，能减少农副产品中的农药残留量。

2. 目前，微生物杀虫剂除了以苏云金芽孢杆菌、白僵菌和棉铃虫核型多角体病毒为代表的细菌、真菌和病毒杀虫剂外，阿维菌素等杀虫抗生素也有了长足的发展。

3. 微生物农药的应用不限于杀虫剂、井冈霉素等防治作物病害的微生物杀菌剂，微生物除草剂，以及赤霉素、脱落酸等植物生长调节剂也在田间得到了广泛应用。

4. 微生物肥料在降低肥料的施用量、提高化肥利用率、改良土壤和促进作物生长、拮抗土传病害、环境净化与生态系统的平衡等方面起着重要的作用。

5. 微生物饲料的应用，提高了饲料的适口性和营养价值，改善畜产品品质，有助于降低饲养成本，增加了畜产品，为缓解粮食供应紧张、人畜争粮的矛盾发挥了良好的作用。

关键词

1. 微生物农药（microbial pesticide）：由微生物及其代谢产物加工而成的具有杀虫、杀菌、除草或调节植物生长等具有农药活性的物质。

2. 微生物杀虫剂（microbial insecticide）：利用细菌、真菌、病毒以及微孢子等微生物本身及其代谢产物加工而成的生物杀虫剂。

3. 微生物杀菌剂（microbial fungicide）：由微生物及其代谢产物加工而成的具有抑制植物病害的杀菌剂。

4. 微生物除草剂（microbial herbicide）：利用微生物活体或由其产生的活性代谢产物来防治杂草的生防制剂。

5. 微生物肥料（microbial fertilizer）：一类通过有效活菌的生命活动和其代谢产物的作用，改善作物养分供应，促进和调控作物生长，达到增产和改善品质效果的生物制剂，又称菌肥、菌剂、接种剂。

6. 根际促生菌（plant growth-promoting rhizobacteria，PGPR）：一类大量定殖于植物根部的优势有益菌类，能促进植物生长、防治病害、增加作物产量。

7. 复合微生物肥料（compound microbial fertilizer）：

由特定微生物与营养物质复合而成，能提供、保持或改善植物营养，提高农产品产量或改善农产品品质的活体微生物制品。

8. 微生物饲料（microbial feed）：以微生物、复合酶为生物饲料发酵剂菌种，利用微生物生长繁殖和新陈代谢，将饲料原料或一些廉价的有机物转化为微生物菌体蛋白、生物活性小肽类、氨基酸、维生素、抗生素、微生物活性益生菌、复合酶制剂等为一体生物发酵饲料。

9. 微生物饲料添加剂（microbial feed additive）：应用于养殖业生产上、摄入足够量时对饲养动物产生有益作用的活性微生物，通常指能通过改善肠道微生态的平衡而对动物施加有利影响的益生菌。

自测题

一、选择题

1. 下列选项中都可制备为触杀性杀虫剂的是（　　）。

（A）苏云金芽孢杆菌、棉铃虫核型多角体病毒

（B）球孢白僵菌、棉铃虫核型多角体病毒

（C）苏云金芽孢杆菌、蝗虫微孢子虫

（D）球孢白僵菌、阿维菌素

2. 下列有关Bt作用机理的论述中不正确的是（　　）。

（A）Bt杀虫晶体蛋白在昆虫消化道的溶解只与中肠液的多少有关，而与中肠液的pH无关

（B）昆虫中肠液中的蛋白酶对Bt原毒素水解激活与杀虫晶体蛋白的杀虫专一性和毒力都有影响

（C）昆虫中肠细胞上的Bt毒素受体的突变或缺失是造成昆虫产生抗性的一个重要因素

（D）昆虫取食行为的改变也是对Bt产生抗性的原因之一

3. 下列有关病毒杀虫剂的说法错误的是（　　）。

（A）病毒杀虫剂能导致害虫病毒病暴发和流行，可在几年内将虫害维持在经济阈值以下

（B）病毒杀虫剂不能用常规发酵方式生产，生产成本相对较高

（C）病毒杀虫剂接触昆虫体表后就可造成昆虫染病，因此杀虫谱较广

（D）病毒杀虫剂不杀死天敌，对人畜无毒无害

4. 下列有关微生物除草剂的说法不正确的是（　　）。

（A）病毒也可以应用于微生物除草剂

（B）现有的抗生素只能用于杀虫、抗病，不能用于防治杂草

（C）一些细菌和真菌产生的毒素可以用于防治杂草

（D）一些细菌和真菌产生的蛋白也有望制成微生物除草剂

5. 微生物饲料不具备下列选项中的哪种功能？（　　）

（A）降解饲料中的抗营养因子和有毒物质，促进营养物质的消化吸收

（B）产生维生素和菌体蛋白，提高饲料的营养价值

（C）调节肠道微生态平衡，增强动物的免疫机能，提高抗病力

（D）产生激素，促进饲养动物的生长

6. 下列微生物可以作为解钾菌菌肥的是（　　）。

（A）苏云金芽孢杆菌

（B）硅酸盐细菌

（C）红硫细菌

（D）链霉菌

7. 复合微生物肥料是指（　　）。

（A）微生物复合肥以有益微生物为主，配以有机肥养分和无机肥养分，使有机肥、无机肥及微生物紧密结合，产生互促效应

（B）具有同一种功能、不同来源的微生物组合在一起使用，使得微生物肥料的某一特点得到强化

（C）将解磷、解钾、固氮细菌，提高作物根系吸收营养能力和刺激植物生长的等不同功能的微生物混合一起使用，使得微生物肥料的功能多样化

（D）以上都不对

8. 下列有关根际促生菌的说法错误的是（　　）。

（A）根际促生菌同时具备促生作用和生防作用，不需要也不能与其他微生物肥料复合使用，否则会产生拮抗作用，降低使用效果

（B）根际促生菌可分泌嗜铁素，使病原菌缺铁而不能进行正常的生长和定殖，甚至无法生存

（C）根际促生菌可诱导植株增强其根系细胞壁强度，改变生理生化特性，以抵抗病原菌的入侵

（D）根际促生菌还能提高寄主植物对如干旱等非生物胁迫的忍耐力

9. 制约脱落酸大规模应用的原因不包括（　　）。

（A）脱落酸在植物中含量非常低，难以使用直接提取法获得

（B）天然脱落酸特殊的光学构型，传统的化学合成法生产成本极高

（C）产生脱落酸的菌株发现较晚，且产量不高

（D）脱落酸是一种抑制生长的植物激素，经济价值不高

10. 下列细菌中应用最早、解磷效果最好、应用最广泛的是（　　）。

（A）硅酸盐细菌

（B）梭状芽孢杆菌

（C）巨大芽孢杆菌
（D）假单胞菌

二、问答题

1. 简述根瘤菌和固氮菌的异同。
2. 植物根际促生菌（PGPR）为什么可作为菌肥？
3. 简述农用杀菌抗生素的作用机理。
4. 举例说明微生物杀虫剂的种类和代表。
5. 为什么说微生物饲料的应用可以缓解人畜争粮的矛盾？

答案：

开篇事件

1. 答：微生物农药最大的优势在于能克服化学农药对生态环境的污染和减少在农副产品中农药残留量，提升农副产品的品质。据 Markets & Markets 发布的《2012～2017 全球生物农药市场趋势与预测》报告显示，2011 年全球生物农药市场价值达 13 亿美元，在 2017 年有望达到 32 亿美元，在 2012～2017 年将以 15.8%的年增长率增长。正是因为这样，农药巨头公司才会调整战略规划，大力并购微生物农药公司，抢占先机。

2. 答：除了农药领域，微生物在肥料和饲料等领域也有越来越广泛的应用。在增产增收的同时，可有效地缓解土壤退化的趋势和人畜争粮的矛盾。

选择题：1. D　2. A　3. C　4.B　5. D
6. B　7. A　8. A　9. D　10. C

问答题：

1. 答：共同点：都能固定空气中游离的氮素，提供给植物。

不同点：根瘤菌——共生关系具有专一性，根瘤菌只与特定的豆科植物共生，并形成结瘤；固氮菌——不形成类似根瘤的共生结构，其固氮活性受到外界环境因子影响很大，固氮效率也不如根瘤菌，但是由于分布要广泛。固氮菌菌剂适用于各种作物。

2. 答：根际促生菌是一类大量定殖于植物根部的优势有益菌类，能促进植物生长，防治病害、增加作物产量。①根际促生菌能产生多种植物激素、氨基酸等有机物刺激调节植物的生长。②根际促生菌能增加植物有效营养供给。如根际促生菌中的固氮菌，为植物提供氮素营养；根际促生菌中的解磷细菌和硅酸盐细菌帮助植物吸收各种矿质元素。③PGPR 还能促进其他有益微生物与宿主的共生，如促进豆科植物-根瘤菌的共生，这可能是因为 PGPR 刺激植物根部生长，为根瘤菌的感染和结瘤提供了更多机会。④PGPR 能够增强植物对病原菌和环境胁迫的抗性和忍耐力。PGPR 能通过产生抗生素、铁载体、系统防卫酶以及氰化物（HCN）等多种物质抑制细菌或真菌性病害。⑤某些微生物也能诱导诱导系统抗性，诱导植物防卫基因的表达，增强植物系统抗性，从而提高生防效果。

3. 答：农用杀菌抗生素是抗生菌分泌的次生代谢产物，它能以极低浓度抑制其他微生物生长。其抗菌机理包括抑制病菌细胞壁、核酸合成，破坏菌体细胞膜通透性等，最终达到消灭病菌作用。

4. 答：直接应用微生物活体本身的杀菌剂包括细菌杀虫剂（苏云金芽孢杆菌）、真菌杀虫剂（球孢白僵菌）、病毒杀虫剂（棉铃虫核型多角体病毒）、微孢子杀虫剂（蝗虫微孢子虫）、昆虫病原线虫杀虫剂（昆虫病原线虫）等；而利用微生物代谢产物加工而成的生物杀虫剂主要是放线菌等微生物产生的杀虫抗生素（阿维菌素、刺糖菌素）。

5. 答：微生物饲料是以微生物、复合酶为生物饲料发酵剂菌种，利用微生物生长繁殖和新陈代谢，将饲料原料或一些廉价的有机物转化为微生物菌体蛋白、生物活性小肽类、氨基酸、维生素、抗生素、微生物活性益生菌、复合酶制剂等为一体生物发酵饲料。通过微生物分泌蛋白酶、脂肪酶、淀粉酶等酶类，产生氨基酸、维生素和菌体蛋白，提高饲料的营养价值，达到增强消化吸收利用效果，同时还能降解饲料中的抗营养因子和有毒物，这既有利于饲料的保存，又可提高饲料的适口性和营养价值，并且对工农业生产中的废弃物进行了有效的利用，增加了畜产品，为缓解粮食供应紧张的现象发挥了良好的作用。

（蔡　峻）

第十六章 微生物与生物化工

开篇事件：微生物细胞工厂

和传统石油化工不同，用微生物制造化学产品是完全可再生的，微生物能够生产更为廉价而新颖的产品，我们可以在充满活体微生物的大型生物反应器中“酿造”这些产品。由于合成生物学和系统生物学的飞速发展，科学家能够构建出复杂而高效的“微生物细胞工厂”，这些细胞工厂能够把更多的能量和原料用于生产各种新颖而有用的产品。

采用合成生物学和代谢工程构建微生物细胞工厂，通过发酵生产各种有用的产品，包括生物化工产品、天然药物和生物高分子材料等，这已成为生物技术发展的重要方向之一。当前，构建微生物细胞工厂合成聚羟基脂肪酸酯（PHA）已成为研究热点之一。近年来，我国在微生物合成PHA的基础研究和产业化领域都取得了长足发展。PHA生产企业年总产能超过2万t,提供了国际市场上几乎所有PHA类型，使我国PHA产业化种类和产量都处于国际领先地位。我国PHA产业发展为PHA产业链形成做好了技术和物质储备。PHA除了作为环境友好的生物基材料来使用之外，还正在被开发为医用植入材料、生物燃料、药物中间体、动物饲料等。

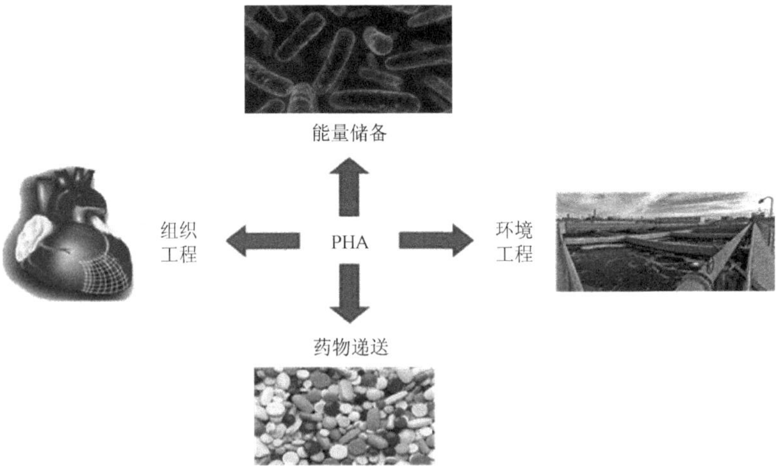

PHA 产业链

参考文献：

Chen GQ，Wang Y. 2015. Research and industrialization of biobased materials in China. *Chin J Biotech*，31（6）: 955-967.

Chen GQ. 2009. A microbial polyhydroxyalkanoates（PHA）based bio-and materials industry. *Chem Soc Rev*, 38(8): 2434-2446.

思考题：

1. 如何构建“微生物细胞工厂”？
2. 简述聚羟基脂肪酸酯（PHA）的特性及应用。

生物化工是生物产业的重要组成部分，其核心技术是生物催化和转化，即工业微生物技术，包括微生物转化和微生物酶催化。利用微生物及其产生的酶，可以大规模生产人类所需的化学制剂、医药、能源、材料等产品，所以工业微生物技术是人类由化石（碳氢化合物）经济向生物（碳水化合物）经济过渡的必要技术，也是解决人类目前面临的资源、能源及环境危机的有效手段。

当前，研发生物基绿色化学品、生物基高分子新材料、糖工程产品和新型酶制剂是工业微生物技术的研究热点。相比传统的化工技术，微生物生物技术能有效地降低物耗、能耗和减少环境污染，可极大地促进我国经济和社会的可持续发展。后石油时代将是基于生物质的化学品时代，因此微生物生物化工将是巨大的朝阳产业。我国也将微生物生物技术作为大力发展和重点支持的战略性新兴产业之一。

本章重点介绍微生物发酵生产有机溶剂、有机酸、胞外多糖、酶制剂、生物降解高分子等不同类型发酵产品的微生物菌种、发酵过程与控制、产品分离提取、产品性能与广泛应用。

第一节　微生物发酵生产有机溶剂

本节重点介绍利用微生物发酵生产丙三醇（甘油）、丙酮丁醇、2, 3-丁二醇三种有机溶剂的生产菌种、发酵过程与控制、产品分离提取、产品性能与广泛应用。

一、微生物发酵生产丙三醇

1. 生产菌种

能用于发酵丙三醇生产的菌种主要是酿酒酵母（*Saccharomyces cerevisiae*）和耐高渗透压酵母（*Hansenula arabitolgenes* Fang 275，*Zygosaccharomyces chevalieri* Guill 2309），丙三醇合成的途径也因菌种不同而异。

2. 发酵过程与控制

生产菌种在以糖质原料为碳源的培养基中，经好氧深层发酵获得大量菌体细胞。

在厌氧条件下，用糖质原料发酵生产丙三醇一般有两条路线：亚硫酸盐法（酵母菌Ⅱ型发酵）和碱性法（酵母菌Ⅲ型发酵）。

亚硫酸盐法是利用酿酒酵母异常乙醇发酵来生产丙三醇，其总反应式为

$$C_6H_{12}O_6 \longrightarrow C_3H_5(OH)_3 + CH_3CHO + CO_2$$

其特点是：厌氧发酵过程中，添加亚硫酸氢钠并与乙醛形成复合物，使乙醛不能作为受氢体而还原成乙醇，只能以磷酸二羟丙酮作为受氢体而还原成丙三醇（甘油）。

利用耐高渗透压酵母合成丙三醇是在弱碱性条件下（pH 7.6）发生的，乙醛还原酶失活，乙醛因得不到足够的氢而有积累，结果 2 分子乙醛之间行歧化反应，生成等量的乙酸和乙醇，而大量的氢还原磷酸二羟丙酮产生大量丙三醇（甘油），总反应式为

$$2C_6H_{12}O_6 + H_2O \longrightarrow 2C_3H_5(OH)_3 + CH_3COOH + C_2H_5OH + 2CO_2$$

其特点是：具有耐高渗透压的特性（能在高达20%～25%高浓度糖液中进行发酵）；此过程产物复杂（CO_2、乙醇、丙三醇、乙酸、高级醇）。

3. 产品分离提取

从发酵液中回收丙三醇包括：①去除发酵液中的细胞；②分离的清液用酸碱调中性，沉淀并过滤不溶解的固形物，发酵液处理后在多效蒸发器浓缩，并除去乙醛、乙醇等挥发性物质，最后真空蒸馏得到浓缩丙三醇，用活性炭脱色达到工业要求的丙三醇。

4. 应用

丙三醇（甘油）是优良的吸湿剂、抗冻剂、润滑剂、溶剂及助溶剂，是生产聚酯、TNT 炸药的重要原料。作为一种重要的化工原料，广泛地应用于化学、医药、食品、化妆品、烟草和国防等领域。

二、微生物发酵生产丙酮丁醇

1. 生产菌种

常用的菌种有丙酮丁醇梭状芽孢杆菌（*Clostridium acetobutylicum*）、糖丁酸梭菌（*C. saccharobutylicum*）、梅氏丁酸梭菌（*C. madisonii*）和糖乙基丁酸梭菌（*C. saccharoacetobutylicum*）等。

2. 发酵过程与控制

丙酮丁醇发酵（acetone-butanol fermentation）常用的菌种是丙酮丁醇梭状芽孢杆菌，该菌可产生胞外淀粉酶和转化酶，所以工业上常用玉米淀粉或糖蜜等糖质原料作为发酵生产丙酮丁醇的主要原料；该菌是严格厌氧菌，只能在密闭发酵罐中进行厌氧深层发酵生产丙酮丁醇产品。

丙酮丁醇厌氧发酵分为产酸期和产丙酮丁醇溶剂期两个阶段。在发酵初期，葡萄糖分子作为底物，经 EMP 途径产生大量的乙酸、丁酸等有机酸和有较

多的 CO_2 和 H_2。当酸度达到一定值时，发酵进入产溶剂期，此时有机酸被还原，产生大量的丙酮、丁醇、乙醇等溶剂和部分 CO_2 和 H_2。

3. 产品分离提取

丙酮和丁醇大部分是在发酵醪液中，采用一系列连续蒸馏的蒸馏塔装置，将其溶剂蒸馏出来，并通过分馏使产品进一步精制纯化。溶剂在发酵罐中沸腾变为气态，气体进入一个冷凝器，溶剂被冷却成液体，其他气体继续流回发酵罐中。

4. 应用

丙酮丁醇是优良的有机溶剂和重要的化工原料，广泛应用于化工、塑料、有机合成、油漆等工业。丁醇作为燃料，其热值和汽油相当，远高于乙醇，随着石油资源的匮乏，丁醇显示出在能源方面的实用价值。

三、微生物发酵生产 2, 3-丁二醇

1. 生产菌种

产生 2, 3-丁二醇的微生物主要有产气气杆菌（*Aerobacter aerogenes*）、嗜水假单胞菌（*Pseudomonas hydrophila*）、黏质赛氏杆菌（*Serratia marcescens*）、枯草芽孢杆菌（*Bacillus subtilis*）以及多黏芽孢杆菌（*B. polymyxa*）等。此外，产气肠杆菌（*Enterobacter aerogenes*）和肺炎克雷伯氏菌（*Klebsiella pneumoniae*）也能产生 2, 3-丁二醇。

2. 发酵过程与控制

2, 3-丁二醇有 3 种立体异构体，都能用微生物发酵方法来生产。工业上多用产气气杆菌和多黏芽孢杆菌发酵。产气气杆菌发酵培养基中的底物多为淀粉水解液、木材水解液、葡萄糖、废糖蜜等。在发酵过程中，淀粉须预先糖化。在适宜的发酵条件下，采用通气深层发酵法生产 2, 3-丁二醇，2, 3-丁二醇的产量可达投入糖量的 40%～50%。

3. 产品分离提取

由于 2, 3-丁二醇含量较低，沸点较高，因此回收技术很关键。2, 3-丁二醇的分离提取主要包括固液分离、发酵液深处理及 2, 3-丁二醇精制三个方面，涉及的分离技术包括离心、絮凝、膜过滤、离子交换、电渗析、萃取、精馏等以及相关技术的优化和耦合。2, 3-丁二醇常用的回收方法有两种：一种是将发酵醪过滤并离心，用丁醇抽取；另一种是用蒸汽减压蒸馏方法提取。

4. 应用

2, 3-丁二醇是一种手性化合物，分子中含有两个手性碳原子，存在三种旋光异构体。2, 3-丁二醇可用于大规模合成甲乙酮和 1, 3-丁二烯，前者是优良溶剂，后者可广泛应用于合成橡胶、聚酯和聚亚氨酯等领域。因其热值较高，故可作为燃料添加剂。除此之外，2, 3-丁二醇还可用于制备油墨、香水、熏蒸剂、增湿剂、软化剂、增塑剂、炸药及药物手性载体等。

第二节　微生物发酵生产有机酸

用微生物发酵生产的有机酸种类很多，如柠檬酸、乳酸、衣康酸、琥珀酸、苹果酸、酒石酸、葡萄糖酸、丁酸、丙酮酸和二羧酸等。有机酸的生产菌种类也很多。本节重点介绍柠檬酸、苹果酸和乳酸等三种有机酸发酵生产所用菌种、发酵过程与控制、产品分离提取、产品性能与应用。

一、微生物发酵生产柠檬酸

1. 生产菌种

能够产生柠檬酸的微生物很多，但在工业生产上以糖质淀粉为原料直接发酵生产柠檬酸的主要菌种是黑曲霉（*Aspergillus niger*），该菌种工业生产产柠檬酸已达 20%以上，对糖的转化率可达 90%以上，是工业生产柠檬酸的优良菌种。石油发酵柠檬酸的主要菌种是解脂假丝酵母（*Candida lipolytica*）；以正链烷烃为碳源，用石蜡节杆菌（*Arthrobacter paraffineus*）为菌种也可产生较多的柠檬酸。

2. 发酵过程与控制

黑曲霉能产生胞外淀粉酶和转化酶，故能以淀粉为主料，水解成葡萄糖后作为底物发酵转化为柠檬酸；该黑曲霉菌种实际上是柠檬酸合成酶活性高、顺乌头酸酶活性弱的突变株，该菌种以葡萄糖为底物，经 EMP 途径生成丙酮酸，丙酮酸氧化脱羧形成乙酰 CoA；丙酮酸也可固定 CO_2 生成草酰乙酸；在有氧的情况下，乙酰 CoA 和草酰乙酸缩合成柠檬酸，而进入三羧酸循环。由于乌头酸酶活性弱，只有少量的柠檬酸经乌头酸进入三羧酸循环，以满足菌体生长所需的物质和能量。而过量积累的柠檬酸则分泌到胞外，既解除了过量积累柠檬酸所引起的反馈抑制，又提供了柠檬酸产品（图 16-1）。

黑曲霉是好氧菌，用该菌发酵生产柠檬酸采用通气深层发酵法。

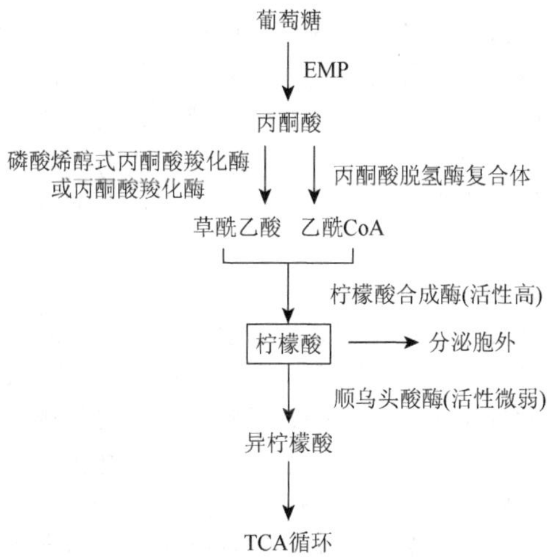

图 16-1 柠檬酸的生物合成途径

深层发酵的特点是黑曲霉菌体均匀分散在液相中，利用溶解氧发酵时不产生分生孢子，全部菌体细胞都参与合成柠檬酸的代谢。由于深层发酵具有明显的优点，因此现在世界上多数新建工厂都采用深层发酵法。

3. 产品分离提取

目前，我国普遍采用“钙盐法”，即用 $CaCO_3$ 中和，浓 H_2SO_4 酸解，再用离子交换树脂纯化及浓缩结晶出柠檬酸，收率平均不足 70%。近年来，采用树脂吸附或离子交换、液膜分离和膜技术（包括电渗析及反渗透）等单一或复合新技术用于柠檬酸提取，特别是液液萃取法提取柠檬酸，其提取率达 85%以上。新技术、新方法提取柠檬酸不仅收率高，且无 $CaCO_3$ 等工业废渣，连续化、自动化程度高，大有发展前途。

4. 应用

柠檬酸的用途非常广泛，在食品工业可作为食品的酸味剂、抗氧化剂、pH 调节剂，在医药工业主要用作抗凝血剂，在化学工业中用作缓冲剂、络合剂、金属清洗剂、媒染剂、胶凝剂、调色剂等。除此之外，柠檬酸在电子、纺织、石油、皮革、建筑、摄影、塑料、铸造和陶瓷等工业领域中都有十分广阔的应用。

二、微生物发酵生产苹果酸

1. 生产菌种

不同苹果酸发酵工艺要采用不同的微生物。一步法发酵采用的微生物有黄曲霉（*Aspergillus flavus*）、米曲霉（*Aspergillus oryzae*）和寄生曲霉（*Aspergillus parasiticus*），两步法及混合发酵法采用的有华根霉（*Rhizopus chinonsis*）、少根根霉（*Rhizopus arrhizus*）和短乳杆菌（*Lactobacillus breris*）等，酶法转化有短乳杆菌（*Lactobacillus breris*）、大肠杆菌（*Escherichia coli*）、产氨短杆菌（*Brevibacterium ammoniagenes*）和黄色短杆菌（*Brevibacterium flavum*）等。

2. 发酵过程与控制

微生物发酵生产苹果酸有三种方法：①一步发酵法，以糖类为原料，用黄曲霉或米曲霉或寄生曲霉直接发酵生产苹果酸；②两步发酵法，以糖类为原料，先由少根根霉发酵成富马酸，再由短乳杆菌转化成苹果酸；③酶法转化法，以富马酸或马来酸为原料，利用短乳杆菌或黄色短杆菌胞内的特异性酶将其转化为 L-苹果酸，因工艺简单、转化率高，特受国内外重视。以上菌种皆为好氧菌，皆采用通气深层发酵法在适宜条件下将原料发酵生产苹果酸。

3. 产品分离提取

苹果酸的分离提取过程如下：发酵液→酸解（加入无砷硫酸）→过滤→中和（碳酸钙和氢氧化钙）→过滤→酸解（加入无砷硫酸）→过滤→精制→真空浓缩→结晶。

4. 应用

苹果酸是一种重要的有机酸，广泛存在于天然果蔬中，具有明显的呈味作用，其酸味柔和，风味别致，深受人们喜爱。另外，它在医药工业、日用化工和化学工业等方面亦有着广泛的应用。

三、微生物发酵生产乳酸

1. 生产菌种

乳酸发酵分为同型乳酸发酵（homolactic fermentation）和异型乳酸发酵（heterolactic fermentation）。同型乳酸发酵的主要菌种是：德氏乳杆菌（*Lactobacillus delbrueckii*）、保加利亚乳杆菌（*L. bulgaricus*）、嗜酸乳杆菌（*L. acidophilus*）；而异型乳酸发酵的主要菌种是短乳杆菌（*L. brevis*）、米根霉（*Rhizopus oryzae*）。相比较，同型乳酸发酵的菌种主要以葡萄糖为原料，几乎全部转化为乳酸，没有其他副产物，原料简单，产乳酸速率快，对糖的转化率高，经济高效，是发酵生产乳酸优先选择的菌种。

2. 发酵过程与控制

1）无论是同型乳酸还是异型乳酸发酵，其菌种皆要在适宜的营养条件和培养条件下，进行通气深层发酵，以获得大量菌体细胞。

2）在厌氧条件下，同型乳酸发酵菌种以葡萄糖为底物，经糖酵解（EMP）途径将葡萄糖分子转化为丙酮酸，并被 2H 还原为乳酸。

3）在厌氧条件下，异型乳酸发酵菌种以葡萄糖为底物，经磷酸己糖解酮酶（HK）途径，将葡萄糖分子转化为乳酸和乙酸；以戊糖为底物，经磷酸戊糖解酮酶（PK）途径，将戊糖分子转化为乳酸和乙酸。

3. 产品分离提取

（1）钙盐法　分离提取过程如下：

中和：$2C_3H_6O_3 + CaCO_3 \longrightarrow Ca(C_3H_5O_3)_2 + H_2O + CO_2$

酸解：$Ca(C_3H_5O_3)_2 + H_2SO_4 \longrightarrow 2C_3H_6O_3 + CaSO_4$

将上述乳酸钙盐粗滤液进一步过滤、活性炭吸附脱色处理、蒸发浓缩，然后加入 H_2SO_4 酸解，产生硫酸钙石膏沉淀和粗乳酸，过滤除去硫酸钙，粗乳酸再经活性炭脱色，通过阴离子树脂柱去除 Cl^- 和 SO_4^{2-} 等无机阴离子，再通过阳离子交换树脂去除 Ca^{2+} 和 Fe^{3+} 等金属阳离子，浓缩蒸发制成工业级和食品级乳酸。该工艺优点是工艺成熟、易于控制。但该工艺有如下缺点：工艺流程长，消耗化工原料多，环境污染严重，产品得率低。

（2）溶剂萃取法　采取有机溶剂载体进行乳酸萃取是目前乳酸提取的主要方法。有机溶剂载体主要有 4 种：溶剂化载体、阴离子活性载体、阳离子活性载体和螯合型载体。载体和乳酸形成特定的载体——乳酸复合物后，被有机相萃取，再用水、稀盐酸、稀硫酸或氢氧化钠溶液反萃取，即可获得纯净的稀乳酸液，经真空浓缩后即成为成品乳酸。目前国外大型的乳酸厂家均采用有机溶剂萃取方式提取乳酸。

4. 应用

乳酸分子中存在着一个手性碳原子，故存在着对映异构体。乳酸是世界上公认的三大有机酸之一，广泛地应用于食品医药、饲料、化工等领域。L-乳酸及其衍生物作为酸味剂、风味剂、乳化剂、杀菌剂、保鲜剂、pH 调节剂等广泛地应用于食品工业。L-乳酸盐可作为人体的钙铁锌强化剂。L-乳酸及其衍生物可作为纺织品的助染料剂，在电子、航空及半导体工业中作为精细金属清洁剂，在农业生产中可作为家畜饲料添加剂和植物生长活力剂。L-乳酸在化妆品中可作为滋润剂、皮肤增白剂、保湿剂等。L-乳酸最具应用潜力的是生产 L-聚乳酸，后者可用作生物降解材料和组织工程材料。

第三节　微生物发酵生产胞外多糖

本节重点介绍微生物发酵生产黄原胶和结冷胶类胞外多糖所用的菌种、发酵过程与控制、产品分离提取、产品性能与广泛应用。

一、微生物发酵生产黄原胶

黄原胶（xanthan）是 20 世纪 50 年代由美国农业部北部地区实验室的科学家在野油菜黄单胞菌（*Xanthomonas campestris*）的纯种培养液中首先发现的。60 年代实现工业化生产，70 年代广泛应用于食品工业、油田开采业等几十个行业，被誉为微生物胞外多糖研究、生产和开发应用的“杰出模式”。我国在 20 世纪 90 年代初也实现工业化生产和开发应用。

黄原胶分子是由“五糖重复单位”聚合而成的线性高分子聚合物，分子质量大于 2×10^6Da。其“五糖重复单元”由 2 个 D-葡萄糖分子经 β-1，4-糖苷键连接而成，其中一个葡萄糖分子连接一个由 2 个甘露糖和 1 个葡糖醛酸组成的三糖侧链，第一个甘露糖分子连有乙酰基团，末端甘露糖连有或不连有丙酮酸。线性的黄原胶高分子其主链具有类似纤维素的骨架结构，每隔一个葡萄糖分子就有一个三糖侧链，如上就是黄原胶高分子的一级结构（图 16-2）。两个线性黄原胶分子靠氢键可维系成双股螺旋结构即二级结构；双股螺旋间靠微弱的非共价键结合，可排列成“超级接合带状”的螺旋聚合体即三级结构（图 16-3）。在温度、剪切力及离子强度的影响下，三级结构互变，直线影响其胶体特性，赋予其良好的性能与应用。

1. 生产菌种

美国发酵生产黄原胶菌种是野油菜黄单胞菌 NRRL B-1459（*Xanthomonas campestris* NRRL B-1459）菌株，以工业葡萄糖为原料发酵生产黄原胶；我国首先用于黄原胶工业化生产的菌种是 *Xanthomonas campestris* NK-01 菌株，该菌株有较高的胞外淀粉酶活性，可直接利用玉米淀粉生产黄原胶。

2. 发酵过程与控制

（1）黄原胶合成机制　菌种细胞终止生长后，利用多余的葡萄糖分子开始合成胞外黄原胶多糖，归诸于次生代谢。野油菜黄单胞菌合成黄原胶分三阶段：首先在细胞质内合成 UDP-葡萄糖、UDP-葡糖醛酸、GDP-甘露糖被活化的糖基单体和乙酸、丙酮酸；然后将这些单体在特异性酶的催化下，依次在细胞膜内侧表面许多的 C_{55}-Lipid-P 糖基载体脂上形成“五糖重复单元”；许多的 C_{55}-Lipid-P 糖基载体脂携载“五糖重复单元”穿过膜在其外表面释放“五糖重复单元”，在聚合酶作用下，许多“五糖重复单元”在细胞壁表面聚合成胞外多糖黄原胶。

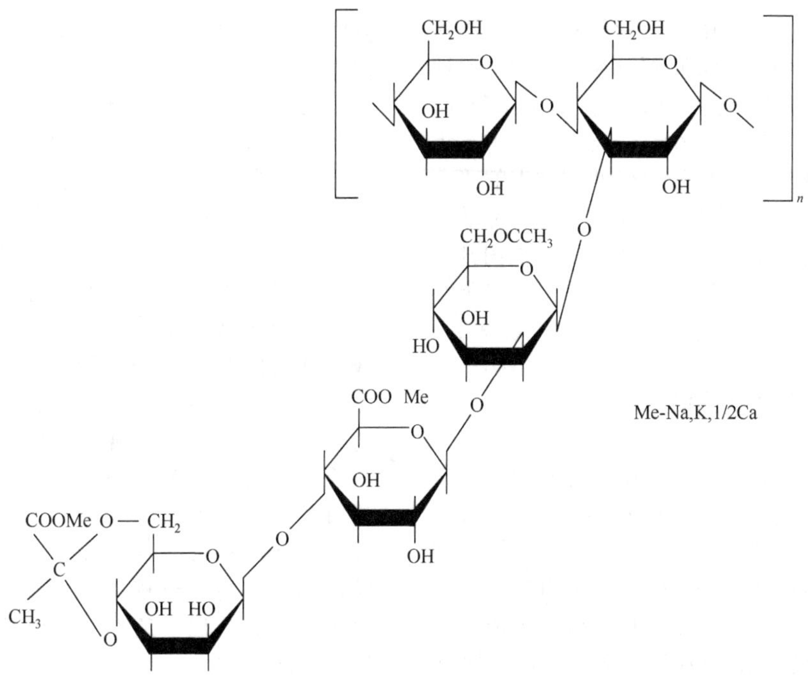

图 16-2　黄原胶的分子结构

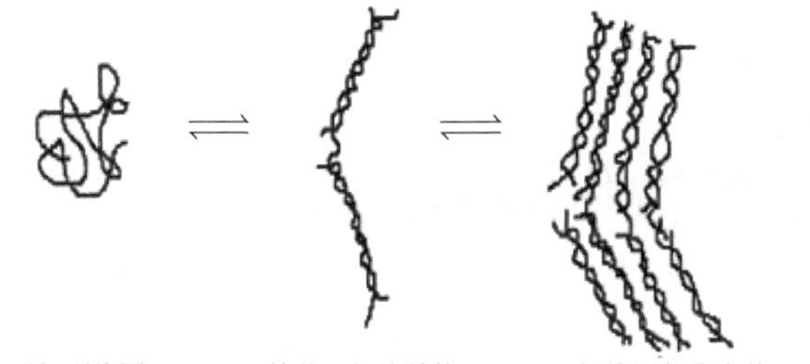

图 16-3　黄原胶分子结构状态互变

（2）*发酵方式*　以分批发酵为主，50m^3通气搅拌深层发酵罐年产黄原胶200～240t；美国曾采用管道化连续发酵方式。

（3）*发酵过程与控制*　用7%～8%高浓度的工业葡萄糖或淀粉为原料发酵，提高生产效率；在黄原胶合成的发酵后期，随发酵液黏度提高要加大通气量；适宜的接种量会提高“五糖重复单元”的聚合度，黄原胶分子链越长性能越好；选择适宜的有机氮源会增加黄原胶分子的丙酮酸含量，以提高黄原胶溶液的触变性；发酵后期pH降至5.4时黄原胶合成降低，所以自动控制pH为6.5～7.0可提高黄原胶产量。

3. 产品分离提取

发酵液预处理：野油菜黄单胞菌又称甘蓝黑腐病黄单胞菌，它是甘蓝黑腐病的致病菌。为防止其扩散，发酵终止后要对发酵罐内黄原胶发酵液80℃高温处理，以杀死菌种细胞，保证甘蓝生产安全。

黄原胶分离提取：多采用乙醇沉淀法，在黄原胶发酵液中边加入乙醇边快速搅拌，当乙醇浓度达60%以上时，黄原胶呈絮状沉淀，经压滤或离心获黄原胶沉淀物。还可采用Ca^{2+}盐-乙醇沉淀法分离提取黄原胶。乙醇废液要用蒸馏塔回收乙醇，以循环使用。

4. 黄原胶的性能及应用

黄原胶分子具有如下优良性能：①低浓度下溶液的高黏度，良好的增黏性；②剪切力下溶液黏度显著变低，剪切力消失溶液黏度回升，良好的触变性；③溶液在pH 3～11或在80℃高温下，其黏度无显著变化，耐酸碱，抗高温；④高浓度K^+、Na^+、Ca^{2+}、Mg^{2+}条件下，溶液黏度无显著变化，良好的耐盐性；⑤其黏性溶液有良好的分散、乳化稳定作用和悬浮固相颗粒的能力；⑥黏性溶液中，黄原胶分子和高价金属离子在适宜的pH下螯合交联、凝胶化；⑦溶液中黄原胶分子和槐豆胶、瓜儿胶等植物种子胶中的半乳甘露聚糖分子间相互嵌合作用，有显著地协效增黏性，乃至凝胶化；⑧黄原胶和酸、碱、盐、还原剂、防腐剂、表面活性剂、其他增黏剂等在同一溶液体系中，有良好的兼容性；⑨黄原胶分子易溶于水，不溶于醇、酮、醚等极性溶剂。

黄原胶独特的分子结构赋予它众多卓越的理化性能，故可广泛用于油田开采、地矿钻井、食品、医药、纺织、印染、陶瓷、搪瓷、造纸、建筑材料、油漆、涂料、香料、化妆品、铸造业、农药、拌种、炸药、消防灭火剂等多种行业。黄原胶可用作药物胶囊添加剂，搪瓷釉料中添加黄原胶可使釉料表面平滑鲜亮，在油漆、涂料中加入黄原胶可使其涂抹均匀，在高级纸张中添加黄原胶可使其光鲜、柔性好，拌种时加入黄原胶可在种子表面形成吸水薄膜，在干旱土壤中也利于发芽，在泡沫灭火剂中加入黄原胶就成为既能灭油类火也能灭极性溶剂火的“万能泡沫灭火剂”，黄原胶是多种产品的质量、品质改良剂。黄原胶在食品中的应用占 45%，在油田开采中的应用占 30%～40%，其具体应用详见第二十章的相关内容。

二、微生物发酵生产结冷胶

结冷胶是美国 Kelco 公司开发的一种新型微生物多糖。结冷胶有两种存在形式：一种是天然的结冷胶；另一种是低酰基结冷胶。它们的主体结构是相同的，都是由 4 个糖分子所组成的重复单元聚合而成的长链主干，这 4 个糖分子依次是 D-葡萄糖、D-葡糖醛酸、D-葡萄糖和 L-鼠李糖，其间由 1, 4 键连接（图 16-4）。四糖重复单元的 L-鼠李糖与下一个四糖重复单元的第一个 D-葡萄糖以 1, 3 键聚合连接，形成结冷胶多糖高分子，结冷胶具有双螺旋结构。天然结冷胶的每个重复单元上平均有一个酰基以 1, 3 键连接在葡萄糖分子上，这酰基有两类：一类是乙酰基，另一类是甘油基，甘油基的平均比例是乙酰基的两倍；乙酰基接在第六碳原子上，而甘油基则接在第二碳原子上；对于低酰基结冷胶，其分子上的酰基部分或全部被脱除。由于天然的结冷胶的主链上接有酰基，它所形成的凝胶柔软、富有弹性而且黏着力强，与黄原胶和刺槐豆胶的性能相似；低酰基结冷胶主链上的酰基被部分或全部去除，使得它的凝胶具有强度大、易脆裂的特性，与卡拉胶和琼脂的特性相似。在工业上普遍使用低酰基结冷胶，因而在生产过程中，结冷胶通常要经碱处理以去除酰基。以下所讨论的结冷胶特性，是指低酰基结冷胶。

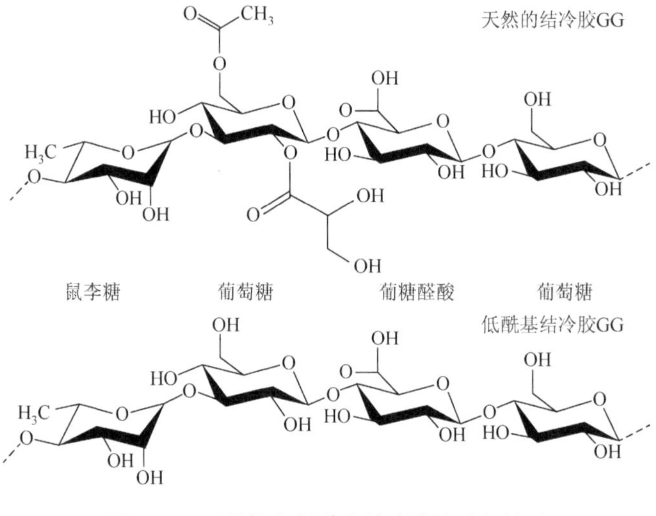

图 16-4　天然的和低酰基结冷胶的重复单元

1. 生产菌种

结冷胶的生产菌种是伊乐假单胞菌（*Pseudomonas elodea* ATCC 31461），它是从一种普通的淡水植物中分离获得的。

2. 发酵过程与控制

伊乐假单胞菌经有氧发酵产生结冷胶。把菌种接种于由以葡萄糖为碳源、硝酸铵为氮源及一些无机盐所组成的培养液中。在 pH 为中性、温度为 30℃ 的条件下，有氧发酵 3d 左右。

3. 产品分离提取

将发酵液加热至 95℃并用异丙醇沉淀分离，则得到天然的结冷胶。发酵液加热至 95℃，然后冷却到 80℃左右，加入 KOH 或 NaOH 进行碱处理 15min 脱酰基，用硫酸中和至中性，再用异丙醇沉淀分离，便可得到低酰基结冷胶。

4. 结冷胶的性能及应用

结冷胶具有良好的热稳定性和显著的温度滞后性。结冷胶需要盐的存在才能形成凝胶。结冷胶凝胶在 pH 4.0～8.0，其凝胶强度几乎不随 pH 的变化而变化。果胶酶、淀粉酶、纤维素酶、木瓜蛋白酶和脂肪酶等对结冷胶溶液的黏度以及凝胶的强度均没有影响。结冷胶既有很好的生物相容性又可被生物降解。在食品制造中，结冷胶不仅作为一种胶凝剂，而且可提供优良的质地和口感。结冷胶还可以改良淀粉，使其获得最佳的产品质构和稳定性。

第四节 微生物发酵生产酶制剂

生物酶是生物体产生的在体内外能特异性催化分解反应或合成反应的生物催化剂，它是一类具有催化功能的蛋白质。利用微生物经发酵工程产生的蛋白质，制备成不同纯度和剂型（包括固定化酶和固定化细胞）的生物制剂即成为酶制剂（enzyme）。目前，用微生物发酵生产的酶制剂种类很多，应用广泛。本节主要以应用较广泛的淀粉酶、蛋白酶为代表，介绍其发酵生产的所用菌种、发酵过程与控制、产品的分离提取、酶学性质及广泛应用。

一、淀粉酶的发酵生产

淀粉酶是利用淀粉为营养基质的某些微生物产生的一种胞外酶，它能在适宜的条件下将大分子淀粉水解成葡萄糖、麦芽糖、麦芽三糖、α-极限糊精等小分子糖。根据分解产物的不同，可将淀粉酶分为α-淀粉酶、β-淀粉酶、淀粉糖化酶。

1. α-淀粉酶

（1）产酶菌种　最常用的菌种是枯草芽孢杆菌（*Bacillus subtilis*）和米曲霉（*Aspergillus oryzae*）。

（2）发酵过程和控制　用米曲霉发酵生产α-淀粉酶多采用固体曲法。以麸皮、玉米粉、豆饼粉等为主料，配制成含适宜水分的固体曲，接种米曲霉后，将接种曲料厚层置于通风槽内通风发酵培养。开始的8～9h间歇通风，其后连续通风，发酵温度35～40℃，发酵时间28～30h，产生的α-淀粉酶分泌在曲料中。曲料干燥经预处理，用于α-淀粉酶分离提取。

用枯草芽孢杆菌营养缺陷型突变株发酵生产α-淀粉酶时，采用液体深层发酵法。以玉米粉、豆饼粉为主料配制的液体基本培养基置于发酵罐中，接种后边通风搅拌边流加补充培养基，以促进菌体生长并产生高活性的α-淀粉酶，发酵pH 6.5～7.5，温度30～37℃，发酵35h。发酵液预处理后用于α-淀粉酶分离提取。

2. β-淀粉酶

（1）生产菌种　产β-淀粉酶的菌种主要是蜡状芽孢杆菌（*Bacillus cereus*）、多黏芽孢杆菌（*Bacillus polymyxa*）、土佐链霉菌（*Streptomyces tosaensis*）等。

（2）发酵过程与控制　β-淀粉酶的生产在日本等国已有报道，我国也已进行了中试生产。所用菌种为蜡状芽孢杆菌M-3突变株，其酶活力可高达5000～7000U/ml。以可溶性淀粉、工业蛋白胨等为主料，用3000L罐经通风搅拌液体深层发酵，温度30℃，pH 6.0，发酵时间35h，酶活力可达6000U/ml。发酵液预处理后用于β-淀粉酶分离提取。

3. 淀粉糖化酶

（1）生产菌种　我国生产淀粉糖化酶的主要菌种是紫红曲（*Monascus purpureus*）、黑曲霉（*Aspergillus niger*）或根霉（*Rhizopus* sp.）。

（2）发酵过程与控制　用黑曲霉作生产菌种时，其发酵基质的碳源是玉米粉、甘薯粉等，有机氮源常用玉米浆、豆饼粉和酵母膏等，而无机氮源则是硫酸铵、硝酸铵等，无机盐是硫酸镁、磷酸二氢钾等。采用通风搅拌液体深层发酵，其温度30～35℃，pH 4.0～5.0，发酵时间48～50h。发酵液经预处理后用于淀粉糖化酶分离提取。根霉则以固体曲料通风发酵为宜。

二、蛋白酶的发酵生产

蛋白酶是指能催化蛋白质或多肽水解成氨基酸的酶。根据其催化水解功能所需pH的不同，而又分为中性、碱性、酸性不同类型的蛋白酶。

1. 中性蛋白酶

（1）生产菌种　用于工业生产的主要是枯草芽孢杆菌（*Bacillus subtilis*）、栖土曲霉（*Aspergillus terricola*）及灰色链霉菌（*Streptomyces griseus*）等。

（2）发酵过程与控制　发酵所需的碳源是麸皮、米糠、玉米粉、山芋粉、淀粉和葡萄糖等，氮源是鱼粉、血粉、酵母、豆饼粉和玉米浆等，必需的金属离子是Ca^{2+}、Mg^{2+}和Mn^{2+}等。发酵方式是通风搅拌液体深层发酵，温度28～32℃，pH中性，适当通风，发酵时间因菌种而异，枯草芽孢杆菌发酵25～30h，栖土曲霉3.942菌株48～50h，灰色链霉菌166菌株50h为宜。发酵液预处理后用于中性蛋白酶分离提取。

2. 碱性蛋白酶

（1）生产菌种　我国工业生产所用菌种主要是地衣芽孢杆菌（*Bacillus licheniformis*）、短小芽孢杆菌（*Bacillus pumilus*）。

（2）发酵过程和控制　发酵主料是麸皮和豆饼粉等，发酵方式是通风搅拌液体深层发酵，发酵温度28～32℃，pH碱性，发酵时间25～30h，在培养基中加入一定量的K_2HPO_4作为pH的缓冲剂以维持碱性，可促进产酶量。发酵液预处理后用于碱性蛋白酶分离提取。

3. 酸性蛋白酶

（1）*生产菌种*　用于工业生产的菌种主要是宇佐美曲霉（*Aspergillus usamil*）或黑曲霉（*Aspergillus niger*）。

（2）*发酵过程和控制*　发酵主料是玉米粉、麸皮、米糠、葡萄糖、豆饼粉及微量元素等。发酵方式是通风搅拌液体深层发酵。发酵温度因菌种不同而异，宇佐美曲霉 31℃，黑曲霉 30～35℃。pH对酸性蛋白酶发酵生产很重要，一般发酵 pH 5.0～5.5。此外，适时调整通风量、控制搅拌速度可最大限度地提高产酶量。发酵液预处理后用于酸性蛋白酶的分离提取。

三、淀粉酶、蛋白酶制剂的分离纯化

由于酶本身皆是蛋白质分子，因此从破碎的细胞中或发酵液中分离纯化酶制剂的技术和方法与蛋白质分离纯化方法相同。在保证蛋白质不发生变性失活的前提下，常用的酶制剂分离纯化技术与方法是：根据蛋白质在溶液中的溶解度不同，采用盐析法即在蛋白质溶液中加入大量中性盐如硫酸铵，使蛋白质从溶液中沉淀析出；根据蛋白质分子所带电荷的不同，采用等电点沉淀法、离子交换层析法等对蛋白质分离纯化；根据蛋白质分子大小不同，采用离心法、超滤法、凝胶过滤层析法对蛋白质分离纯化；根据蛋白质分子对特异性配体具有高亲和力，采用亲和层析法对蛋白质分离纯化。根据不同酶制剂其蛋白质理化性质的不同，在工业化生产中选用经济、方便、高效的分离纯化技术方法，以制备优质酶制剂产品。

四、淀粉酶、蛋白酶的酶学特性及应用

淀粉酶是水解可溶性淀粉、直链淀粉、糖原中α-1, 4-糖苷键的酶。α-淀粉酶既可作用于直链淀粉，也作用于支链淀粉，无差别地随机切断其多糖链内部的 α-1, 4-糖苷键，将直链淀粉水解成大量葡萄糖和少量麦芽糖与麦芽三糖等水解产物，而将支链淀粉除水解成葡萄糖、麦芽糖、麦芽三糖外，还生成α-极限糊精；β-淀粉酶作用于直链淀粉和支链淀粉时，则从其非还原性末端逐次以麦芽糖为单位切断α-1，4-糖苷键，直链淀粉水解产物主要是麦芽糖和少量的葡萄糖，而支链淀粉水解产物除主要是麦芽糖外，还有分子质量较大的极限糊精；淀粉糖化酶又称葡萄糖糖化酶，其功能是将淀粉经α-淀粉酶、β-淀粉酶作用后形成的极限糊料完全水解成葡萄糖。淀粉酶主要用于果汁加工中的淀粉水解和提高过滤速度以及蔬菜加工、糖浆制造、葡萄糖加工制造等行业。

中性、碱性、酸性蛋白酶，在其特定的pH条件下，特异性作用蛋白质分子中的肽键，将蛋白质或肽链水解成氨基酸。蛋白酶广泛用于干酪生产、肉类嫩化和植物蛋白改性，也可用以制备医用氨基酸培养液和加酶洗涤剂。

另外，脂肪酶、果胶酶、纤维素酶等也经微生物发酵工程实现工业化生产。由黑曲霉、德氏根霉（*Rhizopus delernar*）发酵生产的脂肪酶可将油脂分解为甘油与高级脂肪酸，可用于人造黄油与加酶洗涤剂。由温物曲霉（*Aspergillus wenti*）、米曲霉等发酵生产的果胶酶，可将存在于植物细胞壁和细胞间质中不溶于水的果胶质（聚半乳糖醛酸甲基酯）水解成可溶于水的半乳糖醛酸和甲醇，使细胞从组织中分离出来。果胶酶是水果加工中最重要的酶，可用于处理破碎果实，以加速果汁过滤，促进果汁澄清。由绿色木霉（*Trichoderma viride*）、乳白耙菌（*Irpex lacteus*）发酵生产的纤维素酶，可将纤维素的β-1, 4-糖苷键水解，生成纤维二糖和葡萄糖，纤维二糖再由纤维二糖酶水解成葡萄糖。目前，筛选更优良的纤维素分解菌将纤维素水解成葡萄糖仍是重大的研究课题，该研究不仅可将地球上大量废弃秸秆中的纤维素转化为人类的营养物质葡萄糖，还为保证人类的食品安全做出重大贡献。尤其是对极端环境微生物的深入研究，用极端环境微生物发酵生产在极端环境下仍有催化功能的酶制剂，将为人类开发应用酶制剂开辟更广阔的前景。

总之，微生物发酵生产酶制剂是重要的朝阳产业，微生物酶制剂广泛用于食品、轻纺、化工、制药、饲料、造纸、建材、生化试剂、临床分析检测等方面。

第五节　微生物发酵法研制生物降解高分子聚合物

γ-聚谷氨酸（poly-γ-glutamic acid，γ-PGA）是迄今发现的少数几个可利用微生物聚合得到的聚氨基酸之一。而聚羟基脂肪酸酯（polyhydroxyalkanoates，PHA）是某些微生物在碳源过量，氮源、磷源、氧

缺乏而终止生长时，利用多余的碳源物质合成羟基脂肪酸并在胞内聚合而成的贮藏物。

由于γ-聚谷氨酸和聚羟基脂肪酸酯有许多优良性能并有广泛应用，且容易被生物降解，因此有广阔的开发应用前景。本节将简单介绍如上两种可生物降解高分子聚合物发酵研制所用菌种、发酵和提取、性能与广泛应用。

一、γ-聚谷氨酸

γ-聚谷氨酸（γ-PGA）是由 D-谷氨酸和 L-谷氨酸单体通过 γ-谷氨酰胺键聚合而成的一类均聚氨基酸，γ-PGA 的化学结构如图 16-5 所示。

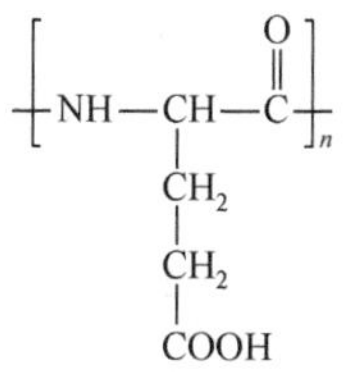

图 16-5 γ-聚谷氨酸的化学结构

1. 发酵菌种

根据发酵培养基中是否提供谷氨酸作合成 γ-PGA 的前体或诱导剂，可将菌种分为两大类。

谷氨酸依赖型（Ⅰ类）菌种：地衣芽孢杆菌 ATCC 9945A 菌株、枯草芽孢杆菌 IFO-335 或 F-2-01 菌株，发酵培养基中需提供谷氨酸，合成较多的 γ-PGA。

谷氨酸非依赖型（Ⅱ类）菌种：地衣芽孢杆菌 A35 菌株、枯草芽孢杆菌 TAM-4 菌株，发酵培养基中不需提供谷氨酸，合成 γ-PGA 较少。

目前，主要利用谷氨酸依赖型（Ⅰ类）作为研制 γ-PGA 的菌种。

2. γ-PGA 发酵和提取

谷氨酸依赖型菌种首先在营养丰富的 LB 液体培养基中进行液体菌种活化培养，待菌种细胞生长到适宜的菌浓后，以 1%接种量将液体菌种转接到装有以葡萄糖或蔗糖为主料、加有谷氨酸、pH 7.0 的液体发酵培养基的锥形瓶内，置于振荡器上，在 37℃、180r/min 振荡发酵培养 24～48h。菌体细胞在生长过程中，利用加入的谷氨酸为前体或诱导剂，使菌体细胞大量合成 L-谷氨酸和 D-谷氨酸，并聚合成 γ-聚谷氨酸，分泌到发酵液中。

发酵液离心，取上清液，在上清液中加入 4 倍体积的无水乙醇，4℃条件下沉淀过夜。下层白色沉淀重新溶解于去离子水，使用相对分子质量为 8000～14 000 的透析袋处理至少 16h，以去除小分子杂质。透析袋中液体–50℃冷冻干燥，获得白色棉絮状产物，即为纯 γ-PGA。

3. 性能及应用

γ-PGA 是一种阴离子异型肽，其基本骨架是由γ-酰胺键连接而成的直链分子，作为线性高分子能形成大量氢键，促使水分子进入高分子结构内与之亲和，因此具有很大的水溶性；γ-PGA 的主链上存在大量肽键，在环境中受特异产生蛋白酶微生物的作用，可降解成无毒的短肽小分子和氨基酸单体，而在其他微生物的作用下分子稳定，因而具有优良的生物相容性和生物可降解性，用作生物医用材料有明显优点；另外，γ-PGA 主链上有大量游离羧基，使其具有水溶性聚羧酸的性质，如强吸水保湿性能，可用于化妆品、食品、分散剂、螯合剂、建筑涂料、防尘等领域；如果在羧酸位点上增加一些特殊的功能基团，可以改变 γ-PGA 的性质，如增加其分子的机械强度等，也可以在羧酸位点连接靶向基团，以作为药物靶向载体。

二、聚羟基脂肪酸酯

PHA 作为某些细菌的胞内贮藏物，通常以直径为（0.2±0.5）μm 的圆形颗粒分散于细胞质中，单一细胞内的 PHA 颗粒数目则会随着菌种或菌株的不同而改变，分子质量也因菌种或菌株和培养条件的不同而不同，通常介于 2×10^5～3×10^6。PHA 的结构通式如图 16-6 所示，在 PHA 结构通式中，R 基团和 *n* 是可变的。R 多为不同链长的正烷基，也可以是支链的、不饱和的或带取代功能基（Br、Cl、OH 等）的烷基。

根据单体碳链长短，可将 PHA 大致分成两类：单体有 3～5 个碳原子的 PHA，称为短链 PHA（PHA_{SCL}）；单体有 6～16 个碳原子的 PHA，称为中长链 PHA（PHA_{MCL}）。

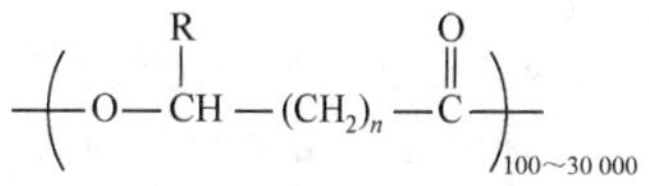

图 16-6 PHA 的结构通式

1. 发酵菌种

常用的 PHA 合成菌种有：罗氏真养菌（*Ralstonia eutropha*）、铜绿假单胞菌（*Pseudomonas aeruginosa*）、豚鼠气单胞菌（*Aeromonas caviae*）、恶臭假单胞菌（*Pseudomonas putida*）和巨大芽孢杆菌（*Bacillus megaterium*）等。

2. PHA 发酵及提取

PHA 发酵一般采用两步发酵法：①菌种细胞生长阶段，PHA 发酵菌种首先在营养丰富的 LB 液体培养基中扩大培养，使菌体大量生长繁殖；②PHA 合成阶段，将液体菌种转接到以葡萄糖为主料、pH

7.0的发酵培养基中，在30℃振荡通气发酵培养48h，菌体内合成的羟基脂肪酸单体大量聚合成PHA颗粒。

菌体细胞在冷冻干燥机中冻干至恒重。冷冻干燥后的菌体细胞加入氯仿，在室温下搅拌48h，菌体细胞破碎，释放出的PHA被萃取到氯仿中。将氯仿用定性滤纸过滤后经旋转蒸发仪浓缩，用冷甲醇沉淀过夜，白色沉淀物即为PHA，真空干燥后获得PHA产品。

3. PHA的性能及应用

PHA作为一种聚酯，具有以下特性：光学活性、弹性、质轻、可塑性、耐磨性、抗射线、生物可降解性和生物相容性等。在这些性质中，生物可降解性和生物相容性是其最突出的性质。由于PHA拥有这么多的优良性能，其在很多领域，如生物降解性包装材料、组织工程材料、缓释材料及电化学材料等方面具有广泛的应用前景。

知识点回顾

1. 乙醇、甘油等溶剂和柠檬酸、乳酸等有机酸都是微生物的初级代谢产物，与人们日常生活有着十分密切的关系，也是发酵工业中历史最悠久、产量最大的产品。有机溶剂和有机酸过去一直是石油化工的主产品之一，随着全球石油供应的紧缺，发酵法生产有机溶剂和有机酸越来越受到人们的重视，加上在微生物育种和生产工艺方面的进步，使得微生物发酵法的技术水平日益提高，甚至比化学合成法还要经济。在某些产品上，发酵法生产已经取代化学合成法。

2. 酶制剂产业是生物工程领域的重要组成部分。多种重要的酶制剂已成功地商品化生产，都是通过微生物的发酵大规模地生产，这些重要的酶制剂包括淀粉酶、蛋白酶和脂肪酶等。酶制剂产业的发展前景相当广阔。

3. 微生物合成生物高分子是微生物把某些有机物作为食物源，通过生命活动合成的高分子化合物。与天然高分子和化学合成高分子相比，其具有许多优点：可以在控制条件下大量生产；分子链在一定范围内可以控制；可以根据需要生产特定物理化学、生物学和机械性能的材料；可由微生物大量合成且来源非石油。目前全球许多工业生物技术的研究者们都在致力于开发具有工业应用前景的新型微生物高分子，开发最为活跃的典型微生物高分子则是聚氨基酸、微生物多糖和聚酯三类物质。它们在工业、农业与食品等领域都显示出了巨大的应用潜力。

关键词

1. 甘油发酵（glycerol fermentation）：在乙醇发酵中，如果通过EMP途径，则中间形成磷酸甘油醛。在正常反应中它的氧化是和它前面的反应即乙醛的还原有关。但是通过加入亚硫酸盐等将后者捕捉，就会代之以磷酸甘油醛的还原形成磷酸甘油。磷酸甘油经脱磷酸而有甘油累积。这种反应称为甘油发酵。

2. 丙酮丁醇发酵（acetone-butanol fermentation）：主要是使糖转化而生成丁醇和丙酮的发酵。菌种为严格厌氧性细菌的丁酸梭菌和丙酮丁醇梭菌，在发酵中可同时产生乙酸、乙醇等，并放出CO_2和H_2。

3. 柠檬酸发酵（citrate fermentation）：糖经EMP途径生成丙酮酸，一方面丙酮酸经氧化脱羧形成乙酰CoA；另一方面由CO_2固定生成草酰乙酸，这两者缩合形成柠檬酸，进入三羧酸循环。由于乌头酸酶失活或微弱，导致柠檬酸积累。所以柠檬酸工业生产采用以微生物在代谢过程中积累中间体的方式。

4. 黄原胶（xanthan gum）：主链由2个D-葡萄糖分子经β-1, 4-糖苷键连接而成，具有类似纤维素的骨架结构，每2个葡萄糖中的一个C3上连接有一个由2个甘聚糖和1个葡糖醛酸组成的三糖侧链。

5. 酶制剂（enzyme）：是指从生物中提取的具有酶特性的一类物质，主要作用是催化食品加工过程中各种化学反应，改进食品加工方法。

6. γ-聚谷氨酸（poly-γ-glutamic acid，γ-PGA）是由D-谷氨酸和L-谷氨酸单体通过γ-谷氨酰胺键聚合而成的一类均聚氨基酸。

7. 聚羟基脂肪酸酯（polyhydroxyalkanoates，PHA）是微生物在营养不平衡条件下，如碳源过量，氮源、磷源、氧缺乏时，合成的细胞内聚酯，它能够作为碳源和能源物质在细胞内产生并积累。

自测题

一、选择题

1. 微生物合成柠檬酸的直接前体是（　　）。

（A）草酰乙酸　　（B）乳酸

（C）丙酮酸　　（D）苹果酸

2. 耐高渗透压酵母合成甘油是在（　　）条件下发生的。

（A）酸性　　（B）中性

（C）碱性

3. 工业上使用的丙酮丁醇的生产菌种是(　　)。

（A）梭状芽孢杆菌　（B）枯草芽孢杆菌

（C）地衣芽孢杆菌　（D）解淀粉芽孢杆菌

4. 黑曲霉利用糖类产生柠檬酸的生物合成途径中最重要的调控环节是（　　）。

（A）糖酵解

（B）三羧酸循环

（C）磷酸戊糖途径

（D）乙醛酸途径

5. 关于柠檬酸的生物合成的描述中，不正确的是（　　）。

（A）磷酸果糖激酶（PFK）是一种调节酶，此酶可被柠檬酸所抑制，受 NH_4^+ 激活

（B）黑曲霉在含锰的培养基中培养时，可提高细胞内 NH_4^+ 的浓度和呼吸活性

（C）草酰乙酸与乙酰 CoA 缩合生成柠檬酸

（D）抑制乌头酸酶的活性，有利于提高柠檬酸的产量

6. 目前已知的柠檬酸发酵最好的糖源是（　　）。

（A）蔗糖　　（B）葡萄糖

（C）果糖　　（D）乳糖

7. 关于丙酮丁醇发酵生产的描述中，不正确的是（　　）。

（A）工业上可用淀粉或糖蜜等为原料

（B）一般要求有机氮源

（C）利用糖蜜发酵生产丙酮丁醇比采用玉米等淀粉质原料生产成本高

（D）连续发酵生产丙酮丁醇的第二阶段主要产生代谢产物，酸度下降

8. 关于微生物合成黄原胶的说法中，不正确的是（　　）。

（A）一种微生物多糖

（B）最早是在铜绿假单胞菌中发现的

（C）具有“五糖重复单元”

（D）先在细胞内合成，然后分泌到细胞外

9. 关于微生物合成 PHA 的说法中，不正确的是（　　）。

（A）微生物在营养不平衡条件下合成 PHA

（B）PHA 是一种可生物降解的高分子聚酯

（C）利用脂肪酸的β-氧化途径或脂肪酸从头合成途径能合成中长链 PHA

（D）先在细胞内合成，然后分泌到细胞外

10. 关于微生物合成聚谷氨酸的说法中，不正确的是（　　）。

（A）需要在培养基中加入谷氨酸

（B）聚谷氨酸中除了 L-谷氨酸外，还可以加入 D-谷氨酸

（C）聚谷氨酸合成酶是一个多酶体系且是跨膜结构的

（D）先在细胞内合成，然后分泌到细胞外

二、问答题

1. 简述酵母合成甘油的途径和特点。

2. 黑曲霉如何大量积累柠檬酸？

3. 简述黄原胶的生产菌种及发酵过程控制。

4. 微生物在什么条件下合成聚羟基脂肪酸酯（PHA）？

5. 简述聚谷氨酸合成菌的类型及其特点。

答案：

开篇事件

1. 答：微生物细胞工厂（microbial cell factories）是以可再生资源为原料，通过微生物细胞转化制备人类所需的能源、药物、化工原料等。合成生物学的发展极大地提升了细胞工厂的构建能力。通过以下 4 个方面的改造，可以快速构建出生产各种化学品的高效细胞工厂：最优合成途径的设计、合成途径的创建、合成途径的优化、细胞生产性能的优化。

2. 答：聚羟基脂肪酸酯（polyhydroxyalkanoates，PHA），是很多微生物合成的一种细胞内聚酯，在生物体内主要是作为碳源和能源的贮藏性物质。PHA 是一种天然的高分子生物材料，具有塑料的热加工性能、生物可降解性、良好的生物相容性、光学活性、压电性等许多优秀性能。PHA 在可生物降解的包装材料、组织工程材料、缓释材料、压电材料以及生物医用材料方面有广阔的应用前景。

选择题：1. A　2. C　3. A　4. A　5. B
6. A　7. C　8. B　9. D　10. A

问答题：

1. 答：用于发酵甘油生产的菌种主要是酿酒酵母和耐高渗透压酵母，甘油合成的途径也因菌株不同而异。用糖质原料发酵生产甘油一般有两条路线：一为亚硫酸盐法；二为碱性法。

1）酿酒酵母的甘油合成途径（亚硫酸盐法）

该法是利用酵母异常乙醇发酵（又称酵母的第Ⅱ型发酵），甘油的生成是添加亚硫酸氢钠，与乙醛复合而使磷酸二羟丙酮代替乙醛作为受氢体的结果，总反应式为

$$C_6H_{12}O_6 \longrightarrow C_3H_5(OH)_3 + CH_3CHO + CO_2$$

2）耐高渗透压酵母的甘油合成途径（碱性法）

该法是在碱性条件下发生的（又称酵母的第Ⅲ型发酵），乙醛因得不到足够的氢而有积累，结果 2 分子乙醛之间行歧化反应，生成等量的乙酸和乙醇，总反应式为

$$2C_6H_{12}O_6 + H_2O \longrightarrow 2C_3H_5(OH)_3 + CH_3COOH + C_2H_5OH + 2CO_2$$

2. 答：黑曲霉利用糖类产生柠檬酸的生物合成途径是：葡萄糖经 EMP 或 HMP 降解，形成丙酮酸；丙酮酸一方面氧化脱羧生成乙酰 CoA；另一方面经 CO_2 固定羧化成草酰乙酸；然后草酰乙酸与乙酰 CoA 缩合生成柠檬酸。

糖酵解的调节是柠檬酸发酵最为重要的调节。测定柠檬酸产生菌黑曲霉 B_{60} 的酵解中间产物，发现磷酸果糖激酶（PFK）是一种调节酶，此酶可被柠檬酸所抑制，受 NH_4^+ 激活。黑曲霉在缺锰的培养基中培养时，可减少 HMP 途径和 TCA 环有关酶的活性，可提高细胞内 NH_4^+ 的浓度和呼吸活性，可使 EMP 途径得到加强；由于在培养基中限制添加氮源，乌头酸酶一直处于较低水平，而柠檬酸合成酶的活性却自始至终均较高，从而导致柠檬酸大量积累。

3. 答：黄原胶的生产菌种是野油菜黄单胞菌（*Xanthomonas campestris*），以工业葡萄糖为原料经有氧发酵生产黄原胶。首先是细胞利用葡萄糖进行生长繁殖，当细胞终止生长后，利用多余的葡萄糖分子开始合成胞外黄原胶多糖。选择适宜的有机氮源会增加黄原胶分子的丙酮酸含量，随发酵液黏度提高要加大通气量，自动控制 pH 为 6.5～7.0 可提高黄原胶产量。

4. 答：聚羟基脂肪酸酯（polyhydroxyalkanoates，PHA）是微生物在营养不平衡条件下，如碳源过量，氮源、磷源、氧缺乏时，合成的细胞内聚酯，它能够作为碳源和能源物质在细胞内产生并积累。根据其单体组成，生物合成的 PHA 大致可以分成以下两类：单体组成在 3～5 个碳原子的 PHA，称为短链 PHA（PHA_{SCL}）；单体组成在 6～16 个碳原子的 PHA，称为中长链 PHA（PHA_{MCL}）。

5. 答：至今发现的 γ-PGA 生产菌株主要集中于 *B. subtilis* 和 *B. lichentformis*。根据培养基中是否需要提供谷氨酸前体，可将 γ-PGA 产生菌分为两类：谷氨酸依赖型（Ⅰ类）和谷氨酸非依赖型（Ⅱ类），Ⅰ类包括 *B. licheniformis* ATCC 9945A、*B. subtilis* IFO 3335、*B. subtilis* F-2-01 等菌株，这类菌株通常生成较多量的 γ-PGA，培养基中需提供谷氨酸前体作为 γ-PGA 合成的前体物质或诱导剂。Ⅱ类包括 *B. subtilis* TAM-4、*B. licheniformis* A35 等，这类菌株不需提供外源谷氨酸前体，采用全程合成途径合成 γ-PGA。由于Ⅱ类菌株积累的 γ-PGA 浓度均较低，因此目前研究主要集中在谷氨酸依赖型（Ⅰ类）菌株。

（杨　超）

第十七章 微生物与医药

开篇事件：进化是超级细菌对抗人类的武器，人类的武器又在哪里？

微生物药物的利用是从人们熟知的抗生素开始的，随着抗生素的过度使用和病原微生物不断加速的基因突变进而遗传进化，微生物药物这一武器的威力正在逐渐减弱。世界卫生组织预测，由于对现阶段全部抗生素都具有耐药性的“超级细菌”的出现，后抗生素时代（指人们可能死于普通感染和小伤）可能于21世纪开始！

人类对抗“超级细菌”的战斗早就多线铺开，仅在2016年就有诸多成果。有些科学家利用的是非微生物资源，如澳大利亚的研究人员开发出可高效杀灭“超级细菌”的星状多聚体分子。更多的科学家还是借助于微生物的帮助。德国研究者通过对人类鼻腔细菌样本进行系统分析，发现了一类“路邓葡萄球菌（*Staphylococcus lugdunensis*）”细菌，从中提纯了一种称“路邓素”的物质，对“超级细菌”有强大的杀伤能力。正常情况下抗生素是由土壤中的细菌或真菌分泌的，这一新发现则证明人体内的共生菌群也有分泌抗生素的能力。

路邓素仅仅是冰山一角，在不久的将来，“超级细菌”有可能被路邓素或其他新型抗生素有效杀灭。

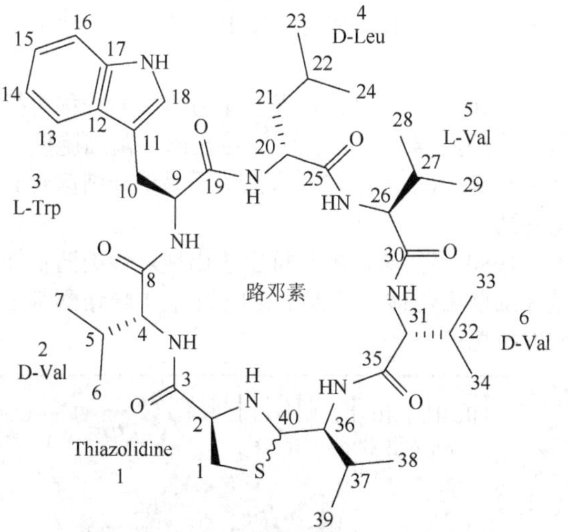

路邓素的化学结构

参考文献：

Lam SJ，O’Briensimpson NM，Pantarat N，et al. 2016. Combating multidrug-resistant Gram-negative bacteria with structurally nanoengineered antimicrobial peptide polymers. *Nature Microbiology*，1（11）：16 162.

Zipperer A，Konnerth MC，Laux C，et al. 2016. Human commensals producing a novel antibiotic impair pathogen colonization. *Nature*，535（7613）：511-516.

思考题：

1. 利用微生物学手段对抗“超级细菌”感染的最大优点是什么？

2. 从用药的角度分析如何尽量防止病原菌产生耐药性？

根据人类患病的机制，其疾病主要分为两大类：一类是由病原体感染引发的感染性疾病；另一类则是由机体本身代谢失调或代谢酶的紊乱而引起的非感染性疾病，又称代谢型疾病。人类在与疾病的长期斗争中，利用微生物具有产生多种不寻常的化学结构和不寻常的生物学活性天然化合物的无限潜力，以其为资源研发出治疗人类疾病的多种药物。同时，利用微生物生长快、易培养的优势，经微生物发酵工程和基因重组现代生物技术，实现微生物天然药物的工业化、商品化生产，微生物是提供人类医药的天然宝库。

本章主要介绍微生物产生的抗生素、维生素、类固醇激素等经典微生物发酵药物；微生物产生的主要治疗人类代谢型或与免疫相关疾病的如特异性酶抑制剂、免疫调节剂、受体拮抗剂和抗氧化剂等多类他种生理活性物质；用基因工程菌株发酵生产相关药物与研究进展；最后简介微生物保健制品。

第一节　经典微生物发酵药物

微生物制药技术作为一项新兴的技术，在世界各国卫生医疗、环境保护等领域已经取得了卓越的成绩。一些生物制品，如抗生素、维生素、类固醇（甾体）激素等作为微生物制药技术成熟发展的产物，在微生物制药领域中，占据重要的位置。

一、抗生素

抗生素（antibiotic）的现代概念是：由微生物或其他生物产生的，低浓度下即可抑制其他生物生长或干扰其他生活细胞发育功能的一类天然的次级代谢产物或半合成衍生物。

（一）青霉素、链霉素等发现与应用的生物学意义

1929 年，英国细菌学家弗莱明发现了点青霉（*Penicillium notatum*）能产生一种活性抗菌成分，命名为青霉素（penicillin）。10 年后，牛津大学病理学家弗洛里和生物化学家钱恩用冷冻干燥法制得青霉素结晶应用于临床试验。1942 年，美国制药企业用产黄青霉（*Penicillium chrysogenum*）经通风搅拌发酵罐深层发酵法大批量生产青霉素。1945 年，弗莱明、弗洛里和钱恩因“发现青霉素及其临床效用”而荣获了诺贝尔生理学或医学奖。

青霉素的研制成功大大增强了人类抵抗细菌性感染的能力，带动了抗生素家族的诞生。它的出现开创了用抗生素治疗疾病的新纪元。

1944 年，瓦克斯曼在新泽西大学分离出来第二种抗生素——链霉素（streptomycin），它是由一种放线菌——灰色链霉菌（*Streptomyces griseus*）产生的。链霉素主要用于治疗结核病、鼠疫、百日咳、细菌性痢疾和泌尿道感染等。在当时，因为链霉素能有效地抑制使用青霉素无效的革兰氏阴性的结核菌，使许多结核病患者得到救治，开创了结核病治疗的新纪元。

1947 年出现氯霉素，它主要针对痢疾、炭疽病菌，治疗轻度感染。

1948 年四环素出现，这是最早的广谱抗生素。今天四环素由于较大的副作用而基本上只被用于家畜饲养。

1956 年，礼来公司发明了万古霉素被称为抗生素的最后武器。因为它对革兰氏阳性菌细胞壁、细胞膜和 RNA 有三重杀菌机制，不易诱导细菌对其产生耐药。

1980 年代喹诺酮类抗生素出现。该类药物能够破坏细菌染色体，是人工合成的含 4-喹诺酮基本结构的抗菌药。

青霉素与原子弹、雷达并称为第二次世界大战（简称二战）中的三大发明，丘吉尔曾经这样说：“青霉素是二战时最伟大的发明。”在二战期间，青霉素及时抢救了许多伤病员。有关二战的一幅宣传画在某种程度上体现了青霉素对于士兵和当时特殊历史时期的重要性，宣传画中的标语为：“感谢青霉素，让受伤士兵可以安然回家。”青霉素被盟军士兵亲切地称为“救命药”。青霉素的发现及使用，还带动了抗生素家族的诞生。“抗生素的使用将人们的寿命平均延长了 24 岁。”

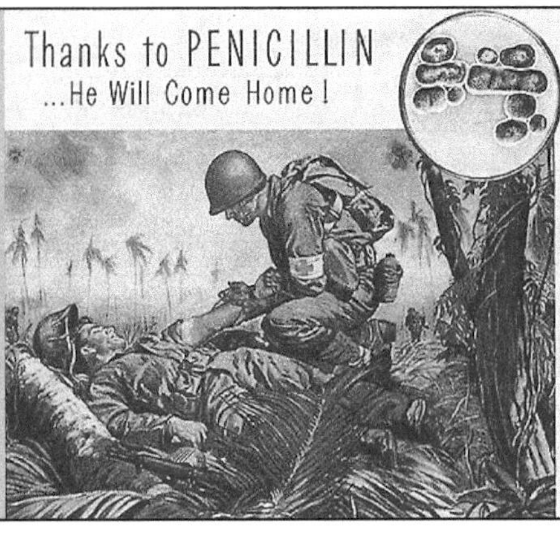

（二）广泛应用的天然抗生素

目前已知天然抗生素不下万种，用于治病的抗生素除直接提取外，也有完全用人工合成或部分人工合成的。抗生素的分类则有β-内酰胺类、氨基糖苷类、酰胺醇类、大环内酯类、四环素类、多肽类抗生素等。表 17-1 列出了一些有代表性的微生物发酵生产的抗生素药物。

抗生素不仅能杀灭细菌，而且对霉菌、支原体、衣原体、螺旋体、立克次氏体等其他致病微生物也有良好的抑制和杀灭作用。20 世纪 50 年代以后，利用动物肿瘤移植技术和癌细胞培养技术等筛选手段，从微生物的次级代谢产物中筛选到一些有重要临床应用价值的抗肿瘤抗生素，它们通常以直接破坏 DNA 或嵌入 DNA 而干扰转录的方式抑制肿瘤细胞生长，属周期非特异性药物，但对 S 期细胞有更强的杀灭作用。也有部分该类抗生素通过抑制微管解聚从而抑制肿瘤细胞的有丝分裂。表 17-2 列出了一些有代表性的抗肿瘤抗生素药物。

表 17-1 发酵生产的代表性传统抗生素生产菌及抑菌作用机理

类别	抗生素	生产菌	作用机理	类别	抗生素	生产菌	作用机理
β-内酰胺类	青霉素	产黄青霉（*Penicillium chrysogenum*）	能破坏细菌的细胞壁并在细菌细胞的繁殖期起杀菌作用	β-内酰胺类	阿维菌素	阿维链霉菌（*Streptomyces avermitilis*）	阻断无脊椎动物的神经传导
大环内酯类	红霉素	红色糖多孢菌（*Saccharopolyspora erythraea*）	与细菌的 50S 核蛋白体亚基可逆结合，抑制细菌蛋白质合成	多肽类	多黏菌素	多黏芽孢杆菌（*Bacillus polymyxa*）	带正电荷的游离氨基与革兰氏阴性菌细胞膜磷脂中带负电荷的磷酸根结合，破坏膜的通透性
氨基糖苷类	链霉素	灰色链霉菌（*Streptomyces griseus*）	与细菌核糖体蛋白结合，干扰蛋白质合成	糖肽类	万古霉素	东方拟无枝酸菌（*Amycolatopsis orientalis*）	抑制革兰氏阳性菌细胞壁的合成
氨基糖苷类	庆大霉素	棘孢小单胞菌（*Micromonospom echinospora*）	与细菌核糖体蛋白结合，干扰蛋白质合成				

真菌皮肤感染较为常见，尤为棘手的是深部真菌感染，通常由假丝酵母属（*Candida*）、隐球菌属（*Cryptococcus*）、曲霉属（*Aspergillus*）等真菌侵犯内脏、皮下组织等，严重者可引起心内膜炎、脑膜炎和败血症。目前临床上用于真菌病的药物主要有多烯类、氨基甲酸酯类和咪唑类等。微生物发酵生产的棘白霉素类药物以真菌细胞壁为作用靶点，对真菌具有特异性，没有溶血毒性以及较少的药物相互作用，使得该类药物比传统的抗真菌药物具有更大的发展前景。表 17-3 列出了一些有代表性的抗真菌抗生素药物。

表 17-2 代表性的抗肿瘤抗生素药物

类型	代表药物	别称	作用机理	类型	代表药物	别称	作用机理
多肽类	放线菌素 D	更生霉素	抑制以 DNA 为模板的 RNA 多聚酶	蒽醌类	盐酸米托蒽醌		细胞周期非特异性药物，抑制 DNA 和 RNA 合成
	博来霉素	争光霉素	直接作用于肿瘤细胞的 DNA，使之断裂和裂解	乙撑亚胺类	丝裂霉素	自力霉素	通过烷基化作用与 DNA 链形成交联，抑制 DNA 复制，对 RNA 也有抑制作用
蒽醌类	盐酸多柔比星	阿霉素	抗瘤谱较广，作用于 DNA 而达到抗肿瘤目的	大环内酯类	埃博霉素		在纤维堆囊菌中发现的至今为止活性最强的抗肿瘤化合物，抑制肿瘤细胞的有丝分裂

表 17-3 代表性的抗真菌抗生素药物

类型	代表药物	作用机理
皮质醇类	灰黄霉素	能抑制真菌有丝分裂，使有丝分裂的纺锤结构断裂，终止中期细胞分裂
多烯类	制霉菌素和两性霉素 B	与真菌细胞上的甾醇结合，损伤膜的通透性，导致真菌内钾离子、核苷酸、氨基酸等外漏
脂肽和糖脂类	棘白菌素	选择地抑制β-1, 3-D-葡聚糖合成酶，阻断真菌细胞壁合成

除此以外，人们还开发了具有抗病毒（如新霉素 B）和抗寄生虫（如阿维菌素）的抗生素药物。总之，抗生素的应用范围不断拓展，在医药领域发挥着不可替代的作用。

（三）致病菌对天然抗生素产生耐药性

随着抗生素的广泛过度使用，又缺乏新型抗生素问世，使病原微生物在遗传变异中开始对抗生素产生抗药性，导致了许多药物无法治疗的“超级感染”。

细菌对抗生素的抗药性主要有 5 种机制(图 17-1)：①细菌使抗生素分解或失去活性，如 β-内酰胺酶可分解含 β-内酰胺环的抗生素，乙酰转移酶等钝化酶可使氨基糖苷类抗生素失效；②使抗菌药物作用的靶点发生改变，如 MRSA 是通过对青霉素的蛋白结合部位进行修饰，使细菌对药物不敏感；③细菌细胞膜渗透性的改变；④细菌利用药泵将进入细胞的抗生素通过主动运输泵出细胞；⑤改变代谢途径，如金黄色葡萄球菌多次接触磺胺药后，自身对氨基苯甲酸产量增加并与磺胺药竞争二氢叶酸合成酶，使磺胺药的作用下降甚至消失。所有抗药性产生的根源都是生存压力下的基因突变。正是由于抗生素的滥用，使病菌迅速适应了抗生素的环境，各种超级病菌相继诞生。

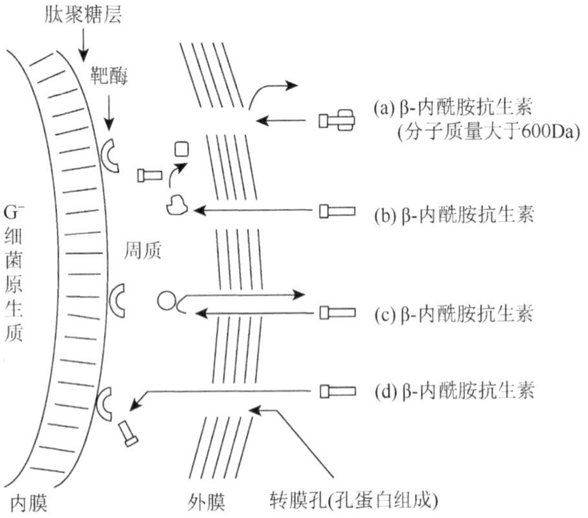

图 17-1　G⁻致病菌对 β-内酰胺抗生素耐药主要机制图示

（a）不能通过外膜；（b）在周质区被 β-内酰胺酶分解；（c）在周质区被泵出胞外；（d）靶酶变化

（四）研发性能更优良的抗生素

人们寻求战胜病原微生物耐药性的努力一直没有停止。一方面，随着全世界对抗生素滥用的危害逐渐达成共识，抗生素的地位和作用受到怀疑的同时，也遭到了严格的管理，以期降低耐药菌产生的频率。比较有代表意义的事件是，2014 年 4 月 30 日，WHO 发布报告称，抗生素耐药性细菌正蔓延至全球各地。WHO 根据 114 个国家的数据进行调查并汇总出这份报告。在日本、法国和南非等地，在淋病治疗中发现了头孢菌素类抗生素无效的病例。报告忠告医疗工作者应将抗生素处方控制在必要的最小限度。另一方面，呼吁普通患者仅在医师开具处方时才使用抗生素。

1. 半合成类抗生素

半合成抗生素（semisynthetic antibiotics）是以微生物发酵产生的天然抗生素为母体，经化学反应对天然抗生素进行化学修饰而得到的衍生物，以下以 β-内酰胺类抗生素为例，简介其发展过程。最早应用的天然抗生素是青霉素 G，其化学结构称为苄青霉素，结构式为见图 17-2。括号内的部分是青霉素类 β-内酰胺抗生素的母体，而括号外的苄基（benzyl group）部分则视为 R 侧链。

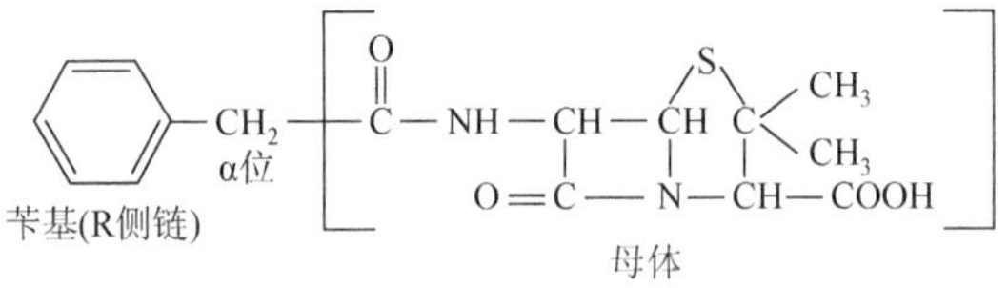

图 17-2　青霉素 G 化学结构式

天然的青霉素 G 虽然对革兰氏阳性致病菌有良好的抑菌效果，但对革兰氏阴性致病菌无效，抗菌谱较窄；酸性条件下分子易水解；易被青霉素型 β-内酰胺酶开环失效。这些不足与 R 侧链的分子结构密切相关。对青霉素构效关系深入研究表明，如果 R 侧链 α 位有吸引电子的基团取代苄基（图 17-3A），所半合成的苯乙青霉素有抗酸性可口服；如果在苯核侧链 α 位上引入氨基，或引入羧基或磺酸基等电负性强的官能团，则形成氨苄青霉素、羧苄青霉素和磺苄青霉素（图 17-3B）等半合成青霉素，除抑制革兰氏阳性菌外还加大抗菌谱，成为广谱抗生素；如果用大的侧链如氯苯唑基团（图 17-3C）取代苄基而形成的半合成氯苯唑青霉素，因侧链增大所产生的立体效应，可阻碍 β-内酰胺酶活性中心与半合成氯苯唑青霉素的有效结合而被开环失效，从而对产生青霉素型 β-内酰胺酶的细菌仍有抑菌活性。以天然青霉素 G 为母体，经化学合成方法用不同功能的侧链取代青霉素 G 原来的侧链，即可获得抗酸、抗 β-内酰胺酶、更广抗菌谱的性能更优良的半合成青霉素。

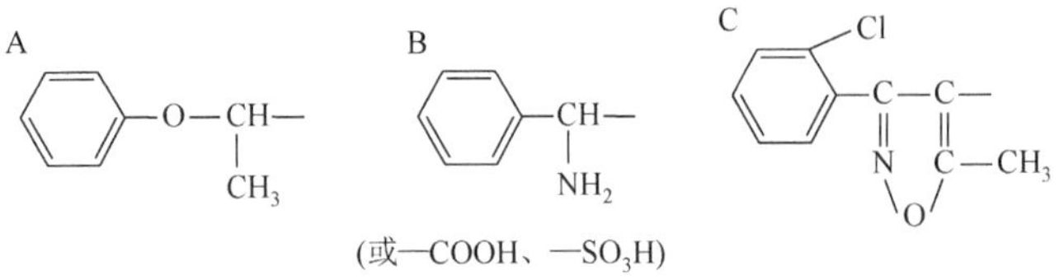

图 17-3　半合成青霉素的各种 R 侧链取代基

β-内酰胺酶类抗生素除了青霉素系列以外，还包括头孢菌素类。头孢菌素类是以用顶头孢霉（*Cephalosporium acremonium*）发酵产生的头孢菌素 C 为母体，用化学方法对其不同的侧链进行结构改造而获得的半合成头孢菌素。天然的头孢菌素 C 虽然抗酸、抗革兰氏阴性菌、耐青霉素 β-内酰胺酶，但抗菌活性甚低，达不到医用要求，只能作为半合成头孢菌素的原料。头孢菌素化学结构与活性的构效关系如图 17-4 所示。

如果引入的苄基 R 侧链中，在连接酰胺基的 α 位上引入—OH、—NH_2、—COOH 等极性大的基团，可显著增加抗革兰氏阴性细菌的活性；如果在 R1 的 7α 位上用—CH_3、—OCH_3、—CN、—COOH 等基团取代 H，因构型关系阻碍了 β-内酰胺酶的攻击并开环水解，增强了对耐药菌的抑菌活性；如 S 原子被氧原子取代，其抗菌活性增强数倍；如果 R2 基团中的乙酰氧基被硫代杂环或季铵盐取代能增强抗细菌的活性。根据如上构效关系，目前已经开发出几代多种更广谱、抗 β-内酰胺酶能力更强、抗菌活性更强的半合成头孢菌素，成为临床应用更广泛的抗细菌感染的抗生素。

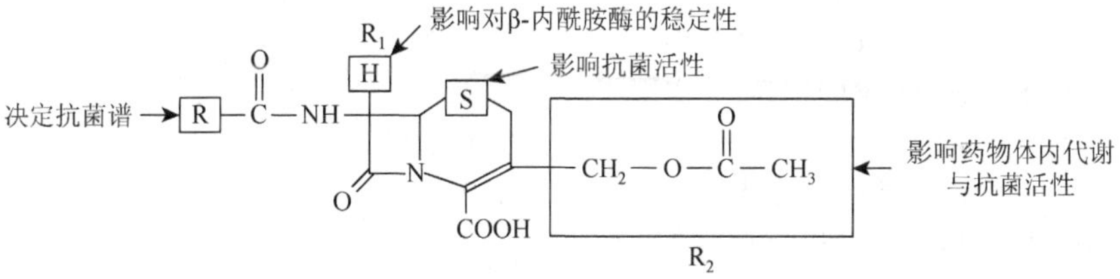

图 17-4 头孢菌素化学结构

其后，又相继发现微生物产生的头霉素、碳青霉烯、β-内酰胺单环等新型抗生素，并在此基础上开发出相应的半合成抗生素。借鉴半合成 β-内酰胺类抗生素的成功经验，半合成卡那霉素、半合成四环素、半合成红霉素相继问世并用于临床。目前，半合成抗生素是临床应用的主体抗生素，用半合成方法改造天然抗生素仍是开发性能更优良抗生素的有效途径。

2. 开发不易产生抗药性的抗生素

人们通过开发新型的抗生素或新的抗菌手段，来抵御超级病菌的进攻。2015 年，美国东北大学的吉姆·里维斯领导的研究团队在《自然》杂志上撰文指出，他们在缅因州的土壤内发现了近 30 年来第一种新抗生素即 Teixobactin，可以杀死 MRSA 等多种病原体。Teixobactin 以细菌高度保守的脂质Ⅱ和脂质Ⅲ为作用靶点从而破坏细胞壁来消灭细菌，病原体很难对其产生抗药性。2016 年在人类鼻腔路邓葡萄球菌中发现的路邓素也属于这一类抗生素。

3. 采用新技术从土壤微生物中发现抗生素

土壤微生物是产生天然抗生素的宝库，但土壤中 99%的微生物在实验室环境下都难以培养。最近科学家找到了新方法：使用名为 iChip 的电子芯片在土壤中培养微生物，50%的微生物能够存活并能将其中产生的抗生素化合物分离出来。采用这种方法，为发现并获得新一代抗生素铺平了道路。

4. 从海洋或极端环境微生物中开发新型抗生素

利用海洋或极端环境微生物开发新型抗生素是很好的选择。由于海洋中营养成分缺乏，微生物争夺宿主的种间竞争十分激烈，很多微生物通过产生一些小分子有机物来争夺有限的营养和进行自我防御，而且由于生存环境的差异，很多海洋微生物次生代谢产物的化学结构、生物活性均与陆地微生物有明显不同，这些海洋微生物的次生代谢产物可作为新药来源的重要基础。

目前已经从海洋微生物中分离到多种活性物质，具有抗菌、抗病毒、抗肿瘤、抗心脑血管疾病、抗氧化、抗炎症、酶及酶的抑制活性、抗寄生虫、抗过敏反应等作用。海洋微生物来源的内酰胺类化合物 Salinosporamide A 作为抗肿瘤抗生素，已经进行了抗多发性骨髓瘤、淋巴瘤、白血病、实体瘤等的Ⅱ期临床试验。

二、维生素

维生素（vitamin）是人体生命活动必需的营养要素，主要以辅酶或辅基的形式参与生物体各种生化反应。人体不能合成或仅能少量合成所需维生素，必须从食物中获取。如饮食不当人体缺乏某种维生素，即可患相应疾病，统称维生素缺乏症。维生素是治疗维生素缺乏症的有效药物。目前仅有维生素 C、维生素 B_2、维生素 B_{12}、维生素 D、β-胡萝卜素（维生素 A 原）等少数几种维生素实现完全或部分微生物发酵生产。我国已经成为全球维生素类产品出口最多的国家。

（一）维生素 C

维生素 C（L-抗坏血酸）是人体必需的一种重要的水溶性维生素，能参与人体内多种代谢过程，并促进胶原蛋白及黏多糖的合成，影响毛细血管的渗透性及血浆的凝固，加速伤口愈合，刺激人体造血功能，增强机体的免疫力。另外，由于它具有较强的还原能力，还可作为抗氧化剂。人体缺乏维生素 C，会造成胶原蛋白合成异常，皮肤易损伤，血管变脆，患坏血病。

维生素 C 是目前全球生产竞争最激烈、产销量最大和应用范围最广泛的产品，也是我国最主要的出口创汇原料药之一。维生素 C 消费去向主要是医药、食品及饮料、动物饲料等三大领域。

从 D-葡萄糖人工合成维生素 C 要通过五步化学反应，造价昂贵。国外用适宜的微生物菌种实现了由 D-山梨醇转化为 L-山梨糖的一步发酵法，另经四步化学反应合成维生素 C。我国利用筛选到的适宜菌种，实现了由 D-山梨醇到 L-山梨糖再到 2-酮基-L-古洛糖酸的二步发酵法，维生素 C 总收率在 45%以上，其生产技术达到世界领先水平。

（二）β-胡萝卜素

即维生素 A 原，它在人的肠黏膜中转变成维生素 A。维生素 A 是人体必需的一种脂溶性维生素，是人视觉细胞中感受弱光的视紫红质的组成成分。当人体缺乏维生素 A 时，会降低暗适应能力，出现“夜盲症”，或出现眼角膜干燥以及皮肤角化粗糙。好食脉孢菌（*Neurospora sitophila*）以及菌核青霉（*Penicillium sclerotiorum*）等都能合成 β-胡萝卜素。目前适合于工业生产的只有三孢布拉氏霉（*Blakeslea trispora*）的正、负菌株。β-胡萝卜素还可以由铜绿假单胞菌（*Pseudomonas aeruginosa*）转变成维生素 A。

（三）维生素 D

麦角甾醇是维生素 D 原，在人体内可转化成维生素 D，其主要功能是调节钙、磷代谢并维持其正常水平，促进牙齿和骨骼的正常生长和发育。儿童缺乏维生素 D 会导致弓形腿、膝内翻和关节肿大的佝偻病，故维生素 D 又称抗佝偻病维生素。维生素 D 原大量存在于各种高等真菌的子实体、青霉、曲霉和各种菌丝以及多种酵母的细胞中。

（四）维生素 B 族

维生素 B_1 即硫胺素，一旦缺乏，可引起一系列神经系统与循环系统症状，称为脚气病。维生素 B_2 又名核黄素，是人体必需的一种水溶性维生素。如人体缺乏维生素 B_2 会患口舌炎、眼角膜炎等疾病。我国用阿舒假囊酵母（*Eremothecium ashbyii*）发酵法制造核黄素，作为奶糕的营养添加物。维生素 B_7 即生物素，水溶性，对于脂肪和蛋白质正常代谢不可或缺。生物素缺乏导致皮炎、湿疹，萎缩性舌炎，感觉过敏，肌肉痛，倦怠，厌食和轻度贫血、脱发。维生素 B_9，叶酸，是一种水溶性维生素，其合成前体对氨基苯甲酸可由某些金黄色葡萄球菌（*Staphylococcus aureus*）制备。叶酸缺乏与维生素 B_{12} 缺乏的临床表现基本相似，怀孕早期缺乏叶酸，还易引起胎儿神经管畸形。维生素 B_{12} 又称钴胺素，人体缺乏维生素 B_{12} 时，会导致贫血。维生素 B 族的工业化生产菌见表 17-4。

表 17-4 维生素 B 族的微生物工业生产

类型	名称	工业生产菌
维生素 B_1	硫胺素	大肠杆菌（*Escherichia coli*）和某些酵母菌
维生素 B_2	核黄素	阿舒假囊酵母（*Eremothecium ashbyii*）
维生素 B_7	生物素	棒杆菌属（*Corynebacterium*）、分枝杆菌属（*Mycobacterium*）及毛霉属（*Mucor*）
维生素 B_9	叶酸	金黄色葡萄球菌（*Staphylococcus aureus*）、酿酒酵母（*Saccharomyces cerevisiae*）等多种微生物
维生素 B_{12}	钴胺素	巨大芽孢杆菌（*Bacillus megaterium*）、费氏丙酸杆菌（*Propionibacterium freudennreichii*）、舒氏丙酸杆菌（*Propionibacterium shermanii*）等

三、类固醇激素

人体激素是由腺体或特殊组织分泌产生的，通过体液运送到特定的作用部位，以调控物质代谢或生理活动的微量有机物。从分子组成与结构来分，人体的肾上腺皮质激素和性激素均属类固醇激素。

类固醇是一大类环戊稠全氢化菲衍生物的总称，又称甾体、甾族化合物。甾体药物是仅次于抗生素的第二大类药物，具有很强的抗过敏、抗感染、抗病毒等药理活性，已被广泛应用于治疗多种疾病。例如，肾上腺皮质激素能治疗或缓解胶原性疾病、过敏性休克等疾病；各种性激素是医治性器官机能衰退和某些妇科疾病的主要药物，是治疗乳腺癌、前列腺癌的辅助治疗剂，也是口服避孕药的主要成分。

由于甾体激素结构极其复杂，通常以具有甾体母核结构的天然产物为原料采用半合成的方法改造后制得。诺卡氏菌、分枝杆菌、节杆菌和假单胞菌等微生物都能使甾醇降解，实现对甾体母核的改造。近些年来，微生物转化工艺在甾体药物合成路线中的比例迅速增加，形成了一条生物化学法耦联的甾体药物合成新工艺（表 17-5）。将基因工程成熟的技术手段应用于甾体微生物转化，可以敲除某些旁路酶基因，切断副产物的形成途径；也可将关键酶的基因在合适的宿主中异源表达，并通过遗传改造从基因水平上改造酶的特异性、稳定性和高效性。

表 17-5 工业上重要的甾体药物微生物转化反应

反应类型	反应产物和底物	微生物
11α-OH	黄体酮→11α-黄体酮	黑根霉（*Rhizopus nigricans*）
11β-OH	化合物 S→氢化可的松	新月弯孢霉（*Curvularia lunata*） 蓝色犁头霉（*Absidia coerulea*）
16α-OH	9α-氟氢可的松→9α-氟-16α-羟基氢可的松	玫瑰产色链霉菌（*Stretomyces roseochromogenus*）
19-OH	化合物 S→19 羟甲基化合物 S	球墨孢霉（*Nigraspora spherica*） 芝麻丝核菌（*Corticcum sasakii*）
1, 2-脱氢	氢化可的松→氢化泼尼松	简单节杆菌（*Arthrobacter simplex*）
A 环芳构化反应	19-去甲基睾丸素→雌二醇	睾丸素假单胞菌（*Pseudomonas festosteronl*）
水解反应	21-乙酸妊娠醇酮→去氧皮质醇	中毛棒杆菌（*Corynebacterium mediolanum*）
边链降解	胆甾醇→ADD	分枝杆菌属（*Mycobacterium*）

第二节 微生物产生的其他生物活性物质

人类的疾病分为微生物感染性疾病和代谢型疾病两大类。20 世纪 60 年代，日本学者梅泽滨夫最早提出了利用微生物产生的酶抑制剂进行药物开发的设想和理论，从而开创了从微生物的代谢产物中寻找对代谢型疾病具有治疗作用的生物活性物质的新领域。微生物产生的其他非抗菌类的生物活性物质主要包括：微生物酶抑制剂（microbial enzyme inhibitor）、微生物免疫调节剂（microbial immunomodulator）和微生物受体拮抗剂（microbial receptor antagonist）等。

一、酶抑制剂

参与生物体生命活动的酶的活性高低，直接影响到生物体生命过程的正常与否。人体内某种酶活性过高，会大量积累某种产物或加速某种生化反应，这往往导致疾病发生和发展。在微生物代谢过程中，有可能产生能够抑制某种酶的生理活性物质，即酶抑制剂，虽然它不是传统意义上的抗菌、抗病毒或抗肿瘤类的抗生素，但可作为有效治疗或预防酶活性过高所造成的相关疾病的药物。其中影响力最大的是阿卡波糖类和洛伐他丁类药物。

1. 治疗高胆固醇血症的 HMG-CoA 还原酶抑制剂

用于治疗高胆固醇血症的洛伐他汀、普伐他汀及半合成衍生物辛伐他汀是有代表性的酶抑制剂。

由土曲霉（*Aspergillus terreus*）或红曲霉（*Monascus ruber*）产生的洛伐他汀是 20 世纪 80 年代上市的新型调整血脂药，在近几十年的生物药物研究开发过程中，被誉为治疗心血管系统疾病的里程碑，深受广大患者的欢迎。洛伐他汀生产菌通过聚酮化合物合成途径产生次级代谢产物洛伐他汀，竞争性的抑制胆固醇合成的关键酶——羟甲基戊二酰辅酶 A 还原酶的活性，具有良好的降血压作用。这种新颖药物对治疗高脂血症是一场革命，影响力堪比弗莱明发现青霉素。

2. 治疗Ⅱ型糖尿病的 α-葡糖苷酶抑制剂

由游动放线菌（*Actinoplanes* sp.）产生的阿卡波糖及半合成产品沃格里糖、米格列醇等是用于糖尿病治疗的葡糖苷酶抑制剂。阿卡波糖是游动放线菌的次级代谢产物，是一种假性四糖物质，其生成与菌体生长具有相关性。阿卡波糖在肠道内竞争性抑制葡萄糖甙水解酶，阻止多糖及蔗糖分解成葡萄糖，使糖的吸收相应减缓。阿卡波糖是德国拜耳公司开发的第一个 α-葡糖苷酶抑制剂类药物，是Ⅱ型糖尿病的非处方用药。由于阿卡波糖结构的复杂性，目前其工业规模的生产都是通过微生物发酵实现的。

3. 治疗肥胖症的胰脂酶抑制剂

目前，用于减肥和控制高血脂的半合成胰脂酶抑制剂奥里司他已经在临床上使用。奥里司他就是由毒三素链霉菌（*Streptomyces toxytricini*）产生的制胰脂酶菌素（lipstatin）半合成得到的四氢制胰脂酶菌素，它通过减少食物脂肪的消化吸收而达到减肥、降血糖和降血脂的目的，可长期用药。另一种脂酶抑制剂是英国 Alizyme 公司正在开发中的 ATL-962。

4. 预防龋齿的葡聚糖蔗糖酶抑制剂

由土曲霉产生的葡聚糖蔗糖酶（又称 α-1, 3-葡聚糖合成酶）抑制剂即抑变链菌素（mutastein），可阻断口腔细菌特别是齿斑链球菌（*Streptococcus mutans*）将食物中的蔗糖合成为黏附在牙齿上的齿垢（主要成分是 α-1, 3-葡聚糖，又称齿斑葡聚糖），从而起到预防龋齿的作用。

5. 调节免疫功能的细胞表面氨肽酶抑制剂

哺乳动物细胞膜表面含有氨肽酶 A、氨肽酶 B、脂酶和磷酸化酶等膜表面酶，属肽链端分解酶，它与免疫功能、炎症反应、肿瘤发生、病毒感染等密切相关。研究发现，这些膜表面酶的抑制剂具有药理作用。研究最深入的是膜表面氨肽酶 B 抑制剂，它由橄榄网状链霉菌（*Streptomyces olivoreticuli*）等产生，名为苯丁抑制剂（bestatin），是一种亮氨酸类似物。该氨肽酶 B 抑制剂与参与免疫反应的免疫细胞的膜表面结合，可提高迟缓型超敏反应，增加淋巴细胞和 T 细胞数量，增强免疫反应。临床应用证明该抑制剂和博来霉素、亚德里亚霉素混合使用可增强治癌效果。而由链霉菌属（*Streptomyces*）产生的氨肽酶 A 抑制剂 amastatin 和免疫细胞膜表面结合，可增加 B 细胞数量，增强人体对细胞、病毒感染的防御能力和患癌机体的防御效果。

二、免疫调节剂

免疫调节剂是一类能增强、促进和调节免疫功能的非特异性生物制品。免疫调节剂的作用方式主要是影响免疫系统中任一环节的反应和作用，如刺激免疫细胞的功能或是拮抗免疫分子发挥作用。免疫调节剂在临床上应用广泛，肿瘤、器官移植排异、类风湿性关节炎等的治疗都依赖于免疫调节剂的作用。免疫调节剂可以根据作用方式不同分为免疫激活剂和免疫抑制剂，二者用途截然不同。

1. 免疫激活剂

微生物产生的各种免疫激活剂，如从采绒革盖菌（*Coriolus versicolor*）中提取的云芝多糖等已经在临床上用于进行抗癌、抗病毒的辅助治疗。在肿瘤的治疗过程中，使用免疫激活剂可以增强机体的免疫能力，保护化疗和放疗时受损的骨髓细胞及免疫细胞。

另外，预防结核病的卡介苗（bacillus Calmette-Guérin，BCG）是典型的细菌性免疫激活剂，使用活的无毒牛型结核杆菌（*Mycobacterium bovis*）制成，具有非特异性免疫调节功能。

干扰素也是免疫激活剂，可以增强巨噬细胞的吞噬作用，增强 NK 细胞和 T 细胞的活力。干扰素在治疗流行性感冒、带状疱疹、乙型肝炎、黑色素瘤和若干癌症中已证明有较好的疗效。干扰素的基因工程改造及工业发酵生产我们将在本章第三节中介绍。

2. 免疫抑制剂

免疫抑制剂的临床应用与器官移植的成功密不可分。免疫抑制剂在器官移植中用于防治排斥反应，即干扰受体对外来抗原的识别和对非自身细胞的清除。微生物来源的免疫抑制剂开创了免疫抑制疗法的新纪元。

环孢菌素 A 是一种丝状真菌（*Tolypocladium inflatum*）产生的环肽，用于抗器官移植排斥反应的效果惊人。1976 年，瑞士 Sandoz 公司用雪白白僵菌（*Beauvcria nivea*）和光泽柱孢菌（*Cylindrocarpon lucidum*）生产环孢菌素 A，之后有研究报道茄病镰刀菌（*Fusarium solani*）和侵管新赤壳菌（*Neocosmospora varinfecta*）等产生环孢菌素 A。目前，除了由真菌产生的环孢菌素 A 以外，由短密青霉（*Penicillium brevicompactum*）产生的霉酚酸经半合成得到的衍生物霉酚酸酯，由链霉菌产生的藤霉素、雷帕霉素以及新型小分子蛋白激酶 C 抑制剂星型孢菌素等免疫抑制剂，被用于器官移植中的抗排异治疗，均取得了巨大的成功。

三、受体拮抗剂

受体是细胞膜或细胞内的一些能首先与生物活性分子（药物、毒素、神经递质、激素和抗原等）相互作用的分子。识别与结合转导信号后产生相应的生物效应。受体拮抗剂是根据受体配体结合原理来筛选得到的特异性强、毒性小的生物活性物质，是能与受体结合，但不具备内在活性的一类物质。

1985 年，科学家从洋葱曲霉（*Aspergillus alliaceus*）中发现第一个非肽的缩胆囊素受体拮抗剂 asperlicin，可被用于治疗与缩胆囊素有关的胃肠道系统紊乱疾病。另外，人们还从微生物的代谢产物中发现了为数众多具有抗血栓作用的受体拮抗剂（凝血酶受体为研究抗血栓药物提供了新靶点，新型凝血酶受体拮抗剂如 Vorapaxar、E5555 和 F16618 效果较好）、与降血压作用有关的血管紧张素 II 受体拮抗剂（阻断血管紧张素 II 型受体的激活，引起血管舒张、血管升压素分泌减少等，综合作用使血压下降，代表药物有氯沙坦、缬沙坦等）、内皮素受体拮抗剂、钙通道拮抗剂、具有抗炎作用的受体拮抗剂及作用于神经系统的受体拮抗剂等。受体拮抗剂极有可能成为治疗人类心血管疾病、慢性肾衰竭和肺动脉高血压的有效药物。1995 年以来微生物来源的受体拮抗剂的研究概况见表 17-6。

表 17-6　1995 年以来微生物产生的受体拮抗剂概览

类型	产生菌
内皮素受体拮抗剂	链霉菌属、曲霉属、小双孢菌属（*Microbispora*）、镰孢菌属（*Fusarium*）、葡萄穗霉属（*Stachybotrys*）
血管紧张素Ⅱ受体拮抗剂	壳囊孢菌属（*Cytospora*）
心房利钠因子受体拮抗剂	浅天蓝链霉菌（*Strepromyces coerulescens*）
vW F 受体拮抗剂	金黄杆菌属（*Chryseobacterium*）
纤维蛋白原受体拮抗剂	链霉菌属
非甾体类雄激素受体拮抗剂	假单胞菌属、链霉菌属
雌激素受体拮抗剂	链霉菌属
白三烯受体拮抗剂	真菌、链霉菌属
速激肽受体拮抗剂	曲霉属、链霉菌属、胶枝霉属（*Gliocladium*）
C 5a 拮抗剂	链霉菌属
胃泌素和缩胆囊素受体拮抗剂	链霉菌属
NMDA 受体拮抗剂	轮枝孢菌属（*Verticillium*）
GABAA 受体拮抗剂	直立顶孢霉（*Acremonium strictum*）
神经肽 Y 受体拮抗剂	曲霉属
胞外基质受体拮抗剂	链霉菌属
黄体酮受体拮抗剂	青霉菌属
钙通道受体拮抗剂	*Hapsidospora irregularis*

纵观近年来从微生物中所发现的新生物活性物质，可以发现随着分子生物学和人类基因组研究的飞速发展，人们不仅对疾病发生的分子基础以及药物的作用机制得以阐明，而且能够利用分子作用靶在体外建立各种药物筛选模型，从而大大地提高了获得各种新药的可能性。目前，从发表的文献资料来看，从微生物代谢产物中筛选各种生理活性物质，除了以上述及的酶抑制剂和免疫调节剂等几个领域外，在受体拮抗剂、抗氧化剂、细胞因子诱导剂等多个领域，都发现了很多具有药物开发价值的候选化合物。

第三节　基因工程技术生产药物和疫苗

基因工程药物是指用现代基因重组技术对基因进行克隆及改造，通过重组 DNA 导入细菌、酵母或动物细胞构建工程株，并在其细胞内表达生产细胞因子、多肽类激素、溶血栓药物、疫苗、抗体、反义 RNA 等新型药物。

基因工程微生物发酵药物的发展前景是十分诱人的。首先，功能基因组学研究为创新微生物药物提供更多的潜在药物靶标，为微生物新药的筛选与发现奠定了更广阔的基础。其次，生物反应器、反义核酸技术、RNAi 技术和 siRNA 等基因技术的不断完善，采用小分子干扰手段进行基因治疗也极具发展潜力。包括蛋白质工程、芯片技术、噬菌体展示技术等在内的现代生物学、医学、药学最先进的技术设备和方法将引入生产基因工程药物。再次，合成生物学可以重新组合不同生物间尤其是不同微生物间基因的合理重新整合，为生产新型微生物药物服务。同时，还可以简化工程菌基因组，去除非必需基因，降低生物体系的复杂性，甚至人工从头设计并合成新生物作为生物反应器，构建更优化的底盘生物，更经济有效地生产基因工程多肽、基因治疗疫苗等防治重大疾病的微生物药物。

21 世纪是生物科技爆发的世纪，基因工程生物制药由于前沿创新、成本低廉、便捷高效、安全环保等优势，势必在制药领域占有更大的份额。

一、基因工程蛋白类药物和疫苗

1982 年，美国 Lilly 公司首先将重组胰岛素投放市场，标志着世界第一个基因工程药物的诞生，欧洲在发展基因工程药物方面也进展较快。

我国基因工程药物的研究和开发起步较晚。1989 年我国批准了第一个在我国生产的基因工程药物——重组人干扰素 α1b，也是我国唯一拥有自主知识产权的基因工程类新药。随着我国《国家中长期科学和技术发展纲要（2006～2020）》的实施，我国基因工程药物的研究和开发将飞速发展。

疫苗是一种被灭活或改造的致病微生物抗原蛋白。当疫苗被注射到动物体内后，就可以使机体产生针对某种病原微生物的免疫力。重组 DNA 技术可用于免疫用抗原的改造，即将病原体致病性相关基因删除只保留产生抗原蛋白的相关基因，称为重组弱毒力活体疫苗（recombinant live attenuated vaccine）。包括基因重组亚单位疫苗、基因缺失活疫苗、基因工程载体疫苗、核酸疫苗等。相比普通的弱毒力或灭活疫苗，重组疫苗更安全，决不会传播疾病，高剂量使用无副作用，其快速大批量生产，能满足对抗暴发性疾病的时效性并具备成本优势。

目前，基因工程药物在制药工业所占的比例越来越高，在治病救人和防治疑难重症等方面发挥着重大作用。有代表性的基因工程药物和疫苗等见表 17-7。

表 17-7　代表性的基因工程蛋白类药物和疫苗

蛋白类药物或疫苗	功效
胰岛素	治疗糖尿病、低血糖症
生长激素	治疗侏儒症、促生长
促甲状腺素 α	主要用于分化良好型甲状腺癌的甲状腺切除治疗
促卵泡激素 α	治疗无排卵性不孕、男性低促性腺激素性引起的低性腺激素症
红细胞生成素	治疗某些类型的贫血症
凝血因子Ⅶ、Ⅷ、Ⅸ	促进凝血
组织纤溶酶原激活物	溶解血栓
尿激酶	血液凝集
表皮生长因子	促进创伤治疗
神经生长因子	治疗神经系统的退化、紊乱及麻痹
耻骨松弛激素	促进分娩
α-干扰素	抗病毒、抗肿瘤
β-干扰素	治疗多发性硬化综合征
群体刺激因子	治疗病毒感染及癌症
白细胞介素-2	治疗某些癌症
降钙素	治疗骨质疏松症、甲亢、婴儿维生素 D 过多症、成人高血钙症、畸形性骨炎等
溶菌素	治疗炎症
肿瘤坏死因子	抗肿瘤，也可治疗关节炎
β-葡萄糖脑苷脂酶	治疗一种遗传性的神经系统疾病
人类 DNA 酶Ⅰ	治疗囊性纤维化
藻酸盐溶解酶	治疗囊性纤维化
甲型肝炎病毒疫苗	预防传染性肝炎
乙型肝炎病毒疫苗	预防血清型肝炎
麻疹病毒疫苗	预防麻疹
狂犬病病毒疫苗	预防狂犬病
流感病毒疫苗	预防流感
脊髓灰质炎病毒疫苗	预防脊髓灰质炎
破伤风疫苗	预防破伤风
白喉疫苗	预防白喉
滴虫综合征疫苗	预防盆腔炎
疟疾疫苗	预防疟疾

1. 胰岛素

1923 年商品胰岛素已广泛应用于临床，医治胰岛素依赖型糖尿病，生产胰岛素的原料主要是牛或猪的胰脏，而胰脏来源所限阻碍了胰岛素大量生产。1979 年，美国 Genentech 公司完成了化学合成的人胰岛素基因在大肠杆菌中的表达。1982 年，美国礼来公司生产的重组人胰岛素上市，但其在大肠杆菌中以包涵体形式表达产物使后加工和纯化复杂化。其后丹麦诺和诺德公司用酿酒酵母表达胰岛素单链前体，并在体内经酶加工形成二硫键的正确配对后分泌至胞外，易于分离纯化。纯化的单链前体经胰蛋白酶的转肽作用转化成人胰岛素。

2. 干扰素

人干扰素是机体免疫细胞产生的结构类似、功能接近的一类细胞因子，具有干扰病毒复制、抑制肿瘤细胞生长和免疫调节等功能。

20 世纪 80 年代，实现了基因工程重组人干扰素（recombinant human interferon，rhuIFN）的大规模生产。20 世纪 90 年代，将干扰素经聚乙二醇（PEG）修饰，研制成功长效干扰素。其后人类基因组公司（HGS）和 Novartis 联合研发的重组人白蛋白与人干扰素 α2b 的融合干扰素（albinterferon alfa-2b，alb-IFN），对丙型肝炎病毒感染者 2～4 周间隔注射或高剂量注射显著提高了早期抗病毒活性，是非常有前景的长效干扰素新药。目前，全球有十多个国家批准基因工程重组人干扰素上市。

二、基因工程菌生产抗生素

利用基因工程改造抗生素生产菌主要手段如下：①将抗生素产生菌基因随机克隆到原株直接筛选高产菌株；②增加参与生物合成限速阶段基因的拷贝数；③通过引入调节基因，激活或抑制相关代谢路径；④增加抗性基因，保护菌种自身免遭抗生素的杀灭作用；⑤直接突变结合高通量筛选获得新型多肽类抗生素。

多肽类抗生素-抗菌肽（antimicrobial peptides）是由生物细胞基因编码，经特定外界条件诱导产生的一类带正电荷的两性小分子多肽。抗菌多肽广泛存在于多种生物体内，具有广谱抗菌、调节免疫、抑制肿瘤等生物功效。从天然微生物中获得抗菌肽的成本太高，通过现代技术合成抗菌肽基因以降低成本成为新的研究发展方向。通过现代生物技术氨基酸定点突变、非天然氨基酸替换等手段是提高抗菌肽活性和稳定性的一类重要方法。例如，Nan 等研究了抗菌肽 LL-37 的 α 螺旋活性中心序列中第 19～31 位氨基酸，发现在螺旋轮投影（helical wheel projection）的两亲界面上进行 Trp 氨基酸残基置换可以在不影响原有内毒素中和能力的基础上使选择性提高 2.8 倍，大大提升了疗效。

第四节　食药微生物

一、微生态制剂

微生态制剂（microecological modulator），又称微生态调节剂，是根据微生态学原理，利用对宿主有益的正常微生物及其代谢产物和促生长物质所制成的制剂。通过酶作用、抗菌、黏附定殖及生物屏障等作用调整和保持微生态平衡，改善宿主的健康状态。由于其具备调节肠道之功效，因此可以快速构建肠道微生态平衡。微生态制剂除了用于感染性腹泻、便秘外，还可用于预防抗生素相关性腹泻、新生儿坏死性小肠结肠炎，治疗肠易激综合征、溃疡性结肠炎、肝硬化及幽门螺杆菌（*Helicobacter pylori*）感染等疾病。

目前，临床所用的微生态制剂大多为益生菌制剂。它是由能促进肠道内菌群平衡、对宿主起到有益作用的益生活菌或和灭活菌组成的微生态制剂。常见益生菌包括：双歧杆菌（*Bifidobacterium* sp.）、嗜酸乳杆菌（*Lactobacillus acidophilus*）、粪肠球菌（*Enterococcus faecalis*）、枯草芽孢杆菌（*Bacillus subtilis*）、地衣芽孢杆菌（*Bacillus licheniformis*）、嗜热链球菌（*Streptococcus thermophilus*）等。现有微生态制剂除乳酸菌素片和嗜酸乳杆菌散是灭活制剂外，大部分为不同益生菌的活菌制剂。

二、食药两用微生物

人们从微生物资源宝库中可以发现，有些微生物既可以药用，也可以食用，为人们的养生和食疗提供了优良的选择。比较有代表性的食药两用微生物主要有灵芝、冬虫夏草和螺旋藻等。

（一）灵芝

灵芝，古称瑞草，又称林中灵，是一类属担子菌亚门灵芝科多孔菌属的大型真菌。灵芝又名红芝

（*Ganoderma lucidium*）和紫芝（*Ganoderma japonicum*），其菌盖呈肾形，上表面赤褐色。中医认为灵芝具有补气安神、止咳平喘的功效，用于眩晕不眠、心悸气短、神经衰弱、虚劳咳喘。灵芝在中国有2000多年的药用历史，明朝大医学家李时珍在《本草纲目》中就将灵芝列为上品，并认为灵芝是一种不可多得的药食兼用的珍品。

灵芝含有丰富的营养物质和生物活性成分，其子实体、孢子粉、菌丝体均可入药。近年来的研究表明，灵芝的主要生理活性成分有灵芝多糖、三萜类化合物、蛋白质、多肽、核苷类、呋喃类、甾醇、生物碱和氨基酸等。而其中的灵芝多糖、三萜类化合物和蛋白质是灵芝的主要活性成分。

灵芝及其提取物具有多种药理作用，如抗肿瘤、增强免疫功能、降血糖、保肝、抗衰老、抗炎、抗凝血等。报道最多的是灵芝多糖的抗肿瘤、抗衰老和免疫调节作用，以及灵芝酸的降血压、降血液黏稠度、治疗神经衰弱、减低血栓形成及促进血液循环等作用。

（二）冬虫夏草

冬虫夏草（*Cordyceps sinensis*）又称虫草，真菌子囊菌亚门虫草属中的虫草菌寄生于蝠蛾（*Hepialus yunnanensis*）幼虫体内，最终由虫草菌丝体和僵死的蝠蛾幼虫共同形成的复合体。

冬虫夏草的外形特别奇特，冬天是虫子，夏天却是草。那么冬虫是怎样变成夏草的呢？天冷前，虫草菌的孢子在蝠蛾幼虫体表萌发成芽管并进入虫体且形成菌丝。冬天，被虫草菌感染的蝠蛾幼虫躲进土壤，虫草菌在幼虫体内吸收其营养长出很多菌丝形成菌丝体。即将死亡的蝠蛾幼虫蠕动到距地表2～3cm的地方，头上尾下成僵虫而死，这就是“冬虫”。幼虫虽死，体内的真菌却日渐生长，直至菌丝充满体腔。来年春末夏初，气温和水分适宜时，菌丝由僵虫口器中长出，形成高2～5cm、顶端膨大、外形棒状的菌丝体，就像虫子的头部长出一根紫红色小草，这就是“夏草”。

冬虫夏草的活性成分主要有甘露醇、核苷类、麦角甾醇、虫草多糖等。冬虫夏草可以增强机体的免疫力，对体液免疫功能有增强或减弱的双向调节作用；可增强巨噬细胞吞噬功能，提高机体免疫功能；通过促进脾脏DNA的生物合成，增加核酸和蛋白质的含量，促进脾淋巴细胞的增殖；使自然杀伤细胞的活性增强，从而在抗癌、抗病毒感染中起重要作用。

（三）螺旋藻

螺旋藻系蓝藻门颤藻目颤藻科中的一个属，是一种古老的原核生物。目前国内外生产的螺旋藻主要有两个品种：钝顶螺旋藻（*Spirulina platensis*）和极大螺旋藻（*Spirulina maxima*）。国内外大量研究表明，螺旋藻是营养成分最全面、最均衡的食品之一，螺旋藻含有多种抗氧化活性物质，是一种安全可靠的天然抗氧化剂。螺旋藻通过提高机体的抗氧化能力可以对抗活性氧及自由基引发的脂质过氧化产生的疾病。

螺旋藻的抗氧化活性成分主要有蛋白质、维生素类、不饱和脂肪酸、多糖类及微量元素等营养成分。其中具有抗氧化抗衰老功效的生物活性物质包括螺旋藻多糖、不饱和脂肪酸尤其是γ-亚麻酸、内源性酶超氧化物歧化酶、维生素C、维生素E、β-胡萝卜素以及微量元素硒等。

知识点回顾

1. 青霉素、链霉素发现与应用的生物学意义：青霉素的研制成功大大增强了人类抵抗细菌性感染的能力，开创了用抗生素治疗疾病的新纪元。链霉素主要用于治疗结核病、鼠疫、百日咳、细菌性痢疾和泌尿道感染等，能有效抑制使用青霉素无效的革兰氏阴性的结核菌，使许多结核病患者得到救治。

2. 常用抗生素介绍，用途、生产菌、作用机理等：抗生素的分类则有β-内酰胺类、氨基糖苷类、酰胺醇类、大环内酯类、四环素类、多肽类抗生素等。抗生素不仅能杀灭细菌而且对霉菌、支原体、衣原体、螺旋体、立克次氏体等其他致病微生物也有良好的抑制和杀灭作用。生产菌：青霉素-产黄青霉，红霉素-红色糖多孢菌，链霉素-灰色链霉菌，庆大霉素-棘孢小单胞菌。

3. 致病菌对天然抗生素产生耐药性的机理：①细菌使抗生素分解或失去活性；②使抗菌药物作用的靶点发生改变；③细菌细胞膜渗透性的改变；④外排泵；⑤改变代谢途径。

4. 利用微生物生产的维生素类和激素类产品：维生素类，维生素C、维生素A、维生素D及B族维生素等；激素类主要是类固醇激素。

5. 微生物产生的其他生物活性物质：主要包括酶抑制剂，可作为有效药物治疗或预防酶活性过高所造成的相关疾病。免疫调节剂是一类能增强、促进和调节免疫功能的非特异性生物制品，根据作用方式不同分为免疫激活剂和免疫抑制剂。受体拮抗剂是能与受体结合，但不具备内在活性的一类物质。

6. 基因工程微生物药物：是指通过重组 DNA 导入细菌或酵母成功构建工程菌株，在工程菌株中所表达生产的新型药物包括细胞因子、多肽类激素、溶血栓药物、疫苗、抗体、反义 RNA 等。代表药物是胰岛素和干扰素。

7. 微生态制剂的概念和应用：是根据微生态学原理，利用对宿主有益的正常微生物及其代谢产物和促生长物质所制成的制剂。通过酶作用、抗菌、黏附定殖及生物屏障等作用调整和保持微生态平衡，改善宿主的健康状态。目前，临床所用的微生态制剂大多为益生菌制剂。

8. 三种食药两用微生物介绍：灵芝多糖具有抗肿瘤、抗衰老和免疫调节作用；冬虫夏草是由虫草菌丝体和僵死的蝙蝠蛾幼虫共同形成的复合体，活性成分主要有甘露醇、核苷类、麦角甾醇、虫草多糖等，具有免疫调节功效；螺旋藻的抗氧化活性成分主要有蛋白质、维生素类、不饱和脂肪酸、多糖类及微量元素等营养成分，是一种安全可靠的天然抗氧化剂。

关键词

1. 抗生素（antibiotic）：由微生物或其他生物产生的，低浓度下即可抑制其他生物生长或干扰其他生活细胞发育功能的一类天然的次级代谢产物或半合成衍生物。

2. 半合成抗生素（semisynthetic antibiotics）：是以微生物发酵产生的天然抗生素为母体，经化学反应对天然抗生素进行化学修饰而得到的衍生物。

3. 微生物酶抑制剂（microbial enzyme inhibitor）：在微生物代谢过程中，产生的能够抑制某种酶的生理活性物质，即酶抑制剂。

4. 微生物免疫调节剂（microbial immunomodulator）：是微生物产生的一类能增强、促进和调节免疫功能的非特异性生物制品。免疫调节剂的作用方式主要是影响免疫系统中任一环节的反应和作用，如刺激免疫细胞的功能或是拮抗免疫分子发挥作用。

5. 微生物受体拮抗剂（microbial receptor antagonist）：是微生物产生的根据受体配体结合原理筛选得到的特异性强、毒性小的生物活性物质，是能与受体结合但又不具备内在活性的一类物质。

6. 微生态制剂（microecological modulator）：又称微生态调节剂，是根据微生态学原理，利用对宿主有益的正常微生物及其代谢产物和促生长物质所制成的制剂。通过酶作用、抗菌、黏附定殖及生物屏障等作用调整和保持微生态平衡，改善宿主的健康状态。

自测题

一、选择题

1. 以下不属于食药两用微生物的是（　　）。
（A）灵芝　　（B）面包酵母
（C）虫草　　（D）螺旋藻

2. 以下抗生素中没有抗细菌和真菌能力的是（　　）。
（A）万古霉素　　（B）两性霉素
（C）阿维菌素　　（D）多黏菌素

3. 发现链霉素的科学家是（　　）。
（A）弗莱明　　（B）瓦克斯曼
（C）弗洛里　　（D）钱恩

4. 我国那类维生素的生产水平占据国际领先地位？（　　）
（A）维生素 A　　（B）维生素 B
（C）维生素 C　　（D）维生素 D

5. 以下不可能是微生态制剂的是（　　）。
（A）培养基　　（B）活菌
（C）死菌　　（D）代谢产物

6. 属于多肽类的抗生素是（　　）。
（A）万古霉素　　（B）青霉素
（C）庆大霉素　　（D）红霉素

7. 以下药物可用于临床抗器官移植排斥反应的是（　　）。
（A）万古霉素　　（B）米格列醇
（C）生物素　　（D）环孢菌素

8. 哪种药物可以用于治疗高脂血症？（　　）
（A）干扰素　　（B）胰岛素
（C）喹诺酮类　　（D）洛伐他丁

9. 阿卡波糖属于以下哪一种？（　　）
（A）免疫激活剂　　（B）酶抑制剂
（C）抗氧化剂　　（D）受体拮抗剂

10. 超级细菌的主要特点是（　　）。
（A）革兰氏阴性　　（B）致病性强
（C）泛耐药性　　（D）具有吞噬能力

二、问答题

1. 病原菌对抗生素产生耐药的机制是什么？
2. 基因工程技术如何推动微生物制药的发展？
3. 微生态制剂的作用机理是什么？

答案：

开篇事件

1. 答：多重耐药菌的难治性根源是遗传突变和

快速进化，“超级细菌”的天敌微生物同样具备这一特点，将为人类不断提供有效武器。

2. 答：归结起来也是一句话“限制抗生素的滥用”。①准确判断抗生素的适应证，重视抗生素敏感试验并以之指导临床；②抗生素用药要保证剂量和疗程；③针对耐药菌联合使用抗生素；④循环使用抗生素，遵循满足治疗要求情况下由低到高的原则。

选择题：1. B　2. C　3. B　4. C　5. A　6. A　7. D　8. D　9. B　10. C

问答题：

1. 答：病原菌对抗生素的抗药性主要有5种机制：①细菌使抗生素分解或失去活性；②使抗菌药物作用的靶点发生改变，导致细菌对药物不敏感；③细菌细胞膜渗透性的改变，使药物分子不易进入细胞；④细菌利用外排泵将进入细胞的抗生素通过主动运输泵出细胞；⑤通过改变代谢途径，降低药物分子的影响。

2. 答：首先，功能基因组学研究为创新微生物药物提供更多的药物靶标，为微生物新药的筛选与发现奠定了更广阔的基础。其次，生物反应器、反义核酸技术、RNAi 技术和 siRNA 等基因技术的不断完善，采用小分子干扰手段进行基因治疗极具发展潜力。包括蛋白质工程、芯片技术、噬菌体展示技术等在内的现代生物学、医学、药学最先进的技术设备和方法将引入生产基因工程药物。再次，合成生物学可以重新组合不同生物间尤其是不同微生物间基因的合理重新整合，为生产新型微生物药物服务。

3. 答：微生态制剂是根据动物微生态学基本原理研制的用于调节动物机体微生态平衡的一类药物或饲料添加剂。微生态物制剂可以通过补充有益菌，恢复优势菌群的主导地位，生物拮抗有害菌的定殖生长，重建肠道微生态平衡。有些微生态制剂微生物还能合成营养物质或降解有毒物质。另外，某些微生态制剂本身就是非特异性免疫调节因子，可以促进动物的体液免疫和细胞免疫，使机体免疫力增强，减少疾病发生。

（徐海津）

第十八章　微生物与食品

开篇事件：神奇的酸奶

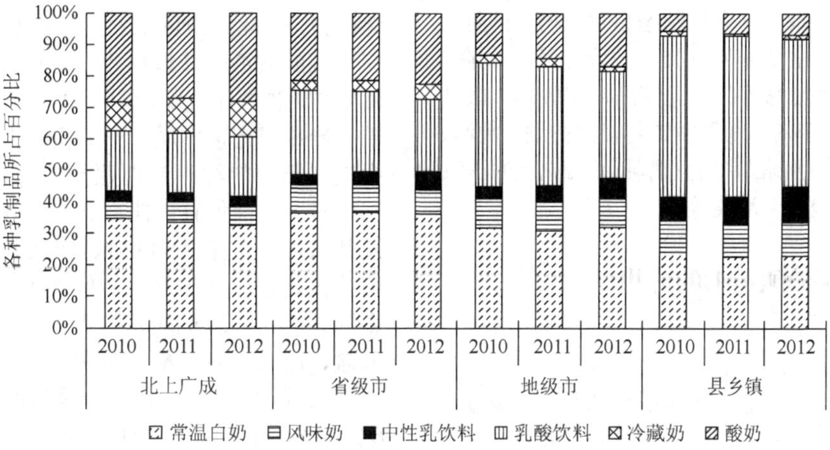

中国各省市乳制品消费比例

酸奶作为食品至少已有4500多年的历史。传说公元前3000年，保加利亚的牧民发现，它们灌在皮囊中的羊奶在气温和体温的作用下经常变酸并呈渣状。当他们无意中把变酸的奶倒入煮过的奶时，煮过的奶也变酸了，而且气味芬芳，口感很好，于是酸奶问世了。在印度，传说释迦牟尼由于长期坚持禁食，身体虚弱，这时一位牧羊女端来一碗酸奶，佛祖饮用后得以康复，从此酸奶被佛家视为圣物。近年来我国酸奶产销量增长速度均高达40%以上。据统计，2010~2013年，在北京、上海、广州、成都等大城市，酸奶消费占所有乳制品消费的比例高达30%。那么，酸奶作为一种乳制品，为何具有如此之多的保健功能？其独特的风味与口感是如何产生的？在我们的生活中，还有哪些食品具有和酸奶生产类似的制作工艺？本章将带你认识微生物与食品的紧密联系，揭开食品生产过程中微生物这一重要角色的神秘面纱。

参考文献：

农民日报数字报，http: //szb.farmer.com.cn/nmrb/html，2015年7月29日.

中国产业投资决策网，http: //www.cu-market.com.cn，2015年1月20日.

中国报告大厅网，http: //www.chinabgao.com/k/215585suannai/16941.html，2015年5月23日.

思考题：

1. 酸奶作为一种乳制品，为何具有如此之多的保健功能？
2. 酸奶独特的风味与口感是如何产生的？
3. 在我们的生活中，还有哪些食品具有和酸奶生产类似的制作工艺？

自然环境中微生物是无处不在的。在与食品相互作用的过程中，微生物势必会对食品品质造成重要影响。一方面，如果在食品的生产、储藏、运输和销售等环节中没有采取措施来限制微生物的污染，微生物的活动必然会造成食品的腐败变质。另一方面，微生物具有极为复杂的代谢系统，可以有效改善食品原材料的风味及营养，这也是我们的祖先利用微生物生产传统发酵食品的基础。在现代食品工业中微生物还被广泛用于生产氨基酸、食品添加剂等。除此之外，微生物还可以用来将人类难以利用的物质转化成新型食品。

第一节　微生物与传统发酵食品

发酵食品（fermented food）是指在食品加工过程中利用有益微生物的生命活动而获得的食品。发酵食品的制作过程就是食品原料中的蛋白质和糖类在厌氧和需氧条件下经微生物分解而产生新物质的过程。传统发酵食品不仅沿用东方传统发酵的工艺，而且赋予发酵食品独特的风味，使发酵食品具有许多特殊的营养保健功能。我国传统的发酵食品多采用霉菌、酵母菌和细菌等多种微生物进行固态自然发酵。目前常见的传统发酵食品主要分为五类：①调味品，如醋、酱油、甜面酱和豆瓣酱等；②乳制品，如酸奶、酸性奶油、马奶酒、干酪等；③酒精饮料，如白酒、黄酒、果酒、啤酒等；④豆制品，如豆腐乳、豆豉、纳豆等；⑤发酵蔬菜，如酸菜、泡菜等。

一、微生物在酱油酿造中的应用

（一）酱油简介

酱油是日常生活中必不可少的调味品。烹调过程中加入少许即可改善菜品的颜色和风味。此外，酱油还具有很高的营养价值，除食盐外，酱油中还含有多种氨基酸、多肽、糖类、有机酸、色素及香料等成分。食盐在酱油中的含量一般在18g/100ml左右。酱油中含有人体必需的8种氨基酸。氨基酸不仅是酱油中最重要的营养成分，也是酱油鲜味的决定因素。还原糖是酱油的另一类重要营养成分，包括糊精、双糖与单糖等。酱油中的有机酸包括乳酸、乙酸、琥珀酸、柠檬酸等，对酱油的风味有一定的影响。

按照生产工艺一般将酱油分为高盐稀态发酵酱油（含固稀发酵酱油）和低盐固态发酵酱油。前者颜色较浅，多呈红褐色，兼具有酱香和酯香；后者颜色较深，多呈棕褐色，酱香突出，酯香不明显。按照成品形式可以将酱油分为生抽和老抽两种。生抽的颜色比较淡，一般用于烹调。老抽是在生抽的基础上，配以焦糖色调制而成的浓色酱油，一般用来给食品着色。根据酱油中氨基酸态氮的含量可以将酱油分为4个等级，即含量大于等于0.8g/100ml为特级，大于等于0.7g/100ml为一级，大于等于0.55g/100ml为二级，大于等于0.4g/100ml为三级。

（二）酱油酿造中的微生物及其作用

酱油是以大豆、脱脂大豆、小麦、麸皮等为原料，经微生物发酵作用而得到的液体调味品。这就要求酱油酿造中应用的微生物能够将原料中的大分子蛋白质、淀粉等分解为酱油中的主要成分。自然界中的霉菌一般均具有较强的蛋白质分解和淀粉糖化能力，因此成为以粮食为原料发酵食品的主力菌。在传统的酱油酿造过程中，霉菌通常是自然参与的微生物，种类比较复杂，活力不高，并且经常使产品带有异味或有害物质，产品质量不好控制。20世纪中期，霉菌的纯种制曲逐渐成为酱油酿造的主流。国内常用的菌种有黑曲霉AS3.350，米曲霉AS 3.863及其系列诱变株AS3.951、UE328和UE336。这些菌株都是好氧微生物，一般都可以以单糖、双糖、多糖、淀粉、有机酸、醇类等为碳源，以铵盐、硝酸盐、尿素、氨基酸、蛋白质、酰胺等为氮源。最适生长温度为32～35℃，最适产酶和生长pH为6.5～6.8。除霉菌外，耐盐的酵母和乳酸菌对酱油香气的形成也具有重要作用。酵母和乳酸菌一般是酱油酿造过程中的自然参与菌（空气来源），其中酵母可以利用酱醅中的糖发酵产生酒精、甘油、琥珀酸、多元醇以及呋喃酮等风味物质，常见菌种有鲁氏酵母和拟球酵母，最适生长温度和pH分别为28～30℃，pH4～5。酱油酿造中的乳酸菌耐盐但是不耐乳酸，只能产生少量的乳酸，且乳酸和乙醇可以进一步反应生成乙酸乙酯，赋予酱油独特的风味和香气。常见菌种有嗜盐片球菌和植物乳杆菌等，最适生长温度和pH分别为30～35℃，pH7.0～7.2。

（三）酱油的酿造工艺及其原理

酱油的酿造工艺一般分为原料预处理、制曲、发酵、浸出提油、成品配制几个阶段。原料预处理是指将原料粉碎、混匀、加水、蒸熟。原料经过预处理不仅使蛋白质适度变性，淀粉蒸熟糊化，并杀灭附着在原料上的微生物。制曲是指待熟料冷却后，接入纯培养的种曲，如黑曲霉AS3.350（接种量为0.3%～0.4%），并充分混匀后移入曲池内，通风培养制曲。分生孢子发芽阶段温度一般控制在30～32℃，菌丝生长阶段温度控制在35℃左右。制曲期间要进行翻曲及铲曲。制曲的目的是使菌种在曲料上充分生长，并大量产生和积累发酵所需要的酶，如蛋白酶、淀粉酶、谷氨酰胺酶等。发酵方式有多种，根据醪醅的状态分稀醪发酵、固态发酵及固稀发酵；根据加盐量分为有盐发酵、低盐发酵和无盐发酵；根据加温状况分为日晒夜露与保温速酿两类。目前酿造厂中用得最多的固态低盐发酵工艺流程为：成曲→打碎→加盐水拌和（12～13°Bé的盐水，含水量50%～55%）→保温发酵（50～55℃，4～6d）→成熟酱醅。发酵过程中蛋白酶能够将蛋白质水解为氨基酸，产生鲜味；淀粉酶能够将淀粉水解成糖类，产生甜味。乳酸菌产生的适量乳酸，酵母菌产生的乙醇等物质，以及原料分解、曲霉代谢等所生产的醇、酸、醛、酯、酚、缩醛和呋喃酮等多种成分共同构成了酱油复杂的香气。此外，由原料蛋白质中的酪氨酸经氧化生成黑色素及淀粉经曲霉淀粉酶水解为葡萄糖与氨基酸反应生成类黑素，使酱油产生鲜艳有光泽的红褐色。发酵结束后一般用之前生产的二油、三油和水加热至85℃后依次浸泡淋出头油、二油及三油。如此循环套用才能将酱油成分全部提取出来。酱油淋出后加热至80～85℃消毒灭菌，再配制、澄清及质量检验，得到符合质量标准的酱油成品。

二、微生物在酿酒中的应用

酒可以分为白酒、啤酒、红酒、米酒、药酒等。虽然它们的酿造原料及工艺存在较大差别，但其主要成分——乙醇都是通过酵母菌的厌氧发酵作用产生的。相较于其他酒品而言，白酒的酿造工艺最为复杂。因此，这里仅以白酒为例讨论微生物在酿酒中的具体应用。

（一）白酒简介

白酒是我国传统的蒸馏酒，酒精含量高，酒质无色透明，气味芳香纯正，入口绵甜爽净。白酒的主要成分是酒精（学名，乙醇），含量为38%～67%，但白酒的风味并不是由乙醇而是由酿造过程中生成的少量杂醇、醛、酮、酸、酯以及芳香族化合物等共同赋予的。杂醇主要包括甘油、异戊醇、异丁醇和苯乙醇等，对白酒的风味形成和促使酒体丰满、浓厚起着重要的作用。酯类是酒体香气的主要决定因素，包括己酸乙酯、乳酸乙酯和乙酸乙酯等。酸类主要影响白酒的口感和后味，包括乳酸、乙酸、丁酸和己酸等有机酸。醛酮类化合物包括乙醛、乙缩醛、糠醛、2, 3-丁二酮和 3-羟基丁酮等，赋予白酒以醇厚感。小麦发酵后的香草酸、香草醛、阿魏酸，以及高粱发酵后的丁香酸、丁香醛等是白酒中的重要芳香族化合物。在酱香型白酒中还含有一种特征成分——呋喃甲醛。

白酒的生产工艺独特，品种丰富多样。根据酿造过程中使用的曲种，白酒可以分为大曲白酒、小曲白酒、麸曲白酒和混曲白酒。根据生产工艺，白酒可以分为固态发酵白酒和液态发酵白酒。根据白酒的质量特点及香型，白酒又分为浓香型、清香型、酱香型、米香型、凤香型和兼香型等。根据酒精含量可以分为高度白酒和低度白酒。高度白酒一般是指41°以上的白酒，多数在55°以上，一般不超过65°。低度白酒一般在38°以下。

（二）白酒酿造中的微生物及其作用

乙醇是酵母菌在厌氧条件下发酵糖质原料的产物。酵母菌是人类文明史中最早应用和认识的微生物之一，属于单细胞真核微生物，广泛存在于空气中、水中、土壤中以及动物体内。酵母菌是兼性厌氧菌，在有氧条件下，可以通过呼吸作用将糖类彻底氧化为 CO_2 和 H_2O，并释放出大量的能量供细胞生长和代谢；在无氧条件下，可以通过发酵作用（EMP 途径）将糖类转变成乙醇和 CO_2，仅能释放较少能量。酵母菌的最适生长温度在25℃左右，最适发酵温度为10～25℃，最适发酵 pH 为4.5～6.5。酵母菌能够利用葡萄糖、果糖、半乳糖、蔗糖、麦芽糖和麦芽三糖等，但不能利用蜜二糖、乳糖和甘油醛，也不能利用淀粉、纤维素等多糖。

在我国，白酒多以粮食来源的淀粉质酿造，而酵母却不能直接利用淀粉质碳源。因此，在发酵过程中需要先由糖化菌将淀粉质分解为单糖，然后再由酵母发酵产生乙醇。霉菌中的黑曲霉、红曲霉、犁头霉、根霉、毛霉、白地霉等均具有较高的产淀粉酶能力，是酿酒过程中的主要糖化菌。其中的某些种还可以产生多种有机酸，对于白酒口味的形成具有重要作用。

细菌是白酒酿造过程中的主要产香菌，它们可以产生乳酸、乙酸、己酸等多种有机酸，这些酸类物质可以进一步和乙醇反应生成酯。对于白酒风味的形成具有重要意义。常见的细菌有乳酸菌、乙酸菌、丙酸菌、丁酸菌、己酸菌、甲烷菌、甲烷氧化菌等。

（三）白酒的酿造工艺及其原理

白酒的酿造工艺包括原料处理、制曲、发酵、蒸馏、后熟、勾兑、陈酿等过程。其中原料预处理和制曲过程和目的与酱油的发酵工艺相似，只是所用的曲种不是纯种种曲，而是制曲过程中自然带入的各种野生菌株（麸曲除外）。酵母菌的生理特性决定了白酒发酵必须在厌氧条件下进行。因此，在粮糟入窖时要踩糟和封窖。发酵时，好氧的霉菌将不能再生长、繁殖和代谢。酿酒原料的糖化作用是由制曲过程中产生的酶完成的。发酵过程中酵母菌和厌氧细菌可以利用淀粉糖化生成的糖质产生乙醇和高级醇类、醛类、酸类、酯类等风味物质。蒸馏和勾兑是使酒醅中复杂成分提纯和重新分配的过程，使成品酒在色香味上更加均衡。后熟和陈酿可以降低白酒的辛辣味、去除糟味、改善口感，并可进一步提升白酒的香味，因为酯的生成是一个缓慢的过程。

三、微生物在食醋酿造中的应用

（一）食醋简介

食醋是日常烹调中常用的一种酸味液态调味品，其主要成分是乙酸（CH_3COOH），含量一般在3%～5%。此外，食醋中还含有高级醇、醛、酮、有机酸类物质，以及氨基酸、维生素和多种矿物质等对身体有益的营养成分。它们共同赋予了食醋酸、甜、鲜、香四味。除作为调味品外，食醋还有一定的药用价值，可以增强食欲、促进消化、降低血压、降低血脂、软化血管、利尿通便、消肿止痒等。

食醋的酿造原料和工艺多样，品种丰富，风味各异。按照原料可以分为用小麦、麸皮、高粱、大米、糙米、糯米、玉米、薯干等酿造的粮食醋，用水果、果汁、果酒等酿造的果醋，用饴糖、糖蜜、糖渣、蔗糖等酿造的糖醋，用白酒、食用酒精等酿造的酒醋等。按照原料处理方法可以将食醋分为生料醋和熟料醋。按照酿造时所用的糖化曲可以将食醋分为麸曲醋和老法曲醋。按照酿醋的发酵方式可以将食醋分为固态发酵醋、液态发酵醋和固稀发酵醋。按照食醋的颜色，可以分为浓色醋、淡色醋和白醋。按照成品的风味，可以分为陈醋、熏醋和甜醋等。

（二）食醋酿造中的微生物及其作用

食醋的主要成分乙酸，它是乙醇在乙酸杆菌和氧的作用下进一步氧化的产物。乙酸杆菌属于化能异养型细菌，能够利用葡萄糖、蔗糖、果糖、麦芽糖等多种单糖和二糖以及乙醇作为碳源，但不能直接利用淀粉；不能直接利用蛋白质作为氮源，但可以利用蛋白质水解物、尿素、硫酸铵作为氮源。乙酸杆菌为好氧细菌，除乙醇外，还可以氧化其他醇类和糖类生成相应的酸和酮，也具有一定的产酯能力。乙酸杆菌的最适生长温度30～35℃，最适生长pH为3.5～6.5，具有较强的耐乙醇和耐乙酸能力，但不耐热、不耐盐。因此，发酵结束后可以添加食盐防止乙酸被继续氧化为CO_2和H_2O。常用的菌种有纹膜乙酸杆菌（*A. aceti*）、奥尔兰乙酸杆菌（*A. orleanense*）、许氏醋杆菌（*A. schutzenbachii*）和恶臭乙酸杆菌（*A. rancens*）等。

由于乙酸杆菌作用的前体是乙醇，因此在利用粮食酿造食醋的过程中还必须有其他两类微生物参与发酵反应，它们分别是霉菌和酵母菌。与在白酒酿造中的作用相似，霉菌的主要作用是用其产生的淀粉酶和糖化酶将淀粉转化为酵母菌可以利用的单糖或糊精，酵母菌则是利用这些单糖或糊精发酵产生乙醇。常用的霉菌有黑曲霉AS3.4309、AS3.324和AS3.758，米曲霉AS3.042，黄曲霉AS3.800等。常用的酵母菌为501黄酒酵母、1308混合酵母等。

（三）食醋的酿造工艺及其原理

食醋的酿造工艺主要包括原料预处理、制曲、发酵、后熟、淋醋和陈酿等过程。其原料预处理、制曲、淋醋目的和过程与酱油及白酒的酿造工艺相似。但其发酵过程却有很大的不同，属于两段式发酵，第一阶段为厌氧的乙醇发酵过程，第二阶段为好氧的乙酸发酵过程。其中乙醇发酵阶段与白酒的酿造过程类似。在后续的乙酸发酵过程中，当醋醅的温度升到40℃左右时，还要每天倒醅一次，以降低醋醅温度及增加氧气的供应。在有氧条件下，乙酸杆菌中的乙醇脱氢酶首先将乙醇氧化成乙醛，接着乙醛在醛脱氢酶的作用下氧化成乙酸。当乙酸发酵结束后，要加入适量的食盐，目的是增加食醋的咸味和防止乙酸进一步氧化。发酵过程中不仅产生乙酸，还会有其他一些有机酸产生，如乳酸、葡萄糖酸、柠檬酸、琥珀酸等，它们与乙酸一起赋予了食醋的酸味。食醋的甜味是由未利用完的糖类及发酵过程中形成的甘油、二酮等物质赋予的。鲜味则是由发酵过程中形成的氨基酸和陈酿与后熟过程中菌体自溶产生的核苷酸提供的。此外，在后熟和陈酿过程中有机酸和未利用完的乙醇会继续缓慢地形成酯，赋予食醋香气；糖和氨基酸反应形成类黑色素，从而提升成品醋的品质。

四、微生物在发酵乳制品中的应用

（一）发酵乳制品简介

发酵乳制品（fermented milk products）是指以乳或乳制品为原料，通过特定微生物的发酵作用而获得的酸性凝乳状产品。与原料相比，发酵乳制品的营养更为全面。除原料本身所含的各种营养成分外，在发酵过程中经过微生物的代谢作用原料中的蛋白质被降解成了分子质量较小的多肽和氨基酸，成人难以利用的乳糖被分解成了可以利用的葡萄糖和半乳糖，脂肪被转化成了人体更容易吸收利用的脂肪酸。此外，微生物的代谢作用还可以产生大量的有机酸和维生素，而且在保质期内，产品中的微生物能够大量存活并具有活性。发酵乳制品中的活性成分及微生物不仅可以促进消化液分泌，提高食欲，还可以调整肠道的微生态，增强人体免疫力，是非常好的健康饮品。目前，市场上发酵乳制品的种类比较多，最常见的是酸奶、奶酪及马奶酒等。

（二）发酵乳制品制作过程中的微生物及其作用

与前面介绍的酱油、酒和醋的发酵方式不同，发酵乳制品的制作过程是利用微生物的纯种发酵。所用的微生物多为厌氧或兼性厌氧菌，都能够发酵糖产生乳酸，其中一些菌种还可以产生乙酸、乙醇、乙醛、双乙酰、丁二酮、3-羟基丁酮等物质，赋予酸奶香味。常见的菌种主要有乳杆菌属（*Lactobacillus*）、乳球菌属（*Lactococcus*）、链球菌属（*Streptococcus*）、明串珠菌属（*Leuconostoc*）和双歧杆菌属（*Bifidobacterium*）中的一些菌株以及部分酵母菌。这些菌种均具有一定的耐酸能力，发酵产生的乳酸可以使发酵体系的 pH 持续降低。由于乳制品中含有大量的酪蛋白，当体系的 pH 达到其等电点时，酪蛋白变性凝固，从而使发酵乳制品呈凝乳状。

（三）发酵乳制品的制作工艺及其原理

发酵乳制品的种类繁多，但其制作工艺及原理具有很多相似之处。这里仅以酸奶的生产过程为例进行说明。酸奶的生产工艺主要包括原料乳标准化、均质、杀菌、接种、发酵、后熟几个阶段。生产酸奶的主要原料是新鲜的牛乳，为了使不同批次、不同来源的鲜乳具有相同的质量标准，在生产前首先要用脱脂奶粉、稀奶油、蔗糖等进行调制。均质的目的是为了使原料乳中各成分充分混合均匀。原料乳均质后需要进行杀菌处理，以避免发酵过程中原料乳中的微生物影响酸奶的品质。杀菌通常采用巴氏消毒法，即 90～95℃保持 5～10min 或 135℃保持 2～3s。为了防止高温对原料乳中蛋白质的影响，杀菌后要立即冷却至 40～45℃。之后向冷却的原料乳中接入预先培养好的乳酸发酵菌种（2%～3%的接种量），在所用菌种的最适生长温度下进行发酵。此时，乳酸菌的发酵作用会将原料乳中的糖类转化为乳酸，使体系的 pH 持续下降，直至酪蛋白凝固。同时产生氨基酸、醇、醛、酮等风味物质。发酵结束后，要将酸奶进行低温后熟。后熟过程会形成更多的香味物质，并使成品的质地光滑细腻，还可以防止乳清析出和过度产酸。

第二节　食用氨基酸的代谢控制发酵

氨基酸是蛋白质的基本组成单位，具有非常重要的生理功能，可广泛用于食品、营养保健品、药品、饲料等行业，且用量颇大。在食品行业，除谷氨酸钠盐作为食品增鲜剂外，许多具有甜味或苦味的氨基酸还可用作调味剂，8 种人体必需氨基酸可以作为食品营养强化剂等。氨基酸的生产方法有蛋白水解提取法、化学合成法和微生物发酵法等，其中微生物发酵法的生产成本较低，产品质量也较为稳定。本节将以食品鲜味剂味精的主要成分谷氨酸和人体必需的赖氨酸为例，介绍氨基酸生产菌株的特点及代谢控制发酵原理。氨基酸生产菌中的质量和特性是发酵法生产氨基酸的基础。在正常生理条件下，野生型氨基酸生产菌种由于存在严格的反馈抑制和反馈阻遏代谢调控机制，不会过量合成和积累某种特定的氨基酸。因此，氨基酸生产菌种都是解除了反馈调节，并能过量合成和积累特定氨基酸的突变株，这些突变株经发酵条件控制，实现氨基酸的工业化生产。

一、谷氨酸的代谢控制发酵

（一）谷氨酸发酵菌种及其基本特征

谷氨酸发酵常用的菌种有：谷氨酸棒杆菌（*Corynebacerium glutamicum*）、北京棒杆菌（*Corynebacerium pekinense*）、黄色短杆菌（*Brevibacterium flavum*）、乳糖发酵短杆菌（*Brevibacterium lactofermentum*）等。

这些菌种的基本特性是：①好氧菌，生物素营养缺陷型（bio^-）。②具有较强的 CO_2 固定酶系；柠檬酸合成酶、乌头酸酶、异柠檬酸脱氢酶活性强；α-酮戊二酸脱氢酶活性缺失或微弱；还原性辅酶Ⅱ（$NADPH_2$）进入呼吸链能力弱而还原 α-酮戊二酸的能力强，在 NH_4^+ 存在下谷氨酸合成优先于天冬氨酸。③异柠檬酸裂解酶活性缺失或微弱，阻断或削弱乙醛酸循环，使代谢流向谷氨酸合成。④当细胞内谷氨酸积累到一定的生理量时，会对以葡萄糖为底物合成谷氨酸代谢途径中的关键酶造成反馈抑制与反馈阻遏，而终止谷氨酸合成。因此，其发酵生产菌应有较强的谷氨酸分泌外排能力，解除反馈调节，促进谷氨酸大量合成。⑤不能分解利用谷氨酸，对高浓度底物葡萄糖和谷氨酸有较强的耐受能力。

（二）谷氨酸的生物合成途径及代谢调控机制

黄色短杆菌谷氨酸合成途径与代谢调控机制如图 18-1 所示。首先，葡萄糖经糖酵解途径（EMP 途径）和磷酸戊糖途径（HMP 途径）生产丙酮酸，其中一部分在丙酮酸脱羧酶的作用下生成乙酰辅酶A，另一部分在丙酮酸羧化酶的作用下固定 CO_2 生成草酰乙酸，或在苹果酸酶的作用下固定 CO_2 生成苹果酸，然后再生成草酰乙酸。草酰乙酸和乙酰辅酶 A 可以在柠檬酸合成酶的作用下生成三羧酸循环（TCA 循环）中的重要中间产物柠檬酸。在 TCA 循环中柠檬酸可以通过若干酶促反应生成谷氨酸的前体 α-酮戊二酸。当有高浓度的 NH_4^+ 和 $NADPH_2$ 存在时，α-酮戊二酸可以在谷氨酸脱氢酶的催化作用下最终生成谷氨酸。

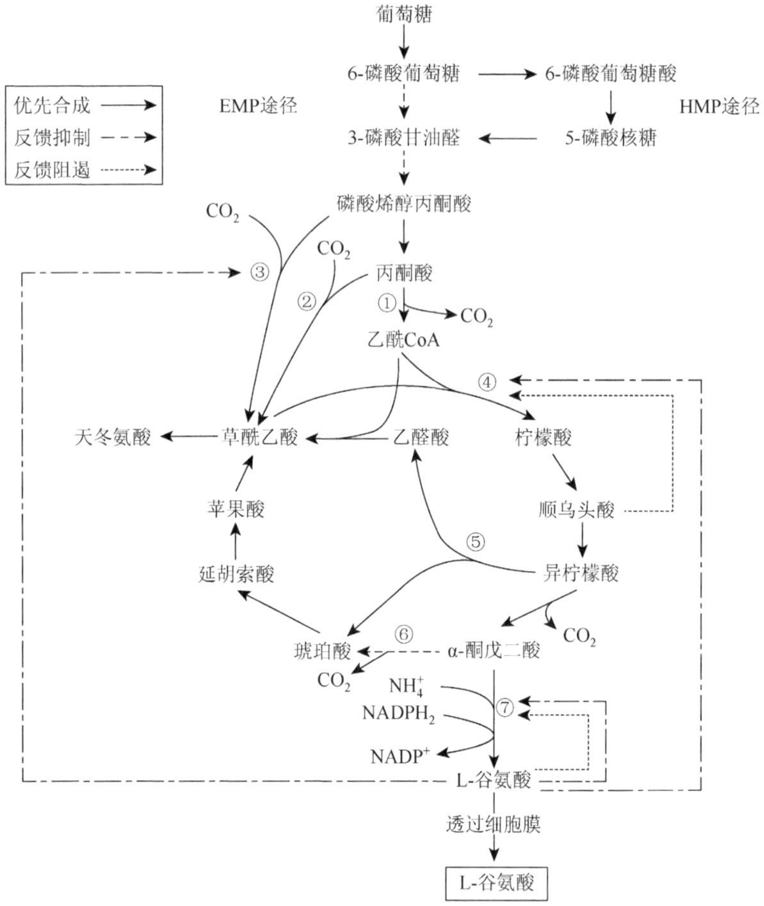

图 18-1　黄色短杆菌谷氨酸合成途径与代谢调控机制

①丙酮酸脱羧酶；②丙酮酸羧化酶；③磷酸烯醇丙酮酸羧化酶；④柠檬酸合成酶；⑤异柠檬酸裂解酶；⑥α-酮戊二酸脱氢酶；⑦谷氨酸脱氢酶

（三）谷氨酸发酵的过程控制

谷氨酸发酵过程分为菌体增殖期和产酸期。其发酵菌种是生物素营养缺陷型，所以在发酵过程中必须提供生物素。在菌体增殖期必须提供充足的生物素，而在合成积累谷氨酸的产酸期则必须限量提供生物素，使生物素处于亚适量水平（5～10μg/L），所以严格控制生物素的添加量，就成为是促进菌体生长还是促进谷氨酸合成积累的重要发酵控制因子。

在菌体增殖期，充足的生物素有 4 种生物学功能：一是提高底物葡萄糖形成丙酮酸的速率；二是作为丙酮酸和磷酸烯醇丙酮酸羧化酶的辅酶促进固定 CO_2 而形成草酰乙酸；三是保持异柠檬酸裂解酶的正常活性，经乙醛酸循环维持较完整的氧化型 TCA 循环，为细胞物质合成提供充足的能量 ATP 和前体物；四是作为乙酰辅酶 A 羧化酶的辅酶，可促进乙酰辅酶 A 连续固定 CO_2 而合成充足的长链脂肪酸。生物素前三种生物学功能皆利于菌体生长，而第四种功能则使增殖期菌体不会积累谷氨酸。

在菌体的产酸期，要限量提供生物素并使之处于亚适量水平。在生物素相对缺乏的情况下，会使异柠檬酸裂解酶的活性丧失或减弱，阻断或削弱乙醛酸循环，使大量的异柠檬酸经 α-酮戊二酸直接合成谷氨酸；生物素作为乙酰辅酶 A 羧化酶的辅酶，生物素缺乏可大大降低以乙酰辅酶 A 固定 CO_2 为起始的长链脂肪酸的合成，进而使磷酸甘油酯的合成量不足，组成的细胞膜脂分子缺陷，增加膜的外排功能，使胞内合成的大量谷氨酸不断分泌到胞外，解除了胞内高量谷氨酸形成的反馈调节，使底物葡萄糖的代谢畅通无阻的流向谷氨酸的合成与积累。

二、赖氨酸的代谢控制发酵

（一）赖氨酸的发酵菌种及基本特性

常见菌种是：黄色短杆菌（*Brevibacterium flavum*）、谷氨酸棒杆菌（*Corynebacerium glutamicum*）、钝齿棒杆菌（*Corynebacerium crenatum*）、乳糖发酵短杆菌（*Brevibacterium lactofermentum*）等。由于黄色短杆菌、谷氨酸棒杆菌以葡萄糖为底物合成赖氨酸的反馈调节机制相对简单，因此常用作出发菌株而获得营养缺陷型、解除反馈调节、增强细胞膜透性等多重突变型菌株，而成为赖氨酸高产菌株。

黄色短杆菌、谷氨酸棒杆菌的基本特性：①好氧细菌。②底物葡萄糖经 EMP、HMP 形成的磷酸烯醇丙酮酸、丙酮酸有较强的羧化活性，固定 CO_2 形成的草酰乙酸既是形成天冬氨酸的前体物，又是 TCA 循环中的重要物质。草酰乙酸是赖氨酸合成最早期的前体物，而磷酸烯醇丙酮酸羧化酶是形成草酰乙酸的关键酶。③天冬氨酸是合成赖氨酸与苏氨酸、异亮氨酸、蛋氨酸的共同前体物，经分支代谢合成这 4 种氨基酸，但合成苏氨酸、异亮氨酸、蛋氨酸的分支代谢优先于赖氨酸合成代谢。而天冬氨酸激酶则是控制这 4 种氨基酸合成的最关键酶。④在野生型菌株细胞内，合成的赖氨酸不能排出体外。当积累超过生理量时，赖氨酸和苏氨酸会对天冬氨酸激酶形成协同反馈抑制；而天冬氨酸过量合成与积累也会对磷酸烯醇丙酮酸激酶形成协同反馈抑制；而天冬氨酸过量合成与积累也会对磷酸烯醇丙酮酸羧化酶形成反馈抑制，从而终止赖氨酸合成。

（二）赖氨酸生产菌种合成积累赖氨酸的代谢控制

如图 18-2 所示，黄色短杆菌和谷氨酸棒杆菌野生型菌株在正常的条件下，因细胞内的反馈调节机制是不能大量合成与积累赖氨酸的。但通过筛选营养缺陷型、解除反馈调节突变型、提高细胞膜通透性突变型等多重突变型菌株，利用多重突变菌株做菌种并控制发酵条件，即可大量合成并积累赖氨酸。下面主要介绍赖氨酸代谢控制发酵的机制与原理。

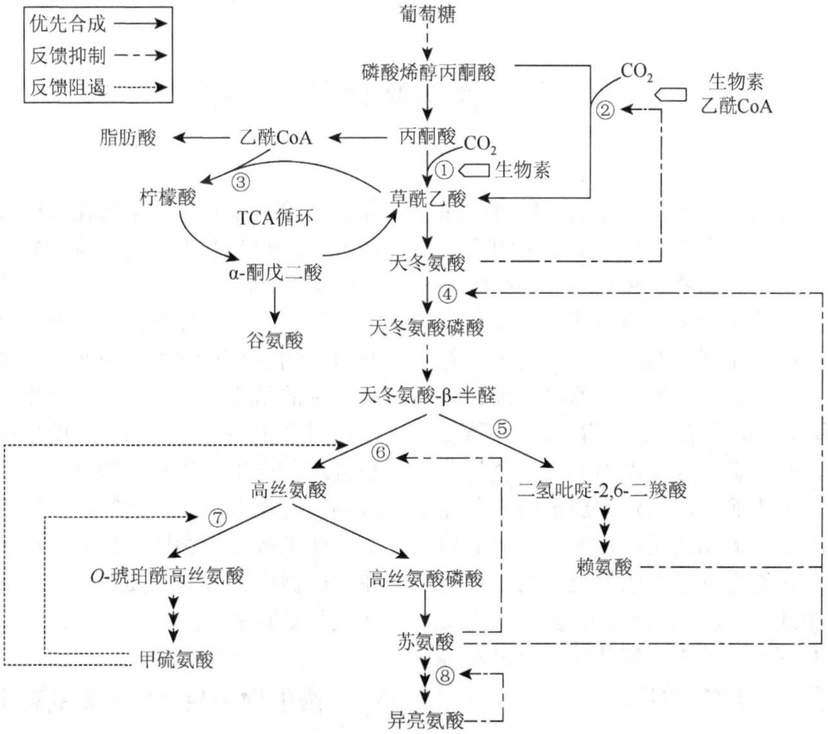

图 18-2　黄色短杆菌赖氨酸合成途径及反馈调节机制

①丙酮酸羧化酶；②磷酸烯醇丙酮酸羧化酶；③柠檬酸合成酶；④天冬氨酸激酶；⑤二氢吡啶-2, 6-二羧酸合成酶；⑥高丝氨酸脱氢酶；⑦琥珀酰高丝氨酸合成酶；⑧苏氨酸脱氢酶

1. 增加前体物的合成

草酰乙酸和天冬氨酸是以葡萄糖为底物经代谢而合成赖氨酸的最重要的两种前体物。增加这两种前体物的合成，就能是葡萄糖代谢流尽可能多的流向赖氨酸合成。增加前体物合成的主要方法是：筛选丙氨酸营养缺陷型（Ala^-），切断天冬氨酸转化成丙氨酸的代谢途径。筛选柠檬酸合成酶活性较低的突变型（CI^L），使较少量的草酰乙酸进入TCA循环而大量的则流向赖氨酸合成；选育天冬氨酸氧肟酸盐抗性突变株（$AspHx^r$），解除天冬氨酸对磷酸烯醇丙酮酸羧化酶的反馈抑制，使其固定CO_2以合成更多的草酰乙酸。Ala^-、CI^L、$AspHx^r$三种不同类型的突变株，皆增加了草酰乙酸、天冬氨酸前体物的合成。

2. 切断支路代谢

天冬氨酸-β-半醛通过两个支路分别合成蛋氨酸、苏氨酸、异亮氨酸和赖氨酸，且前三种氨基酸合成优先于赖氨酸。要想使葡萄糖代谢流向赖氨酸合成，就要切断形成三种氨基酸的代谢支路，其主要方法是：选育菌种的高丝氨酸营养缺陷型（Hse^-），由于该缺陷型丧失了催化天冬氨酸转化为高丝氨酸的高丝氨酸脱氢酶，故不能合成高丝氨酸，进而阻断了合成甲硫氨酸和苏氨酸、异亮氨酸代谢支路，使天冬氨酸-β-半醛全部转入赖氨酸合成。为防止高丝氨酸营养缺陷型（Hse^-）突变株回复突变，常选育高丝氨酸和苏氨酸双营养缺陷型（Hse^-Thr^-），以保证赖氨酸高量积累。

3. 解除反馈调节

天冬氨酸激酶是底物葡萄糖经代谢合成苏氨酸、异亮氨酸、甲硫氨酸和赖氨酸的关键酶，因此受到苏氨酸和赖氨酸协同反馈抑制，即只有苏氨酸和赖氨酸同时超过一定的生理量时才反馈抑制天冬氨酸激酶的活性，而终止如上4种氨基酸合成，解除苏氨酸和赖氨酸对天冬氨酸激酶的协同反馈抑制成为合成积累赖氨酸的技术关键，解除该系统反馈抑制的方法是：*S*-（2-氨基乙基）-*S*-半胱氨酸（AEC）是赖氨酸的结构类似物，α-氨基-β-羟基戊酸（AHV）是苏氨酸的结构类似物。在加入过量AEC和AHV平板上，存在协同反馈抑制的野生菌株不能生长成菌落，而解除反馈抑制突变株则长成菌落，该菌落即为AEC和AHV抗性突变株，用AEC^r、AHV^r表示，该菌株即可高量合成积累赖氨酸或苏氨酸。

4. 提高细胞膜的通透性

表面活性剂和青霉素可影响细菌细胞膜和细胞壁的合成，从而提高细胞膜的通透性。所以在赖氨酸发酵产酸期，采取“高生物素、高吐温”或“高生物素、高青霉素”强制控制法，使赖氨酸生产菌种提高膜通透性，将胞内积累的赖氨酸排出体外，便于从发酵液中分离提取赖氨酸产品。

第三节 微生物食品添加剂

食品添加剂（food addictive）是指为改善食品的品质和色、香、味，以及为防腐和加工工艺的需要而加入食品中的化学合成或者天然物质。在我国，根据添加剂在食品中的作用将其分为酸度调节剂、抗结剂、消泡剂、抗氧化剂、漂白剂、膨松剂、着色剂、护色剂、乳化剂、增味剂、营养强化剂、防腐剂、增稠剂、稳定和凝固剂、香料等23类。随着人们食品安全意识的增强，食品添加剂的安全问题越来越受到关注。一般而言，天然添加剂的安全性较高，但动植物的生长周期较长，使天然添加剂的来源受到了限制。随着生物技术的发展，微生物逐渐成为了天然添加剂生产的主力军。目前，利用微生物发酵生产的增稠剂、色素、氨基酸、有机酸等已经作为添加剂广泛用于食品的生产。

一、微生物多糖的特性及其在食品生产中的应用

微生物多糖（microbial polysaccharide）是指细菌、真菌、蓝藻等微生物在代谢过程中产生的生物高聚物，通常是由D-葡萄糖、D-半乳糖、D-甘露糖、L-海藻糖、L-鼠李糖、D-葡糖醛酸和D-半乳糖醛酸等中的一种或几种单体通过糖苷键聚合而成。常见的微生物多糖有黄单胞菌产生的黄原胶、鞘脂单胞菌产生的结冷胶、产碱杆菌产生的凝胶多糖、出芽短梗霉产生的普鲁兰多糖、明串珠菌产生的葡聚糖和链球菌产生的透明质酸等。这些多糖主要作为胶凝剂、乳化剂、保鲜剂等广泛用于食品、制药、石油和化工等多个领域。目前，可以作为食品添加剂使用的微生物多糖主要有三种，分别为黄原胶、结冷胶和凝胶多糖。

二、微生物来源食用色素的种类及应用

色泽是评价食品感官质量的一项重要指标，其主要是由食用色素赋予的。按照来源，食用色素可以分为天然色素和化学合成色素两类。目前，我国

的食用色素中化学合成色素仍占据较大的比例。但逐渐利用天然色素代替合成色素是食用色素发展的大趋势，原因是天然色素与人工合成色素相比，具有安全性高、色泽自然、具备一定的营养价值和药理功能等诸多优越性。

微生物色素种类众多，颜色多样，这些色素有些位于胞内，有些分泌于胞外；有些由自身代谢合成，有些则是通过对培养基中的成分进行转化而形成。微生物合成色素在自然界十分常见，主要包括聚酮类色素、类胡萝卜素、蒽醌类色素等。

红曲色素的生产工艺

红曲色素是由红曲霉属真菌发酵产生的一种重要的天然食用色素。红曲色素生产主要有两种工艺：一种是我国传统的固态发酵工艺，该工艺设备要求简单，成本低廉，易于操作，是目前红曲色素生产的主要形式；另一种是近年来发展起来的液体深层发酵工艺，此工艺自动化程度高，污染小，但设备投资大，生产成本高，因而限制了推广。

固态发酵工艺生产红曲色素的工艺路线：

红曲霉菌种→选育→斜面培养→摇瓶培养

↓

液体种子发酵

↓

大米→清洗→浸泡→清洗→蒸饭→冷却→接种→固体培养→干燥→粉碎→红曲色素粉

（一）聚酮类色素

聚酮类化合物是一大类具有类似合成途径的次级代谢产物的总称，其中聚酮类色素是一类非常具有潜力的实用色素，包括应用最为广泛的红曲色素。

红曲色素作为食用天然色素具有悠久的历史，尤其是在中国和日本。红曲色素的主要成分包括红曲红素、红斑素、红曲素、红曲红胺、红斑胺、红曲黄素等，颜色包括红色、橙色、黄色及紫色。红曲色素主要由红曲霉属的真菌产生，包括发白红曲霉、红曲红曲霉、橙色红曲霉等。该类色素可以通过厚层通风制曲、液体发酵等方法进行大规模生产。

红曲色素溶于乙醇、乙醚、冰醋酸，不溶于水及甘油。该色素对pH稳定，耐热性强（100℃），几乎不受金属离子（如Ca^{2+}、Fe^{2+}、Cu^{2+}）、0.1%过氧化氢、维生素C、亚硫酸钠等氧化还原剂的影响，对蛋白质的染色性好，因而具有许多其他天然色素无可比拟的优点。从古到今，红曲色素在制酒、腐乳、肉制品、水产品等方面得到广泛应用。此外，该类色素还具有保健作用，如抗诱变、抗菌、抗癌、抗炎症、抗肥胖、抗糖尿病等功能。

工业上主要将红曲色素添加到肉制品、腌制蔬菜、面包生产等食品中，除赋予食品诱人的色泽外，还起到增强食品风味和抗菌、抑菌、提高产品保质期的作用。在肉制品中，红曲红色素有发色和防腐作用，能使肉制品的色泽均匀一致，而且能减少亚硝酸盐等食品防腐剂的使用剂量。同时，该色素对脂肪代谢有促进作用。在腌制蔬菜中，外加红曲色素能够渗入蔬菜内部，使产品具有诱人的光泽。在面包生产中添加红曲色素，对面包的味道和口感影响不大，但能使产品色泽鲜艳，香味清新独特。

（二）类胡萝卜素

类胡萝卜素由类异戊二烯聚合形成的萜类化合物，常见的有α-胡萝卜素、β-胡萝卜素（图18-3）、番茄红素、叶黄素、玉米黄质、角黄质、虾青素等。色素的颜色随着共轭双键的数目而变化，共轭双键的数目越多，颜色越趋向红色。目前，生产类胡萝卜素的微生物主要有丝状真菌、酵母、细菌和藻类，如三孢布拉霉、法夫酵母属、红酵母属等。

类胡萝卜素是一类安全无毒的天然色素，在欧盟、中国均已获得使用。此外，该类色素还是人体所必需的维生素之一。在我国，由于饮食习惯的差异，人日均摄入量极不均衡，多数人的胡萝卜素摄入量严重不足。在追求绿色食品的潮流中，微生物发酵生产的类胡萝卜素具有广泛的应用前景。该类色素主要用于油脂产品、饮料、奶制品等食品中。在油脂产品中，类胡萝卜素广泛添加于黄油、代黄油、起酥油和烹调油等制品。由于溶解度低、溶解速度慢，需要进行微细化处理，将类胡萝卜素悬浮于可食性油溶液，在氮气保护下研磨至粒径为2～5μm，制成20%～30%的油性悬浮剂，进而添加到油脂中。在饮料制品中，由于类胡萝卜素不溶于水，一般将其制成水溶性制剂后再添加到果汁、饮料和固体饮料中。

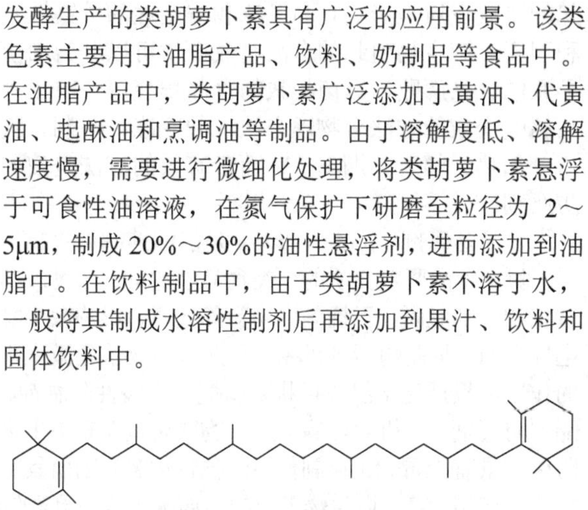

图18-3　β-胡萝卜素的化学结构

（三）蒽醌类色素

蒽醌类色素是醌类色素中最大的群体，有 700 多种化合物，广泛应用于食品和药品中。作为一种天然食用色素，其安全、无毒、资源丰富，并具有一定的药理作用，如抗癌、抗菌、利尿等。这类色素广泛存在于多种真菌中，如曲霉属、镰刀菌属、青霉属、裸胞壳属、球腔菌属、小孢霉属、弯孢叶斑病菌等。

蒽醌又称为 9, 10-蒽二酮，其结构式如图 18-4 所示。其中 1，4，5，8 位为 α-位，2，3，6，7 位为 β-位。蒽醌类色素一般不溶于水，但溶于大部分有机溶剂，如甲醇、乙醇等。其红色色素一般含有酚羟基，所以易溶于碱性溶液。蒽醌类色素的色调自然，更接近于天然物质的颜色，并且色价高。不仅如此，这类色素还具有较高的热稳定性和光稳定性，不易受到金属离子和其他食品添加剂的影响，可用于酒类、饮料、大米、药片等产品的着色，控制不同着色条件，可获得紫色、蓝色、橙红色等色调。然而，蒽醌类色素对 pH 变化十分敏感，其色调会随 pH 的变化而发生改变，这决定了该类色素专用性较强，应用范围较窄。

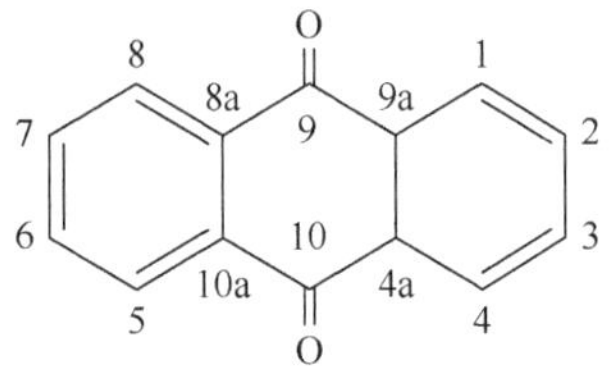

图 18-4　蒽醌的化学结构

三、微生物来源防腐剂的种类及应用

在食品的生产、运输和储存过程中，微生物引起的腐败变质是影响食品风味和安全性的关键性不利因素。微生物引起的食品腐败变质可以分为细菌导致的食品腐败、霉菌导致的食品霉变等。防止食品腐败变质的方法有物理方法，如冷冻、干制、腌渍、加热、辐射、烟熏等，而最有效的方法是使用防腐剂。

食品防腐剂（preservative）是能够抑制微生物活动，防止食品腐败变质的一类食品添加剂，通过破坏微生物的细胞膜、干扰微生物新陈代谢、影响微生物电性平衡、抑制酶活等机制，发挥抑制或杀死微生物的作用。根据化学组成可将防腐剂分为酸性防腐剂、酯型防腐剂、无机盐防腐剂及生物防腐剂。其中生物防腐剂具有无毒、无毒副作用的独特优势，因而具有很好的应用前景。微生物来源的防腐剂主要有乳酸链球菌素（nisin）、纳他霉素（natamycin）等。

（一）乳酸链球菌素

乳酸链球菌素是由乳酸链球菌产生的一种抗菌肽，由 34 个氨基酸组成，分子质量为 3510Da。乳酸链球菌素的溶解度主要取决于溶液 pH，低 pH 情况下溶解度较好，中性和碱性条件下几乎不溶解，所以在应用时一般先用 0.02mol/L 的盐酸溶解，再加入到食品中。乳酸链球菌素的稳定性主要取决于温度、pH、基质等因素。

乳酸链球菌素仅对大多数革兰氏阳性菌，特别是芽孢杆菌具有明显抗菌作用，而对革兰氏阴性菌、酵母和霉菌无抑制作用。其抑制细菌的生长及芽孢萌发是基于对细胞表面的强烈吸附进而引起细胞质的释放而实现的。该细菌素是带正电荷的疏水短肽，能够作用在革兰氏阳性菌细胞壁带负电荷的阴离子成分上，如磷壁酸、糖醛酸磷壁酸、酸性多糖和磷脂，在细胞壁和细胞膜上造成孔道，导致细胞内容物释放，并对蛋白质、多糖等物质的生物合成产生抑制作用。

乳酸链球菌素是一种安全的食品防腐剂，对热稳定，食用后在消化道内很快被蛋白酶消化成氨基酸，不会产生抗性和过敏反应，因而被广泛应用在乳制品、肉制品、罐头制品、果汁和酒精饮料等多种食品中。食品中加入适量乳酸链球菌素，不仅可以有效延长其保质期，还可减少灭菌时间，降低灭菌温度。此外，它还可应用于对其不敏感的生物发酵中，以防止革兰氏阳性菌的污染，如用于单细胞蛋白、有机酸、多糖、氨基酸和维生素工业发酵。

（二）纳他霉素

纳他霉素是纳塔尔链霉菌产生的一种四烯大环内酯抗真菌抗生素，分子式为 $C_{33}H_{47}NO_{13}$，相对分子质量 665.75。分子中含一个碱性基团和一个酸性基团，pH 中性时在水中的溶解度最差，随 pH 的降低而增加。在 pH 4.5～9 条件下稳定，对温度不敏感，但对光照、氧化剂、重金属等敏感。纳他霉素抗菌的作用靶点是真核微生物细胞质膜的麦角固醇，它选择性和固醇结合，引起细胞质膜结构改变，渗透性增加，细胞内容物泄露。纳他霉素是一种广谱的抗霉菌、酵母、原生动物的抗生素，对正在繁殖的活细胞抑制效果好。纳他霉素对人体无毒，不具有“致突变”“致癌”“致畸”三致作用，难以被消化道吸收，难溶于水和油脂，因而大部分摄入体内的纳他霉素会随粪便排出。1996 年，我国食品添加剂标准化技术委员会正式批准纳他霉素可作为食品防腐剂。由于溶解度低，纳他霉素可用作食品表面防腐剂以增加货架期，主要在奶酪、肉制品、葡萄酒、茶饮料、果汁、水果、焙烤食品中添加，不会干扰其他食品组分，也不会带来异味。

人口增长对食物造成的压力

美国弗吉尼亚大学教授Paolo D'Odorico等2015年5月发表在《美国国家科学院院刊》上的论文指出，通过对140个国家的可用食物供给情况进行评估，发现食品安全对人类增长的影响越来越敏感，因为有限的土地和水资源承受的压力越来越大。为了确保食品安全，在生产和价格波动的冲击下，食物的可用性和获取需要时刻保持可持续和弹性。随着食物全球化程度加深，人口/食物系统变得脆弱，容易受到环境危机的影响。随着人口的增长，人口和食物动力学的耦合可能会变得越来越不平衡，因为对贸易的依赖，粮食的不稳定因素在增加。这些发现为过去20年中正在发生、已经发生和将要发生的粮食安全问题提供了新的证据。

第四节　微生物类新食品开发

世界人口的增长，食品资源的短缺，正在对人类的生存构成威胁。面对严峻的挑战，人类在努力寻找开发新的食品资源。在人类各种食品中，除动植物来源的食品外，还有一类新型食物资源，即微生物食品。微生物食品含有丰富的蛋白质、维生素及多糖等功能因子，不仅能满足人类营养需求，还对人体机能具有重要的调节作用，如增强免疫力、降血脂、降血压、改善肠道微生态等。不仅如此，微生物生长速率快，适应性强，种类繁多，其生产条件不受季节和地域的限制，因而微生物食品是人类新食品开发的重要发展方向。目前，研究开发较多的微生物食品有食用单细胞蛋白、大型食用真菌等。

一、食用单细胞蛋白的开发应用

单细胞蛋白（single cell protein，SCP）是以各种有机或无机营养物质为培养基，在适宜条件下培养酵母、非病原细菌等单细胞微生物，使其大量增殖，进而收集菌体、加工后得到的可食用蛋白质。SCP中不仅含有蛋白质，还含有碳水化合物、脂肪、核酸、维生素、无机盐等多种营养成分。

在真菌生物中，能用于生产SCP的主要有各种酵母类真菌，如产朊假丝酵母、酿酒酵母、热带假丝酵母、脆壁克鲁维酵母、解脂假丝酵母等，以及多种丝状真菌，如黑曲霉、白地霉、禾谷镰刀菌、拟青霉、里氏木霉、娄地青霉、白腐真菌等。这些真菌能够利用酒糟、乳清废水、淀粉水解物、果皮、甜菜浆等原料，发酵生产SCP。由于不同真菌具有不同的营养和环境需求，因此生产原料不同所选菌株亦不同。例如，热带假丝酵母可以利用各种糖类；产朊假丝酵母除可以利用各种糖原外，还可以利用纤维素成分；脆壁克鲁维酵母能够耐受较高浓度的乳酸，可以用于一些乳酸含量高的原料的发酵生产。

对于细菌而言，最早用于生产SCP的细菌为光合细菌和氢细菌，这也是目前生产SCP的主要细菌。除此以外，甲基球菌、短杆菌属、纤维单胞菌属、甲烷单毛杆菌、荧光假单胞菌、链霉菌属等细菌能够利用 C1～C4 化合物、农业废物、沼气、甲醇等生产SCP。此外，芽孢杆菌属细菌也可用于SCP的生产。近年来，某些藻类产生的藻蓝蛋白逐渐成为SCP的研究热点。该蛋白拥有较宽的光谱范围、较高的荧光产率和良好的水溶性，使其成为一种良好的生物化学示踪物。藻蓝蛋白呈现鲜艳的宝石蓝色，天然无毒，可以作为色素广泛应用于食品、化妆品、染料等工业。此外，藻蓝蛋白具有抗辐射、抗肿瘤、抗疲劳、增强免疫力等活性，在医疗保健食品的开发上也具有一定的应用价值。

目前，SCP已经逐渐渗入到人们的日常生活中，主要包括饲料和食品方面的应用。尤其在食品工业中，SCP自身具有较高的营养价值，富含人体所需的各种氨基酸、维生素，可以将其制成“人造肉类”，供人们直接使用，也可以添加到其他食品中，以提高后者的营养价值。例如，酵母提取物是以蛋白及核酸含量丰富的食用酵母为原料，采用生物技术将胞内的蛋白质、核酸成分进行降解后制成的天然调味料。将其添加到动物性制品中，可以赋予肉制品鲜香风味，提高其他香辛料的呈味能力，掩盖异味，延缓脂肪氧化，提高制品的保油、保水性，延长与维护香气存留时间，增强制品的组织弹性，使产品鲜嫩爽口。在植物性食品中添加酵母提取物，可以增强产品的醇厚感，减少不良气味，提高耐煮性。

二、大型食用真菌的开发利用

大型食用真菌是指可供人们食用的大型真菌，这类真菌不仅具有高蛋白质、低脂肪、营养价值高的特点，而且有很高的药用价值。一般干菇蛋白质含量可达30%，鲜菇为3%～5%。除蛋白质外，食用真菌还含有多种维生素、矿物质、真菌多糖等功能调节因子，具有调节免疫力、抗癌、降血脂、降血压等活性，被公认为保健食品。不仅如此，食用真菌味道鲜美，口感清脆，具有食用菌特殊的风味。

我国是大型食用真菌栽培种类最多的国家，野生食用菌数量超过2000种，人工栽培品种超过100种，商品化种类超过60种，其中香菇、平菇、木耳、双孢菇、金针菇等占据市场主要份额。一些高营养、高附加值的品种近几年不断培养成功，如杏鲍菇、茶树菇、灵芝等，深受消费者欢迎。食用菌生产过程所需的主要原料通常为木屑、秸秆、玉米芯、棉籽壳等一些可再生的物质，成本低廉，可实现纤维素及不易利用氮素的重新降解并利用，是变废为宝、物质和能量循环流动的循环式经济产业模式，构成了农业生态系统的良性循环。大型食用真菌的种植与产业化为人类提供了新的食品来源。这些食品作为营养价值高、生态环境友好、绿色的人类新食品，有广阔的开发应用前景。

知识点回顾

1. 传统发酵食品主要分为 5 类：①调味品；②乳制品；③酒精饮料；④豆制品；⑤发酵蔬菜。

2. 酱油的酿造工艺一般分为原料预处理、制曲、发酵、浸出提油、成品配制几个阶段。

3. 白酒多以粮食来源的淀粉质酿造，而酵母却不能直接利用淀粉质碳源。因此，在发酵过程中需要先由糖化菌将淀粉质分解为单糖，然后由酵母发酵产生酒精。

4. 食醋的酿造工艺主要包括原料预处理、制曲、发酵、后熟、淋醋、陈酿等过程。其发酵过程属于两段式发酵，第一阶段为厌氧的乙醇发酵过程，第二阶段为好氧的乙酸发酵过程。

5. 发酵乳制品的制作过程是利用微生物的纯种发酵。所用的微生物多为厌氧或兼性厌氧菌，能够发酵糖产生乳酸。

6. 谷氨酸生产菌分属于棒状杆菌属、短杆菌属、小杆菌属及节杆菌属等不同的分类单元，但它们具有相似的生理特征：都是好氧细菌；均为生物素缺陷型；均具有活力较强的 CO_2 固定酶系。

7. 常见的微生物多糖主要作为胶凝剂、乳化剂、保鲜剂等，广泛应用于食品、制药、石油和化工等多个领域。

8. 微生物色素种类众多，颜色多样，微生物合成色素在自然界十分常见，主要包括聚酮类色素、类胡萝卜素、蒽醌类色素等。

9. 防止微生物引起食品腐败变质的最有效方法是使用防腐剂。

10. 乳酸链球菌素仅对大多数革兰氏阳性菌，特别是芽孢杆菌具有明显抗菌作用，而对革兰氏阴性菌、酵母和霉菌无抑制作用。

11. 纳他霉素是一种广谱的抗霉菌、酵母、原生动物的抗生素，但没有抗细菌活性，这是因为其作用靶点为细胞质膜的麦角固醇。

关键词

1. 发酵食品（fermented food）：是指在食品加工过程中利用有益微生物的生命活动而获得的食品。

2. 发酵乳制品（fermented milk products）：是指以乳或乳制品为原料，通过特定微生物的发酵作用而获得的酸性凝乳状产品。

3. 食品添加剂（food addictive）：是指为改善食品的品质和色、香、味，以及为防腐和加工工艺的需要而加入食品中的化学合成或者天然物质。

4. 微生物多糖（microbial polysaccharide）：是指细菌、真菌、蓝藻等微生物在代谢过程中产生的生物高聚物，通常是由 D-葡萄糖、D-半乳糖、D-甘露糖、L-海藻糖、L-鼠李糖、D-葡糖醛酸和 D-半乳糖醛酸等中的一种或几种单体通过糖苷键聚合而成。

5. 食品防腐剂（food preservative）：是能够抑制微生物活动，防止食品腐败变质的一类食品添加剂，通过破坏微生物的细胞膜、干扰微生物新陈代谢、影响微生物电性平衡、抑制酶活等机制，发挥抑制或杀死微生物的作用。

6. 单细胞蛋白（single cell protein）：是以各种有机或无机营养物质为培养基，在适宜条件下培养酵母、非病原细菌等单细胞微生物，使其大量增殖，进而收集菌体、加工后得到的可食用蛋白质。

自测题

一、选择题

1. 目前酱油酿造过程中最常用的霉菌属于（　　）。

（A）根霉属　　（B）酵母属

（C）曲霉属　　（D）假丝酵母属

2. 白酒酿造过程中的主要产香菌为（　　）。

（A）细菌　　（B）放线菌

（C）霉菌　　（D）酵母

3. 发酵乳制品具有多种活性成分，它们具有多种生理功能，其中不包括（　　）。

（A）促进消化液分泌，提高食欲

（B）调整肠道的微生态

（C）增强人体免疫力

（D）维持消化道的好氧环境

4. 酸奶发酵过程中常用的细菌菌属不包括(　　)。

(A) 葡萄球菌属　　(B) 乳杆菌属

(C) 链球菌属　　(D) 明串珠菌属

5. 谷氨酸发酵过程中涉及的代谢途径不包括(　　)。

(A) 磷酸戊糖途径

(B) 三羧酸循环途径

(C) 双乙酸途径

(D) 糖酵解途径

6. 谷氨酸生物合成的直接前体为(　　)。

(A) 苹果酸　　(B) α-酮戊二酸

(C) 二氢吡啶二羧酸　　(D) 草酰乙酸

7. 下列不属于微生物多糖的是(　　)。

(A) 琼脂糖　　(B) 黄原胶

(C) 结冷胶　　(D) 普鲁兰多糖

8. 下列属于聚酮类微生物来源色素的有(　　)。

(A) 虾青素　　(B) 蒽醌色素

(C) 红曲色素　　(D) 黑色素

9. 乳酸链球菌素能够对细菌具有广谱抑制作用，其作用机制是(　　)。

(A) 抑制细菌 DNA 合成

(B) 抑制细菌蛋白质的合成与加工

(C) 与细胞壁与细胞膜上的酸性成分结合，造成细胞内容物释放

(D) 抑制麦角甾醇的合成

10. 下列哪项不属于微生物来源食品防腐剂的抑菌机制？(　　)

(A) 破坏微生物的细胞膜

(B) 干扰微生物新陈代谢

(C) 影响微生物电性平衡

(D) 高温造成微生物酶类失活

二、问答题

1. 什么是发酵食品？传统的发酵食品分为几类？试举例说明。

2. 白酒酿造过程中发挥作用的微生物主要有哪些？分别具有什么功能？

3. 微生物来源的食用色素主要分为几类？简要介绍这些色素的产生菌株。

4. 微生物来源的食品防腐剂主要有哪些？分别具有什么样的特点？

答案：

开篇事件

1. 答：酸奶是以原料乳为原料，经乳酸菌等发酵而成的一种酸性凝乳状乳制品。在发酵生产过程中，原料乳中的蛋白质被降解成分子质量较小的多肽和氨基酸，成人难以利用的乳糖被分解成了可以利用的葡萄糖和半乳糖，脂肪被转化成了人体更容易吸收利用的脂肪酸。此外，微生物的代谢作用还可以产生大量的有机酸和维生素，而且在保质期内，产品中的微生物能够大量存活并具有活性。酸奶中的活性成分及微生物不仅可以促进消化液分泌，提高食欲，还可以调整肠道的微生态，增强人体免疫力。

2. 答：在发酵过程中，所用的微生物多为厌氧或兼性厌氧菌，能够发酵糖产生乳酸，其中一些菌种还可以产生乙酸、乙醇、乙醛、双乙酰、丁二酮、3-羟基丁酮等物质，因而赋予酸奶香味和特殊的口感。

3. 答：在我们的生活中，还有酱油、醋、白酒等多种食品具有和酸奶类似的生产工艺，通过微生物的作用，使食品原料中的糖类、蛋白质、脂类等物质转化成新的风味成分，从而赋予成品独特的口感和风味。

选择题：1. C　2. A　3. D　4. A　5. C

6. B　7. A　8. C　9. C　10. D

问答题：

1. 答：发酵食品是指在食品加工过程中利用有益微生物的生命活动而获得的食品。传统发酵食品主要分为 5 类：①调味品，如醋、酱油、甜面酱和豆瓣酱等；②乳制品，如酸奶、酸性奶油、马奶酒、干酪等；③酒精饮料，如蒸馏酒、黄酒、果酒、啤酒等；④豆制品，如豆腐乳、豆豉、纳豆等；⑤发酵蔬菜，如酸菜、泡菜等。

2. 答：白酒酿造过程中需要酵母、霉菌及细菌的复合作用。酵母菌是兼性厌氧菌，在无氧条件下，可以通过发酵作用将糖类转变成乙醇和 CO_2。霉菌在白酒发酵过程中，将淀粉分解为单糖，然后再由酵母发酵产生乙醇。细菌是白酒酿造过程中的主要产香菌，它们可以产生乳酸、乙酸、己酸等多种有机酸，这些酸类物质可以进一步和乙醇反应生成酯，对于白酒风味的形成具有重要意义。

3. 答：微生物合成色素在自然界十分常见，主要包括聚酮类色素、类胡萝卜素、黑色素、蒽醌类色素等。聚酮类色素是一类非常具有潜力的实用色素，其中应用最为广泛的是红曲色素，红曲色素主要由红曲霉属的真菌产生，包括发白红曲霉、红曲红曲霉、橙色红曲霉、红色红曲霉等。生产类胡萝卜素的微生物主要有丝状真菌、酵母、细菌和藻类。蒽醌类色素广泛存在于多种真菌中，如曲霉属、镰刀菌属、青霉属等。产黑色素的微生物常见的有：细菌中的链球菌、蜡样芽孢杆菌、嗜麦芽假单胞菌，真菌中的黑曲霉、链格孢菌、构巢曲霉、米曲霉、出芽短梗霉、放线菌中的链霉菌等。

4. 答：微生物来源的食品防腐剂主要有乳酸链球菌素及纳他霉素。乳酸链球菌素是由乳酸链球菌产生的一种抗菌肽，由 34 个氨基酸组成。乳酸链球菌素的溶解度主要取决于溶液的 pH，在较低 pH 情况下溶解度较好。乳酸链球菌素仅对大多数革兰氏阳性菌，特别是芽孢杆菌具有明显抗菌作用，而对革兰氏阴性菌、酵母和霉菌无抑制作用。其抑制细菌的生长及芽孢萌发是基于对细胞表面的强烈吸附进而引起细胞质的释放而实现的。纳他霉素是一种多烯大环内酯类抗真菌抗生素，为白色至乳白色、无臭无味的结晶粉末。其在水中的溶解度在中性 pH 时最差，随 pH 的降低而增加。纳他霉素是一种广谱的抗霉菌、酵母、原生动物的抗生素，但没有抗细菌活性，这是因为其作用靶点为细胞质膜的麦角固醇。

（喻其林）

第十九章 微生物与可再生能源

开篇事件："吃"CO_2"挤出"石油的藻类

2009 年 1 月 7 日，美国大陆航空的一架没有装载乘客的波音 737—824 型客机于休斯敦乔治·布什国际机场起飞，1 小时 22 分钟后成功返航降落。这个看似普通的飞行在人类能源历史上具有重要的意义，原因是此次飞行使用的燃料是利用海藻生产的生物石油！

利用海藻生产生物石油

大自然中天然存在的石油是由古代动植物遗体经过几百万年的漫长岁月逐渐演变而成的，然而一些藻类竟然只需几个星期就能将 CO_2 摇身一变转化为石油！1988 年美国科研人员在戈尔登科罗拉多发现舟形藻、角际藻、绿藻等藻类含有丰富的石油成分，这一发现开启了人类对藻类生物燃料的研究历程。人们发现，某些藻类（主要是硅藻、蓝藻和一些海草）能以淡水、海水，甚至生活污水作为营养源，利用光能和 CO_2 生产出一些类似于我们日常生活中使用的汽油、柴油或煤油的特殊物质，这些物质只要经过提炼，就能直接用做汽车、飞机等交通工具的燃料。如今，利用藻类生产石油已成为当今世界实现低碳经济战略目标的重要组成部分之一。英国碳基金（Carbon Trust）公司在 2008 年就启动了世界最大的藻类生物燃料公共资助项目，预计到 2030 年，藻类生物燃料可能将取代全球每年用于道路交通和航运的约 700 亿 L 化石燃料，相当于全球每年喷气飞机燃料消耗量的 12%。

参考文献：

钱春弦. 2009. 2009，系列试验唤起搭乘绿色燃料飞机的梦想. http: //news.carnoc.com/list/123/123388.html[2017-2-24].

思考题：

藻类产生的微生物能源与传统燃料相比有哪些优点？

人类的生存和社会发展都离不开能源。目前人类使用的能源主要是石油、天然气及煤炭等化石燃料，占全球使用能源总量的 85%以上。然而由于人类的过量开采，这些不可再生能源的储备日渐匮乏。有资料显示，按照现有化石能源使用速度，世界石油贮量只够开采四五十年，天然气可开采五六十年，煤炭可开采 100 余年，因此在 21 世纪前半叶，化石燃料就将面临枯竭。同时，使用化石燃料还给环境带来严重污染。化石燃料燃烧后释放的二氧化碳、二氧化硫、氮氧化物等废气和固形颗粒会污染环境，引发温室效应、气候异常、酸雨、雾霾等，严重威胁人类的生存。因此，发展和使用新型能源，尽量取代化石燃料，已成为克服能源危机和解决环境污染的唯一出路。

微生物能源（microbial energy）是应用微生物技术将天然有机物中贮存的化学能转化为人类所需要的可再生、不污染环境、利于生态平衡的新型能源。这些有机物除了农作物外还包括农业和林业残剩物、食品加工和林产品加工的下脚料、城市固体废弃物、生活污水等，统称为生物质。与传统能源相比，微生物能源的优点十分突出。首先，生物质资源丰富且可再生，其含硫量和灰分都比煤低，而含氢量较高，因此使用起来十分清洁；其次，微生物在利用生物质的过程中排放的二氧化碳量等于生物质生长过程中吸收的量，因此它是一种二氧化碳零排放的可再生资源，对环境保护具有重大意义；更重要的是，微生物可利用农业、工业及生活废物甚至污染物产生能源，这是使用任何其他新型资源所不能比拟的。因此使用微生物能源有助于废物的循环利用以及污染物的无害化处理，有助于促进生态系统的良性循环，具有重大的生态学意义。

目前研究较多的微生物能源主要有燃料乙醇、沼气、氢以及微生物燃料电池等，微生物发酵乙醇和沼气已实现规模化生产并在世界范围内广泛应用，而生物氢、微生物燃料电池等尚在研发中，已呈现良好的开发应用前景。

第一节　微生物生产燃料乙醇

利用乙醇发酵微生物，在无氧的环境下通过特定酶系分解代谢可发酵糖生成乙醇，并将其单独或与汽油混配作为替代运输燃料，称为燃料乙醇（fuel ethanol）。目前全世界微生物发酵乙醇总量的 65%可用作燃料乙醇，由于其具有可再生、温室气体及悬浮颗粒排放少等优点，已越来越受到人们的重视，许多国家制定了燃料乙醇的发展计划与目标。巴西是目前世界上唯一不供应纯汽油而广泛使用燃料乙醇的国家，早在 20 世纪 70 年代，巴西就开始利用甘蔗糖生产燃料乙醇，目前燃料乙醇的消费量已占全国汽车燃料消费量的 40%以上，在满足本国能源需求以减少石油进口的同时还多有出口，为其带来可观的经济收益和社会效益。

> 自然界存在多种形式的能源，如太阳能、海洋能、核能、风能、地热能以及生物能源等，可根据各种能源的特点进行分类。
>
> 从能源是否能循环再生的角度，可分为不可再生能源和可再生能源。前者是指随着开发利用会减少甚至枯竭的能源，最典型的就是石油、天然气和煤炭。而可再生能源通常包括水力、潮汐、太阳辐射、风力、地下热水、沼气等取之不尽用之不竭的能源。从环境保护的角度可分为清洁能源（绿色能源）与非清洁能源。清洁能源包括两种：一种是利用现代技术开发的干净、无污染的新能源，如太阳能、风能、地热能等；二是化害为利，将发展能源同改善环境相结合，充分利用城市垃圾、淤泥等废物中所蕴藏的能量，如微生物能源。煤炭、石油等会给环境带来污染的就是非清洁能源。

一、淀粉质或糖质原料发酵生产燃料乙醇

（一）燃料乙醇发酵生产过程

微生物利用玉米、小麦、高粱、木薯等淀粉质原料或甘蔗、甜菜等糖质原料发酵生产乙醇，已有多年的历史。目前微生物发酵生产燃料乙醇的主要过程如图 19-1 所示。其过程主要分糖化、乙醇发酵、乙醇蒸馏与脱水三个阶段。

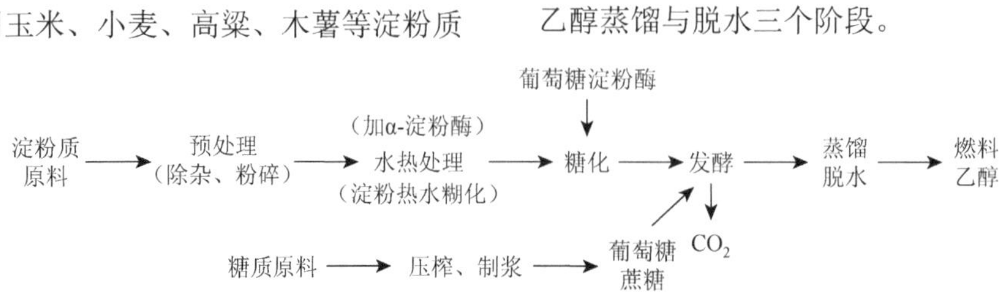

图 19-1　微生物发酵生产燃料乙醇的主要过程

糖化是用高温或中温 α-淀粉酶将长链淀粉水解液化为短链糊精，再用葡萄糖淀粉酶水解糊精为葡

萄糖；乙醇发酵是在无氧条件下，酵母菌经 EMP 糖酵解代谢途径将葡萄糖转化为乙醇；乙醇蒸馏与脱水是从发酵液中蒸馏出乙醇并脱水成无水乙醇，即为燃料乙醇。目前用发酵装置发酵生产乙醇的方式分为分批发酵、连续发酵和高强度发酵。有实用价值的高强度发酵是固定化酵母发酵、细菌乙醇发酵和浓醪（高浓度葡萄糖底物）发酵。

（二）燃料乙醇发酵生产微生物菌种

1. 常用的微生物菌种

最常用、安全、有效的菌种是酿酒酵母（*Sacchromyces cerevisiae*）。该酵母菌株必须有繁殖快的高比生长速率，快速将糖转化为乙醇的高发酵能力，高的耐乙醇、耐高糖、耐高温能力，其细胞有一定的凝聚沉淀性，利于细胞再循环利用。酵母菌发酵生产乙醇浓度可达发酵液的 18%（*V/V*），副产物少，发酵理论基础深厚，生产技术高度成熟。目前，具有上述各种优良性状的基因工程菌已用于乙醇发酵。

2. 有应用潜力的微生物菌种

近年来，用运动发酵单胞菌（*Zymomonas mobilis*）代替酵母菌乙醇发酵成为研究热点。该菌是厌氧 G^-细菌，可利用葡萄糖、果糖、蔗糖等经 ED 糖酵解代谢途径发酵产生乙醇。和酵母菌相比，该菌对糖的吸收快 1～2 倍，发酵产乙醇的速度快 3～4 倍，有更高的乙醇得率，可达理论值的 97%，其絮凝颗粒发酵乙醇强度一般是常规酵母菌的 10 倍以上，对 pH、高糖底物浓度、高乙醇浓度及温度有较高的耐受性。运动发酵单胞菌是乙醇发酵最有竞争力的微生物菌种，但该菌利用的发酵底物较少，用果糖和蔗糖发酵乙醇时会产生总量 10%的副产物，因此还处于乙醇发酵试生产阶段。

二、以木质纤维素为原料发酵生产燃料乙醇

以淀粉质或糖质原料发酵生产燃料乙醇，需要种植大面积原料作物，势必与人类食粮和牲畜饲料争夺空间和资源，从长远看具有规模限制和不可持续性。然而，全球每年农业和木材业废弃的秸秆、稻草、稻壳、木材残留物等木质纤维素数量惊人，如用现代微生物技术将其转化为第二代燃料乙醇并大量取代石油燃料，则是微生物可再生能源重要的发展方向。

（一）木质纤维素的组成化学结构及预处理技术

木质纤维素是纤维素、半纤维素和木质素等聚合物的复合物。纤维素是由葡萄糖聚合成的长链线状分子，分子内和分子间的多个氢键使其形成晶体结构，该结构会阻止纤维素酶分子有效接触纤维素而使之水解。主要以木糖和葡萄糖聚合而成的短链多分支的半纤维素和由苯丙烷衍生物交联聚合成的木质素，与纤维素紧密结合，保护纤维素分子不被纤维素酶水解。要想利用木质纤维素中的纤维素或半纤维素为原料发酵生产燃料乙醇，就必须用蒸汽破碎、稀酸、低温氨爆碎、微波等技术，对木质纤维素进行预处理，释放出纤维素和半纤维素，并使纤维素失去晶体结构，易被纤维素酶水解糖化并发酵转化为燃料乙醇。

（二）纤维素、半纤维素发酵乙醇的主要方式

微生物利用纤维素、半纤维素发酵产生乙醇也分为水解糖化、乙醇发酵、蒸馏与脱水三个阶段。水解糖化主要有 3 种方式：分步糖化发酵（separate hydrolysis and fermentation，SHF）、同步糖化共发酵（simultaneous saccharification and co-fermentation，SSCF）与集成生物工艺（consolidated bioprocessing，CBP）。其发酵乙醇的过程和区别如图 19-2 所示。

1. 三种发酵方式的主要区别

分步糖化发酵是在两个反应容器内分别进行纤维素水解糖化和糖发酵乙醇。第一步水解糖化反应中，纤维素酶活性受水解产物葡萄糖浓度的反馈抑制，纤维素水解不完全，降低了葡萄糖浓度，从而降低了第二步乙醇发酵产量；同步糖化共发酵是在同一反应容器内同时混合培养两种微生物，一种微生物水解糖化产生葡萄糖，马上被另一种微生物发酵成乙醇，既解除了葡萄糖对纤维素酶活性的反馈抑制，又提高了乙醇产量，但有时产生乙酸、乳酸等副产品；集成生物工艺则是在一个反应器中培养一种既能水解糖化又能发酵乙醇的微生物，直接将纤维素和半纤维素转化为乙醇，有时产生有机酸副产品。

2. 微生物菌种

1）纤维素酶产生菌种：绿色木霉（*Trichoderma viride*）、斜卧青霉（*Penicillium decumbens*）、嗜热单胞菌属（*Thermomonospora*）、解纤维热酸菌（*Acidothermus cellulolyticus*）。

2）葡萄糖、木糖发酵菌种：粟酒裂殖酵母（*Schizosaccharomyces pombe*）、热糖梭菌（*Clostridium themosaccharolyticum*）。

3）木糖发酵乙醇菌种：管囊酵母（*Pachysolen tannophilus*）、树干毕赤酵母（*Pichia stipitis*）、休哈塔假丝酵母（*Candida shehatae*）。

4）利用纤维素、半纤维素水解糖化并发酵乙醇的菌种：热纤梭菌（*Clostridium themocellum*）、尖孢镰刀菌（*Fusarium oxysporum*）、粗糙脉胞菌（*Neurospra crassa*）。

以木质纤维素为原料经微生物发酵工程生产燃料乙醇，虽取得重大进展并展现出有潜力的开发应用前景，但和淀粉质原料发酵燃料乙醇相比，其水解糖化所需的纤维素酶的活性还不高，乙醇得率还较低，有时副产物较多，工业化生产成本较高，至今未形成规模化生产，需用更新的现代生物技术进行提高与技术改造。

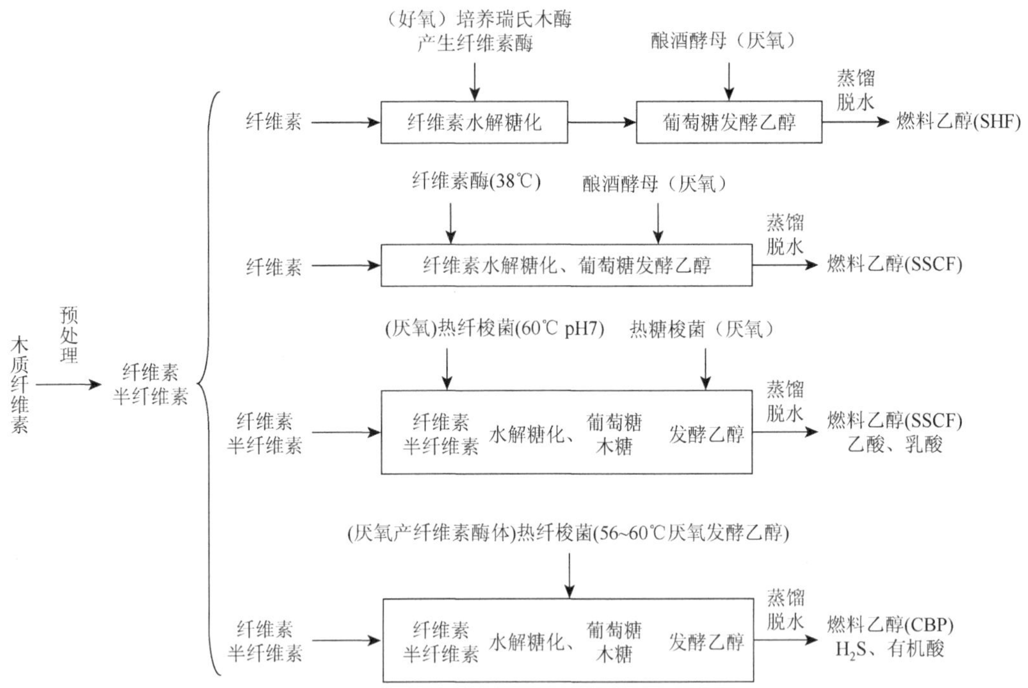

图 19-2 纤维素、半纤维素微生物发酵产生燃料乙醇的主要方式

三、用固定化微生物技术将玉米秸秆转化为燃料乙醇

20 世纪 80 年代，美国用固定化微生物技术实现了将玉米秸秆转化为乙醇的规模化生产，其主要工艺过程是：将玉米秸秆粉碎，首先用弱酸（4.4%的硫酸）在 100℃处理 50min，将半纤维素水解为木糖，经过滤后在滤液中加入 0.8%木糖液后通过固相化产朊酵母细胞进行发酵；将初步水解的滤渣再用强酸（8%的硫酸）于 110℃处理 10min，将纤维素水解为葡萄糖，经过二次过滤后在滤液中加入 4.35%葡萄糖液，使其通过固相化酵母细胞进行发酵。将两部分发酵液分别通过菌体分离器后合并，得到 2.1%乙醇发酵液，之后再经过蒸馏塔和脱水处理得到燃料乙醇。

该工艺技术较先进之处主要是：以食品加工后废弃的玉米秸秆为原料；用弱酸水解半纤维素为木糖，强酸水解纤维素为葡萄糖，用电渗析技术回收酸并循环使用，避免了酸废水对环境的严重污染，弱酸水解半纤维素同时起到对玉米秸秆木质素的预处理作用；用两种固相化酵母细胞分别将木糖和葡萄糖发酵为乙醇。

四、高纤维素酶活性或利用戊糖发酵产生乙醇工程菌的研究与探索

（一）高活性纤维素酶基因工程菌株的构建

将纤维素经发酵高效转化为乙醇，其纤维素酶的活性是技术关键。纤维素酶由内切葡萄糖酶、纤维二糖酶、β-1, 4-D-葡糖苷酶三种酶蛋白复合而成，其功能依次是将长链纤维素分子从内部切割成葡聚糖片段、将葡聚糖片段水解成纤维二糖、纤维二糖水解成葡萄糖。这三种酶蛋白皆由各自相关基因编码并表达。不同的菌种其纤维素酶活性之所以不同，是因为其三种酶的活性各有高低，是由其各自的结构基因决定的。如果将三种酶活性最高的结构基因选择分离出来，经 DNA 重组技术转移到微生物受体细胞并得到有效表达，该基因工程菌株所产淀粉酶必有很高的活性。

有人对解纤维热酸菌（*Acidothermus cellulolyticus*）的耐热内切葡聚糖酶进行高分辨率 X 射线晶体结构分析，确定了该酶活性位点的氨基酸残基，对氨基酸残基进行定点化学修饰，可使该菌产生的纤维素酶的活性有所提高。这种蛋白质工程也是提高纤维素酶活性的有效方法。

（二）能利用木糖发酵产乙醇代谢工程菌的构建

有些微生物虽然具有利用葡萄糖发酵产生乙醇的能力，但不能利用木糖、阿拉伯糖等戊糖。然而有些微生物虽能利用木糖、阿拉伯糖，但不能发酵产生乙醇或产极少乙醇。如果将这两种微生物既能利用木糖、阿拉伯糖又能高效发酵乙醇两套酶体系的相关基因，经 DNA 重组技术有效连接起来，构建能利用木糖、阿拉伯糖发酵产生乙醇的代谢工程菌株，就能利用半纤维素水解液发酵生产燃料乙醇。

运动发酵单胞菌（*Zymomonas mobilis*）只能利用

葡萄糖而不能利用木糖、阿拉伯糖发酵产生乙醇，因为缺少利用木糖和阿拉伯糖相关酶类。有人克隆了大肠杆菌利用木糖的木糖异构酶、木酮糖激酶，利用阿拉伯糖的阿拉伯糖异构酶、核酮糖激酶、磷酸核酮糖差向异构酶，戊糖代谢途径必需的转酮酶、转醛酶，共 7 个关键酶基因，通过带有独立操纵子的杂合穿梭质粒将其转化运动发酵单胞菌并表达。该工程菌株不仅能利用葡萄糖经 ED 糖酵解代谢途径发酵产生乙醇，还能利用木糖、阿拉伯糖经磷酸戊糖途径和 ED 途径发酵产乙醇。基因重组代谢工程菌株的构建，为利用纤维素、半纤维素水解糖化液中的葡萄糖、木糖、阿拉伯糖发酵转化为燃料乙醇，提供了有潜力的菌种。

第二节 微生物发酵生产沼气

在自然界各种厌氧生境中，如沼泽、池塘、海洋和水田的底部，常可见到有气泡冒出水面，若将这些气体收集起来，可以点燃。这些是厌氧微生物分解植物和动物残体产生的混合气体，称为沼气，其主要成分是甲烷，另有部分二氧化碳和少量的氢气、氮气等。沼气发酵（biogas fermentation）是指在厌氧条件下将有机物转化为沼气的微生物学过程，其本质是产甲烷菌在无氧条件下，分解乙酸或利用氢气还原二氧化碳等底物，以产生能量、细胞物质和甲烷的生理学过程。

一、沼气发酵应用现状

沼气可用于加热、热电联产、替代汽柴油作机械动力，并可提炼为天然气，在工业生产上可作为化工原料使用，生产沼气后的残留物还可作为优质的有机肥料使用，具有可再生、清洁、方便等优点。目前沼气发酵主要用于能源回收利用和环境保护。

1. 能源回收

在大多数发展中国家，主要是利用农村小型沼气池以农作物秸秆和人畜粪便为原料进行沼气发酵，能够很好地解决农村能源短缺的问题，但是这种方式有体积小、产气量不足的缺点，产生的沼气主要用于煮饭和照明。我国从 20 世纪 30 年代开始研究和建设沼气池，1980 年制定了圆顶式沼气池设计修建的严格标准（图 19-3），截至 2009 年，中国农村户用沼气池已发展到 3507 万户，沼气已经成为重要的农村生活能源。

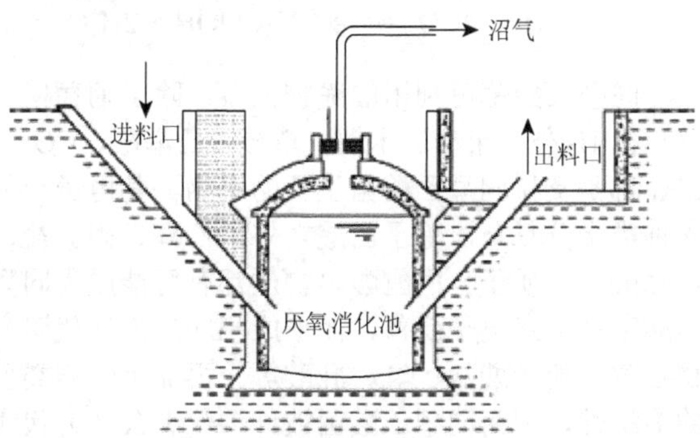

图 19-3 中国圆顶式沼气池

2. 环境保护

在一些发达国家，沼气发酵的应用目标已从“能源回收”转移到“环境保护”上，以处理有机污水及畜禽粪便为主要作用的大型沼气工程建设近年来快速增长，虽然其需要大量的技术投入，建造和运行费用也较高，但在回收能源的同时可以有效减轻环境污染。例如，法国在南部利摩日地区建造了两座垃圾发酵处理站，每年处理垃圾 8.45 万 t，每小时生产沼气 800m^3，用于供给工厂和煤气公司使用；美国一家牧场兴建了一座用牧场粪便和其他有机废物生产沼气的沼气厂，每天处理 1650t 发酵原料，产出沼气 11.3 万 m^3，可满足 1 万户家庭的用气需要。近年来我国对沼气工程的支持力度也逐年加大，处理生活污水的沼气工程以每年接近 10%的速度增长，截至 2009 年底，我国沼气工程已达 186 945 处，池容达 851.39 万 m^3。

二、生物性有机物发酵生产沼气的三个阶段与相关微生物生理类群

与乙醇发酵不同，沼气发酵是由多种不同生理特性的微生物群协同作用的结果，因此其微生物学过程十分复杂，可分为三个阶段。每个阶段的微生物构成和数量有很大的不同，并且这些微生物是相互依存和相互促进的（图 19-4）。

（一）厌氧和兼性厌氧水解性或发酵性细菌群

发酵的第一阶段为水解阶段，高分子有机物（包括碳水化合物、蛋白质、脂肪等）首先被微生物分泌的胞外酶水解为各种小分子单体（单糖、氨基酸、脂肪酸等），继而被转移至微生物细胞内发酵形成各种短链脂肪酸（丙酸、丁酸、乳酸、琥珀酸、乙醇等）。该阶段参与的微生物包括多种专性和兼性厌氧水解与发酵细菌，其中细菌芽孢杆菌属、拟杆菌属、梭状芽孢杆菌属、假单胞菌属和微球菌属起重要的作用。这一阶段为沼气发酵的启动阶段，利用原料本身所带有的土著细菌即可进行，但是由于土著细菌起始繁殖的速度有限，发酵的启动步骤有可能长达数周甚至数月。

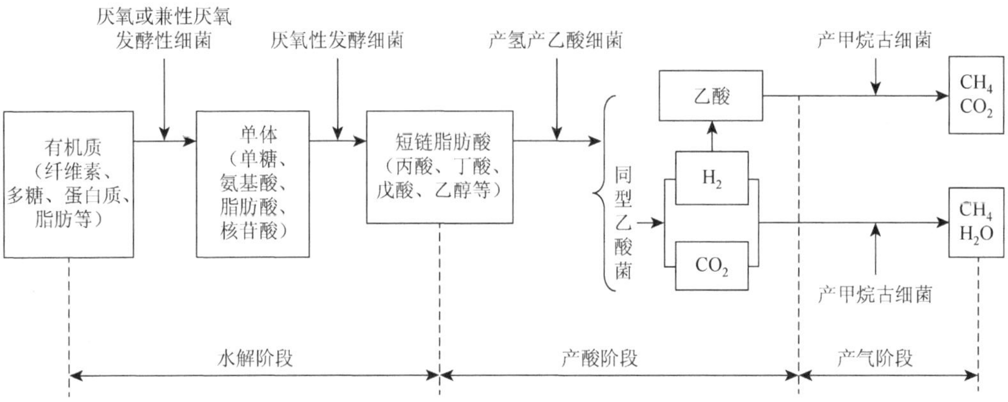

图 19-4　沼气发酵的三个阶段及主要微生物类群

（二）产氢产乙酸细菌群

第二阶段为产酸阶段，产氢产乙酸菌将第一阶段的产物转化为氢、二氧化碳和乙酸，但是该反应不能自发进行，需要和产甲烷细菌的耗氢反应协同完成，这种不同代谢型的微生物之间在营养和能量上的相互依赖关系称为“互营”（syntrophism）。产氢产乙酸细菌能够产生氢气，但它的代谢活动受氢的反馈抑制，而氢营养型产甲烷菌则需要氢作基质还原二氧化碳生成甲烷，在满足自身需要的同时，还为产氢产乙酸菌消除了氢的反馈抑制，因此这两类菌相互依存，互相促进，构成了互生关系（图 19-5）。

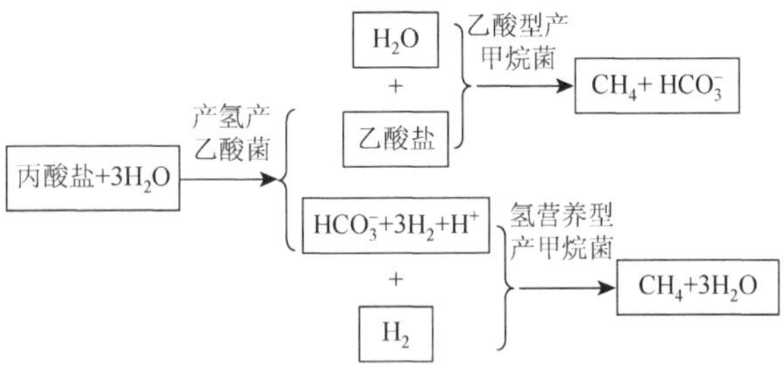

图 19-5　产氢产乙酸菌与产甲烷菌的互营关系

产氢产乙酸细菌几乎存在于所有的厌氧环境中。在有机物厌氧消化过程中，76%的能量通过产氢产乙酸细菌的厌氧降解来转化，因此产氢产乙酸细菌在清除环境有机物污染、厌氧降解有机酸和能源再生过程中占有重要地位，是有机物转化过程中的“限速因子”。但由于该菌是严格厌氧的真细菌，并且已发现的绝大多数产氢产乙酸细菌都为“专性互营细菌”，即完全依赖其他微生物或其他电子受体才能进行氧化分解代谢，这就给产氢产乙酸细菌的分析和研究带来了极大困难。随着现代分子生物技术的发展，不依靠纯培养技术的微生物群落结构分析方法的广泛应用，再加之厌氧分离培养技术的改进，迄今所发现的产氢产乙酸细菌已有 12 个属 19 个种（亚种）。产氢产乙酸细菌群常见的底物是短链脂肪酸，每一种类所利用的底物范围狭窄且专一。目前已确定的菌种有以丙酸为底物的 δ 变形细菌和梭菌属（*Clostridia*），以丁酸为底物的互养单胞菌（*Syntrophomonas wolfei*）、嗜热互养解脂菌（*Thermosyntropha lipolytica*）和互养栖热菌（*Thermus* sp.）等。

（三）同型乙酸细菌群

在产酸阶段，发挥作用的另一类细菌是同型乙酸细菌群，它可以 CO_2 和 H_2 为底物，H_2 为能源，利用厌氧乙酰辅酶 A 途径同化两分子 CO_2 生成乙酸。同型乙酸细菌群是一类分布极广、形态差异极大的专性厌氧的兼性化能自养菌，其中以厚壁菌和纤维杆菌为主，它们既可借助化能异养方式发酵糖类产乙酸，也可进行化能自养产乙酸，如乙酸梭菌（*Clostridium aceticum*）和热醋穆尔氏菌（*Moorella thermoacetica*）。化学反应式如下：

$$C_6H_{12}O_6 \longrightarrow 3CH_3COOH$$

$$4H_2 + 2CO_2 \longrightarrow CH_3COOH + 2H_2O$$

同型乙酸菌可利用的底物很多，除了葡萄糖、CO_2 和 H_2 外，果糖、木糖、草酸、乙醛酸、CO 和 CH_4 都是支持同型乙酸菌生长的底物。其电子受体的种类十分复杂，除了乙酸之外，乙醛、硝酸盐、亚硝酸盐、质子、丙酮酸等物质都有可能成为同型乙酸菌的最终电子受体，而形成相应的末端代谢产物乙醇、亚硝酸盐、氢、乳酸等。再加上营养类型的多样性，因而同型乙酸菌被许多学者公认为代谢功能最复杂的一类菌群。

事实上，在正常的产甲烷体系中，由于同型乙酸菌在整个种群中并不占优势，因此对乙酸的贡献几乎可以忽略不计（＜5%），只有在某些厌氧代谢途径阻断条件下，造成 H_2 异常升高时，同型产乙酸过程才有可能发生。

（四）产甲烷古生菌群

在沼气发酵的第三阶段，产甲烷菌负责最后一步，将乙酸、氢气及二氧化碳等一碳化合物（甲醇、甲酸、甲基胺等）转化为甲烷、碳酸以及新的细胞物质。有两类不同生理特性的产甲烷菌参与这一过程，一种是自养产甲烷古生菌，将 H_2 和一碳化合物转化为 CH_4，另一群是乙酸型产甲烷菌，通过裂解乙酸产生 CH_4。

三、产甲烷细菌的生物化学特性

产甲烷菌是一类严格厌氧古生菌类，近年来人们不断在各种环境中，如动物胃肠道、水稻田、温泉发现新的产甲烷菌种，产甲烷菌种数已从 1979 年的 3 目 4 科 7 属，发展为 6 目 12 科 35 属，并且数量还在不断增加。

产甲烷菌的形态及生理代谢方式呈现明显多样性，但它们是唯一以甲烷作为代谢终产物的微生物类群，其细胞内含有独特辅酶参与甲烷的合成。产甲烷菌对底物有很强的特异性，目前已发现三种代谢类型的产甲烷菌，分别是 CO_2 营养型、甲基营养型和乙酸营养型，各种营养型产甲烷菌主要生化反应见表 19-1。

大多数的产甲烷菌可以利用氢作为电子供体将 CO_2 还原为甲烷，其代谢过程如图 19-6（a）所示。许多 CO_2 营养型产甲烷菌还可以以甲酸作为电子供体，这些微生物可以通过甲酸脱氢酶将甲酸氧化为 CO_2 然后进入 CO_2 代谢途径。

表 19-1 产甲烷菌三种代谢类型主要生化反应

类型	主要生化反应	主要类群
CO_2 型	$4H_2 + CO_2 \rightarrow CH_4 + 2H_2O$	大部分产甲烷菌
	$4HCOOH \rightarrow CH_4 + 3CO_2 + 2H_2O$	许多耗氢型产甲烷菌
	$CO_2 + 4(CH_3)_2CHOH \rightarrow CH_4 + 4CH_3COCH_3 + 2H_2O$	有些耗氢型产甲烷菌
	$4CO + 2H_2O \rightarrow CH_4 + 3CO_2$	甲烷嗜热杆菌属及甲烷八叠球菌属
甲基型	$4CH_3OH \rightarrow 3CH_4 + CO_2 + 2H_2O$	甲烷八叠球菌属
	$CH_3OH + H_2 \rightarrow CH_4 + H_2O$	甲烷球菌属及微球菌属
	$2(CH_3)_2\text{-}S + 2H_2O \rightarrow 3CH_4 + CO_2 + 2H_2S$	有些甲基营养型产甲烷菌
	$4CH_3\text{-}NH_2 + 2H_2O \rightarrow 3CH_4 + CO_2 + 4NH_3$	有些甲基营养型产甲烷菌
	$2(CH_3)_2\text{-}NH + 2H_2O \rightarrow 3CH_4 + CO_2 + 2NH_3$	有些甲基营养型产甲烷菌
	$4(CH_3)_3\text{-}N + 6H_2O \rightarrow 9CH_4 + 3CO_2 + 4NH_3$	有些甲基营养型产甲烷菌
	$4CH_3NH_3Cl + 2H_2O \rightarrow 3CH_4 + CO_2 + 4NH_4Cl$	有些甲基营养型产甲烷菌
乙酸型	$CH_3COOH \rightarrow CH_4 + CO_2$	甲烷八叠球菌属及甲烷鬃菌属

甲基营养型产甲烷菌可利用的底物包括甲醇、含甲基的胺类（甲胺、二甲胺、三甲胺和四甲基胺），含甲基的硫化物（甲硫醇和二甲基硫）。甲基化合物首先通过一个中间蛋白将甲基转移给 CoM 形成甲基-CoM 复合物，然后进入产甲烷代谢通路［图 19-6（b）］。能够利用甲基化合物的产甲烷菌只局限于甲烷八叠球菌目以及甲烷杆菌目的甲烷球形菌属（*Methanosphaera*）。

在沼气发酵过程中，大约有 2/3 的甲烷是通过乙酸营养型产甲烷菌分解乙酸产生的。但是到目前为止只确定了两种类型的乙酸甲烷菌：甲烷鬃菌属（*Methanosaeta*）和甲烷八叠球菌属（*Methanosarcina*）。这两个属的产甲烷菌通过乙酸分解反应将乙酸羧基氧化为 CO_2，并将甲基还原为甲烷，代谢过程如图 19-6（c）所示。甲烷八叠球菌属是产甲烷菌中的一种万能型菌，能在不同基质中生长，包括乙酸、甲醇、甲胺等，并且生产速度较快，但对乙酸底物的浓度要求较高；而甲烷鬃菌属只能利用乙酸，且生长缓慢，但其在自然界分布广泛，且对乙酸具有高度亲和性，因而在低乙酸环境中比八叠球菌属更有优势。

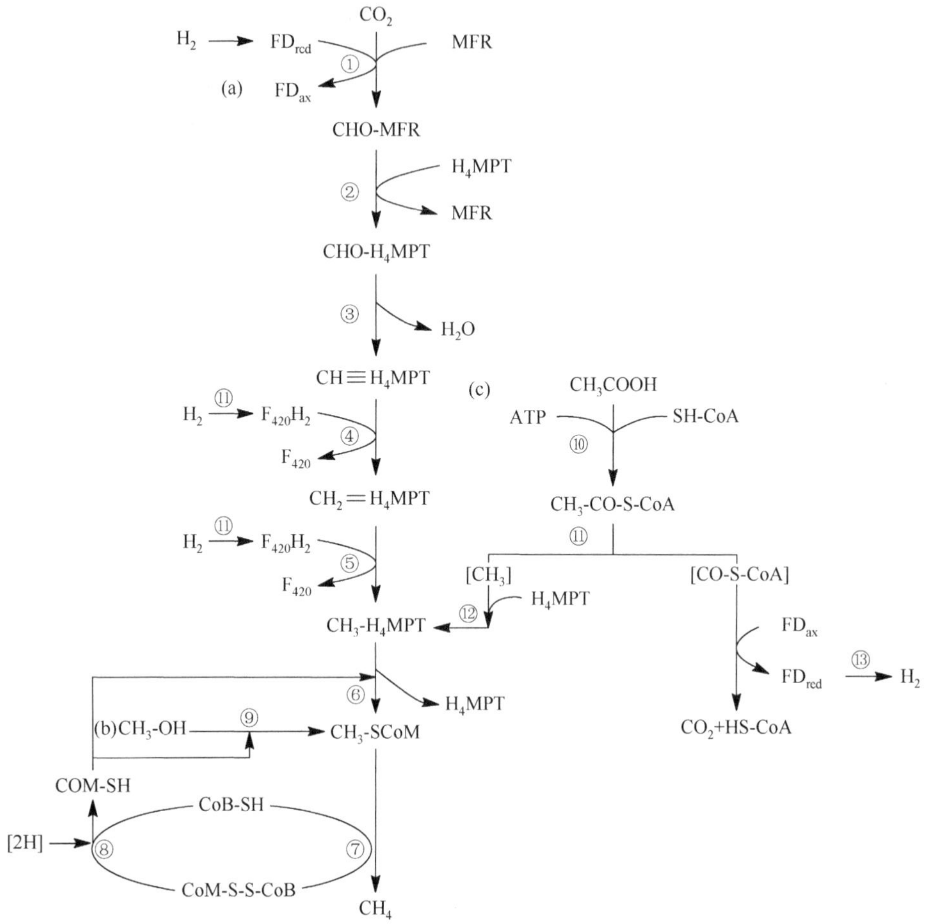

图 19-6 不同类型产甲烷菌代谢途径

第三节 微生物产氢

氢气是一种十分理想的清洁能源。目前制氢的方法主要有理化法和生物法两类。理化法制氢技术，如煤气化、电解水、天然气裂解、氨裂解等，消耗大量不可再生资源，并会造成严重的环境负荷，不利于可持续发展。而微生物制氢（microbial hydrogen production）是利用微生物的代谢过程来生产氢气，可以有机废水、农业废物等为原料，且整个制氢过程清洁环保，对矿物资源的消耗几乎为零，已成为新能源的国际研究热点。但由于微生物产氢效率低，成本高，尚处于研发阶段，研究的重点主要集中在微生物产氢的机制、高效产氢菌株的筛选和构建、产氢微生物代谢控制以及产氢微生物固定化技术等领域。

根据产氢机制的不同，目前发现的产氢微生物可分为三类：固氮类产氢、异养发酵型产氢及光解水产氢微生物，其各自的产氢特点见表 19-2。

表 19-2 各类产氢微生物特点比较

产氢微生物	产氢机制	原料	能源	速度
蓝细菌	固氮酶催化产氢，但活性易被释放的 O_2 抑制	水，并消耗 CO_2	光能	较慢
光合细菌	固氮酶催化产氢，不释放 O_2，活性不受抑制	还原性硫化物及有机物	光能	较快
发酵性细菌	多种产氢机制	多种有机物	有机物	快
产氢微藻	放氢酶催化产氢，但活性易被释放的 O_2 抑制	水，并消耗 CO_2	光能	慢

一、固氮类产氢微生物

固氮类产氢微生物利用固氮酶产氢。固氮酶是一种多功能氧化还原酶，主要成分是钼铁蛋白和铁蛋白，能够将空气中的N_2转化成氨基酸或者NH_4^+，但对氧极其敏感，一旦遇氧很快就会失活。在缺N_2环境下，固氮酶会将电子全部流向放氢反应，以维持氧化还原电位平衡，从而使H^+全部还原为H_2释放掉，其反应式如下：

$$N_2 + 8H^+ + 8e^- + 16ATP \longrightarrow 2NH_3 + 16ADP + H_2 + 16Pi \quad \text{正常环境}$$

$$2H^+ + 4ATP + 2e^- \longrightarrow H_2 + 4(ADP + Pi) \quad \text{缺} N_2 \text{环境}$$

蓝细菌和光合细菌都可利用固氮酶产氢，因而又被称为固氮类光合微生物。由于其能将产氢反应与光能利用、有机废物降解反应有机地偶合，因而得到了众多研究者的关注。蓝细菌是地球上最古老的光合自养原核生物，可利用自身细胞壁加厚形成的特化细胞——异形胞，将固氮酶与放氧反应产生的O_2隔绝，同时利用其内含有脱氢酶、氢化酶和超氧化物歧化酶，防止固氮酶被氧化，从而进行由固氮酶催化的放氢反应（图 19-7）。

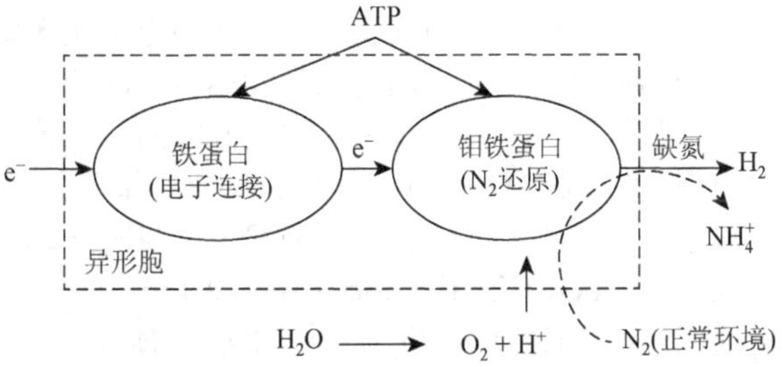

图 19-7　蓝细菌固氮酶产氢过程示意图

光合细菌（photosynthetic bacteria，PSB）属红螺菌目，是一类能够进行不放氧光合作用的厌氧水生微生物的总称，目前研究较多的产氢光合细菌主要有深红红螺菌（*Rhodospirillum rubrum*）、红假单胞菌（*Rhodopseudomonas* sp.）、类球红细菌（*Rhodobacter sphaeroides*）、荚膜红假单胞菌（*Rhodopseudomonas capsulata*）、桃红荚硫菌（*Thiocapsa roseopersicina*）等。光合细菌特有的循环式光合磷酸化反应可与还原性物质代谢相耦联，利用光能以还原性硫化物或有机物为氢供体，在固氮酶的催化下产生氢气（图 19-8），因此可用于降解生活及工业废水中的有机物，同时达到产氢、固氮、降解有机化合物三重效果，被认为是最具潜力的产氢技术。

二、发酵性产氢细菌

与光合细菌一样，一些发酵性细菌也能够利用多种底物产生氢气，包括甲酸、乳酸、丙酮酸及各种短链脂肪酸、葡萄糖、淀粉、纤维素二糖及硫化物等，但最终的产物不仅只是氢气，还有二氧化碳、乙酸、丁酸等物质。目前研究较多的发酵性产氢细菌有梭菌属（*Clostridium*）、脱硫弧菌属（*Desulfovibrio*）及肠杆菌属（*Enterobacter*）等。

以葡萄糖作为底物时，反应式如下：

$$C_6H_{12}O_6 + 2H_2O \longrightarrow 2CH_3COOH + 4H_2 + 2CO_2$$

$$C_6H_{12}O_6 + 2H_2O \longrightarrow CH_3CH_2CH_2COOH + 2H_2 + 2CO_2$$

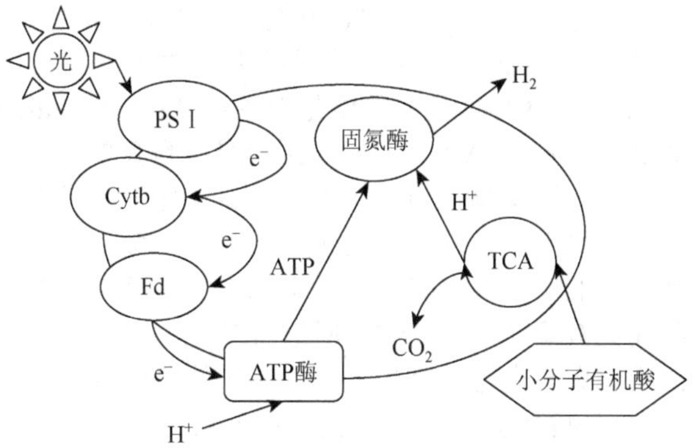

图 19-8　光合细菌固氮酶产氢过程示意图

国内外学者在厌氧发酵产氢理论方面做了大量的研究，已经发现的产氢机理主要有以下 4 种。

1）丙酮酸脱羧产氢：不同类型微生物的丙酮酸脱羧产氢方式不同，目前研究较清楚的是梭状芽孢杆菌型和肠道杆菌型。梭菌型产氢方式是丙酮酸在丙酮酸脱氢酶作用下脱羧，同时将电子转移给铁氧还蛋白，还原的铁氧还蛋白在氢化酶的作用下又被重新氧化，释放出分子氢。而肠菌型产氢方式中，丙酮酸在丙酮酸-甲酸裂解酶的作用下，先形成乙酰-CoA 和甲酸，甲酸在厌氧和缺乏合适电子受体的条件下，由甲酸氢解酶复合物裂解为H_2和CO_2。

2）NADH/NAD^+氧化还原平衡调节产氢：发酵细菌经 EMP 途径产生的 NADH，可与丙酸、丁酸、乙醇或乳酸发酵偶联转化成NAD^+，以保证代谢过程中 NADH/NAD^+的平衡。当 NADH 的氧化速度低于形成速度时，NADH 就会积累，为了保证系统平衡，发酵细菌通过释放H_2氧化过量的 NADH。其反应式为 $2NADH + 2H^+ \longrightarrow 2NAD^+ + H_2$。

3）产氢产乙酸菌产氢作用：在有机质厌氧发酵的产酸产氢阶段中，产氢产乙酸细菌能将水解酸化后所产生的丙酸、丁酸、戊酸、乳酸和乙醇等有机酸物质，进一步转化为乙酸，同时释放氢气。

4）NADPH 作用产氢：NADPH 作用主要存在于以辅酶Ⅱ（NADPH）作为电子供体的古细菌中，产生的过剩还原力与铁氧还蛋白相偶联的氧化还原酶系反应，产生氢气。

三、微藻光解水产氢

有些微藻类微生物含有与绿色植物相同的光合系统 PSⅠ和 PSⅡ，能够利用光能将水分解释放氧气，并获得低电位还原力，经由 PSⅡ、PSⅠ传递最终在细胞内氢酶的作用下释放氢气。目前研究较多的产氢微藻主要是集中在团藻目和绿球藻目，另外还有莱茵衣藻（*Chlamydamonas reinhardtii*）、海洋绿藻（*Chiorococcum littorale*）、小球藻（*Chlorella fusca*）、海洋蓝细菌颤藻（*Oscillatoria* sp.）等。

第四节　微生物发电

燃料电池是一种直接将储存在燃料和氧化剂中的化学能高效（50%～70%）转化为电能的发电装置。如果电池中发生的反应是因微生物的生命活动所致，这种产生电能的装置便是微生物燃料电池（microbial fuel cell，MFC）。由于采用具有自我繁殖和更新能力的微生物作为催化剂，避免了化学燃料电池催化剂昂贵以及钝化的问题，同时由于微生物可以利用农业工业的废弃物及污染物中的有机物发电，因此具有降解污染物的同时进行产能的双重功能，比化学燃料电池更有优势，在未来的新能源和废物处理利用领域，具有广阔的发展前景。

一、微生物燃料电池的结构及工作原理

化学燃料电池的发电原理与化学电源一样，电极提供电子转移的场所，阳极催化氢气等燃料的氧化过程，阴极催化氧气等氧化剂的还原过程，导电离子在将阴阳极分开的电解质内迁移，电子通过外电路做功并构成电的回路。以石棉膜型氢氧燃料电池为例，其结构及阴阳极化学反应式如图 19-9 中虚线框内所示。微生物燃料电池的结构与化学燃料电池相似，由阳极、阴极和质子交换膜三个基本部分组成（图 19-9），不同的是以微生物作为催化反应发生的催化剂，其基本运行原理是：首先阳极室中的微生物进行能量转换（如有机物发酵或光合作用），将产生的电子通过细胞膜上转移到电池的阳极，经外电路到达阴极，由此产生外电流；同时微生物代谢产生的氢离子通过质子交换膜传递到阴极室，在阴极与电子、氧反应生成水，实现电池内电荷的传递，从而完成整个生物电化学过程和能量转化过程。尽管氧气是阴极室内最终的电子受体，但由于氧气可以直接接受阳极室内底物氧化释放的电子从而影响电子向阳极的传递，因此微生物燃料电池的阳极室必须是厌氧的，而阴极室必须是好氧的。以葡萄糖为例，微生物燃料电池氧化还原反应式如下所示：

阳极反应：$C_6H_{12}O_6+6H_2O \longrightarrow 6CO_2 + 24H^+ + 24e^-$

阴极反应：$6O_2 + 24H^+ + 24e^- \longrightarrow 12H_2O$

总反应式：$C_6H_{12}O_6 + 6O_2 \longrightarrow 6CO_2 + 6H_2O$

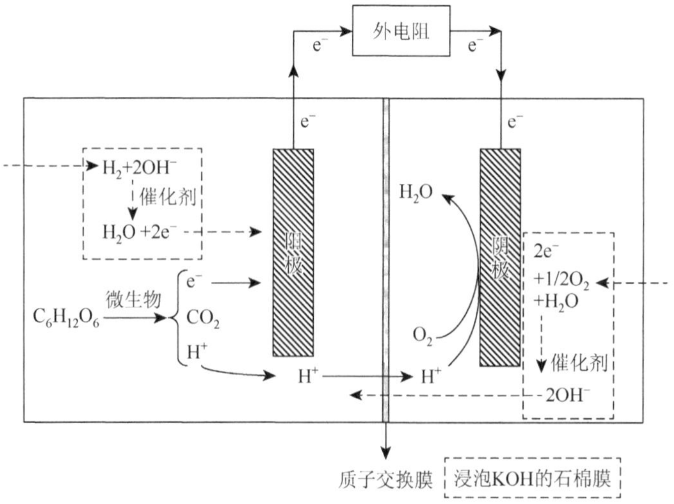

图 19-9　碱性氢氧化学燃料电池及微生物燃料电池工作原理

二、胞外产电菌

人们对微生物燃料电池的研究已有百余年历史，但由于输出功率较低，尚未实现有意义的大规模实际应用。决定微生物燃料电池产电效率的因素主要有微生物、底物、电极、反应装置设计、质子交换膜等，其中起决定作用的是电子在阳极区的传递速率。在阳极区，微生物首先氧化小分子有机酸释放电子，经呼吸链传递到细胞表面，然后再将电子从细胞表面传递至电极。由于微生物细胞壁含有肽键或类聚糖等不导电物质，因而电子的传递速率很低，需要人为添加电子介体加快电子在细菌与电极间转移的速率，从而提高微生物燃料电池的产电效率。较为常用的电子介体有铁氰化钾、硫堇、中性红、可溶性醌等。不过，电子介体价格昂贵，且大多数都具有毒性，会使微生物活性降低。

有些微生物能够直接利用细胞外的固体（金属氧化物、碳或金属电极）作为电子受体来获得能量并产生电流，这类微生物称为产电菌（exoelectrogens），其传递电子的方式称为无介体电子传递。产电菌是微生物燃料电池的核心所在，是研究和开发高效微生物燃料电池的基础，具有重要的意义。目前已经发现了很多具有电化学活性的微生物，其来源较广，种类相当分散。目前报道的产电微生物绝大多数是细菌，主要集中于地杆菌科（Geobacteraceae）、假单胞菌属（*Pseudomonas*）、弓形菌属（*Arcobacter*）、产氢细菌家族，此外还有希瓦氏菌属（*Shewanella*）以及红螺菌（*Rhodoferax ferrireducens*）。在真核微生物中，文献报道的产电微生物相对较少，主要有酵母属（*Saccharomyces*）和毕赤酵母属（*Pichia*）等。目前应用于微生物燃料电池的主要产电菌见表 19-3。

表 19-3 用于微生物燃料电池的主要产电菌

属	种	电子供体	氧化产物
地杆菌	硫还原地杆菌（*Geobacter sulfurreducens*）	乙酸	完全氧化到 CO_2
脱硫单胞菌	氧化乙酸脱硫单胞菌（*Desulfuromonas acetoxidans*）	乙酸等	完全氧化到 CO_2
地发菌	发酵性地发菌（*Geothrix fermentans*）	乙酸等	完全氧化到 CO_2
红育菌	铁还原红育菌（*Rhodoferax ferrireducens*）	葡萄糖、乙酸、乳酸	完全氧化到 CO_2
希瓦氏菌	腐败希瓦氏菌（*Shewanella putrefaciens*）	乳酸	不完全氧化到乙酸
脱硫球茎菌	丙酸脱硫叶菌（*Desulfobulbus propionicus*）	丙酸、乳酸、丙酮酸	不完全氧化到乙酸
气单胞菌	嗜水气单胞菌（*Aeromonas hydrophila*）	酵母浸出液	不完全氧化到乙酸
梭菌	丁酸梭菌（*Clostridium butyricum*）	葡萄糖	不完全氧化到乙酸

在实际应用中，有机废物成分复杂，只有多种微生物协同作用，才有可能高效处理废物，因而通常用来自于生活废水、活性污泥、海底（或湖底）沉积泥中的混合菌群作为产电菌种，能够使电池输出更大的功率密度，是未来微生物燃料电池的发展方向。

> 据估算，人一生中所发出的生物质能约有 50% 被浪费掉，如果对这些生物质能采取适当的回收措施，加以利用，会收到很好的效果。美国桑托斯公司的超级市场，在出口处安装了旋转门，并在地下室安装了一套发条式能量收集器和转换器、发电机、蓄电池等。每天数以万计的顾客进进出出，都要用手推动旋转门，人们发出的生物质能就通过旋转门被能量收集器收集了起来，再经过发电设备转换成电能。

知识点回顾

1. 传统燃料乙醇生产是糖质和淀粉质为原料，利用酵母菌进行发酵产生乙醇。这种方法理论和技术都已成熟，但要消耗大量的粮食作物作为生产原料。以木质纤维素为生产原料的第二代生物燃料乙醇具有长远的发展前景，木质纤维素预处理及降解过程成本高和污染大是其面临的主要技术瓶颈。

2. 沼气发酵是由多种不同生理特性的微生物群协同作用的共同结果，可分为水解、产酸和产甲烷三个阶段。

3. 产氢微生物主要分为固氮类产氢和发酵型产氢两大类。

4. 微生物燃料电池利用微生物的作用分解有机物（或进行光合作用）产生氢和电子，分别转移到阳极和阴极上产生电流，实现电力输出。

关键词

1. 微生物能源（microbial energy）：应用微生物技术将天然有机物中贮存的化学能转化为可再生、无污染、利于生态平衡的新型能源。

2. 燃料乙醇（fuel ethanol）：利用微生物发酵富含糖分、淀粉等的有机物生产乙醇，并将其单独或与汽油混配作为替代运输燃料。

3. 沼气发酵（biogas fermentation）：指在厌氧条件下将有机物转化为沼气的微生物学过程。

4. 互营（syntrophism）：不同代谢型的微生物之间在营养和能量上的相互依赖关系。

5. 微生物制氢（microbial hydrogen production）：利用微生物的代谢过程来生产氢气的方法。

6. 微生物燃料电池（microbial fuel cell，MFC）：通过微生物的作用将有机物氧化过程中产生的化学能转化为电能的装置。

7. 产电菌（exoelectrogen）：能够利用细胞外的固体（金属氧化物，碳或金属电极）作为电子受体来获得能量的微生物。

自测题

一、选择题

1. 目前工业上以糖质原料发酵生产燃料乙醇所用的主要菌种是（　　）。

（A）产酸细菌
（B）产甲烷细菌
（C）酵母菌
（D）运动发酵单胞菌

2. 参与沼气发酵的微生物有（　　）。

（A）产酸细菌
（B）产甲烷细菌
（C）好氧菌
（D）（A）和（B）选项

3. 发酵中产甲烷细菌是（　　）。

（A）专性厌氧菌　　（B）兼性厌氧菌
（C）好氧菌　　（D）微好氧菌

4. 产CH_4反应的关键底物是（　　）。

（A）CO_2　　（B）H_2
（C）乙酸　　（D）甲醇

5. 在微生物产沼气过程中，产氢产乙酸细菌与（　　）构成互营关系。

（A）同型乙酸细菌群
（B）产甲烷细菌
（C）兼性厌氧水解性细菌群
（D）胞外产电菌

6. 在生物进化过程中可能最早出现的一类微生物是（　　）。

（A）原始的拟杆菌类
（B）原始蓝细菌
（C）原始产甲烷菌类
（D）原始假单胞菌

7. 下列微生物中既能固氮又能产氢的是（　　）。

（A）根瘤菌　　（B）弗兰克氏菌
（C）绿藻　　（D）蓝细菌

8. 产电菌代谢的电子受体是（　　）。

（A）氧气　　（B）金属氧化物
（C）硝酸盐　　（D）乙酸

二、问答题

1. 微生物能源相比化石能源有哪些优势？

2. 请简述微生物产生沼气的主要过程及主要参与菌群。

3. 请简述微生物固氮酶催化产氢的原理和过程。

4. 请简述微生物燃料电池的工作原理。

答案：

开篇事件

答：藻类产生的微生物能源是清洁的可再生能源，其进行光合作用时可以吸收大量的二氧化碳，避免了使用化石燃料带来的严重污染问题。尤其是藻类可以利用农业、工业废物、废水等污染物产生能源，有助于废物的循环利用以及污染物的无害化处理，这是使用任何其他新型资源所不能比拟的，对环境保护具有重大意义。

选择题：1. C　2. D　3. A　4. C
5. B　6. B　7. D　8. B

问答题：

1. 答：微生物能源有三个主要优势：①微生物能源是可再生能源；②微生物能源含硫量和灰分比较低，含氢量较高，在利用过程中不产生严重危害环境的污染问题；③微生物能源生产以生物质为原料，尤其是可以利用农业、工业废物、废水、垃圾等污染物产生能源，排放的二氧化碳量等于生物质生长过程中吸收的量，因此是一种二氧化碳零排放的清洁能源，对环境保护具有重大意义。

2. 答：沼气发酵分为三阶段。

第一阶段：在水解与发酵细菌的作用下，使复杂的有机物质（包括碳水化合物、蛋白质、脂肪等）水解和发酵转化为单糖、氨基酸、脂肪酸等。

第二阶段：在产氢产乙酸菌的作用下，将第一阶段的产物转化为氢、二氧化碳和乙酸。

第三阶段：在产甲烷菌的作用下，将乙酸、氢气、碳酸、甲酸和甲醇等转化为甲烷、碳酸以及新的细胞物质。

每个阶段的微生物构成和数量有很大的不同，并且这些微生物是相互依存和相互促进的。

3. 答：正常情况下，固氮酶将75%的还原力用于还原N_2，其余部分以H_2的形式释放掉；然而在缺N_2环境下，固氮酶不能进行N_2的还原反应，为了维持的氧化还原电位平衡，固氮酶将电子全部流向放氢反应，使H^+全部还原为H_2释放掉。

4. 答：微生物燃料电池利用微生物分解有机物，将储存在化合物中的化学能转化为电能，过程如下：①首先阳极室中微生物进行能量转换（如有机物发酵或光合作用），把呼吸作用产生的电子传输到细胞膜上，然后电子从细胞膜转移到电池的阳极；②电子经外电路到达阴极，由此产生外电流；③微生物代谢产生的氢离子通过质子交换膜传递到阴极室，在阴极和电子、氧反应生成水，实现电池内电荷的传递。

（陈容容 刁虎欣）

第二十章 微生物与矿藏开采

开篇事件：低油价时代矿藏资源开采的机遇与挑战

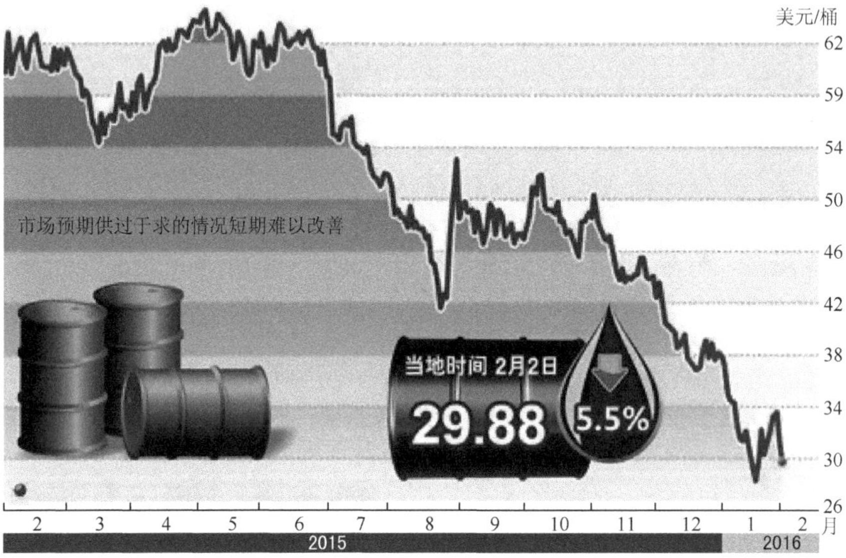

纽约商品交易所 2016 年 3 月交货的轻质原油期货价格

2016 年 2 月，纽约商品交易所爆出原油期货价格一举跌破 30 美元/桶的关口，较 2015 年同期下降 50%以上，全世界哗然。而市场分析人士指出，全球原油供应充分，低油价或将成为新常态。石油又被称为“工业的血液”，主要成分是各种烷烃、环烷烃、芳香烃的混合物，被用来作为燃油和汽油，也是许多化学工业产品，如化肥、杀虫剂和塑料等的原料。石油价格下跌以来，包括中国石油天然气集团公司在内的石油公司面临严重的亏损，然而为了国家能源安全战略的大局考虑又不得减产，因此在目前的低油价时代急需绿色环保的提高原油采收率新技术。早在 1926 年，美国科学家贝克曼发现油藏中存在多种有活性的细菌，1947 年 Zobell 发现通过细菌作用可以从砂岩中释放原油。经过近百年的发展，现在的微生物采油（microbial enhanced oil recovery）技术以其绿色环保、成本低廉等优势登上了 2016 年美国能源部十大科学进展，为低油价时代的石油开采指明了方向。

参考文献：

何江川，王元基，廖广志，等. 2013. 油田开发战略性接替技术. 北京：石油工业出版社.

Cornelius L，Mark DZ. 2016. How will induced seismicity in Oklahoma respond to decreased saltwater injection rates? *Science Advances*，2（11）：1-9.

思考题：

1. 矿藏资源开采的意义是什么？
2. 微生物利用何种生长代谢特点实现与矿藏资源相互作用？

矿藏资源包括石油资源、天然气资源和有色金属资源。人类文明的发展离不开矿藏资源。随着人类文明的进步，矿藏资源的开发利用已进入现代工业化时代，进而成为人类工业文明的标志。因此，尽可能找到这些资源并进行可持续地开发，已成为全社会的共识，而绿色环保的新型开采和炼制技术，能为我们更好利用这些资源的同时，也能促进矿藏资源的绿色发展。微生物技术在矿场资源开发中的应用，作为最经济环保的方式正逐渐被人们所接受。

第一节　油气微生物勘探技术

石油是一种黏稠的、深褐色液体，存在于地壳上层部分地区的岩石孔隙中，主要成分是各种烷烃、环烷烃、芳香烃的混合物。石油的成油机理有生物质沉积变油和石化油两种学说，前者较广为接受，认为是古代海洋、湖泊或河流中的生物质经过漫长的演化形成，属于生物沉积变油，不可再生；后者认为石油是由地壳内本身的碳生成，与生物无关，可再生。石油主要被用来作为燃油和汽油，也是许多化学工业产品，如溶液、化肥、杀虫剂和塑料等的原料。

根据勘探技术手段的不同，石油勘探主要分为物理勘探和化学勘探两大类，其中以物理勘探为主，经常使用的主要是地震勘探。近百年，在苏联、美国、德国的微生物学家深入研究了地下天然气和石油贮藏与地表土壤中烃氧化细菌生态分布正相关性的基础上，与地质、地震和地球化学家紧密合作，又产生了油气微生物勘探技术，用于许多国家油气资源的普查。

一、油气微生物勘探技术

油气微生物勘探技术（microbial prospection for oil and gas，MPOG）以微生物技术为基础，是通过分析地表土壤中的烃氧化细菌（hydrocarbon oxidizing bacteria，HOB）的异常现象寻找地下油气藏的方法。其技术原理是：轻烃组分从油气藏不断挥发至地表并在油气藏上方持续存在，导致以这种烃类物质为碳源和能源的细菌高度富集生长，因此可以通过分析土壤中烃类氧化的优势微生物分布来预测地下的油气藏分布。

二、油气微生物勘探的理论基础

油气藏向地表持续释放出轻质烃气体，特异性的烃氧化细菌能利用其作为唯一能源进行生长，只要在有持续轻质烃气流的地方就往往在其烃源岩石构造顶部的地表土壤中聚集轻质烃类物质，并促进专性烃氧化细菌逐渐成为优势种群。

（一）甲烷氧化菌作为气藏指示菌

油气微生物勘探的关键是气态烃氧化菌的检测。甲烷氧化菌是一类不能利用糖和短链烃而专门利用C1化合物的甲基类营养型细菌种群。甲烷氧化菌利用甲烷的氧化过程首先是通过氧的作用活化甲烷，然后生成甲醛，甲醛可直接被吸收产生能量，进一步生成二氧化碳（图20-1）。其功能基因包括编码颗粒状甲烷单加氧酶基因 *pmo A*、可溶性甲烷单加氧酶基因 *mmo X*、甲醇脱氢酶基因 *mxa F*。由于甲烷氧化菌在自然界普遍存在，因此在将地表土壤中的甲烷氧化菌作为指示菌时，应排除地表生物因素形成甲烷的干扰。

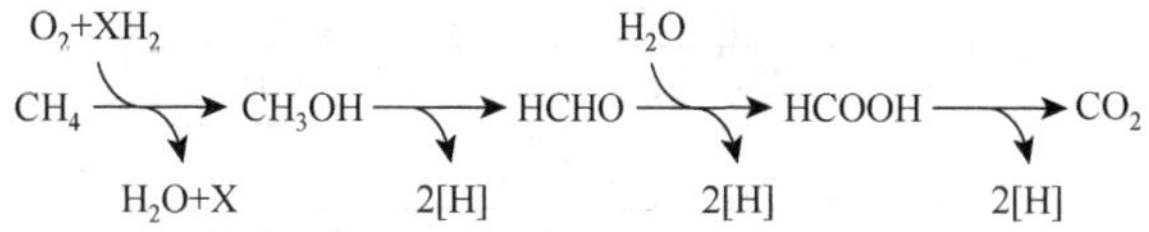

图20-1　微生物代谢甲烷的氧化过程

（二）乙烷氧化菌作为油藏指示菌

另一种利用短链烃作为营养而生长的是乙烷氧化细菌，它们不能代谢甲烷，但能利用乙烷、丙烷、丁烷等短链烃。其氧化过程有些类似于β-氧化过程，经历醇、醛、酸后裂解形成乙酰CoA进入三羧酸循环（图20-2）。在我国的油气微生物勘探应用过程中，发现乙烷氧化菌在我国油田表层土中分布较广，因而也可以作为地下油藏可靠的指示菌。这个技术的关键是排除糖代谢中间产物促进乙烷氧化细菌生长的干扰，可采用乙烷氧化酶关键基因的定量结果辅助解决。

三、油气微生物勘探方法

（一）土壤样品中指示微生物检测流程

在微生物实际勘探过程中，在野外测量中采用卫星定位仪定点，采样点呈网格状分布于待测区域地表之上，间距一般为 200～500m，采用专用取样器在深度为 1.5～2m 处进行取样，样品经无菌生理盐水稀释后通气态烃培养，通过对样品进行微生物数量及活性分析，并结合其他资料，如显微镜鉴定结果、地层压力、地层温度、样品湿度、岩性、颜色等，经归一化处理，得出样品的微生物异常值。在微生物异常值的基础上，利用专业软件自动绘制微生物勘探成果图，同时，可以根据微生物异常值所圈定的高异常区域直接指明地下深部的含油气性。土壤样品中烃氧化指示微生物检测流程如图 20-3 所示。

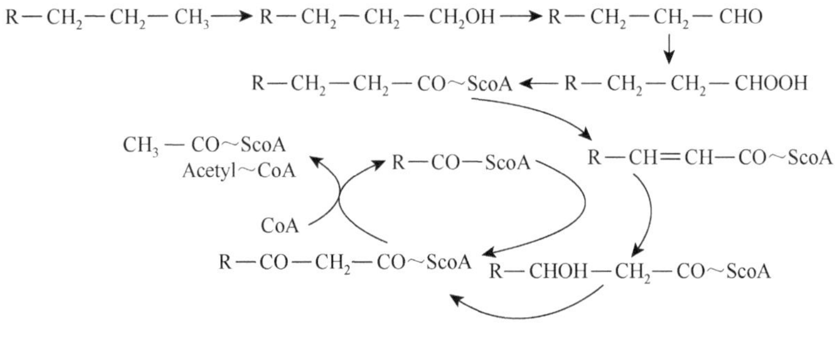

图 20-2　微生物代谢短链烃（C_2～C_8）的氧化过程

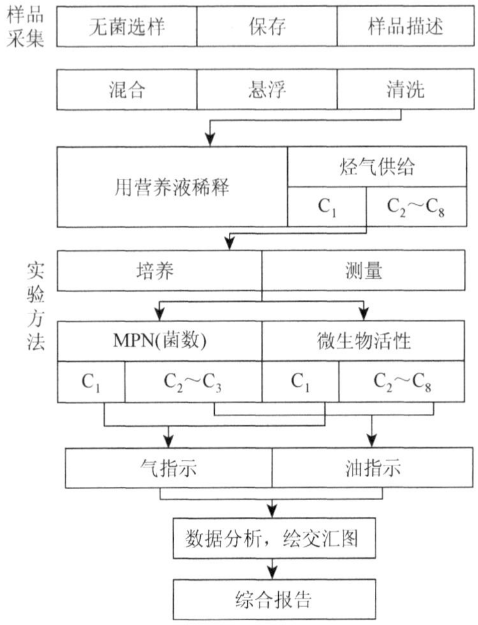

图 20-3　土壤样品的指示微生物检测流程图

(二)不可培养的甲烷氧化菌分子生态学方法检测

传统的油气微生物勘探技术（MPOG）是利用微生物计数、富集培养、分离，以及微生物代谢产物的生理、生化分析来研究土壤中甲烷氧化菌的异常，从而预测油气藏的存在。但是，研究表明，可培养微生物仅占自然界微生物的 0.1%～15%，而且能培养的甲烷氧化菌有 130 多种，传统培养方法得到的甲烷氧化菌为混合菌，不能确定其种属，因此仅通过研究可培养的甲烷氧化菌异常来预测下伏油气藏的存在是不全面的、不精确的。分子生态学方法就是在未培养基础上通过系统发育以及功能基因探针的方法来直接分析土壤样品中的甲烷氧化菌。甲烷氧化菌的功能基因常被用来检测甲烷氧化菌的存在和数量。甲烷氧化菌的功能基因包括 *pmo A*、*mmo X* 和 *mxa F*，这些功能基因分别是编码颗粒状甲烷单加氧酶基因、可溶性甲烷单加氧酶基因以及甲醇脱氢酶基因。因此，建立一套系统的研究气藏环境甲烷氧化菌群和代谢活动分子生物学方法，研究探明纵向剖面上好氧厌氧带甲烷氧化菌多样性和优势菌变化，利用物理技术（油藏地质）、化学技术（化探分析）和微生物技术（传统培养分析和基因检测技术）综合利用勘探油气藏，是本项目的主要技术创新。Baum 采用“BIG”法作为常规勘探方法的辅助手段，通过对微生物生态调查，气体的鉴定和同位素特征的描述，以及紫外荧光测定沉积物中液态烃类型，来评价北海油气田的剩余油潜力，该方法能确定指示石油烃类的存在和类型，与地震资料的结合可以帮助减少勘探风险。

四、油气微生物勘探应用实例

油气微生物勘探技术最早由苏联的微生物学家完成的。1937 年，莫吉列夫斯基推断出由于细菌的繁殖引起地层中烃气的季节性变化，从而首次提出石油和天然气的微生物勘探方法并用于油气资源的普查，从 1943～1953 年用水样细菌勘测法调查了 60 多个地区和构造，面积超过 50 万 km^2，分析了 6000 多个水样，发现了 150 多个异常点，其中 43 个进行了钻井，准确率达到 50%。1940 年以后，美国的微生物学者开始采用 MPOG 方法，微生物学者左别尔对微生物氧化碳氢化合物过程方面做了大量的基础研究工作，并针对一些技术细节提出了不同的解决方案。我国在 20 世纪 50 年代中期开始引进苏联的 MPOG 技术，中国科学院微生物研究所于

1956～1971 年采用土壤细菌勘测法勘探了甘肃、广西、四川、宁夏、陕西、青海等地的 20 多个油区，证实了该方法的可行性，并发现气态烃氧化菌的分布主要受季节、土壤、pH、岩层断裂、顶部蓄水层等因素的影响，初步确立了以乙烷氧化菌为主要监测指标的技术方案。

美国 GMT 公司采用微生物勘探（microbial prospection）技术先后在美国、阿根廷、南美等十多个国家 86 个油田进行钻前快速评价，成功率 80%。德国采用油气微生物技术，在西北欧陆上和海上近 6000km^2 区域进行了勘探，成功率达 85%，并在 17 个油田 225 口井得到证实。我国江汉石油学院、中国地质大学等单位通过长期的研究，在大港油田、大庆卫星油田、内蒙古洪特地区、鄂尔多斯盆地太昌-和盛区块等地区开展了微生物勘探技术的研究，但大多数是在已知油区利用微生物进行的勘探验证实验，据不完全统计，目前该技术共在 8 个油田的 100 余口油井得到验证，成功率在 80%以上。

微生物勘探技术受到地下和地表环境因素的影响比较大，因而现在还没有进入大规模应用阶段，目前主要应用于区块加密井预测，未来的发展趋势是与油藏地质、分子生物学和地球化学数据充分结合，必要时还需要与地震资料相互印证，从而可大大提高检测的灵敏度和准确性。

第二节　微生物多糖与钻井泥浆

钻井是原油开采和地质探矿的一个重要环节。钻好的油气井是石油、天然气从地下运送到地上的唯一通道，也是人们对油、气藏进行观察和施加影响的唯一通道。通过对钻井取上来的岩芯的金属或非金属物质的分析，可进行地质探矿。钻井过程除了利用机械装置钻入岩石外，还需要钻井液的辅助处理，俗称泥浆的钻井液在钻井作业中起着非常重要的作用。

泥浆的功能很多，主要是把岩屑从井底携带至地面，具有携带和悬浮岩屑、清洗井底、保护井壁、冷却和润滑钻头及钻柱、平衡地层压力、协助破碎岩石、保护油气层的作用。聚合物钻井液是以某些具有絮凝和包被作用的高分子聚合物作为主处理剂的水基钻井液体系，具有将各种固相颗粒保持在较粗的范围内，岩屑不易分散成细微颗粒的特点，钻井液密度和固相含量低，钻速高，地层损害小，剪切稀释特性强，聚合物泥浆处理剂有较强的包被和抑制分散的作用，利于保持井壁的稳定性。本节重点介绍以微生物多糖黄原胶为主的聚合物钻井液的特点、性能及其应用。

一、黄原胶用于钻井的优良性能

在本书“微生物与生物化工”一章中，介绍了野油菜黄单胞菌（*Xanthomonas campestris*）以葡萄糖、玉米淀粉等为主要原料，生物合成胞外多糖黄原胶（xanthan），其分子结构和多种优良溶液性能及广泛应用的相关内容。这里只介绍黄原胶作为优良钻井泥浆处理剂、完井与修井液、地层压裂液的特殊性能及矿场应用。

1. 黄原胶的水溶性和增稠性

黄原胶水溶性较好，在冷水和热水中均能溶解并形成高黏度溶液，且随着黄原胶浓度的缓慢增加，溶液的黏度显著增加，表现出良好的增黏性能。其本质是线性黄原胶双螺旋构成的螺旋共聚体所形成的网状结构，使得黄原胶能够很好地控制水的流动性，使溶液增黏，盐类对其黏度有一定影响。黄原胶作为增稠剂在钻井中有广泛应用。

2. 黄原胶的流变学特性

黄原胶是一种典型的假塑性流体，其溶液黏度随剪切速率的增加而明显降低。但是黄原胶溶液所呈显得这种剪切变稀现象不同于聚丙烯酰胺的剪切降解，当停止或剪切变弱时，黏度会迅速恢复到原来的水平，这表明黄原胶分子在高剪切之后仍能保持原来的结构和分子质量，本质上仅仅就是构象的变化。因此，高剪切环境不影响黄原胶的使用，低剪切条件下具有较高的黏度，故在钻井中有重要应用。

3. 黄原胶的悬浮性和乳化性

黄原胶溶液可以悬浮固体颗粒，乳化脂类和烃类物质，分别形成悬浊液和乳状液。原因也是由于螺旋复合体构成的网状结构，使其能够支持固体粒子、液滴和气泡的形态，常作为不溶物悬浮剂、水油乳化剂和发泡剂，在钻井中有重要应用。

4. 黄原胶的稳定性

黄原胶具有较好的抗盐能力，这一点是许多化学剂所无法比拟的。在较高盐度下，黄原胶仍能保持其溶解性而不发生沉淀和絮凝，其黏度几乎不受影响或影响很小，它甚至可以抗饱和盐水，这个特点使海上油田钻井中使用黄原胶取代化学聚合物。

黄原胶能在较为广泛的 pH 范围内保持其黏度不受影响，即使在一定的盐浓度条件下耐酸碱能力也较强。大多数多糖溶液的黏度随着温度的升高而降低，而黄原胶溶液的黏度在一定温度范围内（−4～93℃）几乎不受影响，即使反复加热冷冻，其黏度也不受影响，表明黄原胶溶液具有较好的热稳定性。此外，黄原胶对多种酶如蛋白酶、纤维素酶、果胶酶、淀粉酶等稳定，与多种物质有良好的兼容性。通常条件下，较少的氧气含量、中性 pH 和较高的矿化度有利于黄原胶溶液的稳定。黄原胶的这些优良性能在钻井中有广泛应用。

5. 黄原胶的成凝胶性

黄原胶水溶液分子中位于双螺旋表面的羧基与三价铬离子、水分子在适宜碱性条件下共同构成了双螺旋的侧部结构，从而可使其形成凝胶。

二、黄原胶在油田钻井中的应用

黄原胶在石油开采中的应用十分广泛，可用于钻井液、完井液、压裂液、修井液等方面，尤其在海上高盐环境油气田的钻井、修井、完井与压裂地层，必须使用有特殊优良性能的黄原胶。在地下产盐区探矿钻井也必须使用黄原胶。

1. 黄原胶在钻井泥浆中的应用

目前，油田水基钻井液中常用的聚合物有聚丙烯酰胺、酸性淀粉、羧甲基纤维素钠和黄原胶。黄原胶具有成胶体系强度高、封堵性好、悬浮颗粒性强、抗盐及热稳定性较强等特点，尤其在海上或高卤水地层钻井，只能用抗钙盐的黄原胶作为钻井液处理剂。综合评价表明黄原胶在钻井液中的作用主要有：①增加泥浆密度，防止井喷；②良好的假塑性使得钻井阻力减小；③良好的悬砂性使井壁完整，保护井壁不发生坍塌现象；④良好的抗盐性能提高卤水钻井速度，大大降低成本。

2. 黄原胶在完井和修井液中的应用

钻井后需要完井和修井。由于黄原胶具有良好的流变性和悬砂性，可用来制备完井液和修井液。完井后，可用次氯酸钠或盐酸使黄原胶完全降解。黄原胶和盐在同一溶液体系中兼容，故可加入 $CaCl_2$ 和 $BaCl_2$ 等配制重型完井液。

当然，黄原胶在地层中也易于生物降解，并可能因此而引起一系列问题，包括腐蚀、地层堵塞、地层酸化及黄原胶失效进而导致钻井液失效等问题。因此，必须采取有效的控制措施，如将钻井液的 pH 调至 10 以上，添加杀菌剂等方法。未来的钻井液需要耐受更高的温度（＞130℃），达到更大的黏度，防止生物降解等，而配方中的聚合物如黄原胶需要利用代谢工程改造，提高分子质量和丙酮酸含量，利用化学修饰或交联技术避免生物降解，进一步结合现代发酵技术和后提取工艺降低生产成本。

第三节　微生物提高石油采收率技术

原油是推动工业化和经济持续发展的重要战略能源。全球的原油储量大概是 2×10^{12} 桶，我国原油剩余的可采储量约是 200 亿 t，目前的采油技术只能把油藏中 1/3～1/2 的原油开采出来。虽然通过新技术能开采出部分残余油，但费时且成本高昂，因此探索成本低廉且能提高原油采收率的新技术仍是人类面临的重大课题。

在人们发现地下油藏之后，通常会往地下钻一口探测井，由于地下压力比地面高，促使地下原油向地面自喷，称为一次采油。当地层能量释放到不足以使具有一定黏度的原油流出地面时，人们就需要向地层中注水以补充地层能量，使更多的原油被水“驱”出，这就是二次采油。然而水和油是不互溶的，流速也差异很大，因此注水携带原油一起流动的能力是有限的。此外，由于地下油藏岩石的性质和孔隙结构的复杂性，一些长期强行注水的措施往往会在孔隙较大、压力较小的地方形成水流优势通道，致使长期注水的油井含水率过高，造成无效开采。

三次采油是一项强化水驱采油技术，目的是通过物理、化学和生物的方法降低油水界面张力，降低原油黏度，使油水互溶以提高洗油效率；或者增加注入水黏度，封堵优势通道，使液流转向以扩大波及体积，从而提高水驱油效果。热力驱和化学驱三次采油技术虽能提高 20%左右的原油采收率，但是副作用大、操作复杂、价格昂贵。近几十年来兴起的微生物驱油技术，多个现场试验表明操作简单，且成本低廉，是一种有发展前途的低成本三次采油技术。

微生物驱油不像热力驱那样消耗大量能源，也不像化学驱那样依赖于原油的价格。微生物能以指数级的速率生长，能利用便宜的可再生能源产生大量利于驱油的代谢产物，几个现场试验证明微生物驱油增产的价格成本低于 19 美元/t，这表明微生物采油技术是一种低成本技术。

一、微生物采油技术的基本概念

微生物提高石油采收率技术（microbial enhanced oil recorery）是利用微生物及其代谢产物，与油藏岩石和原油发生相互作用，从而提高原油采收率的一项新技术，可分为地上采油技术和地下采油技术。地上采油技术是指经微生物在地面上用可再生的廉价原料，大规模低成本地发酵生产具有驱油效果的代谢产物如生物聚合物或生物表面活性剂，而注入地下贮油层进行采油。地下采油技术是将石油微生物生长所需的营养物质或者连同微生物一起注入储油层，在地下经微生物生命活动后作用储油层和原油从而提高采收率，其关键因素是：这些微生物应当适应目标储油层的温度、矿化度、少氧等极端环境；这些微生物应与地层本源微生物有良好的兼容性，可以在储油层生长，并产生大量有利于驱油作用的代谢产物。

二、微生物地上采油技术

微生物地上采油技术是指将微生物在地面上发酵，产生黄原胶或生物表面活性剂等特定的代谢产物，再将这些产物注入地下发挥采油功能。由于地面发酵易于控制、产量高，这种技术的作用又类似于化学剂驱油，因此目前仍被很多油田采用。

1. 黄原胶作为注水增稠剂提高采收率

黄原胶在一定的浓度下具有较高黏度，可以增加注水压力，从而使水具有更均匀的推进力，进而部分波及原先水驱不到的贮油低渗透层。此外，增稠剂可提高油水流度比，使原油更容易被驱出来。

由于羧基的存在，黄原胶在水溶液中呈多聚阴离子性质，侧链上的羧基与多孔介质内的岩石表面正电荷作用，即可发生吸附，其吸附力是巨大的，且这种吸附是不可逆的。当然，这种吸附作用的强弱与多孔介质中的黏土含量和盐浓度有关，较高的黏土含量或较低的盐浓度能使黄原胶溶液顺利通过多孔介质而很少发生吸附，反之强力的吸附作用会使多孔介质发生堵塞。在油田生产中，有时希望使聚合物在多孔介质中有一定的吸附，如水井调剖和油井封堵，有时则希望聚合物在多孔介质中尽量少吸附，使聚合物能推进更远的距离，如聚合物驱油，我们可利用黄原胶的吸附特征，针对性地在油田开采中合理使用。

2. 黄原胶作为储油层压裂液提高采收率

低渗透油藏油井出油后，油井周围的储油层会发生部分堵塞，阻止原油流出，须采用强酸进行化学处理，或采取物理机械力制造裂缝，增加注水渗透率。由于黄原胶溶液黏度具有良好的热稳定性、剪切稳定性、抗盐性，因此具有良好的悬浮石英砂颗粒的能力。用黄原胶制备的石英砂水基压裂液进入裂缝后，靠石英砂颗粒支撑裂缝使之不闭合，增加注水渗透率；黄原胶溶液可携带出多孔介质中的不溶物，使油层堵塞降至最低程度。所以用黄原胶制备的储油层压裂液可提高注水驱油采收率，并得到广泛应用。

3. 生物表面活性剂用于提高驱油效率

生物表面活性剂（biosurfactant）是某些微生物代谢产生的小分子化合物，它有亲水基团和疏水基团，能降低油-水界面张力，可显著提高烃在水中的溶解度，或增强微生物细胞与烃的相互作用，是一种有利于驱油并提高注水驱油效率的微生物代谢产物。常见的生物表面活性剂有假单胞菌（*Pseudomonas* sp.）产生的鼠李糖脂（rhamnolipid）和芽孢杆菌（*Bacillus* sp.）产生的脂肽（lipopeptide），图 20-4 列出了它们的结构。

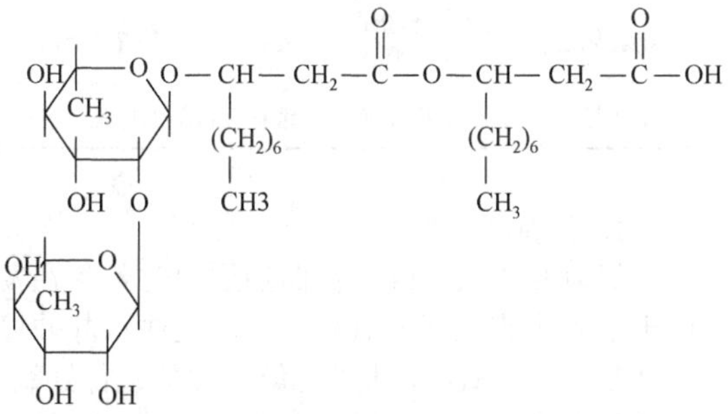

鼠李糖脂

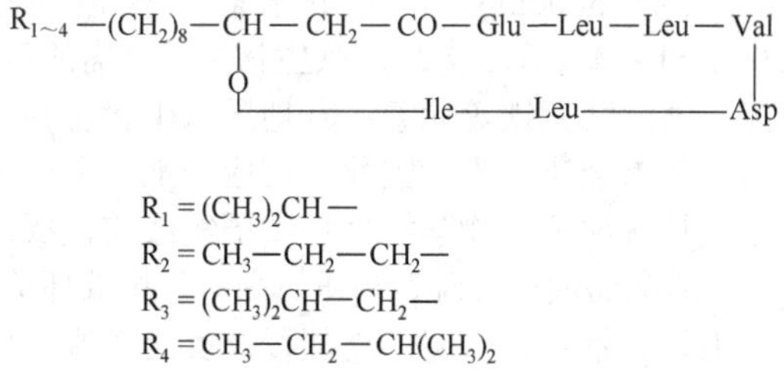

脂肽

图 20-4 常见的生物表面活性剂的结构

生物表面活性剂具有一个亲水的头部（短肽或单糖、二糖）和一个疏水的尾部（脂肪酸），因此具有两亲性。在水溶液中，生物表面活性剂分子的亲水头部向外，疏水尾部朝内聚集成胶束（图 20-5A）。在油水界面上，生物表面活性剂分子并排在界面上，彼此紧密相邻，从而降低油水之间的界面张力，使油水更易发生混相（图 20-5B），假设所有的生物表面活性剂分子均排列在油水界面上，此时再难有分子可以插入，此时所需的活性剂浓度即为该生物表面活性剂在溶液体系中的临界胶束浓度（CMC）值（图 20-5C），通常 CMC 值越低，界面张力值越低，代表该生物表面活性剂的使用浓度越少，性能越好。

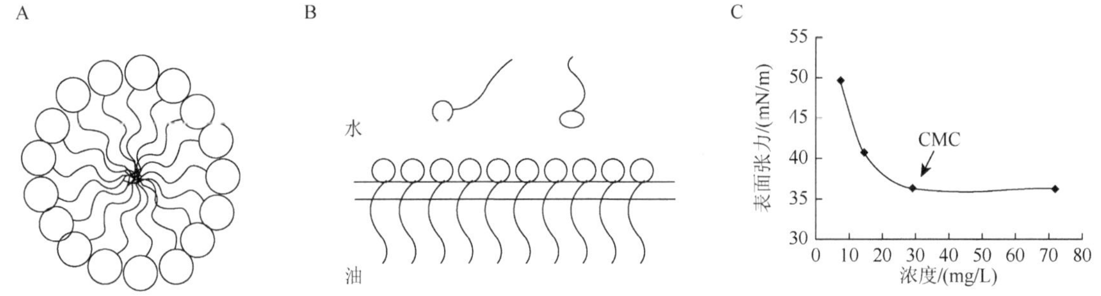

图 20-5　生物表面活性剂在水溶液（A）和油水界面（B）的分布及 CMC 值（C）

生物表面活性剂具有一些化学合成表面活性剂所没有的独特性能，可应用于一些极端环境如高温、高盐和高 pH 等，其优点如下：①利用微生物发酵工艺引进化学方法难以合成的新化学基团，为工业应用提供新的可能；②具有生物降解性，无毒无害，环境友好；③具有特殊官能团，在作用过程中具有专一性；④原料价廉易得，可利用工业废料和副产品，可再生循环利用。此外，生物表面活性剂具有乳化、破乳、润湿、增溶、发泡、消泡、抗静电、抗腐蚀等功能，因而广泛应用于石油开采和其他领域。

三、微生物地下采油技术

（一）微生物菌种的生物学特性

储油层是一个极端环境，具有如下特征：①中高温。以地面 25℃为基础，地下每延深 1000m，温度提高 18℃，因此大部分油藏只有中高温菌能够生长；②高压；③高盐，盐浓度为深度每增加 1000m 盐浓度增加 5000mg/L，地下水盐浓度最高达 350 000mg/L；④缺氧；⑤缺乏微生物生长必需的氮、磷、钾、钙、镁、铁等元素；⑥地层水中含有某些化学物质和重金属元素。因此，相应的地下采油微生物必须具备如下生物学特性：①厌氧或兼性厌氧菌；②能适应储油层高温、高压、高盐等极端环境，并进行生长、繁殖、代谢；③能以烃类为碳源，以储油层内无机盐做氮源或营养元素；④能在储油层运移、生长，代谢产生有机酸、气体、表面活性物质、生物聚合物、有机溶剂等多种代谢产物。

（二）微生物及其代谢产物对储油层的作用原理

微生物在一定条件下以石油烃或糖蜜等作碳源，降解石油或通过生理活动产生的代谢产物如有机酸、表面活性剂、有机溶剂、生物聚合物、气体等增加产油量，这就是微生物采油的基本原理。每种代谢产物可能的作用机理如表 20-1 所示。许多微生物可能产生不止一种代谢产物，而且微生物采油的作用可能是通过不同的代谢产物相互配合来影响原油开采的。最近的研究发现：要想尽可能回收残留在填砂管模型岩心中的原油，至少需要三种产物，提高注入液体黏度的聚合物、生物表面活性剂和醇类。它们之间的重要性取决于原油性质、岩心渗透率及其均匀性，以及注入营养和微生物的方式等。

表 20-1　微生物及其代谢产物的种类和作用机理

产物名称	产物种类	作用机理
石油烃代谢	脂肪酸、CO_2、CH_4	防止结蜡、降低原油黏度
有机酸	乙酸、乳酸、丁酸	提高碳酸盐岩石的孔隙度
气体	CO_2、CH_4	恢复油藏压力，降低原油黏度
有机溶剂	乙醇、丁醇、丙酮	降低原油黏度，改变润湿性
生物聚合物	多糖、蛋白质	控制水流速度，调整渗透性
生物表面活性剂	糖脂、脂肽	降低油水界面张力、乳化原油、改变润湿性
生物乳化剂	杂多糖、糖蛋白、脂多糖	乳化原油、清蜡、防蜡
生物量	微生物细胞	选择性封堵大孔道

1. 石油烃代谢

好氧和厌氧烃降解在储油层中时刻都在发生，由于注入水带入部分氧气，一般在注水井井筒和近井地带处于好氧区，大部分解烃菌能进行好氧呼吸，快速降解小分子石油烃，生成脂肪酸、醇和 CO_2，这些产物可作用于原油，从而降低原油的黏度。此外，也有报道存在一些可以降解或“打断”长链烷烃形成短链烷烃或脂肪酸的特殊微生物，这部分微生物能防止石蜡和沥青质沉积在井筒上，或者降低原油黏度，提高原油在地层中的流动性。随着氧气逐渐被消耗殆尽，油藏大部分区域属于厌氧区，一些厌氧微生物能相互配合，共同利用小分子石油烃生成小分子有机酸、CH_4或H_2S，某些小分子有机酸如烷基琥珀酸具有表面活性，CH_4可溶解在石油烃中降低原油的黏度。如果油藏中厌氧烃降解可以加速进行，就可以把无法开采的原油转化为非常容易开采的天然气。

2. 有机酸、气体和有机溶剂

很多厌氧菌能利用碳水化合物（如糖蜜）产生大量的有机酸（乙酸、乳酸和丁酸）、有机溶剂（如乙醇、丙酮、丁醇）和气体（如CO_2、H_2）。在厌氧生态系统中产生H_2，可被产甲烷菌快速的利用还原CO_2生成CH_4，被同型产乙酸菌用来还原CO_2生成乙酸，被硫酸盐还原菌用来还原硫酸盐生成H_2S，被硝酸盐还原菌用来还原硝酸盐生成N_2。有机酸可以改变岩石-原油界面的润湿性，促使原油从多孔介质中释放。产生的CO_2、CH_4等气体和有机溶剂可以优先溶解在原油中，降低原油黏度，促进原油加快流动。此外，产生的CO_2和有机酸还可以降低储层的孔隙度和渗透率，从而改变注入流体的流动路径。

3. 生物表面活性剂和生物乳化剂

生物表面活性剂的结构和功能如前所述。它可以提高油藏中的洗油效率，最近发现向水驱后的饱和原油砂岩岩心中添加低浓度的生物表面活性剂，可以回收50%以上的残余油。然而这是在模拟封闭体系中的理想状态，生物表面活性剂与化学表面活性剂一样，在复杂的油藏地层中容易与岩石发生吸附，这样会大大降低其有效使用浓度，此外一些生物表面活性剂到达的空间不一定有残余油存在，这样就大大降低了其使用效率。近年来的一些研究表明，如果将微生物和缺少碳源的营养物注入地下，让微生物主动“寻找”残余油作碳源，并让其在有残余油的地方原位生长并产生表面活性剂，形成局部高浓度，这样就可以解决有效浓度和使用效率低下的问题。研究还发现，一旦原油开始运移会形成一个分离的原油带，此时可能不需要大量的生物表面活性剂去维持，表明低浓度的生物表面活性剂可以使残余油发生超溶解或迁移，这样需要的浓度远比化学表面活性剂要低。

生物乳化剂是一种胞外大分子聚合物，包括多糖、蛋白质、脂多糖、脂蛋白或者这些聚合物的混合物，由于分子质量较大，它们并不能显著降低油水界面张力，但是一旦形成乳状液就很难发生聚并而破乳，因此具有很好的乳化性和稳定性。乙酸不动杆菌产生的乳化剂RAG-1是一种阴离子杂多糖和蛋白的混合物，在低浓度条件下，RAG-1即可有效地乳化混合烷烃。它在商业上的应用包括清洗油罐、清防蜡剂等。

4. 生物聚合物和微生物细胞的渗透调节

生物聚合物如黄原胶的结构和功能如前节所述。生物聚合物及产生生物聚合物的微生物能够封堵岩石大孔道，提高水驱的波及范围。砂岩中的高渗区域水流优势通道会优先被微生物及其胞外代谢物封堵，促使注入水流向低渗区或水流未曾波及的区域，从而携带出更多的原油。

（三）微生物地下采油的实施方式

1. 微生物单井吞吐

大部分微生物采油现场均可以进行单井作业，由于菌液或营养液的注入和原油的开采均在油井中完成，类似“吞”和“吐”的效果，因此称作微生物单井吞吐。微生物单井吞吐分为洗井技术（也称清防蜡技术、解堵技术）和单井处理技术（也称单井刺激技术）。微生物洗井技术的目的是利用具有烃降解和产生物乳化剂的微生物去除油管内壁表面的沉积蜡质和沥青质，保持油管畅通，并防止很快产生新的结蜡堵塞现象，该处理过程是一种非常成熟的商业技术，往往在解堵后该油井的液量和油量均可大幅上升，从而显著降低油井的维护成本，延长油井的经济寿命。微生物单井处理技术是一种常见的增油措施，是向一口接近经济寿命极限的油井注入厌氧（兼性）微生物和发酵性营养物（通常是糖蜜或液体石蜡发酵培养基）的混合液，关井10～15d后开井进行常规采油作业。由于成本的限制，一般单井处理的注入量不会超过油井周围3～5m的范围，因此处理半径有限，但是注入的微生物及其代谢产物会疏通地层中油井附近的堵塞，以达到提高洗油效率的目的（图20-6）。目前微生物单井处理技术的应用范围很广，实施后70%的油井会增产30%或100t的原油，因此对于复杂油藏尤其是注水开采效果不好的区块油井有很大的应用价值。

目前微生物单井吞吐或清防蜡技术已经成为国内外各油田的常规增产和维护措施之一，每年进行大量的现场作业。以南开大学为例，2006年在辽河油田锦45、千12两个区块上进行了13口井的微生物多轮次吞吐试验，共注入菌液65.9t，有效增产12口井，累计增油2208.2t。其中锦45-26-195井，从2006年6月15日开始连续进行了四轮微生物吞吐施工，共计延长生产周期429d，累计增产原油584.6t。

2. 微生物强化水驱油

微生物强化水驱技术（也叫微生物驱油技术）作为一种三次采油技术，应用于水驱开采末期，该技术是将含有（或不含有）微生物培养物与其营养液注入地层，以刺激整个油藏的微生物代谢活性，产生多种有驱油作用的代谢产物，促使残余油的运移或增大波及效率，提高水驱开发效果的一种新技术。如前所述，微生物单井处理技术只能处理油井半径 3～5m 的区域，而假设油层是均质岩石组成，那么原则上微生物强化水驱可波及注水井到采油井之间所有的区域（图 20-7），因此该技术提高采收率的幅度最大，经济成本最低。

胜利油田采用周期性注入多功能微生物菌组及其营养液方式施工，在河口采油厂罗 801 区块现场进行驱油试验。自 2007 年 3 月扩大现场规模，微生物注入井 4 口，对应油井 11 口，对产出液生物特征监测表明，注入微生物及营养液的井组内已形成新的生物场，优势菌大量繁殖，生物活动及代谢产物改善了原油的流动状态，3 年来该项技术在罗 801 区块共施工 140 轮次，总计注入微生物制剂 1590t 和注入营养液 1575t，累计增油 8.46 万 t。

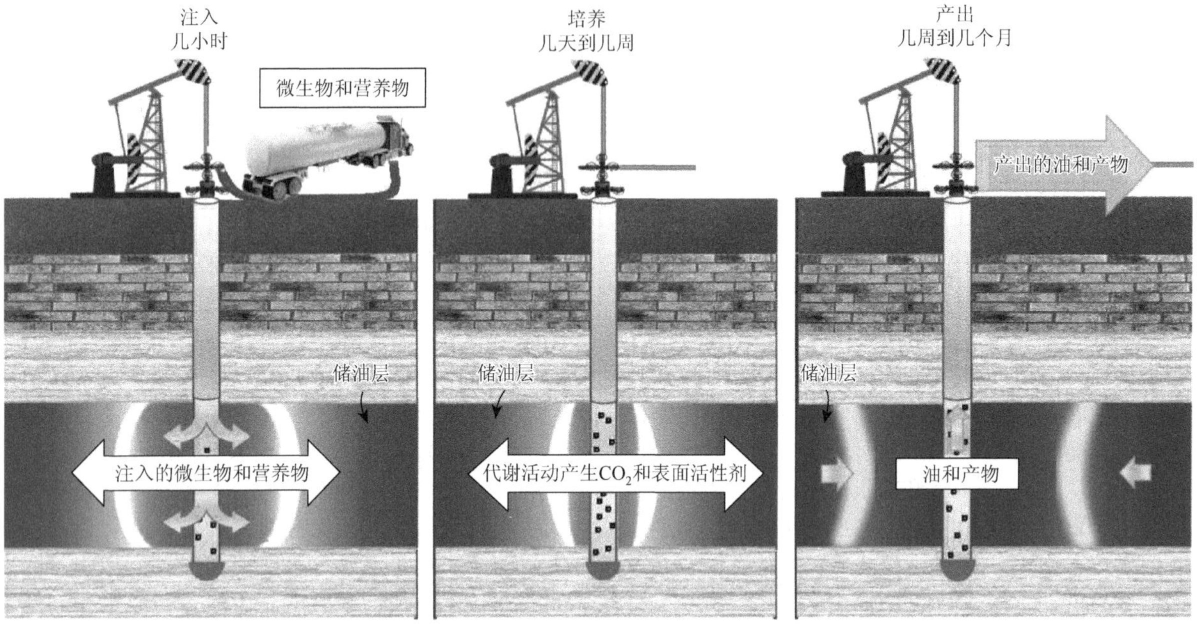

图 20-6　微生物单井吞吐示意图

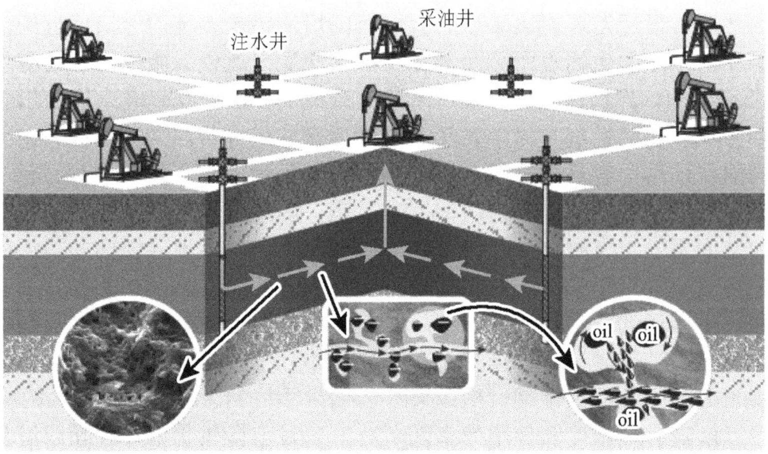

图 20-7　微生物驱油示意图

激活本源微生物的驱油技术

经多年研究发现，油田经过多年注水开发后，在油藏内部形成了相对稳定的微生物群落。这些微生物是本源微生物，也称土著微生物（indigenous microorganism）。如果能提供适当的营养物选择性激活这些本源微生物，使油藏中的功能微生物大量繁殖，产生有利于驱油的代谢产物，即可达到提高石油采收率的目的。目前，我国本源微生物采油技术研究和应用正处于发展的关键阶段，通过两期“863”项目的试验攻关，已基本形成本源微生物采油的配套技术，具备一定的工业生产能力。

3. 微生物调剖

微生物调剖（也称微生物封堵）是指通过微生物细胞生物量或生物聚合物黄原胶所形成的凝胶或水不溶性复合物封堵大孔道，迫使水流转向原油高饱和的低渗透区，从而调整油藏注水剖面以提高驱油面积而提高原油采收率的一项技术。微生物随着水注入地层，在油藏高渗区或主要流体通道处大量生长繁殖，经封堵作用可有效降低此类区域的水流速度；一些大分子生物聚合物如黄原胶注入油藏进入大孔道后可通过化学交联使其形成凝胶，进而增加水驱阻力，对大孔道形成封堵作用（图 20-8）。这种技术适用于希望提高水驱波及体积的任何类型的油藏，特别是常年水驱油藏。

微生物采油技术应用潜力巨大，然而到目前为止国内外仍处在先导试验摸索阶段，尚没有进行工业化推广应用。主要原因在于其不稳定的技术性能、不完善的采油机理和难以定量化的生化性能指标（反应速率、化学计量、产物浓度）等因素，使得很难将一个油田的现场试验复制到其他油田。科研工作者和现场工程师将持续攻关，破解微生物采油过程中大量复杂多变的因素和数据，寻找可定量化的关键指标建立数学模型，继续深入研究微生物采油机理及其工艺原理，在不久的将来必将随着技术的进步而逐步推向商业化应用。

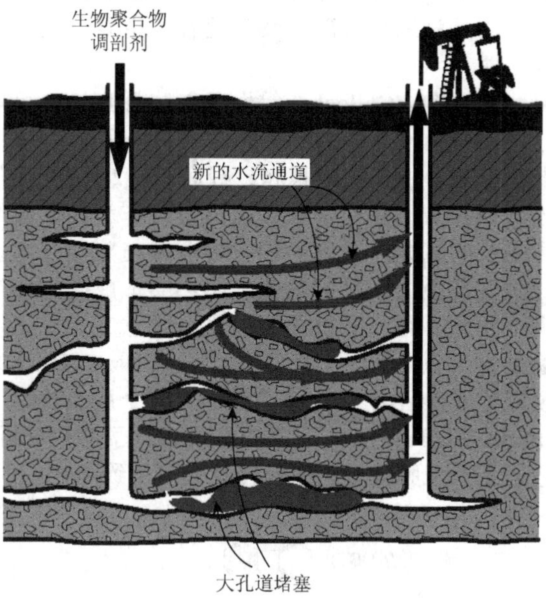

图 20-8　微生物调剖示意图

第四节　燃料油的生物脱硫技术

石油是亿万年前的植物或者生物质长期沉积形成的，所以石油中含有氮、硫、磷、金属等生物元素。原油中的硫含量为 0.001%～8%（*m*/*m*），几乎全部以硫醚、硫醇、硫化物和噻吩类等有机硫化合物的形式存在，而噻吩硫通常占石油总硫含量的 50%～95%，其中最常见的是苯并噻吩（benzothiophene，BT）、二苯并噻吩（dibenzothiophene，DBT）与烃基衍生物（BTs、DBTs）。

部分有机硫化物由于沸点较高，在原油高温精炼时仍有大量有机硫存在于柴油中。当燃料柴油燃烧时，会产生硫氧化物，对环境造成污染，严重影响生态环境和人类的正常生活。目前，各国制定的环境法对化石能源燃烧产生的硫氧化物排放量做出了明确的限制，并且规定了交通燃料中的硫含量。在过去 10 年里，柴油中的硫限量由 500mg/L 逐渐降低到现在的 15mg/L，汽油的标准更是降低到不大于 5mg/L。目前，燃料油常用的脱硫方法主要是碱洗、加氢脱硫和生物脱硫。本节主要介绍燃料油的微生物脱硫技术。

一、燃料油生物脱硫技术

（一）生物脱硫技术所用菌种

生物脱硫（bio-desulfurization，BDS）技术是一种在常温常压下利用需氧或厌氧细菌去除结合在杂环化合物中的有机硫的一种新技术。已经筛选到的脱硫菌株按其功能主要分为三类：一是可以高效脱除 DBTs 中的硫，但不能利用 BTs 中的硫的菌株，代表性菌株主要有红球菌（*Rhodococcus* sp.）IGTS8；二是可以高效脱除 BTs 中的硫，但不能利用 DBTs 中的硫的菌株，代表性菌株主要有戈登氏菌（*Gordonia* sp.）213E；三是一些既能利用 DBTs 又能利用 BTs 的脱硫菌株，代表性菌株主要有红球菌（*Rhodococcus* sp.）ECRD-1 和分枝杆菌（*Mycobacterium* sp.）X7B，这些菌株虽然既能利用 DBTs 又能利用 BTs 作为硫源生长，但它们利用 DBTs 和 BTs 的能力不同。

（二）生物脱硫技术原理

目前，人们初步认为微生物降解二苯并噻吩（DBT）的代谢途径大致有三种：专一性氧化 DBT 碳骨架但依然保留 C—S 键的 Kodama 途径，DBT 被转变为亲水性产物而将碳骨架去除而失去油品的热值；还原断裂 DBT 的 C—S 键脱硫途径，但该途径依靠厌氧菌还原作用而反应速率很慢；第三种途径是专一氧化断裂 C—S 键生成联苯的“4S”脱硫途径，该途径得到的产物是两亲分子，虽有一定的溶水性，但碳骨架主要存在于油相，因而不损失油品的热值。经比较，最有推广应用价值的是第三种脱硫“4S”途径，主要介绍其技术原理。

1993年，Gallagher等发现红球菌IGTS8可以经过4步生化反应将硫原子从二苯并噻吩（DBT）上脱下来，生成硫酸根和二羟联苯（2-HBP），故该途径称为“4S”途径。硫酸根可作为红球菌细胞生长的硫源，脱硫后的二羟联苯与柴油一起燃烧时既不损失油品的热值，又不会形成硫化物污染，因此“4S”具有重要的生态学意义。“4S”途径如图20-9所示，两个单加氧酶（DszC、DszA）、脱硫酶（DszB）催化该途径，这三个脱硫酶基因（*dszS*、*dszA*、*dszB*）已被克隆并进行了序列分析，它们是一个脱硫基因簇且转录方向一致。

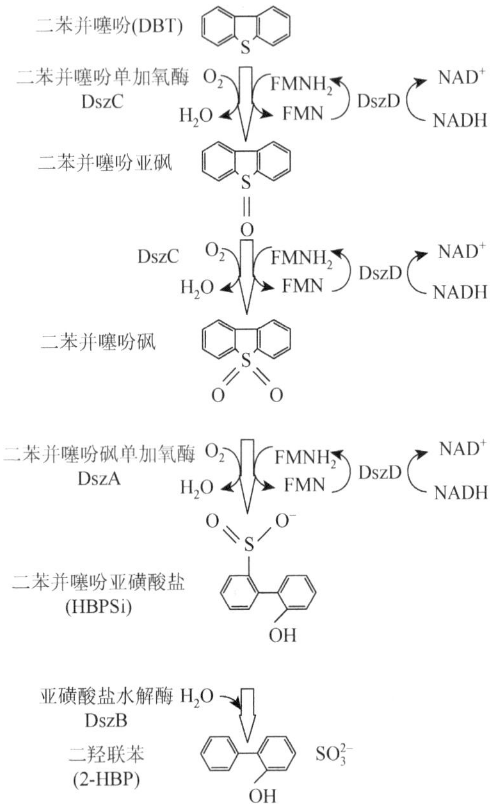

图20-9　红球菌对DBT脱硫的“4S”途径

二、燃料油生物脱硫工艺的探索

虽然微生物脱硫工艺是最有潜力的脱硫技术，但大规模石油烃脱硫还难以实现。一是由于微生物催化活力还不够高；二是脱硫工艺还不成熟，如好氧微生物脱硫过程中氧的供给和石油烃的挥发是一种难以调和的矛盾。目前，生物脱硫工艺的探索仍是染料油生物脱硫工艺的热点之一。这些工艺主要包括休止细胞脱硫工艺、固定化细胞脱硫工艺、固定化酶催化工艺等。

1. 休止细胞脱硫工艺

休止细胞是微生物细胞停止生长的静息状态，虽然在缓冲液中由于没有营养而停止生长，但经生长期的诱导在体内聚集了大量的脱硫酶，因此脱硫活性很高，而且可以避免生长细胞受到外界化学或物理作用后会相应地发生变化和产物对酶的反馈抑制作用。生物脱硫的研究中采用休止细胞脱硫法应用得非常广泛，国内外对于野生菌和基因工程菌株的休止细胞脱硫研究都有许多报道。据报道休止细胞在磷酸钾缓冲液（pH 7.0）中的脱硫能力比经过120h培养的生长细胞的脱硫能力高出50%，这就使工业上应用休止细胞进行燃料油脱硫成为可能。此外，休止细胞脱硫可以缩短脱硫时间，这对工业微生物脱硫是非常重要的。

2. 固定化细胞、固定化酶脱硫工艺

微生物脱硫工艺面临的其他主要问题是脱硫后油水的分离和生物催化剂的重复利用。利用固定化微生物细胞技术可以较好地解决这些问题。与游离细胞相比，固定化细胞有很多优点：能保持高的代谢活性，能被重复利用，能对有毒物质产生保护作用，并且能克服底物抑制作用。有研究表明利用酯酰交联树脂（ENT-4000和ENTP-4000）载体制备固定化细胞有较高的脱硫效率。这项技术解决了BDS中回收脱硫后的油以及BDS过程中生物催化剂的寿命短等问题，为固定化细胞应用于生物脱硫的工艺开辟了道路。

三、燃料油生物脱硫的应用和展望

截至目前还没有对化石燃料的生物脱硫进行商业化运作的实例，但是经济型评估表明这种工艺是有经济效益的。EBC公司最早采用气升式细胞反应器和休止细胞悬浮液，将柴油中的硫含量降低至50mg/L以下，并将脱硫率达到20μmol DBT/[min·g（细胞干重）]作为成功的商业化脱硫工艺指标之一。

由于设备、效率等因素，目前BDS技术在精炼厂只能用于燃料油产品的处理，并且作为传统加氢脱硫的补充，因而可视为一种深度脱硫技术。现在的大部分炼厂都无法处理杂环化合物含量很高的重油，生物处理过程可用于原油的预处理，与原油集输、脱盐和脱水工艺相结合，这可能是未来发展的方向之一。此外对于重油则需要在高温下处理的嗜热脱硫菌，同时降低重油的黏度和硫含量，使得大量类似轻油的重油能够送往炼厂用于后续处理。

第五节　微生物湿法冶金技术

矿石中有色金属是由生物矿化和地质、化学活动形成的，含量一般都较低，为了得到一吨有色金属，往往要开采成百吨以至万吨以上的矿石。因此矿山是发展有色金属工业的重要基础。有色金属矿石中常是多种金属共生，因此必须合理提取和回收有用组分，做好综合利用，以便合理利用自然资源。许多种稀有金属、贵金属以及硫酸等化工产品，都是在处理有色金属矿石或中间产品以及矿渣、烟尘的过程中回收得到的。有色金属生产过程中通常产生大量废气、废水和废渣，其中含有多种有用组分，有时含有有毒物质，一些有色金属也具有毒性。随着矿物贫杂化和严重能源危机及环境污染的加剧，传统的冶金技术面临巨大挑战，寻求更为高效、低能、清洁的绿色资源利用途径成为研究热点。

一、微生物湿法冶金的基本概念

微生物湿法冶金（microbial metallurgy）是指用微生物生长代谢产生的酸性水溶液，将有色金属元素（如铜、铀等）从其矿石中溶解出来，加以回收利用的方法。由于用微生物浸出金属是在水溶液中进行，因此又称微生物浸矿（microbial leaching）。微生物浸出金属的矿物一般指低品位矿、复杂矿物、尾矿石等用传统方法难以利用的矿物，所以微生物湿法冶金是生物、冶金、化学、矿物等多学科交叉技术。

二、微生物湿法冶金的技术原理

浸矿微生物大多为化能自养型细菌，而耐酸性、以氧化硫黄以及硫化物获得能量的细菌最为常见。其中一类称作氧化亚铁硫杆菌（*Thiobacillus ferrooxidans*），该菌革兰氏阴性菌，严格好氧；氧化亚铁、元素硫、还原态硫获得能量，以 CO_2 为碳源，以铵盐为氮源，严格无机化能自养，最适生长温度 28～35℃；最适生长 pH 为 2.5～2.8。另一类微生物称作氧化硫硫杆菌（*Thiobacillus thiooxidans*），该菌为革兰氏阴性菌，严格好氧、严格无机化能自养，氧化还原态硫获得能量，但不能氧化铁和金属硫化矿，最适生长温度 30℃，最适 pH 为 2.5～3.0，以二氧化碳为碳源，铵为氮源进行化能自养。这两种化能自养菌协同作用从矿石中浸出铜、铀等有色金属。

目前研究最深入且被公认的是细菌的间接氧化作用，如图 20-10 所示。氧化硫硫杆菌能在极端酸性环境下氧化单质硫，生成硫酸；氧化亚铁硫杆菌能在极端酸性环境下利用硫酸将硫酸亚铁氧化成硫酸铁；硫酸铁具有高度氧化性，能与辉铜矿中的硫化亚铜发生氧化还原反应，生成单质硫、硫酸铜和硫酸亚铁，其中硫酸亚铁可继续被氧化亚铁硫杆菌氧化，单质硫亦可继续被氧化硫硫杆菌氧化，因此这两种产物不积累，而硫酸铜溶液中的铜可被铁置换出来，这就完成了铜的浸出。在整个反应链中有两类微生物参与，大部分产物可被重新利用，因而构成一个循环，硫酸铁的加入可启动整个反应，一旦反应被启动，则可以源源不断地生成硫酸铜溶液，并用铁置换出铜。

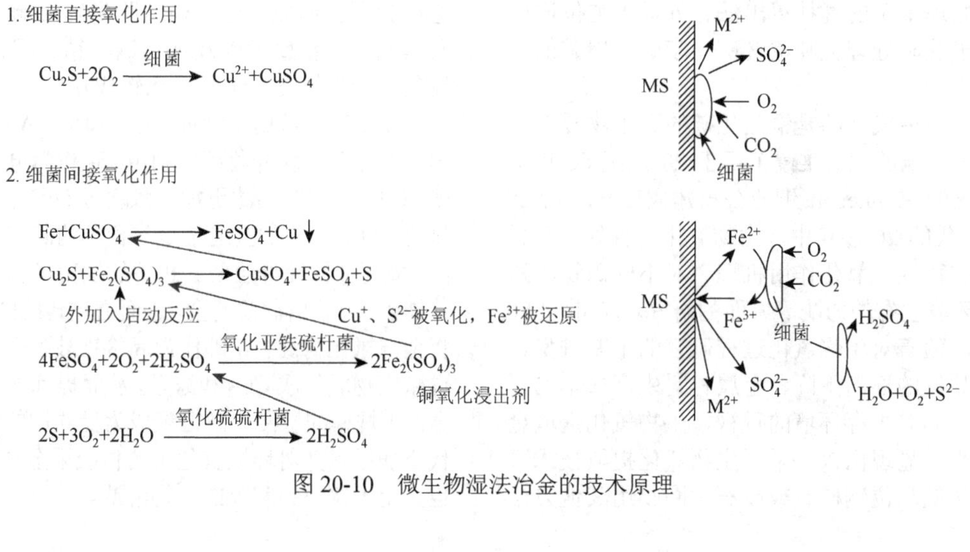

图 20-10　微生物湿法冶金的技术原理

三、微生物湿法浸矿工艺

在浸矿过程中，低等级矿石或废矿石大量堆积成堆，并且使稀硫酸溶液喷淋在铜矿上。在流出的硫酸铜（Cu^{2+}）溶液中添加零价铁，通过置换反应回收沥滤液中的铜，同时生成的二价铁转移到氧化池中，可被氧化亚铁硫杆菌氧化形成 Fe^{3+}，同时加入酸以保持三价铁的溶液形式，继续以喷淋液的形式氧化更多的硫化矿，参与整个沥滤的循环反应（图 20-11）。

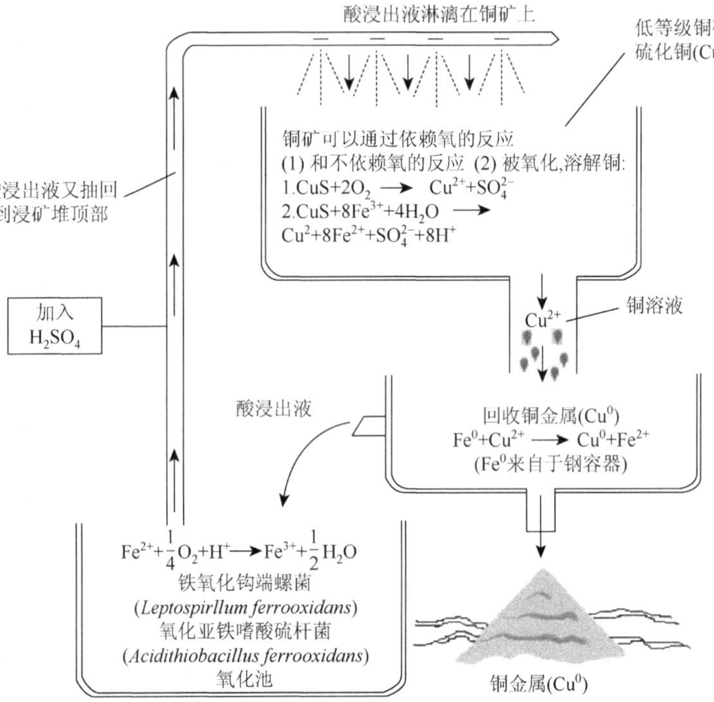

图 20-11　微生物湿法浸矿工艺流程图

四、微生物湿法冶金的实际应用

影响矿物浸出速度有 pH、温度、铵盐浓度、二氧化碳浓度、氧浓度、氧化还原电位、三价铁浓度、硫浓度、矿石粒度、比表面积、微生物种群数量等因素，因而是一个十分复杂的反应系统。目前常用的工艺有处理富矿的搅拌浸出法、处理大吨位矿床的原位浸出法和处理大吨位贫矿、废矿、尾矿的堆浸法。

迄今应用最成功的是铜硫化矿的微生物浸取，世界上第一座铜的生物堆浸工厂于 20 世纪 60 年代初期在美国的 Kennecott 铜业公司建成投产。到 20 世纪 80 年代的 20 多年中，生物氧化一直处于对微生物本身的特性、氧化作用机理、对不同矿物的适应性、对环境生态的影响等方面的研究。20 世纪 80 年代以后，随着对生物氧化过程研究的不断进步、矿物资源品位的逐渐下降、金属材料生产成本的日益提高及人们对生存环境的重视，生物氧化提取金属工艺的优点显现出来。采用生物氧化提取技术可以经济地从低品位铜矿石或废石中回收用其他方法不能回收的铜资源，整个铜材的生产过程中既不产生尾矿，也不产生气体，不污染环境，因而使得铜的生物氧化浸出厂迅速发展。铜的生物氧化提取属于原生矿物细菌氧化工艺，其成套工艺主要采用生物堆浸浸出-萃取-电积方法，所得产品为阴极铜，纯度可达 99.99%以上。

我国采用微生物氧化浸取硫化铜矿的铜湿法冶金试验厂已形成一定规模。除生物浸铜外，镍、钴及其他铂族金属，以及锑、镉、钴、钼、镍和锌等硫化物的生物浸出试验均比较成功。

微生物也可用于含铀（U）和金（Au）的矿的浸出。氧化亚铁硫杆菌可以利用 O_2 作为电子受体氧化 U^{4+}为 U^{6+}，但铀沥滤更加依赖通过 Fe^{3+}进行铀的化学氧化。自然界中的金通常是与含砷的矿和黄铁矿相连的，氧化亚铁硫杆菌及其相关的细菌可以氧化和溶解黄铁矿，释放出截留的金，进而通过传统的炼金方法，将金与氰化物混合，砷作为高价铁被除去，氰化物通过微生物氧化成 CO_2 和尿素，从而提炼出纯度更高的金。小规模的金浸矿法已经成为受欢迎的方法，来替代更加昂贵并对环境有危害的传统采金技术。该技术也正用于锌、铅和镍的生物淋滤。

$$2FeAsS[Au] + 7O_2 + 2H_2O + H_2SO_4 \longrightarrow Fe_2(SO_4)_3 + 2H_3AsO_4 + [Au]$$

目前，微生物湿法冶金中试技术成果不断涌现，正逐步走向产业化应用，但至今对微生物浸矿过程的机理尚不十分清楚，生物浸取动力学过慢。由于生物氧化过程是一个放热过程，而每一种细菌只能适应一定的温度范围，当生物氧化过程达到一定温度时，堆内过热等实际应用中的工程化问题已成为应用的瓶颈。因此揭示微生物浸矿过程的机理、完善该领域理论，进一步深入开展浸取过程和工程化研究，拓展对不同矿物和环境的适应性，降低生产成本，提高微生物浸取选择性，提高浸取效率，选育驯化耐热菌种，提高氧化的速度，将微生物冶金技术大规模广泛应用于各种矿物资源的提取是今后努力的方向。

知识点回顾

1. 以微生物技术为基础，是通过分析地表土壤中的烃氧化菌的异常现象寻找地下油气藏的方法。

2. 钻井液在钻井作业中起着非常重要的作用，具有清洗井底，携带和悬浮岩屑，保护井壁，冷却和润滑钻头，平衡地层压力，协助破碎岩石，保护油气层的作用。

3. 微生物提高石油采收率技术是利用微生物及其代谢产物，与油藏岩石和原油发生相互作用，从而提高原油采收率的新技术。

4. 燃料油生物脱硫技术是一种在常温常压下利用需氧或厌氧菌去除结合在杂环化合物中的有机硫的一种新技术。

5. 微生物湿法冶金技术是指用微生物生长代谢产生的酸性水溶液，将有价金属元素（如铜、铀）等从其矿石中溶解出来，加以回收利用的方法。

关键词

1. 微生物勘探（microbial prospection）：以微生物技术为基础，是通过分析地表土壤中的烃氧化菌的异常现象寻找地下油气藏的方法。

2. 微生物采油（microbial enhanced oil recovery）：利用微生物及其代谢产物，与油藏岩石和原油发生相互作用，从而提高原油采收率的新技术。

3. 微生物脱硫（bio-desulfurization）：是一种在常温常压下利用需氧或厌氧菌去除结合在杂环化合物中的有机硫的一种新技术。

4. 微生物湿法冶金（microbial metallurgy）：是指用微生物生长代谢产生的酸性水溶液，将有价金属元素（如铜、铀）等从其矿石中溶解出来，加以回收利用的方法。

自测题

一、选择题

1. 以下技术不能用到微生物分子生态学技术手段的是（　　）。

（A）微生物勘探技术
（B）微生物采油技术
（C）微生物脱硫技术
（D）微生物冶金技术

2. 以下哪个不是黄原胶作为钻井泥浆的优良性能？（　　）

（A）稳定性　（B）成凝胶性
（C）悬浮颗粒性　（D）流变性

3. 以下哪个不是生物表面活性剂在油田应用的特性？（　　）

（A）乳化性　（B）降低表面张力
（C）悬浮颗粒性　（D）润湿性

4. 以下哪个不是微生物及其代谢产物对储油层的作用原理？（　　）

（A）石油烃代谢
（B）生物表面活性剂
（C）有机酸
（D）电子传递

5. 以下哪个不是微生物地下采油的实施方式？（　　）

（A）单井破乳　（B）水井驱油
（C）水井调剖　（D）单井吞吐

6. 红萍红球菌中将二苯并噻吩亚磺酸盐中的亚磺酸盐脱除生成二羟基联苯的酶是（　　）。

（A）DszA　（B）DszB
（C）DszC　（D）DszD

7. 能重复利用并有利于油、水、菌分离的微生物脱硫工艺是（　　）。

（A）生长细胞法　（B）休止细胞法
（C）固定化细胞法　（D）酶法

8. 微生物不能提取的有色金属是（　　）。

（A）金　（B）锰
（C）锡　（D）砷

9. 微生物间接氧化浸矿过程中作为氧化浸出剂，外加启动反应的是（　　）。

（A）$Fe_2(SO_4)_3$　（B）$FeSO_4$
（C）$CuSO_4$　（D）H_2SO_4

10. 可氧化还原态铁和硫以获得能量的自养微生物是（　　）。

（A）氧化硫硫杆菌
（B）氧化亚铁硫杆菌
（C）还原硫硫杆菌
（D）氧化铁硫杆菌

二、问答题

1. 简述微生物勘探的原理。

2. 黄原胶有哪些优良理化性能？简述在油田开发中的应用领域。

3. 什么是微生物采油？其作用机理是什么？有哪几种主要工艺形式？

4. 简述红球菌将DBT脱硫的原理。

5. 简述用于细菌湿法冶金的两类细菌及其作用原理。

答案:

开篇事件

1. 答：矿产资源是人类社会存在与发展的重要物质基础，是一种重要的生产资料和劳动对象。据统计，目前社会生产所需的80%左右的原材料、95%左右的能源、70%左右的农业生产资料、30%以上的饮用水来自矿产资源。因此，矿产在很大程度上决定着社会生产力的发展水平和社会变迁。矿产的丰富及其开发利用程度是社会发展水平的一个标志，是衡量一个国家经济发达和科学技术水平的重要尺度。因此，对矿产资源的开发、利用是人类社会发展的前提和动力。

2. 答：微生物具有生长快速、代谢活跃、个体微小、易变异，人们利用微生物生长所需的能源，分解有机物的特点，以微生物及其代谢产物，与油藏和原油发生相互作用，进而实现矿藏资源的开采利用。

选择题：1. C　2. B　3. C　4. D　5. A
6. B　7. C　8. D　9. A　10. B

问答题：

1. 答：油气藏向地表持续释放出轻质烃气体，特殊的烃氧化菌能利用其作为唯一能源，这种微生物只要在有持续气流的地方就可以利用聚集的轻质烃类物质，而这种聚集往往多发生在烃源岩石构造顶部的地表土壤中，根据地表利用轻烃的微生物分布异常即可判定地下油气藏的位置。

2. 答：黄原胶的优良性能有水溶性和增稠性、剪切稀释性、悬浮性和乳化性、耐酸碱性、抗盐性、耐温性、成凝胶性、在多孔介质中的吸附性等。在油田系统中可应用于钻井液、完井和修井液、压裂液，以及提高采收率等领域。

3. 答：微生物提高石油采收率技术是利用微生物及其代谢产物，与油藏岩石和原油发生相互作用，从而提高原油采收率的一项新技术。可分为地上采油技术和地下采油技术。微生物在一定条件下以石油烃或糖蜜等作碳源，降解石油或通过生理活动产生的代谢产物如有机酸、表面活性剂、有机溶剂、生物聚合物、气体等增加产油量，这就是微生物采油的基本原理。主要工艺有微生物单井吞吐技术、微生物驱油技术和微生物调剖技术等。

4. 答：经过4步反应将硫原子从DBT上脱下来，生成硫酸根，而烃结构以二羟联苯（2-HBP）的形式得以保持，因此这条途径被称为“4S”途径。

5. 答：一种叫氧化硫硫杆菌的微生物能在极端酸性环境下氧化单质硫，生成硫酸；进而一种叫氧化亚铁硫杆菌的微生物能在极端酸性环境下利用硫酸将硫酸亚铁氧化成硫酸铁；硫酸铁具有高度氧化性，能与辉铜矿中的硫化亚铜发生氧化还原反应，生成单质硫、硫酸铜和硫酸亚铁，其中硫酸亚铁可继续被氧化亚铁硫杆菌氧化，单质硫亦可继续被氧化硫硫杆菌氧化，因此这两种产物不积累，而硫酸铜溶液中的铜可被铁置换出来，这就完成了铜的浸出。

（马　挺）

第二十一章 微生物与环境保护

开篇事件：小江变成“牛奶河”

昆明市东川区的小江受到矿业废水污染变成“牛奶河”

由于自然事件或人类的生产和生活，向环境中添加某些物质并超过环境的自净能力而产生危害的现象，称为环境污染，主要指土壤、水体和大气污染。环境污染有什么危害呢？环境污染的最大危害是破坏生态系统，危害人类健康。如何治理这类污染保护好我们赖以生存的环境呢？最好的办法是利用微生物将人类生产和生活中产生的废水、废物和废气进行无害化处理，然后再排放到环境中。从下列事件中我们可以看到环境污染的危害性和对其进行治理的紧迫性。2013 年 4 月前后，云南省昆明市东川区的小江，由于上游的多家工矿企业向河中偷排未经处理的矿业废水，使小江变成乳白色的“牛奶河”，这样的河水不仅不能用作人畜的饮用水，也不能用于灌溉农田。乳白色的小江水源源不断地汇入金沙江，造成更大范围的污染。近年来，国内多地被曝“牛奶河”事件，包括湖北麻城、北京朝阳、广东佛山、江苏宿迁、安徽望江、上海松江和浙江绍兴。

参考文献：

李佳健. 2013-4-9. 东川“牛奶河”之殇. 上海新闻晚报.

思考题：

1. 什么是环境污染？其主要危害是什么？
2. 微生物在环境保护中的应用主要有哪些方面？

第一节　微生物对生物外源性有机污染物的降解

一、生物外源性有机污染物的来源和种类

按污染物的来源，可将环境污染（environmental pollution）分为化学污染、生物污染（寄生虫和微生物引起的环境及食品污染）和物理污染（噪声、放射性和电磁波污染等）。在化学污染中生物外源性有机污染物所造成的污染最为普遍，危害性也最大。生物外源性物质（xenobiotics）主要指非生物产生的人造化合物，包括农药、合成药物、化工产品和工业污染物等，主要种类和来源见表 21-1。这些化合物很多具有生物毒性，其中一些化合物还有致癌性。作为常见的地下水污染物的那些化合物具有中等到较高的水溶性与中等到较低的辛醇/水分配系数。这些性质使化合物可以通过土壤迁移到地下水而不过多地分配到土壤中。这类化合物包括氯代溶剂、多种氧化脂肪烃、甲苯及氯代苯。具有低水溶性和高辛醇/水分配系数的化合物容易分配到土壤而不是水中，因此它们更可能成为表层土或河流沉积物中的污染物，包括大部分杀虫剂、多环芳烃和多氯联苯。某些化合物具有较高的蒸汽压，因此很容易转移到大气中，包括氯代溶剂、脂肪烃和甲苯等。

广义的生物外源性物质包括所有由于人类活动而释放到环境中使其浓度高于自然界的化合物，如重金属和石油衍生物等。

二、生物外源性有机污染物的微生物降解

> 溴氨酸是一种染料中间体，其水溶液呈红色。在以$(NH_4)_2SO_4$ 为氮源的液体无机盐培养基中加入少量溴氨酸后，培养基立即变成红色，然后接种鞘氨醇单胞菌（*Sphingomonas* sp.）N1 菌株，在摇床中 30℃振荡培养 48h 以后，培养液变成无色。脱色的原因是什么呢？原来这种鞘氨醇单胞菌能以溴氨酸为唯一碳源生长，在生长的过程中，将溴氨酸降解成无色的小分子物质。在微生物酶的催化下将有机化合物降解成小分子物质的过程称为生物降解（biodegradation）。

许多微生物可以对生物外源性物质进行化学转化，使其转变成毒性较小或易于被其他微生物降解的化合物。有些微生物能将生物外源性物质彻底降解成水和二氧化碳等无毒无害的小分子化合物。多数情况下，这种降解过程需要多种微生物的协同作用，一种微生物的降解产物用做另一种微生物的代谢底物，在它们的共同作用下完成对有机污染物的降解。下面简要介绍几种主要类型生物外源性物质的生物降解途径和机理。

（一）微生物对多环芳烃的降解

分子中含有两个或两个以上苯环结构的烃类化合物称为多环芳烃（PAH），包括萘、蒽、菲、芘等 150 余种化合物。由于多环芳烃特别是四环以上的多环芳烃，具有很强的致癌性，而且不容易被微生物降解，因此很容易积累在环境中。很多微生物可以降解多环芳烃，其中假单胞菌属（*Pseudomonas*）对萘的生物降解研究最为深入，其降解途径、降解基因和酶都已十分清楚。假单胞菌的萘生物降解途径由 2 个操纵子编码并受 1 个调节基因所控制。上游途径操纵子

表 21-1　生物外源性有机污染物的种类和来源

化合物种类	实例化合物	出现频率	工业来源
烃类			
低分子质量	苯、二甲苯、甲苯（BTEX）	频繁	原油、熔炼油、染料、溶剂
高分子质量	多环芳烃（PAH）	普通	木榴油、煤焦油、原油、染料
烃的氧化物			
低分子质量	醇、酮、酯、醚、酚、甲基叔丁醚（MTBE）	频繁	溶剂、油漆、杀虫剂、黏合剂、药物、发酵产物、洗涤剂
氯代脂肪烃			
多氯取代	四氯乙烯（PCE）、三氯乙烯（TCE）、四氯化碳（CT）	频繁	干洗剂、去油污剂
非多氯取代	二氯乙烷（DCA）、二氯乙烯（DCE）、氯乙烯（VC）、二氯甲烷（DCM）	频繁	溶剂、杀虫剂、垃圾填埋物、生物降解产物
氯代芳香烃			
多氯取代	五氯酚、多氯联苯（PCB）、多氯二噁英（如 TCDD）	普通	木材防腐处理、绝缘体、热交换器、化学合成和燃烧副产物
非多氯取代	二氯苯	普通	溶剂、杀虫剂
硝基芳香化合物	三硝基甲苯（TNT）	普通	炸药
三嗪类化合物	阿特拉津（莠去津）	普通	除草剂

nah1 由 9 个基因（*nahAa*、*nahAb*、*nahAc*、*nahAd*、*nahB*、*nahF*、*nahC*、*nahE*、*nahD*）组成，它编码的酶将萘降解成水杨酸，其中 *nahAaAbAcAd* 基因指导合成的 4 条肽链组成萘双加氧酶，催化萘降解的第一步反应。下游途径操纵子 *nah2* 由 11 个基因（*nahG*，*T*，*H*，*I*，*N*，*L*，*O*，*M*，*K*，*J*，*Y*）组成，它编码的酶将水杨酸降解成丙酮酸和乙醛。调节基因 *nahR* 编码的蛋白对 2 个操纵子的表达进行正调控（图 21-1）。

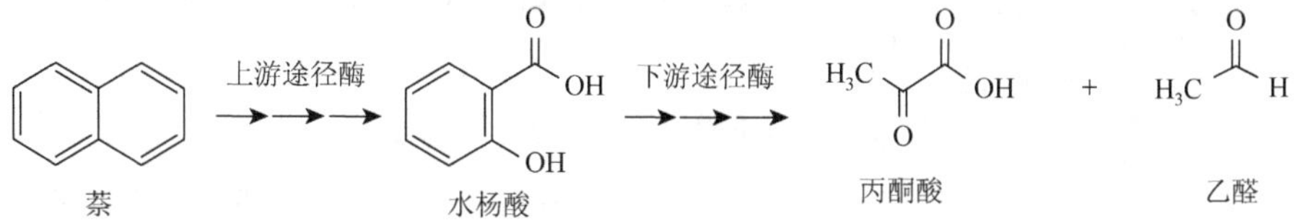

图 21-1 假单胞菌的萘生物降解途径

（二）微生物对卤代化合物的降解

此类化合物的典型代表是多氯联苯（PCB），它包括 200 多种衍生物或类似物，广泛用做蓄电池、变压器、电力电容器的绝缘散热介质以及绝缘油、油漆、墨水等产品的添加剂。作为典型的持久性有机污染物，多氯联苯具有难降解、强生物毒性、生物蓄积性及远距离迁移性等特性，其在环境中的生物降解引起高度关注。研究表明，某些假单胞菌和不动杆菌属（*Acinetobacter*）等能进行多氯联苯的生物降解。这些细菌 *bph* 基因编码的降解酶（BphA、BphB、BphC、BphD）将 PCB 降解成氯苯酸和 2-羟基-2, 4-双烯戊酸（图 21-2）。氯苯酸可被其他细菌降解，2-羟基-2, 4-双烯戊酸可为细菌的生长与繁殖提供有效碳源，最终被氧化成 CO_2。

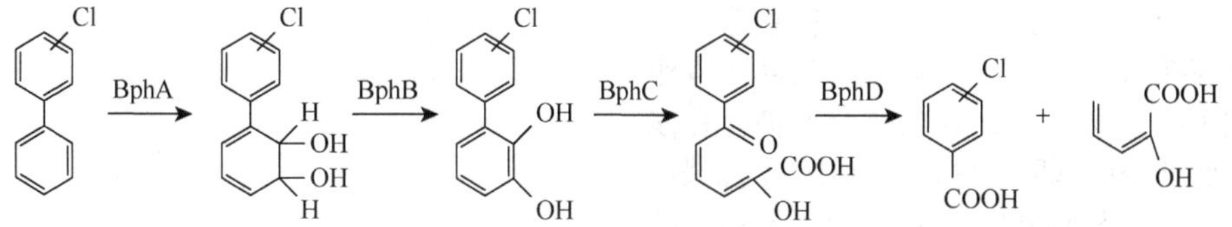

图 21-2 细菌的多氯联苯降解途径

（三）有机磷农药的生物降解

有机磷农药中 80%以上是剧毒农药，如甲胺磷、甲基对硫磷、对硫磷和久效磷等。目前已经分离出多种有机磷农药降解微生物，包括细菌、真菌、放线菌和藻类等，其中细菌和真菌的种类较多，对细菌的研究最为深入。假单胞菌等 10 多个属的细菌能有效降解有机磷农药，其中一些细菌能对有机磷农药进行矿化作用，完全将有机磷农药分解成为 PO_4^{3-}、NH_3、CO_2 和 H_2O 等无机物，彻底清除农药残毒。另一些细菌通过共代谢作用，在某种可利用的生长基质存在时，对其原来不能利用的有机磷农药也可进行分解代谢。还有一些细菌，通过几种微生物的协同作用，将有机磷农药降解。细菌代谢甲基对硫磷的初始反应一般为水解反应，产物为二甲基硫代磷酸和对硝基酚。后者经羟基化产生 4-硝基邻苯二酚，然后氧化脱硝基产生 1, 2, 4-苯三酚（图 21-3）。1, 2, 4-苯三酚在环切割双氧酶的作用下生成 4-氧代-2-己烯二酸，继而被进一步代谢成 β-酮己二酸。

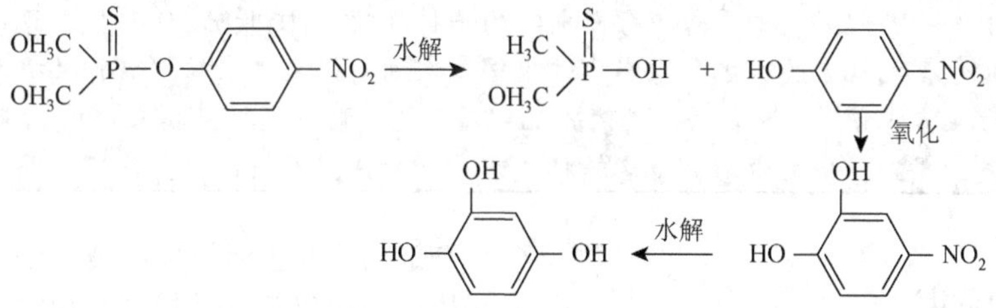

图 21-3 细菌的甲基对硫磷降解途径

（四）三嗪类除草剂的生物降解

三嗪类除草剂是常见的除草剂种类之一，包括阿特拉津（莠去津）、莠灭净、扑草净、西玛津、氰草净和阿特拉通等。细菌的阿特拉津生物降解研究最为详尽，10 多个属的细菌能降解阿特拉津，但以假单胞菌和节杆菌最为常见。假单胞菌 ADP 菌株含有降解基因 *atzA*，*B*，*C*，*D*，*E*，*F*，其中前 3 个基因编码的酶（AtzA、AtzB、AtzC）将阿特拉津降解成氰尿酸，后 3 个基因编码的酶（AtzD、AtzE、AtzF）

将氰尿酸进一步降解成 NH_3 和 CO_2（图 21-4），使阿特拉津彻底脱毒。节杆菌 TC1 菌株含有降解基因 *trzN* 和 *atzBC*，它们编码的酶（TrzN、AtzB、AtzC）将阿特拉津降解成氰尿酸。

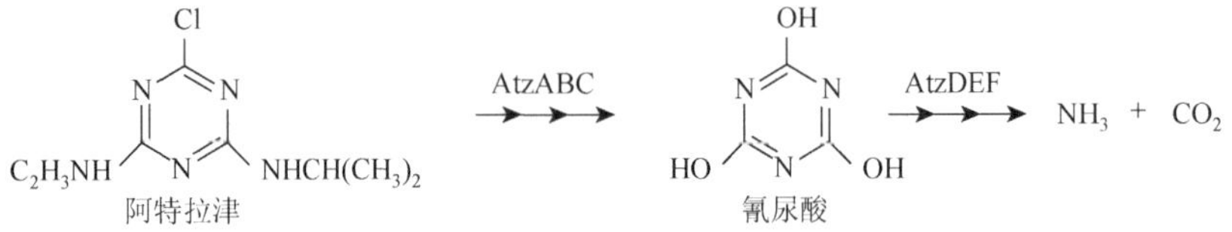

图 21-4　假单胞菌的阿特拉津降解途径

三、降解质粒和降解性转座子

在许多情况下，细菌编码生物外源性有机污染物降解的基因位于质粒上，称为降解质粒。目前，已经鉴定的降解质粒有 100 多种，其中大部分都已测定其核苷酸序列并注释全部基因，如尼龙寡聚体、甲苯、萘、烟碱、咔唑、2, 4-D、4-氯硝基苯、氯代苯甲酸和阿特拉津等化合物的降解质粒。降解质粒一般是环状 DNA 分子，少数为线状 DNA 分子，其大小一般为 80～200kb。大多数降解质粒除了含有降解基因和复制基因以外，还含有接合转移基因，这些基因编码的酶和蛋白能促进降解质粒从供体菌株向受体菌株转移，质粒转移之后供体菌株仍含有该降解质粒，从而使降解基因在细菌群体中广泛扩散。有时降解基因和接合转移基因位于 2 个不同的质粒上。例如，假单胞菌 ND6 菌株的 pND6-1 质粒含有萘降解基因（图 21-5），pND6-2 质粒含有接合转移基因，后者能提供接合转移功能，促进前者的转移。降解基因有时位于转座子中，称为降解性转座子，如甲苯、氯代苯甲酸和氯代苯的降解基因，因此，这些降解基因可以在不同 DNA 分子之间转座。与降解质粒一样，转座之后供体 DNA 和受体 DNA 都含有降解基因，从而促进降解基因的扩散。细菌通过基因突变、质粒接合转移和转座子转座，促进降解基因的进化和扩散，增强细菌对环境的适应和净化能力。

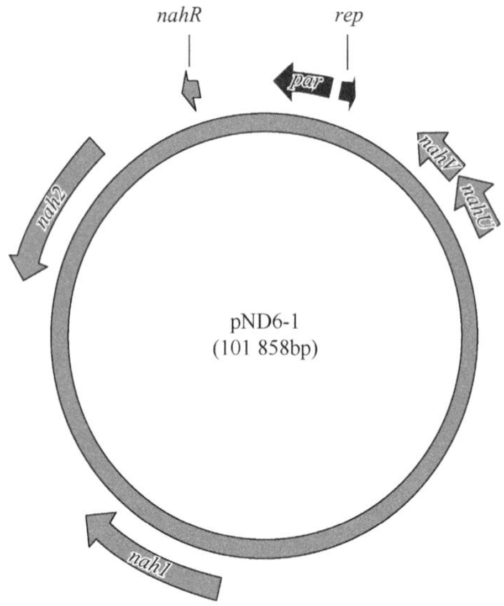

图 21-5　萘降解质粒 pND6-1 的基因图谱

nah1 和 *nah2*. 萘降解操纵子；*nahR*. 萘降解操纵子的调节基因；*nahU* 和 *nahV*. 重复的萘降解基因；*rep*. 复制基因；*par*. 分配基因

第二节　微生物对重金属污染物的转化和脱毒

日本的水俣病事件：水俣病是由于汞中毒而引起的一种怪病。20 世纪 50 年代，日本熊本县水俣湾的化工厂向海中大量排放含有无机汞的废水，海水中的汞甲基化细菌将无机汞转化成毒性极大的甲基汞，甲基汞被鱼虾和贝类摄入后在体内积累，人食用这些海产品以后，造成脑中枢神经和末梢神经损伤，轻者面部痴呆、手足麻痹、视觉丧失、震颤、手足变形，重者精神失常，或酣睡，或兴奋，身体弯弓高叫，直至死亡。

一、重金属污染的危害

相对密度在 $5g/cm^3$ 以上的金属，称作重金属（heavy metal），包括铜、铅、锌、锡、镍、钴、锑、汞、镉和铋等。重金属污染指由重金属或其化合物造成的环境污染，主要表现在对水、土壤和大气的污染。重金属污染的主要来源是工业污染，其次是交通污染和生活垃圾污染。工业污染大多通过废渣、废水、废气排入环境。交通污染主要是汽车尾气的排放。生活污染主要是一些生活垃圾的污染，如废旧电池、破碎的照明灯、没有用完的化妆品、上彩釉的碗碟等。

重金属在人体内能和蛋白质及各种酶发生强烈的相互作用，使酶失去活性，也可能在人体的某些器官中富集，造成人体急性中毒、亚急性中毒和慢性中毒。除了汞污染以外，常见的重金属污染还有铅、镉、砷和铬污染。铅是可在人体组织中积蓄的有毒金属，它通过皮肤、消化道、呼吸道进入体内与多种器官亲和，主要毒性效应是贫血症、神经机能失调和肾损伤。镉的毒性也很大，主要积蓄在肾脏，引起泌尿系统的功能变化。砷的毒性很低，但砷的化合物均有剧毒，容易在毛发、指甲中蓄积，从而引起慢性砷中毒，此外，砷还有致癌作用，能引起皮肤癌。铬如果被误食，可致腹部不适及腹泻等中毒症状，引起过敏性皮炎或湿疹。

我国的重金属污染形势十分严峻。环保部和国土资源部 2014 年 4 月联合发布的《全国土壤污染状况调查公报》指出，镉、汞、砷、铜、铅、铬、锌、镍 8 种重金属污染物点位超标率分别为 7.0%、1.6%、2.7%、2.1%、1.5%、1.1%、0.9% 和 4.8%。近年来，全国重金属污染事件频发。2005 年 12 月广东省北江韶关段出现严重镉污染，浓度超标 12 倍多，直接影响下游城市数千万群众的饮水安全，污染原因是韶关冶炼厂超标排放含镉废水。2006 年 9 月湖南省岳阳县城饮用水源地新墙河发生水污染事件，砷超标 10 倍左右，8 万居民的饮用水安全受到威胁，污染原因是河流上游化工厂的工业污水日常性排放。2011 年 3 月，浙江德清县因当地电池企业污染导致 300 余人血铅超标。2013 年 5 月，广东省食品药品监督管理局公布 120 批次镉超标大米，其中由湖南厂家生产的多达 68 批次，涉事厂家来自湖南 8 个市州。

二、微生物对重金属的抗性、吸附和转化

许多微生物能耐受重金属的毒性，在有重金属的环境中生长和繁殖，甚至对重金属进行吸附或转化，从而降低或去除重金属毒性。微生物抵抗和降低重金属毒性的机制有下面几种方式。

1）通过改变膜运输系统阻止或减少有毒离子进入微生物细胞，从而使细胞内的重金属含量保持在很低的水平而不产生毒害作用，如金黄色葡萄球菌（*Staphylococcus aureus*）对 Cd^{2+} 的抗性。

2）由抗性基因编码的高度专一性的阳离子或阴离子蛋白质排放系统把有毒离子排到细胞外，从而减少细胞内的重金属浓度。例如，真氧产碱菌（*Alcaligenes eutrophus*）的阳离子排放系统，有毒阳离子 Cd^{2+}、Zn^{2+} 和 Co^{2+} 通过 Mg^{2+} 吸收系统进入细胞，在阳离子排放系统相关蛋白 CzcA、CzcB 和 CzcC 的作用下，将上述 3 种重金属离子排到细胞外，编码这些蛋白的基因位于 pMOL30 质粒中（图 21-6）。

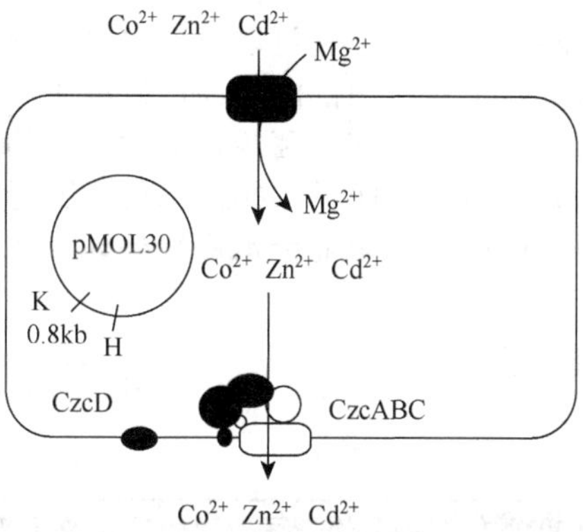

图 21-6　真氧产碱菌镉、锌、钴抗性的阳离子排放系统

CzcABC. 阳离子排放系统相关蛋白；CzcD. 调节蛋白

3）通过氧化或还原作用将重金属从毒性较高的价态转变成为毒性较低的价态，从而解除重金属的毒性。例如，细菌对有机汞的抗性，质粒编码的有机汞裂解酶切割有机汞化物的 Hg-C 键，释放出的 Hg^{2+} 再经质粒编码的汞还原酶作用转变成低毒的金属汞（Hg^0），形成沉积或挥发到大气中。

4）在细胞外产生可以结合有毒重金属离子的结合物，从而减少环境中毒性重金属的浓度，达到解毒的目的。例如，大肠杆菌的抗铜作用，它可以分泌能结合铜离子的蛋白质，从而降低铜离子的有效浓度。

5）很多微生物的细胞表面具有特殊结构，可以吸附重金属离子，从而达到减少溶液中重金属离子的浓度。有些酵母菌可以吸附很多重金属，如铅、金、银、镍、铀等。

三、微生物在处理重金属污染中的应用

用微生物学方法治理重金属污染，具有效率高、成本低、适用范围广和无二次污染等优点。根据微生物对重金属污染处理的原理可将微生物修复方法分为两类，即生物转化法和生物吸附法。生物转化法具有明显的优势，如有一些大肠杆菌和芽孢杆菌可以将高毒的 Cr^{6+} 还原成为低毒的 Cr^{3+}，从而达到解毒的作用，这一原理已被应用于电镀废水的生化处理。

生物吸附法的应用更为广泛。它是利用死亡生物体或失活生物细胞来吸附重金属，减轻环境毒害的一种处理方法，特别适用于重金属废水的处理。某些细菌、真菌、酵母菌和藻类对重金属有很强的吸附能力，但用这些活的微生物来处理废水，重金属的毒性在一定程度上抑制微生物的生长，很难获得足够多的生物量。而用死亡的微生物细胞作为吸附剂来处理重金属废水，不但对重金属的吸附效果与活细胞相当甚至更强，而且能克服活细胞生长受抑制和生物量不足的缺点。死细胞能吸附重金属，是由于细胞壁聚合物中含有阴离子团，能吸

附金属阳离子。死细胞可以方便地大量获得，如食品和饮料工业所用的酵母菌，发酵生产酶制剂和医药产品的细菌和真菌等，成功应用的实例很多。例如，用甘蔗酿酒厂排出的废弃酵母菌对不锈钢制造厂产生的工业废水进行处理，对铬、铁和镍的吸附能力分别为70%、50%和20%；脂肪酶生产过程中产生的真菌菌丝体废物可以有效地吸附矿场流出的污染物，其对铜、锌、钴和镍的最大吸附量分别为180mg/g、52.0mg/g、57.0mg/g和145.37mg/g干细胞。

第三节　废水的微生物处理

利用具有不同生物降解功能的混合微生物，对含有各种工业和生活污染物的废水进行处理，能有效去除其中的有毒有害成分，从而达到安全排放的标准。目前，废水处理已经成为保护生态环境、发展国民经济的重要工业部门，是一项蓬勃发展的朝阳产业。

废水（wastewater）是居民活动过程中排出的水及径流雨水的总称，一般指生活污水和工业废水。按照作用机制和对氧的需求，可将废水生物处理（biotreatment）分为好氧法和厌氧法两大类。按照微生物的附着方式，可将废水生物处理分为悬浮生长法和固着生长法，即活性污泥法和生物膜法。好氧生物处理是在有游离氧存在的条件下，利用好氧微生物降解有机物，使废水达到无害化的处理方法。好氧生物处理的反应速度快，反应时间短，处理效率高，中低浓度的有机废水基本上都采用好氧生物处理法。厌氧生物处理是在没有游离氧存在的条件下，兼性细菌和厌氧细菌降解有机物的生物处理方法。其优点是不需要外加氧源（曝气），运行成本低，而且应用范围广，剩余污泥量少。其主要缺点是反应速度慢，处理时间长，效率低。高浓度有机废水多采用厌氧生物处理法。有些难处理的有机废水，如印染废水，可采用厌氧-好氧偶联的处理方法。

一、废水的好氧生物处理

好氧生物处理有活性污泥法和生物膜法两大类，前者是利用悬浮生长的微生物处理有机废水，处理体系中的生物絮体叫做活性污泥，它由好氧微生物（包括细菌、真菌、原生动物和微型后生动物）及其代谢产生的和吸附的有机物和无机物组成。后者是将多种多样的好氧、厌氧和兼性厌氧微生物黏附在载体或滤料上，形成一层黏性生物膜，在生物滤池或生物反应器中处理废水。我国目前采用活性污泥法处理工业和生活废水较为普遍。

活性污泥法的基本工艺流程见图21-7。废水首先进入初次沉淀池，进行水质调节和沉淀处理，去除部分悬浮污染物。然后，废水和回流活性污泥进入曝气池，成为悬浮混合液，通过空气曝气（鼓风），使废水与活性污泥充分混合，并为微生物的生长提供足够的溶解氧。在微生物生长的同时，废水中的有机物被活性污泥中的好氧微生物降解成小分子物质以及二氧化碳和水，使废水的化学需氧量（COD）大大降低。最后，混合液进入二次沉淀池，活性污泥与水澄清分离，部分活性污泥回到曝气池，继续进行净化过程，达到排放标准的净化水进行排放。在废水处理过程中会产生大量的剩余活性污泥，里面含有恶臭物质、病原体和残存的持久性有机污染物，如果不经处理，不经堆放或填埋，会产生新的污染和危害。污泥的处理方法有脱水、焚烧和发酵等，处理后的污泥可用作建材、肥料和土壤改良剂等。

活性污泥的菌种大多来自粪便污水、生活污水或废水处理厂的剩余污泥。活性污泥的培养和驯化过程：将上述污水或污泥投入小型曝气装置，用无机盐培养液稀释，加入适量待处理的废水，曝气1周左右，然后停止曝气，使混合液沉淀，排出澄清液后重新投放待处理的废水并曝气，循环操作，直到将活性污泥培养成熟为止。

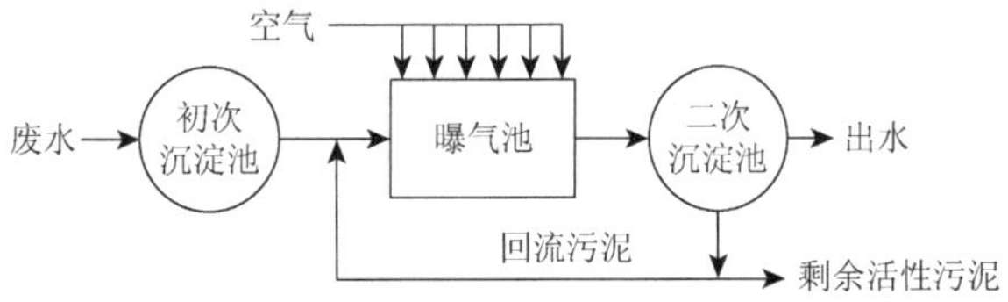

图21-7　活性污泥法处理废水的工艺流程

二、废水的厌氧生物处理

有机废水的厌氧生物处理工艺，可分为厌氧活性污泥法和厌氧生物膜法两大类。厌氧活性污泥处理工艺主要包括普通消化池、厌氧接触消化池和升流式厌氧污泥床等。厌氧生物膜法处理工艺主要包括厌氧生物滤池、厌氧流化床和厌氧生物转盘等。

厌氧生物滤池是密封的水池，池内放置填料，如图21-8所示。填料可采用沙粒、碎石、焦炭等，粒径一般为25～50mm，也可使用粒状、波纹板状和蜂窝状塑料填料。微生物附着在填料载体上生长，形成生物膜。污水从池底进入，通过填料层时，其上生长的生物膜将污水中的有机物吸附、分解并产生沼气。经过处理的污水从滤池的顶部排出。厌氧生物滤池的主要优点是：微生物浓度高，处理能力强，出水悬浮物浓度较低，设备简单，操作方便。主要缺点是滤料费用较贵而且滤料容易堵塞，因此不适用于悬浮物高的废水。

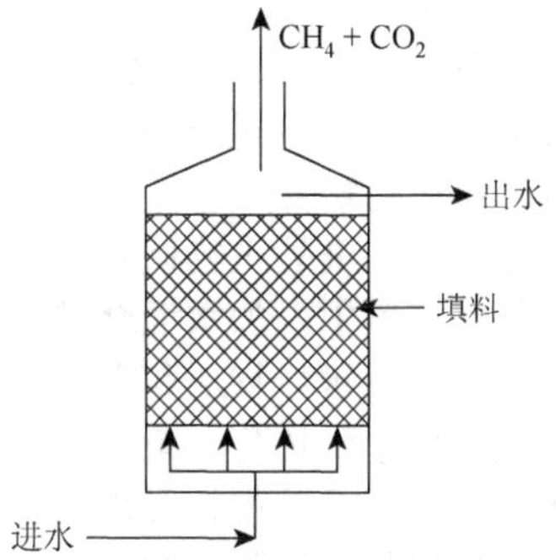

图 21-8　厌氧生物滤池示意图

三、废水的生物脱氮和除磷

含有高浓度氮、磷营养盐的废水排放到河水、湖水和海水中以后，会导致水体的富营养化，从而引起各种水生生物特别是藻类的异常增殖，在河水和湖水中形成"水华"，在近岸海水中形成"赤潮"。由水体的富营养化而导致的水质恶化，不仅影响鱼类和其他水产品的生产，还危及人类健康。用传统的活性污泥法处理城市废水，对氮的去除率只有 40%左右，对磷的去除率一般在 20%～30%。因此，高氮磷含量的废水必须进行脱氮和除磷处理。在脱氮除磷过程中，其他有机污染物也同时降解，最终使处理过的废水达到排放标准。

废水中的氮以有机氮和无机氮两种形式存在，其中有机氮主要是尿素、蛋白质和氨基酸等。废水生物脱氮是指水中含氮有机物被异养型微生物氧化分解，转化为氨氮，然后由自养型硝化细菌将其转化为 NO_3^-（硝化过程），最后再由反硝化细菌将其还原转化为 N_2（反硝化过程），从而达到脱氮的目的。

废水中的磷酸盐类物质包括正磷酸盐、聚磷酸盐和有机磷酸盐等。在废水生物除磷过程中，活性污泥在好氧和厌氧相互交替的条件下发生作用。磷细菌在好氧条件下过量地从外部摄取磷，以聚合磷酸盐的形式贮存在细胞内，并形成高磷污泥，作为剩余污泥排除，从而达到从废水中除磷的效果。

图 21-9 是一个同时脱氮和除磷的废水生物处理工艺。该工艺将脱氮除磷与有机物降解结合起来，使处理过的废水 COD 和 BOD（生化需氧量）以及氮和磷的浓度都能达标。废水首先进入厌氧池，兼性厌氧细菌将废水中可生物降解的大分子有机物转化为挥发性脂肪酸。聚磷细菌可将菌体内贮存的聚磷酸盐分解，所释放的能量一部分可供专性好氧的聚磷细菌在厌氧环境下维持生存；另一部分可供聚磷细菌主动吸收环境中的挥发性脂肪酸类物质，并以聚-β-羟丁酸（PHB）形式在细胞内贮存。随后废水进入缺氧池，反硝化细菌利用好氧池中经混合液回流而带来的硝酸盐，以及废水中可生物降解的有机物进行反硝化，达到同时去碳与脱氮的目的。废水进入曝气的好氧池，聚磷细菌除了可吸收、利用废水中残留的有机物外，主要是分解体内积累的 PHB，放出的能量可供本身生长繁殖。此外，还可主动吸收环境中的溶磷，并以聚磷酸盐的形式在细胞内贮存起来。由于排放剩余污泥中含有大量积贮聚磷酸盐的聚磷细菌，因此排放的废水中溶磷浓度已相当低。

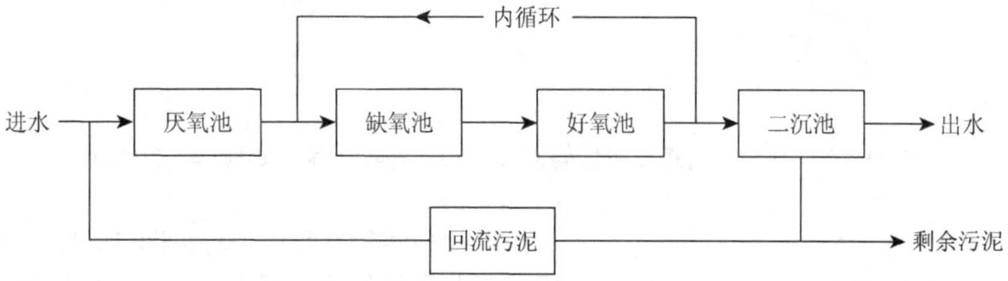

图 21-9　同时脱氮和除磷的废水生物处理工艺

第四节　生物修复技术

生物修复是指利用微生物、植物、动物的吸附和生物降解作用，减少或去除环境中的污染物，使受污染生态系统的正常功能得以恢复。在目前的环境治理研究和应用领域中，微生物修复占有重要位置。

与传统的物理和化学修复方法相比，生物修复（bioremediation）具有成本低、不产生二次污染和生态协调性好等优点。生物修复可分为原位生物修复和异位生物修复。前者是指在污染的原地点进行修复，主要技术手段包括添加营养物质，添加溶解氧，添加微生物或酶，添加表面活性剂，补充碳源或氮源等。后者是指将污染物从污染位点取走，放到生物反应器内或邻近地点进行处理。

一、土壤污染的生物修复

我国耕地土壤点位污染物超标率为 19.4%，主要污染物是重金属，此外还有农药、石油、多环芳烃、含氯有机物、氯酚类、多氯联苯和二噁英等。土壤中的污染物不仅改变土壤的结构和功能，影响农作物的生长，而且还通过食物链进入人体，损害人体健康。因此，对污染土壤进行修复是目前所面临的重要课题。虽然用物理和化学方法对污染土壤进行修复是行之有效的，但生物修复方法具有更广泛的应用前景，代表了未来的发展方向，具有极大的潜力。下面用两个实例来说明微生物修复污染土壤的具体方法。

阿特拉津污染土壤的生物修复：①用以阿特拉津为唯一氮源、蔗糖为唯一碳源的无机盐液体培养基，从农药厂的工业废水中分离降解阿特拉津的节杆菌 AD30 菌株和假单胞菌 AD39 菌株；②向花盆土壤中投加阿特拉津，使浓度为 100mg/kg，用 AD30 和 AD39 混合菌对污染土壤进行 7d 修复，不含阿特拉津的土壤作正对照，含有阿特拉津但不进行生物修复的土壤作负对照；③向上述 3 个处理的花盆播种对阿特拉津敏感的小麦种子，20d 后测定小麦生长情况（株高和根长），结果表明，经生物修复的土壤阿特拉津去除率为 95.2%，小麦的株高和根长与正对照组相当，而负对照组小麦的株高和根长明显不如实验组和正对照组，其生长受到严重抑制。这一结果表明，AD30 和 AD39 菌株对阿特拉津污染土壤的生物修复达到预期效果。

多环芳烃污染土壤的生物修复：将污染土壤转移至生物泥浆反应器中，加水混合成泥浆，同时加入一定量的降解菌、营养物质和表面活性剂，底部鼓入空气充氧，使微生物与污染物充分接触，加速微生物降解，最后对泥浆进行脱水处理，处理后的土壤可以放回自然界，但脱出的水必须进入废水处理厂进行再处理。例如，在生物泥浆反应器中用白腐真菌（*Phanerochaete chrysosporium*）处理多环芳烃污染土壤，36d 后，低分子质量多环芳烃的降解率为 70%～100%，高分子质量多环芳烃的降解率为 50%～60%（图 21-10）。

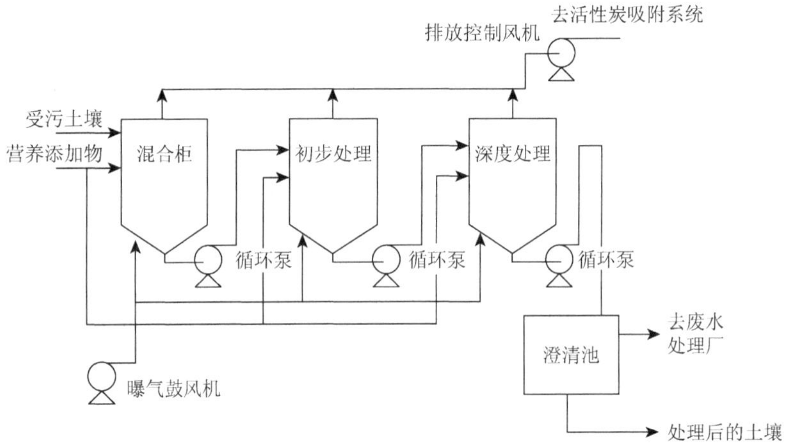

图 21-10　用生物泥浆反应器修复多环芳烃污染土壤（陶颖等，2002）

二、地下水污染的生物修复

由于地表生态环境的破坏和污染，地下水的开采量逐年增长，地下水水质日益恶化，污染问题越来越突出。我国超过 50%的城市地下水受到不同程度的污染，污染源主要是工业和生活污水。地下水污染的生物修复可采用天然生物修复、原位生物修复和异位生物修复。其主要方法有添加降解微生物、外源营养物质、电子受体（O_2、H_2O_2、NO_3^-）等，从而提高微生物的代谢水平和降解活性，促进污染物的生物降解，使受污染的地下水得到净化。典型的地下水污染原位生物修复的流程见图 21-11。通过注入井将营养物和氧气输入到含水层，增加土著微生物的代谢和降解活力，部分去除地下水中的有机污染物。从生产井将处理过的地下水抽到地面进行利用，或者回灌到地下，进行再处理。也可以将受污染的地下水抽到地面，用生物反应器进行发酵处理。

三、海洋石油污染的生物修复

海洋石油污染时有发生，给生态环境、人类健康和国民经济造成的损失难以估计。据统计，每年由于海上油井和油船事故及船舶废水排放而泄入海洋的石油和石油产品达 200 万～1000 万 t。震惊中外

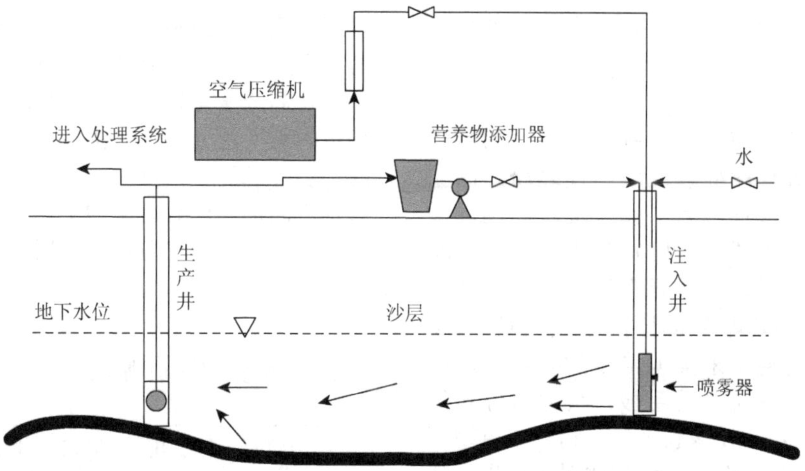

图 21-11　地下水污染原位生物修复流程（潘芳和杜锁军，2008）

的 2010 年 4 月 20 日美国墨西哥湾原油泄漏事件中，由于钻井平台爆炸和沉没，11 名油井工作人员死亡，并导致每天向大海泄漏原油 4000～5000t，原油漂浮带长 200km，宽 100km，成为美国历史上最严重的油污大灾难。对海洋石油污染的治理可因地制宜地采用物理、化学和生物学方法。物理方法如围油栏、吸油船和吸附材料等。化学方法如使用消油剂和凝油剂等。用微生物降解的方法，不仅可以清除海水表面的油膜，而且能分解海水中溶解的石油烃，具有化学方法所不可比拟的优点，是解决石油污染的根本方法。

石油烃类的自然生物降解过程速度很慢，可采取多种措施强化和加速这一过程，常用的方法包括：投加表面活性剂和含有 C、N、P 的营养盐，促进土著微生物的代谢和降解活力，或添加高效降解石油的微生物。这方面成功的例子已经不少，例如，在 1990 年墨西哥湾和 1991 年美国得克萨斯海岸实施的微生物修复海洋石油污染，都取得明显成功。

第五节　固体废物的微生物处理和资源化

一、固体废物的种类和危害

固体废物（solid waste）即垃圾，是指在生产建设、日常生活和其他活动中产生的污染环境的固态、半固态废弃物质。有机固体废物具有可生化降解性，其中蕴含着大量的生物质能，是丰富的再生资源来源。有效利用这类资源，对实现环境和经济的可持续发展具有重要意义。现在，国内外已经从消极地销毁垃圾和无害化处理垃圾，转向积极、合理地利用垃圾，实现资源的回收和综合利用。

固体废物的种类繁多，随处可见，如餐厨废物、生活垃圾、建筑废料、水处理厂污泥、尾矿、煤矸石、粉煤灰、废纸、废织物、木质废弃物、落叶、作物秸秆和动物尸体等。固体废物对生态环境和人体健康具有潜在的、长期的危害性。固体废物露天堆存，不但占用大量土地，而且其所含有的有毒有害成分也会渗入到土壤中，使土壤碱化、酸化、毒化，破坏土壤微生物的生存条件，影响动植物的生长发育，甚至造成土地荒芜。许多有毒有害成分能在植物体内积蓄和富集，通过食物链影响人体健康。固体废物与雨水和地表水接触后，其有毒有害成分被浸滤出来，会使水体发生酸化、碱化、矿化和富营养化，甚至被毒化。固体废物还可以通过多种途径污染大气，如工业生产过程中粉尘的排放导致大气污染；堆放固体废物中的有毒成分由于挥发及化学反应等，会产生有毒气体，导致大气污染。有机固体废物在适宜的温度和湿度下会滋生微生物，并通过微生物释放出有毒气体。城市垃圾特别是医院垃圾，如果不做无害化处理，会使蚊蝇滋生、致病菌蔓延、鼠类肆虐，成为流行病的发源地。

二、固体废物的微生物处理

固体废物的微生物处理是指利用微生物将固体废物中的有机物转变成无害物质的处理方法。其基本原理是利用微生物细胞的酶催化作用，将大分子复杂有机物分解为小分子简单物质，将有毒物质转化为无毒物质。主要方法有好氧堆肥法和厌氧发酵法。

1. 好氧堆肥法

好氧堆肥法是指在人工控制条件下，利用微生物对有机废物进行的酶解反应，使之腐烂而成为肥料的微生物学过程。为了加快堆肥熟化，提高肥料的复合性，需要在堆肥材料中加入人畜粪尿和污水、无机肥料和微量元素等。好氧堆肥工艺主要有 3 种：①条垛式堆肥系统，物料以条垛状堆置，通过定期翻堆来实现堆体的有氧状态；②通气静态垛堆肥系统，采用鼓风机通风方式保持堆体的有氧状态；③发酵仓系统，物料在封闭容器内，通过控制通气和水分条件使物料进行生物降解和转化。典型的应用实例是餐厨垃圾处理机，其组成部件见图 21-12。餐厨垃圾先进行固液分离，然后对固体部分进行粉碎，搅拌条件下好氧发酵，发酵终产物经腐熟后成为优质有机肥。发酵过程中产生的气体经活性炭滤器过滤后排出。

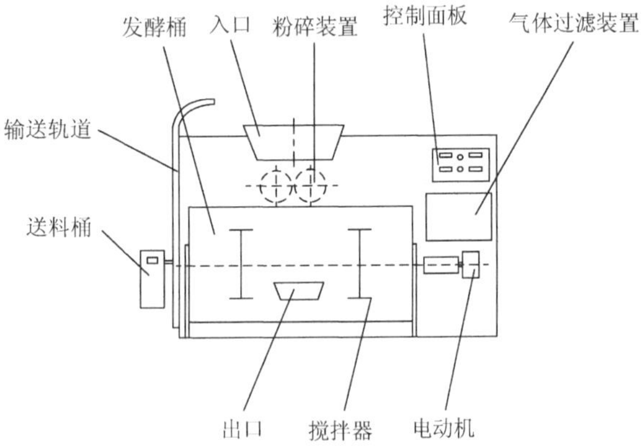

图 21-12　餐厨垃圾单元化处理设备示意图
（刘玉德等，2011）

2. 厌氧发酵法

利用厌氧微生物将固体废物中可降解的有机物分解为稳定的无害物质，同时可以获得以甲烷为主的沼气。主要应用有下列 3 方面：①餐厨垃圾厌氧发酵处理。餐厨垃圾厌氧发酵过程可分为 3 个阶段，即水解、发酵产酸和产甲烷阶段。在水解阶段，水解酶通过水解作用将碳水化合物、蛋白质和脂类等分解为葡萄糖、氨基酸、甘油、脂肪酸等小分子化合物。在发酵产酸阶段，小分子化合物在产酸菌的作用下分解为挥发性脂肪酸，同时在产氢产乙酸菌的作用下进一步形成乙酸和氢气。在产甲烷阶段，产甲烷菌将前期产生的挥发性脂肪酸和氢气转化为甲烷。②养殖场粪便厌氧发酵处理。养殖场的粪便如果不经处理而直接排放，会对周边水源、空气和环境造成严重污染。采用厌氧发酵可以制沼气和有机肥。例如，1000 万 t 牲畜的粪便污水进行厌氧发酵处理后，可产生沼气 4 亿 m^3、有机肥 500 万 t。③工业高浓度有机废水综合处理。近年来，沼气发酵技术被广泛应用于高浓度有机废水的处理，如乙醇厂、啤酒厂、白酒厂、造纸厂、制糖厂、食品和农副产品加工厂等产生的工业废水。上述厌氧发酵过程中产生的沼气可用作民用或锅炉燃料，也可用于沼气发电。

三、固体废物的资源化

2012 年 10 月 10 日的《齐鲁晚报》报道，2012 年 10 月 8 日，10 辆满载 300t 纤维素乙醇的油罐车缓缓开出山东龙力生物科技股份有限公司的厂区，向石油生产单位驶去，作为燃料乙醇，以 10%的比例添加到车用汽油中。这是以玉米芯残渣、玉米秸秆为原料，提取其中的纤维素成分，生产的二代纤维素乙醇。是国内对纤维素乙醇进行商业开发并将其应用于乙醇汽油的首例，为纤维素乙醇的大规模产业化迈出了可喜的第一步。

固体废物资源化，是指采用适当的技术措施对固体废物进行无害化处理并从中回收有用物质和能源，实现物质和能源的再循环。用生物工程技术处理固体废物具有巨大优势，它不仅可以实现固体废物的无害化处理，而且可以生产出有用产品，如单细胞蛋白和乙醇。

利用固体废物生产单细胞蛋白：单细胞蛋白也叫微生物蛋白，它是利用工农业废料及石油废料经微生物发酵而产生的微生物菌体。单细胞蛋白含有丰富的营养物质，其中蛋白质含量高达 40%～80%，氨基酸组成较为齐全，含有多种维生素、矿物质和生物活性物质，可用作人类食品、牲畜饲料和工业原料。生产单细胞蛋白的固体废弃物原料包括秸秆、蔗渣、甜菜渣、发酵工业废水、农产品和食品加工废水、石油和天然气及相关产品。

利用植物纤维原料生产乙醇：研究开发纤维素的转化技术，将秸秆、蔗渣、废纸、垃圾纤维等纤维素物质高效地转化为糖，进一步发酵成燃料乙醇，对开发新能源和保护环境具有非常重要的现实意义。目前，利用纤维素物质生产乙醇的技术基本成熟，国内已经建立多套年产千吨左右规模的中试装置。但是，由于在预处理技术、产酶菌种、酶生产技术等方面还没有取得根本性突破，第二代纤维素乙醇的生产成本明显高于第一代粮食乙醇，因而还不能转入大规模工业化生产。随着基础研究的不断深入和关键技术的突破，实现纤维素乙醇的大规模商业化生产和利用已经为期不远。

知识点回顾

1. 生物降解作用是微生物处理环境污染物和修复污染环境的理论基础。分离各种高效降解环境污染物的微生物，研究它们的生物降解机理，阐明其降解途径以及降解基因和酶的作用，并通过现代生物技术对微生物菌种进行遗传改造，扩大它们对污染物的降解范围和提高降解效率，用于污染物的治理和污染环境的修复，是环境保护领域的重要研究方向。

2. 微生物技术在环境保护领域中应用的一个重要方面是工业和生活污水的生物处理。污水处理方法主要有两种：一是好氧生物处理；二是厌氧生物处理。在某些难降解的有机废水处理工艺中，也可以将两者结合起来，进行厌氧-好氧联合处理。高氮磷含量的废水还必须进行脱氮和除磷处理。

3. 微生物技术在环境保护领域中应用的另一个重要方面是污染土壤和水体的生物修复。生物修复可分为原位生物修复和异位生物修复，前者是指在污染的原地点进行修复，主要技术手段包括添加营养物质、溶解氧、表面活性剂、碳源和氮源等，以增加土著菌的降解活力，或者直接添加降解性微生物进行修复。后者是指将污染物从污染位点取走，放到生物反应器中或邻近地点进行处理。目前，研究的重点领域是污染土壤、地下水和海洋石油污染的生物修复，特别是重金属污染土壤的生物修复。

4. 用微生物技术处理固体废物具有更大的优越性，它不仅可以使固体废物中有毒有害的有机物转变成无毒无害的小分子物质，而且可以从中回收有用物质和能源，实现物质和能源的再循环，最被看好的应用领域是利用纤维素物质生产燃料乙醇。

关键词

1. 环境污染（environmental pollution）：通过自然的或人为的形式，向环境中添加某些物质而超过环境的自净能力并产生危害的现象，称为环境污染，主要指大气污染、土壤污染和水体污染。

2. 生物外源性物质（xenobiotics）：非生物产生的人造化合物，包括农药、合成药物、化工产品和工业污染物等。

3. 废水（wastewater）：居民活动过程中排出的水及径流雨水的总称，一般指生活污水和工业废水。

4. 固体废物（solid waste）：在生产建设、日常生活和其他活动中产生的污染环境的固态、半固态废弃物质。

5. 重金属（heavy metal）：相对密度在 $5g/cm^3$ 以上的金属，包括铜、铅、锌、锡、镍、钴、锑、汞、镉和铋等。

6. 生物降解（biodegradation）：在微生物酶的催化下将有机化合物降解成小分子物质的过程。

7. 生物处理（biotreatment）：利用微生物的代谢作用处理废水和固体废物的方法，称为生物处理，分为好氧处理和厌氧处理两种。

8. 生物修复（bioremediation）：利用微生物、植物、动物的吸附和生物降解作用，减少或去除环境中的污染物，使受污染生态系统的正常功能得以恢复的过程。

自测题

一、选择题

1. 下列哪类物质是生物外源性物质？（　　）
（A）蛋白质　（B）脂肪
（C）抗生素　（D）化学除草剂

2. 下列哪种物质可被生物降解？（　　）
（A）氯化钠　（B）二氧化碳
（C）白金　（D）多氯联苯

3. 降解质粒接合转移以后的情况是（　　）。
（A）受体体细胞含有该质粒而供体细胞不含有该质粒
（B）供体细胞含有该质粒而受体细胞不含有该质粒
（C）供体细胞和受体细胞都含有该质粒
（D）供体细胞和受体细胞都不含有该质粒

4. 降解质粒含有接合转移基因的情况怎样？（　　）
（A）都含有　（B）都不含有
（C）大部分含有　（D）少部分含有

5. 在微生物处理重金属的应用中最广泛使用的方法是（　　）。
（A）生物降解法　（B）生物转化法
（C）活细胞吸附法　（D）死细胞吸附法

6. 活性污泥法处理废水的应用（　　）。
（A）只适用于废水的好氧处理
（B）只适用于废水的厌氧处理
（C）既适用于废水的好氧处理也适用于废水的厌氧处理
（D）废水的好氧处理和厌氧处理都不适用

7. 海水中形成赤潮的原因？（　　）
（A）重金属废水的排放
（B）高氮磷废水的排放
（C）染料废水的排放
（D）含病毒废水的排放

8. 我国污染土壤最主要的污染物是（　　）。
（A）重金属　　（B）农药
（C）石油　　（D）多环芳烃
9. 餐厨垃圾的微生物处理方法是（　　）。
（A）只能用好氧堆肥法
（B）只能用厌氧发酵法
（C）既可用好氧堆肥法又可用厌氧发酵法
（D）两种方法都不可用
10. 纤维素乙醇目前所处的阶段是（　　）。
（A）实验室研究阶段
（B）中试阶段
（C）小规模工业化生产阶段
（D）大规模工业化生产阶段

二、问答题

1. 废水的好氧处理和厌氧处理各有什么优缺点？它们都适用于哪些种类的废水处理？

2. 氮、磷含量高的废水为什么必须进行脱氮除磷处理？

3. 用微生物处理重金属废水时为什么用死细胞而不用活细胞？

4. 什么是生物修复？举例说明微生物技术在污染土壤生物修复中的应用。

5. 固体废物有哪些种类？举例说明怎样用生物技术处理固体废物。

答案:

开篇事件

1. 答：由于自然事件或人类的生产和生活，向环境中添加某些物质并超过环境的自净能力而产生危害的现象，称为环境污染，主要指土壤、水体和大气污染。环境污染会给生态系统造成直接的破坏和影响，如沙漠化和森林破坏等，也会给生态系统和人类社会造成间接的危害，如温室效应、酸雨和臭氧层破坏等。环境污染最直接的后果是使人类环境质量下降，影响人类的生活质量、身体健康和生产活动。例如，城市的空气污染造成空气污浊，使人的发病率上升，甚至引发癌症；水污染使水环境质量恶化，导致饮用水源的质量下降，水产品的安全性降低，威胁人的身体健康；土壤污染会使农产品有害物质残留超标，引起人的疾病。

2. 答：微生物可以用于污水处理、污染土壤的生物修复以及固体废物的微生物处理和资源化，其原理是微生物可以对生物外源性物质进行生物降解，使其转变成无毒或毒性较小的化合物。

选择题：1. D　2. D　3.C　4.C
5.D　6. C　7. B　8. A
9. C　10. C

问答题：

1. 答：好氧生物处理的优点是反应速度快，反应时间短，处理效率高，其缺点是不能用于高浓度有机废水的处理，一般只用于中低浓度有机废水的处理。厌氧生物处理的优点是不需要曝气，运行成本低，而且剩余污泥量少，应用范围广，其缺点是反应速度慢，处理时间长，效率低，高浓度有机废水多采用厌氧生物处理法。但是，经过厌氧处理的废水往往达不到排放标准，一般需要串联好氧处理设备，做进一步处理。

2. 答：含有高浓度氮、磷营养盐的废水排放到河水、湖水和海水中以后，会导致水体的富营养化，从而引起各种水生生物特别是藻类的异常增殖，在河水和湖水中形成“水华”，在近岸海水中形成“赤潮”。由水体的富营养化而导致的水质恶化，不仅会影响鱼类和其他水产品的生产，还危及人类健康。用传统的活性污泥法处理城市废水，对氮的去除率只有40%左右，对磷的去除率一般在20%~30%。因此，高氮磷含量的废水必须进行脱氮和除磷处理，最终使处理过的废水达到排放标准。

3. 答：某些微生物细胞对重金属有很强的吸附能力，但用活的微生物来处理废水，重金属的毒性在一定程度上抑制微生物的生长，很难获得足够多的生物量。而用死亡的微生物细胞作为吸附剂来处理重金属废水，不但对重金属的吸附效果与活细胞相当甚至更强，而且能克服活细胞生长受抑制和生物量不足的缺点。死细胞可以方便地大量获得，如食品和饮料工业所用的酵母菌，发酵生产酶制剂和医药产品的细菌和真菌等。

4. 答：生物修复是指用微生物、植物、动物的吸附和生物降解作用，减少或去除环境中的污染物，使受污染生态系统的正常功能得以恢复。举例，多环芳烃污染土壤的生物修复。

5. 答：固体废物的种类繁多，随处可见，如餐厨废物、生活垃圾、建筑废料、水处理厂污泥、尾矿、煤矸石、粉煤灰、废纸、废织物、木质废弃物、落叶、作物秸秆和动物尸体等。举例，餐厨垃圾的生物处理。

（蔡宝立）

主要参考文献

岑沛霖，蔡谨. 2008. 工业微生物学. 2 版. 北京：化学工业出版社.

陈洪章. 2004. 生物过程工程与设备. 北京：化学工业出版社.

陈荣凤，黄琼，张永慧. 2014. 诺如病毒感染宿主免疫应答的研究进展. 中国病原生物学杂志，10：953-956.

陈三凤，刘德虎. 2011. 现代微生物遗传学. 北京：化学工业出版社.

邓毛程. 2007. 氨基酸发酵生产技术. 北京：中国轻工业出版社.

董婷婷，张宝善，孙娟，等. 2013. 可食性单细胞蛋白的研究进展. 食品工业科技，33（3）：417-421.

杜连祥，路福平. 2005. 微生物学实验技术. 北京：中国轻工业出版社.

苟维超，邓春浩，何俊皓，等. 2013. 光合细菌产氢研究进展与问题. 可再生能源，31（9）：94-101.

关雄，蔡峻. 2014. 我国苏云金杆菌研究 60 年. 微生物学通报，41（3）：459-465.

何国庆. 2011. 食品发酵与酿造工艺学. 2 版. 北京：中国农业出版社.

何艳玲. 2002. 生物防腐剂纳他霉素发酵工艺的研究. 天津：天津科技大学硕士学位论文.

贺家亮，秦翠丽，康怀彬，等. 2004. 乳酸链球菌素的研究现状. 中国食品添加剂，3：40-42.

侯云德. 1990. 分子病毒学. 北京：学苑出版社.

黄秀梨，辛明秀. 2009. 微生物学. 3 版. 北京：高等教育出版社.

江宁. 2008. 微生物生物技术. 北京：化学工业出版社.

焦瑞身. 2003. 微生物工程. 北京：化学工业出版社.

瞿礼嘉. 1998. 现代生物技术导论. 北京：高等教育出版社.

李煜珊，李耀明，欧阳志云. 2014. 产甲烷微生物研究概况. 环境科学，35（5）：2025-2030.

刘鹏，刘训理. 2013. 中国微生物肥料的研究现状及前景展望. 农学学报，3（3）：26-31.

刘玉德，绳以健，石文天，等. 2011. 餐厨垃圾处理设备研究. 北京工商大学学报（自然科学版），29（6）：69-72.

刘志国，屈伸. 2003. 基因克隆的分子基础与工程原理. 北京：化学工业出版社.

路福平. 2009. 微生物学. 北京：中国轻工业出版社.

马俊科，刘春，吴根，等. 2011. 工业化 USAB 厌氧颗粒污泥产氢产乙酸菌群分析. 浙江大学学报（工学版），45（3）：576-581.

马永强，韩春然. 2010. 传统发酵食品工艺学. 北京：化学工业出版社.

梅乐和，姚善泾，林东强. 1999. 生化生产工艺学. 北京：科学出版社.

潘芳，杜锁军. 2008. 地下水污染生物修复技术研究进展. 江苏环境科技，21（1）：112-116.

秦启联，程清泉，张继红，等. 2012. 昆虫病毒生物杀虫剂产业化及其展望. 中国生物防治学报，28（2）：157-164.

沈萍，陈向东. 2006. 微生物学. 2 版. 北京：高等教育出版社.

沈萍，陈向东. 2008. 微生物学. 3 版. 北京：高等教育出版社.

沈萍，陈向东. 2016. 微生物学. 8 版. 北京：高等教育出版社.

沈寅初. 2011. 我国微生物源杀菌抗生素的研究开发. 世界农药，33（4）：1-3，15.

盛组嘉. 2007. 微生物遗传学. 北京：科学出版社.

施巧琴，吴松刚. 2013. 工业微生物育种学. 4 版. 北京：科学出版社.

宋存江. 2014. 发酵工程原理与技术. 北京：高等教育出版社.

宋思扬，楼士林. 2014. 生物技术概论. 4 版. 北京：科学出版社.

陶颖，周集体，王竞，等. 2002. 有机污染土壤生物修复的生物反应器技术研究进展. 生态学杂志，21（4）：46-51.

童海宝. 2008. 生物化工. 2 版. 北京：化学工业出版社.

王君，张宝善. 2007. 微生物生产天然色素的研究进展. 微生物学通报，34（3）：580-583.

吴梦佳，隋红，张瑞玲. 2014. 生物发酵制氢技术的最新研究进展. 现代化工，34（5）：43-48.

武临专，洪斌. 2013. 微生物药物合成生物学研究进展. 药学学报，48（2）：155-160.

谢晴，杨嘉伟，王彬，等. 2010. 用于污水处理的微生物燃料电池研究最新进展. 水处理技术，36（3）：10-16.

谢天恩，胡志红. 2002. 普通病毒学. 北京：科学出版社.

邢来君，李明春. 2013. 真菌细胞生物学. 北京：科学出版社.

邢来君，李明春，魏东盛. 2010. 普通真菌学. 2 版. 北京：高等教育出版社.

徐春明，王晓丹，焦志亮. 2015. 食用微生物色素的研究进展. 中国食品添加剂，2：162-168.

杨汝德. 2006. 现代工业微生物学教程. 北京：高等教育出版社.

杨汝德. 2009. 现代工业微生物学实验技术. 北京：科学出版社.
杨文博，李明春. 2010. 微生物学. 北京：高等教育出版社.
杨显万，沈庆峰，郭玉霞. 2008. 微生物湿法冶金. 北京：冶金工业出版社.
易绍金，佘跃惠. 2002. 石油与环境微生物技术. 武汉：中国地质大学出版社.
殷军帅. 2012. 红曲色素和功能性红曲的菌种选育和生产工艺的优化. 济南：山东农业大学硕士学位论文.
余龙江. 2006. 发酵工程原理与技术应用. 北京：化学工业出版社.
翟礼嘉，顾红雅. 2004. 现代生物技术. 北京：高等教育出版社.
周德庆. 2002. 微生物学教程. 2版. 北京：高等教育出版社.
Insam H，Whittle IF，Goberna M. 2012. 微生物的作用——从废物到资源. 鞠美庭等，译. 北京：化学工业出版社.
Jacquelyn GB. 2008. Microbiology: Principles and Exploration. 6th ed. 蔡谨，译. 北京：化学工业出版社.
Baker S，Griffiths C，Nicklin J. 2011. Bios Instant Notes "Microbiology". 4th ed. London: Taylor & Francis Grou.
Bernard O，Michel M. 2005. Petroleum Microbiology. Washington: ASM Press.
Black JG. 2005. Microbiology: Principles and Explorations. 6th ed. Newyork: John Wiley & Sons，Inc.
Byrne JP. 2012. Encyclopedia of the Black Death. Santa Barbara: ABC-CLIO.
Fuhrman JA. 2009. Microbial community structure and its functional implications. *Nature*，459: 193-199.
Hong IP，Lee SJ，Kim YS，et al. 2007. Recombinant expression of human cathelicidin (hCAP18/LL-37) in *Pichia pastoris*. *Biotechnol Lett*，29 (1): 73-78.
Jane BR，Lisa AU，Michael LC，et al. 2011. Biology. Reading: Benjamin Cummings.
Knipe DM，Howkey PM，Griffin DE. 2001. Fields Virology. 4th ed. Philadephia: Lipppincott Willians & Wilkins.
Lam KH，Chow KC，Wong WK. 1998. Construction of an efficient *Bacillus subtilis* system for extracellular production of heterologous proteins. *J Biotechnol*，63 (3): 167-177.
Larry S，Wendy C. 2007. Molecular Genetics of Bacteria. NewYork: American Society for Microbiology (ASM) Press.
Lin W，Wang Y，Li B，et al. 2012. A biogeographic distribution of magnetotactic bacteria influenced by salinity. *The ISME Journal*，6 (2): 475-479.
Ling LL，Schneider T，Peoples AJ，et al. 2015. A new antibiotic kills pathogens without detectable resistance. *Nature*，517 (7535): 455-459.
Madigan MT，Martinko JM. 2006. Brock Biology of Microorganisms. 11th ed. Upper Saddle River: Pearson Education.
Madigan MT，Martinko JM，Bender KS，et al. 2015. Brock Biology of Microbiology. 14th ed. New Jersey: Pearson Education，Inc.
Madigan MT，Martinko JM，Stahl DA，et al. 2012. Brock Biology of Microorganisms. 13th ed. New Jersey: Pearson Education，Inc.
Nan YH，Bang JK，Jacob B，et al. 2012. Prokaryotic selectivity and LPS-neutralizing activity of short antimicrobial peptides designed from the human antimicrobial peptide LL-37. *Peptides*，35(2): 239-247.
Olmos-Soto J，Contreras-Flores R. 2003. Genetic system constructed to overproduce and secrete proinsulin in *Bacillus subtilis*. *Appl Microbiol Biotechnol*，62 (4): 369-373.
Primrose SB，Twyman RM. 2006. Principles of Gene Manipulation and Genomics. Vol 7. Oxford: Blackwell Publishing: 141-147.
Ro DK，Paradise EM，Ouellet M，et al. 2006. Production of the antimalarial drug precursor artemisinic acid in engineered yeast. *Nature*，440 (7086): 940-943.
Talaro KP. 2008. Foundations in Microbiology. 6th ed. Boston: McGraw-Hill Higher Education.
Vachon V，Laprade R，Schwartz JL. 2012. Current models of the mode of action of *Bacillus thuringiensis* insecticidal crystal proteins: A critical review. *Journal of Invertebrate Pathology*，111: 1-12.
Willey JM，Sherwood LM，Woolverton CJ. 2008. Prescott，Harley and Klein's Microbiology. 7th ed. New York: The McGraw-Hill Companies.
Wion D，Casadesús J. 2006. N_6-methyl-adenine: an epigenetic signal for DNA-protein interactions. *Nature Reviews Microbiology*，4: 83-192.

常见微生物学名词索引

A

B

C

D

T

W

其他